国家出版基金项目
NATIONAL PUBLICATION FOUNDATION

中国贵州民族服饰全集

ZHONGGUO GUIZHOU MINZU FUSHI QUANJI

贵州省博物馆/编

型款篇

民族服饰从原始到文明、从单一到丰富、从简洁到奢华的发展历程。

李飞 曹维琼 杨长远/主编

孔學堂書局

图书在版编目（CIP）数据

中国贵州民族服饰全集 / 贵州省博物馆编 ; 李飞,
曹维琼, 杨长远主编. -- 贵阳 : 孔学堂书局, 2022.12
ISBN 978-7-80770-330-3

Ⅰ. ①中… Ⅱ. ①贵… ②李… ③曹… ④杨… Ⅲ.
①少数民族—民族服饰—介绍—贵州 Ⅳ.
①TS941.742.8

中国版本图书馆CIP数据核字（2022）第022728号

本书为国家“十三五”重点出版规划项目
本书获国家出版基金资助
本书获民族文字出版专项资金资助
本书获贵州省孔学堂发展基金会资助

中国贵州民族服饰全集

ZHONGGUO GUIZHOU MINZU FUSHI QUANJI

贵州省博物馆 / 编
李　飞　曹维琼　杨长远 / 主编
刘秀丹　龙建人 / 《型款篇》主编
李　甫　刘向辉 / 《工艺篇》主编

分卷撰稿人
壹 · 绪论卷　曹维琼　杨长远　黄竹兰
贰 · 型款卷　龙建人　刘向辉　梁　丹　张云婕　杨元丽
叁 · 织造卷　杨长远
肆 · 印染卷　潘淘洁
伍 · 刺绣卷　潘　梅　何晓倩（绘图）
陆 · 纹样卷　王莹莹　夏　昆
柒 · 缝制卷　桑　童
捌 · 银饰卷　淳于步　杨光宾（口述）　康征宇
玖 · 头饰卷　汪香农　孔令敏
拾 · 配饰卷　黄　荣

责任编辑：黄　艳　胡　馨
责任校对：胡国浚　杨彤帆
责任印制：张　莹　刘思妤
策划编辑：蒋红涛
技术编辑：陈红昌
装帧设计：凌晨风景线

出　　品：贵州日报当代融媒体集团
出版发行：孔学堂书局
地　　址：贵阳市乌当区大坡路26号
贵阳市花溪区孔学堂中华文化国际研修园1号楼
印　　刷：雅昌文化（集团）有限公司
版　　次：2022年12月第1版
印　　次：2022年12月第1次印刷
开　　本：889mm × 1194mm　1 / 16
印　　张：70
字　　数：853千字

书　　号：ISBN 978-7-80770-330-3
定　　价：1500.00元（全二册）

编委会名单

目　录

CONTENTS

贰 型款卷

叁　织造卷

肆　印染卷

伍 刺绣卷

陆 纹样卷

柒 缝制卷

捌 银饰卷

玖　头饰卷

拾 配饰卷

服饰，是民族的文化符号

PREFACE

代序

服饰文化，在中国至少已有五千年的历史。但在中原文化重地和沿海发达地区，中国传统服饰只能在文物和古籍里寻踪觅迹。然而在山清水美的贵州，18个世居民族的百余种民族服饰，却仍然活态地散发着中国传统服饰的余晖。

服饰作为人类物质文明与精神文明的一种特殊形态，是民族文化的重要组成部分，又是历史发展和社会时尚嬗替的标志之一，还是识别民族特点的重要符码。贵州民族服饰蕴含了独特的文化内涵，是各民族历史文化、宗教信仰、婚恋丧葬、节日庆典的形象反映，是贵州民族文化中最醒目的符号，具有工艺学、历史学、社会学、美学等多方面的研究价值。

印象中，贵州民族民间工艺最亮眼的品种，是蜡染、刺绣、服装、银饰。20世纪40年代，因抗战西迁，我曾随父母到过贵州。庞薰琹先生画的《贵州山民图》，就是那一时期贵州民族社会生活的真实写照，各种民族着装的画面，至今还历历在目。当时，我对贵州少数民族的服装款式、装饰纹样、刺绣针法就很好奇。

民族服饰由材料、造型、装饰三个部分构成，材料和造型解决衣服的保暖和适体，装饰表达的是民族的情感和审美。贵州民族服饰以装饰手段的丰富、装饰图案的精彩，表现出浓郁的民族属性。

原中央工艺美术学院院长、教授

贵州民族服饰的装饰手段主要有织造、印染、刺绣、银饰，不同的民族服饰采用了不同的装饰方式。有的从织造衣料开始，就有了花纹图案；有的在剪裁前，要对衣料进行印染处理；有的在成衣时，要在蜡染图案上加刺绣；有的在成衣后，会用银饰美化。古朴多样的纺织工具和印染方式再现了传统纺织印染技艺的流变；稚拙大方的图案和型款传递出古老的信息；巧夺天工的刺绣和银饰将民族服饰点缀得绚丽夺目，集中表现了贵州各民族的审美意识，是民族服饰工艺的宝库。

贵州民族服饰的图案特别精彩。图案是对生命的探究，很多服饰图案表达了贵州各族民众对宇宙万物的态度，从宇宙到自然万物，每一种生命的形象表达都浓缩于图案。贵州各民族从大自然的各种形态中，汲取丰富多样的图案素材，设计上将传统与大自然融合，视觉上给人以健康平和之感，由此而形成真正的民族服饰自然之“美”和文化之“美”。贵州民族服饰的制作，都出自无名村姑之手，受服饰图案纹样的影响，她们的灵魂深处，从小就有一种对生命的敬畏，对自然的崇拜，服饰图案纹样就是生活的基调，影响她们的一生。

关于民族服饰研究，学界多年来形成两种倾向，一种是从中国传统汉族服饰的角度观察，把民族服饰视为另类；一种是从民族学的角度观察，把民族服饰看作独有。民族服饰横向的形态独特性容易被关注，纵向的历史关联性往往被忽视。本书将贵州民族服饰文化作为一个整体概念，以文化生态学理论为前导，从服饰工艺学、结构学、历史学、社会学的角度，从型款演变和制作工艺两个层面，重构贵州民族服饰文化研究的理论框架，探索并还原其工艺体系，形成其型款系列，从而还原贵州经济、社会、文化的发展和演进过程。

贵州民族服饰经过千百年的技艺传承，依靠各族人民对祖先和族群的敬畏，也借助贵州原来的偏僻闭塞，文化不易变异而流传至今，素有“中国传统服饰活化石”的美誉。本书作者将中国历代服饰进行梳理，并与贵州民族服饰的典型样式进行比对，筛选出数十种中国历代服饰时尚特征的遗存，并从贵州民族的族群族源、民族迁徙、屯戍移民等方面情况州多元一体民族服饰文化的形成进行分析，论点明确，论据充分，论证清楚。

本书分为“型款”和“工艺”两篇。在工艺篇中，我们会看到，在贵州民族服饰制作中，仍然使用着传统的手工技艺和传统工具。本书改变了民族服饰图书只介绍样式的传统，而把服饰文化作为一个整体来介绍，让读者在了解民族服饰样式的同时，也知道其制作工艺与生产流程，还知道民族的着装习俗和文化内涵。据此，我们可以说，民族服饰是贵州民族文化的重要载体，是中国历代服饰型款的特色样本库，是中国传统服饰制作工艺的活态博物馆。

《中国贵州民族服饰全集》这部巨著，不是单纯地搜集归纳型款样式，而是合民族服饰的型款样式、制作工艺、生态环境为一体，在展示五彩缤纷、型款多姿的贵州民族服饰的同时，解说制作技艺，介绍着装习俗，分析特色成因，讨论她与中国传统服饰的关系，是对贵州民族服饰文化研究的一种创新性拓展，也是对中国传统服饰文化研究的新贡献。

本书将贵州民族服饰与中国传统服饰联系起来，从多元一体的角度去认识贵州民族服饰，用文字叙事、图片叙事和字图互文叙事三套系统，图文互动，提供了一种比文字更直观，比图像更深入的记录方式，全面而立体地展示了崇山峻岭中贵州各族民众的生存方式和服饰文化。全书不仅为读者提供了丰富的知识，而且向读者呈现了绚丽而震撼的审美愉悦，同时，构建出一套整理中国传统民族服饰的成功典范，将使民族服饰的整理研究迈上新台阶，探索出新道路。

中国的服饰学，应该建基于中国自己的文化基因上，扎根于 56 个民族其文化“多元一体”的现实土壤中，像贵州这样有其突出特点的原生活态民族服饰文化，无疑将成为当下中国传统服饰研究的一个亮点而受到各方面的关注。

毋庸讳言，贵州民族服饰的传承保护如今也面临困境。高速公路便捷，旅游行业发展，文化交流加强，一方面让更多的人感受了民族服饰之美，意识到民族服饰文化传承和保护的重要；另一方面开阔了贵州各民族的视野，使不少青年更向往外部的现代生活。传统民族服饰的型款样式、制作技艺和穿戴习俗被改变、被遗弃，如何保护和传承民族服饰文化成为新的问题。

《中国贵州民族服饰全集》应该是为回答这个问题提供了一个途径。设计史一再证明，广受欢迎的设计应当植根于文化传统、富有民族气派、饱含时代精神，而全面展示、解读、研究贵州的民族服饰正为当代服饰设计提供了取之不尽、用之不竭的文化宝库。

贵州省博物馆利用馆藏的万余件民族服饰藏品资料，集合众多专家学者，编著出版《中国贵州民族服饰全集》，这对贵州民族服饰文化是做了一个大功德。我期望，通过本书，更多的人能了解关心贵州民族服饰文化，珍惜爱护我们的民族服饰文化。

卷次

贵州民族服饰聚合了贵州民族工艺中最精彩的内容，是贵州民族文化最醒目的符号和最重要的载体，是中国传统服饰制作工艺的活态博物馆，是中国历代服饰型款的特色样本库，具有服饰工艺学、历史学、社会学、文化学、民族学等方面的研究价值。

概　述

服饰是人类优秀文化的重要组成部分，历史悠久，源远流长。服饰包括服装和饰物，主要具有御寒、遮蔽、装饰、标识四个方面的功能。人们穿戴服饰不仅由于服装具有御寒、遮蔽身体的功能，还由于其所具有的美化身体的价值。服饰强调衣物的配搭，突出装饰的方法，强调流行的倾向，是一个时期、一定群体穿着的标识性衣物。服饰还是人类社会生活中不可或缺的要素，是人类文明的标志之一，它除了满足人们物质生活需要外，还代表着一定时期的文化。服饰的产生和演变，与政治、经济、社会、文化以及宗教信仰、生活习俗等紧密相连。不同时代、不同民族或族群，相同时代的不同民族或族群都有各不相同的服饰。

民族服饰是指被一个民族或族群普遍认同、世代传承，在民族重要活动和仪式上穿着，并被视作族群标识的服饰。民族服饰是民族或族群的一种制度规定，包括服饰的型款样式、穿着方法、穿戴习

俗，具有民族风格和民族特色，是一种物相语言，是民族或族群经过千百年积淀、选择而形成的一种深厚文化，蕴涵着群体共同的思想、情感和意识。

中国传统服饰以其历史之悠久、神韵之端庄而享誉全球。作为中国传统服饰文化的重要组成部分，贵州民族服饰以其型款之多样、色彩之斑斓、装饰之繁复、内涵之深邃而为世人瞩目，是贵州民族文化的瑰宝。从自然生态、社会生态、文化生态三个层面进行审视，从服饰工艺学、服饰历史学、服饰社会学三个角度进行观察，贵州民族服饰都是贵州民族文化的重要载体，是中国历代服饰型款的特色样本库，是中国传统服饰制作工艺的活态博物馆。

本书对贵州民族服饰进行全方位研究，主要从服饰工艺学、服饰历史学和服饰社会学三个角度展开。首先，从民族服饰制作工艺切入。这是贵州民族服饰形成的基础，故服饰工艺学从材料、型款、缝制、装饰等范畴去研究。其次，贵州各民族服饰的发展不是孤立的，它与其他兄弟民族的服饰有着千丝万缕的联系，欲研究贵州民族服饰，须对中国传统服饰的型款和流变进行了解，这是认识贵州民族服饰的前提，更是认识贵州民族服饰的基础。服饰历史学是从服饰材料史、服饰工艺史、服饰造型史、服饰演化史等角度去分析。再次，研究贵州民族服饰，还应当从贵州民族文化与民族服饰的关系，即服饰人类学的角度切入。贵州民族服饰是贵州民族文化展示的重要平台，服饰人类学就从族群标识、着装礼仪、社会功能、审美态度等方面来观察。

图 1-8 荔波·小七孔

图 1-9 铜仁·梵净山

图 1-10 兴义·万峰林

第一章

贵州民族服饰所处的生态环境

服饰在人类社会生活中占据着重要位置，兼有物质文明和精神文明双重属性。对当前活态的贵州民族服饰进行考察，我们会发现贵州民族服饰的“物质文明”兼及“精神文明”的双重属性更为明显。追根溯源，这与贵州民族服饰的多彩性形成的原因息息相关。首先，贵州民族服饰的形成与贵州的特殊地理区位紧密相关。贵州地处祖国西南，喀斯特地貌发育完整，贵州民族服饰发生、发展于这样的特殊地理环境之中，特殊的地理区位必然会对其产生较为直接的影响。其次，贵州民族服饰的形成与今贵州在历代行政区划的变动及军屯军垦紧密相关。贵州成为一个独立的省级建制，是在明永乐十一年（1413 年）。此前，贵州分属周边各地；此后，又有一些区域并入贵州。不同地域重新整合为一个整体，势必会对其文化产生重大影响。再次，贵州民族服饰的形成与历史上长时段内发生的民族大迁徙相关。贵州是古代濮僚、百越、氐羌和苗瑶四大族系交汇的地方，先秦、秦汉以来又多次成为各民族迁徙的目的地或通道，直接对其服饰文化产生了不可忽视的深刻影响。这几个方面的因素，从根本上决定了贵州民族服饰的独特性和多样性。

第一节　贵州地理区位与苗疆走廊

一、贵州的地形地貌

贵州位于云贵高原东部，地处由云贵高原向荆楚平原过渡的大斜坡地带，横亘于四川盆地和岭南丘陵之间，是西南的腹心地带。东北部武陵山脉、西部乌蒙山脉、北部大娄山山脉、东南部苗岭山脉四大山脉是贵州的“骨架”，长江和珠江两大水系是贵州的“血管”。贵州的山脉从西北向东南蜿蜒伸展；贵州的河流顺山势向北、东、南三个方向分流：乌江、赤水河流入长江，清水江、㵲阳河流入沅江，南盘江、北盘江、都柳江流入珠江。

二、贵州是连接中原内地与西南边陲的苗疆走廊

图 1-11 安顺·黄果树瀑布

四大山脉的山谷和两大河流的水道形成了天然通道，贵州是中原地区与西南地区的连接地带，民族族群的迁徙、流动较为频繁。自古就有两条重要的通道穿越今贵州境内：一条是蜀黔桂古道，一条是湘黔滇古道。

蜀黔桂古道自四川纳溪起，经今贵州境内的赤水、毕节、盘州、兴义等地，连接到广西境内。《史记·西南夷列传》记载的汉武帝遣使到夜郎，访滇国，下两广，走的就是这条古道。

湘黔滇古道自湖南黔阳起，溯沅江而上，经今贵州境内的镇远、贵阳、镇宁、关岭、晴隆、盘州等地，至云南曲靖。史书记载，春秋时期，楚国大将“庄跻入滇”，走的就是这条古道。

图 1-12 兴义·马岭河

这两条古道，对四川、湖南、广西、贵州、云南的政治、经济、军事、文化及商业贸易都发挥了极其重要的作用。由湘入滇的湘黔滇古道和由蜀入桂的蜀黔桂古道在今贵州境内形成十字交叉状。这种特殊的地理位置，使贵州成为巴蜀沟通广西、荆楚联络云南的交通枢纽，成为中央王朝军事行动、政治交往和文化交流的重要通道，是汉族移民和民族迁徙的大走廊。从巴蜀要南下两广，必须穿过这条走廊；从云南要进入中原，必须通过这条通道。

元明以降，今贵州地域在西南地区的战略地位凸显。明永乐十一年（1413 年），中央王朝将原分属湖广、四川、云南三省的地区划出，设置了贵州承宣布政使司，贵州作为一个独立的省级建制正式登上历史舞台。横贯贵州的苗岭山脉地区成了西南边疆和内地军事、经济、文化沟通的重要通道。

明代以后，随着中央王朝政权重心从西向东移动，特别是在贵州建省后，沿湘黔滇大道、筑城堡、修驿道，实施“改土归流”，开发苗疆，蜀黔桂古道的地位逐渐降低，而湘黔滇古道的地位则逐渐上升，成为重要的苗疆走廊。

作为独立的省级建制，贵州有着独特的政治文化意义。在地理区位上，贵州是古代人们进入滇、桂的必经之路。其内部峰丛林立，河流深切，山川阻隔，又形成相对隔离的社会文化空间，形成贵州民族文化上的“千岛”。

图 1-14 榕江・车江

图 1-15 大方・百里杜鹃

图 1-16 赫章・韭菜坪

第二节 贵州行政区划的变动与军事屯垦

一、贵州历代行政区划沿革

贵州历史悠久，旧石器文化时代，几乎每一时期的文化都能在贵州找到代表，典型者如黔西观音洞、盘县大洞等。但是，史书上记载极少。

春秋战国时期，中原地区诸侯割据。在中原人眼中，贵州属于西南夷地区，“远在要荒”。其时，今贵州境内也有许多方国。在数以十计的部落方国中，夜郎势力最大。

秦灭六国统一全国后，在夜郎故地置黔中郡。汉代秦后，灭夜郎，设牂牁郡。魏晋南北朝时期，政权更迭频繁，战乱不断，今贵州境为牂牁大姓统治，势力最大的是龙、傅、尹、董、谢等豪强家族。

唐宋时期，贵州属黔中道。中央王朝对贵州实行“土流并治”，乌江以北为经制州，派官员管理；乌江以南为羁縻州，由当地豪族大姓土官管理；贵州西部各部落首领归附朝贡，中央王朝授以封号，成为其藩属。“贵州”的名称，始见于宋朝。974 年，土著首领普贵归顺，朝廷敕书中有“惟尔贵州，远在要荒”一语，这是“贵州”之名在历史上的最早记载。但“贵州”当时所指称的还不是今天贵州的范围。进入元代，今贵州境内主要实行土司制度，形成了贵州四大土司家族：水西安氏、播州杨氏、思州田氏、水东宋氏。此外，还有数以百计的大小土司，而今贵州的辖地分别隶属于湖广、四川、云南三个行省。

明朝永乐十一年（1413 年）设置贵州承宣布政使司，贵州正式建制为省。清代“改土归流”，置府设县，贵州基本结束了土司分治的状况。

自秦汉时期推行郡县制以来，今贵州境被分割成彼此互不联系的若干区域。由于中央王朝的统治鞭长莫及，长期对贵州推行羁縻州制，“以土官治土民”，由此形成了贵州多民族大杂居、小聚居的状态，各民族生产生活自成系统，传承和发展着自己的民族文化。1413 年建省后，贵州省域才基本定型。政区分割，土司分治，是贵州民族服饰得以长期保留的重要原因。

二、军事征伐与屯垦移民

中原王朝对贵州或以贵州为通道对其周边地区的军事行动，对贵州地方民族成分的构成也产生了影响，随军事行动而来的汉民族被称作“移民”。

先秦时期，汉族先民就由东而西，沿乌江、沅江向黔北、黔中扩展。据史料记载，不同历史时期，中央王朝对贵州或以贵州为通道对其周边地区的军事行动后的移民大致有七次。

文献中最早记载的与贵州相关的军事行动是战国时的“庄跻入滇”。楚国人庄跻率军假道贵州征伐云南，后因为返程的道路被阻断，庄跻在云南称王。汉代以前，因山川阻隔，道路不通，夜郎地区各部落“各自以为一州主，不知汉广大”。汉族大规模移民贵州，汉代首开其端。汉武帝凭借强盛的国力，开拓疆土，今贵州境进入中央王朝的视野。汉武帝派兵征服“西南夷”，以唐蒙为郎中将，率兵千人，食货万人，入夜郎。中央王朝势力进入夜郎地区，汉朝任命当地部落方国土酋为官，封夜郎王，在夜郎地区设牂牁郡，实行“以土官治土民”，夜郎进入“郡国并存”的时期。后来，在平定南越王的同时，朝廷乘机灭掉且兰，置牂牁郡，迫使夜郎王入京朝贡。然后采用“守边备塞”的方法，让驻军建城邑、筑堡寨，并发给种子农具，让士卒垦田种地。随着汉军推进的深入，汉族移民源源不断地进入牂牁郡。随军移入的汉族其农业生产水平比周边各民族的要高得多，他们按家乡的农耕方式进行生产，把先进的技术带到夜郎地区。汉代进入牂牁郡的20多万汉族军民，其后裔在汉朝灭亡后没有再离去，而是继续生活在当地，并被周边的民族同化。

魏晋南北朝时期，“西南夷”地区改称南中。在生产力低下的情况下，部落方国与中央王朝的隶属关系以纳“土贡”的形式体现。中央王朝对边郡主要靠军事控制，在要害地方驻兵屯戍，郡太守主兵，从内地以“移豪民”“徙罪人”“招游民”等方式移民实边，大批汉族先民来到贵州。部落方国势力在中央王朝的打击下大都土崩瓦解，而中央王朝在南中的统治也日渐式微。于是，移入南中地区的汉族军事长官和豪民大姓势力趁机崛起，蜀中大姓与贵州地方土酋结合，形成牂牁大姓。牂牁大姓谢氏称雄。他们变服易俗，成为“夷”化了的汉人，被称作“[illegible]”，以[illegible]

图 1-17　织金·织金洞

图 1-18　紫云·燕子洞

图 1-20 三都·都柳江·水寨

图 1-21 榕江·月亮山·苗寨

图 1-22 雷山·雷公山·苗寨

大姓来到贵州，在文化上与原籍地相较发生了诸多变化，但仍保持较多的汉文化特征。当然这些汉文化特征，已属早期汉文化的历史遗存，而与后来的主流汉族文化相去甚远。

唐宋时期是中国封建王朝的鼎盛时期，是贵州土酋大姓集团形成的重要时期，也是贵州各民族初步形成的时期。中央王朝为将统治势力深入西南，以加强统治，对今贵州境实施羁縻政策。“羁”是马笼头，“縻”是牛鼻绳，“羁縻”就是用一定的方式对民族地区进行控制和约束。“羁縻”政策始于秦汉，盛行于唐宋，是中国封建社会中最基本的民族政策。中央王朝推行羁縻政策，就是恩威并用、以“夷”治“夷”、以“夷”伐“夷”，分而治之，对边疆少数民族以抚绥为主。当时，在今贵州境各土酋控制的地区，分设羁縻州县，任命民族或族群首领为长官，统领原属部下，用“来朝贡，奉正朔”的方式维系羁縻州县与中央王朝的关系。在羁縻政策的影响下，黔中大姓谢氏、赵氏、宋氏纷纷率户内附，大姓的首领被中央王朝封为土官。在民族的分化、融合的过程中，贵州逐渐形成许多新的人们共同体，古代四大族系分化成众多的单一民族，贵州大部分世居民族在这一时期形成。

元代，蒙古族统一了中国。今贵州之地，当时分属湖广、四川、云南三行省，是三省毗连之地。三省在此区域内不停用兵，反复争夺，军事行动频繁。中央王朝对地方上的管理实行土司制，贵州也不例外。按族群大小、势力强弱，朝廷在各地分别设立宣慰司、宣抚司、安抚司、招讨司、“蛮夷”长官司，以土人为官，故名“土司”。当时在今贵州地域分封的“蛮夷”长官司有 260 多个，而唐宋以来势力逐渐发展的黔中大姓，演变为思州田氏、播州杨氏、水西安氏、水东宋氏等“四大土司”。元代土司制常常是“土流参半”，说明当时的移民群体增多，蒙古族、白族、回族也随元朝大军来到黔地。土司制导致了土司区域的封闭性，阻碍着一地人民与周边地区各族人民的交往。

明朝建立后，中央王朝把开发的重点转向西南。明洪武年间，征调大军在征伐云南的元朝残余势力后，南征到今贵州境的军队就地留下，在黔滇大道的咽喉处次第布防，屯戍农垦。为稳定军心，确保军士不致脱籍，朝廷规定兵士可携带亲属，并推行“就宽乡”的移民政策，鼓励人口稠密、经济发达地区的平民迁往地多人少的贵州。这些卫所屯军及家眷，黔东、黔东南、黔西北的移民主要来自黄河中下游的中州地区；安顺一带的移民主要来自江南地区。通过“调北征南”“调北填南”等措施，大批汉族移民进入贵州，改变了贵州的人口结构。这次移民在黔中大地留下千余处屯堡，也给贵州留下了传承至今的屯堡文化。在推行屯堡戍垦的同时，明朝初期，朝廷对贵州少数民族采取了较为宽松的怀柔政策，在政治上以优厚待遇招抚土司，在思想文化上以礼乐教化感化土民。这一时期，人们共同体增加，民族的称谓达几十种，较前朝复杂。此后，朝廷逐渐废除土司制度，扩大流官统治。明永乐十一年（1413年），乘思州宣慰使田琛与思南宣慰使田宗鼎举兵相攻之机，朝廷出兵弹压，并废除二宣慰司。与此同时，设立贵州承宣布政使司，贵州成为独立的省级行政区。明万历年间爆发的“平播之战”，又废除播州宣慰司，并将其地改设遵义、平越二军民府。明崇祯年间，又平定水西安氏的叛乱，以安氏“水外六目地”改而设置镇西卫和敷勇卫。此后，革废水东宋氏的职位，将宋氏辖地“洪边十二马头”改设开州。至此贵州四大土司势力被消除。

图 1-23 石阡·楼上·仡佬寨

1644 年，清军入关，定都北京，建立清朝，但并没有统一中国，南方还存在“南明”永历政权。永历王朝与孙可望以云贵为中心联合抗清，直到顺治十五年（1658 年）清军三路入黔，清朝才确立了在贵州的统治。其后，中央王朝平定水西。雍正年间，在西南民族地区推行“改土归流”，目的在于“勒兵深入，开辟苗疆，开通江路以达楚粤”。“改土归流”并不是彻底废除土司制，而是革除不听号令的土司，把众多小土司划归流官管理，加强中央王朝的统治。“改土归流”后贵州保留下来的小土司仅剩八十余个。同时，废除了“汉不入峒，蛮不出境”的禁令，还推行“剃发令”等民族歧视和民族同化政策。“男苗皆剃发易服，衣帽悉仿汉人”，削弱了民族文化的显性特征。跟随清军而来的，还有大批满族移民入黔屯垦，他们带来了满族文化。

图 1-24 从江·月亮山·苗寨

1911 年，辛亥革命推翻了清王朝的统治。贵州响应武昌起义，宣告“光复”。但辛亥革命建立的“大汉贵州军政府”仅存在三个月即被推翻，贵州进入军阀统治时期。这一时期，贵州军阀在贵州推行民族歧视和民族同化政策，强制改变少数民族的风俗习惯，取消少数民族语言文字，限制少数民族穿民族服装和绾民族发髻，民族服饰文化遭到严重破坏。

中华人民共和国成立后，中央政府彻底废除了民族歧视与民族压迫，实行民族平等、民族团结、民族进步的政策。贵州民族

图 1-26 雷山·西江·苗寨

梳理贵州历史会发现，在各个不同的历史时期、来自各个不同的文化区域、代表各种不同的生产方式的汉族移民进入贵州，又为多元民族文化增添了不同时尚的新内容。贵州汉族移民的来源很广，各个时期都有不同。汉魏时期主要是巴蜀移民，唐宋时期主要是中原移民，明代主要是江南、湖广移民，清代主要是从邻近各省的移入。这些移民带来了不同时期、不同地域的汉文化。多种地域文化的聚合，使得汉文化呈现出多样性，由此也就形成了不同时期汉族服饰文化同时存在的现象。

伴随中央王朝军事行动而来的是屯垦移民，多沿古代驿道呈点状分布。被征调的将领因各种原因无法回返原属地，在贵州就地落户，繁衍生息。移民填黔，聚族而居，不与周边族群交融，其习俗保留着各自的传统，迥异于当地民族或族群。隔地而住，不与母邦故地联系，其生活习惯是故土的旧时延续，有别于当地社会生活。服饰成为其对已远离的故土牵挂的象征，对故土思念的坚守，对难以释怀的乡情的表达。比较典型的是屯堡人，他们自称为老汉人，没有融入当地的社会生活，而是自居一隅，保留下原籍故土当时的服饰和习俗。军事行动后，不同时期的中原移民进入贵州，是造成贵州多元民族服饰形成的重要原因，也是保留了中国历代服饰时尚遗存的重要条件。

图 1-27 黎平·肇兴·侗寨

第三节 贵州民族族源和民族迁徙

贵州多元民族服饰文化的形成，与贵州的历史发展息息相关。贵州是古代南方族系汇集之地，是多民族聚居的省区，贵州世居民族史就是一部民族迁徙史。

一、贵州民族的族源

贵州的民族迁徙究竟是从何时开始的，汉文献中没有确切记载，而贵州民族中大多只有民族语言而无本民族文字，存世的民族文献对民族历史的记载也只有只言片语，我们只能从少数民族口传的古歌和史诗中，大概知道一点各民族族属源流和迁徙路线的线索。从贵州的民族源流和民族历史来考察，除元代以后来自北方的蒙古族、回族、满族以外，汉族属古代的华夏族系，其他各民族分别属于南方四大族系：濮僚族系、氐羌族系、百越族系、

图 1-28 镇宁·扁担山·布依寨

苗瑶族系。贵州是华夏民族与南方四大族系的文化交汇之地。

华夏族系 华夏族系由夏、商、周三代的多个部族经过长期融合演变而成，定居中原。汉族即发展自华夏族系。汉族语言属汉藏语系汉语族。汉朝疆域辽阔，国力强盛，文化远播，在其统治区域内，语言、文字、服饰、礼仪均与周边民族显著不同，周边各族系把汉朝境内之人统称为“汉人”，进而形成“汉族”。汉族居中原，其文献将周边的少数民族称为“东夷”“西戎”“南蛮”“北狄”。汉族的先民从远古开始，在不同时期从不同方向迁移进入贵州。

图 1–29 黎平·堂安·侗寨

濮僚族系 濮僚族系，又称“百濮”，《史记》称作“西南夷”，是分布于今黔滇一带的古老族系，其内部族群众多。濮人的特征是“皆魋结，耕田，有邑聚”，夜郎与滇、邛都属濮僚族系。濮人是夜郎国的主体民族，“西南夷”诸邦国中，夜郎最大。濮僚族系在商周时称“濮”，秦汉以后称“濮僚”，魏晋以后“濮”的称呼消失，“僚”成为专称。贵州的仡佬族与濮僚族系有族源关系，其语言属汉藏语系仡基语族。隋唐时期，居住在黔北地区的僚人逐渐形成仡佬族的先民，称“仡僚”，从宋代开始文献将其记作“仡佬”。

图 1–30 锦屏·文斗·苗寨

氐羌族系 氐羌族系分布于“西南夷”以西地区。先秦文献记作“氐类”，魏晋以后被称作“夷人”，其特征为“编发”，“随畜迁徙”，可见其那时属于游牧民族，或者说还处于游牧阶段，后进入夜郎地区。贵州的彝族、白族、羌族与氐羌族系有族源关系，其语言属汉藏语系藏缅语族。

百越族系 “西南夷”之南为越地，居民称“越人”。古代越人部落众多，文献上称“越”“越人”，又称“百越”。该族系是自有文献记载以来就一直居住在中国南方的族系。百越族系多居水滨，善种稻谷。其特征是“被发纹身”，“巢居崖处”，“铸铜为鼓”。贵州的布依族、侗族、水族、壮族、毛南族、仫佬族与百越族系有族源关系，其语言属汉藏语系壮侗语族。

苗瑶族系 苗瑶族系源自远古时期以蚩尤为首领的九黎部落，史称“三苗”。《战国策·魏策》记载：“昔者三苗之居，左彭蠡之波，右洞庭之水，汶山在其南，衡山在其北。”地望在“西南夷”之东。《后汉书·南蛮西南夷列传》记其特征是“织绩木皮，染以草实，好五色衣服，制裁皆有尾形”，“衣裳斑斓，语言侏离

图 1-32 花溪·石板·梯田

“蛮夷”三者之间存在族属渊源关系，同属苗瑶族系。苗族、瑶族、畲族属苗瑶族系，其语言属汉藏语系苗瑶语族。

贵州古代五大族系和不同时期迁来的民族，构成了贵州的世居民族。由于民族交融，古老族系与现今各民族绝不能一一简单对应。

贵州是南方各民族迁徙、融合的重要地区，众多民族由古代濮僚、氐羌、百越、苗瑶四大族系的族群融合发展而成。濮人和越人很早就出现在云贵高原上，面对严酷的生存环境，他们充分发挥智慧，近水而居，田耕邑聚。之后，氐羌、苗瑶等众多族群移居贵州。各少数民族在这片土地上繁衍生息，互通有无，共生共荣，共同创造了丰富多彩的“文化千岛”。

由于民族内部发展或外部压迫等原因，一些部族被迫离开故土，辗转来到今贵州境内。在贵州的历史发展过程中，各民族在不同时期从不同方向陆续进入贵州。与此同时，几大族系中最早出现在贵州的濮僚族系随夜郎国的消失而日渐衰落。在其他民族向贵州迁徙的同时，属于濮僚族系的仡佬族先民也曾多次从贵州向邻近的四川、湖南、广西外迁，其中以魏晋南北朝时期数量最多。氐羌族系由西而东，从滇东北翻过乌蒙山进入黔西、黔北，逐渐推进。百越族系自南向北沿南盘江、北盘江、都柳江溯流而上，进入今黔南、黔西南、黔中；苗瑶族系则分别从五溪地区和巴蜀地区自东向西逐步迁徙。苗族的迁徙从中原涿鹿之战开始直到近代，经历了漫长的岁月。秦汉时就有由巴蜀、荆楚入黔的汉族先民，元代迁入回族、白族和蒙古族，明代从江南一带又迁来汉族，清代迁入了满族，贵州 18 个世居民族由此而形成。

图 1-33 贵定·盘江·梯田

贵州是一个民族文化多元一体的省份，各民族或族群在不同时期，由于不同的原因，以不同的方式移入贵州，又以不同的轨迹在贵州境内移动。这些移民把不同地区的各种生产经验、生活方式和工艺技术带到了贵州，融合于当地民族文化，促进了贵州民族工艺技艺的提高，也丰富了贵州民族服饰文化的内容。民族迁徙导致族群的分化和文化融合，促进了同一民族不同支系的形成。同一民族的不同支系在保留本民族传统文化要素的基础上，一则适应移居地环境，二则受当地社会文化的影响，以致出现传统文化的变异。

图 1-34 修文·洒坪·梯田

贵州各民族不停迁徙移动，不同群体逐步分化重组，渐次融合发展，是贵州民族服饰形成浓郁民族特色的主要原因。比较典型的是贵州的苗族服饰。

二、贵州的世居民族

汉人是最早参与贵州开发的主体民族之一。汉代伊始，伴随着汉武帝开发今川南、云贵，巴蜀的汉人逐渐南下，带着先进的农耕工具开始了“戍兵屯垦”，为贵州的开发作出了巨大贡献。明朝“调北征南”军事行动，大批军队就地屯田驻扎，建立卫所，修筑驿道。随军迁来的工匠、平民和谪官，用花灯歌唱生活，用地戏演绎人生。屯堡人是600年前南京等地汉人的后裔，因调北征南来到贵州，屯军屯田寓居于此。屯堡人数百年来与当地少数民族和睦相处，与当地文化相互渗透，形成了含蕴有父母之邦远亲的文化要素，又掺杂了寓居之地近邻的文化因子，且有别于后来陆续迁入贵州的其他汉族群体，从而形成了独特的屯堡文化。这是贵州民族文化中的特例，震撼了世人。

图 1-35 乌当·下坝·梯田

苗族是一个古老的民族，在贵州全省都有分布。苗族族源可追溯到黄帝时期的“九黎”和尧舜时期的“三苗”。炎帝、黄帝、蚩尤三个部落的中原涿鹿之战，蚩尤部落最终战败，余部离开东方故土，辗转迁徙进入贵州。因迁徙路线不同，形成了今天的三大方言区。他们分散居住在云雾缭绕的高山上，虽山水相隔，但他们用歌声传情，用舞蹈表意。逢年过节时，数十支甚至上百支芦笙齐鸣，悠扬的乐声远传，声音回旋在整个苗寨。全寨的男女老少身着盛装，从依山而建的吊脚楼上下来，聚集在一起，随着轻松活泼的芦笙曲翩翩起舞。

图 1-36 花溪·高坡·梯田

布依族主要分布在贵州、云南等地，全国超过97%的布依族人生活在贵州。布依族以建筑和古乐闻名于世。布依族建筑随着各地区环境不同而各具特色。贵州北部地区布依族寨子的建筑，大多是由石头和石板建造而成，形成独具特色的石墙石瓦石屋。石屋层层叠叠，顺山势而建，鳞次栉比，依山林立，错落有致，布局井然有序。南部地区由于潮湿，建干栏式建筑，用木竹材料做桩柱、楼板和上层的墙壁，上层住人；下层无遮拦，用作圈养牲畜或放置农具，形成风格独具的建筑形式。八音坐唱是布依族世代相传的天籁之音，八种乐器八种乐音，轻扬、幽怨、圆润、明快、深沉、高亢、甜美、铿锵兼而有之。

侗族主要分布在贵州、湖南和广西壮族自治区的交界处

图 1-38 从江·岜沙·苗寨

图 1-39 从江·宰荡·苗寨

图 1-40 镇远·报京·侗寨

族，他们用花桥鼓楼演绎文化，用歌声憧憬未来。鼓楼是侗寨的心脏，一般位于寨子的中央。集阁形、亭韵、塔势于一体的鼓楼，不用一钉一铆，仅靠榫卯衔接。风雨桥既是连接溪河两岸的交通设施，是装点村寨风光的建筑物，又是人们遮风避雨、纳凉休憩的地方，还是迎送宾客、青年人唱歌娱乐的场所。侗族大歌作为一种多声部、无指挥、无伴奏、无固定曲谱的民间合唱艺术，以“众低独高”、复调式多声部合唱为主要演唱方式，音色清新纯朴、旋律优美和谐、和声巧妙自然。

土家族是古巴人的后裔，在贵州主要居住在黔东地区。土家族保留着崇拜白虎图腾的风俗。其傩堂戏是融文字、舞蹈、音乐、雕刻、绘画及戏剧文化要素为一体的古老艺术，主要功用为敬神娱人。土家族傩戏的渊源可追溯到原始群居时期的巫术。即便是在今天，家中遇事，土家族人往往也要请傩坛师冲傩还愿。傩堂戏由傩祭、傩戏、傩舞、傩技四个部分组成。傩坛师为主家设坛祈福。傩堂戏的面具多为白杨木雕刻，常以变形夸张的手法来突出面具人物的个性，雕刻师多在五官部位着力渲染。傩堂戏表演时，傩坛师身穿傩坛服装，头戴面具，边唱边跳，傩戏班其他成员以锣鼓和之。傩堂戏剧情完整，语言诙谐、风趣，动作夸张。其间，傩班还穿插展示上刀山、下火海、捞油锅等傩坛师的独门绝技。

彝族是一个历史悠久的民族，与氐羌族系有渊源，主要居住在黔西北地区。彝族有自己的传统民族文字。彝文起源于象形符号，后逐渐演变成表音的音节文字。全国现存彝文古籍以贵州为最多，卷帙浩繁。彝族的乡村傩“撮泰吉”，流行于威宁板底，是当地彝族祭祀祖先、祈福平安、祈求丰收的一种仪式舞蹈，被称为“戏剧的活化石”。观看“撮泰吉”时，虽然观众未必听得清“撮泰吉”老人念出的句子，未必读得懂表演者的肢体语言，但是必然能感受得到戴着神灵面具的表演者扑朔迷离的表演所散发出的动人魅力。

仡佬族是贵州最古老的民族，与濮僚族系有渊源。贵州省聚居着超过全国 96% 的仡佬族人口，其民族文化具有鲜明的特色。据《逸周书》记载，周代仡佬族先民濮人以朱砂进贡周王室。务川一带仡佬族至今仍流传着“宝王献丹”的故事。在仡佬族先民居住地，发现大量的崖穴葬与石棺葬。当年古人是怎样把悬棺安放到几百米高的悬崖峭壁的，至今仍是一个不解之谜。陡峭的崖壁上人工开凿的长方形墓穴早已经空空荡荡，这些穿越千古的遗迹，留下了太多的谜团。

水族主要集中在贵州、云南、广西等地，全国超过 60% 的水族人口聚居在全国唯一的水族自治县三都。水书是水族文化赖以生存与发展的符号体系，由水书先生代代相传。水书用水族古文字书写，并用水语语音拼读，是世界上存活不多的象形文字之一，与中原殷商时期的甲骨文有诸多的联系，十分宝贵。水族的一些日常活动，诸如判定事情吉凶，认定鬼魅作祟，禳灾祈福的巫术仪式，均要由水书先生从水书中查找依据。水族有“轻生重死”的传统。在水族聚居区，各式各样的石板墓、石碑墓随处可见。宝顶造型的石碑碑帽、“杆栏式”的棺椁，其精湛的艺术雕刻，令人叹为观止。

图 1-41　西秀 · 大西桥 · 屯堡

回族随几次大的军事行动进入贵州，主要居住在黔西北和黔西南一带。宋元之际，蒙古首领忽必烈率领十万大军进攻滇西大理国时，有许多阿拉伯人、波斯人和其他信奉伊斯兰教的人被征调入伍。战后，其中一部分人辗转移居贵州，或为官，或为军，或为商，这是贵州回族的主要构成。明代，一批回族将领随调北征南的军队来到贵州。清代，一批西北和中原的回族人随清军进入贵州，戍守各地。随着贵州经济的发展和贸易的兴盛，善于经商的回民由西北地区陆续落籍贵州。他们大多数或经商，或宰牛卖羊，或织布制革。

图 1-42　西秀 · 七眼桥 · 屯堡

白族是一个具有悠久历史的民族，自古就以各种称谓出现于文献中。贵州白族主要从云南陆续迁徙而来，主要分布在黔西北地区。贵州白族的服饰独具特色，男子以毡为帔；女子以布为裙衫，外罩毡帔，防雨、防潮、保暖。

瑶族起源于古代的“九黎”，以点状分布于黔湘、黔桂交界地带。贵州瑶族分为四个支系，即荔波的瑶山、瑶埃、瑶麓及从江翠里的瑶族。瑶族妇女将极为擅长的蜡染、挑花运用于服饰之上，使得瑶族服饰成为一道靓丽的风景线。瑶族的粮仓建于村旁户外，瑶族人民用陶缸套在粮仓柱子的底部，釉面光滑的陶缸，可防老鼠爬进仓内，保障粮食储藏安全。药浴是瑶族人民长期在高山深林生活中用来抵御风寒、消除疲劳、防治疾病、保健养生的古老良方。

壮族在宋元以后陆续由广西迁入贵州，主要居住在黔桂交界的荔波、独山、从江、黎平、兴义等地。

图 1-44　花溪·镇山·布依寨

图 1-45　安顺·七眼桥·屯堡

图 1-46　从江·占里·侗寨

走进壮族的村庄，到处可闻到蓝靛的香味，到处都响着“咚、咚”的捶布声。

畲族人口较少，在贵州主要聚居于麻江、凯里、都匀、福泉等地，其先民是由东部闽浙赣粤地区辗转迁徙来到贵州的。畲族有自己的语言而无本民族传统文字。畲族妇女善织巧绣，服饰颜色尚青蓝，喜戴银饰。传统女装为花袖衣，由蜡染和刺绣组成。蜡染为白地蓝花，刺绣以平绣和挑花为主要针法，衣服的下摆和衣角有刺绣装饰，极具特色。畲族的“粑槽舞”是由一种生产活动演化而来的祭祀舞蹈，表演者根据敲击粑槽的鼓点，将木棍相互击打，以示继承祖先的武艺；身着盛装的妇女围着舞场四周跳舞助兴。

毛南族与百越族系有渊源，集中分布于平塘、惠水、独山，民族文化丰富多彩。打猴鼓舞是毛南族传统舞蹈，主要用于祭祀仪式。打猴鼓舞以敲击皮鼓控制节奏，舞者动作配合鼓点。舞者模仿猴子的各种动作，生动形象。打猴鼓舞将祭祀活动与舞蹈动作融合，具有鲜明的民族特色。

仫佬族与濮僚族系有渊源，集中居住于麻江、凯里、黄平，至今依然保留着濮人打牙、编发、着桶裙的习俗。仫佬族老年人去世，先洗净遗体，穿上新衣，然后隆重举行葬礼。行土葬前，如果死者牙齿齐全的必须敲掉一颗。仫佬族以农历十月为岁首，卯日为节日。仫佬年是仫佬族最重要的节日。

贵州世居民族中还有来自北方的满族、蒙古族、羌族等民族。在古代，随着中央王朝对西南地区的经营，他们陆续随军进入贵州。这些民族各自传承和发展本民族的传统文化：满族保持了鸟崇拜习俗，祭祀时戴铜鹊顶。圈舞是蒙古族民间流传的民族舞蹈，具有远古色调。羌族服饰继承了古代羌人的服饰文化传统，最典型的就是服饰上的羊图腾元素。羌族妇女的围腰、头帕上也常常绣有卷曲的羊角花纹，精巧奇妙。（本书编写组，《我们贵州》，2017 年，第 36~45 页。）

不同族群的迁徙演化，在贵州形成了 18 个世居民族，各具特色的民族服饰，组合成多彩的贵州民族服饰文化。各民族睦邻友好，守望相助，共同绘制了贵州民族服饰文化的多彩画卷。

图 1-48 播州·海龙屯

图 1-49 福泉·城关古城

图 1-50 花溪·青岩古镇

第二章

贵州民族服饰是民族文化的重要载体

民族服饰是民族工艺美术的重要组成部分，并且是其中极其特别的一类。民族工艺美术是指用手工艺美术方式完成的造型艺术，与人们的日常生活密切相关。民族工艺美术的主体首先是日用品，其次才是鉴赏品。民族服饰把实用和欣赏两个方面巧妙地融为一体，既是供欣赏的日用品，又是作日用的欣赏品，是民族物质文化和精神文化的主要物化形式，兼有物质文明和精神文明的双重属性。

第一节 民族服饰是民族工艺和集体智慧集中展现的载体

民族服饰是贵州民族文化综合性展示的主要载体，融合了多种工艺美术元素。贵州共有 18 个世居民族，在有民族语言而无传统民族文字的世居民族中，造型语言和图案语言是传承民族文化的重要工具。贵州民族服饰是民族工艺美术各种工艺技艺的综合性运用的载体，是民族社会生活中最重要的工艺品之一，是贵州民族工艺美术成就的重要代表。鉴于贵州民族服饰在民族文化中的特殊地位，研究贵州民族文化，最有效的路径之一便是从研究贵州民族服饰切入。

一、民族服饰是民族工艺综合性运用的成果

贵州民族服饰涵盖多个工艺门类 中国传统民族工艺可分为织物、陶瓷、玉石、金属、漆木以及其他六个门类，各门类之下，又可加以细分。贵州民族服饰的制作工艺，涉及织物、金属、漆木以及其他四个门类，包含了织造、印染、刺绣、纹样、造型、缝制、银饰、头饰、配饰九种工艺，涵盖了织物门类的所有品种。围绕民族服饰制作，形成了民族服饰制作工艺链。

贵州民族服饰用料丰富 贵州民族服饰的制作涉及原料众多，所用布料按原料分有蚕丝纯织、葛纱纯织、棉纱纯织、麻纱纯织、

丝棉交织、棉毛交织、麻毛交织，按工艺分有提花类的锦、绮、绫、绦、组、罗，平纹类的纱、绢、绨、条纹布、花格布，以及无纺类的毡、蚕丝絮片。布料织就后，还须进行染色才能使用，染色也要用到不少物料。贵州民族服饰染色，分矿物染色和植物染色两种。矿物染料有朱砂、白垩土，植物染料有蓝靛、茜草、板蓝根，还有各种植物的根、叶、果实。部分染色工艺还要用动物血液、油脂、蛋清、皮胶等做辅助染料。在贵州民族服饰的重要组成部分——刺绣绣品制作中，也需用到许多物料。黔绣取料多样，丝线棉线、动物绒毛、植物纤维、金属拉丝均可入绣。贵州民族服饰的头饰材料多样，头发皮毛、金属材料、木材骨角、棉麻纤维都可作为装饰。此外，贵州民族服饰的配饰用材也十分广泛。

图 1-51 锦屏·隆里古镇

贵州民族服饰加工工艺复杂 材料自身不会自动变成服饰，要将相应的材料制作成服饰成品，必须通过工艺进行加工。与贵州民族服饰相关的每一种工艺都要对各种材料进行细致加工并巧妙运用。服饰的主体部分需要裁剪缝制，工艺也是多种多样的；服饰的装饰手段有织造、印染、刺绣等，织造保存了十余种传统的制作技艺；印染有蜡染、枫香染、牛油防染等多种工艺；刺绣工艺独特，除用针线进行刺、戳、挑、缝之外，往往还利用劈捻、缠绕、编结、拼贴、折叠、堆垒、嵌缀、吊挂、串扎、盘钉、衬垫等多种技艺手法。与服饰相关的配搭有头饰、手饰、配饰等。服饰配饰包含了藤编竹编、金属工艺、木梳篦制作、发式编结、面具雕刻等工艺门类，其中每一种工艺门类都有数十种技艺。譬如银饰中手镯的制作，一只手镯从银条变为成品要经历熔银、锻银、拉丝、编框、焊接、编花、熔球、錾花、焊丝、成型、焊花、整型、洗涤抛光等 13 道工艺；头饰也有梳挽、插簪、缠帕、箍发、鬘发等技艺。

图 1-52 镇远·城关古镇

贵州民族服饰装饰手法多样 一般而言，贵州不同民族的民族服饰其装饰手法不同，同一民族的不同支系装饰手法也不同。同一服饰上挑花和刺绣并存，蜡染与刺绣同在，一技突出而多技烘托；同一件绣品上采用了多种刺绣针法及绣法；同一个纹样图案，先是要染制为蜡染，然后用刺绣在蜡染上再加工，最后还要在布料的连接处镶上花边。

二、贵州民族服饰是贵州民族工艺的重要展示平台

图 1-55 雷山·苗族·拦门酒

图 1-56 台江·苗族·拦门酒

图 1-57 黎平·侗族·拦门酒

刺绣、银饰作为工艺技艺产品，有自己的发展体系；服饰则吸纳了它们，并将其作为自己的材料或饰物，使其为己所用。与此同时，服饰的传承和发展又促进了它们的创新和发展。

蜡染驰名中外 贵州民族的蜡染、树脂防染、牛油防染、扎染、镂版印花染，都属于纺织防染印花工艺，各具特色，各擅胜场。其中，贵州蜡染在全国颇有名气。树脂防染印花，又称“枫香染”或“松香染”，是贵州特有的染法，是利用枫树或松树分泌的油脂作为防染剂来制作印花布的一种工艺：惠水、麻江等地的布依族、苗族、瑶族用树脂掺牛油做防染剂；荔波瑶山的瑶族，利用当地称为“粘膏树”的油脂；而平塘苗族，则单纯使用牛油作为防染剂。今天，贵州惠水、望谟、罗甸、平塘、荔波等地的布依族仍然保留着传统活态的扎染工艺。其制作方法为：用针线在面料上绣出纹样，用绳捆绑遮盖纹样，然后在染缸中浸染。晒干后拆去绣线，就露出蓝白互渗的纹样。蓝印花布的制作，先用硬纸板或牛、猪等动物皮革刻镂出印花版，再用黄豆粉与石灰掺水拌和成的浆料进行刮浆，又经过晾干、浸染等工序方才完成，所以，贵州民间把它称为“豆浆布”或“灰浆布”。染色剂一般为蓝靛，染出的花布为蓝底白花。

黔绣独具特色 刺绣是贵州民族服饰最重要的装饰手段，其制作手法多样、纹样多变、色彩丰富。黔绣主要是指贵州各少数民族刺绣，有着浓郁的地域特色和民族特色，在国内的各大绣种中独树一帜。其特色主要表现在刺绣材料使用的广泛性，刺绣技艺的多样性和色彩配搭的灵活性等方面。黔绣，较为有名的绣法有擘丝绣，以台江施洞最为著名；辫绣，俗称“绉绣”；圈绣，俗称“锁宝绣”和“结珠绣”；绕线绣，代表有三都水族马尾绣、织金苗族绞丝绣、榕江侗族缠线绣等；剪贴绣，最为典型的有苗族剪花贴绣、威宁彝族剪花贴绣、黎平侗族剪花贴绣等；堆绣，以台江苗族堆绣为代表；嵌金绣，以剑河苗族锡绣为代表；织绣，以黎平侗族织绣、郎德苗族织绣、三都水族织绣最突出；丝板绣，以榕江、丹寨、三都一带苗族百鸟衣的丝板绣为代表。黔绣的针法丰富，有打籽绣、十字绣、鱼骨针等数十种。

银饰炫目精彩 银饰是贵州少数民族的重要装饰品，以金属银锻造而成。根据佩戴和装饰部位的不同，银饰可分为头饰、耳饰、项饰、胸饰、背饰、腰饰、手饰、足饰等八个大类几十种。贵州的银饰工艺精致，造型众多，图案丰富。贵州各少数民族重大节庆活动有穿着民族盛装的习惯。在部分少数民族中，银饰是民族盛装的重要佩件，银饰组成品种和饰品繁多。银饰搭配盛装，炫目多彩。随着穿着者的走动，银饰就会不时发出清脆悦耳的响声。

服饰造型丰富 贵州民族服饰具备中国传统服饰的基本型款，譬如春秋战国时代的深衣，汉代的袍服，魏晋南北朝时代的衫、袄、襦、裙，隋唐时代的半臂襦裙，宋代的褙子，元代的长袍，明代的补子服，清代的长袍马褂，等等。从今天所能找到的资料来看，贵州民族服饰保留下历代服饰时尚的印迹，汇集了贵州民族民间的各种技艺，形成了造型丰富、装饰繁复的独具特色的服饰，贵州这片热土因此也成了中国传统服饰的活态博物馆。

图 1-58 榕江 · 苗族 · 拦门酒

三、民族服饰是民族集体智慧的结晶

民族服饰制作参与者众多 女性是民族服饰制作的主体，下地种植，弹花纺线，织布造锦，打靛印染，挑花刺绣，这些获得生活资料的劳作既是各族女子的日常，也是她们多姿多彩的生活。在获得各种物质生活资料的同时，各族女子还要用巧手装点她们的生活，最具代表性的就是民族服饰的制作。服饰制作技艺与整个族群的生活相关，是族群生活的最基本技艺，是族群内每个家庭中女性必备的日常生活技能。在民族服饰漫长的发展历程中，每一种型款都经历了无数女子的传承与创新，最终才形成了完整的民族服饰式样及工艺。经过传承，民族服饰制作技艺成为各族女性的习用技艺。纺织、印染、刺绣、缝制等技艺为族群中女性所普遍习用。在传统的农耕社会，各民族成年女性都必须为家庭其他成员缝制衣服。服装缝制技艺是每位成年女性的必备技艺，是族群中女性必须掌握的技艺，是族群生活的最基本技艺。与此同时，作为族群的重要标识物——服装的缝制又有统一的型款规定和装饰要求，故民族服饰的缝制工艺是全族群女性所共同享有的，传承是族群传承。因此，虽然每一套民族服饰表面上看只由一人完成，但如果将其放入民族文化传承和历史发展的大背景下进行考察，实则制作参与者众多。

图 1-59 乌当 · 布依族 · 拦门酒

民族服饰传承方式独具特色 在贵州的传统农耕社会中，男耕女织，缝制全家人的衣着是为人妻、为人母的责任。社会生活中，人们也把服饰制作技艺作为评价女性能力的重要标准，这与中原地区传统社会以“德、颜、容、工”来评价女性相似，民族服饰

图 1-62　水城·苗族·芦笙舞

图 1-63　雷山·苗族·芦笙舞

图 1-64　长顺·苗族·芦笙舞

女性在孩提时起就在母亲的纺纱机、织布机旁玩耍；从七八岁起，就在母亲的指导和督促下，开始接触学习养蚕采麻、纺纱织布、剪纸绘样、刺绣挑花、裁衣缝纫等技能技艺。她们以能够为自己缝制嫁衣为目标，逐步学习掌握服饰制作的系列流程。女性掌握了服饰制作的技艺，既解决了基本生活技能，也为自己赢得好的口碑，得到族群社会的良好评价。

纺织等技艺在民族地区的普及面很广　在农耕时代，贵州自然条件好的地区，民族服饰大多是用自纺、自织、自染的家机布制作，粗厚结实，经久耐穿；民族服饰制作所需要的装饰，也是由自取的物料经过相关技艺制作而成，譬如刺绣所需要的彩线，蜡染所需要的蜂蜡，等等。20 世纪 40 年代中央工艺美术学院的庞薰琹先生曾到贵州考察，他说："我过去完全没有想到民族民间工艺是这样的丰富，同时它能表现出如此高的艺术水平。这些山里的姑娘，没有什么绘画基础，更没有受过什么专业技术的训练，90% 以上没有出过县，90% 以上没有上过学。但是我亲眼看到近百个姑娘，在阳光中坐在石头上，既没有什么样底，也不需要什么底稿，拿起针来，凭自己的想象，根据传统的装饰结构，绣出各式各样的装饰图案。虽不全都是上品，但绝不会有废品。因为她们尊重自己的劳动，爱惜这些布、这些线，因为都来之不易。这种群众中潜在的艺术智慧，对我触动很大。"（《贵州山民图》，2015 年，第 111 页。）庞先生所观察到的现象，在贵州这片土地上相当普遍，足见与服饰制作相关技艺的普及范围之广。

客观地说，工艺技艺是民族文化的一种标杆，是民族文化发展的重要标识。贵州民族服饰是传统工艺美术的重要组成部分，与此同时，由于其中吸纳了众多工艺技艺，它又成了众多传统工艺技艺集中展示的平台。服装制作与织造、印染、刺绣、剪纸、银饰、佩饰等多种工艺相辅相成。服饰加工业的发展，带动服饰相关行业的发展。相关行业技艺的提高，为服饰美化创造了条件，促进了服饰的美化。贵州民族服饰依托多种民族工艺的装饰而显得绚丽多彩，贵州多种民族工艺借助民族服饰而得以提升、得以展示。如黔东南的苗族、侗族对银饰的需求，促成了当地银饰加工业的发展，形成了历史悠久的银匠村。而银饰业的发展又推进了银饰制作技艺的提高和银饰品种的丰富。

众多工艺的聚集，成就了贵州民族服饰的审美性特征：民族服饰的需求促进了各种工艺技艺的提升；服饰技术提高促进了审美的提升，而各种工艺技艺的发达促成了民族服饰的繁荣。贵州民族服饰发展的千百年历程中，各种工艺得以集中展示，无数人的智慧得以汇聚，服饰成了民族工艺和民族智慧集中展现最为重要的载体。

图 1-65 西秀·苗族·跳花坡

第二节 贵州民族服饰的社会功能

服饰是经由人的现实生活需要而产生和发展的。服饰产生后，在御寒等实用功能之外，逐渐被赋予了文化的功用。从人类学的角度加以审视，可以探讨服饰在族群标识、社会功能、着装礼仪等方面的内容。对于贵州民族服饰而言，从服饰人类学的角度切入，有利于把握贵州民族服饰的社会文化深刻内涵和重要价值。

一、民族服饰是信息识别的重要代码

图 1-66 凯里·舟溪·苗族·芦笙节

民族服饰是民族或族群的徽标，是民族或族群间互相区别的主要标识物。民族服饰经过长时间的发展，文化内涵相对稳定。就贵州民族服饰而言，其标识功能主要有四：族群识别、血缘识别、年龄识别、婚否识别。

族群识别 民族服饰是区别各个民族或族群的文化标志，是民族（或族群）间互相区分的标志。服饰对于民族或族群的识别，主要是从服饰的型款、装饰的工艺、发式的挽编、配饰的组合来区分。同一民族或族群的人穿着相同的服饰，在特定的场合进行交流，会产生心理上的认同和共鸣。清镇麦格的“四印苗”，其上衣前襟、后襟、两袖上各有一枚与印章印文相似的图案。据说是其部落在某一次战争中失利，撤离时由于王印不便携带，于是首领就把印章图案印在他夫人的服装上。这个纹样就保留了下来，“四印”就成为苗族这一支系的徽记。荔波境内的瑶族有三个支系，即瑶山的“白裤瑶”，瑶麓的“青瑶”，瑶埃的“长衫瑶”，其服饰各不相同，但却有一个共同的特点：女装上衣的背部都用背牌图案来装饰，且这三个支系的瑶族人对背牌的称呼，背牌的图案纹样，背牌的制作方法都很相似。背牌为正方形，装饰图案由六个部分组成，上部为刺绣的太阳纹和两个人形图案；左右两边的图案对称，为鸟纹、房屋纹、回形纹、人形纹；下部为两只鸟和植物；背牌中心和四角为菱形图案。相传背牌图案为瑶王的

图 1-69 榕江·达地·苗族·瓜节

图 1-70 黎平·尚重·侗族·大歌节

图 1-71 从江·丙妹·侗族·芦笙节

背在身后。慢慢地，背牌就变成了民族的徽记，成为与其他民族相区别的标志。

血缘识别 民族服饰对外是民族或族群识别的标志，对内则是族群内部各支系间血缘关系的标识。在一个族群内部，血缘关系决定了族群成员共同遵守的婚姻制度。婚姻制度是特定社会要求其成员在婚姻方面共同遵守的行为准则，它由社会习俗和法律所规定。贵州各民族传统上通行族群内婚和支系外婚制，禁止直系血亲和三代以内的旁系血亲通婚。直系血亲，是指和自己有直接血缘关系的亲属，具有生与被生关系。根据亲属关系发生的原因，可以将亲属分为配偶、血亲和姻亲三类。三代以内旁系血亲是相对于直系血亲而言的概念，它是指在血缘上和自己同出于三代以内的亲属。每一个族群都有自己的适婚范围，对支系间能不能开亲有明确规定，服饰是能否通婚的最明显的标记。在众多的人群中，寻找可以婚配的对象，通过对服饰的观察就能获得相关信息，具体可从服饰的样式、装饰的纹样、发饰的插戴等方面作出可否婚配的判断。

年龄识别 人从出生到死亡，一般要经过为五个阶段，即婴幼儿时期、童年期、青春期、成年期、老年期。相应的，每一个年龄阶段，所穿戴的服饰都会有所区别，主要以服饰的样式、装饰的色彩、头饰的变化来区分。服饰成了人生不同阶段的标识物。人生的不同阶段——尤其是在成年之后，就会履行一定的社会职责，承担一定的社会义务。服饰是社会规范的物化形式，各种社会角色的身份区别，较明显地反映在服饰上。诞生、及笄、成年，每一个阶段都明确了人的社会属性。这种社会属性的确定，要通过一定仪式来实现，而换装是这种仪式的直接表现。在贵州各民族中，换装是对社会角色责任的承诺，深刻地影响了人的观念和行为。举行换装仪礼，是家庭、社会对成员的认同的一种象征性仪礼。在中国传统社会中，进入儿童期，进入青春期，有“及笄礼”“换装礼”。贵州大多数民族中没有单独的成年礼仪式，但族群中有每年一度的男女青年聚会性质的活动，如苗族的跳花节、布依族的歌会、侗族的踩歌堂，则相当于集体的“加冠”“及笄”换装典礼。届时，及龄的青年男女，都会被家人精心地梳妆打扮，更衣绾发，在活动中闪亮登场，完成其成年仪式，得到族群的认同，取得找对象的资格。此后，他们就可以参加青年男女的游方、行歌坐月等活动了。

婚否识别 民族服饰还是青年男女特别是女子婚否的标识。在贵州的少数民族中，青年女子是否结婚，可以从女子的服饰、发式、头饰来进行判断。已婚与未婚，其服装的色彩、发式的挽编、头饰的插戴是不同的。如望谟蔗香布依族女子赶街或走亲戚，头上要戴一条毛巾。若将毛巾折叠成三层，盖在头上，表示未婚；若用毛巾包头，则表示已婚。壮族也有类似的习俗：婚嫁时，新娘要穿戴新衣，梳理特定发式，银簪是陪嫁时的重要嫁妆；婚后要变换发式。镇宁一带的布依族有为女性举行“戴假壳仪式”的习俗，这是其婚姻中一阶段向另一阶段转变的标志。在该地布依族的传统社会中，有婚后女方暂不到夫家常住的习俗。举行婚礼后，女方返回娘家居住，逢农忙时节、节日或夫家有婚丧嫁娶等大事，方由夫家接过来暂住数日，之后又返回娘家。这种婚俗称作“不坐家”。只有待其怀孕后，女性才会到夫家长住。“戴假壳”就是夫家为结束女性在娘家长期居住这种“不坐家”的生活必须举行的仪式。“假壳”是一种撮箕形的帽子，以竹笋壳为内衬，用土布和花帕子缝制而成。戴上“假壳”就意味着女子无忧无虑的少女时代结束，步入住家为人妇、准备为人母的阶段。

此外，贵州民族服饰还有其他一些识别作用。贵州各民族通过民族服饰，传递了世代遵守、约定俗成的集体共识和族群信息。这些信息是民族或族群间一些物或事相区别的代码。要破译这种族群代码，必须对服饰符号的整体结构和各个层面进行研究剖析，才能完整系统地把握。

图 1-72　榕江·空申·苗族·茅人节

图 1-73　榕江·计划·苗族·芦笙节

二、民族服饰是社交往来的礼信

贵州民族服饰是传统社会伦常的物化形式，内涵丰富，其中凝聚着制作者的智慧和心血，更凝聚着她们的深情厚谊。在传统民族社会的一些重要交际场合和仪式中，服饰常常会作为亲朋好友间互相馈赠的礼信，典型者有送背扇、冠笄、腰带、鞋垫等。

婴儿三朝送背扇 在孩子还没有出生之前，其母亲、外婆早就准备好背扇，将具有民族或族群传统观念和传统信仰的造型符号精心地绣在背扇的各个部位。背扇俗称“背娃带”，指妇女背负婴幼儿于背的长布带。小孩满月要办满月酒（俗称“月米酒”），外婆家来吃满月酒时带来的礼物除了甜酒、大米、鸡鸭、鸡蛋外，还要给外孙送来精心制作的背扇以及被褥、披风、银饰、衣物等

图 1-75 兴义・布依族・三月三

图 1-76 贞丰・布依族・六月六

图 1-77 贞丰・布依族・六月六

长命缕即拴五色丝线，源于中国古代的五行观念。古代崇尚五色，以五色为吉祥色，后逐渐发展成为银质的“长命锁”。银锁正反面分别有文字与图案，表达了人们对于幼儿生命长久、幸福吉祥的美好祝愿。錾在锁正面的文字，一般为“长命百岁”“长命富贵”等；錾在锁反面的图案，多为麒麟、龙、虎等吉祥动物。银锁又有“银压领”之称，苗族姑娘从周岁佩戴，直到出嫁后才会取下。

在外婆家给外孙送背扇的同时，还要送一块包头的纱帕和一套衣服给孩子的奶奶，祝贺其家中添丁；奶奶家也还送一套衣服和纱帕给外婆。这一礼节，既意味着衣物的换装，也预示了人生角色的转换。与此同时，刚满月孩子的母亲也会给自己的公公、婆婆送上一套新衣服，意味着新身份的确立。布依族在吃“月米酒”的过程中，有一个程序的仪式感很强，也很有趣：晚饭后，主人家在堂屋中摆上三张桌子，把外婆家送来的贺礼全部摆上，展示物品和针线活。席间，大家一边喝酒对歌，一边用开玩笑的方式，用背扇把送给小孩的衣服被褥捆起，让孩子的爷爷奶奶背上，俗话叫“背子孙”，意思是祝福主人家子孙兴旺。

成年之礼送冠笄 弱冠及笄之礼即成年礼。男孩到二十岁，要更换头上的帽子，称弱冠。从江岜沙苗族男孩十五岁时，长辈用镰刀将他头周边的头发剃去，只留头顶发，并用布条与顶发挽结成一个圆圈。然后还要给他换一身成年衣，并配发一支枪，表示他成年了。女孩到十五岁，称及笄。女子的头发样式随着年龄的增长而变化。女孩从六岁开始蓄发，先是抓成一把，扎成小鬏鬏；随后，头发长长了就扎成小辫子，十五岁换装及笄，把头发绾成一把，盘髻于头上。发髻绾上，表示成年。台江方翁苗族未成年女孩，穿的衣服苗语称“欧降”（意为“野猫衣”），衣服上装饰简单，只有三条绣花布条。十五岁行过成年礼后，就不穿再“野猫衣”，而改穿刺绣较多的花衣。小伙子看见姑娘穿上花衣，头上佩戴头饰，腰上扎起腰带后，就意味着可向她求爱，讨要腰带。

情投意合送腰带 在贵州各民族中，女性的服饰比男性的一般更为华贵耀眼。跳花场上，盛装服饰是姑娘们的标记，而相上意中人，自织的腰带是定情的信物。姑娘们通过行歌坐月物色好对象后，就把自己绣制的花腰带相赠。若小伙子同意，就解下自己的腰带回赠。腰带成了十分重要的礼信。互换腰带后，双方就不能再与别人谈恋爱了。

结婚大喜送鞋垫 举办婚礼时，新娘要送认亲鞋垫。鞋垫上绣有各式各样的图案，分赠给长辈和晚辈。将自己精心绣制的鞋垫送出，既显示新娘的贤惠能干，又表示新娘对新的角色身份的认同，对即将承担家庭责任的承诺。

除上述几种场合之外，贵州民族服饰作为礼信赠送还包括在丧葬祭奠时送被服等。有老人去世时，奔丧的亲友都会带上作为奠仪的被服前来。

图 1-78　兴义・布依族・八音坐唱

三、民族服饰是才德、财富的展示

民族服饰是制作者经过无数的工序制作而成的，制作民族服饰尤其是盛装就是制作者才艺的展演。贵州各少数民族的一些节庆仪式是青年男女的重要社交场合，男女青年往往以民族服饰为媒介进行交往。未婚女子以自制的盛装作为标识，吸引未婚男子前来求偶。进入婚恋期的青年男女，更是会刻意梳妆打扮自己。跳花场上，服饰还是姑娘们的标记。五彩缤纷的少女服饰，既是姑娘们楚楚动人的外观标识，亦是她们心灵手巧和智慧勤劳的外化表现。

图 1-79　册亨・布依族・三月三

刺绣是少数民族传统女性才艺的重要体现　刺绣，俗称“打花”，是贵州各少数民族姑娘从小就要学习的基本技艺之一。在贵州民族的传统社会中，在很长的一段历史时期，刺绣、纺织是各族女子必备的基本技能。女孩从小就受母亲启蒙，跟着她母亲及其他长辈学习，其后是与族群内的姐妹们切磋交流。族众在分享服饰制作人创作的快乐的同时亦能欣赏和感悟制作人心灵之美和技艺之巧。女子在学习技艺的同时，也培养了自己的文化修养和审美情趣。各民族村寨都有一批刺绣高手，她们一针一线绣出的腰带、嫁衣、围腰、枕头、被面、鞋子等绣品，是姑娘们出嫁时的重要嫁妆。姑娘多年来精心刺绣，就是为在出嫁那天穿着色彩绚丽的嫁衣，娘家人排着长长的送亲队伍，抬着漂漂亮亮的嫁妆，体体面面地将自己送往婆家。丰盛的嫁妆一方面显示了新娘的女红技艺，另一方面也展示了其娘家的经济实力。在沿途赞赏与羡慕的目光中，新娘及其娘家获得村邻四坊的尊重，新娘也得到婆家的认可，从而增添了对未来美好生活的自信。

贵州各民族择媳看重勤劳朴实、心灵手巧，而判定女子才德的重要标准，就是看她的刺绣活。针脚的疏密、技艺的精粗是衡量服饰制作人技艺水平的标准。缝制人通过作品把心中的美物化

消防安全
人人有责

图 1-82 花溪·高坡·苗族·芦笙舞

图 1-83 花溪·燕楼·苗族·花场舞

图 1-84 贵定·新铺·苗族·长衫龙舞

织成的铺盖，自己绘染的花布，自己刺绣的嫁妆，否则会遭左邻右舍嘲笑。

民族服饰是家庭财富的展示 民族服饰的制作者靠自己精良的手工技艺来实现自己的人生价值。重大的仪式活动，是她们打扮自己的机会，也是将自己的财富和技艺一起展示的机会。传统银饰主要是年轻女性的节日盛装穿戴品，也是父母为女儿准备的嫁妆。银饰除了展示各族女子的美丽端庄之外，也显示了其家族的富足与兴旺发达。苗族盛装的银饰大致包含了头饰、颈饰、胸饰、背饰、手饰、腰饰、腿饰、衣饰八个部分，有簪、钗、梳、帽、冠、箍、抹额、步摇、流苏、花钿、花胜、环、玦、坠、珰、链、项圈、压领、锁、胸牌、腰片、背牌、背扣、腰带、腰链、吊饰、镯、钏、戒指、银片、银泡、银串、银扣、银铃等三十余种饰件。一套银饰全身完整披挂，重达十余千克。银是贵重金属，在传统的民族家庭中，没有一定的经济实力是无法置办整套银饰的。与银饰配套的，是穿着极其繁复的服饰：女装裙子要套多条，重重叠叠，最多达十余条。这种穿戴的繁复既是民族审美的一种表达，也是家庭财富的展示。逢年过节，民族村寨中的长者上装穿蓝色或黑色绸缎面料长衫，几件套穿在一起。穿着要有层次，长的穿里面，短的穿外面，层层相叠，在衣领处要表现，在袖口处也得展示，显示其家庭的富有。这种方式保留下了汉代袍服三件套式的遗痕。

四、民族服饰是节庆盛典的仪仗

在贵州民族地区，民族服饰穿戴与民族节庆仪式密切相关，民族节日和礼仪活动是展示民族服饰的主要场合。可以毫不夸张地说，盛装银饰已经成为贵州民族节庆活动的一种标志性符号。在盛大的节庆仪式上，民族盛装、歌舞、列队展示不可或缺。其间，盛装的女性一身银饰，光华闪耀，仪态端庄。与此同时，民族服饰是民族文化的重要载体，服饰上的纹样和图案，被赋予了深刻的内涵，对人们的行为有规范和警示的作用。

民族服饰是人神沟通的仪仗 贵州少数民族主要生活在农村，过着农耕的生活。农耕社会中，不论贫富，人们在日常生活中着装大致差不多，服饰上的区别不是特别的明显，个人的职业角色和社会身份在社区的族群活动中才体现出来。在传统民族村寨中，最有身份者有三类：寨老、巫者、药师。民族服饰的仪式仪仗功能，主要表现在寨老和巫者的服饰上。

图 1-85 榕江·计划·苗族·芦笙舞

巫者，又称作歌师、祭师、鬼师，各民族的称谓不一，被认为是宗族中能够与祖先、鬼神相沟通，能为人消灾祈福、降神预言、祈雨治病的人。“巫”是传统社会生活中一种不可缺少的职业，由族群中掌握族群密码的家族承袭。巫者负责村寨中婚丧节庆及祭祀活动的主持。在这种场合，巫者有自己的一套行头。巫者的服装形制也有规定。黔东南月亮山区的苗族支系，每十三年要举行一次鼓藏节活动。届时，作为祭师的鼓藏头要穿特制的蜡染绣花鼓藏衣，戴特制的发冠。在月亮山的鼓藏节上，摄影师曾拍到一幅头戴用干鱼缠绕为鱼冠的鼓藏头的照片。头戴鱼冠，不知与出土的殷商时期的文物中以小玉鱼做冠的习俗是否有联系，抑或是远古图腾崇拜的遗迹？这些目前都不得而知。在祭祀活动中，以鱼为祭品敬供祖先，一则是因为鱼有强大的繁殖力，暗喻着期望家族的人丁兴旺；二则是因为苗族迁徙进入贵州大山之前，曾有过一段在江河中以捕鱼捞虾为生的生活史，以鱼祭祖即为了纪念这段渔猎生活。以鱼为冠的帽饰，依稀表达了苗族人的民俗心理。

图 1-86 贵定·昌平·苗族·牛打场舞

民族服饰显示了长者的威严 寨老是宗族中各种制度规范的传承者、代表者、执行人，一般由宗族中最年长者、辈份最高者担任。寨老在家族中调解纠纷，对外交涉，负责执法（祖训、祖制）和传法（解读、制定）。寨老主持宗族的重大活动时，都身着民族传统服饰：身穿长袍马褂，头戴瓜皮小帽，腰缠青丝布带，挂着烟杆、烟袋等配饰，神情严肃。

民族服饰是结婚仪式的女性着装 结婚仪式上，新娘的着装即为嫁衣，是指姑娘为出嫁而准备的婚服。在贵州民族传统习俗中，嫁衣是女孩子一生中最重要的服装，制作时间极长。女孩大多从小就开始做起，一直要到出嫁前才完成。贵州各少数民族的传统社会中，一套嫁衣寄托了女性少女时代的全部梦想。嫁衣崇尚华丽端庄，具有神圣意味。贵州所有的民族举行婚礼时，都要更换衣裳。婚礼上穿着华丽端庄的婚服，赋予了婚礼更多仪式感。

民族服饰是认祖归宗的路引 贵州的大多数民族中，在丧葬仪式上，都有一个重要的步骤，就是由祭师吟唱本族从故土迁徙来到这方土地的线路，指引死者返回故土的路程。同时让后代子孙记住祖先迁徙前的故土，昭示终将回到民族或族群的发祥地的决心。坦然面对生死离别，坚信人的死就是向故土的回归，生命不是就此终结，而是另一个开始，重新启动了另一段生

图 1-88　罗甸 · 边阳 · 苗族 · 夜傩舞

图 1-89　榕江 · 计划 · 苗族 · 古瓢舞

图 1-90　贵定 · 昌明 · 苗族 · 花场舞

染专门制作的盖脸帕，苗语称为“芒就”。“芒就”以黑色土布制成，长 2 尺，宽 1.5 尺，上面用紫色、浅紫色、绿色、黄色、蓝色等五色丝线，在四角对称地绣上谷穗、鱼、鸟、蝴蝶等纹样，中间的图案为太阳纹。据传唱苗族英雄史诗《亚鲁王》的歌师们解释，“芒就”是亚鲁王的战旗，亚鲁王用它引兵作战。后来“芒就”演变为麻山次方言区苗族族群的徽记。在亡者身上覆盖“芒就”，是用它作为亡者的身份证明，作为族群认同的信物。帕上的花纹图案，记录了苗族这一支系的先祖亚鲁迁徙时来的路线。盖上这块盖脸帕，亡灵就可以按照盖脸帕上所绘线路，依图溯源，跟上亚鲁王的队伍，重返东方故土。

如前所述，贵州民族服饰具有很强的装饰性，同时具有众多的社会文化功能。服饰在仪式上极其重要，人们通过换装而营造了强烈的仪式感；仪式激活了族群的社会责任感和文化认同感。不过，随着民族地区社会的开放、发展，传统的民族服饰文化受到冲击，民族服饰的社会需要变弱，社会功能逐渐降低，其存在的空间逐渐缩小。

第三节　贵州民族服饰的文化内涵

贵州民族服饰的发展历经数千年，其既与各民族的历史紧密相连，也与各民族的文化——它自身就是民族文化的有机组成部分——息息相关。因而，离开民族文化讨论民族服饰或者离开民族服饰讨论民族文化都不可取。在本节中，我们将从民族服饰的民族审美意识、文化内涵、文化传承等几方面观察贵州民族服饰的文化内涵。

一、民族服饰是民族审美意识的表达

服饰是人们护体御寒的必需品，是人们为适应自然环境而创造文明的表现，是人们制衣技艺发展的体现，更是人们审美意识的表达。所谓审美意识，是指主体对客观感性形象的美学属性的能动反映，包括人的审美感受、审美趣味、审美经验和审美理想等。由于人们所处的地理环境以及所具备的生产能力、文化形态的不同，其审美能力、审美标准、审美意识各不相同。一套民族服饰，包含着形、质、图、色等审美要素，它们共同形成了一个完整的审美形式结构。人们选择和运用骨头、石料、金属物件等物料制

作和装饰服饰，以及对服饰的穿戴，包含着欣赏、寄喻、想象的过程，某种程度上就产生了审美活动和审美快感，就发生了审美的形式要素和情感要素，由此而萌发了民族审美意识。在贵州民族服饰上，民族审美意识的表达，集中表现在自然审美、民间信仰审美、生活审美三个方面。

民族服饰中的自然审美 在科学未昌明的古代，大自然对于人来说就是一个巨大的神秘存在，活动于其中的人在进行生产生活活动时，首先必须遵循自然规律。战国时期专门记述手工业各种规范和制造工艺的《考工记》就有“天有时，地有利，工有巧，材有美，合此四者，然后可以为良”的论断。天有时，指自然运行的节令、物候、气象等变化规律；地有气，指生存环境的地理、资源、物产等要素；材有美，指造物材料的质地、色泽、纹理等品质；工有巧，指工艺匠人的技能、心智、经验等因素。与《考工记》的观念一脉相承，贵州民族服饰对各种材料的运用以及其中所包含的各种工艺技艺实则是贵州各民族自然审美意识的具体化。在材质上，贵州民族服饰大多就地取材，不刻意挑选；在工艺上，因材施艺，化腐朽为神奇；在风格上，纯朴厚实，清新明快；在趣味上，大方得体，素雅天成。构图烦琐而不失明快，形象稚拙而又生动，色彩对比强烈而又协调，有着较强的整体感和节奏感。当服饰型款与自然相平衡，色彩搭配与环境相协调，纹样图案与自然万物相呼应，就体现出贵州民族服饰的自然审美意识。

图 1-91 都匀·奉合·水族·铜鼓舞

对生活中熟悉的物件进行模仿，是自然审美的表达。贵州境内多山，种植稻谷是部分民族的重要生产内容，牛是人们生产中的好帮手，是农耕的主要劳动力——几乎每户农家都养牛。在日常的生产劳动中，人与牛形成了亲密的关系。民族文化中对牛的崇拜渗透到传统观念和生活习俗中，这一点在服饰的纹样图案上表现得较为清晰。布依族把头帕包成牛角形，毛南族把幼儿围在胸前的口水兜做成牛头样。丹寨排调苗族的锦鸡舞服就更为典型。锦鸡舞是苗族的一种民间舞蹈，发源于丹寨排调境内。这一苗族支系，崇拜锦鸡，在重要节日和祭祀活动中，穿锦鸡服，跳锦鸡舞。舞蹈时，舞者身穿模仿锦鸡的服饰，表演模仿锦鸡的动作，舞步轻盈，身姿妙曼；头上的银锦鸡展翅欲飞，裙摆上的银羽毛上下翻飞，身后的锦鸡花带随舞飘动，翩翩曼舞中，与环境融为一体。

图 1-92 榕江·乌秀·水族·斗牛舞

民族服饰中的民间信仰审美

图 1-95 台江·施洞·苗族·对山歌

于原始社会母系氏族时期。图腾崇拜是一种原始的祖灵崇拜，崇拜者深信崇拜的这些动物与他们的族源有关。当原始人认为每个氏族成员都与某种物有血缘关系时，此物即被尊奉为该氏族的图腾——氏族的保护者和标志。世界上许多地区、民族都存在着图腾崇拜现象。

图腾崇拜是民族审美意识的来源之一。各民族的图腾虽然不同，其具体的图案也不一样，但其共同特点都是对自然的敬畏、对祖灵的缅怀、对美好生活的向往。人们以造型表现出图腾崇拜，摹状的天象、图腾、神物；以图案记录下祖灵业绩，讲述的历史、神话、传说；以纹样描绘出理想愿望。在图腾崇拜意识的主导下，服饰的装饰就会表现出不一样的美学特色。服饰的造型和图案，是在万物有灵、图腾崇拜的观念中产生并得以继承下来的。通过服饰，通过斑衣绣文，向祖先神灵传递出信息。各民族以服饰认祖，各种服饰型款、装饰手法、色彩配搭，千百年漫长岁月中不改祖制。祭祖拜神的仪式中要穿戴规定的服饰，就是生怕祖灵视之为别类而不理会自己。在贵州民族服饰中，多种服饰造型和纹样图案，都表达出图腾崇拜的审美意识。如图腾物的图案化，本来是自然物的变成了图腾徽记物，譬如彝族、土家族崇敬白虎，中部方言区的苗族崇拜蝴蝶妈妈，瑶族祭祀盘瓠，布依族、侗族信仰竹王。图腾信仰，在贵州民族中有深刻的影响。

图 1-96 贞丰·珉谷·布依族·傩舞

除了图腾崇拜，贵州各民族还相信万物有灵，敬雷神、土地神、寨神、树神、水神、桥神。围绕万物有灵、图腾信仰、英雄崇拜，贵州各民族创造出许多神秘而富有寓意的图腾纹案。在衣物上装饰纹样图案，不仅能增加衣物的美观程度，还能通过寓意美好的纹饰，寄托人们对未来的期盼和希冀。

民族服饰中的生活审美 生活审美应包括两个层面：一是艺术和审美进入日常生活，被日常生活化；二是日常生活中的一切被审美化。在生活中发现美，在生活中实践美的理念。审美意识是生活的积淀，来源于生活，升华于生活，美化了生活。人们对服饰的最基本要求是能够便利生活，同时也要求能够丰富生活，美化生活。不同的需求促进了民族服饰及与其相关的各类手工技艺全面发展，促进了服饰制作工艺与服饰产品的多样化。人们的需求又会随着社会生活的发展和生产技术的提高而不断变化，持续不断的需求是服饰制作工艺及其产品不断发展的动力。社会的发展变化，促进了人们生活审美的变化。表现在造型上，就是更

图 1-97 榕江·空申·苗族·茅人节

贴近生活；表现在功能上，就是从实用跃升到观赏；表现在装饰上，就是从简洁发展到繁复。

贵州民族服饰是实用品和观赏品两者的有机结合，是各民族女性智慧的结晶。背扇就是典型例子。背扇，其图案寓意着吉祥富贵。在背负婴儿的同时，背扇又成为女子背部的装饰物。背扇制作工艺复杂，技法有刺绣、挑花、蜡染、织锦、布贴等。由于自然环境、历史文化、宗教信仰等不同，背扇的艺术造型、装饰手法和文化内涵也就不同，由此形成了风格各异的背扇艺术。贵州各民族妇女把背娃带这一种简单的生活用品，经过加工美化，就上升为装饰背部、展示手工技艺的民族工艺美术品。贵州民族善于将衣物的实用性与审美性有机结合，有把实用物上升为装饰物的审美意识和创作能力，是民族审美意识的具体表达。贵州民族服饰有着悠久的历史。不同的历史时期，不同的材质、不同的装饰，型款样式各异的民族服饰，在满足人们日常生活需求的同时，还在社会生活中发挥了重要的作用。民族服饰作为一种物化的形式，在人们美化身体、美化生活的同时，也满足了人们的审美需求。物质文明与精神文明在服饰上得到了有机的结合。

天地有大美，民族服饰型款的原型来源于观察自然；民间信仰体现美，民族服饰装饰的纹样来自于信仰崇拜；生活产生美，民族服饰型款的演变来源于生活实践。审美意识和民族意识的相互渗透，在贵州民族服饰上的作用更加强化。贵州民族服饰是民族审美意识的表达，是自然审美、生活审美、图腾审美的融合，展现出了独特的美学魅力。

图 1-98　六枝・关寨・彝族・喝咂酒

图 1-99　毕节・彝族・打歌

二、贵州民族服饰是穿在身上的史书

在古代，贵州各民族与周边各族群为了争夺生存空间，相互间发生了一次又一次的战争，造成了各民族的分化、迁徙、融合，最终形成了后来众多的民族族群。战争是血与火的残酷事件，迁徙是生与死的绝境考验，所以，战争事件与迁徙经历自然就成为各民族族群记忆中最为惊心动魄、最为刻骨铭心的部分。为了让后代不忘族群的历史，铭记先辈的艰辛，缅怀英雄的业绩，在本民族没有文字的情况下，族群中的文化精英大多采用古歌传唱、舞蹈表演和服饰图案这三种形式来表达和记述本民族的历史，民族服饰成为记史叙事的重要载体。

图 1-102 黎平·黄岗·侗族·迎亲

图 1-103 黎平·黄岗·侗族·迎亲

图 1-104 黎平·黄岗·侗族·迎亲

服饰叙事记史应早于文字的出现。贵州民族服饰的叙事记史的功能，既有对远古文化传统的继承，又有自己的创新和发展。贵州世居少数民族大多数只有民族语言而无民族文字，在有民族语言而无民族文字的民族中，服饰的纹样图案传递着多重民族文化信息。尽管因时代和环境的变化而出现涵化或变异，但纹样图案是基本的符号始终不变。许多少数民族中，服饰有记述古史、礼仪教化的符号功能，民族的创世纪神话、鬼喻神示、迁徙战争、英雄人物等，都描绣在服饰上。服饰如同穿在身上的史书，世代随身。传说故事，行千里而不忘记，传之百载而不消失。无文字民族将文化的精要，浓缩在服饰的型款样式、图案纹样中。在族群外的人看上去花花绿绿的装饰，族群内的人则会指着衣裙上的图案纹样将其文化内涵娓娓道来。民族服饰作为一种特殊的文化符号，折射着民族历史的印迹。

服饰是叙事记史的重要载体 以服饰叙事记史，在贵州的苗族中比较典型。苗族把远古的神话、民族的故事、族群的宗谱、先祖的功勋，都记载在衣上，刺绣在裙间，具体为用型、图、色的方式进行描述。服饰图案有对故土的描述，有对历史故事的记载，有对迁徙路线的记述。

黔西一带的苗族传统服饰上，围腰上的线条是奔流的江河，花衣上的纹样是肥沃的田地，裙子上的格子是繁华的街道，披肩上的图案是宫殿屋宇，他们把这些绣在花衣上作为永久的纪念。苗族服饰上绣着象征他们翻越的山脉、渡过的河湖等图案，无不时时撩动离乡背井、漂泊流亡的愁绪。

威宁大花苗男装的花披肩，用羊毛织成，分左右两片，中以方巾作为连接物，缝好后披在肩上。披肩上绣有对称的图案：三道红色的条状纹和菱形纹。用于连接的方巾上也绣有相同的花纹。据说这是对故土的描述：红色条纹象征当年苗王在练兵场上操练部队，菱形条纹象征着王城里的宫殿和民房。威宁大花苗女装的百褶裙上也有蜡染或刺绣的图案，分别代表山川河流和五谷；裙上还必须绣上三道红黄相间的平行饰条，代表渡过的河流；裙边上的连续图案，代表城墙。这种图案，代表着迁徙的路线。这些纹样，与上古时代黄帝、炎帝、蚩尤中原大战的传说相关，也与战败后苗族迁徙的故事相关。

当然，这种象征意义的表述语言是模糊的，是从古老历史中折射的，我们只能看到部分影像，而这种记录随着其社会文化背景的发展、变化乃至消失而逐渐淡化。苗族服饰中绣着的各种图案、每道花边、每个花纹，都可作历史事件的解读。它们通过服饰建立起信息代码。洪荒的神话、民族的历史、家族的宗谱、始祖的勋业都被演绎成图案纹样，记载在衣裙上，随身携带，世代传承。

服饰作为一种文化符号，表现为内隐和外显两种形式。符号的内隐性指符号间接地表达隐喻和象征，符号的外显性指符号直接地摹状或实指。符号的这种象征是神秘模糊、朦胧含混的。透过千姿百态、色彩斑斓的绣衣锦服，某些古老神秘的意象和难以表达的意境时隐时现。服饰作为一种文化符号，是民族文化剖析的一个样张，在贵州各少数民族大多有民族语言而无民族传统文字的情况下，发挥着多重的社会文化功能。纹样基本上都是抽象的，其具体内容需要由专门的人结合具体场景或在特定场合解释。如果没有这种强化，服饰文化的内涵就会被服饰的元素所湮没。

图 1-105 惠水·布依族·送亲

图 1-106 惠水·布依族·送亲

三、民族服饰制作技艺以族群传承作为基本方式

中国技艺传承大致分为两类，一类以文字为媒介进行传承，一类则以行为方式进行传承。传统服饰技艺传承属于后一类。贵州民族传统服饰制作技艺是每个女子从小就要学习和实践的内容。孩提时代，她们跟着自己的长辈，从小就感受到传统之美，及笄之年起就要开始学习刺绣、印染、纺织等技能。综合起来看，中国传统手工工艺的技艺传承有家族传承、师徒传承、社会传承、族群传承等四种形式。

家族传承指传统工艺技艺在有血缘关系的家族成员中进行传授和传承。家族传承是一种封闭式的传承体系，一般秉承“父传子”“传内不传外”“传本姓不传外姓”的家族规矩，看家本领只传给正统的子嗣，以确保家传的精湛技艺不外传，以此保持和提高家族的知名度和美誉度，也以此在与同行的市场竞争中提高影响力和地位。师徒传承指由师傅挑选徒弟进行技艺传授，这是千百年来传统工艺传承的基本方式之一。师徒间通常有一定血缘、地缘、师缘关系。师傅为了自身的利益，师门中的绝技和秘方一般也不会倾囊授出，徒弟只能依靠自己的秉赋和磨砺才能成才。社会传承是传统工艺技艺传承的一种补充形式，学艺人没有经过正式拜师仪式的授业师傅，他四处访师会友，通过观看其他艺人操作，与同行交流切磋，自己琢磨领悟。

图 1-108　丹寨·排调·苗族·锦鸡舞

图 1-109　丹寨·排调·苗族·锦鸡舞

图 1-110　丹寨·排调·苗族·锦鸡舞

族群指地理上靠近、语言上相近、血统同源、文化同源的一些民族的集合体，也称“族团”。族群是具有共同祖先、历史和文化的人群。族群基于地缘、血缘、历史、文化、语言、宗教、行为而形成自己的传统。族群传承反映了贵州民族社会构成以族群为细胞的特点。族群间互相依存的关系，在服饰制作上表现出保守性和封闭性。族群传承是家族传承、师徒传承、社会传承模式的综合，它有别于传统手工艺的师徒传承、家族传承、社会传承方式，而又兼具三种传承的内容。群族传承方式是民族服饰技艺传承沿袭数百年的基本传承机制，其技能技巧的传习方式和民间知识的传授方法，是农耕时代族群社会特有的传承法则。族群传承是贵州民族服饰制作技艺传承采用的基本方式。

作为贵州民族服饰制作技艺传承基本方式的族群传承以母女传习为基础，族群中的民族服饰制作技艺的培养和习得是在家族长辈的口传身授下进行的。田间地头是课堂，茶余饭后的闲谈就是上课，技艺的学习，纹样的阅读，就是传承的课本。女孩子一般从八九岁开始学绣花衣，一直要绣到出嫁。侗族人家生女儿，其母亲教给女儿的第一门手艺就是织锦；其在幼女时期，就开始学习刺绣，学会识别面料，选择绣线，运用针法；出嫁时，其父母会以一套传统土布织机作为嫁妆；女儿当了母亲后，她又会把织锦的技艺传给下一代。传统民族服饰制作工艺正是这样代代相传，绵延不绝，传承至今的。

除以上方式外，还有姐妹交流，同龄女子在一起互相学习，“相语以事，相示以巧，相陈以功”。在贵州各民族的传统社会，女子从小就开始学习，互相交流模仿，长期坚持操作实践。农闲之时，姑娘们会聚集在家宅小院、村头空地上集体绣花。有绣衣服上花边的，有绣腰带的，图案大同小异。在继承传统的基础上，如何想出新花样，是她们的乐趣，然后会共同分享。除了日常的劳作，她们的日子都是在为制作一套嫁衣而努力。从捻线到印染、刺绣、缝制、装饰，为了配制衣饰需要的各色丝线、银扣等物，她们还得靠去砍几捆柴，养几只鸡，捡几个鸡蛋去换取。女子自幼耳濡目染，熟悉服饰制作工艺的各个环节，熟悉各种纹样图案的各种配色，心灵手巧之人，在十几岁就能独立完成嫁衣的缝制。嫁衣，是女子一针一线亲自制作，以自己的青春换来的，是她出嫁前的寄托，也是她进入成人社会的读本。共同交流学习的过程，也是族群社会生活习俗知识传播的过程。随着时代的变迁，材料在变，工具在变，工艺在变，唯一不变的，是衣服的款型样式，是衣物上的图案纹样，是族群的生活范式，是心头的精神羁绊。

民族服饰主要在家庭中制作。除银饰是由专业的银匠打制外，其余的工艺基本上是缝制者自己完成。自己纺织，自己印染，自己缝制。贵州民族中有许多纺纱织布的能工巧匠。与各大绣种绣工不同，贵州各民族绣女们是乡村中的女性，她们没有绘画基础，也没有受过专业技术训练。在创作时，既没有底样，也不需要底稿，拿起针来，根据族群中传统的装饰结构，凭自己的想象，就可以绣出各种各样的装饰图案，表现出很高的艺术水平。其原因在于她们珍惜自己的劳动，为美化自己的生活而绣。缝制服饰是女子必须掌握的技艺，婚前为自己做嫁衣，婚后为家人缝制四季衣物。民族服饰的相关知识和技能，很少见诸文字，主要是通过体验来提高技能，通过作品来表达理念，通过交流而习得知识。

图 1-111　赫章・河镇・苗族・大迁徙舞

族群传承的特点是知识共享。在族群对外相对封闭的情况下，族群传承所表现出的特点，就是在族群内部实现对技能和知识的共享。族群中熟悉掌握技能和知识的长者是族群中的导师，年幼者学习技能可拜几位长者为师。民族服饰工艺所依托和体现的相关知识体系，即民间生活常识和民族文化知识，主要是通过服饰制作等方式传播和传授。民族传统服饰所依据和所体现的知识体系，涉及服饰制作过程中的材料、形态、规格和工艺等方面的专门知识和穿着、规矩、意蕴、禁忌等生活常识。这些知识都是用口诀、故事、传说的方式由母女相授、群体交流等途径传承和掌握。对各种图案纹样，长辈将其中包含的或与其相关的故事如释读密码般娓娓道来。每道花纹、每幅图案一般都有一个故事。

图 1-112　赫章・河镇・苗族・大迁徙舞

服饰制作技艺是族群性共享的，服饰制作技艺的传承是自然而然的，这种状况一直延续至今。对于无传统文字的民族来说，服装是他们的文化符号和集体表象，其传承方式是一种集体行为。当然，从完成过程来说，又体现了每位女性的个人智慧与才能。民族服饰制作技艺作为一种公共知识为整个族群共享，也就不存在师徒传承和社会传承对传承关系的限制，没有因门户之见而出现的技艺秘诀，没有绝活或秘不外传的看家本领，族人间不需要刻意地保密，只有由于个人秉赋和悟性而出现的技能高低。

民族服饰制作手艺不是谋生的主要手段，而是在族群中提高社会认同的条件。擅长服饰制作的绣娘能够受到社会的尊重

图 1-114 镇远・报京・侗族・转场舞

复杂的制作技能非常不容易，往往需要通过长期的实践，甚至需要几代人的摸索。服饰制作者精工细作，以体现自己的理念，寄托自己的情感。

发展到今天，贵州民族服饰言传身教的族群内传承正在被作坊式师承和批量化加工所替代。随着旅游业在贵州的蓬勃发展，贵州民族服饰越来越受到游客的青睐，民族服饰的商业价值激活了民间艺人制作民族服饰的激情。这一方面是促进，民族服饰的制作技艺得到提升，工具设备得到更新；另一方面，民族服饰的市场化运作，消费者由自制自用的村姑，转为猎奇收藏的游客。为了迎合消费市场的转变，手工艺人在材料备制、工艺技艺、纹样图案、装饰手法上也有很大的改变。

图 1-115 榕江・高帮・苗族・芦笙舞

民族服饰作为符号文本，在重口传、重象征的族群中，是民族文化的互补性解读中最集中、最综合的表达，它与史诗、神话、舞蹈、仪式、节庆及其他文化事象一起，成为人们进行表达和交流的重要媒介，集纳和浓缩了大量的民族文化信息，是我们今天探究和保护民族文化的重要资源库。贵州民族服饰蕴含了独特的文化内涵，是各民族历史文化、宗教信仰、婚恋丧葬、节日庆典的直观反映，是贵州民族文化中最突出的文化符号之一。服饰是与语言、文字、音乐、舞蹈、建筑、仪式、活动等相呼相应、相辅相成的完整的民族语言符号系统。贵州民族服饰是贵州民族文化最集中、最重要的载体，透过民族服饰，贵州各民族的生产方式、社会制度、风俗习惯、文化传承大致可以一目了然。

总而言之，民族服饰具有防寒、蔽体、美化身体的物质功能，具有标识、区分、认同的社会功能，具有指述、表现、传达的文化功能，具有情感、意识、象征的精神功能。在某种程度上，服饰就是民族文化的物象化符号，是解读贵州民族文化最重要的资源包，是研究贵州民族文化最重要的路径。

图 1-116 雷山・朗德・苗族・迁徙舞

图 1-132　黎平・侗族・晾布

图 1-133　黎平・侗族・晾布

图 1-134　从江・侗族・晾布

这些是必备品，构成了表演的重要部分。

二、广泛取材、巧妙运用

贵州民族服饰的制作材料以动植物材料为主，也有金属、矿产、纸张和现代工业生产的玻璃、塑料、化工材料等。

植物类　主要有竹、木、藤、草、葛、棕、棉、麻，根茎、皮核、花卉、果实，谷类、树脂、油脂等。

动物类　主要有蚕丝、羊毛、鸡毛、牛皮、兽骨、兽牙、贝壳、虫蜡、蜂蜡、牛油等。

金属、矿产类　有金、银、铜、铁、锡、锑、铝、朱砂等。

玻璃塑料化工类　有镜片、玻璃片、塑料纸、塑料扣、尼龙绳、化工面料、化纤线、化工染料等。

在运用上述材料时，贵州民族表现出极高的聪明才智，往往以点石成金的手段，对它们进行巧妙加工，化腐朽为神奇，把一些平常之物甚至垃圾废料变为极具审美性的艺术品。

第二节　古老的机具设备仍然发出声响

贵州民族服饰制作过程中的各个环节，几乎都使用了中国不同历史时期服饰制作的各种机具和设备。即使在网络已经能连接到了每个乡村家庭，高速公路和铁路从山寨旁穿过的当代，不少民族依然还坚持利用它们来继续加工制作民族服饰。众多古老机具设备依然还在黔中大地上发出各种声响，散发出一种原生态的乡土生活气息。

一、织造、印染、刺绣、缝纫过程中的工具及设备

（一）纺织工具

制丝、制纱环节所用工具　脚踏式擀棉机、专制弹弓、用于纺羊毛的纺坠、用于纺棉麻的纺纱机（有单绽、双锭两种）、缫丝机、挽纱架、倒纱机。

整经环节所用工具　挂经桩、牵经架、篗子、贯线架圈、掌扇。

织造环节所用工具　编组机，有圆形、半圆形两种，有些地方甚至用木桶、竹篮的提梁来代替编组机。织绦机，有大型框架、小型框架、折凳、孔栅桄综、木马凳、双杠架等式样。织布机、织罗机、织锦机，有腰机和高机两种式样，腰机有四个型号；高

机有水平式、倾斜式两种，又分大小两型。

整理环节用工具 滚筒浆布机、碾纱石板、元宝形碾布石、木制捣布棰、石砧等。

（二）印染工具设备

花纹制作工具 斧形铜刀、毛笔、竹签、针线、绑绳、牛皮印花版，以及擀布石、磨布牛骨等辅助工具。

染色设备 沤靛池、木桶、木盆、炭盆、锅灶、染缸、染池。

（三）刺绣缝纫工具

主要工具 针、顶针、剪刀、绷子、绣凳等。

辅助工具 花版、描笔、尺、熨斗等。

图 1-135 从江·侗族·晾布

二、银饰制作、面具雕刻过程中的工具及设备

（一）银饰制作工具及设备

工具 大小火钳、坩埚、铁砧、大小铁锤、牛角锤、银锭槽、松香板、焊银压板、弯头气管、拉丝板、锥刀、錾子、夹银钳、抽丝钳、拉丝钳、直嘴钳、弯嘴钳、方形钻、圆形钻、锥钻、卡钻、镊子、剪子、锉、各种盆、刷子、称银秤及各种模型。

设备 风箱、火炉、油灯、铜锅等。

（二）面具及配饰制作工具

面具制作工具 贵州彝族“撮泰吉”面具、地戏面具、傩戏面具的制作者，历史上均为农村手艺人，他们使用的都是传统的刀、斧、锯、凿、刨、锤、钻等木工工具。

配饰制作工具 既有打制刀、剑等金属器的乡村铁匠所用的工具，如火炉、风箱、铁钳、铁锤、铁砧、錾子等，也有编制篓箩筐篮的民间篾匠工具。

图 1-136 黎平·侗族·捶布

第三节 服饰制作中的古老技艺仍然在民间传承

贵州民族服饰中的诸多传统工艺元素，丰富的自然材料，原始的制作工具设备，也决定了许多传统制作技艺的运用和传承。

一、各种古代织造技艺的传承

贵州民族织造技艺从工艺流程上来看，

图 1-139　水城·苗族·画蜡

图 1-140　织金·苗族·画蜡

图 1-141　织金·苗族·画蜡

（一）整经方法

贵州民族织造整经牵经方法归纳起来大致有四种：

地桩式　是为适应贵州地势不平的环境而采取的整经方法，有些地方甚至在直立的墙面上牵完经数后，拔下经桩将经线移到地面上来，再继续穿筘及完成后面的工序。

凳腿式　是利用两只小木凳的腿来代替经架的方法，一般是织造绦（又称花带）时所用。

竹竿轮盘式　是用四根长竹竿做成十字轮盘，四根竹竿头上分别装上木桩，转动轮盘便可将经线挂于木桩上。

凳架经耙式　与《天工开物》一书中所记方法相同。

除最后一种整经方法与其他地区的相同外，前三种都是贵州各民族在特殊的地理条件下创造出来的方法，体现了贵州各民族的智慧。

（二）织造方法

组的编法　编组，是利用圆形或半圆形的木质凳架，或者是利用家中的木桶、竹篮来进行，操作时将丝线的一头拴在凳架或木桶、竹篮的提梁上，双手有规律地调换各根线棒，使丝线互相缠绕成一条扁平的带子。这种方法是古代吊挂式编织法的延续与发展。

绦的织法　绦的编织有人体织，肢体与外物配合织，机具织三种形式。

锦的织法　贵州民族众多，生活习俗有别，织锦品种不同，织锦方法也表现出极大的差异性。从工具来看，有用船形梭子来织的，有用纬杼来织的，有用竹子做成倒钩来织的，有用缝衣针来织的，有用竹签来挑织的，有用双手手指来挑织的。从经线的升降形式看，有踩踏蹑板来升降的，有用足跟后蹬牵动棕绳来升降的，有用提经网套来升降的。从纬线的使用上看，有通经通纬的，即每根纬线都通过经幅，一般用于经线起花的经锦；有断纬换色的，即遇到花色变化的地方，需中止前面的色纬，而改换另一根色纬，一般用于纬线起花的纬锦。从图案纹样的设计上看，有腹稿式，即全凭大脑记忆织出图案；有挑花样本式，即参照挑花样本织出图案；有竹条编纹式，即用竹条在经幅上预先编制图案；有提经网套式，即利用不同网套提起部分经线的织法。

绮的织法　分为织素绮和彩绮两种方法。素绮是用高机来织，用四片综、四只踏板来提花；彩绮则用多把梭子来变换色彩和用

图 1-143 麻江·瑶族·画蜡

图 1-144 从江·侗族·染布

图 1-145 织金·苗族·染布

纹棒来提花两种显花技术。

罗的织法 贵州的罗，为二经绞罗，显花技术方法有连纬短距绞和跨纬长距绞两种。

（三）染整方法

染整分为前处理、中处理、后处理三个阶段。

前处理阶段 贵州各民族用沤、泡、煮、蒸、捶、碾、漂、浆等手段，来对葛、麻、棉、丝、毛等材料做前期处理。沤：将麻放在水池中浸沤，可以去除麻中的大部分胶质。泡：用含碱性的物质对丝、帛、棉、麻、纱、布进行浸泡。煮：在锅中放入草木灰碱水，然后把纺织品放进去煮。蒸：将纺织品放在甑子里蒸，以增加纱和布的白度。浆：用动植物材料对纺织物进行上浆。捶：用木棰对煮蒸过的纺织品进行捶捣。碾：把纱或布帛放在滚石下面进行碾压。漂：把经过碱剂浸泡后的丝、纱、布、帛漂洗干净。

用于脱胶去色素的物质有猪胰、草木灰、牛粪、白垩土、工业碱；用于上浆的有糯米、麦面、玉米面、大豆、白芨、魔芋、牛胶等。

中处理阶段 就是对织物进行染色。贵州民族织造的染色，有先染和后染两种。一般彩色织物是先染，即把蚕丝或棉纱、麻纱、毛线等染成各种颜色，再牵经上机织纹。而素色织物都是先织后染，即先织成成品织物，再进行染色。

贵州各民族使用的染色材料有矿物、植物、动物三类。矿物类染料主要是朱砂，用于染红色。植物类染料十分丰富，染蓝色的有马蓝、蓼蓝、松蓝三种；染红色或紫色的有仙人掌、苋菜、高粱壳、救军粮、紫草、茜草、红花、桑葚；染黄色的有石榴、黄柏、槐花、栀子；染黑色的有橡树籽、栗子壳；染棕色的有艾叶、茶；染青色的有核桃内皮。在一些地方利用阴沟、水塘、农田中的泥浆来染黑色。有些民族利用动物的血液来做浆染材料。贵州各民族就地取材，利用金属农具、工具、用具如铧口、锄头、钉耙、斧子、镰刀、菜刀、铜钱、铜盆、铜壶等器物来当作媒染具。

贵州各民族常用的染剂为蓝靛。蓝靛的生产过程为：种蓝—收蓝—沤蓝—加石灰水—排水取靛。着色方法有还原染、直接染、媒染。除用蓝靛作为染剂之外，贵州民族还利用本地的矿物和动植物浆液为染剂，生产出红、黄、黑、藏青、紫等多种颜色的服饰面料，如黎平、从江、榕江一带侗族用鸭蛋清浆涂层并捶捣的亮布、黔东南苗族用侧柏熏染的紫色布、丹寨和安顺等地苗族的

图 1-147 丹寨・苗族・刺绣

彩色蜡染布、花溪苗族用油漆涂层的头帕等。它既属于织造过程中的整理工艺，又是贵州高原上独自绽放的民族印染之花。

后处理阶段 有上浆、涂层、熨烫、砑光、碾踹五种形式和各种表现手法。

上浆的材料有植物浆料和动物浆料两类，植物浆料主要有大豆（黄豆）、薯莨、魔芋、白芨、皂角等，动物浆料主要有禽蛋、牛皮胶、牛血浆等。

涂层的材料主要有两种，即漆和桐油。

熨烫整理工具，有两种式样，用铜和铁铸造，一种为碗形熨斗，另一种为三角形烙铁。

砑光的方法有磨擀、捶捣两种。磨擀是用光滑的鹅卵石或牛腿骨在布面上来回磨擦，将布砑光。有的磨布牛骨已经几代人使用，成为家传宝物，沿用至今。捶布是用木棰，在一块 2~3 平方尺的平整青石板上，将经过浸染或用牛胶、蛋清涂抹后的布匹叠于石板上，或一人独捣，或两人对捶。每至清晨夜暮，贵州的苗乡侗寨中就传出妇女们“咚咚”的捶布声，而构成当地的一种特有风情。这也是贵州民族“亮布”制作的独特方法。

图 1-148 剑河・苗族・刺绣

碾踹方法有两种：一种是用元宝形石块碾压。具体为：将布放在平地上，上置一根圆木，将元宝石底端压在圆木上，人站立在元宝石上端两角，双手扶在木柱或木栏上保持身体平衡，双脚左右晃动碾压，使布变得柔软。另一种是把纱或布匹放在平地上，上面放一个圆柱形石滚，石滚上置一块平整石板，人站石板上，双手扶墙或柱子，双脚左右晃动，将纱和布匹碾压至柔软为止。

二、传统印染技艺的保留

贵州民族的印染技艺主要有四种，即蜡染、牛油树脂防染、扎染、镂版印花。根据品种不同，贵州印染的技艺也各有差异。

蜡染制作流程及方法 分为做准备工作、涂蜡绘纹、染色、脱蜡、漂洗五个阶段。

牛油、树脂防染印花方法 与蜡染制作流程大体相同，但使用的绘纹工具各地却不一样，如惠水雅水布依族使用毛笔，而麻江河坝瑶族则用竹签。

图 1-149 剑河・苗族・刺绣

扎染制作流程及方法 贵州扎染又名绣染。与其他地区不同，贵州布依族扎染是用笔在面料上绘出纹样轮廓后，再用针线在此基础上进行刺绣，并拉紧绣线。最后绑成一个布卷，放入染池中

图 1-151 三都·水族·刺绣

图 1-152 三都·水族·刺绣

图 1-153 三都·水族·刺绣

浸染上色，然后取出晾干。最后拆除绑绳和绣线，清洗干净，再晒干收起。

镂版印花流程及方法 需经刻版、制浆、刷浆、浸染、去浆、清洗六个环节。

民间印花版的制作，过去产业规模大，有专业人员生产；现在生产规模缩小，一般是染房主人自己按照传统老版复制，材料为当地牛皮。防染用料是用当地石灰掺黄豆粉等搅拌而成，故民间又把这种花布称为“豆浆布”。

三、上古刺绣技艺的遗存

据初步统计，贵州民族刺绣有 26 种基本形式和 60 余种变化手法。贵州刺绣中一些技法与中国上古一些刺绣技法有渊源关系，如辫绣就可追溯到新石器时代。浙江吴兴钱山漾文化遗址为新石器时代文化遗址，出土了丝带等文物，其丝带的编织手法就与贵州刺绣的某些方法有相似性。丝带，古时称“组”，即扁平带状物。刺绣之前用经线编成丝带，刺绣时将它盘在绣底上形成纹样，然后再用针引线对它进行固定或加绣其他纹样。而贵州的锁绣针法，与陕西宝鸡茹家庄西周鱼伯墓中附着在淤泥上的刺绣残痕如出一辙。这些都说明贵州民族继承和保留了中国古代较多的刺绣技艺。贵州独特的生态环境又使生活在这里的人民创造出一些独有的刺绣技法，如嵌锡绣、蚕茧绣、马尾缠绕绣、织绣等。

（一）绣绘类

如平绣、挑花、网绣、绗缝、回针缝、环针等针法，完全用针线在绣底上刺缀出绘画般的平面纹样。

（二）贴塑类

如辫绣、贴绣、堆绣、缠绕绣、锁绣、回旋排列绣、嵌金绣等，是用不同方法先将各种材料加工制作成半成品，再用贴、堆、盘、钉、吊、镶等方法，把它附在绣底上，形成如雕如塑般的立体纹饰。此外，在绣底上钉缘条、流苏、璎珞、链带、珠串、吊坠等饰物也属贴塑类刺绣技法。

（三）绣绘与贴塑结合类

如打籽绣、蚕茧绣、织绣、补边绣、补花绣等技艺，既有用各种材料预先加工出的立体形象，又有用针线刺缀出平面纹饰。以上技艺也是形成贵州刺绣特色的主要因素。

图 1-157 凯里·苗族·银饰制作

图 1-158 凯里·苗族·银饰制作

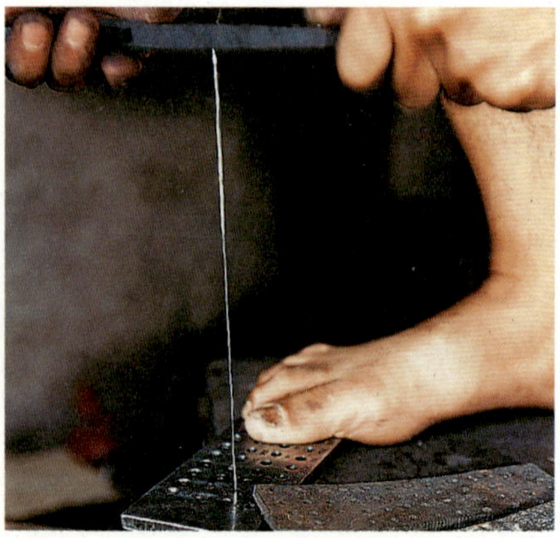

图 1-159 凯里·苗族·银饰制作

四、原始缝纫技艺的孑遗

贵州民族服装的成型技术，根据各种服装款式的结构差异而有不同方法，归纳起来大致有整件擀制、编片组合、裁片缝合、织片缝合、染片缝合、绣片缝合几种。

整件擀制 这是羊毛披毡的制作方法，主要流行于威宁、赫章。当地彝族苗族的披毡，用本地产羊毛擀制成衣，不需裁剪缝纫，只需在上端加上系绳，即可披于上身，是防寒保暖的最佳饰物。六枝梭戛、织金阿弓一带苗族的羊毛毡围裙，也是擀制成形，加上系带挂于腹前。

编片组合 这是贵州安顺一带藤甲衣的制作方法。它是古代军用服装制作技艺的遗存，具体为用处理过的藤条，先编出甲衣的各个部件，然后把这些部件组合成整套甲衣。最后用油漆涂刷，起到防雨、防腐、防虫的作用。

裁片缝合 这是用布帛面料按照衣服各个部件的规格（留出缝线边）裁成各种形状，然后再逐一把它们缝合成整套服装。这是日常居家和劳动时穿着衣服的制作方法。

织片缝合 这是生产织锦衣的方法，榕江、剑河、黄平、威宁等地苗族，镇宁、关岭、六枝扁担山周边布依族，黎平等地侗族，都在使用。这些地区的织锦衣，是在织机上先织出衣服的各个构件，然后把它们缝合成整套服装。而有些地区的民族服装的某一个部件，如织锦类的头巾、围裙、腰带、脚笼，也是在织机上织造成形的。

染片缝合 这是生产印染花衣的方法。贵州大多数民族的印染花衣，是先把面料裁成服装构件，然后绘纹染成花布，最后把它们缝合成衣。

绣片缝合 这是生产刺绣花衣的方法。先把面料裁成服装各种构件，加以刺绣纹饰，再将这些绣片缝制在服装的各个部位，形成刺绣服装。

五、具有象征性的头饰技艺

如前所述，从功能作用上看，贵州民族的头饰具有记忆历史的表意性和区别族群、显示身份的象征性。为了实现这些功能，贵州民族的头饰制作分别有发型、笠帽型、巾帕型、插缀型四种形式。

（一）发型

贵州民族发型技艺常见的有剃发、束发、绾发、编发、髢发五种。

剃发　古称髡发。贵州民族剃发有全剃和半剃之分，老年男子为包头戴帽方便，多数人剃发。儿童因囟骨未硬，剃头时会留下头顶囟门部分头发。从江岜沙苗族男孩十五岁时，家长用一把锋利的镰刀，把他头部周围的头发剃去，只留下头顶中间头发束成向上椎髻，并用一条花巾缠成圆圈套在头上，表示他已成年。20世纪六七十年代，贵阳、清镇、修文、龙里、平坝一带苗族女子出嫁时也要剃去部分头发，但外面要戴上帽子。

图1-160　凯里·苗族·银饰制作

束发　有上束如椎式和后垂松散式。上束如椎式即文献中所记载的“椎髻”，历史上贵州及广大南方民族多此发型，但现已少见，只有从江岜沙男子，开阳石头寨、安顺岩腊等地苗族女性仍有此种发型；后垂松散式，用一条带子将头发束成一把垂于脑后的方法，为广大妇女居家时的常式。荔波白裤瑶未婚男子留长发，用带子束作一把，垂于脑后，结婚后即用白布缠于头上。

绾发　即挽发髻于头。发髻或松或紧、或高或低、或尖或圆、或前或后、或左或右，千姿百态，异彩纷呈。各民族根据习俗挽发髻，不同民族族群间形状各异，有的似鸟巢，有的似牛角，有的如旌旗，有的如行囊，有的如舟船，有的如拱桥，有的同覆钵，有的同伞盖，造型不同，寓意不同。

图1-161　雷山·苗族·银饰制作

编发　将头发编成发辫，多为女性所为，有的编单条，有的多根，或垂于后背，或缠于头部。

髢发　古代称髲髢，是取他人之发编为己发。贵州不少民族妇女有掺假发的习惯，过去是用先辈女性的遗发，现在多用麻线及毛线，与本身的头发掺和在一起，绾成各种发型。

（二）笠帽型

贵州斗笠有竹笠和箬笠两种。竹笠较小，以竹篾为骨，用布蒙顶，外刷桐油，做工精细，为晴天出门遮阳之物；箬笠较大，以竹篾为骨，用笋壳或草叶片作为斗笠夹层，也刷桐油，做工粗糙，为雨天下地劳作挡雨之具。贵州最有特色的竹笠为三穗斗笠和台江龙船节男子所戴斗笠，均为圆形尖顶。惠水及紫云一带苗族也有编戴斗笠的习惯，但顶部与笠边的倾斜度较平缓。

帽子多为儿童所戴，其形状多仿各种动物头，如虎头、狗头、猫头、兔头等，并在帽前或周围缝缀佛像

图 1-164 台江·苗族·制作龙舟

图 1-165 丹寨·苗族·编鸟笼

图 1-166 江口·苗族·编斗笠

小圆洞。凯里、黄平一带僅家女子，用蜡染和刺绣加缨穗及银弓箭，做成一个头冠。榕江摆贝一带苗族女性，用织锦加刺绣，制成一个有风檐的圆帽。威宁一带大花苗支系女性，用竹子编成一个长锥形，外缠假发以当帽子，彰显了该支系服饰的特征。

（三）巾帕型

贵州各民族头上的巾帕，也极其丰富。既有织造品、印染品、刺绣品，也有用天然材料简单加工而成的。规格上大小、长短、宽窄不同，形状上条、圆、方各异，方法上包缠、扎裹、搭覆有别。

剑河苗族男子头巾最长，用青布缠成一个平面锅盖状。威宁布依族女子的头巾层次数与年龄相同，有多少岁，就用多少条红花布或刺绣，交缠于顶，巾头分垂两侧。黔西南一带布依族女子用方格花布重叠交叉于头，形成一个大包袱。松桃苗族女子用花格布或丝帕，在头上围成一个高筒，出门时可把一些小物品装入其中。贵阳花溪高坡苗族女子则用青布包成橄榄状作为头饰。

镇宁、关岭、六枝紧邻扁担山一带布依族女子出嫁后，改戴“假壳”。“假壳”当地布依语称“更考”，是用几张笋壳缝成畚箕状，外面包裹青布数层，戴时箕口朝后。白天戴上，晚上睡觉时卸下。这一现象，令人想到古代妇女戴“帼”的习俗。

（四）插缀型

插缀是用各种材质的梳、簪、笄、珠、链、铃、串、牌、钉、弓、碗、花，以及鸟羽、雉尾之类物品，插缀于头上，形成装饰。

六、家族传承式的银饰制作技艺

贵州银饰制作虽由专业银匠完成，但大部分保留了家族传承的方式。传统银饰冶锻过程中有熔银、铸坯、冲模、铸模、翻模、锤锞、扭结、錾刻、拉丝、编丝、剪裁、焊接、打磨、清洗、整理等工序环节，按照各种饰品外形和花纹形态，其制作方法可分为锻压、錾花、剪花、编花、扭形、套环六种。

锻压 锻压与铜匠的鼓皮法相似：将薄银片放在一个半圆形模子上，由中间向周围逐一捶打成半圆球。然后把两个半圆球合在一起焊接成一个整圆球。

錾花 錾花是用大小不同、錾口不同的錾子，在银片上或模压成形的半成品上，凿刻出各种纹饰。

剪花 剪花是用剪子将薄银片剪成各种花鸟形状。

编花 编花是用手和一些钳子、剪子等工具，将拉成各种规格的银丝，扭编成不同的饰品。编的过程还会加入填丝工艺。

扭形 扭形是用手和夹钳等工具，把经过锻打而成为两头细中间粗的银条，扭结成螺旋状和弯曲的银饰，如螺旋纹项圈。

套环 套环是制作链状银饰的方法。先将银坯锻打成小段，然后敲扁，并扭结为长方形或圆形的缺口环，把第一个环的缺口先焊上，再把第二个环套入第一个环中，又把缺口焊上。以此重复，形成一个环环相套的链条。

民间银匠在生产过程中，除了这些传统的技艺外，还保留了不少本地的特色，如用牛角锤来敲击，用吹气来焊接部件，用煤油来当润滑剂，用当地的酸性植物来洗涤银器，等等。

从以上所述的贵州民族服饰制作技艺来看，贵州民族服饰中既有大量的中国古代各个时期的服饰制作技艺遗存，也有贵州民族在贵州高原山地上创造出来的独特方法。当代中国没有任何一个地区有如此丰富多样的服饰材料、加工方法和表现形式，可以说，贵州是一座展示中国传统服饰艺术的活态博物馆。

图 1-167 凯里 · 苗族 · 芦笙制作

图 1-168 凯里 · 苗族 · 芦笙制作

图1-171 先秦时期·披围衣

第四章

贵州民族服饰是中国传统服饰的特色样本库

贵州民族服饰是中国传统服饰的重要组成部分，与中国传统服饰脉络相连。了解中国传统服饰，是认识贵州民族服饰的基础，是认识贵州民族服饰文化价值的前提。反过来，深刻认识和理解贵州民族服饰，必将有助于深刻认识中国传统服饰。

第一节 中国传统服饰简述

中国历代服饰是指在一定历史时期内普遍时兴的、相对定型的、具有鲜明时代特征的服装样式。中国传统服饰的发展是中国历史文明发展的写照，它经历了从原始到文明、从单一到丰富、从简单到奢华的发展历程，给世人留下了耐人寻味的服饰文化宝藏。追根溯源，中国传统服饰的发展大致可分为十个阶段。

一、上古时期的服饰

中国服饰的历史，可以上溯到旧石器时代晚期。在这一时期，人类为了满足生理需求，开始使用树叶、兽皮等制成简单的披围式衣物用以遮羞蔽体，并学会采用动物的尾羽、牙骨、植物颜料等装饰身体，以此达到炫耀和标识的目的。自此开始，真正意义上的服装开始萌芽，人类从裸态时代走向着衣时代。

图1-172 威宁·苗族·披围衣

进入新石器时代，原始手工纺织工具出现，纤维纺织品也开始形成，人们开始用麻、葛、毛等纤维织造纺织品制作服装。这时的服装形式也会随着制衣材料的变化而发生变化。布匹的生产使服装在人体上的遮盖面积变大。此时的服装结构虽然平面单一，但服装的雏形已经生成，相比旧石器时代确是迈进了一大步。无领无袖、腰间束带的披围衣和贯首衣是新石器时代服装款式的典型代表。除了服装的变化和发展，服饰品也已十分丰富，其种类已有项饰、耳饰、头饰、发饰等，石、玉、陶、贝、骨、牙、角等材质是当时用于制作服饰品的主要材料，环、珠、管、坠、笄等是最为常见的饰品形状。

在这一时期，服装形制的基本定型和饰物品种的增加，对此后服饰制度的形成产生重大影响。服装在满足人们生理需求和心理需求的同时，也逐渐显示出其代表的等级制度，如部落首领的服装材质一定优于普通族人，并且饰物普遍都较为珍贵和稀有。

图 1-173　商周时期·玄端

二、商周时期的服饰

商周时期，随着原始社会的解体，阶级社会开始出现，中国由石器时代进入青铜器时代。中国的政治、经济、文化在商代空前发展，服装也在此时得到迅速发展。虽然主要的服装材料仍然是皮、毛、麻、葛等，但丝织物已占重要地位。蚕丝织物成为当时最受王公贵族喜爱的纺织品，也因如此，养蚕业和纺织业都同时得到发展。人们开始在平纹、斜纹织物上织造更富美感的花纹，开始在织物表面通过刺绣进行装饰，开始使用矿物原料和植物原料染制布匹。随着服装材料生产的三大工艺——织、绣、染技术的发展，提花织物、刺绣织物、彩绘织物相继出现。

商周时期服装的发展与社会制度紧密相连。社会有了等级差别，区分社会等级的衣裳制度和冠服制度逐步确立。社会制度规定，不同社会身份的人，着不同材料、不同纹饰、不同色彩的服装，非其人不得服其服。这一时期服装样式主要有冕服、弁服、玄端，但深衣已经出现。这几种样式的服装虽然繁简不同，但上衣下裳的形制已分明，衣裳成为服装的通称。上衣下裳加上腹前的蔽膝是这一时期的主要服装型款。冕服的主体是玄衣和纁裳，玄色即黑色，代表天；纁色是指红色和黄色混合的颜色，代表土地。十二章纹是冕服最具代表性的特征，是服饰等级制度的标志，通常绣、绘在下裳两边。弁服与冕服的区别是服装上有没有纹章图案。玄端为黑色无纹饰上衣，用布衡长八尺八寸，每幅长广皆二尺二寸，四角方正，故谓之玄端。缝制时不削幅，不邪杀，不圆袂，不继掩，不侈袂。古人有“朝玄端，夕深衣”之说，由此可知玄端为仪式礼服，深衣为家居常服。

三、春秋战国时期的服饰

春秋战国时期，周王室衰微，诸侯争霸，旧制度解体，新制度确立，服装也随着社会的变化而有了变革与发展。此时与服装

图 1-175 秦汉时期·直裾袍

都获得长足发展。织绣工艺不断进步，提花机具逐渐完善；刺绣工艺日趋成熟，人们可以在材料上实现色彩斑斓的绘画效果；服装材料日益精细，纺织物种类繁多，纺织品的流通扩大，丝织品的使用更为广泛。衣装服饰百花齐放，各种锦衣绣服脱颖而出。

在众多服装款式中，深衣是这一时期较为盛行的一种时尚款式，既是士大夫阶层的居家便服，又是庶民百姓的通用礼服。深衣是将上衣和下裳相连的长衣，最早出现在西周时期，春秋战国时期开始流行。深衣不开衩，左衣襟加长并形成尖角，穿着时从左至右将衣襟绕到臀部位置，用丝带或布带扎紧固定。这种形式称为绕襟。绕襟深衣的衣身前面形成斜线或曲线的衣襟，故又称为曲裾深衣。穿着曲裾深衣，既行动方便又能够遮挡严密，因此深受人们喜爱。与此同时，社会等级制度对深衣穿着限制不多，不论男女，不论贵贱，都可以穿着，因而深衣成为当时最具代表性的服饰。春秋战国时期还有襦、裙、袴等服装型款。赵武灵王推行“胡服骑射”，胡服成为中国最早的军装，这是春秋战国时期服装产生功能区分的一个重要标志。

四、秦汉时期的服饰

公元前 221 年，秦灭六国，建立了中国历史上第一个统一的多民族封建王朝。秦始皇制定了包括衣冠服制在内的统一制度。公元前 206 年，汉王朝建立，汉承秦制，服饰基本相同。汉武帝时期，丝绸之路开通，推动了经济发展和文化交流；加上染织工艺、刺绣工艺和金属工艺的发展，服装的装饰更加丰富多彩。

秦汉时期，上下连属的衣式仍然是服装的主流形式，它由春秋战国时期的深衣演变而来。男子的连属衣称为袍，西汉时期多为曲裾袍，由曲裾深衣演变而来，只是较曲裾深衣宽松；东汉时期开始盛行直裾袍，也称直襟衣。直裾袍比曲裾袍穿着更为简便，故深受人们喜爱。直裾袍内搭配禅衣和袴，是当时最为流行的服装款式。女子服饰在西汉初期仍以深衣为时尚，样式与先秦有所区别。曲裾深衣在先秦的基础上将衣襟加长，使得绕襟层数增加。衣摆肥大并呈喇叭状，袖口镶边，衣袖有宽窄之分。着该服饰时，腰身紧裹，衣长及地，行不露足。到了东汉时期，女子的深衣变得宽松，衣袖变宽，且逐渐加大，绕襟层数逐渐减少，与男子直裾袍相似，二者的区别在于女子的深衣腰身细长，下摆呈喇叭状。

图 1-176 龙里·苗族·直裾袍

五、魏晋南北朝时期的服饰

魏晋南北朝时期，战乱频繁，政治动荡，民族大规模迁徙，国家的经济文化都受到很大冲击。这一状态却对服装及纺织业的发展起到了积极的影响。魏晋时期除了丝织品外，还出现了棉纤维、棉麻混纺纤维等新材料纺织的面料。这一时期织锦较为丰富，织锦纹样除了传统的汉族纹样外还有西域民族纹样、宗教纹样等。魏晋初期服饰都承续前代旧制，由于各民族之间文化的碰撞与交流，汉族传统服饰与各民族服饰并存并且互相影响，中国传统服饰因此而打开了新的发展篇章。

图 1-177　魏晋南北朝·围裳垂髾服

魏晋南北朝时期的服装类型主要有衫、袄、襦、裙等，人们喜用围裳和飘带进行装饰。从顾恺之的《洛神赋图》中可以看出：魏晋南北朝时期，不论男女，都追求飘逸脱俗的仙道状态。服装宽大、飘逸、皱褶多，是这一时期的特点。衫是魏晋时期最具代表性的服装款式，上至皇帝、下至平民都喜欢宽松舒适的衫。女子有大襟衫、对襟衫，男子有大袖衫、半袖衫。女子大襟衫通常是交领大袖，衣长至膝盖以上；下身搭配宽大的长裙，用丝带或布带系在腰部或胸围以下，有的腰部加围裳。垂髾围裳较有特色。垂髾围裳由秦汉时期的围裳演化而来，围裳由布条缝制，系在腰部，长至膝盖或足踝。围裳上的飘带末端用羽毛装饰，穿着时随风飘舞。

六、隋唐时期的服饰

隋唐时期，是中国古代政治、经济、文化的鼎盛时期。与此前相比，政治更加稳定，经济更加繁荣，外交更加自信。隋唐时期，也是中国服装发展史上的精彩篇章。这一时期，纺织技术有了巨大的进步，丝麻织物的产量和质量飞速提升，有了专门管理织染作坊的织染署。各种提花丝织物层出不穷，刺绣、染缬技术达到新高度，丰富的纺织品种类为隋唐时期服装的发展奠定了坚实的基础。这一时期服装款式更加丰富多彩，服装制度更加完善。

隋唐时期女子服装主要有衫、袄、襦、半臂、披帛、裙，其中以半臂襦裙为此时期的代表。襦裙的特点是上短下长，上为襦，下为裙。襦长及腰，裙头高至腋下，将上衣包裹，形成上短下长的强烈对比效果。根据季节，襦有厚薄之分，夏季由轻薄的单层面料缝制而成的称为衫，秋冬由衬里夹棉的面料制作而成的称为

图 1-179 唐朝·半臂襦裙

衫长及地抑或拖地，显露雍容华贵之感；有的将长达两米的长条形薄纱披帛披在肩背上，绕过手臂从手肘处垂落，营造妩媚飘逸之感。半臂是这一时期的时尚，无领对襟，长至腰臀中间，胸前系带，呈现玲珑活泼之感。盛唐时期，中原与西域经济文化交流频繁，西域服装受到唐朝女子的热烈欢迎。该服装上装为翻领对襟窄袖袍，腰间束蹀带；下装为小口裤，在当时广为流行。

七、宋代的服饰

宋代分为北宋与南宋，这个时期文学、艺术发展较为迅速。受到“程朱理学”的思想约束，宋代服饰一改唐代的服饰风格，对身体的包裹性很强。宋代服饰整体上没有唐代的奢华与艳丽，更多的是质朴与雅致。宋代的纺织品以丝织品为主，种类繁多，有绫、罗、锦、绢等。织锦是宋代的丝织名品，四大名锦中的宋锦就出现在宋代。此时期的织物图案受到中国花鸟画的影响，趋于写实，折枝花卉图案比之前时期的图案更为丰富和生动。

宋代女子服饰种类繁多，有衫、襦、袄、裙，还有出现了褙子、抹胸、肚兜等，其中最具特色的是褙子。褙子为直领对襟衣，衣襟不设纽扣或系带，肩部合体，衣身窄瘦，穿着时衣服下摆自然摆动。褙子衣长度不一，有及膝、膝上、膝下几种，有的甚至长至足踝。褙子侧面开衩，衩高及臀部以上——甚至开衩至腋下，褙子里面着抹胸或大襟襦衫。宋代流行千褶裙、百迭裙。千褶裙，裙体布满细密的小碎褶，多为彩色轻纱制成；百迭裙是裙体中间为顺向的褶裥，裙衣打折处叠放在前身正中，两侧身后都为宽窄一致的褶裥。

图 1-180 丹寨·苗族·半臂襦裙

宋代男子服饰主要有袍衫、襕衫、襦袄、褙子等，其中襕衫较具有时代特色。襕衫与袍衫类似，最大特征是下摆到膝处有一道接缝，接缝上下使用的面料颜色和质地有所不同，接缝下称为“横襕”。襕衫多为圆领右衽，大袖无袖头，衣襟从肩颈处一直到衣摆边。

八、元代的服饰

元代的统治者是蒙古族，它是由少数民族统治的封建王朝，也是中国有史以来疆域最大的王朝。这一时期汉族服装和蒙古族服装并存，汉人沿袭宋代晚期服装，蒙古族穿蒙古服，后期有所融合。元代的纺织品因受西域民族影响，出现了一些前代没有的纺织品，最典型的是织金锦等大量夹金面料的出现，棉、毛纺织品也空前发展。面料纹样则在宋代纹样的基础上，掺入了西域纹样。

元代女子服装型款主要有长袍、短袄、比甲，下装为无裆系带裤。长袍分无领左衽窄袖袍、直襟交领宽袖袍两种。云肩在宋代已出现，到元代时成为妇女的常用服饰品，披在肩上作为装饰物。此时的云肩常用四方云纹的造型，裁剪精细、色彩亮丽、刺绣精美。比甲无领无袖，对襟，侧开衩，长至膝下，穿在衫或袄外，是元代的流行时尚，男女都喜穿着。

元代男子服装主要有质孙服、辫线袄、比甲。质孙服为一色的圆领左衽窄袖长袍；辫线袄下摆宽大，腰部缝辫线使下摆产生小细褶。

图 1-181　宋朝·褙子

九、明代的服饰

明代是中国历史上又一个鼎盛的时代。明代服装继承了唐代和宋代服饰的风格，但形成了一些具有时代特征的服装款式和自成体系的服饰制度。明代纺织业极为繁盛，纺织品生产工坊已具规模，批量定制布匹已然成为常态。江浙地区的纺织技术及作坊工作制度较为领先，成为当时纺织品加工的主要力量。纺织品主要有缎、绫、锦、绢、纱、麻、棉等，其中缎的品种较多，最具代表的是采用金线和彩线制成的妆花缎。服饰图案也颇为丰富，有动植物、人物、景物、几何纹样等。

明代女子服饰形式多样，有襦、袄、褙子、比甲、袍衫、水田衣、凤尾裙、月华裙、百褶裙等。在宫廷服饰中，还出现了凤冠、霞帔。明代的襦、袄与前朝有所区别，主要体现在袖子的造型上：邻近袖口处有一圆弧倒角，称为“琵琶袖”。褙子的造型与宋朝基本一致。比甲在此时更为流行，其衣襟镶边到胸部为止，末端镶花扣，胸以下衣襟无镶边，穿着时自然开合。此时的水田衣是由零碎布料拼合而成的袍衫，水田衣上出现了前代所没有的立领。明代的裙装丰富多彩，百褶裙较为普及，通常与襦、袄、褙子等搭配。其款式除了有千褶裙、百迭裙外，还有一种称为“马面裙”的样式。马面裙裙子前后中间部分各有 20 厘米左右的地方不打褶，裙腰处的褶宽比裙摆的褶宽小，裙片平铺后呈现上窄下宽的状态。凤尾裙是明代比较有特色的时尚裙款，裙片由大小规则的绸缎条子相连而成，每片条子都有精美的刺绣图案和金线镶边，下垂彩色流苏。此裙在穿着者行动或旋转间犹如凤尾展开，

图 1-183 元朝・云肩

的前胸、后背正中贴补绣有飞禽走兽的方形刺绣片，根据补子图案的不同区分官阶。其中，文官有 11 种补子图案，武官有 7 种补子图案。在民间，大襟斜领的束腰袍衫较为普及，纽扣衣开始出现。

十、清代的服饰

清朝是中国历史上最后一个封建王朝，由满族统治，经历了 12 位皇帝，共 268 年。这一时期是满汉文化相互交融的时期，也是满汉服饰融合的时期。清朝的丝织品花色品种繁多，主要有绫、罗、绸、锻、锦、绢、葛等。这一时期的织造工艺在前朝的基础上又有了很大发展，尤其是织锦技艺越发精湛，四大名锦之首的云锦精细繁复到极致，云锦的妆花技艺让人叹为观止。镶、织、绣是此时服装使用的主要装饰工艺，每一样都精美绝伦，可谓是中国服装史上织绣发展的最高水平。清代服饰图案也较为丰富，喜用寓意吉祥的团花图案和细致繁复的满地图案。

清代女子服饰在满汉融合前各自保持自己的民族特征，汉族女子沿用明代服饰样式，满族女子穿着旗装。随着满汉人民长期交往交流，女子服饰产生交融。清朝后期，满汉女装渐渐融合。此时的女装款式有袍、褂、衫、袄、裙、裤等。满族人喜欢在袍外穿褂或衫，汉族妇女喜欢穿袄裙，内穿肚兜、外搭云肩或披风。这一时期最具代表的是圆领大襟直袖袍与立领对襟直袖褂，两款服装都是侧面开衩，开衩长度不一，最高开至腋下。领口、门襟、袖口、衩边、衣摆、裙边、裤脚都有锦带和刺绣花纹布条装饰，称为“镶绲”。清代镶绲以多为美，最多达 18 道，占据到服装面积的十分之三，称为“镶十八绲”。

清代裙子样式更加繁复，明代时兴的百褶裙、月华裙、凤尾裙此时继续流行，在百褶裙的基础上发展出了鱼鳞百褶裙；马面裙和凤尾裙融合为凤尾马面裙。肚兜呈两头小中间大、下倒圆弧的菱形造型，主要遮盖肚脐以上胸部位置。清代还盛行云肩，但通常在婚礼或庆典时使用。云肩有对称造型的“四方云肩”“八方云肩”，有放射状造型的“柳叶云肩”。

图 1-184 榕江・侗族・云肩

清代男子服装全部满族化，主要有长袍、马褂、马甲、袄、衫、裤等。在官服中，明朝的补子服继续沿用，只是改成了圆领对襟，补子图案由两片构成。马褂和马甲是此时期较为流行的款式，马褂穿在长袍外，领子有圆领、立领，门襟有对襟、大襟、琵琶襟、一字襟，袖子有长袖、短袖、大袖、窄袖。马甲也称坎肩，是一种无领无袖的上衣，门襟与马褂一样。

清代男子的长袍马褂，曾一度成为中国基层社会男子的基本服装，贵州各少数民族女装基本保留下传统的型款。中国进入近现代以后，都市服饰受西方服饰文化的影响，中山装开始出现，学生服流行，中国传统服饰逐渐式微。但是在广大农村，传统服饰仍是主流。

图 1-185 明朝・马面裙

第二节 贵州民族服饰遗存了中国历代服饰的时尚样式

中国历代服饰是指在一定历史时期内普遍时兴的、相对定型的、具有鲜明时代感的服饰，是一个历史时期在社会上流行的服装样式、穿着方法、社会风尚，其型款是指服装的整体结构。中国传统服饰中，基本沿袭着三种衣制、八种型款、十余种历代样式而发展。它们在贵州民族服饰中都能找到对应的遗存。

一、贵州民族服饰保留下了中国传统服饰型款

色彩斑斓、样式繁多、眼花缭乱的贵州民族服饰，终究还是依据一定的型款，仿照一定的样式来制作的。贵州各民族服饰样式在各民族服饰的横向型款对比之间出现差异，呈现出多姿多彩的景象；贵州民族服饰与中国历代服饰在纵向发展轨迹之间出现趋同，保留下了中国历代服饰的基本样式。中国历代服饰，在贵州民族服饰中大多数都能找到对应的活态样本。

贵州民族服饰保留着中国历代服装型款样式的基本特征，是中国历代服饰型款的活化石，可与文献记载相佐证，可与出土文物相印证。

披裹衣 是上古时期衣片状衣物。威宁苗族、毕节彝族中还保留得有。

贯首衣 是先秦时期的半成型衣式，制作极为简单，在荔波瑶山瑶族、花溪桐木岭苗族都保存着贯首衣的样式。

衣裳连属制的袍服 是商周时期的主要服饰，贵州乡村中，如安顺屯堡汉族、黎平肇兴侗族的男装还保留着袍服的样式。

上衣下裳制的裤装、裙子 其样式在贵州民族服饰中都能找到不同的样本。

图 1-187 清朝·大襟衣

二、贵州民族服饰遗存着中国历代服饰时尚样式

中国历代服饰交融性地吸纳各时期的文化元素，在基本型款不变的情况下，表现出不同时代的风格时尚。贵州民族服饰收藏性地接纳各种服饰的型款等元素，遗存下了中国历代服饰的时尚样式。

玄端 商周时期的代表性衣式。用黑色布料六幅——衣身四幅，衣袖两幅，每幅长二尺二寸，四角方正，故谓之玄端。缝制时不削幅，不邪杀，不圆袂，不继掩，不侈袂。缝合衣身与衣袖，在前襟和领口处以织锦彩带镶绲即成。台江施洞式和榕江摆贝式服饰的制作，延续了玄端的制作方式，用六幅自织土布，经过简单的拼合裁缝，在衣襟和袖口部位，镶上绲条即成，典型代表为台江施洞的苗族百鸟衣。

裲裆 也作“两裆”，是一种背心式服装，盛行于魏晋南北朝时期。裲裆的形制为前后各一块布，在肩部有两条带子相连，无领，腰间以带子系扎，其意在挡住前心后背。裲裆穿起来舒适贴身，有利于手臂的活动。这种服装款式及穿着理念对后世产生了重大影响，后来的褙子、半臂、马甲等与其一脉相承，进而成为后来连身式衣裙演变的一种范本。荔波瑶麓瑶族的上衣，为遗存该式服装的贵州服饰代表。

围裳 也称“腰裙”“围裙”，流行于魏晋南北朝时期，是一种穿于长裙之外，围于腰部的裙装。围裳上常缀有燕尾式的绣花条带，每条燕尾花条带下端垂挂羽毛，有人在诗中称之为“华袿飞髾”。榕江摆贝苗族、黎平侗族的百鸟衣，就有围裳的遗痕。

图 1-188 毕节·彝族·大襟衣

襦裙半臂 半臂又称半袖，是从魏晋以来上襦发展而来的一种短外衣，流行于隋唐时期，是一种对襟、袖长及肘、衣长及腰、以小带子当胸系结的短外衣。穿时外着短袖内着长袖，内衣袖长而紧身，外衣袖短但宽大，称为“半袖”。半袖的袖口有两种形式：一种宽大平直，没有装饰；另一种则在衣袖边缘绣上装饰，并施加折裥。半臂有对襟、套头、翻领或无领等式样，以小带子当胸系结。因领口宽大，多穿在衫襦之外。凯里舟溪苗族、惠水摆金苗族、普安苗族服饰样式基本如此。

褙子 又名背子、绣裾，隋代开始出现，流行于宋代。褙子一般为直领对襟，有宽袖、窄袖两种；衣裾短者及腰，长者过膝；两侧从腋下起不缝合，多罩在其他衣服外穿着。宋代多以外穿褙子内着抹胸为搭配。在贵州，苗族西部方言区各支系的服饰都遗存了褙子的型款。

云肩 也叫披肩，是置于肩部的装饰织物。云肩于元代出现，盛行于明清。云肩最初的作用是保护领口和肩部的清洁，后逐渐演变为一种装饰物，多以织锦刺绣制成，装饰华丽。在中国传统服饰文化中，云肩是一种独特的服饰样式，装饰图案内涵丰富，哲理深邃。在贵州，松桃苗族服饰中就有云肩。

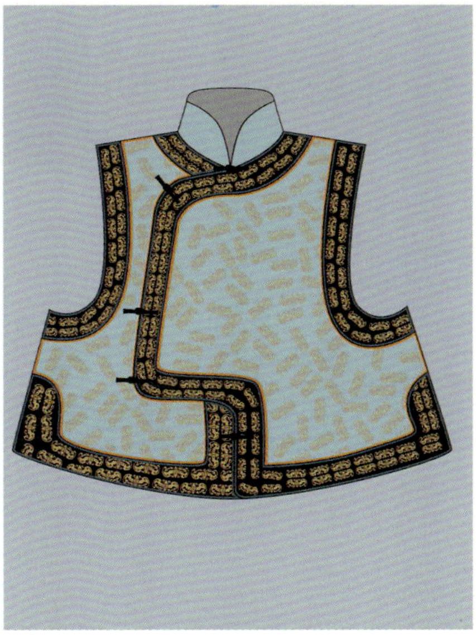

图 1-189　清朝·立领琵琶襟坎肩

比甲 又叫作“背心”，是一种无领、对襟、无袖的长罩衬，长至膝下，两侧开衩，是元代流行的一种服装。比甲一般与袄、裙配搭，穿在袄子之外。穿比甲时，下着裙装，显出层次感。比甲用布带系襻，这样穿着方便，系结严实。比甲始于宋，元代因皇室的推崇而时皆仿之，明代更流行于民间。在贵州的侗族女装中，有比甲的样式。

百褶裙 又称“百裥裙”“密裥裙”“碎折裙”，指裙身由许多细密、垂直的皱褶构成的裙子，始于宋代而盛行于明代。百褶裙每只裥距约在 2 ~ 4 厘米之间，每条裙少则数百褶，多则上千褶，美观漂亮，制作比较复杂。明代，百褶裙常用青布制作，裙褶多至二十余条。清代以后，裙褶多至百余条。裙身上用五彩丝线挑花或刺绣装饰。榕江摆贝苗族、镇宁扁担山布依族、荔波瑶山瑶族百褶裙是贵州民族传统服饰中百褶裙的典范。

琵琶襟衣 又称缺襟衣，流行于清代。如今，在威宁苗族服饰中还保留着琵琶襟衣的样式。

上述实例说明，贵州民族服饰继承了中国传统服饰的基本型款，遗存了中国历代服饰的时尚样式。贵州民族服饰文化，收藏性地接受不同时代中原服饰的时尚要素，并最终独立地保存下这些特色服饰，是中国历代服饰时尚的特色样本库。

图 1-191　普定・穿洞・旧石器时代・骨针

图 1-192　平坝・飞虎山・旧石器时代・石纺轮

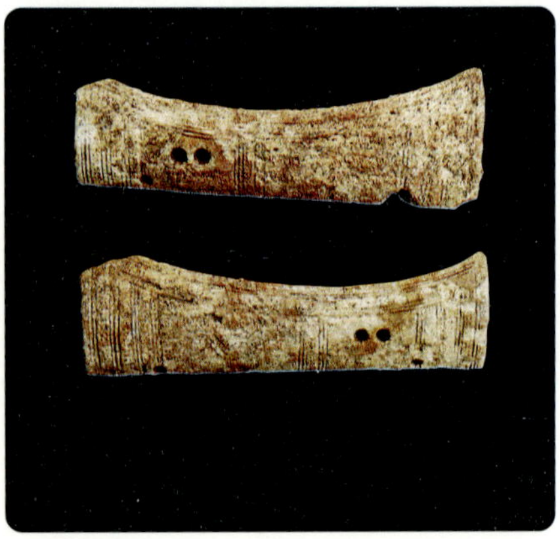

图 1-193　威宁・中水・新石器时代・骨饰

第五章

贵州民族服饰的相关文献资料述评

贵州民族服饰相关文献资料颇为丰富，大致可分为三大类，即文献与口碑资料、图像资料、实物资料。就贵州民族服饰而言，文献资料，指从先秦至当代以文字记录的各种材料，包括官方和私人著述。口碑资料，指贵州各民族民间流传的史诗、古歌、民歌、故事等口头资料。当然，这类材料中一部分口传资料已经纸质文本化。图像资料，包括绘画、雕塑、摄像三个方面。实物资料，包括出土文物资料和公共及私家收藏物品。

第一节　古籍文献及口碑资料

一、汉文献资料

（一）先秦典籍中的贵州民族服饰资料

民族学研究表明，先秦时代，今贵州基本上还处于封闭状态。后来，不少古代民族先后从中国各地迁徙进入今贵州地域，这里闭塞的自然环境和大杂居、小聚居的社会环境，使得各个民族都较多地保留了先秦时代包括服饰在内的文化形态，所以先秦文献中记录的古代服装样式，依然可以在当代贵州民族服饰中看到众多实例。先秦典籍中关于服饰的记录极为丰富，其中以《诗经》《楚辞》两书关于服饰的记述与当今贵州民族服饰的关系最为密切。

1.《诗经》

《诗经》是中国第一部诗歌总集，选录了周代前期五百多年的诗歌三百零五篇，其中反映服饰的内容较多。

织葛技术　《周南·葛覃》一诗描述了西周时期女性割葛、煮葛、织布等生活劳动情景。葛，是中国古代的主要纺织材料，春秋时期越国人民的织葛技艺最为精湛，作为百越后裔的贵州黎平岩洞镇竹坪村侗族人民，至今仍保留采葛织布的古老工艺，并且用它来制作服饰。

着装佩饰　《鄘风·君子携老》这首诗描述了周代妇女头戴

假发、髻如山河、上插簪子，穿着镶有花边、绣有鸟纹的服装，并佩戴美玉，移步时出现身体婀娜、佩饰摇曳的动人状态。现在贵州不少民族的头饰中仍保留了戴假发、挽高髻、插簪子、穿着绣有鱼鸟纹等图案，镶着各种花边的衣裳，并佩戴各种饰物的着装习俗。

图 1-194 威宁・中水・西汉・牛头铜带钩

织锦制衣 《卫风・硕人》《郑风・丰》二诗描绘了周代上层社会人士穿着织锦衣裳，外面又罩一层麻布衣的出行画面。今贵州苗、布依、侗、水、瑶等民族仍保留着织锦工艺，并用它来制作服装。此外，至今黔西北一带苗族的一些支系仍用麻纱来织锦制衣，其着装正是诗句“衣锦褧衣，裳锦褧裳”的最好注脚。

织绣工艺 《小雅・六月》《小雅・巷伯》《小雅・大东》《唐风・扬之水》《秦风・终南》等诗中，分别有诗句描写了周人用织锦来做服装面料，以刺绣手法来装饰衣裳的生活风俗。现在贵州不少民族的服装仍以织锦来当作衣服面料，其锦面织有各种鱼鸟花卉、人物走兽或几何纹样。除织造花纹之外，贵州各民族还用刺绣、印染等来装饰服饰的面料。用这些工艺手法制成的衣服，是中国古代“素衣朱襮”“素衣朱绣”“黻衣绣裳”“鸟章卉服”“萋兮斐兮”“粲粲夺目”的着装习俗的遗存。

图 1-195 平坝・马场・六朝・铜条脱

腰带、鞋履 “其带伊丝”（佚名，《曹风・鸤鸠》）是反映周人着装系的是用丝织成的腰带，“赤舄几几”（佚名，《豳风・狼跋》）则描写周人穿着头尖上翘的红色鞋子。这两种服饰仍可在当今贵州的苗族、侗族、水族等民族中见到。

2. 《楚辞》

楚辞，是战国时代南方楚地出现的一种不同于北方《诗经》形式及风格的新诗体，尤以屈原的作品最为突出。它富于想象，辞藻华丽，充满着浪漫主义的色彩。其代表性诗人有屈原、宋玉、景差等。其中不少诗句反映了当时南方民族尚奇装、好华服的习俗。

楚国境内的民众，包括南下的华夏民族，但大多数属于百濮、苗瑶、氐羌、百越族系。秦灭楚后，这四大族系中的大部分已融入汉民族先民中，但也有一部分长途迁徙进入今中国西南各省，成为现在西南各地少数民族的先民。同样，他们把楚国的文化及习俗带到了当地。在当代贵州民族服饰中，就仍然可以见到尚奇装、好华服的现象。特别是各民族的民族节日及人生重要礼仪场合，族群中所有人都会身着盛装华服，

图 1-197 龙里·巫山·岩画

图 1-198 龙里·巫山·岩画

图 1-199 花溪·金山·岩画

艺品构成的服饰，形成了人流的海洋、华服的海洋、歌舞的海洋、艺术的海洋，真实地再现了“灵偃蹇兮姣服，芳菲菲兮满堂”（《九歌·东皇太一》），“华采衣兮若英”（《九歌·云中君》），“灵衣兮被被，玉佩兮陆离”（《九歌·大司命》），“荷衣兮蕙带”（《九歌·少司命》），“翾飞兮翠曾展诗兮会舞……青云衣兮白霓裳”（《九歌·东君》）的既繁华热闹又神秘浪漫的场面。

（二）秦汉至宋元典籍中的民族服饰资料

从秦汉至宋元，这是中国古代各民族向今贵州地域迁徙流动汇集的时期，如百濮的发展、华夏的南下、氐羌的东进、百越的北上、苗瑶的西迁。各民族分别带来了包括服饰在内的母体文化，并在这里交汇融合，为后来形成多姿多彩的贵州服饰文化打下坚实基础。此一时期，关于贵州服饰的信息，主要来源于两个渠道：一是中原文人关于南方民族服饰的记录。这些南方民族最后大都聚集于西南各地，贵州民族与其有千丝万缕的联系。尽管这些记录，都比较粗略简单，甚至语焉不详，但通过这些记载，还是可以看出当代贵州民族服饰文化与古代南方民族服饰文化的源流关系。二是各代史官对贵州各民族进京朝拜使团人员着装配饰以及他们朝贡品的记录。

1. 两汉至隋朝的南方民族服饰资料

汉代历史学家司马迁是一位注重实地考察的伟大史学家，他第一次把古代贵州夜郎地区及其居民生活情况报道给世界：“西南夷君长以什数，夜郎最大……此皆椎结。”（《史记·西南夷列传》）司马迁笔下的古代南方民族的一些服饰风习，如穿甲、剪发、着左衽服、染齿、椎髻等，一直在后来的贵州各民族中流传，即使是当代，仍有不少民族保留着这些习俗。

东汉学者应劭在《风俗通义》中记录了南方部分民族的一些生活习俗及纺织品：“女解去衣裳，为仆鉴之结，着独力之衣。……衣裳斑斓，语言侏离，好入山壑，不乐平旷。……皆赐印绶，冠用獭皮。”后来晋代范晔的《后汉书》和干宝的《搜神记》中都采用了应劭的这一说法，并增加了一些内容：

织绩木皮，染以草实，好五色衣服，制裁皆有尾形。……衣裳斑斓。……冠用獭皮。（《后汉书·南蛮西南夷列传》）

女解去衣裳，为仆竖之结，著（着）独力之衣。……织绩木皮，染以草实，好五色衣服，制裁皆有尾形。……衣服褊裢……冠用獭皮。（《搜神记·卷十四》）

“织绩木皮，染以草实”，这是关于南方民族的纺织印染工艺最早的文字记录。用树皮纤维来织布的技艺，贵州各民族一直沿用至清代。而用植物的茎皮、叶花、果实来做染色剂的工艺，至今仍在传承。

晋代常璩《华阳国志·南中志》记载：“南中在昔盖夷越之地，滇濮、句町、夜郎、叶榆、嶲唐侯王国以十数。编发左衽，随畜迁徙，莫能相雄长。”常璩是蜀人，距他描述的对象并不遥远。“编发左衽，随畜迁徙”，应该是当时氐羌族系的生活习俗。至今贵州所有民族均已定居下来，但放牧的生产方式仍保留，一些民族还在使用羊毛来织造服饰面料。

图 1-200 长顺·傅家院·岩画

“有阑干细布。阑干，僚言纻也，织成文如绫锦。”而魏收的《魏书·氐等传》亦说：“僚……能为细布，色至鲜净。”民族学家普遍认为，僚是布依族、侗族的族源之一，更是仡佬族的直接来源。“阑干”一词本是倾斜的意思，唐人刘方平诗曰“北斗阑干南斗斜”便是证明。常璩也说这种布“文如绫锦”，绫是斜纹地上起斜纹的丝织品，便知阑干细布即为斜纹布。这种织物，在当代贵州的苗、布依、侗、水等民族中仍在生产，不过当地人根据布面纹饰分别冠以“斜纹布”“斗纹布”“花椒布”“堂布”“升子花布”“鱼眼纹布”等名称，并且用来制作服饰。

图 1-201 关岭·花江·岩画

此外，在《南齐书·东南蛮》中有这样的记载：“蛮俗布衣徒跣，或椎髻，或剪发。”在《隋书·地理志》中，有这样的记载：“诸蛮……服章多以斑衣为饰。”而《隋书》中所记的“斑布”，即运用《后汉书》说的“染以草实”的印染工艺——后来的蜡染、树脂防染等工艺制作而成的布。由此可知，起码在隋朝时期，南方民族已有了成熟的蜡染、树脂防染技术。

2. 唐代至宋元的民族服饰资料

从汉代司马迁《史记》中留下一段简略的文字以后，一直到隋朝的史籍，都缺乏关于贵州民族服饰及纺织品的直接记录，到了唐代又有了一些零星的信息。

李吉甫《元和郡县图志》记载：“黔州，开元赋纻、布；元和贡竹布、纻麻布。涪州，元和贡连头十段布一匹。夷州，开元贡斑布，赋：粗布。南州，开元贡斑布。溱州，开元贡楮皮布、纻布。”当时的夷、南、溱三州正属黔中郡，大部在今天贵州境内，而黔、涪二州也是贵州各民族先民的故地，书中所说的“

图 1-203 汉代·抚琴俑·黔西南州博物馆藏

图 1-204 汉代·吹乐俑·黔西南州博物馆藏

类的物品，直至民国时期，遵义一带仍织“竹麻履”，即用慈竹篾合麻线编织成鞋，并远销外地。“连头十段布”，即在一匹经上分段织出规格相同或图案不同的织物，现贵州一些民族仍在一匹经线上分别织出图案不同的多幅锦面或其他品种。“斑布”，即印染织物。唐代贵州各民族的印染品已上贡朝廷，其质地一定优良，唐代画作上人物服装上的印染工艺，是否与这些贡物有关呢？

这一时期，首次出现了关于贵州民族服饰的详细记录。《旧唐书·南蛮西南蛮传·东谢蛮》记：“东谢蛮……丈夫衣衫，有衫袄大口裤，以绵绸及布为之。右肩上斜束皮带，装以螺壳、虎豹猿狖及犬羊之皮，以为外饰。坐皆蹲踞。男女椎髻，以绯束之，后垂而下。……贞观三年，元琛入朝，冠乌熊皮冠，若今之旄头，以金银络额，身披毛帔，韦皮行縢而著履。”从头到脚各个部位的装束、款式、饰物、材料、方法等方面都作了详细的描述。

到了宋代，文献中出现了对早期进入今贵州地域的中原人的着装的描述。不过，其对贵州的民族区分并不严格，而是一律以“蛮”“夷”称之：“南平僚……妇人横布二幅，穿中贯其首，号曰通裙。美发髻，垂于后，竹筒三寸，针穿其耳，贵者饰以珠珰。”（欧阳修，《新唐书·南蛮传》）“牂牁蛮……至天成二年尝一至，其使者曰清州人宋朝化，冠带如中国。”（欧阳修，《新五代史·四夷附录第三》）冠带历来为中原上层社会服饰习俗，南方民族剪发或椎髻。《新五代史》中所记“牂牁蛮”之“冠带”，在清代文献道光《遵义府志》中得到了印证：“播州千户长官宋氏，唐乾符间（875 ~ 879 年），有真定宋宣为节度使，丰城候副元帅，征蛮夷有功，留守其地。是冠带如中国。”宋氏从唐代开始定居贵州，后来发展为成为统治鸭池河以东地区的豪族，称“水东宋氏”。显然，其衣冠服饰的特点，保持了中原汉族的习俗。

樊绰《蛮书》记录的虽是南诏的史实，但南诏及后来的大理国的管辖范围都远及贵州西部，其描述的服饰内容，自然也涉及贵州的一些民族服饰。譬如，书中所记的当地人披虎豹羊皮、穿毡衣等，均为云南、贵州两地民族所共有的习俗。与此相应，宋以来史籍中常有这方面的记录，典型者如《宋史·蛮夷传四》、马端临《文献通考·四裔考》等，对贵州民族服饰习俗都有记载。后者甚至还记录了罗殿国（今安顺一带）、自杞国（今兴义一带）风情。

元代，毡和布成为贵州向朝廷上缴的贡品。这一点在《元史》

中多有记载。既然毡和布是上贡的贡品，说明这两种服饰所用的材料当时不但盛产，而且质量很高，更有可能在全国范围内都有一定知名度和美誉度。

图 1-205　汉代·庖厨俑·黔西南州博物馆藏

比起没有实地考察经历而仅凭间接资料编撰的史书来，一些文人的著作，因亲身所经所见而得来的信息要真实确切得多。如欧阳修在《六一诗话》中记载了苏轼以所购少数民族织物赠送他的事："苏子瞻尝于淯井监，得西南夷人所卖蛮布弓衣，其纹织成梅圣俞《春雪》诗云：'朔风三日暗吹沙，蛟龙卷起喷成花，花飞万里夺晓月，白石烂堆愁女娲。大明广庭踏朝贺，雉尾不扫粘宫靴。宫中才人承圣颜，捧觞称寿呼南山。三公免贵百姓喜，斗酒十千谁复悭？'"蛮布弓衣，就是弓的外套，上面织有梅圣俞的《春雪》诗，显然已是运用提花技艺的织锦了。当时西南地区能织锦的有四川成都、云南大理国，但此二地锦都属官方禁物，不可能流入民间。宋代西南夷特指贵州，《宋会要辑稿·蕃夷道释》一书中所列"西南夷"一章，就是特指贵州一地的少数民族。苏轼购物的淯井监，在今天四川长宁县，距离贵州较近，两地居民互相交流、来往贸易是正常之事，所以欧阳修提到的这件蛮布弓衣，是贵州少数民族所织无疑。这表明至少在宋代贵州已有织锦工艺。

《岭外代答》一书，记录了贵州各民族更多的织物产品及服装样式："西南夷大率椎髻跣足，或衣花斑衣，或披毡而背刀带弩。其髻以白纸缚之，云犹为诸葛武侯制服也。武侯之烈远矣哉。"又记："毡，西南蛮地产绵羊，固宜多毡毳。自蛮王而下至小蛮，无一不披毡者。但蛮王中锦衫披毡，小蛮袒裼披毡尔。北毡厚且坚，南毡之长，至三丈余，其阔亦一丈六七尺，摺其阔而夹缝之，犹阔八九尺许。以一长毡带贯其摺处，乃披毡而系带于腰，婆娑然也。昼则披，夜则卧，雨晴寒暑，未始离身。"周去非指的西南"夷"，正是从事由云南赶马到广西与宋王朝买马司交换物品的贵州罗殿国、自杞国居民，他们"衣花斑衣"，即印染花布衣。"披毡而背刀带弩"，更是贵州彝族先民的着装习俗。而效仿诸葛亮制服，也反映了蜀汉诸葛亮南征时在当地留下的久远影响。

如果说《岭外代答》一书记录的是宋代贵州西部一带民族的服饰的话，那么洪迈的《容斋随笔·渠阳蛮俗》中则反映了贵州东南一带的民族服饰状况："靖州之地……酋官入郭，则加冠巾，余皆椎髻，能者以白练布缠之……妇人徒跣

图 1-208 织金·清代·人物石雕

贵州天柱等地属湖南靖州所辖，直到清雍正四年（1726 年）才划入贵州，是苗族、侗族的主要居住区。他们不仅以印染花布为衣，而且喜戴银、锡等首饰，这一习俗至今犹存。

朱辅《溪蛮丛笑》一书记录了宋代今湖南、重庆、贵州相邻的五溪一带众多民族的生活习俗及服饰文化，所涉及的织物计有“茅花被”“仡佬裙”“ 顺水斑”“不阑带”“娘子布”“点蜡幔”“圈布”等。其中，“顺水斑”是一种不经缫丝纺织而是将蚕茧缉成絮片，然后染成各种颜色的无纺品，称“自成绢”。至今贵州黔东南苗族还在将要吐丝的蚕置于平板上，让蚕直接将丝吐成扁平的絮片，再染上色，并用来制作服饰。其源头应是宋代的“顺水斑”。“不阑带”就是绦，即俗称的花带，东部方言区的苗族称“西半兰普”，至今贵州不少民族仍在生产。“点蜡幔”，是一种表现铜鼓纹样的镂版蜡染工艺。至今贵州一些民族仍盛行铜鼓崇拜和制作蜡染的习俗。“娘子布”，即细麻布，至今贵州西部一带仍在织造。“圈布”，是用凳架式木机织造桑皮纤维，使其变为面料的一种工艺。虽然当代贵州各民族已不再用桑皮纤维织造了，但仍然用凳架式木机来织造花带。

（三）明清时期文献中的民族服饰资料

明王朝建立后，为了稳定西南一隅，中央政府将原来分别隶属于湖广、云南、四川的一部分区域划拨出来，建立了贵州布政使司，并由官方组织大量内地人口移民贵州。这一举措，不仅增加了开发贵州的人力资源，同时带来了较为先进的生产技术。明清两代，众多的文人到贵州为官履职并考察土风民情，在他们的著述中，记录下了贵州民族生活习俗和服饰文化，有的还绘制民族图像，给外界呈现了一个多姿多彩、风情万种的高原民族服饰现象。

1. 明代史志中的民族服饰资料

图 1-209 织金·清代·人物石雕

明代记录贵州民族服饰内容的史志主要有：（弘治）《贵州图经新志》、（嘉靖）《贵州通志》、郭子章《黔记》、邝露《赤雅》、包汝楫《南中纪闻》、田汝成《炎徼纪闻》、沈瓒《五溪蛮图志》等。

明代，毡类织物仍然是贵州上缴中央的主要产品，如《明史·四川土司传》记载：“洪武十七年，定乌撒，岁输二万石，毡衫一千五百领，乌蒙、东川、芒部皆岁输八千石、毡衫八百领。二十九年，乌蒙军民府知府实哲贡马及毡衫。”这一点，与《元史》所记的贵州向朝廷上缴贡品毡与布相类似，所不同的只是将毡换成了服饰成品毡衫。随着朝廷对贵州的重视和开发，随着各级官员对贵州各地考察的不断深入，他们对贵州各地的民族服饰习俗也逐渐清晰。如贵州现存的贵州建省后最早的官修贵州通志——（弘治）《贵州图经新志》中，不仅有贵州各地出产的织造品，如麻布、葛布、洞布、绵、锦等的记录，而且还有各族民众的服装样式及制作工艺的记录，如蜡花布（即蜡染）等。

自明代以来，中央王朝派遣了各级官员进入贵州。与此同时，贵州又是贬谪罪犯的地方或旅行者的目的地，由此大批文人进入贵州。他们的诗文中就有不少关于贵州各地的风情习俗、各族民众的服饰的内容，如顾亮的《侗锦歌》、田汝成的《炎徼纪闻》、包汝楫的《南中纪闻》等都有相应记载。最值得一提的是万历年间在贵州任巡抚的郭子章，其巨著《黔记》的五十九卷《诸夷》，较前人不仅更为详尽地记录了贵州多地各民族的服饰习俗及各种样式，而且还记录了贵州民族的头饰、耳饰、发髻、发型等。该卷附有同期在黔为官的江盈科的《黔中杂诗》，其中有咏贵州民族服饰的句子：“洞女肤妍工刺锦，蛮姬短发不成妆。彩绳贯贝苗姬饰，蛮锦裁衣卫士装。”这些都是关于贵州民族服饰的重要资料。

2．清代史志中的民族服饰资料

为了加强对贵州的统治，清王朝在明代“改土归流”政策的基础上，又分别从湖广、四川、云南划拨部分区域并入贵州。随着辖区面积的扩大，朝廷派遣的官员也更多。除了执行管理任务之外，这些官员还有一项任务，那就是考察贵州当地的山川自然、民情习俗，并撰写文章和绘制图像上报朝廷，为中央决策提供信息资料。这激发了各级官员考察研究贵州的热情，他们留下了大量的文字著述和绘画作品。其中，除了康熙《贵州通志》、乾隆《贵州通志》《皇清职贡图》以及各府、州、县志外，还有一批颇具史料价值的个人著述，如田雯的《黔书》、谢圣纶的《滇黔志略》、爱必达的《黔南识略》、罗绕典的《黔南职方纪略》、陈浩的《八十二种苗图并说》、严如熤的《苗防备览》、张澍的《续黔书》、李宗昉的《黔记》、吴振棫的《黔语》、陆次云的《峒溪纤志》、陈鼎的《滇黔土司婚礼记》《黔游记》、蒋攸铦的《黔轺纪行集》、桂馥的《黔南苗蛮图说》、徐家干的《苗疆闻见录》等。这些著作都详尽地介绍了当时贵州各族民众的服饰习俗及制作

图 1-210　黎平·清代·侗族·人物石刻

图 1-211　毕节·清代·人物石刻

Zheb Njot
纪念

Gid Chib Yeul Laol Gid NdlwbYeul Laol jik chot hlud nzas nzyul jik mas niob yas,
格蚩爷老格娄爷老的孔雀式花衣放上面，

Niob Dlaob Jaod Vaos Zyul Laol mis lub ngax ndeud qangd bid ndrangb.
放在召焦敖孜劳书房中。

Chot hlud nzak nzyul ndlaos at gangb,
花衣纹路分成格，

Jik guk chot hlud nzak nzyul zail jax zok,
锦衣花纹镶九段，

Mas ndlaos syuk naos lyuk bangx nil dib ghaof jik,
花纹犹如虎斑纹，

Jik guk ghangb lik yil yif xangt qangt jik,
七根线线挑底边，

Jik guk ghangb lik yil draot ndlangx jik jik,
底花镶的格子花，

Ndlaos syuk naos lyuk bangx nil dib ghaof jik.
恰似虎背起花斑。

Jik guk lad hlud dlangb nbat zhangt bwb zok jik,
猪槽式花衣花纹挑 五股线，

Jil guk hlud dlangb nbat at dlaod jik,
猪槽式花衣花纹镶成块，

Hlud dlangb nbat draot ndlangx dleub nis xid sod jik.
同时用线镶成白花边。

Hlud dlangb nbat ndlaos shik qik jik,
猪槽式花衣花纹闪闪亮，

Ndlaos syuk naos dlangx yib dik jik mis dib ghaof,
花纹恰似孔雀背的羽毛，

Hlangb ndlangx shik jit jik,
锦带边镶有洁白的布条，

Zhyub daox zhyub cak ndrod ral ral,
吊须铜铃响叮当，

Bib ghangb hlat shiet jik hleuk at nbaos gik jit chied yas.
腰带下端铃珠多耀眼。

详细的文字记载，而且还在其中载入了贵州各民族的图像数十幅。其中自然就有对民族服饰的图像呈现。这在贵州的官修地方志中是极其罕见的。而傅恒等人的《皇清职贡图》、陈浩的《八十二种苗图并说》、桂馥的《黔南苗蛮图说》等书则是以图文形式记载了贵州民族形象及着装样式。尽管这些著述在文字内容上存在抄袭、重复或错谬，有些还带着中原上层文人们对边地少数民族的几分轻蔑，但它仍是今天的研究工作中不可多得的历史资料。

（四）现当代文献中的民族服饰资料

民国至当代，由于西方文化的传播，一些学者运用现代人类学、民族学、社会学、民俗学、美术学等学科的方法，进入贵州考察和研究，从而揭开了研究贵州历史社会的现代序幕。

1．民国时期文献中的民族服饰资料

从人类学角度来考察研究中国西南民族的学者，首推日本学者鸟居龙藏。他于 1902 ~ 1903 年进入中国，专门对中国西南地区作旅行调查，并写下《苗族调查报告》。虽然他在书名上用了苗族二字，但从内容上看，他记录的对象包括了汉族、布依族、侗族、彝族等西南民族——尽管他们之间存在着很大差异，但受当时中国传统文人学者影响，他也把贵州民族统称为“苗”。回国后他又根据考察日记，写下《从人类学上看中国西南》一书。在这两部书中，鸟居氏描述了从湖南去往云南经贵州玉屏、镇远、施秉、黄平、福泉、贵定、龙里、贵阳、惠水、平坝、安顺、镇宁、关岭、六枝、晴隆、普安、盘县（今盘州）约 17 个县市的风土民情，其中用了 13800 余字、113 幅人物服饰摄影图片、4 幅绘画图片，详尽介绍了各个民族特色鲜明的服装样式及装饰手法。书中不仅说到了她们的发型，服装样式，色彩、纹样、佩饰，而且还记录了织造、印染、刺绣、银饰等各种服饰工艺的制作方法及流程。鸟居龙藏的考察报告发表后，不管是在当时还是后来的学术界，都产生了重大影响。该报告可以称得上是贵州现代人类学和民族工艺学的开山之作。

抗日战争时期，上海大夏大学西迁至贵阳，贵州丰富的民族文化资源，促使该校成立了“社会研究部”。该部吴泽霖、陈国钧等学者带领学生，深入今天的毕节、安顺、黔西南、黔南、黔东南等地进行田野考察，前后花费约四年时间。他们在条件极其艰苦的环境下，对当地少数民族社会情况进行细致调查，并将调查所得材料编写为《贵州苗夷社会研究》《定番县乡土教材调查报告》等书。其中涉及贵州苗族、布依族、侗族、水族的服饰工艺的记录有近万字。此外，他们在调查过程中还收集了不少实物，为后人留下极为宝贵的资料。国立贵阳师范学校教师李绍良，也对榕江县进行调查，并撰写了《榕江县乡土教材》一书，其中就记录了当地苗侗人民的服装样式及制作方法。

为躲避日军，内地大批文化人南下西迁，其中不乏知名艺术家。他们在贵州停留或途经贵州时，以艺术家敏锐的目光，发现了贵州民族不同的生活方式及着装习俗，并创作了不可多得的绘画作品。譬如，画家庞薰琹就创作了一批反映贵州民族人物服饰的图画。他后来在《就是这样走过来的》一文中，就回忆了他在贵州见到的当地少数民族及他们的服饰状况。

2．当代的民族服饰资料

1949年以来，有关部门和一大批专业人士，积极响应党和政府号召，投身于保护和发展民族文化的事业中。他们深入民族地区做调查研究，收集整理资料，深入研究，编著出版了相当多的关于贵州民族服饰的图书。

这些图书可分为三大类，一是以图片为主，附以少量说明文字，如贵州人民出版社出版的《中国贵州民族民间美术全集》丛书（五种，含马正荣编著《挑花织锦》，刘雍编著《印染》《刺绣》，李黔滨编著《银饰》，顾朴光编著《面具》），北京民族文化宫编著的《中国苗族服饰》，王恒富主编的《苗装》，贵州美术家协会、人民美术出版社合编的《贵州蜡染》，贵州群众艺术馆主编的《贵州少数民族服饰图案艺术》，马正荣、马俐编的《背扇》，刘雍编的《贵州传统蜡染》，杨文斌编的《苗族传统蜡染》，吴仕忠编的《中国苗族服饰图志》《苗族头饰图志》，等等。二是利用人类学方法对贵州民族服饰从民族、历史、宗教、艺术等方面进行分析解读，如杨昌国的《苗族服饰》，杨正文著的《苗族服饰文化》《鸟纹羽衣：苗传统蜡族服饰及制作技艺考察》，范明三等著的《苗族服饰研究》，陈美娟著的《侗族服饰款式设计与制作》，张国云著的《贵州侗族服饰文化与工艺》，席克定著的《苗族妇女服饰研究》，顾朴光著的《贵州少数民族面具文化》周梦著的《黔东南苗族侗族女性服饰文化比较研究》，中国织锦学会编的《织锦大全》中的苗锦、布依锦、侗锦部分，等等。三是从工艺学方面入手，对贵州民族的服饰

Gid Chib Yeul Laol jik chot kib chot dlaod dil,
格蚩爷老衣袖肩绣花，

Gid NdlwbYeul Laol jik chot mik hlud chot dlaod dlab nbangb yas,
格娄爷老花衣披肩袖下垂，

Jik guk chot hlud nzak nzyul niob sangb sik,
虎背式花衣挂右边，

At box dub fed jik dieb dangb mib sieb niob sangb fek jik,
妇女的花褶裙挂左侧，

Dieb dlangb mib sieb qeuk jax nzub,
青蓝裙底穿有九股线，

Dieb dlangb mib sieb mangs zhot langb langl maol shik zieb yas,
青红布条平行横着穿，

Jik guk dieb dlangb mib sieb nil dangd deut jik,
青红布条横穿裙脚边，

Gid Chib Yeul Laol Gid Ndlwb Yeul Laol mis dlangd nwb zik gaol jax dib gaof zhangd shik ndros niob yas.
格蚩爷老格娄爷老的各种古物留在世间。

Khwb pot dut bib sieb,
揭开看去伤人心，

Khwb pot dut bib nbyut.
揭开来看伤人肺。

Gid Yieb Vaos Zyul Laol lub ngax ndeud rangf jax dib gaof zhangd dul dul niob yas,
格炎敖孜劳的书房存有各种各样东西，

Jax dib daof zhangd mas niob jaol.
样样古物都齐全。

Jik guk naos ndlangx ndlaos bik drwl jik,
那花噜噜的孔雀呀，

Ndlaos syuk bib lwb dub dik ncaik nggus nief laol mis ndlangx nbail,
恰似姑娘妇女们点缀的棱形花瓣，

Ndlaos syuk bib lwb dub dik ncaik nggus nief laol mis hlangb tliet jik.
恰似姑娘妇女们挑织的插花带。

图 1-213 三都·水族·彩绘《水书》

图 1-214 三都·水族·彩绘《水书》

图 1-215 三都·水族·彩绘《水书》

惠的《织就岁月的人们》，乌丸知子的《一针一线：贵州苗族服饰手工艺》最为典型。

这些图书虽然将贵州民族服饰研究推上了一个新高度，但它们都只关注于某一个或某几个民族的服饰，而没有把贵州所有民族服饰作为一个整体对象来研究，呈现给外部世界的是贵州民族服饰的一个点，而不是一个综合、立体、全面的贵州民族服饰的知识结构。

二、民族文献中的民族服饰资料

贵州各民族都有着十分丰富的神话、古歌、民歌、故事等口头文学，且其中一部分至今都还在民间广为流传。有本民族文字的民族，也留存了不少民族文字写就的文献。这些口传和写本文献记录的各民族的相关资料中，也有不少关于民族服饰的内容。

（一）苗族古歌

苗族的语言，分为三大方言，即东部方言、中部方言、西部方言，下面又分各个次方言。各个方言区及下一级的次方言区，都有着自己的古歌。苗语西部方言的《亚鲁王》、中部方言的《苗族古歌》就有专门的段落反映服饰的内容。在《苗族古歌》中，专门提到了用金银打制各种饰品、使用织机织布等内容：

银子拿来作啥用？金子拿来作啥用？银子拿来打项圈，打银花来嵌银帽。金子拿去作钱花，银花拿来作头饰。……银子多了打项圈，打造手镯姑娘戴。……金子多了打金箔，姑娘嵌在袖子上，来到集市去赶场，美丽标致赛一方。

来看今娲的衣服，是用什么机织成，什么梳子来梳理，拍呀砰呀砰的织，布面平滑光生生，才得今娲的衣服？要用栗木机织布，要用竹梳子梳理，拍呀砰呀砰的织，才得今娲的衣服。……来看男女的衣服，女子要穿什么衣，要拿什么作样子，缝得男女的衣服？男子衣服拴腰带，女子衣服翘领子，要用飞鹰作样子，缝得男女的衣服。……来看今娲的帽子，用什么来作样子，用什么来扭成线，才织成了今娲帽？要用菌子作样子，用丝线来扭成线。……来看今娲的胸兜，用什么来作样子，用椅子来作样子，制得今娲的胸兜。

蚕儿生蛋不孵，让给谁来替它孵？蚕儿生蛋蚕不孵，让给簸箕替它孵，簸箕就来孵蚕蛋，孵到一年春天暖，孵到二月翻过去，孵多了来出蛋仔，蠕动爬行像毛虫，拿给姑娘去喂养，姑娘心里暖融融。

还有一批姑娘，她们生在哪一夜？她们生在月明夜，一生下来会想算，会用手指来绩麻，会用脚来织绸缎，缝件衣服给情郎，绣件花衣给姑娘。

在《黔西北、滇东北一代苗族古歌》（杨鹃国，《苗族服饰：符号与象征》，1997年，第120页注。）中，还提到了苗族服饰中的背牌：

把城里城外的好形象，绣制成一张张的背牌，让男男女女披在身上，像高楼大厦的瓦房，让老人看了个个想，让小孩看了人人念。

这段文字说清楚了苗族服饰中背牌的来源，呈现了苗族服饰的文化观念。此外，在苗族的一些迁徙歌中还提到了服饰的制作与染制，这些都是服饰这一特殊工艺美术品类在口传文学作品中的真实反映。

（二）布依族古歌

布依族古歌中也有反映先民服饰技艺的内容，多记载于布依摩经中。布依摩经十分古老，其中提及服饰时，讲到了采树叶树皮为衣裳，还讲到棉花的发现。在起源于清代的《十二部古歌》中，就细致地讲到了人们的穿戴。

当时的着装基本上被勾勒出来，与今天所能见到的活态的布依族服饰颇为相似。

（三）侗族史诗

侗族是个擅长歌唱的民族，拥有世界非物质文化遗产“侗族大歌”。在侗族的歌中，歌词极富浪漫色彩。《侗族史诗》中的服饰内容，就让人感受到浓浓的浪漫情怀：

十座山要赞颂，九座山不能阻拦，让我傻人来赞颂你们寨的巧手姑娘。她们好比燕子飞天，好像竹笋出土。在楼上纺棉，在楼下织布。楼上纺车声吱吱，楼下织布声拍抽拍。好像在造金銮殿，好像在造云布天。（《赞姑娘》）

良辰吉时同伴朋友喜相邀，姑娘迎接萨子撑伞过桥来。身穿花衣，腰围花裙，头插银花，耳戴银环，轻声细语又说笑，还有绞丝项圈叠着盘项圈。勾鞋白衣真好样，手镯银梳闪闪亮。迎接萨子进歌堂，歌堂唱歌迎萨子。（《萨子撑伞过桥来》）

吉日良辰萨玛来到大池塘，她引导众妇女开辟水池和水塘。池塘水染布色红，缝衣制帕穿戴整齐去踩堂。塘里有泥染黄泥

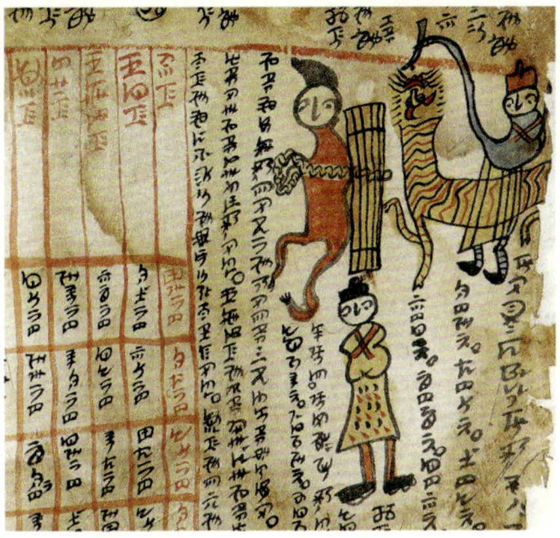

图1-216　毕节·彝族·《彝文典籍》

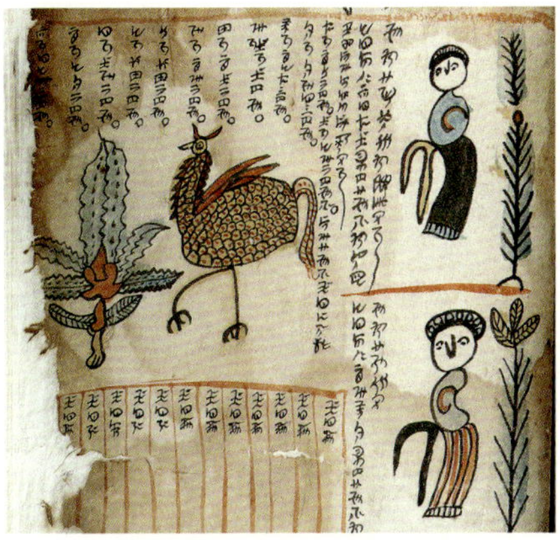

图1-217　毕节·彝族·《彝文典籍》

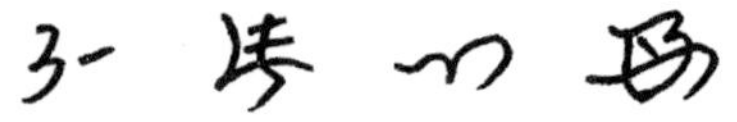

se^{33} tɛ^{13} bi^{33} hu^{13}

栽 桑 养 蚕

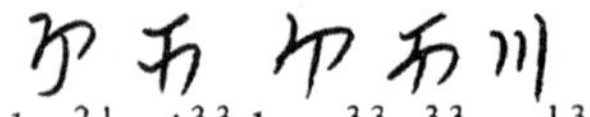

he^{21}mi^{33}dʐɯ^{33}a^{33}mɛ^{13}

雷 电 的 女 儿，

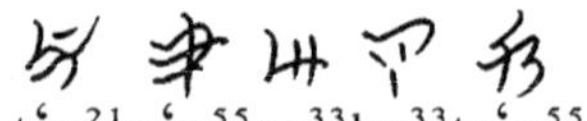

tʻy^{21}pʻu^{55}ɣa^{33}lɯ^{33}tʂʻo^{55}

跟 他 的 父 亲，

za^{13}ɣo^{21}he^{21}ʥi^{33}nʥe^{33}

到 地 上 游 玩，

he^{21}ʥi^{33}tʻɯ^{55}du^{33}vi^{21}

就 留 在 地 上，

bu^{21}lu^{21}ʥe^{21}lo^{13}lɯ^{55}

变 成 了 蝴 蝶，

bu^{21}lu^{21}ndɯ^{21}ma^{55}do^{21}

蝴 蝶 拦 不 住，

ȵy^{21}lɯ^{55}nɯ^{21}ɬa^{13}ɕe^{55}

领 尼 能 男 女，

ɬi^{33}lɯ^{21}bi^{33}ɬɯ^{13}kɛ^{33}

遍 地 收 蚕 茧，

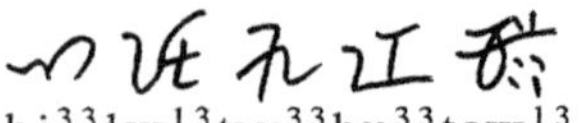

bi^{33}ɬɯ^{13}ʨy^{33}hu^{33}tʂɯ^{13}

九 百 驮 蚕 茧，

mi^{33}tʻa^{21}ȵɪ^{21}mu^{33}kɛ^{21}

做 一 天 收 完，

（《吉日良辰萨玛来到大池塘》）

《赞姑娘》讲到了纺纱织布，《萨子撑伞过桥来》讲到了服饰，《吉日良辰萨玛来到大池塘》则讲到了染布。《侗族史诗》以浪漫化的手法描写了与服饰相关的工艺、织染，也真切地反映了侗族中服饰的相关信息。

（四）土家族山歌

土家族性格豪爽，其山歌亦热情奔放，如《土家族文化大观》中载其服饰歌词，就显出他们的直白率真：

三月采茶叶青青，姐在房里绣手巾。两边绣起茶花朵，当中绣起采茶人。

不谈红布犹自可，提起红布根由长。土家妹子手灵巧，种植棉花纺棉纱，织起红布一张张，东家拿来缠大梁。

金竹丫，苦竹丫，对门对户打亲家。亲家儿子会写字，亲家姑娘会绣花。大姐绣朵云精草，二姐绣朵牡丹花。其中三姐不会绣，拿她坐起纺棉花。一天纺得几根纱，织成花布拿回家。送给哥哥做张帕，包在头上走妹家，亲家看，亲家夸，夸妹手巧真不差。

天冷了，穿棉衣，棉衣哪里来？农民种棉花，工人纺成纱，织成花花布，妈妈买回家。剪刀裁，针线加，多少辛苦做成它。

（五）彝族文献

彝族是个古老的民族，有本民族文字书写的文献，其中关于服饰的内容也极为丰富。《益那悲歌》讲到了养蚕纺纱："武陀尼种桑树喂蚕，蚕吐丝织茧，收的收蚕丝，收蚕丝纺纱，纺纱后浣纱，送到纺纱场，武陀尼的男子，牵纱如蚁行，布线如鸽叩。"这一描述，勾绘了一幅种树养蚕、纺纱织布的热闹画面。而在其古歌《栽桑养蚕》和《织绸织锦》中，就直接讲到了运用蚕丝织出漂亮实用的锦段，用以缝制衣物。在彝族古歌中，还反映了彝族高超的织造技艺。

（六）仡佬族民歌

仡佬族先民是贵州最早的居民，其古老的服饰文化在赫章可乐乙类墓出土的文物中可见一斑。在仡佬族的民歌中，提到了纺棉等，说明仡佬族先民很早就学会了种棉纺纱："仡佬住在石旮旯，种田种地来养家。男子出门卖手艺，女子在家纺棉花。"

仡佬族的山歌中也体现了对本民族服饰的赞美之情："忍勒织裙梭穿梭，丝丝线线蚕丝作。织成花裙一件件，姊妹穿上真欢乐。"对本民族服饰的由衷赞美，是本民族文化自信的体现。

第二节 影像资料

图像学自创立以来，尽管存在这样那样的不足，但还是被学界所接受并广泛运用。表现和记录贵州民族服饰的影像资料，主要有绘画、雕塑、摄像及摄影三种形式。这些影像，尤其是清中期以来的都是直接来源于贵州民族实际生活，是对贵州各民族实际生活的纪实，而不是艺术家个人的虚拟创造，所以是完全可以作为研究当时贵州民族服饰的资料的。

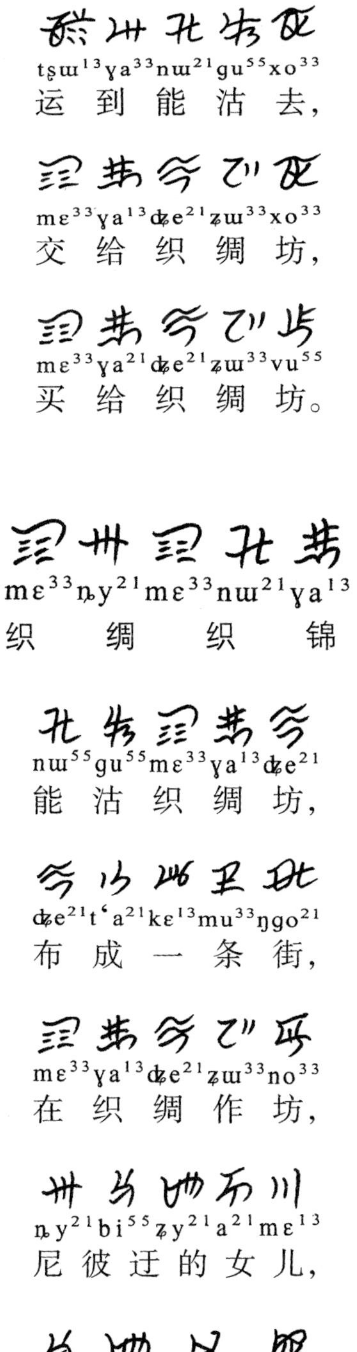

一、绘画资料

美术作品同样是记录和表现事物的一个重要载体。在清代之前，关于贵州民族人物服饰方面的绘画作品，最早当为《华阳国志·南中志》中的记载。该书记云：蜀汉丞相诸葛亮为"夷作图谱，先画天地、日月、君长、城府；次画神龙，龙生夷，及牛、马、羊；后画部主吏乘马幡盖，巡行安恤；又画'夷'牵牛负酒，赍金宝诣之之象，以赐 '夷'"。画的内容有"夷"人的君长、部主吏等人物，自然有衣着服饰。《旧唐书》《新唐书》等书也记载，颜师古看到"东谢蛮"首领谢元琛朝拜唐太宗时所穿的一身鸟章卉服，便向皇帝奏请命画师将其摹写下来，以作"王会图"资料。然而极为遗憾的是，这些画作都没有留存下来。贵州民族服饰的绘画资料，现在能见到的最早的绘制于清代初期。

（一）清代绘画中的民族服饰资料

清康熙初，贵州巡抚曹申吉奉旨主修了《贵州通志》，后称作曹本《贵州通志》。该志卷第三十"蛮僚"中，就附有贵州民族人物图33幅。这些图上的人物及服饰，既本于编绘者的实地考察，也本于郭子章《黔记》及清代田雯《黔书》两书对贵州民族的文字记录内容。乾隆年间傅恒等人编撰《皇清职贡图》时，收入表现贵州民族的绘图已达81幅。这是自雍正年间清王朝大力开发贵州并新设"新疆六厅"后，原先未纳入行政管辖的民族，进入当地官员视线范围的结果。这两书中的114幅画，虽为白描，但是也反映出当时贵州各地各民族服装的样式及装饰手法。

嘉庆初年，在贵州任职的陈浩刊印了《八十二种苗图并说》一书。此书所载的82幅画为彩色，后经多人传抄，流

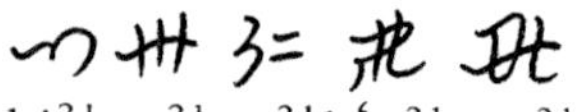
bi^{21}ȵy^{21}ȵy^{21}kʻɛ^{21}ŋgo^{21}
缫 青 蚕 的 丝，

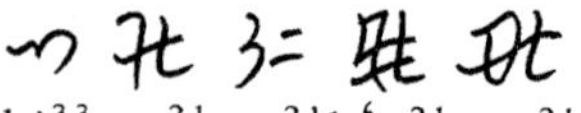
bi^{33}nɯ^{21}nɯ^{21}kʻɛ^{21}ŋgo^{21}
缫 红 蚕 的 丝。

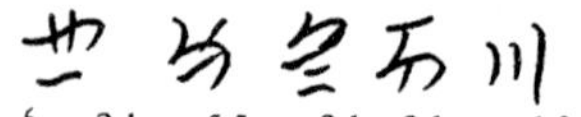
tʻɯ^{21}bi^{55}dɛ^{21}a^{21}mɛ^{13}
特 毕 德 的 女 儿，

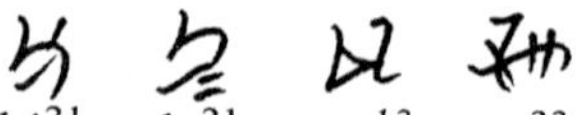
bi^{21} dɛ^{21} nɯ^{13} ve^{33}
名 叫 毕 德 诺 薇，

bi^{21}dɛ^{21}nɯ^{13}ve^{33}lɪ^{33}
诺 薇 姑 娘，

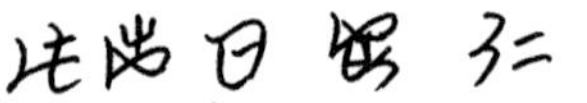
la^{13}pu^{33}ʈʻu^{13}ndʐu^{55}ndʐu^{21}
以 纤 纤 素 手，

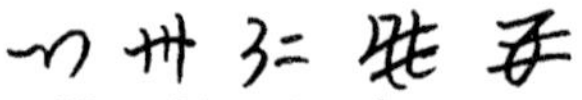
bi^{33}ȵy^{21}ȵy^{21}kʻɛ^{21}ʂu^{33}
青 丝 纺 纱 子，

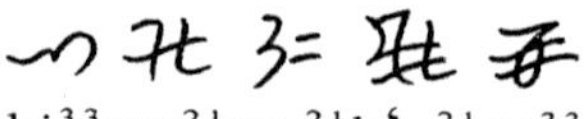
bi^{33}nɯ^{21}nɯ^{21}kʻɛ^{21}ʂu^{33}
红 丝 纺 纱 子。

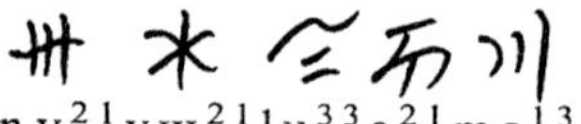
ȵy^{21}ɣɯ^{21}lu^{33}a^{21}mɛ^{13}
尼 厄 鲁 的 女 儿，

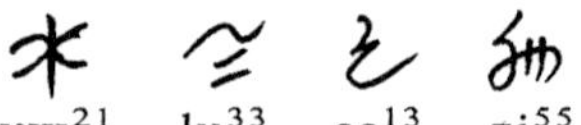
ɣɯ^{21} lu^{33} ʂɛ^{13} ʑi^{55}
名 叫 鲁 舍 依，

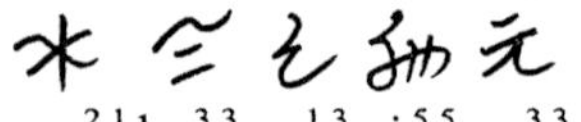
ɣɯ^{21}lu^{33}ʂɛ^{13}ʑi^{55}ȵɪ^{33}
鲁 舍 依 姑 娘，

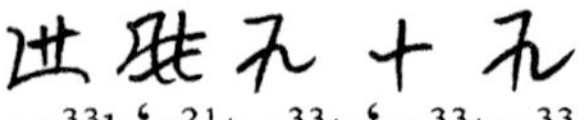
po^{33}kʻɛ^{21}tɕy^{33}tsʻɯ^{33}tɕy^{33}
九 十 九 丝 纱，

但还是可分辨出不同的服装样式和装饰手法，不失为研究清代中期贵州民族及其服饰的宝贵资料。

光绪年间，曾在贵州任职30多年的江西人桂馥，把他对贵州民族的考察结果编绘成《黔南苗蛮图说》一书，列有贵州居民86种，比陈浩的《八十二种苗图并说》一书多出4种。《黔南苗蛮图说》原有86幅人物图，后缺1幅，今人李德龙又据陈浩《八十二种苗图并说》一书“补笼仲家”补入1幅。桂氏所绘图画虽为白描，但造型准确，形象生动，景物描摹取于自然及现实生产，比较真实地反映了晚清时期贵州民族农耕、渔猎、纺织、出行、商贸、社交、宴饮、节日庆典、歌舞娱乐、婚丧嫁娶、居家生活等社会状况。图中还有较多的服饰信息，如服装样式、发型、配饰、材料、织布、织锦、印染、刺绣等。可以说，该书是晚清贵州民族服饰信息最为全面的资料。

（二）近代以来绘画中的民族服饰资料

1．日本建筑学家伊东忠太的作品

日本学者鸟居龙藏《苗族调查报告》一书，除了他本人的摄影照片外，还载有日本建筑学家伊东忠太在华游学经过贵州时拍摄的5幅贵州居民服装绘画图片。照片数量虽少，但作为建筑学家的伊东氏，其作品却体现了工艺绘图的特点。他在照片中把人物服饰的某些部位作了细致的再现，譬如女子的发型、耳环、帽上的佛像等，都清晰可见。

2．国内画家作品

抗日战争时期，一些内地画家在贵州考察或南迁途经贵州时，创作了一批反映贵州山川地貌、民族风情的作品，其中表现民族服饰的有多幅：庞薰琹25幅、关山月5幅、黄异7幅、叶浅予10幅、董希文1幅，艺术地再现了20世纪三四十年代部分贵州的民族服饰。这些画作品种上有国画、油画，风格上有工笔、有写意，但都来源于画家的亲眼所见。

（三）民间绘画中的民族服饰资料

1．彝族古籍文献插图

《黔西北彝族美术》一书，选载了不少《那史·彝文古籍插图》，其中人物服饰样式，基本上与汉文献所描绘的彝族先民服饰相同，有披毡、长衣、长裙等。

2．侗族建筑彩画

在黎平、榕江、从江三地，侗族群众建造的鼓楼及风雨桥上，往往绘制有表现侗族民众劳动、生活、节庆、娱乐的图画，其人物着装基本上都取自于当地民众的服装样式。

3．岩画

王良范、罗晓明编著的《贵州岩画》一书，载有关岭花江岩画上人物像 8 幅。画中的妇女身着桶裙，头戴尖状饰品。

二、雕塑作品中的民族服饰资料

贵州的雕塑艺术，主要有建筑、金属、文玩几个品类，其中能够反映贵州民族服饰的有赫章、兴义、遵义的汉族墓葬和黔东南、黔南一带少数民族墓葬中的陶塑、石刻艺术图像。

（一）陶塑人物俑

中华人民共和国成立以来，贵州考古工作者分别在赫章、黔西、兴义、仁怀、遵义、安顺等地汉至明代的汉族先民墓葬中，发掘出陶质及铜质人俑。在其墓室内外，发现了石刻人物像。这人俑及人物雕像上的服饰对于研究当时的汉族先民服饰及其对贵州少数民族服饰的影响而言都是重要的实物资料。

1960 年 11 月，赫章可乐汉墓出土了陶俑 4 件：站立俑 2 件，其中一件头戴帽，上身着右衽宽袖长衫，下着衣裙，裙下微露鞋尖，衣服表面涂朱；另一件头戴软帽，身着右衽长帔，下端呈喇叭状，衣上亦有朱色。坐踞俑 1 件，头戴帽，上着右衽宽袖衫，下着长裙，束腰带。另一件为俑头，身已缺，头亦戴软帽。

1972 年 3 月，黔西林泉汉墓中出土了陶俑 4 件，为抚琴俑、托案俑、说唱俑、舞蹈俑，俱穿右衽长袍。

1975 年，兴仁交采汉墓中了出土陶俑 1 件。为抚琴俑，右肩及头巾一部略残，头着平巾帻，身穿右衽宽袖衣，内着圆领衫。此外，还有铜俑 5 件：4 件为男性驾车俑，已残。从残品来看，俑都头戴凸形小帽，身穿长领宽襟外套，内罩高领衫。女俑 1 件，头扎“元宝”巾，上身内着高领斜襟衬衫，外罩斜襟右衽宽袖袍服，脚穿翘头靴。

1991 年，仁怀合马汉墓中出土了陶俑 6 件。其中抚琴俑 1 件，头上着帻，身穿宽袖长袍；听琴俑 1 件，发髻高耸，身穿宽袖长袍；立俑 2 件，头戴平顶帻，腰间佩短刀；女俑 1 件，头盘发髻，身穿长裙。

上述汉墓出土人物俑像及服饰风格，均与同期巴蜀墓葬中人物俑的相同，这印证了史书中汉代巴蜀人南迁的记录

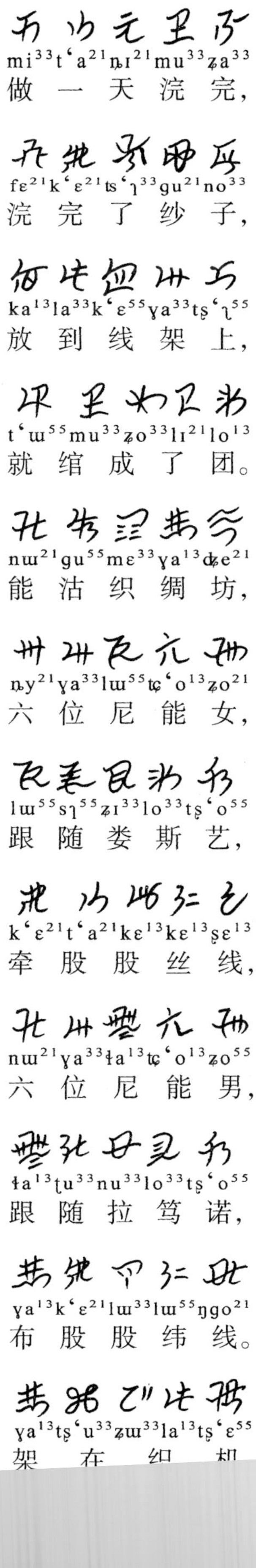

weanl naail

询问歌

Deeuz	saail	sil	baanh	mbas,
teu^{11}	sa:i^{24}	si^{24}	pa:n^{33}	ʔba^{35}
一条	带	丝	斜	佩肩

Bas	jeenlbeah	raaiz	hoongl,
pa^{35}	tɕen^{24}pɯə^{33}	za:i^{11}	hoŋ^{24}
口	衣袖	花纹	绸

Soongl	duezluangz	xamh	jeedt,
soŋ^{24}	teu^{11}luəŋ^{11}	ɕam^{33}	tɕet^{35}
两	龙	同	鳞

xeedt	duezfungh	xamh	jiz,
ɕet^{35}	tuə^{11} fuŋ^{33}	ɕam^{33}	tɕi^{11}
七	凤凰	同	鳍①

Gallangz①	soonx	haaiz	mos,
ka^{24}laŋ^{11}	son^{31}	ha:i^{11}	mo^{35}
裹脚布	穿	鞋	新

Nadnoh	lumc	waais	gongl,
nat^{33}no^{33}	lum^{35}	wai^{35}	kɔŋ^{24}
肤色	像	棉花	弹

Mbongl	lumc	nad	hauxsil,
ʔbɔŋ^{24}	lum^{53}	nat^{33}	hau^{31}si^{24}
悦	像	颗	米花

Nad	hauxsil	mbongl	guz,
nat^{33}	hau^{31}si^{24}	ʔbɔŋ^{24}	ku^{11}
颗	米花	爆	胀

Gul	ranl	mengz	mbongl	geh,
ku^{24}	zan^{24}	mɯŋ^{11}	ʔbɔŋ^{24}	kɯ^{33}
我	见	你	喜悦	些

Lunz	ranl	mengz	mbongl	geh.
lun^{11}	zan^{24}	mɯŋ^{11}	ʔbɔŋ^{24}	kɯ^{33}
幺儿	见	你	喜悦	些

Nuangx	dais	baaihlaez	mal?
nuəŋ^{31}	tai^{35}	pa:i^{33}laɯ^{11}	ma^{24}
妹	从	哪方	来

Wal	xaams	jauc	gazlaanh,
wa^{24}	ɕa:m^{35}	tɕau^{53}	ka^{11}la:n^{33}
花	装扮	头	那样

——摘自《布依民歌荟萃·十二部古歌》

（二）汉族墓葬石刻人物像

1957年，遵义市永安乡南宋杨粲墓中发现了石雕人物像。紧挨着的两座墓，墓门共有四个武士，均头顶盔缨、身穿圆领宽袖战袍。墓室内：有墓主杨粲坐像，戴展脚幞头、穿圆领大袖袍，腰束銙带；有女官立像，头戴幞头、穿圆领衫、内穿长袍，两侧组带结绶；有文官立像，戴展脚幞头、穿圆领大袖袍，长及足背。披锁甲，系锁裙，外系围裙，并扎腰带（两带结于腹部并下垂于膝），足穿战靴。还有进贡使者一，髦发跣足，上身肥硕赤裸，颈围披肩并交结于胸前，腰系角裙，外扎系带，赤足，手足均戴镯环。壁龛两门间雕一侍女，绾双髻，戴耳环，里着低领长袖衫，着长裙，外罩褙子，穿尖头鞋。敬贡人像一尊，为一浮雕力士，身魁力壮，肌肉发达，深目、高鼻、短卷发，表情严肃，赤足。肩上披巾过肩，至胸前系一结，下身着短裙，腰系带，手腕、脚饰镯。双手高擎一盘于头顶，盘内盛满贡物，贡物闪出光焰。

1986年6月，在遵义狮子山宋代男女合葬墓中出土了石刻人物像。其女室左扇门上刻一女子，右手持环，身着小袖对襟旋袄，高髻绾发；男室后龛中心有墓主立像，头结巾子，身穿圆领袍服，外束腰带。

1957年，遵义理智村宋代田尊庵墓中出土顶棺女奴像两尊，其头顶鬈平以承托棺床，高鼻大眼，头梳后垂髻。上身内穿一字形袒领衫，外穿对襟无扣窄袖短衣，下身着裙。

1957年，在遵义永安乡赵家坝明墓中发现了石刻《演乐图》和《备宴图》各一幅。《演乐图》上浮雕亭榭一座，顶上繁枝茂叶密布，亭榭内站女乐伎8人，头梳高髻，身穿飘逸的宽衣大袖，着长裙，相貌俏丽，手里各持乐器，或抱琵琶，或握横笛，正在演奏。左起第二人手执引魂幡。《备宴图》上浮雕亭榭一座，重檐歇山顶，檐下一斗三升转角斗拱，顶上凌空松枝茂叶。亭榭内站侍女10人，头梳双环高髻，多数身着对襟窄袖短衣，着长裙，有的捧壶，有的端杯盘，有的端菜肴，有的袖手待命，均朝右缓步而行，一幅盛宴在即的景象。

1972年，在遵义高坪明代杨纲墓中发现了一批被盗墓者毁坏的陶俑，经修复后有骑马俑7件。佣腰悬皂靴，背负囊箧。原有彩绘，已脱落。女俑1件，穿对襟连衣裙，绿色彩绘已脱落。带铜环锁与铜环连结。

1990年8月，在安顺旧州松林村一号明墓石龛左右壁上，发现了立人像两幅。左边一人衣右衽长衫，下摆掀起一角，腰束软带，裸足，长脸光头，耳垂及肩，右手贴身下垂，胸前挂一小带，右手屈臂举一鸟。右边一人衣饰形象大体相同，亦光头、高额、大耳、细眼，长脸转向外下方，右臂贴身屈成直角，手执绳索，牵一犬于左下角，亦回首注视同一方向；右手弯举，食指斜指前方。两人衣服上均残存朱红。

这批人物造像的服饰，为典型的唐宋时期的中原服饰。遵义杨氏土司，其始祖杨端本为唐末中原官员，带兵南征云南，后定居播州（今遵义），逐渐发展为当地的豪族大姓，并统治黔北近800年之久。他们带来的中原文化及服装样式，是形成多彩贵州文化及服饰艺术的重要因素。

（三）少数民族墓葬石刻人物像

受汉文化影响，贵州一些少数民族也有厚葬习俗，以黔南、黔东南的水族最具代表性。他们花费大量财力物力，用石材建造了既具汉文化特征又有本民族特色的墓葬石雕艺术，上面既刻有儒佛道人物形象，也有不少本民族人物。从贵州省文物考古研究所的《水族墓葬群调查发掘报告》所列水族纪年墓葬统计表来看，这些墓葬年代为清嘉庆八年（1803年）至光绪三十四年（1908年）之间，其衣着反映了清中晚期水族人民的服饰习俗。

恒丰乡丰明组水族墓石柱上女俑的装束为：绾发，颈戴两个粗大的麻花纹项圈，上为圆领短衫，下穿百褶长裙。

塘州乡下丁寨王启墓上石柱上女俑的装束是：头绾发髻、脖戴粗大的麻花纹项圈，下着百褶裙。

周覃镇某刁坡水族墓石柱上的女像装束为：发髻高耸，上插两根长条状发饰，身穿开襟短衫。下穿褶裙，长及膝。

坝街乡阿刘公墓上，有石俑6个。一号女性，戴粗大项饰，下穿百褶裙。二号女性，脖戴粗大麻花辫索纹项圈，下穿百褶裙。三号女性，脖戴麻花辫索纹项圈。四号女性，脖戴粗大麻花辫索纹项圈，身穿百褶短裙。五号男性，脖戴项饰，身穿开襟长衫。六号男性，脖戴项饰，身穿中长收腰百褶服饰。

贵州省博物馆藏水族墓葬外壁刻石俑8个。一号女性人物俑，颈戴粗大项圈，上穿长袖衣，胸部服饰为左右对称的方块，饰乳钉纹，腹部纹饰呈三角形，身穿喇叭形百褶短裙。二号女性人物俑，绾发，脖戴双项圈，身着百褶短裙，双手

weanl xuangssins

信物歌

Goons fih xaaux ndosdaauz,
kon^{35} fi^{33} ɕa:u^{31} ʔdo^{35}ta:u^{11}
以前 未 造 绿色树

Saaul aulmaz bis log?
sa:u^{24} ʔau^{24}ma^{11} pi^{35} lɔk^{33}
情妹 要啥 当 绿色

Goons fih xaaux selmog①,
kon^{35} fi^{33} ɕa:u^{31} sɯ^{24}mɔk^{33}
以前 未 造 苏木

Nuangx aul maz gueh ndingl?
nuəŋ^{31} ʔau^{24} ma^{11} kuə^{33} ʔdiŋ^{24}
妹 要 啥 做 红

Xaauxgueh xibngih yah baslongz③
ɕa:u^{31}kuə^{33} ɕip^{33}ŋi^{33} ja^{33} pa^{35}lɔŋ^{11}
造做 十二 老妇 百笼

xaaux roomc,
ɕa:u^{31} zom^{53}
造 蓝靛

Xaaux damc foonx lumc al,
ɕa:u^{31} tam^{53} fon^{31} lum^{53} ʔa^{24}
造 织 黑 像 乌鸦

Mal waanh dangz lac xaanz,
ma^{24} wa:n^{33} taŋ^{11} la^{53} ɕa:n^{11}
来 换 到 下 晒台

Ranl naangz nangh dazwaais,
zan^{24} na:ŋ^{11} naŋ^{33} ta^{11}wa:i^{35}
见 妹妹 坐 纺纱

Ranl nuangx dazwaais ngaeh.
zan^{24} nuəŋ^{31} ta^{11}wa:i^{35} ŋaɯ^{33}
看 妹 纺纱 入迷

Beah xixyah laaillingx,
pɯə^{33} ɕi^{31}ja^{33} la:i^{24}liŋ^{31}
衣服 女子 多层

Hinc xixyah laailhogt,
hin^{53} ɕi^{31}ja^{33} la:i^{24}hɔk^{35}
裙 女子 多瓣

Juiv Nyenc Laox 尊敬老人

Daems naenl banl noup
个别男儿
eis wox sugx diiuc seep gaos
头帕都戴不好
yaoc nyaengc baov maoh
我认为他
henp duc nyenc daov ngav
是个痴呆汉
Jih daems miegs noup
个别姑娘
yiux wap eis douh
花不会绣
songk maoh lial dah lenc
难嫁郎
wah leex zih cuh
讲“人之初”
jav habp eev mungx nyenc louh eep
那才像个超群者
Kongx Siis eeh
孔子耶
Yuih suic Kongx Siis
因随孔子
jiul laengx qit wox xenp xangh daiv naengl
我们始知身穿花衣
xah mungx gax senl hus
是那辛苦人
Deic lagx biic bac oh eis
手提琵琶果吉
quip lagx jigx siis gobx geenh
吹奏竹笛悠扬
dengl touk senl daol xaih naih
来到咱们村上
duic lagx gungc deml gungc xuh
敲起皮鼓木鼓
yuh daengl wah lagx neil noih neil noih
又吹唢呐哪喏哪喏
jav hah nuv eep duih xeengp xup
那才见到大书圣
Kongx Sis eeh
孔子耶

——摘自《侗族大歌音图典》

脖戴项圈装饰，腰部较细，身着裙装，双手怀抱一婴儿。四号女性人物俑，头戴帽，脖戴粗大双项圈，双平下垂内收于腹下，上穿长袖衫，胸部服饰为左右对称的方块，饰乳钉纹，腹部纹饰呈倒三角形，下着百褶短裙。五号老妇人物俑，脖戴双项圈，身着百褶长裙。六号男性人物俑，头戴瓜皮帽，脖戴项圈，身穿紧身长袖上衣，下着裤装。七号男性人物俑，头戴三角形帽子，上身穿紧身长袖，脖子下方刻对襟衣扣，下穿开裆裤。八号男性人物俑，上穿紧身长袖衫，下着裤，赤足。

黔南州民族博物馆藏水族墓葬石雕俑人 4 件。藏品 06 号俑，男性人物，头发为盘条状，蓄八字须，脖戴粗大双项圈，上身服饰胸部为两块正方形，腰部为三角形，下穿上窄下宽竖条喇叭形褶裙。藏品 07 号俑，女性，脖戴上小下大三条粗大项圈，胸部服饰为方形，下着收腰宽摆百褶裙。藏品 08 号俑，女性，脖戴一条粗斜绳纹项圈，下穿竖条褶裙。藏品 09 号俑，女性，脖戴三条粗大项圈，双手皆有手镯，着喇叭形半腰百褶裙。从以上所述来看，清代水族女性的服饰，大体上为梳发绾髻，上穿右衽长袖衣或对襟短衫，下为百褶裙，脖戴银质麻花纹项圈。当代的水族服饰与上面所述清代服饰，已发生较大变化，头绾髻，上身多为右襟长袖衣，但银饰较多，下穿裤子。

三、摄影作品中的民族服饰资料

照相机发明后，拍照留取景物图片就成了人们用来记录事物的重要手段。20 世纪初，日本学者鸟居龙藏到中国西南考察时，除了用文字记下了他的所见所闻，同时还拍摄了大量的图片。其《苗族调查报告》一书中，就载有反映贵州民族服饰的照片 112 幅，并且一一配以文字说明。从这些图片上，可以看出清末贵州从东到西的汉、苗、布依、侗、彝等民族的服饰状况。

中华人民共和国成立后，党和政府十分注重民族文化的抢救与保护。在贵州，政府部门所属的文化馆、博物馆、群众艺术馆、展览馆、民族文化研究所，以及各艺术院校、美术家协会、摄影家协会等单位，长期派遣摄影人员深入民族地区，拍摄了大量民族服饰及相关的图片，如民族服装样式、织造、印染、刺绣、银饰、面具等工艺的生产制作技术。其中最有成就的有曾宪阳、彭匡、吴仕忠、李黔滨、刘雍、马正荣、沈福馨、顾朴光等人。改革开放以来，大批有志于民间艺术的学者、艺术家、摄影师，也

西苗

东苗

花苗之一

花苗之二

谷蔺苗之一

谷蔺苗之二

白苗之一　白苗之二

青苗之一　青苗之二

平笼苗之一　平笼苗之二

牯羊苗

九股黑苗

紫姜苗

短裙苗

红苗

阳洞罗汉苗

黑罗罗

白罗罗

打牙仡佬

剪头仡佬

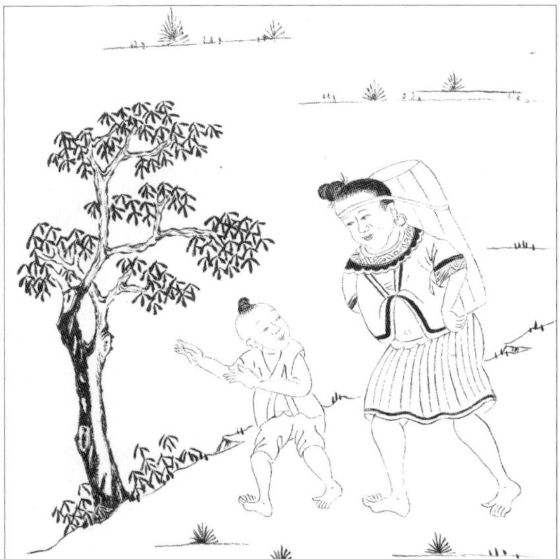

黔苗圖說

黔苗圖說

黔苗圖說

白猓羅
亦在大定及安順有之與黑猓羅同而
為下姓茹毛飲血無論鼠雀蚳蟓蠕動
之物攫而燔之飲食無盤盂以三足釜
攢食如彘人死以牛馬皮革裹而焚
之居普定者名阿和同此類

宋家
在貴陽安順二府本中國之裔
春秋時放流而入于夷也其語
言文字悉與漢同男子帽而長
襟婦人笄而短襟婚姻男家遣
人往迎女家率親戚蕃楚以送
姆訓綦嚴克供婦職喪葬飯
蔬飲水三七封而識之男耕女織
近多讀書入泮者

青狆家
在古州清江丹江等
處男以青布蒙頭服
色尚青女子色白而敏工
刺繡善棋局以擲毬為樂
吓私曰馬郎夜與聚歡父母
知而不禁惟避兄長婚姻
苟合始歡者則以牛
酒致聘不識文字
以木刻為信

曾竹龍家
在安順府境婦女白衣而穿
桶裙頭帶細布方巾以髮紥
尾長尺餘垂於後曰名曰髮
尾用猪油抹髮其氣難聞
遇親戚喜慶負酒牽牛以贈并
攜帶新衣數套以誇富人死則殮而
焚之葬其枯骨七月七日祭其塋

猓玀
本盧鹿而訛為今稱在大定府
屬有黑白二種黑者為大姓其
人皆深目長身黑面鉤鼻薙髭
留鬚其俗尚鬼故又名羅鬼蜀
漢時有濟火者從武侯破孟獲
有功封羅甸國王即今安氏祖
世長其土分四十八部部之長曰
頭目其等有九最貴曰更苴
不名不拜賜鍍銀鳩杖
凡大事悉取決焉次則
慕魁白魁以至黑乍皆
有職守文字類蒙古書
男以青布籠髮束於額
若角狀短衣大袖紫藍
裙其長死集所屬披甲
馳馬以錦緞毡衣裹尸
焚于野招魂而葬性懸主即
酷虐之不敢貳善造堅甲
利刃鏢鎗勁弩畜良馬
好射獵習擊刺故其勁
為諸蠻魁諺云水西羅
魁擊頭捽尾言相應
之速也

女官
即猓玀正妻稱之曰耐德編髮為髻用青帛蒙
之多戴銀絲花貼額耳垂大環拖長裙三十六幅
非耐德所生不得繼立如嗣子幼不能主事耐德為
女官代理土務

卡尤仲家
在貴陽安順南籠平越都勻諸府衣尚青婦女
以花帕蒙首衣短而下圍度身而裁雖盛暑無
增減裙長而細褶勾雲合角中以顏色相間六
月六日為大節每歲孟春聚未婚男女跳月歌
舞於曠野以綵布結小毬如瓜謂之花毬
意洽情鍾彼此拋擲遂私焉或於婚喪會
合時兩情歡悅即剪衣換帶約而私之
須抱子後方歸夫家近俗亦少變
在開州者婚姻多用媒妁聘禮以
姿色定牛酒之多寡親死舊俗
分食親肉今以牛代之貧者一
頭富者牛數頭親戚族友攜
雞米祭以白布蒙首繞牛哭
而奠之祭畢屠牛分肉飲食
醉飽而散

補籠仲家
貴陽定番廣順二州南籠安順二
府皆有之以十二月為大節歲時擊
銅鼓為歡若掘地得銅鼓即云武侯
南征所遺孝子不食肉唯啖魚蝦故
祭亦必用魚葬則以傘蓋墓期
年而後焚之性慓悍出入帶
利刀雖睚眦之仇必報近循
理法

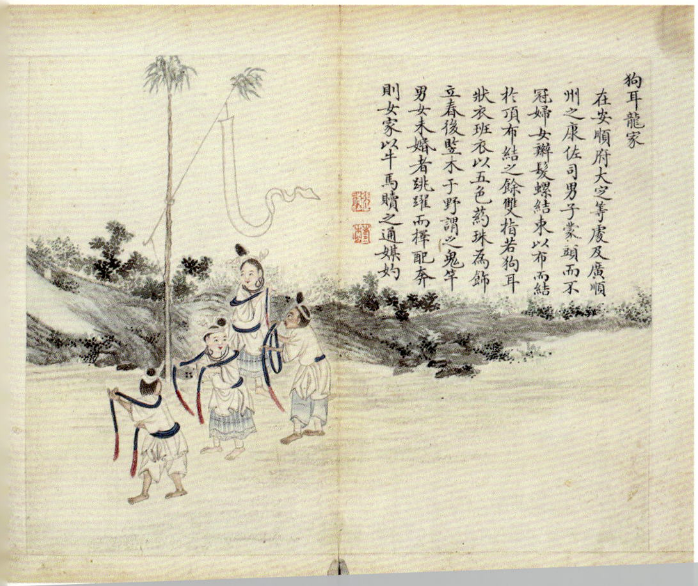
狗耳龍家
在安順府大定等處及廣順
州之康佐司男子蒙頭而不
冠婦女辮髮螺結束以布而結
於項布結之餘雙指若狗耳
狀衣班衣以五色葯珠為飾
立春後豎木于野謂之鬼竿
男女未婚者跳躍而擇配奔
則女家以牛馬贖之通媒妁

馬蹬龍家
鎮寧永寧有之多
劉趙張等姓衣尚
白喪則易以青婦
人布作髻如馬之
蹬耕種以為業

大頭龍家
普定鎮寧有之
男帶竹笠婦
穿土色衣青短
裠斂馬鬃襍髮
盤髻如蓋是名
大頭龍家男女
俱皆勤耕力作

花苗
在貴安順
大定遵義
所屬無姓
氏性戇畏
法俗陋力
勤衣服以
布緝條織
成青白相
間無領袖
洞其中從
頭籠下或
以半幅中
分交纏于
項每歲孟春擇平壤為
月場男吹蘆笙女搖鈴
歌舞戲謔暮攜所私以
近亦多用媒妁聘資視妍
媸為盈縮男至女家成婚
越宿同歸長則親戚攜酒
肉以贖環哭盡哀三七攜
鷄支飾孟治瓶往祭
延巫持咒謂之放七祭畢碟
鷄碎器謂之鬼散喪不用
棺斂手足而瘞之卜地擲鷄子
不破者為吉病不服藥惟
宰牲盛饌禱於鬼破家不
悔苗俗大率如是

青苗 在黔西鎮寧
貴筑修文清鎮
衣尚青婦以青
布籠髻上裝九
善中男竹笠草
履性情獷悍近
亦馴良在平遠
地方為之箐苗

黑苗 在都勻八寨丹江鎮遠黎平
古州習俗各異衣尚黑男女跣足陟
岡巒躡荊棘捷如猿猱性悍好鬭
頭插白羽出入帶鏢鎗藥弩環刀
寒無重衣夜無臥具食惟糯稻舂
白炊熟成團佐食惟野蔬寒泉無
匙箸以手掬之孟春擇地作笙場
老幼以竹為笙長五六尺能吹者為
歌師尾笙最短次者亦有三四尺吹
之足頓地和節似皷互相跳舞元
宵屠牛祭鬼以賽豐年女子所
私謂之阿妹死則所私者插竹
條于墳前竹條之上繫以色線

夭苗
在平越府一名夭家姬姓性情
柔順勤儉安貧近多讀書應
試者婦人工織善染以仲冬朔
為節其在蒙陳爛土窑堪者
木葉為衣着短裠女年及笄
竹樓野處未婚男子吹笙誘之
人死不葬以藤蔓束縛於樹間

儂苗 在永豐州冊
亨等處原屬粵西
今改隸黔省勤耕力
作雜髮穿衣與齊
民等惟婦人蒙首短
衣長裠尚沿苗俗

红苗
在銅仁府多龍吳石麻
白等姓衣服悉用斑絲女工以
此為務同類相鬬婦人勸方解五月
寅日夫婦各宿不敢言不出戶
以避鬼神忌白虎也凡牲畜皆搯殺以
去毛燉煮帶血食
人死將所遺衣服裝
像眾皆擊鼓
名曰弔古

白苗在龍里貴定黔西地方
服尚白男科頭跣足婦盤
髮長簪祀祖擇大牯牛頭
角端正者飼之肥壯合各寨
牛鬬於野勝為吉卜期屠
以祭主祭者服白衣青套袖
摺長裙祭畢合親族歌飲為歡

東苗 在貴筑廣順修文龍里
清鎮清平有族無姓婦衣花衣無
袖惟兩幅以遮前後短裙細摺男子
蓄項髮短衣花背中秋合寨延鬼師祭祖
屠牛陳饌循序而呼鬼名祭畢於集親屬劇飲竟
晝夜春獵於山獲禽必薦祖循禮守法畏見官長
如良民

西苗
有馬謝何羅雷等姓在貴陽平越
二府娶婦異寢旁通孕育後乃
同室每歲秋穫後合眾牛於野延
善歌祝者披大毡衣圍細摺裙戴毡帽穿
皮靴導於前童男女百十
革青衣綠帶吹簫
舞蹈跟之五三晝夜殺牛以賽豐年
曰祭白虎性
情質實畏法守拙

打牙犵狫
在黔西清平平越女子
將嫁必先折去
門牙二齒恐妨夫家所
謂鑿齒之民也
剪髮披至眉取齊眉之意
又名犵種狫
有五分類不通婚姻
遠跣赤足輕生
死織毛布一幅圍腰間旁
無襞積
謂之桶裙男女
同製五種皆如之

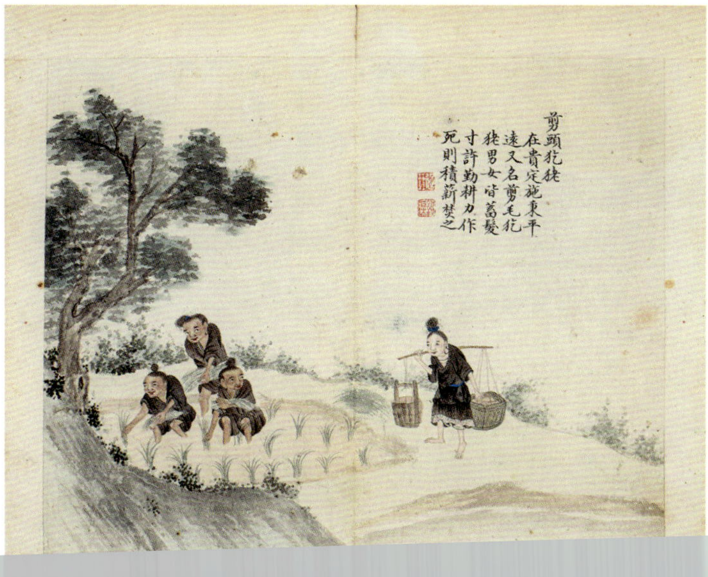
剪頭犵狫
在貴定施秉平
遠又名剪毛犵
狫男女皆蓄髮
寸許勤耕力作
死則積薪焚之

猪屎犵狫　石阡黎
平古州平遠清江皆
有之身両经年不滌
所穿襪而不與豕同
牢得獸則食如狼男
子出入則佩刀弩有
仇必報若獨力無能
則備牛酒以款有力
即片肉卮酒亦甘捐
軀輕命在清平者通
漢語聽約束

紅犵狫
在廣順平
遠清平境
內親死殮
以棺而不
壅置崖穴
間或臨大
河不施蔽
蓋旁種樹
木因其名
曰家親殿

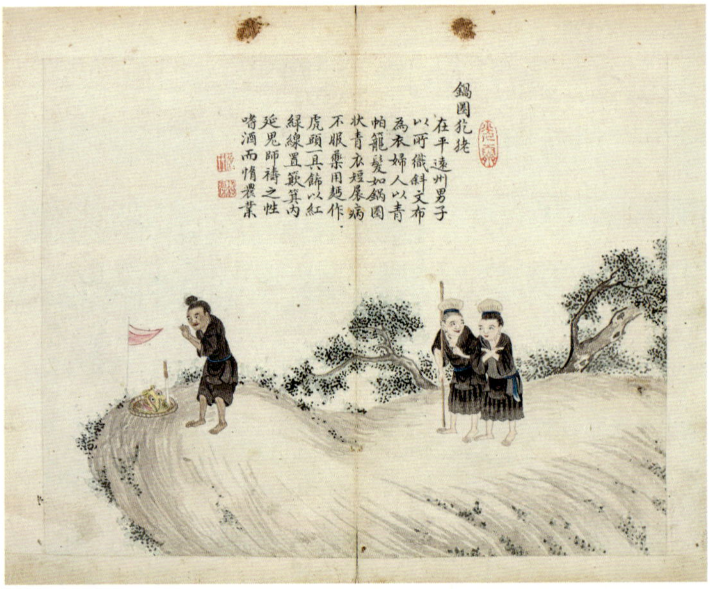
鍋圈犵狫
在平遠州男子
以所織斜文布
為衣婦人以青
帕籠髮如鍋圈
狀青衣短裙病
不服藥用麺作
虎頭一具飾以紅
綠線置簸箕內
延鬼師禱之性
嗜酒而惰農業

披袍犵狫
在平遠州男女所穿裡衣
長尺許外披一袍前短後
長鑿竅而領寓焉以
五色羊毛織成性淳謹
勤耕作每以打鐵作生涯

僰人
在普安州各營司男
女皆披氈衣不沐浴
性淳而信佛無量經
於岩洞中礼拜以申
誠敬通夷語常誦梵咒

土人
各處有之在貴陽廣順者
與齊民通婚姻男多貿易
女勤耕作種植時田歌相和
清越可聽歲首扮儺擊鼓以
唱神歌所至之家皆飲食之
在邛水者最好鬭今則悍俗
遷淳

花犵狫又名犵兜
在鎮遠施秉石阡龍
泉平越黄平一州
等處男子頗耕而好
獵每以逐鹿爲雀
爲事婦女衣則
緣五彩于袖間週邊
飾以蚕繭疊如貫
珠乃
古犵狫
之五

水犵狫 在施秉餘慶之
間善捕魚隆冬能入深
淵故名水犵狫男子衣
服與漢人無異婦人雖
不穿桶裙然細褶長裙
亦苗俗也守法畏官婚
姻喪祭俱如漢禮今則
于五種犵狫之外另添
數種名色乃照通志彙入

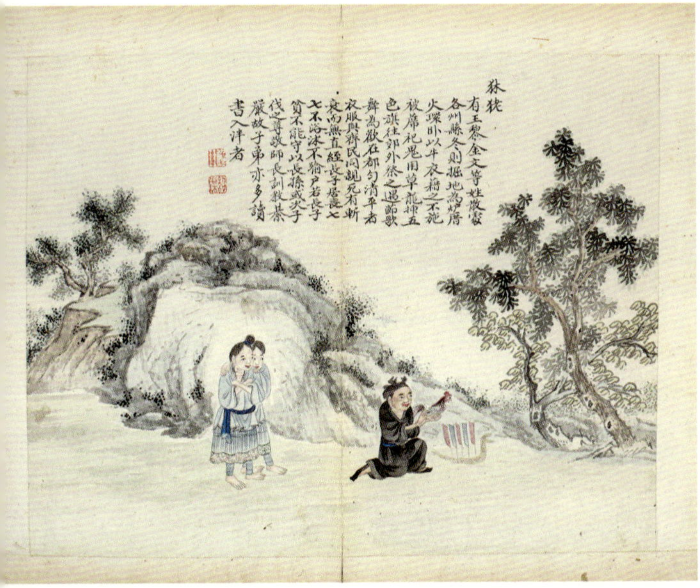
狇狫
有王黎金文等姓散處
各州縣冬則掘地爲爐厝
火環卧以牛衣藉之不施
被席祀鬼用草龍抑五
色旗往郊外祭之遇節歌
舞爲歡在都勻清平者
衣服與齊民同親死有斬
衰而無直經長子居喪七
七不浴沐不踰戶若長子
貧不能守以長孫或次子
代之尊敬師長訓教甚
嚴故子弟亦多讀
書入泮者

犵獞
在荔波縣男善耕作女工紡織衣短裙可遮
膝親死歌唱無棺用木板斂之其子女守
墳三日而後返

蠻人
在新添丹行二司男披
草衣婦着青衣短裙
喪葬宰牛歌舞性獷
悍好漁獵以十月晦爲
節祭鬼今思南府之沿
河司有冉家俗頗相同

峝人
皆在下游而洪州尤衆
性多猜忌夫婦所出入
必偕飲食碎鹽醬冬則
採茅花以禦寒

猺人
黔省原無自粤西遷
來貴定清平獨山丹
江牛皮箐等處居無
定址喜傍溪間以樹皮接
續引水至家免於出汲耕
作之餘入山採藥沿寨行
醫所祀之神曰槃瓠所藏
之書曰榜簿所傳圖印篆
文義不可解珍而秘之風俗
謹厚見道

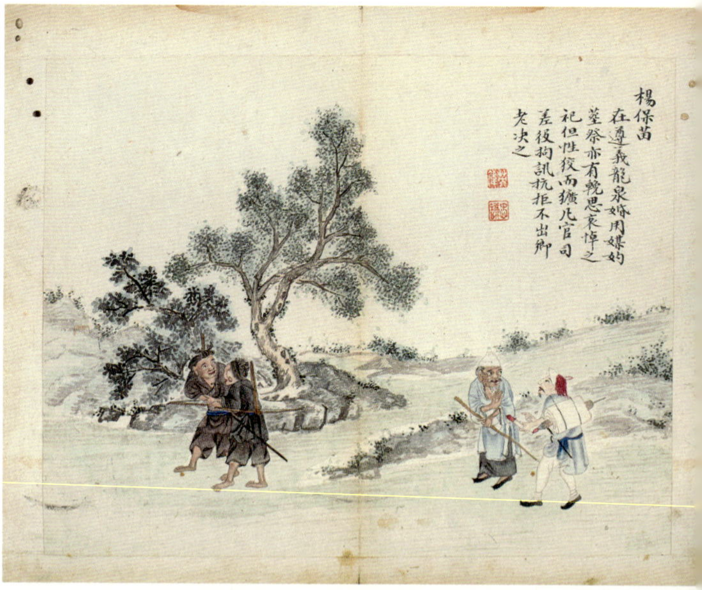
楊保苗
在遵義龍泉婚用媒妁
塋葬亦有饒思哀悼之
祀但性狡而獷凡官司
差役拘訊抗拒不出鄉
老决之

八番苗
在定番州衣服與齊
民同其俗女勞男逸日
出而耕夜入而織穫稻和稭
儲之刳木作臼名碓塘臨期搗
取稻把入臼舂之宴會擊長腰鼓
以為歡十月望為大節堅不擇
期夜靜出之謂不忌使吾親
知云

紫薑苗
在黃平清平及丹江城等
處與獨山州之九名九姓
同類輕生好鬬得仇人輒生
啖其肉以十一月朔為節是
日閉門不出犯者以為不祥
在平遠者間入行伍及讀書
應試者

克孟牯羊苗
在廣順州懸崖鑿竅而居
高者百仞構竹梯上下耕不用
牛以鉄鋳代力擾而不耘男
女婚笙而偶生子分娩後歸
其財聘親死笑舞浩歌而
謂之鬧尸次年聞杜鵑聲
則舉家號哭曰鳥猶歲
至親不復來

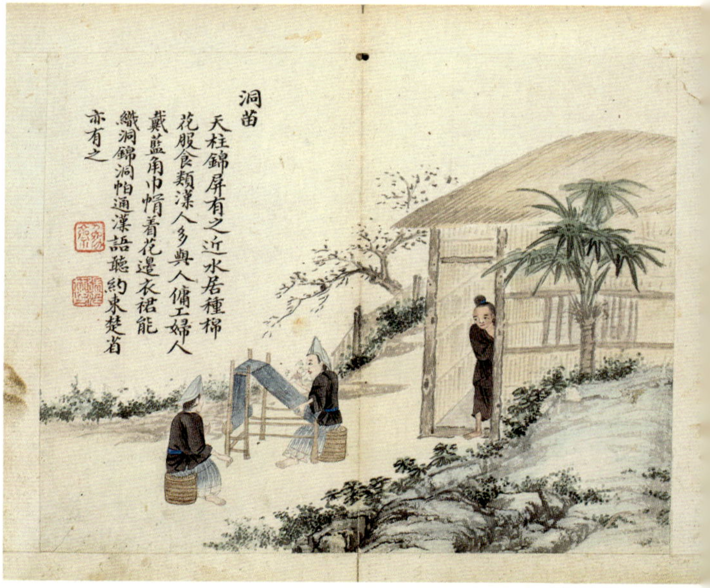
洞苗
天柱錦屏有之近水居種棉
花服食類漢人多與人傭工婦人
戴藍角巾帽着花邊衣裙能
織洞錦洞帕通漢語聽約束楚省
亦有之

犵獚苗
在都匀黎平石阡等
府施秉龍泉餘慶龍
里等縣有楊龍張石
歐等姓男子計口而
耕女子度身而織暇則
挾戈捺狗以漁獵為之
事婚喪宰犬以犢所居
劉闢不塗門戶不扃出
入以泥封之

九股苗
在興隆衛凱里司乃黑苗同類
也此種因武侯南行戮之殆盡僅
存九人遂為九股苗散處蔓延
地廣而俗鷙性慓悍而喜獵頭代
鐵盔前有護後無遮披甲及臍而
上下用鐵練圍身鐵片纏腿徒者
能左手執擋右手執剽桿口啣利
刃行走如飛携帶强弩名曰偏架
三人共張矢無不貫雍正十年剿撫
兼施繳甲兵建城安營設汛焉

谷蘭苗
定番有之性慓悍善擊刺出入携帶
鏢弩諸苗皆畏之今亦耕作為務
女工紡織其布精密每入市人
爭購之相傳欲作汗衫褲
須得谷蘭布婚姻亦用
此物
河内鄭培元藏

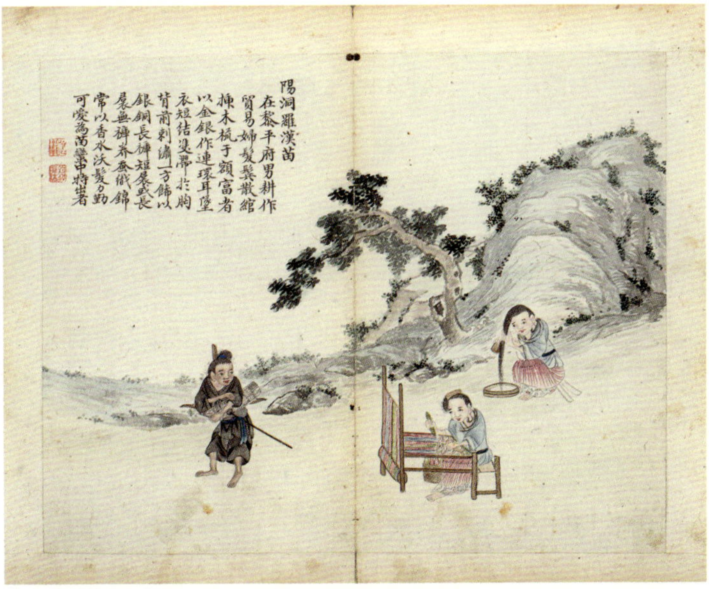
陽洞羅漢苗
在黎平府男耕作
貿易婦髮髻散綰
插木梳于額富者
以金銀作連環耳墜
衣短結複帶於胸
背前刺繡一方飾以
銀銅長裙短裹或長
裹無裙善養蠶織錦
常以香水沃髮力勤
可愛為苗蠻中特出者

箐苗
居依山箐即青
苗類也在平遠
州屬不善耕作
只種山糧男女
衣服皆其自織

狑家苗
在荔波縣十月晦
日祭鬼以為大節
男女均以藍花帕
蒙手未婚者其帕
稍長每於仲冬
未婚男女相聚
歌舞擇所歡者
約而奔之生子方
歸寧名曰回親乃
媒妁致聘若未
生子終不歸寧

狪家苗
亦在荔波
縣衣尚青
長不過膝
每歲首禖
魚肉酒餅
以祭槃瓠
擇近水而
居善種棉
花女工紡
織男子雖
通語漢不
識文字凡
遇事則以
木刻為信

水家苗
在荔波縣地方皆自雍正十年
至粵西而轄於黔之都勻
府也男子素漁獵女子善紡織有狆家布之
名穿桶裙短衣如圍均以花布綴之每歲
首男女連袂歌舞相悅者負之
去遂諧構

丹家蠻在思南喜漁獵得魚蝦為美食俗與蠻人同

九名九姓苗
在獨山州性狡而悍多
假捏姓名以欺人
婚喪屠牛聚飲醉而
爭鬪輒用干戈若
傷人則納牛講和
婦女種山為務俗與
紫薑苗同

八寨黑苗
在都勻府屬性獷悍女以色
布鑲衣袖胷前繡錦一方覆之名曰
兜肚各寨於曠野之處建造房
屋名馬郎房未婚男女相聚於此歡者
以牛酒致聘出嫁三日即歸夫家向
婿家索錢不與即改嫁又有婿與女俱
死者擄同女之子索之名曰鬼頭錢

樓居黑苗
八寨丹江有之男勤
耕種性剛愎婦人以
羊角為髻好樓居人
死殮而停之至二十
年為期合寨共擇吉日
以百十棺同葬公建祖
祠名曰鬼堂此內什物
不敢犯犯者以為不
祥最喜鬼而愛牲畜
人處樓上畜豢樓下

六額子
在大定威寧有黑白
二種男結尖項髻婦
束長無棄蓬用棺葬
年後卜吉延親族至
墓前以牲酒致祭發
塚開棺取枯骨刷洗
以白為度布裹復埋
三年仍取刷洗至七
次止遇家人有病謂
祖先骨不潔取而洗
之所謂洗骨苗是也
近經嚴禁惡俗漸息

白額子
在永豐羅斛男髻
尖如
螺螄狀服色尚白男衣短
婦衣長
不穿裹俗與六額同病祝
鬼不洗骨

爺頭苗
在古州一帶與洞崽同
皆黑苗也性喜鬪
耕不用牛以人力拖犁十
一月朔為大節婦
人綰髮為髻卷以銀綫
扇樣偺以琵琶長
簪耳墜環項圈數
圍衣短以色線鑲
邊婚姻以姑女為舅媳
其聘金若本身
無力取償于其子孫如
無相當子弟抑
或無子又重獻于舅方
許另配嫁之外
甥錢否則終身不得
嫁也

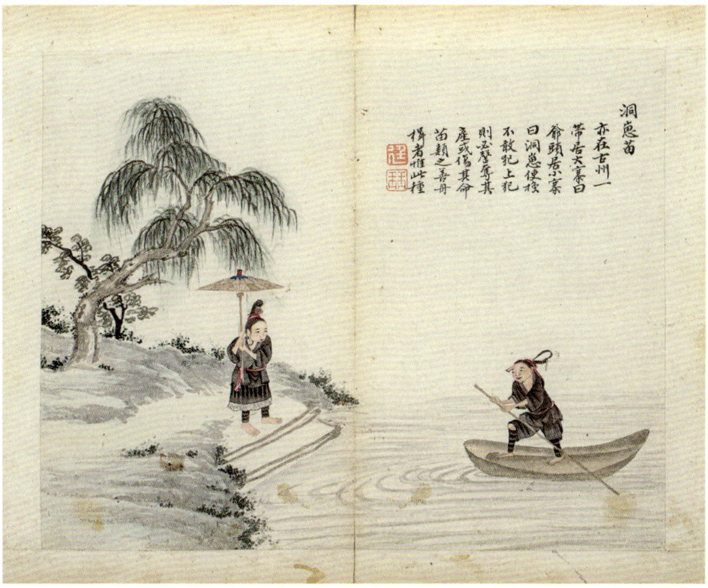
洞崽苗
亦在古州一
帶居大寨曰
爺頭居小寨
曰洞崽使役
不敢犯上犯
則必聲奪其
產或傷其命
苗類之善者
惟此種

黑山苗
在台拱清江古州以藍
布束髮居深山窮
谷惰耕種以擄掠為
事善卜毛草卦能知吉
凶近皆寧戢

黑生苗
在清江境內
情性兇惡訪
知富戶所居
則勾連惡黨
執火持剽刀
劫之今亦守法

高坡苗又名頂板苗
平遠黔西皆有之色尚
黑喜種山坡婦女木板
只許綰髮內婚自爲
合喜染工織

平伐苗
在貴定
男子
披草衣
着短
裳婦短
衣而
穿桶裙
以長
簪綰髻
婚姻
祭享皆
用狗

里民子
在大定黔西貴筑
貴定清鎮等處男
子貿易營生婦人
穿細耳草鞋耕作
餘閑即紡織羊毛
布為衣愛養牲畜
以後諸苗通志未
載皆近日相傳名
色種類難分採風
者核續之十六種

白兒子
威寧及滇
省有之俱
有宗族男
子多漢人
風業赶駝
貿易女子
猶沿苗俗
原是漢人
苗女招贅
為家其俗
相仍故名
白兒子也

土犵狫
在威寧州男子編草為
衣身與猓玀傭工以油蠟熱塗
足入山似猿

鴉雀苗
在貴陽府
屬女子以
白布鑲其
胸前兩袖
及裙故名
鴉雀喜居
高山種襍
糧為食親
死擇山頂
為吉壤其
語似雀音

黑狆家
在清江所屬以樹木為業
其寨多富室漢人與之往來
熟識可以邀其出本生理
或借貸資本經營亡不應
付若不能如期償還不妨
直告以故即有虧折亦可再
借倘挈騙不能自出追討
則訪豪家墳墓掘取首骸而
去挖之捉白放黑使被
掘塋子孫查拘挈騙之人
追償借項以贖骸骨鄉
近塋墓多受其害今則
設有連環保矣

清江狆家
台拱亦有之婦
人勤耕織男子
頭纏紅布腰佩
環刀聚党山寨
外拿孤客以樹
作枷枷禁寨內
索取錢文名曰
續身倘無錢終
不能脫自剿撫
後皆斂戢遵化

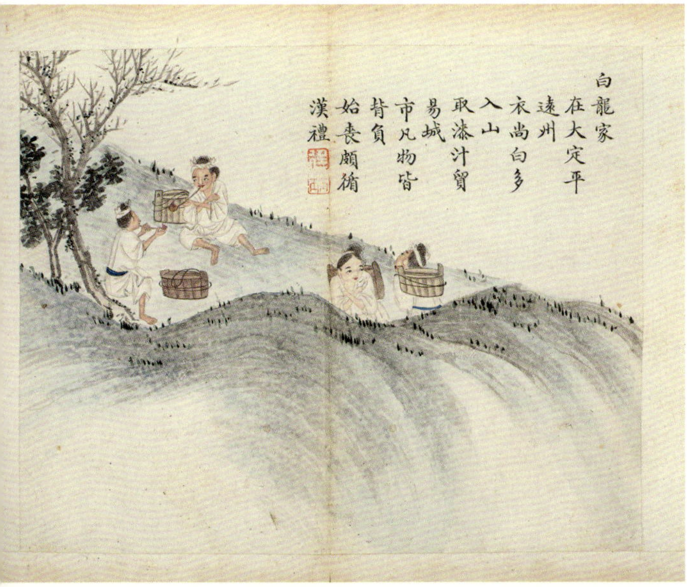
白龍家
在大定平
遠州
衣尚白多
入山
取漆汁貿
易城
市凡物皆
背負
始喪頗循
漢禮

白狆家
在荔波縣男子頭帶狐
尾以耕種為業女子身
小而明慧色白而多美
衣尚淡藍色穿勾雲細
摺裹紅繡鞋脛縫以顏
色袴每歲孟春擇平坦
之所以大木空其中名
曰把槽置之於地男女
各執竹片以打把槽其
聲似鼓名曰打樂又曰同耍
或男女抱腰共相戲謔父
母在旁觀之不禁即漢之能
通苗語者
亦可與焉故未嫁之女多與漢人
來往呼之曰外郎出嫁後夫家轉
送苗布數尺曰斷外郎禮
外郎不得再來往

葫蘆苗
在定番之羅斛情
性兇暴連羣聚党
專事搶刼不務農業
近亦守法

洪州苗
在黎平境內男子與漢人
無異耕作為業婦女善
紡織棉葛二布其葛布頗
精細故有洪州葛布之名

西溪苗
在天柱縣女子裙不過膝以青布纏腿未婚男子携笙女子携瓠相聚戲謔所歡者約飲於曠野歌舞苗合隨而奔之生子後方過聘聘禮以牛

車寨苗
古州有之男子多藝業女工針指未婚者於平曠之所為月場男弦而女歌聲音清美于諸苗相悅者自為婚配亦名跳月雖父母在旁觀之亦不為主也此係馬三保之兵流落亦百名於此招贅苗女為室故諸苗稱為六百戶苗也

黑樓苗

短裙苗

羅漢苗
八寨丹江有之男子頭戴狐尾披髮於後最敬彌勒佛每逢三月三日男婦老少各攜食物供佛歌舞三日不食烟火亦寒食意也

六洞夷人
郭培元藏

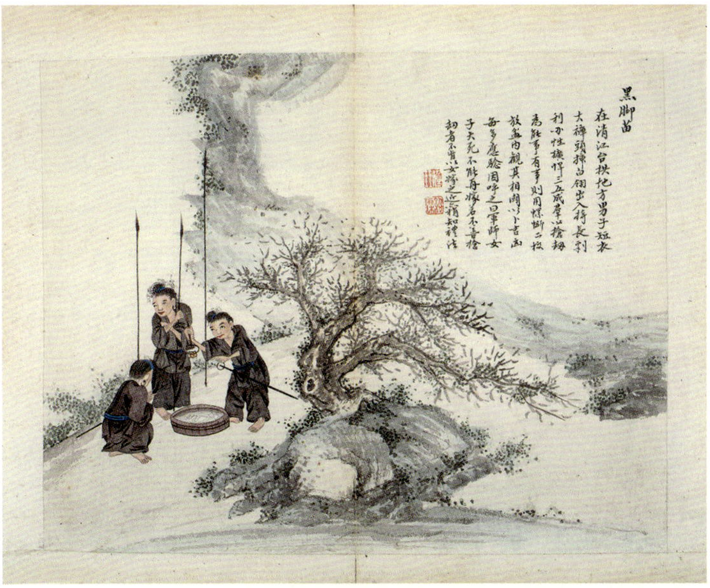

《百苗图》是源自清嘉庆八寨理苗同知陈浩《八十二种苗图并说》的一系列抄本的总称。在清代，由于附有彩绘插图，批量刻版传播极其困难，故一直以临摹抄本传世。国内外公私所藏抄本多达百余种。贵州省博物馆收藏有《黔苗图说》和《百苗图》两种。《黔苗图说》是早期抄本原件，在传世所有抄本中绘画艺术成就最高。

阳洞罗汉苗

谷蔺苗

水西苗

洪舟苗

仡僮

狗耳龙家

洞苗

高坡苗

僮家

侗家

雷山西江式·苗族

雷山桃江式·苗族

榕江吴家寨式·苗族

榕江滚仲式·苗族

榕江高文式·苗族

从江仁里式·苗族

黎平平架式·苗族

从江双江式·苗族

江摆贝式・苗族

榕江干烈式・苗族

榕江两汪式・苗族

江朗洞式・苗族

榕江马鞍式・苗族

榕江滚堂式・苗族

平滚董式・苗族

榕江雍里式·苗族

从江岑杠式·苗族

从江岜沙式·苗族

从江加鸠式·苗族

凯里舟溪式·苗族

丹寨八寨式·苗族

台江方召式·苗族

台江台拱式·苗族

剑河革东式·苗族

江谷坪式·苗族

从江乌牙式·苗族

从江田坝式·苗族

寨排调式·苗族

丹寨雅灰式·苗族

黄平谷陇式·苗族

江交下式·苗族

三穗寨头式・苗族

剑河方武式・苗族

剑河柳川式・苗族

剑河巫包式・苗族

锦屏韶霭式・苗族

锦屏稳江式・苗族

印江朗溪式・苗族

都匀坝固式・苗族

三都普安式・苗族

福泉河久仰式 · 苗族

久敢式 · 苗族

剑河九旁式 · 苗族

西秀锦屏固本式 · 苗族

天柱竹林式 · 苗族

松桃潘石式 · 苗族

镇宁都匀石龙式 · 苗族

平塘新塘式 · 苗族

大方鼎新式·苗族

大方安化式·苗族

黔西定新式·苗族

花溪燕楼式·苗族

乌当新添寨式·苗族

花溪高坡式·苗族

息烽上瓜种寨式·苗族

播州泗渡式·苗族

汇川板桥式·苗族

黔西素朴式・苗族

黔西仡仲式・苗族

黔西铁石式・苗族

乌当下坝式・苗族

乌当新场式・苗族

息烽青山式・苗族

图 1-241 清・回族・马甲・贵州省博物馆藏

纷纷走向山乡，深入民族村寨，对民族服饰做了专门系统的拍摄，如卢现艺等。他们拍摄的图片，经编辑整理出版了一批图书，为贵州民族服饰的研究做出了重要贡献。

从 20 世纪中期开始，在党和政府的高度重视下，贵州民族拍摄了一些电影，其中就保存了许多珍贵的服饰资料。进入新世纪以后，随着科技的发展，许多拍摄者在拍取图片的同时，也利用摄影机留下了许多与服饰有关的影像资料。

第三节 民族服饰的实物资料

一、出土文物中的民族服饰资料

（一）出土服饰

由于贵州属酸性土质，再加上雨水多，古代墓葬中的纺织物容易腐烂，所以唐代以前的墓葬中目前尚未发现有完整的服装遗存。而从宋代至明代的墓葬中，却有不少服装出土，有些可称得上是纺织精品，为研究贵州民族服饰及中国纺织文化提供了重要的实物资料。

图 1-243 清・苗族・绣片・贵州省博物馆藏

1．平坝桃花村“棺材洞”出土的文物

1987 年夏，在平坝“棺材洞”内 5 具棺中，发现大量服饰和蜡染工艺品。

415、423、508 三具棺为宋代时存放，其中 415 号棺内有：上衣 3 件，蜡染褶裙 3 件，腰带 1 条，蜡染刀 1 件，草鞋 1 只，裹腿 2 副。423 号棺内有：头带 1 件，绣花香包 1 件，草鞋 1 双，长布条腰带 1 根，上衣 3 件，裙 3 件，裹腿 2 付，布袜 1 只。508 号棺内有：童裙 1 件，童鞋 1 双。

属明代的有 393、474 号两具棺。其中 393 号棺内有：头巾 1 块，夹长衫 1 件，裤 1 件，腰带 1 根，鞋 1 双。474 号棺内中有：外衣 1 件，中衣 1 件，内衣 1 件，内裙 1 件，外裙 1 件，枕头下面还垫有一些朽蚀严重的破旧衣。

2．玉屏塔坡墓葬出土的文物

1978 年 2 月，在玉屏城关塔坡一座明代墓中发现随葬品共 16 件。包括衣物、发簪等。完好者有：上衣 1 件，袖套 2 件，鞋 1 双，出土时尸体身裹 8 层衣物。

图 1-242 清・苗族・绣片・贵州省博物馆藏

图 1-245 民国·苗族·鼓藏衣·贵州省博物馆藏

图 1-246 民国·苗族·刺绣衣·贵州省博物馆藏

图 1-247 民国·苗族·女装·贵州省博物馆藏

3．岑巩白岩悬棺出土的文物

1980 年在岑巩白岩悬棺中发现明代麻布上衣 2 件。

4．思南万胜山出土的文物

1980 年，在思南万胜山顶发掘了明代张守宗夫妇墓，出土的服饰及纺织品有：丝织衣服、裙、袖套、鞋等 37 件，棉织品共 17 件。其中交领单衣 7 件，交领衬衣 2 件，棉布 5 匹（件），裤子 3 件。

5．思南彭家洞出土的文物

1991 年 1 月，在思南县彭家洞洞棺清理出服饰品及其他纺织品有：服补 1 件，长筒袜 1 双，长帕 1 件，长衣 1 件，麻质衣 1 件，丝质衣 1 件，帛质绷带 2 条，麻质绷带 1 条，丝质腰带 1 根，麻质帕 1 条，丝质长衣 7 件，以及麻质帽残片等。

（二）各种饰物

从商周至清代的各个历史时期，都有贵州民族服装首饰佩饰等文物出土，按历史年代排列如下（贵州省博物馆考古研究所，《贵州田野考古四十年》，1993 年。贵州省文物考古研究所，《赫章可乐二〇〇〇年发掘报告》，2008 年；《贵州董箐考古发掘报告》，2012 年；《2003 至 2013 贵州基建考古重要发现》，2015 年，等等。）：

1. 先秦至秦汉时期

1978 年在毕节青场瓦窑商末周初遗址，发掘出骨笄 1 件，牙饰 2 件，铜镯 1 件，蕉叶贝化石 1 件，铜片 1 件，铜条 1 件，铜粒 3 件，牛牙少量。

天柱江东发现属商周时期的铜簪。

1980 年，在普安铜鼓山发现玉石器 293 件，其中石钏 5 件、石璜 3 件，石坠 15 件，石环 47 件，石环半成品 1 件，环心 5 件，石玦 30 件，绿松石珠 3 件，玛瑙珠 3 件，石串珠 2 件，石扣饰 2 件。又有骨笄 7 件，骨片饰 1 件，牙饰 7 件，铜笄 1 件。

贞丰天生桥春秋战国遗址发现玉石器 10 余件。

兴义阿红发现春秋至汉代的铜镯。

1977 至 1978 年，在普安铜鼓山发现了战国时期的玉器，如玉石管、玉石镯。

1976 至 1978 年，在赫章可乐甲类墓，发掘出铜熨斗 3 件，带钩 15 件，镜 15 件，银环 11 件，金钏 1 件，玉璲 1 件，琥珀饰 3 件，玛瑙珠 10 件，水晶珠 8 件，绿松石珠粒 1 件，料珠数 10 粒，铅兽形饰 1 件，铅珠 1 件。乙类墓发掘出铜镜 1 件，带钩 11 件，扣饰10件，镯22件，戒指3件，发钗10件，铃40件，铁带钩6件，木梳1件，料珠293枚，石珠8枚，绿松石饰1件，水晶珠1件，玉饰9件，骨镯1件，骨管1件。

赫章可乐发现了汉代的串珠、海贝、玛瑙、玉器、玉石环、琉璃珠。

望谟发现了汉代的铜带钩、玉环、玉管、骨器及料珠和海贝。

务川大坪发现了汉代铜镜、带钩、料器耳珰。

贞丰鲁贡发现了汉代铜牌饰、铜镯、铜带钩、铁带钩、玉玦、银指环、绿松石珠。

图 1-248　民国·苗族·鼓藏衣·贵州省博物馆藏

黔西甘棠发现了汉代铜带钩、顶针、银指环、琉璃耳珰、珠、琥珀挂饰、镜、泡钉以及银器、琉璃器、琥珀器。

在兴义老坟山发现了汉代的玉玦、玉璜、串珠。有料、石、骨、铜等材质。

赫章可乐遗址甲类墓，发掘出铜带钩1件，铃3件。乙类墓发掘出：发钗31件，发簪2件，铃43件，虎形装饰1件，鼓形装饰1件，双齿挂饰1件，手镯46件，戒指1件，带钩8件，扣饰156件，以上皆为铜器。玉器共出土46件，包括透闪石、玉髓、玛瑙、绿泥石、绿松石等的制品。骨器共出土40余件，另有3件贝饰品。玉器、骨器形制类别主要有珠、管，另有玦、璜等。

图 1-249　民国·苗族·刺绣衣·贵州省博物馆藏

1978年在威宁中水汉墓，发掘出铜发钗9件、扣饰22件、带钩13件，手镯72件，铃4件，帽钉1件，管1件，海贝20余枚，玉珠3枚，玉手镯1件，石手镯4件。

1978年在威宁中水汉墓二次发掘中，出土铜扣饰4件，发钗2件，带钩4件，手镯9件，耳环1件，戒指5件，小铃1件，帽饰1件，泡钉1件，管状器1件，石玦2件，石耳饰2件，玛瑙耳坠3件，骨手镯2件，烧料小串珠2串。

1987年在兴仁交乐汉墓中，发现铜衣1件，镜3件，带钩1件，指环1件，泡钉18件，扣饰3件，鸟饰4件，铜质鎏金印1枚。金手镯1件，银手镯3件，银指环9件，料珠、琥珀等。

1957至1958年，在清镇、平坝汉墓，发现铜带钩1件，铜镜1件，璧形鎏金铜片，银环有大小两种，似为银手镯、戒指等饰品。料石器有玛瑙、琥珀与琉璃小珠。

1954年，在平坝羊昌河，发现汉代晚期的金属器2件，环形，呈灰白色银合金，又在一件铜片一面上发现有

图 1-251 施秉·苗族·女上衣·贵州省博物馆藏

图 1-252 贵定·苗族·挑花衣·贵州省博物馆藏

图 1-253 威宁·彝族·女长衫·贵州省博物馆藏

1992 年在兴义万屯汉墓发现 1 件青铜顶针。

1972 年在黔西县汉墓中，发现铜镜 2 件，铜戒指 3 枚，银手镯 2 件，银戒指 7 枚，小银铃 2 件。

1973 年在黔西甘棠汉墓中发现了银手镯、戒指，还有料珠 14 粒琥珀狮坠 1 件。

1976 年，在安顺宁谷汉墓中，发现了金戒指 4 件，银戒指 1 件，银珠 4 件，料珠 1 件，玛瑙饰 1 件。

1976 年在兴义顶效万屯汉墓中，发现了铜镜 2 件，带钩 3 件，顶针 2 件。银器 10 件，其中戒指 8 件，顶针 1 件，手镯 1 件，琥珀狮饰 3 件，烧料耳珰 2 件，小骨制串珠 30 余粒，玉牌 1 块。

1984 年，在修文征集到汉代的手镯 8 件，铜铃 2 件，指环 5 枚，料珠 1 粒。

1960 至 1961 年，在赫章可乐发掘出鎏金铜扣 3 件、鎏金铜帽钉 2 颗。

习水官仓坝发现属东汉时期的银指圈。

1956 年，在平坝金家大坪汉至六朝古墓中，发现鎏金铜饰颗粒数件。浅蓝透明的小料珠 2 件，形似纽扣。

1957 年在平坝平庄乡、夏云乡东汉和六朝古墓中，出土有釉陶、铜、铁、金、银、木、石、玛瑙、琥珀、琉璃、漆器等器物及五铢钱 300 多件，其中有金钗、银钗、铜钗。

1958 至 1959 年，在清镇、平坝汉墓中，发现铜镜 1 件，带钩 4 件。玛瑙、水晶、琥珀珠 10 多颗，银圈 20 件，琉璃耳珰 9 件，金坠 1 件。

1966 年，在平坝天龙镇发现东汉时的铜手镯 1 件，铜钮 3 件，铜饰 1 件。

1971 年在安顺华严区宁谷东汉墓，发现铜镜 1 件，漆耳杯的铜耳有鎏金，金指环 4 件，金珠 1 件，银指环 3 件，银顶针 2 件，琥珀饰物 2 件。

1972 年又在安顺华严区宁谷东汉墓，发现铜镜 1 件，带钩 1 件，贴金圆盘器 3 件，柿蒂形贴金铜饰 24 件，鎏金铜流 1 件。

2. 三国、魏晋南北朝

在清镇、平坝三国至南朝墓，发现鎏金铜泡 3 颗，铜镜 1 面，料珠，玛瑙若干；发钗 10 件，其中 1 件为金质。

1965 至 1966 年，在平坝马场东晋南朝墓中，发现铜镜 4 件。金饰 148 件，其中发钗 10 件，簪 1 件，头饰（金花）129 件，珠 5 件，戒指、漆器饰片及螺旋形金丝各 1 件。银饰 116 件，其中发钗 48

件，簪4件，条脱2件，手镯13件，戒指27件，顶针3件，包金银泡钉5件，耳钩1件，银钮5件，漆器镶片3件，镂孔饰3件、铃2件。铜饰146件，其中发钗33件，簪4件，条脱1件，手镯20件，戒指42件，漆器饰件28件，镂孔饰1件，带链夹子1件，链1件，月牌形饰2件，其他零件13件。玛瑙饰185件，琥珀饰21件，水晶饰6件，玉饰1件，琉璃佩饰数百枚。

在贵安新区东晋南朝墓中发现玉、铜、金、银器。

镇宁良田乡田脚脚魏晋时期遗址出土物中，有关服饰及缝纫的铜质物件有：扣饰7件，钉泡1件，带扣1件，手镯10件，顶针2件，指环1件，耳环、簪3件，铃1件，铜镜1件。

图1-254　施秉·苗族·女上衣·贵州省博物馆藏

3．隋唐至明清

贞丰县者相镇小河口隋唐时期遗址出土与服饰相关的物品有：带扣2件，扣饰1件，手镯4件，顶针1件，簪1件。

1965至1966年，在平坝马场唐宋朝墓中，发现唐墓有铜镜3面，金戒指6只，银发钗6支，料珠11颗；宋墓中有铜发钗2支，铜戒指4只，料珠数十枚。

图1-255　贵定·苗族·挑花衣·贵州省博物馆藏

1956年在桐梓县元田坝冷村五龙山宋代双冢石室墓中，发现残银质头饰数件。

1957年在遵义杨粲墓中发现铜镜1面，银抓钉2枚，金花片2片。

1958至1959年在清镇、平坝宋墓中，发现有手镯、项圈、指环、铜铃、陶项饰，从手镯、项圈和环柄刀来看，其形制与现在苗族所用的相同，所以估计可能是当时的少数民族墓葬。

1960年在清镇宋墓中，发现有铜、银及铜鎏金的手镯，铜、银项圈。项圈直径10厘米左右。在头顶到胸部，套一陶项饰，为小圆管接连而成。圆管径1厘米，长2厘米左右。左手套一筒状宽边手镯，长11厘米，径6厘米，为薄银片制成，上錾花纹。花纹錾好后打捶成凸出的直棱纹，风格较特殊。另有护甲，其中尚存有指骨，可知此护甲套于指尖上。手镯旁边，有形状不同的小铜铃4个，小巧玲珑，形式美观，可能也是手上的装饰品。头骨左侧及腹部各有一堆铜片。

1986年在遵义狮子山宋墓中，发现金耳环1件。

1964年在遵义县（今播州区）马家湾发现明代金器228.5克，有“壹百贰拾岁”金牌、金牌残片、金跳脱。

在桐梓宋墓中发现1件银发钗。

图 1-257　花溪·苗族·挑花衣·贵州省博物馆藏

图 1-258　清镇·苗族·挑花衣·贵州省博物馆藏

图 1-259　乌当·苗族·挑花衣·贵州省博物馆藏

室出土 7 件金银器，狮钮银执壶、银烛台、银瓶、银匙、银筷、金杯、金盘各 1 件。男室出土 25 件金银器和 1 件玉器（单耳杯），银器 19 件，执壶 2 件，温碗 1 件，碗 4 件，杯 2 件，盘 2 件，盖 1 件，钵 1 件，茶托 5 件，盒 1 件；金器 6 件，盘、碗、筷、匙、茶托、杯各 1 件。在男室右侧棺椁间出土了双金鱼银洗、银烛台、银温碗、银执壶等，左侧棺椁间出土了环首金柄铁剑（带金鞘），木胎银皮盾牌和弓箭，以及银抓钉、银饰件等。

1972 年在遵义杨文墓中发现小花朵状薄片金头饰一件。1954 年在杨文和杨纲墓之间，出土了一批金银器和玉器。其中，有一顶完整的金凤冠。

1972 年在清镇干河坝宋至明石棺葬中发现铜器 165 件，其中有跳脱 12 件，发钗 12 件，簪 1 件，戒指 2 件，簧形饰 84 件，管状饰 23 件，管状耳饰 2 件，牙签，镊子各 1 件，手镯 1 件，簧形耳铃 5 件，铃 21 件，扁铃 1 件，木梳 3 把。木梳由两片薄银片或锡片包成，中空，而饰以压印浅浮雕牡丹及枝叶纹。锡质鱼、水泡 9 件。珠饰，其中翠绿大珠 4 颗，各式小串珠 212 颗，梅瓣形料珠 9 颗，小料珠 12 串（数百粒）。

在开阳平寨宋明岩洞葬中，围田 1 号洞中发现铜手镯 3 件，骨簪 1 件，骨制品 1 件，料珠 58 颗，蚌器 1 件。仓口洞发现骨簪 9 件，骨制品 1 件，穿孔海贝 110 枚，料珠 370 颗。观音洞发现骨珠 1 颗，料珠 185 颗，骨簪 2 件，穿孔海贝 2 枚。幺罗寨洞发现骨制品 1 件，穿孔海贝 1 枚，料珠 310 颗。墓主为仡佬族先民。

1978 年在玉屏塔坡明墓中发现玉簪 1 件。

1980 年在思南万胜山明张守宗夫妇墓中发现金环 2 件，银发簪 2 件。

1954 ~ 1978 年，分别在盘县发现明代金属器等，其中与服饰相关的有圆形锡奁 1 件，圆形锡盒 1 件，铜镜 6 件，牡丹花形金帽饰 1 件，金环 1 只，梅花形金饰 1 件，绿松石珠 1 颗。

1956 年在麻江谷峒明墓中发现乳丁，绳纹铜手镯 7 件，素面手镯 2 件，料珠 720 粒。墓主为苗族先民。

1984 年在惠水明墓中发现银簪 1 枚，在贵阳青岩明墓中发现银发簪 1 件。

1992 年在凯里鱼洞村明墓中发现铜跳脱 2 件、铜簧形饰 1 件、珠饰三种、铜铃、铜发钗。墓主为苗族先民。

1992 年在福泉明墓中发现金银簪 1 件。在贵定旧治明清墓中发现银器 45 件，计有簪（分通体为银和木柄簪帽 2 种）、耳坠、耳环等；金器 2 件，为耳坠。不明质地耳环 1 件。

在纳雍百兴石板墓群中发现清晚期银器、铜器，以银饰为主，约占出土葬品的 95%，有头饰、耳饰、衣服上缀的银片、扣饰等多个品种。扣饰和耳环多为银质，部分耳环上还有银链，还出土有 2 件金银复合饰品，银含量在 90%以上。为苗族银饰。

在遵义龙坑清墓中发现金凤冠 1 顶，檀木佛珠 1 串，玉耳环 1 对，玉发簪 1 件，金扣，玉扣，料珠 1 串。

1949 年以来，在贵阳各地分别发现了各种服饰饰物：金器 20 件，其中戒指 2 件，首饰 18 件；银器 4 件，其中手镯 1 对，簪 2 件；玉器 89 件，其中手镯 20 件，戒指 7 件，扳指 1 件，牌饰 35 件，扣饰 5 枚，簪 7 件，帽花 3 件，耳坠 5 件；水晶 5 件，玛瑙 2 件，琥珀 7 件，玳瑁 2 件。

上述物品有金属、玉石、玛瑙、水晶、木、陶、骨、牙、蚌壳、料珠、琉璃、漆器等材料，从用途上分，有首饰、佩饰、服装附件、缝纫工具、梳妆工具以及冥器等。生产加工的技艺手法多样，工艺精湛，造型美观，体现了贵州各族人民的审美能力和聪明才智。

图 1-260　花溪・苗族・挑花衣・贵州省博物馆藏

二、各级博物馆收藏服装

（一）省级博物馆

自中华人民共和国成立以来，在党和政府的统筹下，贵州组建了以贵州省博物馆、贵州省民族博物馆等为代表的一批博物文物机构，征集和收藏了大批贵州民族服饰实物。在馆藏量上仅贵州省博物馆就达上万件套，包括了贵州 18 个世居民族分布在各地区的各个支系的服饰的各种款型、样式。贵州省博物馆还设立了贵州民族服饰专馆，除长期展示贵州民族服饰外，同时还有服饰材料、制作工具以及生产流程的陈设，为观众提供了一个全方位了解贵州民族服饰文化的视听场景。

图 1-261　清镇・苗族・挑花衣・贵州省博物馆藏

（二）其他收藏机构

贵州各地市也组建了一批文物机构和博物馆，如黔东南州博物馆、黔南州民族博物馆、黔西南州博物馆等。另外，一些热爱民族文化的民间人士，也成立了博物馆，如贵阳白云苗疆故事民族服饰博物馆、贵阳观山湖五彩黔艺博物馆、凯里太阳鼓苗侗文化博物馆、兴义坡岗布依族文化博物馆、雷山西江博物馆、黎平肇兴侗族文化博物馆、遵义仡佬族文化博物馆等。这些单位也征集收藏了不少民族服装，有的藏品可以说是传世孤品，

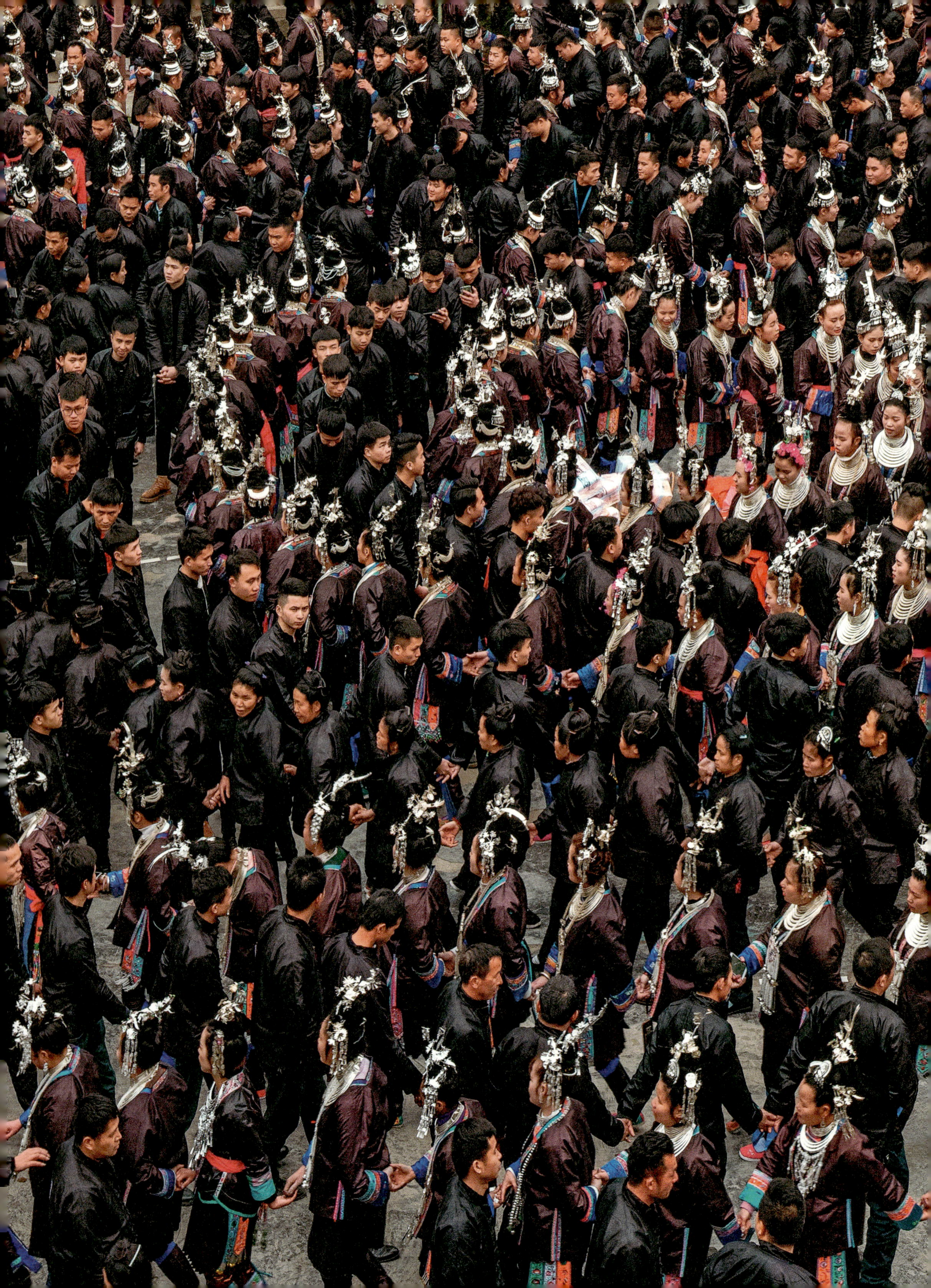

贵州民族服饰具有浓郁的民族文化、鲜明的地域文化、深厚的历史文化三个重要特征，具有中华传统服饰文化的共同属性。贵州民族服饰型款样式的五彩斑斓，装饰手法的繁复绚丽，既昭示了贵州服饰文化的辉煌灿烂，也彰显了中华服饰文化的丰富多样。

概 述

与其他工艺品不同，作为既具有物质属性又具有精神属性的民族服饰，其从物料到服饰的转变包含着二次成型过程。第一次成型是利用各种工艺技艺将物料制成成衣，使其具有完整的部件组成和搭配，各种部件以扁平的形态出现；第二次成型是将衣物按一定次序穿在身上，将饰品按一定配搭戴在身上，衣物饰物各部分因人体的作用而得到立体展现。因而，服饰的部件样式和饰物的造型样式决定着其穿戴在身体上所塑造出来的效果，即型款。换句话说，服饰型款是指服装的整体形制、衣物的部件结构、饰物的搭配方式以及由服装的整体形制、衣物部件结构的搭配方式等最终形成的着装方式。具体到贵州民族服饰，其型款是指贵州各民族中仍然活态传承着的民族服饰穿着在身上后呈现的整体着装效果，是贵州各民族普遍认同的形制服式、选材用料、裁剪缝制、装饰技艺、着装佩饰的综合性表达。

从结构上看，贵州民族服饰保留了中国传统服饰的基本样式，可分为上衣下裳制和衣裳连属制。在古代，上身所着称为衣，下身所穿称为裳，“上衣下裳”指“衣”与“裳”分开的形制；而“衣裳连属”，则是指衣与裳连为一体的服饰。从着装的形态来看，贵州民族服饰可分为披围式、贯首式、包裹式三类。披围式服饰以整幅布料或毛皮经简单加工而成，典型者如威宁彝族的披毡。贯首式，又称套头式、钻头式，其结构也简单，穿着时将衣物从头上贯穿而下。在贵阳花溪、乌当、清镇等地苗族，荔波瑶族的服饰中，还保留着贯首式服饰。包裹式，又称为开襟式，指在衣服的前襟正中或左右两侧适当的地方开门襟，穿着时左右襟相合或相叠，将身体包裹起来的服饰形态，贵州各民族中多存有此种着装形态。“上衣下裳制”制、“衣裳连属”制与披围式、套头式、包裹式三种着装形态组合，形成了丰富多彩的衣式、裤式、裙式、袍式。

本卷回溯了贵州民族服饰从萌芽到成熟的历史，着重介绍了贵州民族服饰多姿多彩的型款，并分析了当前尚且活态存在的贵州民族服饰中所留存的中华传统服饰型款中的重要元素，譬如，披围式、贯首式、包裹式三类服饰，当前在贵州民族服饰中都能找到相应的型款。它们既属于中华传统服饰中的基本型款，又在用料、缝制等方式体现了贵州民族特色、地域特色。

整体上看，贵州民族服饰蕴涵着贵州各民族的思想、情感和民族意识，贵州突出的地域文化特征、浓郁的民族文化特色、明显的历史遗存特征决定了贵州民族服饰的文化性，也间接地影响着贵州各民族对服饰型款的创造与选择。

图 2-2 贵州 18 个世居民族 · 汉族

第一章

贵州民族服饰发展历史回溯

贵州多元民族服饰文化的形成，与贵州社会历史发展密切相关。

关于贵州民族服饰的文献记载不是太多，要完整地叙述贵州民族服饰的发展历史有相当难度。但从仅有的图书文献资料和出土文物中，仍然可以寻觅到其发展的一些线索。贵州民族服饰的发展，大致可分为萌芽、形成、定型、发展四个时期。

图 2-3 贵州 18 个世居民族 · 苗族

第一节 贵州民族服饰的萌芽期

从远古到秦汉是贵州民族服饰的萌芽期。在这一时期，贵州的服饰比较简单，装饰比较简洁，但从出土的文物中，可以看出服饰已具有地方民族文化的特征。

一、石器时期的服饰遗迹

贵州民族服饰的源头，可以上溯到旧石器时代晚期。

关于服饰的起源，在苗族古歌中有记载：

远古时候穿树皮，远古时候穿竹叶；穿了很长的时间，穿了很多个朝代。

布依族摩经《造万物 · 造棉》唱道：

远古那个时候，世上没有棉，人人挂树叶，个个裹树皮。

图 2-4 贵州 18 个世居民族 · 布依族

在人们能够生产专供缝制服装的材料，制作各种纺织品以前，以兽皮和植物为基本材料的原始服饰，应该是早已自成体系，并且在较大范围内使用。贵州古人类文化遗址丰富，旧石器时代文化遗址多达五十余处。与北京周口店遗址齐名的贵州黔西观音洞遗址，是我国南方最典型的旧石器早期文化遗址。从该遗址出土的文物中可以看出，这一时期，人们以采集和狩猎为生，以兽皮和树皮为衣。到了旧石器时代晚期，骨、角器登上历史舞台。

属新石器时代的平坝飞虎山遗址出土的陶纺轮告诉我们，当时贵州先民已掌握了纺织技术。原始纺织技艺的发展，为早期的服饰提供了新的材料。纺织技术的发明，毛、麻、葛、丝等材料的使用，搓麻捻线，纺织成布，从此有了人工织造的布帛。衣物的材料大大丰富，人们将织就的布帛缝制成衣，蔽覆身体，以抵御寒冷，并起到美化的作用。

图 2-5　贵州 18 个世居民族 · 侗族

缝制衣物要有针。在普定县城西南 5 千米处的新寨村，一座突起的孤峰半坡上，有一个南北对穿的天然溶洞——穿洞。1988 年，洞中发现了西南地区的第一枚骨针。该骨针呈黄色，是由哺乳动物肢骨的骨块制作而成，扁圆修长。远古人类采用石器切割分裂技术，对骨块左右两侧以刮削的方式进行加工。该骨针的背面保留有原来的骨表层，而腹面为凹下的骨腔层，经磨制后原骨腔层已不可见。骨针整体由远至近由粗变细，而远端的横截面呈椭圆形。骨针在出土时已残断为两段，经过修复黏结后，形体基本完好，仅尖端部位有缺失和中部粘接处的腹面稍有缺损。与北京周口店山顶洞发现的骨针相比，普定穿洞出土的骨针更为精巧。

图 2-6　贵州 18 个世居民族 · 土家族

针状骨器的出现，意味着人们已开始缝制衣物以蔽体御寒。骨针在贵州的出现，说明远古的贵州，人们已经学会缝制衣物。普定穿洞遗址以其丰厚的历史文化积存印证了黔中地域史前文化的辉煌，透露出远古服饰文明的曙光。

二、文献中先秦至汉代的服饰

新石器时代之后的先秦时代，贵州的社会经济较原始社会有质的飞跃，服饰必然也有很大发展。但限于文献的匮乏，服饰的发展状况无法准确描述。秦汉时期，贵州少数民族部落最大的是夜郎，主体民族是濮人，夜郎地区经济社会的特征是“耕田，有邑聚”。经济发展的同时，服饰也逐渐丰富。从秦汉时期开始，服饰文化不同时期以各种不同方式进入贵州的民族，带来了不同时期的服饰时尚。汉初休养生息，到汉武帝时国力强盛，开拓西南夷地，加快了文化交流和民族融合。古文献中对民族服饰的记载不多，但是，人类很早就已经能够通过用不同的装束和不同的饰物来识别人群。在秦汉时期的文献典籍除了采用濮、夷、蛮、狄等族称外，关于贵州的少数民族，还开始用披发、编发、椎髻等发型发饰来区分。

《史记 · 西南夷列传》记载：“夜郎……皆魋结，耕田，有邑聚”，虽仅寥寥数语，但却勾勒出贵州少数民族的

图 2-8 贵州 18 个世居民族·仡佬族

染以草实，好五色衣。”该书还记载：“在蜀郡徼外。有夜郎国……其人皆椎髻左衽，邑聚而居，能耕田。”对服饰的记载更细致。

这一时期，服饰已成为族群的徽记。现今一些苗瑶族系的民族有以狗为图腾的余俗。服饰中，腰带系结于后，就是这种图腾崇拜的表现。虽然直接的资料有限，但是，雪泥鸿爪，仍可以串联出汉代以前贵州民族服饰文化萌芽的轨迹。

三、考古出土的夜郎时期服饰文物

贵州夜郎时期考古出土文物表明，在当时的贵州，有多种民族服饰存在。在赫章可乐的汉墓中，套头葬式独具一格。而出土的有地方文化特征的手镯、发钗等装饰物，则表明夜郎服饰文化已具有独特的风格。威宁中水汉墓出土文物中有发钗、带钩、扣饰等，其中飞鸟形铜带钩制作精致，富有民族气息。

图 2-9 贵州 18 个世居民族·水族

汉代，中原王朝对西南地区开始了直接经营，贵州民族服饰由此受到中原服饰的影响。兴义交乐汉墓出土的抚琴俑，上装外穿交领敞襟袍衫，内穿圆领右衽宽袖衣，头缠平巾帻，席地跪坐，左手抚琴，右手弹拨琴弦，双目略闭，优雅自如，陶醉其间。另一庖厨俑衣着与抚琴俑相同，头戴马蹄形帽，正聚精会神地处理案桌上的鱼脍，其服饰和帽子揭示：汉代的交领袍衫和巾帻样式的服饰在西南夷地区也广为流行。从这些服饰中，既可以看到夜郎服饰文化的遗痕，也可以看到华夏传统服饰的印迹。

威宁中水汉墓出土有发钗、带钩、扣饰，其中飞鸟形铜带钩制作精美，富有乡土气息。

第二节 贵州民族服饰的形成期

图 2-10 贵州 18 个世居民族·回族

从魏晋至宋元，是贵州民族服饰的形成期。在这一时期，今贵州境内民族迁徙和汉族移民活动频繁，贵州各民族在与汉族的交往交融中，民族服饰逐渐形成，具体表现为：服饰制作技艺不断提高，服饰形成特色并引起中央王朝的重视。

一、贵州民族服饰制作技艺不断提高

魏晋南北朝至宋元时期是贵州民族服饰的形成期。在这一时期，北方民族纷纷内迁，而中原汉族大批南移，人口流动频繁，文化交融加速。汉灭夜郎后，把夜郎属地分置州郡，从巴蜀移豪

族大姓开发贵州。南北朝以来，中央王朝衰落，地方官吏与部落首领结合，“变服从俗”，割地自雄，形成大姓豪强。当时南方少数民族已能生产质地上乘的纺织品，《魏书》就记载：

獠……能为细布，色至鲜净。

唐代是中国封建王朝的鼎盛时期，中央王朝势力已深入西南少数民族地区。为加强统治，朝廷在少数民族地区推行羁縻政策。地方土司朝贡和受到朝廷赏赐，服饰文化的交流可能是其中的重要内容，其间中原服饰文化对地方服饰文化产生了较大影响。随军事行动而来的移民，带来了不同时期、不同民族、不同区域的服饰实物及文化。

图 2-11　贵州 18 个世居民族・白族

人口的迁移流动，把各种生产经验和工艺技术带到了贵州，促进了贵州民族工艺技艺的提高，丰富了贵州民族服饰的内容，也推动了贵州民族服饰的发展。

《元和郡县图志》记载，贵州各地生产并向唐王室进贡包括“斑布”在内的各种纺织品。这时贵州少数民族的服饰材料已出现多样化。据《旧唐书》和《新唐书》等文献记载：贵州能生产绵绸、布、绯带、金银首饰等，并且用螺壳、虎豹、猿狖、犬羊、乌熊等动物皮革以及珠珰来制作各种服饰品。

图 2-12　贵州 18 个世居民族・瑶族

宋代贵州少数民族的纺织品和服饰材料进一步发展，这时的峒布、织锦、蜡染、擀毡等服饰材料已见诸史籍。

如《六一诗话》记载了“西南夷”能生产有诗文图案的“蛮布弓衣”，这其实就是提花技术的织锦工艺，而“西南夷”在宋代特指贵州。

《岭外代答》记述了彝族先民擅长于以羊毛擀毡。

《溪蛮丛笑》记载了五溪一带各族人民的纺织工艺，有顺水斑、不阑带、娘子布、点蜡幔、圈布等品种。

从上述内容可以看出，宋代贵州各族人民的纺织品和服饰品种不仅极为丰富，而且制作技艺也有较高水平。

二、贵州民族服饰型款特色逐渐鲜明

随着内地豪族大姓的移入，中原内地传统的服饰型款对贵州民族服饰逐渐产生影响，而地方民族服饰文化逐渐形成特色。这一时期尤其是唐宋时期，汉族服饰与少数民族服饰在贵州并存，

图 2-14 贵州 18 个世居民族 · 畲族

图 2-15 贵州 18 个世居民族 · 毛南族

图 2-16 贵州 18 个世居民族 · 仫佬族

《旧唐书》记载了牂牁郡守谢元琛入朝朝贡事：

东谢蛮……贞观三年，元琛入朝，冠乌熊皮冠，若今之髦头，以金银络额，身披毛帔，韦皮行縢而著（着）履。

《新唐书》记黔北一带居民服饰：

南平僚……妇人横布二幅，穿中贯其首，号曰桶裙。美发髻，垂于后，竹筒三寸，针穿其耳，贵者饰以珠珰。

《新五代史》记：

牂牁蛮……至天成二年尝一至，其使者曰清州人宋朝化，冠带如中国。

《容斋随笔》记载包括今黔东南一带少数民族先民的着装：

酋官入郭，则加冠巾，余皆椎髻，能者则以白练布缠之……妇人徒跣，不识鞋履，以银、锡或竹为钗，其长尺有咫，通以斑绸为之裳。

《岭外代答》记载了贵州民族衣着：

西南夷大率椎髻跣足，或衣花斑衣，或披毡而背刀带弩。其髻以白纸缚之，云犹为诸葛武侯制服也。武侯之烈远矣哉。

自蛮王以下至小蛮，无一不披毡者。……此毡厚且坚……长至三丈余，其阔亦一丈六七尺，摺其阔而夹缝之，犹阔八九尺许，以一长带贯其摺处，乃披毡系带于腰，婆娑然也。昼则披，夜则卧，雨晴寒暑，未始离身，其上有核桃纹，长大而轻者为妙。

《溪蛮丛笑》记载了仡佬先民的服饰：

仡佬裙，裙幅而头缝断，自足而入，阑斑厚重，下一段纯以红，范史所谓独力衣，恐是也。盖裸袒以裙代袴，虽盛暑不去，去则犯鬼，名仡佬裙。

《文献通考》记载了罗殿国、自杞国（今贵州安顺、兴义一带）居民的服饰：

其人多深目长身，黑面白牙，以锦缠椎髻，短褐徒跣，戴笠荷毡珥，刷牙。金环约背，背长刀，腰弩箭箙，腋下佩皮箧，胸至腰骈束麻索，以便乘马。

《宋史》记贵州民族进京使者的着装服饰：

西南诸夷，汉牂牁旧地……使者衣虎皮毡裘，以虎尾插首为饰。……俗椎髻，左衽，或编发。

唐宋时期男装流行圆领袍衫。这种服装样式不仅见于《新五代史》中记录的宋朝化的着装，在遵义杨粲墓石刻上也有所反映。说明了中原汉族服饰文化对贵州的影响。

由于长期居住在贵州，水东宋氏土司管辖着洪边十二码头，其子孙及归附之民皆称“宋家”，因“久居边徼而衣冠俗尚少同华人”，而与明清时移入贵州的汉人不同，于是后来的人把他们称为“宋家苗”。也是汉族移民而来到贵州的“蔡家”，移民到黔中后，散居于大方、威宁、安顺、贵阳一带，成为彝族土司治下之民，习俗近于彝族，明清时的典籍称他们为“蔡家苗”。“蔡家”以牧羊为生，勤于纺织。受彝族服饰文化的影响，其服饰与彝族相近，“男子制毡为衣，妇人以毡为髻，饰以青布，若牛角，高尺许，用长簪绾之，短衣长裙”。这也证明了各民族在服饰文化上的互相交流和吸收。

图 2-17　贵州 18 个世居民族・满族

元朝大军南下，军中的蒙古族、回族将士入黔戍役屯垦，贵州民族服饰中又添加了蒙古族、回族服饰文化的元素。

中央王朝赏赐给贵州各地土著上层人士的衣物，不同时期汉族移民带来的服饰，对贵州民族服饰型款样式的改变也必然产生影响。魏晋时期的裲裆、唐代的半袖、宋代的褙子、元代的袍服云肩在今天贵州民族服饰中都能找到印迹。

图 2-18　贵州 18 个世居民族・蒙古族

三、贵州民族服饰的型款特征引起朝廷的重视

用“职贡图”的方式记录藩属国和民族衣冠服饰，渊源甚早。“职贡”即中央王朝周边民族或藩属国家来朝觐，向皇帝尽职纳贡。“职贡图”即是在这一制度下，展现中央王朝与周边国家或部族交往情况的图绘画卷。现存于世最早的“职贡图”图册是南朝梁元帝萧绎绘的《职贡图》，描绘了南朝梁时各国使者 25 人朝贡的形象。人物皆左向侧身，身后楷书注明其国名及其山川、风俗、历史等。列国使者来自不同地域，属于不同民族，呈现出不同年龄的独特气质。该册页现已残损，图像完整的仅存 12 人。

唐代记录各国边民部落使者图像——《王会图》的绘制，起因于唐代贵州民族首领谢元琛的入朝朝贡。《旧唐书・南蛮西南蛮传・东谢蛮》记载：贞观三年（629 年），谢元琛入朝，中书侍郎颜师古奏言：“昔周武王时，天下太平，远国归款，周史乃书其事为《王会篇》。今万国来朝，至于此辈章服，实可图写，今请撰为《王会图》。”从之。

图 2-20 榕江·卡寨·苗族

第三节 贵州民族服饰的定型期

明清时期，是贵州民族服饰的定型期。贵州 18 个世居民族形成在这一时期，民族服饰的形制服式基本定型，并被延续下来。其后，贵州民族服饰的发展变化不大，只是在长短、宽窄、装饰上与此前有细微差异。值得一提的是这一时期，一方面，民族服饰特征较多地出现在文献记载中，并被外界广泛认识；另一方面，文献中又以服饰特征称呼同一民族的不同支系，民族服饰开始在图册写本记录中出现。

明清以后，服饰制作原材料更加丰富，促进了贵州民族服饰生产进一步发展。贵州棉花种植历史悠久，明代棉花、桑、麻的大量种植，推动了纺织业的进步。遵义原无桑蚕，乾隆年间，遵义知府陈玉璧从山东引入柞蚕。数年之后，遵义的丝织业迅速发展，所产丝绸声名远播。

图 2-21 丹寨·雅灰·苗族

剪裁缝制技艺进一步提高。贵州的许多地区，家中妇女织土布，染颜色，以资蔽体。张澍《续黔书》载：永宁所产之“铁笛布”，“其纤美似蜀之黄润，其精致似吴之白越，其柔软似波戈之香荃，其缜密似金齿之缥赋”。

一、行省的建立和“改土归流”推动贵州民族服饰的定型

明朝建都南京，为清除元朝残余势力，朝廷派平南王傅友德经贵州往云南，消灭了小梁王巴匝喇瓦尔密后，设置贵州承宣布政使司，贵州从此成为中央王朝的第十三个行省。自此，贵州正式成为独立的行政区，结束了元以前今贵州省内各地行政区划忽而属云南，忽而属于四川，忽而又属于湖广，没有固定管辖区的历史。

图 2-22 六枝·梭戛·苗族

明清鼎革，清政府强力推行“改土归流”政策，在裁撤土司土官、置府设州、遣派流官的过程中，贵州保留下来的小土司仅剩八十余个，打破贵州土司政权割据一方的局面，废除了“汉不入峒，蛮不出峒”的禁令。同时，还推行“剃发令”等民族歧视和民族同化政策，强制服饰改制。“男苗皆剃发易服，衣帽悉仿汉人”，消除了民族文化的显性特征。贵州民族服饰中，女装大多改裙为裤，大部分地区民族服饰与汉族服饰趋同。

明清时期，贵州民族服饰增添了新的内容。随着中央政权对贵州管理和联系的加强，中原文化对地方文化影响日渐增大。贵州地方土司上京朝贡，朝廷往往会将宫廷中制作的服饰赏赐给贵州土司。皇帝赏赐衣服的型款样式对贵州民族服饰必然会产生影响。明洪武六年（1373 年），贵州宣慰使霭翠按时贡方物与马，明太祖朱元璋赐给霭翠成套的锦绮衣服。明洪武十五年（1382 年），霭翠遣其妻奢香入朝进贡，朱元璋赐给奢香文绮、织锦、绣衣等物品。

图 2-23　榕江·摆贝·苗族

明王朝向西南地区派军征伐，大规模的移民随着调北征南、调北填南的大军，从中原、江南南下贵州，设置屯卫，形成了独特的屯堡服饰文化。清王朝平定三藩之乱，八旗军入黔又带来了满族服饰文化。这些都为贵州服饰文化带来了新的内容。

这一时期，贵州民族服饰因受明朝和清朝服饰文化的影响而有改变。《瓮安县志》载：“仲家皆习华风，读书应试，妇女胥效汉装，明珰华服，风姿绰约，非素知其底蕴者，不知其为夷。”由此可见贵州民族服饰受影响之深。

图 2-24　台江·施洞·苗族

明代赵瓒《贵州图经新志》记载：侗族“妇女之衣，长裤短裙，着细褶裙，后加布一幅，刺乡杂文如绶，胸前又加乡布一方，用银钱贯次为饰，头髻加木梳于后”。

考古发现也证明了明代贵州的服饰工艺达到较高水平。1987 年，在平坝桃花村棺材洞，考古工作者获取到 15 件蜡染品，其中最珍贵的是一条明代的彩色蜡染百褶裙。蜡染裙上绘染有彩色鹭鸟纹图案，故命名为“鹭鸟纹彩色蜡染百褶裙”，印证了明人的记载。这条百褶裙，采用了挑花、刺绣、蜡染等工艺做装饰，民族服饰制作技艺水平较高，对研究中国蜡染史和古代彩色蜡染工艺具有重要价值。

布依族先民早期是上穿贯首衣，下穿桶裙。明代郭子章《黔记》记载：“龙家与仲家同俗而衣尚白，丧服则易之以青，妇人缁布作冠，若马镫，加髻以等束之……一曰大头龙家，男子以牛马鬃尾而盘之若盖，以尖笠覆之。”明代后，多改为“短衣长裙，以帕蒙首”。清代以后，妇女以青花布蒙首，着短衣，长裤，围腰。男子则穿长袍、对襟短衫。今兴义一带的布依族先民在明清时期以后，衣服俱效汉人。

图 2-26 台江·方召·苗族

图 2-27 乌当·下坝·苗族

图 2-28 花溪·高坡·苗族

二、明清时期文献中对贵州民族服饰记载增多

明清时期，记录贵州民族服饰的文献增多，各种官方文献和私人著述多达数十种，内容丰富，体裁多样。

郭子章《黔记》中，对贵州少数民族的服饰品种、加工技艺、装饰方法、穿戴习俗作了细致描写，数量多达三十余种。这是十分重要的文献。

文人雅士们对贵州民族服饰的观察更仔细，记载更生动。明代文献中，对贵州民族服饰装饰手法的记载也开始详细，“刺绣杂纹如绶”“织花细如锦”“以蜡画布衣”，虽寥寥数笔，却涉及多种手法。斑衣、花裳、桶裙、百褶裙，服装样式丰富。银环、海贝、木梳等饰物也极为丰富。刺绣、蜡染手法多种。织锦、丝绸、花布等材料多样。

明清时期的史籍中，出现了以服饰型款、色泽、装饰来代指民族的现象，民族名称纷繁歧出。这也从一个侧面反映出贵州民族服饰的丰富性。清代的地方文献中，同一民族的不同支系，会因服装款式、色彩不同而被冠以不同的他称。譬如，仡佬族先民，就被称为“花仡佬”“披袍仡佬”“青仡佬”，这些名称既反映了他们服饰的显著特征，也是用以区分其不同支系的外在标志。

田雯《黔书》载：苗人以衣服别其种类，于是有白苗、花苗、青苗、黑苗、红苗之区分；仡佬族则记作“红仡佬”“花仡佬”“披袍仡佬”；瑶族则分为“白裤瑶”“青裤瑶”“长衫瑶”，等等。

更难得的是这一时期贵州民族服饰开始出现于“图谱”之中，这是极其直观的民族服饰文献。中国古代帝王为了宣扬“文治武功”，加强中央王朝与地方民族的隶属关系，常常绘有职贡图。明清以来，中央王朝推行“改土归流”，出于统治的需要，中央政府和地方官员都比较关注少数民族生活习俗，于是出现了一批描绘少数民族形象的图册。这些图册，直接留存了当时民族服饰的款型、装饰等方面的资料，与文字记载相互补充。

康熙时期，贵州巡抚曹申吉所修的《贵州通志》就以白描手法生动地再现了清代贵州民族的生活和服饰。而乾隆时期绘制的《皇清职贡图》更是蔚为大观。

《皇清职贡图》有正本与副本。正本为彩绘本，副本为白描本。彩绘本以画卷、满汉文图说合璧的形式绘制，白描本又分写本和刊本。全书依照地区族群编排成九卷：卷一为域外，内容涉及朝鲜、琉球、安南、英吉利、法兰西等；卷二为西藏、伊犁、哈萨克；卷三为关东、福建、湖南、台湾；卷四为广东、广西；卷五为甘肃；卷六为四川；卷七为云南；卷八为贵州；卷九是乾隆二十八年（1763 年）后所续补增绘之图志；嘉庆十年（1805 年），又另于卷九末再增补安南国“夷”图等 5 幅。卷八的贵州诸“夷”图，共列 42 个条目，每个条目都是一文两图，一图绘男，一图绘女，彩色绘制，线条精细流利，形象生动逼真，人物各显特色。该卷图文并茂地展现了 19 世纪以前贵州华夏族系、濮僚族系、苗瑶族系、氐羌族系、百越族系诸民族生活、劳作等场景，是探究贵州民族史、民族关系史、民族服饰史的重要资料。

图 2-29　三穗·台烈·苗族

贵州苗族支系众多、服饰多样、文化多彩，故在《贵州诸“夷”图》总数中占比最多。属于“苗瑶”族系的条目共有 20 条之多，其中记载苗族者 17 条，瑶族者 3 条。作为一部内容丰富的民族图志，今日大多数少数民族均可在书中找到昔日身影。

《皇清职贡图》是中国统一多民族国家巩固与发展的历史见证。其序记载，乾隆十六年（1751 年）六月初一上谕说：“我朝统一区宇，内外苗夷，输诚向化。其衣冠状貌，各有不同。著（着）沿边各督抚，于所属苗、瑶、黎、僮以及外夷番众，仿其服饰，绘图送军机处，汇齐呈览，以昭王会之盛。各该督抚于接壤处，俟公务往来，乘便图写。”在乾隆皇帝的倡导下，各民族地区的官吏都争相请画师进入贵州八寨绘制，出现不少民族地区风俗画。其中以清嘉庆年间绘制的《八十二种苗图并说》最有影响，此后有一系列抄本和再刻本，而总称为《百苗图》。由于当时的官吏文人并没有现代的民族常识，故把生活在贵州的不同民族统称为苗、为蛮、为夷。

图 2-30　都匀·坝固·苗族

《百苗图》是清嘉庆年间理苗同知陈浩在整理典籍的基础上，辅以实地调查资料完成的贵州民族志专著，是以 82 幅图的《苗蛮图说》为基础而摹写绘制的各种版本的统称，其后有 80 幅图的《黔苗图说》、29 幅图的《苗蛮图》等摹本，共 20 多种。此书为生活写本，一图一说，画录了 82 个贵州民族支系的图像并附有简短的文字说明，介绍了贵州各民族的居住环境、生产状况、生活习俗。该书是以苗族为主的贵州多民族耕作渔猎、织染服饰、婚丧嫁娶、歌舞饮食、宗教信仰等诸多生活景观的真实写照，再现了当时的贵州民族服饰型款。图中人物形象生动传神，[illegible]

图 2-33 普安·龙吟·苗族

图 2-34 榕江·滚仲·苗族

图 2-35 紫云·海子·苗族

饰、头饰不仅有其具体形象，还按照服饰特征冠以民族支系名称，如狗耳龙家“男女服色皆白，发结如狗耳状”；马镫龙家“妇人以淄布作冠，发髻若马镫状”；大头龙家“男子戴竹笠，妇人穿青土布衣短裙，敛马鬃扎发盘髻为盖，名曰‘大头’”；白苗“衣白，男子束发，女子盘发髻，长簪绾髻”；青苗“男女青衣，妇人用青布束发为髻，男子戴竹笠穿草衣”；锅圈仡佬“男子织斜文布为衣，妇人以青布笼发如锅圈状，青衣缺裙”；披袍仡佬“男子穿短裙，衣长尺余，外披一袍，由头至背，凿窍为领，裙用羊毛布织成”。

《百苗图》是一本反映贵州民族风情的珍贵画册，也是一部资料价值与艺术鉴赏价值兼具的民族服饰志，是当时贵州民族服饰型款的写实记录，为贵州民族服饰研究提供了珍贵的资料，折射出贵州民族服饰的历史影像，透露出贵州民族服饰的丰富信息。但是，作图者或是由于绘图技法限制，或是服饰知识不够，或是仅凭对文献的理解想象作图，没能准确描绘出各民族服饰的个性特征，图中人物服饰与现实中的民族服饰还是有较大差异。

出于统治的需要，《百苗图》的绘制记录下了当时人们的衣着服饰。但存在由于绘图者考核不精，所作苗、彝、布依各种服饰，形制大概相同，其服色皆随意而施，其中有“仲”混为“苗”者，有“苗”混为“僚”者，有一种二名而分画者的问题。尽管如此，在当时的条件下能完成此画册，实属不易，对研究贵州民族服饰仍然具有重要价值。

光绪年间，桂馥绘制有《黔南苗蛮图说》，这是诸种《百苗图》中唯一的线描刻本。绘制《苗蛮图说》的起因，据作者桂馥所说，是因为“黔省自入版图以来，苗蛮屡滋事矣，莅兹土者，苟不悉其风俗好尚，而欲思患预防，不亦难乎。此余之画苗蛮图所亟亟也”。于是仿“古之学者，为学有要，置图于左，置书于右，索象于图，索理于书”的方式，绘制《黔南苗蛮图说》。该图说记录民族服饰 86 种，增加了清末的部分文献资料。桂馥说“今所画，大都亲眼所及，非画工家所可同语”。但此图册为刻本石印，没能展示服色。

古人以服饰来区分民族虽然不科学，但是以服饰来判定民族的现象说明了三个情况：一是民族支系增加。“改土归流”以前，一部分少数民族为土司的部民，朝廷官员很难直接与他们接触；“改土归流”后，这些部民编入州县户籍管理，他们的文化特征才能较为全面地被载入汉文典籍。二是民族服饰加工技艺的提高，民族服饰越来越色彩斑斓。三是各民族服饰的差异成为人们辨识民族的标识被认可。

图 2-36 西秀·岩腊·苗族

第四节 贵州民族服饰的发展期

20 世纪是贵州民族服饰的发展期。在这一时期，贵州民族服饰基本保留了清代以来的型款样式和传统制作技艺。贵州民族服饰由于制作精美、特色独具而被外界广泛关注，文化艺术界开始到贵州有目的地搜集、收藏贵州民族服饰。对贵州民族服饰的绘画记录更加细致逼真，摄影记录的方式普遍起来。与此同时，开始有学者系统地整理、介绍苗族服饰。

一、20 世纪初的贵州民族服饰

图 2-37 从江·加勉·苗族

20 世纪初，贵州民族服饰仍然保持着传统样式，在日本人类学家鸟居龙藏的贵州民族田野考察报告中可见一斑。

鸟居龙藏是 20 世纪初日本的著名人类学家，其田野调查的足迹除日本本土外，还遍及中国、朝鲜半岛等。其中，1902 ~ 1903 年，他在贵州境内进行了为时四十余天的旅行调查。在贵州期间，沿湘黔滇驿道，鸟居龙藏进入苗族、布依族、彝族等民族村寨调查、观察、记录民族风俗。途中，他拍摄贵州民族人物图像百余幅，用镜头记录下 20 世纪初年的贵州民族服饰。相片中人物所穿衣物型款特征与当时文献所记相同。鸟居龙藏在中国西南地区的人类学调查，是外国人在中国进行的早期人类学调查的重要活动之一，他也是最早将摄影技术应用于中国西南人类学田野调查的学者。其《中国西南行纪》和《苗族调查报告》就是这次调查的成果。

《中国西南行纪》以日记体形式记录了从湖南沅江经贵州进入云南沿途所经之处的民风民俗，其作者调查了镇远、贵定、贵阳、安顺等地的“黑苗”“白苗”“青苗”“打铁苗”“仲家”等民族支系的语言、服饰等，还调查了安顺的明代汉族移民屯堡人，郎岱的彝族支系。在书中，作者以图像志的形式，用三十余幅照片记录下他沿途所看到的贵州民族服饰。

《苗族调查报告》是运用西方人类学理论研究贵州苗族的第一部专著，该书从苗族文献、苗族名称区别及其地理分布与神话、

图 2-39 西秀·黑石头·苗族

图 2-40 贵定·沿山·苗族

图 2-41 榕江·计划·苗族

布依族人物、村落、房屋、服饰、纺织器具、乐器照片，各部分详略不一。

鸟居龙藏所著两书中所记的苗族，是一个泛称，类似于中国古籍文献中记载的“南蛮”，包括了贵州不少民族。此两书是贵州民族文化学研究的重要资料，也是研究 20 世纪初年贵州民族服饰的重要资料。其中的照片虽然是黑白的，且因年代久远和拍摄者自身的摄影水平所限，照片清晰度参差不齐，但图中资料价值极高，对于研究当时的贵州民族服饰更是弥足珍贵。

二、20 世纪 40 年代的贵州民族服饰

进入现当代，服饰变化与社会政治形势的变化密切相关，民族服饰也受到影响。伴随着武昌起义的一声枪响，数千年的封建王朝被推翻，资产阶级民主政权得以建立。截然不同的政治体制，决定了截然不同的服装体制。服饰变革是孙中山领导的民主革命的重要组成部分，最重要成果是中山装的创制。此后，中山装成为内地新式服饰的主流。民族服饰作为一种文化现象，也受市场经济的冲击，受洋纱、洋布、机器，以及社会、样式、成本的影响，民族服饰的材料、工具、工艺等也发生了变化。但从大的方面来看，贵州民族服饰的传统却仍然继续得以保留。

早在20世纪40年代，贵州民族服饰就开始吸引了国内服装界、艺术界的关注，国内众多的服饰设计师、艺术家到贵州进行采风，收购了许多精美的民族服饰。其中，庞薰琹、芮逸夫到贵州进行的民族服饰考察，这是中国文化艺术界第一次对贵州民族服饰文化的专题考察，其所绘制的《贵州山民图》影响极大。

庞薰琹，字虞铉，笔名鼓轩，中国知名画家，著名的工艺美术学家，工艺美术教育家，是中国当代画家深入贵州民族村寨，对贵州民族服饰型款样式作服饰工艺学记录和介绍的第一人。1938 年庞薰琹开始搜集中国古代装饰纹样和中国少数民族民间艺术。1939 年，庞薰琹和芮逸夫受中央博物馆派遣，到贵州考察民族服饰。在贵州花溪、龙里、贵定、安顺等地，他曾深入 80 余个民族村寨调查民族服饰，创作了 30 余幅《贵州山民图》，富有浓厚的生活气息和艺术魅力。他记录贵州民族服饰，搜集贵州民族服饰，迷上贵州民族服饰的纹样。贵州之行，庞薰琹收集到 600 多件花边和全套的民族服饰。在庞薰琹的笔下，20 世纪 40 年代的贵州民族服饰仍然保持着自己的传统。现略举如下：

贵定“花苗”穿对襟上衣，衣襟上用很宽的花边做装饰。肩头上和衣臂间都有绣花纹样做装饰。头上不缠布，而是用一条布巾在头后包住头发，下面用布带缚住，呈方形。青苗的服饰，在裙边上都有一标记，这是他们服饰的特点。

花溪苗族服饰的装饰主要在背部，其次在袖口，腰带、围腰上也有。花溪苗族服饰的装饰主要是用挑花来表现，总的装饰效果是幽雅而精致，花样虽有千百种变比，但是装饰图案结构只有一种，即十字形。挑花就是在十字形的基本结构上出现各种变化。花溪苗族用挑花作为装饰。在黑色的布上，用白色的线挑出装饰图案，用红色的线作白线的陪衬，白线与黑布的底色形成强烈的对比，白线与红线的对比性也很强，但是色调是和谐的。未出嫁的姑娘用来束缚头巾的带子，也是姑娘们自己挑的花，多采用连续菱形做图案。苗族的花纹图案与布依族的花纹图案不一样。

贵阳、安顺布依族的服装像清代末期汉族普通妇女的服装，上穿大襟衣，下穿长裤，衣袖与裤脚上都用挑花做花边。

安顺苗族的整件花衣上都有装饰图案。主要是以红色做底，以金黄色的粗线绣花，图案为圆形，装饰效果特别强烈。女孩一般从七八岁时开始绣花衣，一直绣到出嫁时。她们把花衣作为信物送给男方。这件花衣平时也不穿，只是跳花时穿。

安顺布依族的衣服装饰为蜡染，妇女的头饰也很有特点：头发向上梳，发髻在头顶上略偏左，一把红色的木梳从发髻中穿过，木梳的两角朝上翘起，头发梳得特别平、特别亮。脚上穿绣花尖头鞋。晴朗的冬天，姑娘们会聚集在村头空地上绣花。所绣图案大同小异。在继承传统的基础上，如何想出绣出新图案，是她们的乐趣，然后会共同分享。

青年男女腰间都有一条用彩线编织成的腰带，上为各色相间的斜条花纹。如果互相中意，就交换腰带。(《就是这样走过来的》，2015 年，第 111 页。)

庞薰琹记载的跳花坡场面相当壮观。跳花节时不但比谁的舞跳得好，也比谁家的花衣绣得好。他笔下的贵州山民，女性多于男性，《双人吹笙图》是有限的几幅以男子为主人公的画作中的一幅。画家仔细地描绘他们精美的型款样式，为后人留存了一份

图 2-42 花溪・燕楼・苗族

图 2-43 花溪・高坡・苗族

重要作品，更是当时贵州民族服饰的生动写照，所记的贵州民族服饰，较清代《百苗图》更为细致、更为准确，是 20 世纪 40 年代贵州民族服饰的客观记录。绘制贵州民族服饰与其说是庞薰琹的工作内容，还不如说是他把记录贵州少数民族传统服饰当作了他的责任，他用了极大的耐心忠实地描绘这些图案。他笔下的贵州各族人物，衣饰精致，人物夺目。衣服的质地是苗家、布依人家世代相传的家织土布，粗厚的肌理展现，得当的色彩晕染，使得衣服上的贴布绣、十字绣清晰可见，精致勾勒的苗家女子蜡染头帕与刺绣围兜，为整个画面增色良多。庞薰琹对贵州少数民族女子的头帕、银饰、百褶裙、袖口与裙边的花纹、布鞋与布袜的样式，描绘极其细致、准确。只要你去过苗寨布依村，就能一眼瞧出这些熟悉的色泽与样式。他形容自己画这些花纹时，说是如同绣花，不敢错误。这些细节的描绘起了点睛的作用，后人既可于其中见到银饰与刺绣的工艺特点，也可看出各民族女子在那个时代所拥有的好美的传统。（贵州省文史研究馆，《民国贵州文献大系（第七辑）》，2015 年，第 57 页。）

图 2-45　六枝・高炉・苗族

图 2-46　紫云・火花・苗族

图 2-47　赫章・河镇・苗族

三、20 世纪 80 ~ 90 年代的贵州民族服饰

中华人民共和国成立以后，实行民族平等、民族团结的政策，国家尊重少数民族的风俗习惯，促进各民族平等团结、发展进步和共同繁荣。在服饰、饮食、居住、婚姻、礼仪、丧葬等多方面，少数民族服饰文化得以保护、传承和发展。改革开放以来，贵州民族服饰更是受到国内外艺术界、文化界的广泛关注。

20 世纪 80 年代，随着改革开放的深入，文化繁荣，思想得到解放。社会经济的不断发展，服装面料日趋丰富，加工工艺不断创新，为民族服饰的繁荣提供了物质保障。各民族服饰平等交流，互相借鉴，使得民族服饰的发展走向一个新的发展阶段。

以摄影手段记录贵州民族服饰的图书出版了很多，比较精致的有曾宪阳摄影、贵州省文化厅编的《苗装》，马正荣、马俐父女合著的《背扇》。而对民族服饰介绍较为完整、资料较为翔实的当数苗族学者吴仕忠等编著的《中国苗族服饰图志》。该书以摄影照片的方式，比较全面地记录下 20 世纪 80 ~ 90 年代前后贵州苗族服饰的状况。苗族支系繁多，吴仕忠用了 30 多年的时间，走村串寨，记录下贵州苗族服饰 125 式。该书是苗族服饰研究的重要资料，虽然部分图片质量不高，但是信息全部来源于田野考察，十分珍贵。苗族服饰中部分已经失传的样式，有赖于该书的记录得以保存。

图 2-48 西秀 · 岩腊 · 苗族

四、21 世纪的贵州民族服饰

进入 21 世纪，民族工艺美术受到重视，织造、印染、刺绣、剪纸、服饰、银饰都有了新的发展，贵州民族服饰获得了新的发展机遇。

贵州民族服饰在形制样式基本不变的前提下，材料更加多样，机织布替代了传统手工土布。装饰技艺更加成熟，纹样图案丰富，色彩更加艳丽。其缝制方式发生了变化，开始采用现代裁剪技术，电脑设计制作替代了手工制作，注意衣服的合体性，采用省道来凸显人体的线条。着装佩饰也注意迎合时尚。其面料发生了变化，制作加工设备现代化，色彩斑斓，型款多样，装饰繁复，民族服饰更加多彩。

民族服饰及其制作技艺作为民族文化的重要载体而被列入“非物质文化遗产名录”而被重视。民族服饰因贵州省内各地实施特色手工产业“锦绣计划”而得到发展，各种民族服饰博物馆不断涌现。汇聚了多种民间传统手工艺技能，保留有大量民族民间文化信息的民族服饰制作技艺列入各级“非物质文化遗产名录”。

图 2-49 榕江 · 计划 · 苗族

为了进行旅游开发，各级政府充分认识到：贵州民族服饰既是传统的又是时尚的，既是文化又是产业；发展相关产业既能弘扬传统文化、民族文化，又能用产业发展来对民族服饰进行保护。民族服饰作为文化旅游的内容进行展演，服饰及其附属工艺品作为文化旅游商品进入市场，各地发展民族服饰产业来振兴乡村，民族服饰的传承困境获得了突破。在服饰加工制作不断进步的同时，手工制作的传统服饰作为工艺品进入市场，也有效地促进了民族服饰文化的传承和发展。

贵州全省各地实施特色手工产业“锦绣计划”，促进了贵州民族服饰的发展。从 2013 年“锦绣计划”项目实施以来，全省建成巧手脱贫基地千余个，培育发展妇女特色手工企业和专业合作社 1354 家，从业人员达 50 万人，近 3 年产值达 60 亿元。涌现出一批技艺精湛、致富能力强、参与意识好的优秀人物。“锦绣计划”被全国妇联写入提交联合国的中国妇女减贫报告，被喻为“妇女脱贫的标志性项目”。全省各地大力扶持发展扶贫车间，引进

图 2-51 荔波·洞塘·苗族

能增收致富。

贵州民族服饰作为民族瑰宝而受到广泛重视，各种民族服饰博物馆不断涌现。贵州省博物馆获“第十七届（2019 年度）全国博物馆十大陈列展览精品”称号的“多彩贵州——民族文化陈列展”，展示贵州民族服饰百余套，是其中最精彩的内容之一。贵州民族博物馆也有民族服饰主题展陈列。北京服装学院中国民族服饰博物馆的七个展厅中，专门开辟了苗族服饰厅展示贵州苗族服饰。

服饰是人类文化的重要组成部分。贵州民族服饰也随着社会经济的发展和人们对文化的认识变化而发生变化。脱离了社会经济、文化的支撑，民族服饰就无从谈起。伴随着生活方式、价值观念、社会习俗、行为规范、审美情趣的变化，民族服饰的一些功能被逐渐淡化，而另一些功能被强化。

图 2-52 威宁·石门·苗族

随着传统生活方式的变更，行为方式的转换，价值观念的重建，民族服饰的功能在动态演化中因失去生存的土壤而逐渐变化。从手工精制到机器制作，加工的便捷，成本降低，着装的便利，材料更丰富，技术更先进，功能更专一。民族服饰的功能因此也发生了变化，传统手工缝制的民族服饰成为被收藏家青睐的工艺品，一套制作精美的服饰，价格动辄上万。生态环境发生的改变，将会影响贵州民族服饰的生存与发展。民族服饰的研究，丰富了贵州民族文化的内容，为解读贵州历史文化提供了一个新视角。

图 2-53 花溪·燕楼·苗族

图 2-55 晴隆·中营·苗族

图 2-56 西秀·陇灰·苗族

图 2-57 望谟·乐旺·苗族

第二章

贵州民族服饰的型款

贵州民族服饰的型款可分为制作、穿戴两种形态，即服饰的二次成型。第一次成型是将布料缝制加工转化为衣服，即制作；第二次成型是将衣服按一定的程式、一定的配搭转化为穿在身上的服饰。贵州民族服饰的型款，由形制服式、选材用料、裁剪缝制、装饰技艺、着装佩饰等五个要素构成。

第一节 贵州民族服饰的形制服式

形制，指衣裳整体构成和着装形态；服式，指服装的部件构成和衣服造型，即由衣裳部件结构组合而形成的服装样式。

一、贵州民族服饰的形制

从衣服整体结构来分类，贵州民族服饰保留了中国主流传统服装的两种基本形制：上衣下裳制和衣裳连属制。这两种形制在商周时期就已经形成。从着装形态上来分，可分为披围式、贯首式、包裹式三类。

上衣下裳制，即上身穿的为衣，下身穿的为裳，衣裳是分开的。下身穿的裳原指裙，后来泛指下装，上衣下裳制又分为裙装和裤装两类。清代以前，贵州民族服饰多为上衣下裙，男女装都是如此。清代以后，男性着装多为上衣下裤，上衣下裙则是女性衣着的主流。

衣裳连属制，指上衣下裳不分，连为一体。衣裳连属制最早的服式是上宽下窄的深衣。深衣为上衣下裳分裁，而后缝制连为一体的长衣，一般为交领直襟、宽衣大袖，袖口为重锦边。深衣把以前分离的上衣下裳合二而一，却又保持着上下分界线，不通幅、不连缝。在两腋袖缝和腰缝之间嵌入一块矩形面料做衽，使平面剪裁立体化，既可完美地表现人的体形，又可获得更大的手肘运转功能。深衣后来逐渐演变为袍服。

上衣下裳和衣裳连属两种衣服形制在中国传统服饰发展中一直并存，交替流行，互相影响。

从着装形态上分类，贵州民族服式可分为披围式、贯首式、包裹式三类。

披围式服饰 又称“披裹衣”，指用单块或多块衣料，经过简单拼合、缝连后，以肩或腰为支点披裹于身上，或系围在腰间的，用绳带固定而形成的着装方式。披围衣的材料为动物原体，植物片体。人类知道利用动物毛发和植物纤维，学会纺织后织成整幅布料。披围式服饰以整幅布料或毛皮为衣片，不做裁剪加工，直接披围在身上，或系扎在腰间，无领口、袖口的概念，是未成型衣。后来的披风、斗篷、围腰、背扇都是由披围衣演化而来的。

图 2-58 普安·青山·苗族

贯首式服饰 又称套头式、钻头式服饰，顾名思义，就是中间留孔，着装时衣物从头上贯穿而下，头从孔中钻出的着装方式所形成的服装形态。贯首衣为半成型衣，在相当长的时期，被极广阔的地域和较多的民族所普遍采用。该着装形态在世界服装史上占有重要地位，它的出现基本上替代了旧石器时代的部件衣着，成为人类服装的祖型。（沈从文，《中国服饰史》，2018 年，第 8 页。）

包裹式服饰 又称开襟式、前开式衣服。指在衣服的前襟正中或左右两侧适当的地方开门襟，穿着时左右襟相合或相压，把身体包裹起来所形成的服装形态。该形态着装有的两襟用布带或纽扣系扎，有的开襟不系扎。包裹式服饰按开襟对接的方式可分为对襟式和侧襟式两种。开襟衣的出现，标志着衣服的成型。

图 2-59 织金·珠藏·苗族

二、贵州民族服饰的服式

在两种服装形制和三类着装形态下，贵州民族服饰的服式可分为衣式、裤式、裙式、袍式四类。衣、裤、裙、袍四类部件结构组合变化形成不同服式。

（一）衣式

贵州民族服饰的衣式主要有披围衣、贯首衣、对襟衣、侧襟衣四式。

1. 披围衣

披围衣，又称“披裹衣”，指用单块或多块衣料，经过简单拼合、缝连后，披裹在身上或系围在腰间的非成型类衣物。披围衣有两种，一种是上系挂于颈部，下及膝踵的长披围衣；一种是围裹于腰间，用于护腹和遮羞的短披围衣。

图 2-61 从江·方召·苗族

图 2-62 榕江·朗洞·苗族

图 2-63 三都·普安·苗族

贵州民族，自古便有穿披围衣的习俗，如《旧唐书》记载：东谢蛮首领谢元琛朝拜唐太宗时，就“身披毛帔”；《岭外代答》记载：“自蛮王而下至小蛮，无一不披毡者。但蛮王中锦衫披毡，小蛮袒裼披毡尔。北毡厚且坚，南毡之长至三丈余，其阔亦一丈六七尺，摺其阔而夹缝之，犹阔八九尺许。以一长毡带贯其摺处，乃披毡而系带于腰，婆娑然也。昼则披，夜则卧，雨晴寒暑，未始离身。”《宋史·蛮夷传四》记贵州进京使团：“使者衣虎皮毡裘。”

当代贵州披围衣式，主要分布在气候较为寒冷的西北部一带，如彝族、苗族群众的披毡和披风。

披毡 披毡是用羊毛擀制而成，威宁、赫章等地，属高山草原，适于放牧牛羊，生活在当地的彝族、苗族人民，利用羊毛自己擀制披毡。这种衣物防寒保暖，行可遮风挡雪，坐卧则能垫地，曾经是当地人民不可离身的衣着。

披风 披风流行于威宁、赫章、纳雍、水城、普定、镇宁、紫云等地。被外界称为“大花苗”的族群所穿着，是用自产的红、黑、蓝毛线和麻线交织而成的，图案多为几何纹，披风后缀一幅用刺绣装饰的方形背搭。

围腰 围腰是短披围衣的一种，又称围裳、围裙，是块片状的未成型衣物。最早是用于遮掩胸腹部的衣片，后演化为上衣下裳间的过渡性装饰物。根据系围位置和形制的不同，围腰又被分为胸兜围腰、连胸围腰、短围腰、蔽膝四种。胸兜围腰齐腹，连胸围腰、短围腰遮肚，蔽膝过膝。在贵州民族服饰中，围腰的审美性得到强调，成为服饰的重点装饰部分。围腰形状各异，装饰手法多样，工艺精美，图案丰富，色彩缤纷。围腰带为围腰的重要组成部分，多为织锦花带，一般是在身后打蝴蝶结，带端留有缨穗，美观大方。围腰对于苗族女子，既是生活中不可缺少的穿戴，也是自己女红技能的最好展示。因此，苗族姑娘出嫁前所做的嫁妆中，功夫下得最多的就是围腰。每个苗族女子都有一块或数块围腰。

背扇 背扇是指用以背负幼儿的襁褓带，俗称“背娃带”。背扇属片状物，剪裁制作简单，但装饰手法丰富，材料有织锦、蜡染、刺绣、挑花、布贴等。由于贵州各民族居住的自然环境、历史文化、宗教信仰等多有不同，形成了风格各异、多姿多彩的背扇艺术。背扇虽不是成人衣的一个组成部件，但是由于贵州少数民族妇女上山下地、走亲赶集，用它来背负婴儿，却形成了当地妇女的一种服饰习俗，是贵州民族服饰中重要的衣饰。

2. 贯首衣

贯首衣，在贵州民族服饰中有三式：一种是在长方形的整幅布料中间挖一孔，从头上罩下来；一种是将两块布拼合起来，在拼合处两边固定，中留一缝，让头从中缝处穿出；还有一种是将衣料缝制成筒状，上留领孔，两侧留袖孔，穿着时，头从筒状的衣物的领孔穿过，手从袖孔中伸出。贯首衣演化的过程中，逐渐有了领口和衣袖的概念，最后形成腋下开缝和腋下连缝、无袖和有袖、无领和有领等若干种样式。

图 2-64 普安·龙吟·苗族

无领贯首衣 无领贯首衣主要流行于平塘县的油岜、鼠场、金桥、卡罗、谷洞、卡腊、牙舟等乡镇。一般以自产蓝黑棉布为料制作，无领，上留平口，衣长前及腹、后至臀，胸前、后背、两袖均用挑花装饰，图案为几何纹。

翻领贯首衣 翻领贯首衣主要流行于花溪、乌当、清镇、修文、平坝等地，为苗族女性所穿。用青蓝色棉布缝成筒状，再配翻领和长袖，胸前、后背、衣边、两袖等部位用挑花或蜡染装饰。

图 2-65 花溪·燕楼·苗族

大领贯首衣 大领贯首衣主要流行于贞丰盘龙、六枝二塘、息烽青山等地，以蓝黑棉布为料制作。贞丰盘龙的贯首衣，虽无刺绣装饰，但加以蓝色白边大衣领，交叉于胸前，白色领边呈“入”字形，形同旗帜，当地人称“旗帜服”。六枝二塘、息烽青山的大领贯首衣，则用刺绣或蜡染装饰，图案多为几何纹。

3. 对襟衣

对襟衣曾经是大多数中国人所穿的服装样式，即衣从前胸正中开襟，形成左右两片对称的襟门，两袖及腕，两前片各配有衣兜。一层的称为单衣，里面夹有棉絮的称为棉衣，一般配有衣领。在贵州民族服饰中有系扣、敞胸、交领三个款式。

对襟系扣衣 对襟系扣衣，即左右两个襟门上，对称地安装有五至七对纽襻，一般用布条制成盘扣。盘扣有花卉、蝴蝶等形状，既可将衣襟系上，又形成一种装饰。

对襟敞胸衣 对襟敞胸衣，即在两个襟门上不安装纽襻，即便是安装有装饰性的纽襻，甚至有的钉上两排银扣，但穿衣时并不系上，而是敞开两个襟门。这种衣服主要流行于气候较热的黎平、榕江、从江等地。

图 2-69 从江·银潭·侗族

衣的两个襟摆交叉在胸腹前，并用带子系上固定，形成交领衣。

大多数对襟衣用棉麻布为材料，但也有少数人选用绸缎等高级面料制作，有的还在衣肩、领袖、胸背等部位用刺绣装饰。

4. 侧襟衣

侧襟衣，指衣服前襟分为左右不对称的两部分的衣服。与对襟式不同，侧襟式上衣的襟门开在胸的侧面：有的开于左侧，有的开于右侧。衣襟掩襟前片称大襟或门襟，掩襟后片称里襟，门襟叠在里襟上。如果衣襟开在右侧，以左襟掩叠在右襟前，于右腋下叠合，称作右衽；反之，则称作左衽。

左衽衣 左衽衣是襟门开于左侧的上衣。贵州民族穿这种样式上衣的，见于黎平县双江乡苗族女子、从江县谷坪乡苗族男子、关岭县上关乡苗族女子，其他族群并不多见。前两例用当地亮布为材料，制成无领左襟衣，襟门缀以金属纽扣，襟边刺以纹饰。后一例用蓝色棉布为料，襟门缝有系带，襟边、袖子、衣下部前后均有刺绣装饰。

图 2-70 从江·占里·侗族

右衽衣 右衽衣是襟门开于右侧的上衣。在贵州穿这种上衣的民族比较普遍，如汉族、苗族、布依族、侗族、土家族、仡佬族、彝族、水族、瑶族、毛南族、仫佬族、白族、壮族等。大多数民族的右衽衣领子为低立领，但部分苗族、侗族的为无领。襟的形状多为斜襟，苗族、侗族、彝族、水族中有部分为矩形襟或琵琶襟。装饰手法大多数用刺绣，但有些用织锦和印染花布。

大襟衣 大襟衣外形上与右衽衣相似，只是将衣加长，两个襟幅加宽，穿时形成左右襟片重叠。受清代氅衣的影响，这种服装在贵州苗族、侗族、布依族、土家族、彝族、仡佬族、水族等民族中流行。

侧襟式上衣有的配领，有的无领；有的是斜襟，有的是矩形襟，甚至有琵琶襟；有的襟门缀纽襻，有的缝系带；有的是直摆，有的是圆摆，造型各异。

图 2-71 锦屏·彦洞·侗族

同一种衣式，在衣领、衣襟、衣袖、衣摆等几处有不同的造型。衣领有直领、圆领、立领、方领、交领等样式的区分，衣襟有对襟、侧襟、大襟、琵琶襟等几种样式的差别，衣袖有长袖、半袖、宽袖、窄袖的变化，衣摆有绲边、无缘的不同。

衣领，位于前后衣片的上端，是围住人体颈脖的衣片附件之一。衣服开襟的方式影响衣领的形制。开襟衣的衣领形式有直领、圆领、立领、方领、交领等几种。交领，指衣领与衣襟相连接，于胸腹部前交叉，形成“y”字形。交领是中国传统服饰最早的一种领式，在袍装上运用比较普遍。直领，指衣领与衣襟相连接，于胸前垂直而下，衣襟不交叠，领口不交接，称直领。直领主要运用于褙子等衣型上。圆领，又称作团领、盘领。领圈为圆盘形，沿领圈绲边，在领口处有系带或扣。立领，又称“竖领”或“高领”，指将领片下端与领圈缝合，立在衣片上端，领口在脖颈处交合，用扣襻系结。

图 2-72　黎平·洪州·侗族

5．无袖衣

无袖衣，无袖式上衣有坎肩、马甲、褂褂、背心等不同的叫法。材料上有棉布、绸缎、兽皮，也分为单层、夹层，衣式上有对襟、斜襟、琵琶襟、一字襟。无袖衣无领者居多，有领者少。这种无袖衣一般穿在长袍或者短衣外面，既能保持上身暖和，又不增加手臂服装的厚度，便于两臂的伸缩运动，不管是在外劳作还是从事家务，都十分便利，是许多民族都喜欢穿着的服装。

图 2-73　黎平·洪州·侗族

贵州穿无袖衣的民族主要有布依族、土家族、彝族及部分苗族。剑河县久仰乡苗族女子的无袖衣最有特点，是以当地亮布为材料制成的琵琶襟，缝有三对纽襻，衣面除用白布镶边外，还用刺绣和银泡装饰，两肩处各缀一块錾有龙纹的银片。这种样式既有满族服饰琵琶襟的影响，也彰显了本民族的服饰特色。

（二）裙式

贵州民族服饰的裙式主要有筒裙、百褶裙、飘带裙。

1．筒裙

筒裙，因裙身呈桶状而称之。因生活习俗不同，各地筒裙有长、中、短之分。贵州穿筒裙的民族，仅见于西北部的苗族，如织金、大方、纳雍、黔西、安顺、紫云、安龙等县市。这些地方的筒裙多用棉布与蜡染拼接而成。织金县珠场乡苗族女性的筒裙，用黑蓝两色棉布和蜡染布拼接，缝成直筒形，长及脚踝。有些地方的筒裙虽然两侧打有几道绉褶，但整体上看仍呈筒状，如安龙县木咱乡苗族女性的。

2．百褶裙

百褶裙，流行于宋代。裙子用料较多，下摆肥大，褶裥布满裙身，每道褶裥宽窄相等，并于裙腰处固定。腰部系绸带，裙上绣绘图案。百褶裙的“褶”，少的有十几个，多的则上千个。这种裙美观大方，

图 2-75　从江・高增・侗族

黄平一带的百褶裙用十几米长的布料制成，穿着时将裙子一圈一圈地缠绕在腰臀部，既厚重保暖，又有下垂飘动感。而贵州雷山、榕江一带“短裙苗”妇女的百褶裙长仅有 15 厘米左右，穿时仅遮住臀部。镇宁、关岭一带布依族妇女的百褶裙，是用蜡染做成的，裙上的纹饰多为几何纹和圆点纹。黎平、榕江、从江一带侗族妇女，用自制的蛋清布制作百褶裙，穿在身上闪闪发光，十分亮丽。

3. 飘带裙

飘带裙，流行于清代。制作时用绸缎剪裁成长短宽窄一样的条带，每条上绣以花鸟图案，在条带边镶以金线，拼缀成裙。裙边上缀流苏。因其裙式像凤尾，故又称凤尾裙。飘带裙有三种，第一种是裙腰上缀绣花布条，第二种是在裙子上加饰绣花带，第三种是上衣与下裙相连，衣摆上缀饰绣花片。百鸟裙，是飘带裙的变化：飘带上彩绣有花鸟纹样，条裙下边，吊饰白色鸟羽一周，故名之。

图 2-76　从江・银潭・侗族

（三）裤式

贵州民族服饰的裤装有短裤、长裤、裙裤、胫衣四种。

1. 短裤

短裤，是仅及膝上的下装，主要流行在气候温暖的荔波县瑶山乡及邻近的广西南丹县，为当地被称为“白裤瑶”的男子所穿。该支系瑶族男子的短裤是用白色棉布为料，裁缝成臀部肥大而膝部紧缩的样式，有的还用刺绣装饰。这种裤式也是识别这支瑶族的主要标志。

2. 长裤

长裤，是贵州民族男子下装的主要样式。《旧唐书》记载：“东谢蛮，丈夫衣衫，有衫袄大口裤。”说明裤子在贵州有久远的历史。清代以前，贵州女性都穿裙子，但入清以后，当政者在贵州民族地区推行服装改制，一些少数民族女性也改裙为裤了。长裤由裤腰、裤裆、裤管三部分构成，一般用棉麻布为料。有些民族女性的裤脚还饰有栏干。

图 2-77　从江・高增・侗族

3. 裙裤

裙裤，是一种裙子兼裤式的下装。裙裤是用白色麻布为料，上端为裤腰，中间打褶收紧分裆，裆下两只裤管肥大。贵州仅有六枝、织金一带苗族男子穿裙裤，其他地区则鲜见。

4. 胫衣

胫衣，俗称为绑腿、脚笼，指长途行走时缠在小腿上的护具。

胫衣是裤的早期形式。早期的裤没有裆，只有两个裤筒，裤筒左右各一，不相联属，套在腿上，上端有绳带结系于大腿根部，所以称为“胫衣”。

贵州很多民族有打绑腿和穿脚笼的习惯。绑腿用布、木、竹、棕等材料制成，缠绕于腿上，下地劳动时可以保护双腿不受荆棘杂草刺伤。脚笼是绑腿的升级版，一般用织锦、印染花布、刺绣等制成筒状，并绣上各种花纹图案，用时笼在小腿上，用布带系紧即可，故又称作“脚笼”，既能保暖又漂亮美观。

图 2-78 从江・小黄・侗族

（四）袍式

袍，亦称袍服，指衣裳连为一体、直腰身、衣长过膝的外衣。袍服多为两层，在造型上有长摆和短摆、交领和圆领、右衽和左衽、大袖和小袖及半袖等多种变化，贵州民族服饰中袍式不多。

1．衣裙相连袍

榕江、雷山、丹寨、三都等地苗族，有一种无领对襟、上衣下裙相连的长衣，衣裙上下或织或绣，布满鸟、龙、鱼、花卉等纹饰，俗称“百鸟衣”，是他们每逢民族节日和人生礼仪必穿的礼服。这正与古代袍作为礼服的习俗相同。这充分证明了贵州民族遗存了较多的古代文化习俗，保持了古代的服饰样式。

图 2-79 从江・银潭・侗族

2．长衫

长衫，是形制修长的单衣衫。清代满族袍传入后，受满族服装影响，男子多穿大襟右衽的青布长衫。长衫最后发展成为清代及民国男子的礼服。清王朝在贵州民族地区推行服装改制，加上地方各级官吏服装的榜样作用，这种服装也成为贵州大多数民族中老年男子甚至妇女在节日和礼仪场合的礼服。

3．长摆衣

长摆衣，是长衫的一种变化样式，对襟，为用麻布制成的、长及膝下，但前后摆并不缝合的衣服。贵州西北部一带民众，多穿此式服装。

第二节　贵州民族服饰的选材用料

贵州民族服饰的选材用料大致可分为服装面料和装饰材料两类，取材多样，品种丰富。

图 2-82　威宁·新发·布依族

一、贵州民族服装的面料

贵州民族服装的面料用麻、毛、棉、丝等各种纤维材料，经过擀碾、纺弹、编织等织造工艺制作而成。贵州民族服饰的选材用料丰富，原料以本地纺织的布料为主。

按原料分，有蚕丝纯织、葛纱纯织、棉纱纯织、麻纱纯织、丝棉交织、棉毛交织、麻毛交织。

按工艺分，有提花类的锦、绮、绫、绦、组、罗；平纹类的纱、绢、绨、缣、条纹布、花格布；印花类的蜡染布、树脂防染布、牛油防染布、扎染布、蓝印花布；无纺类的毡、蚕丝絮片。

绮是贵州民族服饰的主要面料。绮为平纹地上起斜纹的素色丝织物（贵州也用棉麻织绮的）。根据绮的不同纹样形态，民间分别称为“花椒布”“斗纹布”“回纹布”“斜纹布”“鱼眼布”“升子花布”“塘布”等。丝织绮多用作头巾，棉麻织绮多用作服饰面料，一般多染成黑色、青色、紫色。

图 2-83　贞丰·珉谷·布依族

锦是贵州民族服饰的主要原料之一。贵州织锦的民族有苗族、布依族、侗族、瑶族、水族。其中较有特色的是舟溪式、施洞式、威宁式苗锦，扁担山式布依锦，黎平侗锦等。从组织结构上分，有二重经锦、二重纬锦和多重纬锦。毡和罽都属于毛织物。毡是用羊毛擀制而成；罽是用羊毛线织成的彩色面料。

罗是绞经织物，有二经绞、三经绞、四经绞，贵州的罗属二经绞。

缣是平纹变化组织的织物，贵州的缣属双纬缣。

这些织物中的大部分，其他地区早已失传，但贵州仍在生产。

图 2-84　花溪·镇山·布依族

二、贵州民族服饰的装饰用料

贵州民族服饰的装饰材料还有木材、金属、锡箔、塑料、贝壳。木材主要用作制作梳篦、面具。金属材料主要有银、锡。银主要做首饰和衣饰，衣饰主要有银衣片、银钉泡、银铃等。锡条是锡绣的主要材料。刺绣时锡箔纸折条做梗，衣服上钉塑料亮片装饰。贝壳用于装饰背牌和衣摆。各种装饰材料大多取自当地，部分材料当地不产，则通过市场交换获得。

第三节　贵州民族服饰的裁剪缝制

裁剪缝制，指通过一定的裁剪方式和缝制方法，即从打样、剪裁、缝纫、成衣、装饰，将布料加工成一定形状衣物的全过程。贵州民族服饰的剪裁缝制表现为平面剪裁、直线剪法，由于衣饰分制，缝合简便。

一、贵州民族服饰的剪裁

（一）平面直线剪法

裁剪法，是指在缝制衣服前，事先对衣料材质性能熟悉了解，对衣服造型进行设计，对缝制技法进行设定，对纺织物经纬线巧妙运用的过程。衣物的缝制，即把各种纤维织物，经过裁剪、缝制和装饰，加工成适合人体的衣服。这是衣服的第一次成型。

服装缝制，就是将人体的曲面分解为若干个平面，然后根据这些平面，将服装材料裁剪成相应的形状，形成不同部位的衣片，然后再用各种方式，按顺序把这些衣片缝合起来，以符合人体的曲面分布。缝制的过程就是将服饰平面材料立体化的过程。按现代服装学的认识，从衣服裁片形状和衣服造型效果两个方面观察，裁剪法可分为直线裁剪和曲线裁剪两种。传统服装的裁剪缝制，不用纸样打版，靠师傅口传心授裁剪口诀，裁衣师傅凭经验和悟性，量取身体尺寸后，直接用画粉在衣料上画出裁剪图，留出缝份直接裁剪。

中国传统服饰，大多是宽衣博袖，各部位衣片多呈直线状，故都采用直线裁剪法。

贵州民族服饰也采用直线裁剪法，所制作而成的衣服并非合体地包裹人体，而是具有一种平面造型特征。

传统服饰的缝制方法主要有拼缝、打裥、归缩等，缝制者将衣料简单拼合，衣片和袖片连在一起，无肩缝，实现了平面材料立体化。服饰剪裁的传统性，装饰手法的综合性，技艺传承的家族性，缝制加工的个体性是贵州民族服饰裁剪缝制的主要特征。

（二）立体曲线裁法

在当下，民族服饰裁剪也借鉴了曲线裁剪式的一些理念和手段，特别是运用省道，去掉了衣服与人体之间的多余空间，体现出人体的外形曲线。在加工方法上，贵州民族服饰在传统的手工工艺流程外，也采用电脑制图、机器裁剪、数字刺绣等手段。

图 2-85　贵定·盘江·布依族

图 2-86　贞丰·者相·布依族

图 2-88　荔波·永康·布依族

二、衣饰分制，组合成装

服装缝制，就是将人体的曲面分解为若干个平面，然后根据这些平面，将服装材料裁剪成相应的形状，形成不同部位的衣片，然后再用各种方式，按顺序把这些衣片缝合起来，以符合人体的曲面分布。缝制的过程就是将服饰平面材料立体化的过程。贵州民族服饰的缝制，分传统和现代两种。

（一）衣饰分制

服装缝制就是将平面的材料转化为适合立体衣服的过程。传统服饰实现平面材料的立体化多采用拼缝、打裥、归缩等方法加工，裁剪时无收省。

在贵州民族服饰制作中，保留着传统玄端的裁缝法。上衣用自织布料六幅（衣身四幅，衣袖两幅），每幅长二尺二寸，四角方正。缝制时大多不削幅，不邪杀，不继掩，不侈袂。前面两衣片不缝合，作开襟。后背两衣片缝成一块，前后衣片在肩部缝合，留领口，沿前襟和领口处用织锦彩带镶绲。衣袖与衣身的缝合处为平面，无袖窿和袖山部分，肩部平顺，浑然一体。

图 2-89　贵定·巩固·布依族

（二）组合成装

贵州民族服饰的装饰，不是在成衣上加工，而是先绣好各部位装饰用的绣片，成衣后再缝钉上去。因此，贵州民族服饰的缝制比较简单，不讲究成衣的线条，有的服装甚至不讲究对称和均衡，衣片只需要简单的缝合即可。

由于平面设计、直线裁剪，衣身与衣袖的腋下缝合处往往出现衣褶堆砌拥簇，肥大不合体。为解决这个问题，早期的衣袖袖筒处不缝合，而是呈袖片状，着装时用带子系结。平塘油岜的贯首衣仍然保留着此样式。再加上绣片是皱折堆积，伸展不便，导致伸缩不一，熨烫难平。

相比于精致繁复的装饰，贵州民族服饰的剪裁缝制就显得特别粗糙和简单。当下，贵州民族服饰的缝制也开始采用现代裁剪缝制的方式，也采用收省、打裥、归缩、劈势等方式以使衣服更合体。

图 2-90　都匀·归兰·布依族

第四节　贵州民族服饰的装饰技艺

贵州民族服饰的纹样有织造纹样、印染纹样、刺绣纹样、银饰纹样。而衣服的各个部位如衣领、衣肩、衣袖、衣襟、衣背、边饰、围腰、背扇、帽子、鞋面、背带，都有专门的纹样。

贵州民族服饰的纹样图案其题材或取自于民族古歌、神话、传说，或取自各种具有象征意义的几何纹样和艺术符号。几何纹构图变化多样，纹样连续，视觉效果强烈。贵州世居少数民族大多数有民族语言而无民族文字，纹样图案还有记史叙事的功能。苗族服饰中绣着各种图案，每道花边，每条图文，都可做历史事件的解读，如穿在身上的史书。那些寄寓着无数美好祝愿的纹饰图案，是人们追忆祖灵、追求幸福的表达。通过服饰建立起的信息代码，蕴藏着异常丰富、古老深厚的文化，表达他们的美好愿望。纹样图案尽管因时代和环境的变化而出现涵化、变异，但是基础的符号始终不变。

贵州民族服饰纹样复杂，风格各异。苗语东部方言区支系善于用抽象的动物图案；苗语西部方言区支系喜欢用几何纹图案；苗语中部方言区支系习惯用中国青铜器皿上的图案……各有擅长。每当人们在贵州民族服饰中看到一种没见过的作品，就会引发一种感动，就想知道这些作品的创作者在想什么，为什么能把纹样、色彩和技法组织的这么好。

从用色上看，贵州民族服饰的设色浓烈，制作者善于选用多种强烈对比的色彩，追求颜色的浓郁和厚重，主要用红、黄、蓝、黑、白五种，层次非常丰富，对比非常强烈，特别好看。历史文献中所称的“红苗”“白苗”“黑苗”“花苗”等，就是依据其服饰色彩而来的自称或他称。

贵州民族服饰的装饰部位，主要在头帕、衣领、衣襟、衣背、衣肩、衣袖、衣摆、裙边、裤脚、腰带、围腰、背扇上。装饰工艺繁复，织染配合，边织边染；印绣结合，先印后绣，印上补绣；绣技多样，绣法综合。

为便于剪裁缝制，民族服饰的结构往往都较为简单，但“装饰精细繁浩，倾注了缝制者的心血。它既然如此执着地熔铸了生命，那么也就比一般服饰具有更高的学术解读价值”。（吴仕忠，《中国苗族服饰图志》，2000 年。）

装饰技艺，即服饰制作过程用各种工艺对衣物进行装饰。贵州民族服饰的装饰技艺主要有印染、刺绣、织锦、镶嵌等工艺。

图 2-91　关岭・永宁・布依族

图 2-92　六枝・牂牁・布依族

图 2-95 威宁·板底·彝族

图 2-96 赫章·韭菜坪·彝族

图 2-97 大方·普底·彝族

一、印染装饰

印染是贵州民族服饰的装饰技艺之一。贵州民族服饰的印染技艺有蜡染、树脂防染、动物脂防染、蓝印花布，各具特色。

（一）蜡染

蜡染是用蜂蜡、虫蜡加动物脂肪等为防染材料的工艺。染料主要为矿物朱砂和植物蓝靛，也采用其他植物来染成彩色。蜡染工具有蜡刀、画板、染缸等。

（二）树脂防染

树脂防染，又称“枫香染”或“松香染”，是利用枫树或松树分泌的油脂作为防染剂来制作印花布的一种工艺。荔波瑶山的瑶族，利用当地称为“粘膏树”的油脂进行树脂防染。

（三）动物脂防染

动物脂防染，就是利用动物的油脂作防染剂来制作印花布的一种工艺。惠水、麻江等地的布依族、苗族、瑶族用树脂掺牛油做防染剂，平塘的苗族则单纯用牛油作为防染剂。

（四）蓝印花布

蓝印花布的制作先用硬纸板或牛、猪等动物皮革刻镂出印花版，用黄豆粉与石灰掺水拌和成的浆料，然后进行刮浆、晾干、浸染等。所以，贵州民间把它称为“豆浆布”或“灰浆布”，染色剂一般为蓝靛，染出的花布为蓝底白花。

除以上方法外，在凯里、黄平、施秉、福泉一带的苗族，还有熏染工艺：用紫色染料涂刷于面料上，再用柏树枝点火，利用柏树枝的烟气对面料熏染并烤干染料，形成古铜色布料。当地妇女喜用这种颜色的布料来制作各种服饰。

二、刺绣装饰

刺绣是贵州民族服饰的重要装饰技艺。贵州刺绣有着浓郁的地域特色和民族特色，因而被称为黔绣。黔绣的特点表现在刺绣材料的广泛性，刺绣技艺的多样性，色彩配搭的灵活性和刺绣绣品的实用性等方面。黔绣的制作材料广泛，丝线棉线、动物绒毛、植物纤维、金属拉丝均可入绣。

据不完全统计，黔绣约有 46 种技法。常用的绣法有擘丝绣，以台江施洞最著名；辫绣有平铺、折绉、结珠三种变化；绕线绣，主要有三都水族马尾绣、织金苗族绞丝绣、榕江侗族缠线绣；贴布绣，有苗族剪花贴绣、威宁彝族剪花贴绣、黎平侗族剪花贴绣；堆绣，以台江苗族堆绣为代表；嵌金绣，以剑河苗族锡绣为代表；织绣，以黎平侗族织绣、郎德苗族织绣、三都水族织绣最突出；茧底绣，以榕江、丹寨、三都一带苗族百鸟衣的茧底绣为代表。黔绣由于使用材料广泛，刺绣手法复杂，除了用针线进行刺、戳、挑、缝之外，往往还利用劈捻、缠绕、编结、拼贴、折叠、堆垒、嵌缀、吊挂、串扎、盘钉、衬垫等多种技艺手法，对这些材料进行细致加工并巧妙运用，所以其绣品图案形象既具平面美观，又表现出如雕塑、如刻镂的立体效果，加强了绣品的表现力和审美性，还有着象征意义。

此外，还有绲边、压条、镶边等装饰手段，常用的饰物有流苏、缨络、链带、珠串、吊坠等。

苗族盛装从头到脚，每一个部分都有刺绣装饰，头帕、衣领、衣襟、袖口、裤腰、裤脚、腰带、围腰、绑腿、鞋面是装饰的重点，充分展示了刺绣技艺。

图 2-98　威宁·草海·彝族

图 2-99　赫章·韭菜坪·彝族

三、织锦装饰

贵州民族服装，不仅使用大量织锦作为面料，而且也有不少装饰也使用织锦工艺。如头巾、发带、帽子、腰带、围胸、围腰、襁褓、脚笼、衣领、衣襟、裙面、边摆等部件和部位，就会使用到织锦工艺。使用织锦工艺，尤其以黔东南苗族、侗族、瑶族，安顺扁担山一带布依族的服饰最为突出。“以锦为缘”曾经是汉代前中国贵族阶层服饰的装饰手段，现贵州部分苗族、侗族、布依族、瑶族仍保留这种古老习俗。

四、镶嵌装饰

贵州民族服饰采用了多种镶嵌装饰技艺。镶嵌材料主要是金属、贝壳、锡箔。金属镶嵌主要有银饰镶嵌、锡条镶嵌。银衣饰镶嵌主要有银衣片、银钉泡、银铃等。箔片镶嵌，即用锡箔纸折条镶嵌。此外，还有钉塑料亮片进行装饰的技艺。

第五节　贵州民族服饰的着装佩饰

POLICE

图 2-102 三都·九阡·水族

图 2-103 三都·都江·水族

图 2-104 三都·都江·水族

定的规矩讲究。族群成员恪守服装鞋帽约定俗成的搭配，尽可能做到完美、和谐，展现民族服饰着装的整体之美。

民族服饰是民族的一种制度规定，包括服装的型款样式、穿着方法、穿戴习俗，具有民族风格和民族特色，是一种物相语言。服饰文化是民族经过千百年的选择而形成的一种共同生活行为规则，蕴涵着群体的思想、情感和意识。民族服饰在民族重要活动和仪式上穿着，并被视作族群的标识。服饰型款由衣物形态、着装人体、着装方式三者综合而形成。三者中任何一个方面的变化，都会带来服装型款的变化。“同样的衣服，不同的人穿起来效果不一样；同一个人，穿不同的衣服效果不一样；同样的人，同样的衣物，穿法不同效果也不一样。”人们把衣料缝制成衣服称作第一次成型，把着装称为第二次成型，是因为把衣料缝制成衣服，只是物的变化；衣服穿着在人的身上，引起了衣服质的变化，衣服“不再只是物，而包含着服用者这种有生命的、有思想意识的文化人这个重要因素”（李当岐，《服装学概论》，1998 年，第 65 页。）。型款，就是无生命的衣物转化为有生命的服饰的表达。

着装佩饰，指穿衣着装、佩挂饰件。衣物的着装佩饰，即把衣服按一定的程序、一定的方式、一定的配搭穿着在人的身上。这是衣服的第二次成型。贵州民族服饰的着装佩饰是服饰型款成型的重要环节，反映出各民族的社会文化习俗。贵州民族服饰的着装佩饰，是服饰第二次成型的重要环节。

佩饰在贵州民族服饰中显得尤其重要。佩饰在民族服饰中的作用有四点：一是佩饰的实用性；二是佩饰的易塑性；三是佩饰的装饰性；四是佩饰的标识性。佩饰最早的功能是以实用为主。后来，人们发现通过佩戴合适的饰件能使人的外观视觉形象更为整体和谐，衣服佩饰的造型、色彩以及装饰形式可以弥补衣服的某些不足。随着社会经济的发展和工艺技术的进步，服装佩饰的品种逐渐增多，服装佩饰的装饰作用逐渐增加，有些衣服佩饰已脱离了实用功能，完全成为装饰物。佩饰的装饰性源自心灵深处的审美需求。风格各异的佩饰与服装组合，成为族群的重要标识。

贵州民族服饰的佩饰主要有头饰、银饰、配饰三大类。

一、头饰

头饰，是贵州民族服饰的重要组成部分。头饰由发式和发饰两个部分构成。发式指头发的绾辫方式，发饰指头发的装饰手段。

贵州民族头饰主要有六种，即绾发成髻、辫发成髻、帕发成髻、箍发成髻、冠发成髻、鬓发成髻。在贵州，民族头饰有着悠久的历史，它不仅是装饰，更是族群的一种重要标识，还是中国历代发式的孑遗。

图 2-105 雷山·达地·水族

二、银饰

银饰是贵州少数民族的重要装饰，根据佩戴和装饰部位的不同，银饰可分为头饰、耳饰、项饰、胸饰、背饰、腰饰、手饰、足饰等八大类数十种，工艺精致，造型众多，图案丰富。贵州各少数民族重大节庆活动有穿着民族盛装的习惯，银饰是民族盛装的重要佩件，银饰组成件数和饰品繁多，得在有人帮忙的情况下才能完成穿戴。贵州民族银饰具有很强的装饰性，同时具有众多的社会文化功能。盛装银饰已经成为贵州民族节庆活动的一种标志性符号，民族节日和礼仪场合，女人们一身银器，光华闪耀，仪态端庄。银饰是贵州民族服饰的点睛之笔，佩戴精美的银饰，让人有熠熠夺目之感。

图 2-106 都匀·归兰·水族

三、配饰

在部分族群中，一些可随身携带的常用生产工具和生活用具也是构成民族服饰型款的要件。如从江岜沙苗族男人外出打猎时，腰带上携挂的饭囤、砍刀、火药筒、铁砂罐等。配饰部分体现了民族的生活习俗和宗教信仰观念，是贵州各民族中十分重要的文化成分之一。

头饰、银饰、配饰完善了贵州民族服饰的整体架构。此外，传统典仪活动中仪式表演者佩戴的面具，也是贵州民族服饰配饰的组成部分。

贵州民族服饰的型款是由多种要素构成的。但是，单就衣服与佩饰的组合而言，有时候某种型款的形成，往往取决于衣服佩饰的造型、色彩与格调。服装佩饰独特的艺术语言，能够满足人们不同的心理需求。在许多场合，人们所追求的精神与外表上的完美，是借助着装佩饰得以完成的。

衣物有各自固有的形态，通过着装佩饰，第二次成型后就形成各种服饰型款。民族服饰的形制服式、选材用料、裁剪缝制、装饰技艺、着装配饰“五个要素”互相依存、互相影响，构成同

图 2-109 荔波·瑶山·瑶族

图 2-110 荔波·瑶山·瑶族

图 2-111 荔波·瑶山·瑶族

赏要观察这五个角度，民族服饰的研究同样要关注这五个方面。

著名学者余秋雨认为，原始审美形态在西南边疆地区有顽强的生命力。“这种形态并不僵化，乐于移步换形，既保留住了古代，又不断与时代呼应，结果古代和现代相得益彰，在一个作品中便铺陈出了一部小小的历史。这种由始祖开始的衍流，特别容易牵动人们的集体潜意识，因此经常会张罗起一个个虔诚的展示仪式。如果由此来看待苗族服饰，那么也不妨说，那是穿着者的生命外化，也是缝制者的生命外化，又是一个人群的生命外化，更是一部历史的外化。”（余秋雨，《中国苗族服饰图志·序》，2000 年。）一套民族服饰，只要有质、形、纹、色、配等审美要素的存在，就是一个审美形式结构。人们对某种服饰的选择，包含着欣赏、寄寓、想象的过程，就产生了某种程度的审美心理和审美快感。

服饰是工艺美术技艺的综合，它由多种文化事象构成；服饰作为一种文化的表述符号，又不是孤立存在的，它必须融入民族语言系统中，借助其他语言符号来解读。通过民族服饰，传递一种世代遵守、约定俗成的集体共识和族群代码。要破译这种族群代码，必须对服饰符号的整体结构和各个层面进行研究剖析，才能真正完整系统地把握。

第六节 贵州民族服饰的文化特征

贵州民族服饰具有自己的文化特征，表现在地域文化特征突出、民族文化特色浓郁、历史遗存特征明显几个方面。

一、地域文化特征突出

贵州是一个山川秀丽、物产丰富的省区，丰富的自然资源装点出色彩斑斓的民族服饰。贵州高原的地形地理复杂多样，有高山峡谷、有山地草原、有茂密森林、有大河湖泊、有山间坝子、有河谷平地，为农业社会的各种生计方式、生产方式提供了生存和发展的空间。不同区域间因不同的自然条件而产生文化上的差异。地域文化的构成是多元的，但经过长时间的民族交流和文化交融，呈现出鲜明的地方特征。其特征可用类繁、料特、技精、遗古来概括。类繁，是指贵州民族服饰型款所展示的少数民族服饰种类繁多，多达 200 种，仅苗族服饰就有 120 余种，几乎涵盖了全国苗族服饰的主要款式。料特，指贵州民族服饰的制作用料广泛、独特，天然的矿物原料、植物原料、动物原料丰富，蜡染中枫香防染剂，为全国独有。技精，是指服饰工艺中技法独特、精到，如刺绣针法中的锁绣，在省内不同地方、不同民族中技法不同、风格迥异。遗古，是指民族服饰上有历代服饰特征遗存。这些特点具体表现在服饰剪裁的传统性工艺，装饰手法的综合性运用，技艺传承的家族性传承，缝制加工的个体性处理等方面。同一地域的不同民族民间交流借鉴，导致民族服饰出现变异，服饰结构和装饰手法往往会出现周边其他民族服饰文化的元素。

图 2-112　荔波·瑶麓·瑶族

二、民族文化特色浓郁

贵州是一个多民族聚居的省份，众多的民族创造出多彩的文化。在封建时代，黔西北地区长期为彝族土司统治，彝族文化曾经是主流文化，当地的其他民族文化受彝族文化的影响。苗族在黔东、黔东南、黔中、黔西北都有分布，形成三个苗语方言区。黔东南素称“苗疆腹地”，清朝雍正年间“改土归流”以前，没有纳入中央王朝的统治，而以传统的鼓社、议榔制管理，苗族文化发展充分。布依族在黔西南、黔南、黔东南、黔中都有分布，形成三个土语区。黔西南是布依族的主要聚居区，在封建时代，主要实行亭目制度，布依族大部分传统文化在这一带都保留下来了。侗族主要聚居于黔东南，分为南侗、北侗两个方言区。南侗地区主要含黎平、从江、榕江三地。由于长期实行地域联合的侗款制度，侗族文化在南侗地区保存得比较完整。北侗的锦屏、天柱、镇远、三穗等地区，与汉族交往频繁，较多地受汉族文化的影响，从而文化特色各异。水族主要聚居于黔南的三都，水族文化保存得比较完整。其他各民族散居于全省各地，在各自居住的区域，传承本民族独特的文化。

图 2-113　荔波·瑶麓·瑶族

在同一个民族中，由于各支系分散居住，在不同的生态环境中生活，各支系的民族文化也会出现变异。其中尤以苗族文化的表现最为典型，因而苗族服饰就更加多姿多彩。贵州文化的构成是多元的，但是这种多元是各种文化共生并存，呈现的是贵州民族服饰所代表的民族文化的浓郁和多彩。

三、历史遗存特征明显

图 2-116 大方·凤山·蒙古族

向逻辑上去观察，它却展示出与中国传统服饰文化趋同的痕迹。

贵州是一个民族大杂居、小聚居省份。由于山高坡陡、河流纵横，各聚居区多受山水阻隔，交通不便。各民族在一个或大或小的区域内生活，很少往来，各民族文化在相对封闭的空间传承。“一山分四季，十里不同风”，区域内的民族文化与周边其他民族文化表现不同，这种现象被称为“文化孤岛”。贵州的民族文化便由众多的“文化孤岛”构成了“文化千岛”。由于山川阻隔所形成的封闭，许多在其他地区已经消失的传统服饰文化，在贵州却得以比较完整地保存下来。

贵州是一个民族迁徙和汉族移民汇聚的省份，频繁的迁徙、移民导致不同文化的交错穿插，形成复杂的贵州民族服饰文化系统。它由汉族服饰文化和多种少数民族服饰文化组成。汉族服饰文化中有不同时期、不同地域的中原文化、巴蜀文化、湖湘文化、江南文化的成分；少数民族服饰文化中包括了古代南方濮僚族系、氐羌族系、苗瑶族系、百越族系四大族系十余种民族文化的元素；此外还有北方蒙古族、回族、满族的服饰文化，涵盖了农耕、渔猎、采集、游牧四种生产方式所造就的服饰要素。

图 2-117 大方·凤山·蒙古族

汉族移民的进入是分期分批的，汉族服饰文化主要是在汉族郡县制的流官管辖的区域，在大的府、州、县城和屯堡卫所，在少数民族地区则影响较小。

中国传统服饰和贵州民族服饰的发展演变，都受到人口流动、文化交流的影响，但结果却截然不同：中国传统服饰文化对各种民族服饰的态度是有机的交融式吸纳；贵州民族服饰文化对各种外来服饰的态度是有保留的收藏性接纳。对照比较，研究贵州民族服饰对研究中国主流传统服饰的价值意义就十分明显。以汉族为主的中国传统服饰与以少数民族为主的贵州民族服饰，对民族文化的交流和影响采取完全不同的两种态度。中国传统服饰对民族文化的优秀部分，采取的是交融性的吸纳，因此，呈现出不同时期、不同时尚的传统服饰特点。贵州民族服饰对各种服饰文化采取的是收藏性的接纳，各种有特色的民族服饰文化，在民族迁徙和屯垦移民到一个地区后，与原住地母邦文化产生分离，而出现历时性的差异，与移居地周边文化相对独立，而出现共时性的不同。贵州民族服饰的历时性差异和共时性不同，显性的结果，就是贵州民族服饰的历史遗存性特点明显。其中，贵州安顺屯堡服饰文化最为典型。初见屯堡人，你会以为他们是少数民族，而

图 2-118 大方·凤山·蒙古族

他们都自称是“老汉人”。600年前，他们随军来到贵州，带来并保留下600年前江南的服饰文化。

图2-119 威宁·麻乍·回族

第七节 贵州民族服饰的趋同与差异

高山平地，人们由于生活习俗不同而服饰各异；族系众多，民族文化多元而服饰各异；渔牧农耕，生存方式不同而服饰各异；移民迁徙，入黔时间不同而服饰各异。中华文化多元一体而服饰趋同，基本型款风格一致而服饰趋同，区域民族文化互鉴而服饰趋同。

梳理归类后，我们发现，贵州民族服饰表现出各异与趋同的矛盾现象。贵州民族服饰的各异表现为不同民族的服饰各异，不同区域的民族服饰各异，不同支系的民族服饰各异。贵州民族服饰的趋同表现为：同一区域内不同民族服饰型款趋同，贵州民族服饰与中国历代服饰型款趋同。贵州民族服饰各异与趋同的原因主要有三：

图2-120 福泉·金山·白族

一、民族迁徙带来众多的服饰文化

汉族的移民和族群的迁徙。夜郎时期的贵州主体民族是濮僚族系。从秦汉时期开始，中央王朝就把今贵州地域作为向西南拓展的重点。在多次军事征服后，随之而来的是汉族从各地向贵州移民。伴随着汉族移民戍垦实边的是南方四大族系的迁徙。贵州位于南方四大族系的交汇处，汉族和南方古代四大族系从四面八方进入贵州。汉族由巴蜀湘楚自北而南不断深入；百越族系自南向北溯江而上；苗瑶族系由东向西逐步迁移；氐羌族系由西向东慢慢扩散；而原住贵州的濮僚族系，在夜郎被灭后，则日渐衰落，从而由原住地向外迁移。

汉族移民和民族迁徙改变了原来的民族结构和民族分布。不同环境的影响，不同族群的迁徙，不同时代的移民，不同文化的汇集，留下不同的时代印记，为贵州民族服饰添加了多彩的元素。

二、文化的交流和民族的融合

迁徙和移民，必然带来文化的交流和民族的融合。在少数民

图 2-122 西秀·本寨·汉族

大姓，久居牂牁，语言、服饰、习俗多有变化。凭借自己的军事、经济、生产实力，与当地土酋结合，独霸一方。通过互相学习、交流、通婚等形式，牂牁大姓在语言、服饰及生活习俗等方面，与原住居民逐渐接近，成为当地民族的重要组成部分。在汉族人口多而少数民族人口少的情况下，汉族移民保留下自己的语言、服饰、习俗传统，表现出与当地原住民族不同的文化。如明代的的屯堡人。事实上，每一个民族都是在历史发展的过程中不断融合而逐渐形成的，都是通过学习各兄弟民族的先进文化知识使自身不断得到发展的。

三、中原文化影响和民族文化的传承

在贵州形成了采集、渔猎、游牧、农耕多种生产方式聚合，多民族多族群大分散小聚居，不同时代中原主体时尚文化遗存的多重文化现象，色彩斑斓的民族服饰成为贵州民族文化多彩的物化形态，成为最具典型意义的民族文化载体。

图 2-123 西秀·九溪·汉族

服饰作为族群的标识，作为族群认同的纽带，对族群凝聚起了很重要的作用，其基本样式是相对固定的。但服饰并不是亘古不变的。在社会生活中，由于某些特定的原因，某些民族、某些族群出现改服变装的现象。服饰的变化影响到文化模式的传播、承续，是导致服饰原有的、特定的型款要素、社会功能、文化内涵发生变化变迁的原因，与特定族群生存的自然环境、社会环境和文化环境的变化相关。其中，自然环境的变化是比较缓慢的，社会环境的变化引起服饰变化的情况相对多见，民族迁徙是导致环境变化的要素。改服变装，有对自然环境的适应，有对社会环境的适应，有受周边民族文化的影响。贵州畲族、仫佬族、蒙古族、满族与当地汉族杂错居住时间较长，交往密切，服饰着装与当地汉族基本相似，样式随时代变化而更新。

图 2-124 西秀·天龙·汉族

在更多的时候，各民族在贵州高原的丛山僻岭中，寻找到一片乐土安居下来。环境的自然阻隔，也是造成各异与趋同矛盾的原因。贵州民族服饰出现各异与趋同的矛盾现象，有其特殊的自然环境因素和民族历史原因。弄清贵州民族服饰各异与趋同的原因，对于研究贵州民族文化史、贵州民族关系史、中国服饰史有特殊的意义，这也是研究贵州民族服饰的价值之所在。

贵州民族服饰包括了多种生产方式形成的服饰，展示了多彩民族文化形成的服饰，保存了中国历代时尚形成的服饰。贵州民族服饰的地域文化特征突出，民族文化特色鲜明，历史文化遗存特征明显，是贵州民族服饰研究的价值所在，也是贵州民族服饰文化保护传承的重点所在。

贵州民族妇女心灵手巧，多彩的民族服饰是她们智慧劳动的结晶。众多的民族支系，穿戴出百余种型款，形制样式丰富，取材选料结实，装饰纹样五彩缤纷，装饰手段五花八门：或华贵精致，或质朴粗犷，或繁缛，或凝重，审美情趣万千。我们不知道少数民族的先民们为什么选择了这种服饰，但是我们要感谢：由于他们的选择和坚守，为我们留下了一个民族服饰文化的宝库。

图 2-125　麻江·杏山·畲族

贵州民族服饰的典型样式

⊙龙建人
⊙刘向辉
⊙梁　丹
⊙张云捷
⊙杨元丽

服饰文化，在中国已有五千年的历史。但在当代中原文化重地和沿海发达地区，中国传统服饰已无立锥之地，只能在博物馆的展厅里，在图书馆的文献中，在出土文物的残件上看到中国传统服饰的遗痕。然而在山清水美的贵州，18个世居民族的百余种民族服饰，却仍然活态地散发着中国传统服饰的余晖。

※ 安顺屯堡式（汉族）

安顺屯堡，由明初的军屯演变而来，其居民多为明初军户后裔。军屯时期，由于其与周围民族文化交流几乎隔绝，故服饰文化未吸收周边民族的服饰元素；军屯功能消失后，其与周边民族交流亦不太顺畅，长时期以来其服饰依然保持着当初的特色。

安顺屯堡式俗称“凤阳汉装”，色尚青、蓝。上装长及脚踝，为立领右衽长衫，领口、袖口、前襟边缘都镶嵌流绣花纹，袖长过手，袖口颇为宽大；下装为长裤。围腰为蔽膝，绣花；配以织锦丝质蓝色腰带，腰带带穗头，系好后穗头垂于右腰后。鞋为翘头平底布鞋，尖头呈倒钩状；鞋帮多为蓝、青、绿等底色，上面刺绣花鸟虫鱼，色彩斑斓；鞋帮沿口连有两层白布，长至小腿肚。配绑腿。着该服饰时，着装者将头发分为三绺，绾于头顶，插长簪，并绕头扎一条白色布帕。老年妇女常配以黑色头帕及蓝色绣花头巾。着该服饰时，往往会佩戴各种银饰。

相较之下，男式服饰就简单得多：上装以短对襟衣或大襟长衫为主，以青、蓝、白等色布料加工而成，钉 5 颗或 7 颗布纽扣。对襟短衣右上胸前部位和两个下摆各有一个口袋，俗称“三个荷包”；下装为宽腰宽脚长裤。值得注意的是，男性往往都穿着市场上购买的各类鞋。

※ 花溪燕楼式（苗族）

花溪燕楼式以贵阳市花溪区燕楼乡为代表，分布于贵阳市花溪和平坝区马场等地。

燕楼式少女装上衣由内搭和外套组合而成。内搭是一件立领对襟长袖短衣，外套是挑花贯首服。内搭的衣领、衣襟、衣摆上缀满刺绣图案，衣袖长至手腕部，多几何纹和十字纹。前后衣摆缀10厘米左右宽的挑花带。外套的贯首服领子宽大，左领大面积外翻，遮住左肩，衣袖很短，非常宽大，仅仅遮住肩部。挑花背褡垂于后背，带子在胸前呈十字交叉。下装为蓝色百褶裙。裙长至小腿肚处，裙子上缀满各种刺绣和挑花图案。系挑花蔽膝围腰，围腰比裙子长，可垂至脚背处。围腰可分为上中下三段，上段为一组几何图案，中段为另一组图案，下段垂各色流苏。扎绑腿，穿花鞋。戴银项圈，胸前挂银锁和银吊铃。银锁制作精细，垂下来的银饰如喇叭花一般。妇女则穿素色贯首服。

头饰结合了绾发、银饰、包帕一体。少女绾髻于顶，髻上插数根银凤簪，额顶包挑花围帕。妇女发髻打于右侧。

花溪式服饰中的挑花非常精细巧妙，以十字挑绣技法为主，基本纹样为鱼刺花，几何纹和十字纹也比较常见。另外，银饰的巧妙搭配使用，使这里的服饰更加锦上添花，精美绝伦。

※ 花溪高坡式（苗族）

花溪高坡式以贵阳市花溪区高坡乡为代表，分布于贵阳、龙里、惠水等地，以女子盛装最为典型。

女装上衣是无领无扣对襟短袖衣，衣襟、衣袖处镶绸缎条，衣袖长至大臂处。有的衣襟两侧分别钉8个左右的圆形银牌，短袖的袖口仅仅到肩膀位置，上镶绸缎条和刺绣花纹图案。外套刺绣裲裆，当地称“背牌”。背牌以黑布为底，上绣满方形的刺绣图案，呈对称美。当地习俗每年农历三月过“射花节”，射花即射背牌。每到节日，苗族男女就共赴马场或牛场，吹起芦笙，跳起舞蹈。下装为黑布百褶裙，裙长至小腿肚，装饰较少；现在，她们普遍在裙内套穿长裤。戴银项圈；系两层围腰，呈褶皱状，如破浪纹一般，有黑白布相间的，偶见挑花带，用白布腰带扎在腰间。穿布鞋。

男子的服饰很简单，上身穿一件右衽青布长衫，下着长裤。穿布鞋。

头饰以包帕为主。女子盘青布头帕，超出额头，在头顶上延伸出一道弧形，有点像高耸的帽檐，造型极有特点；妇女包小头帕。男子同样围青布头帕。

高坡式服饰的装饰也比较简单，无特别艳丽的颜色搭配和刺绣图案，更多的是用银饰来装饰服饰，尤其是数层银项圈的使用，让这里的服饰与众不同。

※ 乌当下坝式（苗族）

乌当下坝式以贵阳市乌当区下坝乡为代表，分布于贵阳、清镇、黔西、修文、龙里等地，以女子盛装最为典型。

女装上衣是无领开襟长袖贯首衣，衣襟镶蓝白布条，呈“X”状；衣袖宽阔，长至手腕部，衣袖和衣背缀挑花块；衣摆上同样缀满各种挑花、刺绣图案。下装为高腰蜡染挑花百褶裙，裙长至膝盖处，裙子的上部为挑花图案，下有白、红线条点缀，裙摆较宽。系蜡染挑花短围腰，左侧悬飘带。围腰比裙子短，仅仅遮住腹部和胯部，上缀规则的贴花挑花图案，四周用其他颜色的布镶边，整体上比较对称。布贴绣在围腰上使用的比较多，挑花图案多用几何纹。打青布绑腿，穿布鞋。

头饰以包帕为主。妇女绾髻于头顶，然后用约18米长的青布头帕缠成盘状，从正面看呈“人”字形。

乌当下坝式服饰中贴布和挑花工艺使用较多，很有特色。从色彩搭配上看，此地服饰以黑色为底色，搭配各种颜色的装饰物，对比明显，更能体现饰物的精美。

※ 清镇麦格式（苗族）

清镇麦格式以清镇市麦格乡为代表，分布于清镇市麦格、修文县扎佐等地。

此款服饰有盛装与便装之分。盛装有贯首衣、百褶裙，系围腰；便装则无贯首衣和围腰，头饰也较简单。

盛装的上衣为贯首服。领口较大，领子外翻，衣领处饰有各种正方形图案，并用红布绲边；前摆长，后摆短；胸前和衣背饰正方形挑花图案，图案左右对称；衣背后有两条挑花腰带并结于后腰部，多几何纹；衣袖长至手腕部，饰正方形蜡染图案。下装为蜡染织锦百褶裙。裙长至膝盖处；裙上有红色挑花，裙摆处有金色、红色亮片；裙前系挑花围腰，围腰上缀满几何图案，极少留白，下摆拼接红、黄、绿等各色流苏。

相比于盛装，此地的便装非常简单，想必是为了方便劳动。上衣为无领右衽紧身衣较短，仅及腹。纯青布或蓝布制作，无任何装饰图案；四颗布扣于右侧加以固定，其中一颗在右肩的位置，其余三颗分布于右侧腰间；袖长至肘部下段，未及腕部，亦无花纹装饰。下装为蜡染百褶裙，裙长至小腿肚处，裙子下摆处用黑白两色点缀。

头饰以包帕为主。盛装时，女子用青布头帕裹头，外面用挑花带包裹，呈圆盘形；便装时，则仅用青布包帕包裹即可。值得注意的是，麦格式服饰最具代表的是贯首衣，图案多以正方形图案为主，多几何纹。

※ 习水桑木式（苗族）

习水桑木式以习水县桑木镇为代表，分布在习水、遵义、桐梓等地。

女装上衣为立领白布长袖衣，衣领宽 5 厘米左右，不着任何装饰，衣领的后面缀一块方形的背褡；衣襟用花带绲边；衣袖长至手腕部，套挑花袖筒，与身上的白色呈鲜明对比；衣摆处同样不着装饰。下装着蜡染挑花百褶裙，裙长至小腿肚处，裙摆处拼红色底布，显得艳丽无比。系挑花蔽膝围腰，围腰呈“凸”字形，上部系绳子打结于脖颈处，下部系带于腰后，围腰四周都镶宽边，中间绣一整幅较大的组图图案，下角填补挑花图案。用白布绑腿。穿绣花鞋。

头饰以包帕为主。女子绾发髻于头顶，内缠花格头帕，外围吊有各色彩珠的挑花帕。男子留短发，包挑花白布头帕，露出头帕尾花纹。

男装以长衫为主，上穿立领蓝布右衽长衫，领子、袖子饰有一道挑花花纹，袖长至手腕部，外套一件黑色的无领无袖短马褂，马褂的领口、衣襟、衣摆边等处都用金色的布镶边，颜色对比鲜明；下装为长裤，腰间系一条挑花腰带，打结于左胯部，并且留出一部分，下垂流苏。穿布鞋。

※ 水城南开式（苗族）

水城南开式以水城县南开乡为代表，分布于水城、纳雍和赫章等地。

女性上装为无领对襟长衫，整体以白色棉布为主，两片前摆交叉系于腰间，无任何装饰，衣袖较宽，长至肘部，有点像现代的短袖。外披挑花坎肩，坎肩为立领对襟短衫，衣襟、衣领上绣红、黄、蓝、白四色线条。肩部缀有屋架花、耙齿花等图案，与衣背连成一体。下装为蜡染百褶裙，裙长至小腿肚处，由纯白色、青色、蓝色、绿色等色片组成，形成渐变的效果。值得注意的是，此地妇女婚否以裙脚有无黑绿布边为标志。裹白羊毛绑腿，穿布鞋。此地女性毛线绾发，妇女绾髻，用红黄毛线缠绕呈盘状，固定在头顶。少女梳辫。

男子上着对襟长衫，衫长至臀部，同妇女一样，披挑花坎肩；束白色腰带。下装为青布长裤，裤长至脚腕部，宽松舒适，便于劳动。此地男子短发，头戴锦鸡羽尾帽。

南开式服饰最大的特点在它的披肩，蜘蛛花、屋架花、荞籽花、羊奶果花等纹样在披肩上都有体现，因此，每件披肩上刺绣的图案都有其丰富的内涵。

※ 六枝梭戛式（苗族）

六枝梭戛式以六枝特区梭戛乡为代表，分布于六枝和织金等地。

女性服饰上衣为蜡染对襟衣，整个上衣都缀满蜡染图案和刺绣花块，后摆较长；内穿衬衣，领子红白相间，外翻于对襟衣领处；衣襟较宽，点缀蜡染、刺绣图案，前襟齐腹，后襟长至小腿；衣袖长至手腕部，整个袖子上都有刺绣和蜡染图案。下身穿蓝底红纹百褶裙，裙长至小腿肚处，裙摆缀三至四道红、白相间的花带。系挑花短围腰，围腰比裙短；再围羊毛毡围腰。羊毛毡围腰中间为素色正方形块，不缀任何装饰。腰带的两侧分别挂一正方形刺花帕，呈菱形状垂下，其中两个边上吊红、粉等色流苏。用白布绑腿。穿布鞋，鞋上绣满刺绣图案，有祥云图等。

男性服饰上穿立领对襟衣。衣领用白色花带绲边；衣襟缀四颗盘扣；衣袖长至手腕部，同样缀一圈白色挑花绲边。下装为粗麻布裤裙。系挑花蔽膝围腰。脚穿刺绣花布鞋。男子喜叠穿数件上衣。

梭戛式服饰的头饰以绾发和包帕为主。女子挽发髻，插宽过肩的长角木梳，用假发呈“∞”字形缠绕于木梳上，白布带固定；男子短发，用青布头帕包头。女性的头饰给人一种气势宏大之感。

※ 六枝高炉式（苗族）

六枝高炉式以六枝特区新场乡高炉寨为代表，分布于六枝特区乌柳、黑塘等地。以女子盛装最为典型。

女装上衣为无领对襟敞胸长袖短衣，整个衣服上缀满挑花图案；衣襟处饰蜡染花纹，衣肩、衣背上缀满正方形的挑花图案；衣袖长至手腕部，袖口的位置用五六条彩色布条绕成数圈，饰彩色蜡染花，前后摆同样饰蜡染花纹。从整体看，整个上衣以大面积的黑、白、灰和少部分的黄、红等色组合而成，比较低调。下装为彩色蜡染百褶裙，裙长至小腿肚处，受褶皱影响，并不能在裙上作图案，但在裙摆处有四至六条彩色布条点缀，绕裙一周，给人很强的层次感。拴挑花连胸围腰，围腰整体呈“凸”字形，既保护胸部又保护下半身部；胸部位置的围腰类似梯形，中间缀一幅梯形的刺绣图案，腰部和下部的两边分别缀一条挑花带，类似“门”形，中间部分则保留底色，不做任何装饰。此地妇女用白布绑腿。穿布鞋。

高炉式的头饰以绾发为主。女子头戴两头翘角的木梳，围绕着木梳绾假发髻。整体来看，发髻遮住左耳，向左略微垂下；右侧则比较直。

※ 西秀黑石头寨式（苗族）

西秀黑石头寨式以西秀区黑石头寨为代表，分布于安顺和普定等地。

黑石头寨式女装上衣为无领交襟短衣，盛装上衣布料为缎子和彩色蜡染布两种，以红色为主。绣花衣在当地被称为上轿衣，衣领、前襟、后背、衣袖全部用刺绣装饰，刺绣针法主要为锁绣、平绣等，图案有花草纹、几何纹、藤蔓纹。

女子绾发成髻，将弯月形红木梳插于发髻上，梳角向前，发髻缠绕于梳角两端用发带捆牢，再缠绕约 2 米长的银链罩住头发，最后用银簪固定。

腰围白布蔽膝围腰，下坠铜铃。围腰中间为白色矩形，整体呈白色，边缘用蜡染花草纹图案装饰，系扎彩色刺绣腰带，腰带两端以刺绣装饰，下坠彩色缨穗。下着青布长裙，穿布鞋。

便装上衣为右衽无领青布短衣，衣领、衣襟、袖口边缘有花草纹图案的蜡染装饰。前系白色麻布蔽膝围腰。女子的盛装和便装在款式上无大的区别，只是盛装艳丽而便装淡雅，形成鲜明的对比。

※ 西秀陇灰式（苗族）

西秀陇灰式服饰以西秀区陇灰乡为代表，主要分布在陇灰、旧州、列舍、詹家屯、龙青等地。尤以少女盛装最为典型。

陇灰式女装上为直领对襟衣，下着中长百褶裙，另系蔽膝围腰于百褶裙上，裙脚露于围裙下摆之外。服饰以青色布料为主，造型层次感强。

上衣直领对襟，无扣、敞胸，衣长及臀。衣襟用约5厘米的刺绣花带或者白、蓝、红等布条镶边，纯色布条镶在最外沿，刺绣花带在内，与衣连接。刺绣花带纹样精美，以几何纹居多，整体上呈现出对称的美感。衣袖在肘部用挑花花带或各色布条拼接点缀，形成三道花纹。值得一提的是，三道花纹仅装饰衣袖外侧，靠近身体处未做装饰。袖口用蓝、白布绲边，同样仅装饰袖口外侧。后背正中间点缀一正方形，内饰花、草图案，下缀黄、红等色流苏。

下装为中长百褶裙，裙长至小腿中部，并用青布绑腿。裙脚有两道花边：上一道为混杂的红白色，下一道用白布、黄布绲边。裙前系绸缎材质蔽膝围腰，并结穗于腰后；裙后系多层围腰，围腰脚边缀挑花带，层层叠叠，盛装时叠系围腰达20层。

少女包镶花带的青布头帕，帕端翻向上，缠发于头帕上，发尾垂于脑后；妇女包紫色头帕，中心部位呈楔形向前伸出，顶端呈尖状突出。

※ 西秀岩腊式（苗族）

西秀岩腊式以西秀区岩腊乡为代表，主要分布在安顺、镇宁和紫云等地。以女子盛装最为典型。

岩腊式女装上穿大襟无扣衣，下着无褶长裙，裙前系一麻布蔽膝围腰，用腰带打结固定。整体上以蓝色或黑色蜡染布为主，多拼接，少刺绣点缀。

上衣直领，无扣，长袖，衣长及腰，多用红色花布或红、绿、黑色绸缎镶拼。衣内衬红色花布，形成与衣襟同样效果。衣襟用小条花蝶纹挑花块点缀。肩背部镶有菱形几何纹挑花块。从肘部至袖口缀有多条彩色挑花带。

下装为无褶长裙，下摆至脚踝。开衩于正前方，下摆呈八字形张开，裙子比较挺括，从正面看，更加凸显腰身。开衩的裙边同样装饰有彩色的挑花条块，但并不对称，一般右边较多，左边条块略少。裙前拴一块下沿有流苏的麻布围腰，系杂色棉纱织成的腰带，结穗于正前方，并留与裙差不多长度，同样留有流苏，与围裙流苏混合在一起。整体上看，长裙以黑色为主，拼有白色条块，属于黑白相间、挺括大气的风格。

头饰以竹片、木梳为重要编结工具，女子一般用两块竹片，两端绑扎尖角木梳，左端置于头顶，绾发于上，头发向右边呈弧形绕竹片，发垂至肩。两端漏出木角。颈部饰圆形银项圈。多以布鞋为主。岩腊式服饰造型夸张、重拼接，色彩对比强烈。

※ 西秀汪家山式（苗族）

西秀汪家山式以西秀区汪家山村为代表，主要分布在安顺市林谷、猛邦等地。不管是女子盛装还是男子盛装，都风格独具。

女子盛装上穿大领无扣对襟衣，下着百褶裙。裙前系同色系围腰。整体以青色为底色，饰以色彩艳丽的玫红色刺绣图案和花带。

上衣直领，无扣，长袖，衣长及腰。衣领、衣袖、衣襟处缀刺绣花块，图案有几何纹、花草、蝴蝶等。衣襟刺绣花带宽 5 ~ 10 厘米。衣袖上有 3 ~ 4 条刺绣花带，袖口处用白色布条绲边，非常有层次感。

下装为青布百褶裙，裙脚用红、白线条绲边。裙前系挑花围腰，层层叠叠，围裙上图案比较对称，有“囍”字纹，也有花朵纹样和几何纹样。腿上缠青布绑腿，有的还在绑腿上系挑花花带。

女子绾发于头顶，包刺绣青布帕，并于头部两端翘起。颈部饰圆形银项圈。多穿布鞋。

男子的服饰上穿对襟长衣，约至膝盖处，至大腿处于两侧开衩，并用青布绲边。衣襟和衣袖点缀刺绣和挑花花带，衣领后缝一块四方形的螺旋纹背褡。下着裤装，腰系刺绣围腰，围腰上多饰以花鸟图案。裤脚饰刺绣花纹。

※ 关岭上关式（苗族）

关岭上关式以关岭县上关乡为代表，分布于关岭、六枝、安龙、普安等地。

上关式女装上衣为右衽无领短衣，单扣，长袖。衣襟处绣有各种花草图案或者挑花，用白布包衣襟边。于左胸下方腰间的位置结一盘扣，爱美的少女会在扣子处加饰一朵绸缎彩花。上衣两侧开衩至腋下，两侧以及前后摆都绣有各式图案，有祥云等。袖长至腕部，衣袖上缀有相同的、色彩类似的图案与衣摆及两侧图案搭配，衣袖上同时缀有红、白、蓝色布条。上衣装饰重点在腹部，图案多且隆重，加之两侧的开衩处的装饰，衣服也因此显得比较挺括，呈现出上窄下宽的视觉感。

下装为黑色长裙，裙围长达十米，在身体两侧打褶，裙上部饰以蜡染、挑花图案。系挑花围腰，围腰中间纵向缀有一条精美的挑花袋。此地女子穿绣花布鞋。

头饰以绾发为主，少饰品。少女梳一短辫绾于前额；妇女则盘髻，插一把彩绘的弯月形木梳以固定头发。值得注意的是，该地女子擅长于绉绣，其服饰上的图案有很强的立体感，服饰的装饰精美程度可想而知。从刺绣的技法来看，绉绣是此地服饰的一大特色。

※ 紫云松山式（苗族）

紫云松山式以紫云县松山乡为代表，主要分布在紫云松山、青海、白云等地。

松山式女装上穿无领无扣右衽短衣，下着百褶裙，以挑花带或白色毛巾作为围腰。服装整体以蓝色或黑色为主，不论男女，衣服多纯色，少其他图案点缀，女子仅用线条纹的挑花带缀领口或袖口。

女子服饰上衣衣襟缀白色或红色挑花边。袖长至腕部，袖口用各色布料或花边拼接，有的仅用一条花边点缀，有的用两至三条宝蓝色布条镶边。下装为蜡染百褶裙，裙下端有红、白线条点缀，系挑花围腰，扎青布腰带，腰后系两条飘带。女子多以绣有挑花的青布绑腿。

男子多穿纯黑色或青色棉布长衫，系白毛巾在腰，长衫内穿深色长裤。男子衣服上无装饰。

松山式头饰以包帕为主。少女戴青布尖顶帽，与衣服同色，头扎花带垂及双肩；妇女绾发于额前，包挑花青布头帕，男子头戴青布帕围于头顶。

※ 赫章河镇式（苗族）

赫章河镇式以赫章县河镇为代表，分布于赫章、威宁、毕节等地。

女装上衣为无领对襟短衣，以白布或青布制作；披半开领羊毛毡片或麻布制成的披肩，披肩宽大，长至小腿处，腋下两侧不缝合；披肩上用红、白毛线织成几何纹图案，背部缝合处缀有一块绣有几何图案的方形背褡；背褡下坠有数根彩线连着的绒球和铜钱。下装为白麻布长裙，裙上印染有少许蜡染条纹。

服饰用色以红、黄、白三色为主调。蜡染、刺绣是河镇式的主要装饰。在图案构成上，较多地使用菱形、方块、圆形等几何图案。每件绣品都由多种不同形状的图案组合而成。披肩上缀满刺绣花纹。

河镇式头饰独特，少女额前留刘海，头后绾发髻，并用白布或红色的布条缠绕固定；妇女绾髻，上罩细篾丝编成的圆锥形竹帽，其外用头发掺假发缠裹；男子用白布头帕缠作盘状。

男装为无扣对襟白麻布长衫，衫长至脚踝部，外罩羊毛毡片制成的披肩，与女式披肩相同。男女都扎白布绑腿，穿布鞋。

※ 威宁石门式（苗族）

威宁石门式以威宁县为代表，分布于赫章、织金、大方、毕节、纳雍、紫云、黔西等地。以盛装最为典型。

女装上衣为无领对襟短衣，披半开领披肩。内搭的衣服以白布或青布为底，不作任何装饰；披肩宽大，两侧长至小腿处，前后则比较短；以白麻布为底，红、白毛线织成菱形等几何纹图案，背部缝合处缀有一块绣有几何图案的方形背褡；背褡下坠有数根彩线连着的绒球和铜钱。下装为长过膝的白麻布裙，裙上有少许蜡染条纹，内穿青色布裤。扎白色腰带，穿布鞋。

头饰非常独特：妇女头顶盘髻，戴锥形竹帽，其外用头发掺假发缠裹，形若高髻；少女额前留刘海，头后绾发髻，并用白布或红色的布条缠绕固定；男子包白布头巾。

男性的服饰为无扣对襟白麻布长衫，披肩与女式的相同。衫长至脚踝部，衣袖缀刺绣花纹，看起来潇洒飘逸。

威宁式服饰最大的特色在于背褡。背褡上的图案多几何纹饰图案。从色彩来看，白色和青色成为威宁式服饰的主打色，尤其是白色背褡和裙子。

※ 纳雍百兴式(苗族)

纳雍百兴式以纳雍县百兴乡为代表，分布在纳雍县水东、丰岩及六枝特区新华等地。

女装上衣为大领对襟蜡染衣，后摆较长，衣领、衣背和衣襟缀刺绣莲花纹图案。衣襟有8厘米左右宽，前襟齐腹；后襟至小腿，大面积使用彩色蜡染，图案精美，色彩艳丽，不单调。衣袖为直筒式，长至手腕部。下装为彩色蜡染百褶裙，裙长过膝，用四至五条彩色不带均匀缀于裙面上，很有层次感。系挑花围腰，与裙同长，饰有流苏，上有太阳、梅花等图案。扎白布腰带，缠白布绑腿，穿布鞋。值得注意的是，此式服饰的彩色蜡染非常精美，工艺独特。

头饰以绾发为主。女子绾发髻，头插马鞍形红漆木梳，四周缠约1千克重的粗大假发，梳角露出发外。马鞍形红漆木梳不仅起到固定头发的作用，而且给妇女的头上增添了一抹调皮的红，显得魅力十足。

此款服饰最大的特点是使用彩色蜡染工艺较多，几乎全身都使用了蜡染工艺，尤其是在衣襟、衣袖、前后摆处，可以看出此地彩色蜡染工艺独特，精美绝伦。

※ 织金珠藏式（苗族）

织金珠场式以织金县珠藏镇为代表，分布于织金、大方、纳雍、黔西等地，以女子盛装最为典型。

女装上衣为无领长袖短衣。衣襟宽 8 厘米左右，饰蜡染花边，最下面纽扣处有一正方形的刺绣片；右侧腰间有一布扣。衣袖长至手腕处，用 6 块色布拼接。小臂处缀蜡染衣袖片，上面除了有画蜡时精刻出来的各种图案，还有用各种彩线做的花蕊，用亮片点缀空白处；衣摆略大，挺括，镶彩绣或蜡染花边。

下装为蜡染长筒裙，裙长至脚踝，裙子上段饰有各种精美的蜡染图案。裙前系一块小巧的蜡染刺绣围腰。值得注意的是，这里的围腰为系于腰间的短围腰，但被上衣的衣摆遮住，而其他地方的围腰多扎于上衣之外。穿布鞋。

头饰以木梳别发。妇女梳歪髻，插一柄长齿彩绘木梳以固定发髻；少女梳长辫盘于头顶，清爽自然。

这款服饰的精彩之处在于其使用的蜡染工艺和形成的视觉效果。从工艺来看，此式服饰中多蜡染，工艺精致匀称，图案细致复杂。从色彩来看，此式服饰黑白相间，黑色为底，白色呈线条样或块状点缀，加之简单的发型搭配，使整个线条流畅，给人清新脱俗之感。

※ 织金箐脚式（苗族）

织金箐脚式以织金县箐脚村为代表，分布于织金、黔西和清镇等地，以女子盛装最为典型。

女装上衣为无领无扣对襟长袖衣，衣袖为直筒袖，长至手腕处。上衣的装饰重点在衣袖和衣背处。衣襟宽 5 厘米左右，镶贴绣勾藤花边；在两侧肩部位置分别缀一条挑花带；衣袖上缀满各种蜡染图案或挑花花块，尤其是在袖口处，其用功更深，大臂处反而比较简单，用一条简单的其他颜色布料镶嵌；衣背、衣摆处同样缀满彩色的蜡染图案或各种挑花花块。下装为两侧有褶的马面裙，裙长至小腿。裙分两段，上段缀各种挑花图案，或用其他颜色的布料连接；下段为青色底布，无任何装饰。裙前往往系长方形蜡染蔽膝围腰，比裙子略短。

头饰以绾发为主。女子将自己的头发绾成发髻，在发髻外缠假发，自左向右缠，从而使整个发型呈圆盘形。

箐脚式的特点是较多使用彩色蜡染工艺，尤其是在前后衣摆和袖子上。从刺绣工艺上看，多使用方格纹。因多使用彩色蜡染工艺，整个服饰的色彩基调偏向于灰黄色，在低调和细微处显示出其博大精深的历史渊源。

※ 黔西化屋式(苗族)

黔西化屋式以黔西市化屋村为代表，分布于黔西、织金、修文等县市，以女盛装为代表。

黔西化屋式女装上衣为直领交襟衣，衣襟较宽，交叉于腹前。衣袖及腕，满缀刺绣图案；下装为马面裙，系蔽膝围腰。蔽膝较窄，长及裙摆上方，或两边镶刺绣宽边，或满缀刺绣且以银铃为饰。

20世纪末，该服饰色彩搭配，以暗橘红色为主色调；现在则喜欢用亮白色为主色调，并搭配红色的花边。刺绣和蜡染是当地苗族妇女必备的生活技能，也是他们独特的文化符号。黔西化屋式的主要装饰手段是套色蜡染后再刺绣，衣裙上布满蜡染和刺绣布片和花边。纹样以几何图案为主，有八瓣花、蝴蝶纹、山水纹等。他们用蜡染和刺绣纹样表达对生活生命的理解。

女子绾发为髻于头顶，缠织锦头带固定，并垂坠瓔珞。

※ 黔西铁石式（苗族）

黔西铁石式以黔西市铁石乡为代表，分布于铁石、素朴、仡仲、协和等地，以女子盛装最为典型。

女装上衣是一件无领敞胸对襟衣；衣襟挑花于里，穿时翻出，称为“反穿衣”，呈现出一道 5 厘米左右宽的挑花带，上绣各种祥纹；衣袖长至小臂处，于袖口处缀两道精美的挑花带；衣背缀一方形挑花背褡，垂红、黄等色流苏；前摆齐腹，衣脚裁成斜线，后摆至踵。下装饰一件蜡染百褶裙，裙长至小腿处，裙脚有红、白布块贴花，错落有序。系挑花围腰，围腰的上段是一块长方形的挑花带，四周镶白底花边的绲边。下部成扇形，中间无装饰，四周用绿色、黄色、蓝色等布条装饰成波浪线形。扎织锦腰带，身后系挑花飘带，缀流苏。缠白布绑腿，穿布鞋。

铁石式服饰的头饰以包帕为主，少女头顶盘发髻，包缠长约 8 米的青、白布头帕，用垂吊各色流苏的蝶纹挑花带扎紧；妇女仅包头帕，不缠挑花带。

铁石式服饰的装饰重点在围腰和上衣的袖子上，集中了很多挑花图案，而且各种图案色彩均一致，给人很好的视觉效果和搭配感受。从另一个方面看，“反穿衣”也是铁石式服饰的亮点，衣襟挑花于内，体现了绣娘们巧妙的创意和精妙的刺绣技艺，整件服饰给人端庄、大气之感。

長寿人飲長寿
炉灶改良户

※ 松桃盘石式（苗族）

松桃盘石式以松桃县盘石镇为代表，分布于贵州松桃、重庆秀山和湖南凤凰、麻阳、吉首、花垣、保靖等地。

盘石式女装上衣为无领右衽衣，披镂空刺绣云肩。大襟、托肩、领口和袖口等处饰有花鸟图案。系织锦围腰。下着裤，裤脚有挑花装饰。佩戴多种银饰。

妇女绾髻于顶，内包格子帕，底端微露，形成一圈自然的窄边格子花边。外缠青布头帕，缠帕形式别具一格：呈高筒形，从下往上层层缠绕，高约40厘米，露出额发和双耳，帕尾内折。发髻上插彩色银雀花，头帕四周围银扇花。下端缀各式银链，坠垂至肩部。周围饰菱形吊坠，掩至眉际；发髻顶端正中插左右对称的“双龙抢宝”银扇花。戴双层银项圈。

男子上衣为立领紧身对襟布扣短衣，下穿宽裆直筒裤。包土布格子纹头帕。缠头帕前，先把头帕折成5厘米左右宽条，在额前呈“人”字形交叉状，层层叠叠，交错缠绕，层次感很强。系青布腰带。

※ 凯里舟溪式（苗族）

凯里舟溪式以凯里市舟溪镇为代表，分布于舟溪、青曼、鸭塘，麻江下司、卡乌，丹寨南皋、大兴，雷山公统等乡镇。

舟溪式女装上穿大领半臂短夹衣，袖口缀蓝布边。下着百褶裙，系丝棉织锦腰带，拴前后围裙，裙摆缀有特制的茧花绣（又称“板丝绣”）花边和锑片、流苏。穿布袜和布鞋。佩戴银饰达20余种。银衣饰主要是银泡，前后襟都有，竖排三四列于前后，直径3厘米左右。前面交襟向外一面两排或一排，一排银泡较大，直径约5厘米。工艺是铸模、锤锞。后背中间有背牌，纹样共7个人纹，表示繁衍和传承，工艺是铸模、锤锞、浮雕、錾刻。一套银饰的总重量在4000克左右。

女子绾掺假发的高平髻，抹茶油，将头发顺额盘一圈，呈半圆状，如帽檐。舟溪式以银饰最具代表性，包括银翼、编丝银链簪、耳环、项圈、银衣饰、银腰带、裙吊饰等。银翼较长，编丝银链簪长度不等，大多在1米以上。银梳1把，铸模锤锞錾刻而成，银梳两端配有步摇。抹额1片，宽约4厘米，长约20厘米，柳叶形，纹样中间是太阳花，两边有龙纹、蝶纹、鱼纹，工艺是铸模、锤锞、錾刻。银簪1只，长约20厘米，簪头有各种造型，大多是鸟头和龙头形，缀以步摇。

※ 黄平谷陇式（苗族）

黄平谷陇式以黄平县谷陇乡为代表，分布在黄平、施秉和凯里等地。

谷陇式女装上衣为无扣右衽衣，衣襟、肩、袖口处有刺绣图案，衣背刺绣尤其丰满精美。下着百褶花裙。百褶裙用约 150 厘米长的土布制成，布料的幅宽和百褶裙的裙长相等。裙脚绣有红、黄、蓝横条图案。全身佩戴银饰数十件，总重量在 10 千克左右。

妇女着盛装时以木棍为轴绾髻于顶，然后插一银簪固定，包双层布帕，内层包白布帕，底端外露约 3 厘米不等；外层包金色布帕，布帕自下而上按顺时针缠绕，帕尾在头顶后部扎于内，布帕四周有宽度不等的皱褶，头顶外露白布帕。姑娘戴自织自染的紫红色布帽，呈圆筒形，帽宽约 20 厘米，有蓝、白等其他颜色交错相间，帽顶中央留一直径约 5 厘米的圆形，微露白布帕；上衣颜色与挑花帽颜色一致，衣袖、衣襟挑花图案亦同于挑花帽。发髻外露。或戴半球形银冠，全封顶。银冠由银鸟、银花、银箍、步摇、华胜五个部分组成。银冠上端以凤鸟为主体，中心处银扇兀立，数百朵银花簇簇拥拥、繁华茂密，动感十足，形成一个丰满的整体；下端冠沿坠两道流苏半遮眉额；冠后拖三组银羽，每组四根，羽长及臀。戴银项圈、银项链和银耳环。

※　三穗寨头式（苗族）

三穗寨头式苗以三穗县台烈镇寨头村为代表，分布于台烈寨头、上坪等村寨。

寨头式女装上衣为圆领右衽长衣，用自织自染的青蓝色土布缝制。衣襟上用七对布纽襻系扣。衣领、衣襟处镶有刺绣花边，袖口缀彩色绣片。下着宽腰直筒裤，长至踝。裤脚饰紫色挑花花边，下绲黑色裤脚，形如“杆栏”，亦称杆栏裤。腰围自织青布制作的连胸围腰。围腰上部用平绣针法绣满花卉图案，色彩艳丽。系织锦腰带，穿绣花鞋。

女子绾髻于头顶，缠白底挑蓝花头帕，戴银头箍，头箍上插银步摇头花，头箍下饰一圈银吊饰，遮住额头。项下挂银项圈、银压领，戴银手镯。银压领呈如意造型，压领中心是太阳花，四周是云纹、蝙蝠纹、花鸟纹，上端用银链系挂，下端吊坠三层银铃瓔珞，宽大厚重，做工精致。

男装为青布立领对襟衣，布扣襻，青布大裆长裤，缠青布头帕。

※ 剑河方武式（苗族）

剑河方武式以剑河县小广乡方武村为代表，分布在小广乡部分村寨。

剑河方武式女装上衣为立领右衽大襟衣。衣襟上镶刺绣花衣边。衣袖小臂处也镶与衣襟同样宽窄和同样图案的绣片。衣摆处有刺绣栏杆纹花边。下着百褶裙，裙摆处有两道刺绣栏杆纹花边。系连胸围腰，围腰上半部有刺绣花卉图案，下半部分绣几何纹图案，围腰四周有刺绣花边。腰扎彩色花带，花带上系一条彩色刺绣手帕，腰带尾端下垂有彩穗流苏。穿勾鼻绣花鞋。

女子绾扁平圆髻于头后，包青丝头帕。戴银头箍，头箍顶上满插银雀花和步摇，头箍中间为锤锞或錾刻的太阳花和龙凤等图案，头箍靠额前下端垂挂两重银吊饰，遮住额头。脖子上戴银项圈和挂银锁，项圈和银锁下端都有数层银吊饰。

男装上衣为立领对襟衣，用布扣襻，下穿宽裆长裤，裤脚肥大。缠青布头帕。

※ 剑河柳川式（苗族）

剑河柳川式以剑河县柳川镇为代表，分布于剑河柳川、久敢、九仪、南哨、远通、太拥、展模、翁座、南包等乡镇。

柳川式女装上衣为直领无扣交襟右衽长衣，衣料用家织土布。两前襟在胸前交叉互相叠压，形成曲裾，留有古代曲裾深衣穿着的遗痕。衣襟用织锦花带镶边，衣背、衣肩处镶刺绣绣片，纹样为菱形或六边形图案。衣摆处也有刺绣几何纹图案，绣片周围绲白边，有璎珞装饰。下装叠穿数层土布缝制的百褶裙，外罩分为前后两片的围裙。裙腰上缀彩穗流苏，裙身上满绣菱形几何纹图案或六角花卉图案。系彩色腰带。小腿上套彩色脚笼，脚笼上镶五道刺绣几何纹花边，用彩色织锦带系扎。穿绣花布鞋。

女子绾髻于头顶，包头帕，戴银头箍，头箍分为三部分，上部分插银雀花和步摇，并用彩色绒花装饰。中间是头箍的主体，锤锞或錾刻有太阳花和龙凤花鸟纹样，银箍的下部分靠额头处坠挂银链和吊饰。项下戴长银链、银项圈、银压领等，手上戴银手镯。

※ 剑河久仰式（苗族）

剑河久仰式以剑河县久仰乡基佑村为代表，分布于剑河久仰、摆尾、久敢、镇江等乡镇，台江翁脚等乡镇也有分布。

久仰式女装上穿圆领右衽大襟衣，家织藏青色土布缝制。外罩大襟青色土布琵琶背心。背心的四周镶彩色挑花花边，肩袖处绲白布条边。彩色花边的内沿一周钉银泡花装饰，后背正中缀八角花绣片，背心下摆用镂空银衣片装饰，银衣片下坠挂小银铃。下穿青布百褶裙。腰系织锦腰带，腰带两端呈穗状，垂于腰后。

女子头上绾云髻，用白布头帕包住，头帕外勒头箍。头箍上部插银雀花发簪和步摇，头箍上錾刻有花鸟虫鱼纹样，额前垂悬有银吊饰。发箍用织锦花带拴结，花带尾端垂于肩后。项下挂银项圈和银压领。

男子外穿圆领对襟衣，内穿白布衬衣，外罩琵琶襟背心。下着宽腰大裤脚长裤。头盘青布头帕，在头上缠成圆盘状，头巾两端有布条流苏垂于脑后，呈斗笠状。用织锦花带系扎。腰系织锦花带，带尾悬于腰侧。老年男子穿绸缎长衣，套绸缎马褂，下着宽脚裤，系青布腰带。腰带上挂银链、银牙签串。

※ 剑河南寨式（苗族）

剑河南寨式以剑河县南寨镇展溜村为代表，还分布于剑河南加、南哨、敏洞等乡镇。

女装上衣为直领左衽斜襟无扣半袖衣，用家织土布缝制，用腰带系扎。衣背有锡绣背牌，还饰有银吊饰。下穿青色土布百褶裙。束花腰带，两端有流苏，系结于裙后。腰围前后锡绣围腰。小腿上缠绑腿，穿高帮青布鞋。

南寨式服饰色彩素雅，最具特色的是其上衣背牌和围腰上的锡绣绣片。绣片为黑底锡花，图案由几何纹样构成，有明确的象征和寓意，纹样有女儿纹、龙鱼纹、鸡爪纹、花卉纹、云纹等。锡绣技法独特，将锡锭热熔后浇在石板上，经反复锤锞成薄片，然后剪成锡丝。绣制时先用棉线绣成图案，再将锡丝穿扣于图案上而成。

女子头上绾髻，缠青布头帕，发髻上用银头箍固定。戴钩状银耳环，耳环上有坠饰。项下戴三个样式相同，但大小不一的银项圈，手上戴银手镯。银项圈造型简朴，上面由菱形波浪纹锤锞而成，棱角分明。

※ 台江南宫式（苗族）

台江南宫式以台江县南宫镇为代表，主要分布于巴拉河、报德河沿岸的台江南宫、翁芒、展嘎皆、白邦、岩板，邻近的剑河太拥、南哨也有分布。

南宫式女子盛装上衣为无领交襟长袖衣，下着长裙，腰围为长及脚踝的蔽膝。系绑腿，穿绣花鞋。服饰用银饰和刺绣装饰。女子盛装佩戴银饰，工艺复杂，主要有拉丝、编花、錾刻等技艺，做工精美。戴银头箍，银箍上插大银翼。银翼高约 80 厘米，两银翼间距宽约 85 厘米，中间有 12 片银扇片。银箍耀眼，银翼高耸，巍峨壮观。胸前挂满银项圈、银压领、银锁，琳琅满目。衣前片、衣背、衣摆上缀满各式银片、银泡和银铃。袖口镶饰有银泡和银铃。银饰上錾刻有太阳纹、龙凤纹。

刺绣是重要的装饰工艺，长裙和围腰上有不同块状刺绣片组成，刺绣图案为大幅花卉，用色大胆，鲜明靓丽。衣襟、衣肩、两袖有大面积刺绣装饰，衣边镶宽约寸许的刺绣花边，刺绣针法有辫绣、绉绣、平绣、贴布绣等。刺绣构图多为几何纹、花鸟纹，图纹较为抽象，内涵深邃。

※ 台江方召式(苗族)

台江方召式以台江县方召镇为代表，分布于方召镇的反排、松巴、巫梭、四灯等村寨，台江南宫、台拱也有分布。

方召式女装上衣为圆领右衽大襟窄袖青布衣，衣领领口、镶彩色刺绣宽花边。衣袖上臂和小臂处也有刺绣绣片装饰。

上衣外罩青布琵琶襟背心，腋下用彩带系结。背心衣襟、下摆和两侧镶刺绣花边，背心上有三排银泡钉装饰。

下穿青布大摆筒裙，裙摆镶彩色边。

女子绾发盘高髻。髻前插组银牌，用长发簪固定，髻后插弯月形木梳，戴各式银饰，包括银抹额、银胸牌等。系织锦腰带，缠青布绑腿。

男子上衣为立领对襟短衣，下穿宽裆布裤，青布头帕缠成盘状，大如斗笠，外面用织锦彩系扎。束青白格子腰带，下着宽裆长裤。上述服饰在跳舞时都要穿着，因此，如果到方召镇反排，在欣赏服饰的同时，还能领略木鼓舞的优美舞姿。

※ 台江施洞式(苗族)

台江施洞式以台江县施洞乡为代表，分布于台江、剑河、施秉、镇远等地。

施洞式女装上衣为大领对襟衣，襟边、肩上、袖口缀精美刺绣。下着青布百褶裙，系缀满银片的围腰，穿绣花鞋。布料一般采用自织自染的紫色亮布，刺绣工艺有平绣、破线绣和织锦等。在衣襟、衣肩、衣袖和围腰上写实图案较多。

姑娘盛装时绾髻于顶，呈螺旋形，发髻中下部包宽度为5厘米左右的黑头帕，使其短发不松散。横插一弓箭形长银簪固定，发髻外露。髻顶正中央饰粉红色绢花，前后配两片“绿叶”；髻下方包多种颜色相间的花格子帕绕头一圈，露出双耳，帕尾折于额前。或戴银花冠，上为半封顶，帽箍为银压花片圈成，帽顶横连，横枝上立有三或五只凤鸟不等，发髻横插银花簪或“双龙抢宝”“双凤展翅”银簪及十三支等银花。戴银项圈，造型美观，图案精美。

施洞式银饰特色突出。银项链造型夸张，每条项链都是由约0.8厘米粗的银条锻打而成，长约4米，绕在脖子上或斜绕在肩上几圈。银衣片挂满盛装的前襟和后背，整齐而有序。全身银饰约30件，重约7千克。

※ 榕江小丹江式（苗族）

榕江小丹江式以榕江县平阳乡小丹江村为代表，分布于雷公山东侧的榕江、雷山、剑河、台江等地。

小丹江式女装上衣为自织自染青布直领交襟长袖衣，下穿百褶长裙，腰围蔽膝。衣肩绣片外围钉银泡，衣背、衣摆、衣袖处钉有吊坠小银铃的银牌。系绑腿，穿绣花鞋。服饰以银饰和刺绣工艺装饰。

色彩斑斓的女装绣工精致，色彩鲜艳，刺绣针法有皱绣、打籽绣、平绣，纹样以花鸟、龙凤等为主，绣在衣领、衣肩、衣袖、围腰等突出醒目的地方。榕江、从江、雷山一带苗族穿短裙的居多。小丹江式以长到脚跟的百褶裙与彩带而闻名。其百褶裙长裙精美艳丽，起舞时裙摆飘逸，彩带飞扬，令人眼花缭乱。

女子绾发成髻于头顶，用银梳固定。发髻外箍银头箍，发箍上沿插银花，下沿吊坠银瓔珞，发髻上插银步摇、华胜和发簪，头后发箍扣结处，用织锦彩带系扎，彩带下端坠有刺绣绣片，并配彩色瓔珞。戴大项圈、银锁。

男装上穿青布立领对襟衣，下着青布大腰裤，穿布鞋。

※ 榕江摆贝式（苗族）

榕江摆贝式以榕江县兴华乡摆贝村为代表，分布于榕江县境内都柳江以北的摆贝、控乃、功台、乌泥、乔拉、摆居、摆吉、高排、巫格、田懂、得念、大坡、脚车等村寨。

摆贝式女装上衣为直领敞胸对襟衣，两袖宽大平直，穿时反卷露出内衣袖筒。内穿菱形胸兜，胸兜以蜡染、刺绣装饰。下穿长及膝盖的前后片蜡染百褶裙。外罩百鸟衣，百鸟衣用家织土布和红、黄、绿、蓝等锦缎条拼合，上面绣有花、鸟、虫、鱼、蝴蝶等纹样，飘带下端缀白色羽毛。百鸟衣用刺绣装饰，主要针法是平绣和茧底绣。茧底绣的方法是将蚕放在平板上使它吐丝，然后将蚕丝压成蚕丝片，将蚕丝片染成不同的颜色，剪出蚕丝片花样，再用彩色丝线把剪好的蚕丝片根据图案绣在衣片上，工艺精湛，色彩典雅。小腿处套脚笼，用刺绣彩带系扎，脚穿绣花鞋。

女子绾发髻，箍银抹额，戴梅花项圈、手镯等银饰。

男子盛装与女子相似，包青布头帕，绾结于头后，扎红绸带，戴银花抹额。

※ 榕江两汪式（苗族）

榕江两汪式以贵州省榕江县两汪乡为代表，分布于榕江空申、控列、傍洞、加簸等地。

两汪苗族女装上衣为青布无领斜襟右衽长袖短衫。衣袖袖口宽大，肘至袖口间镶蓝色或绿色宽边，着装时卷起袖口。下装叠穿长约20厘米的超短百褶裙，百褶裙分前、后裙片，以裙多为美：夏天五六层，冬天十余层。腰系彩色织锦腰带，围长齐脚踝的彩绣蔽膝围腰。小腿上套脚笼，用彩色织锦带系扎。

衣服装饰工艺主要是刺绣。衣襟、衣袖、蔽膝、脚笼上用刺绣花纹。刺绣针法主要是挑花，有白线挑花和彩线挑花两种，纹样主要是几何纹，工艺精美。

女子绾发髻于头顶，戴自织青布做成的尖角头帕，头帕呈锥形而前倾，帕尾披于肩上，头帕周边用红、蓝、白三色布条绲边，用织锦花带固定于头顶，头帕尾披于头后。戴银耳环，耳环下有坠饰。

男装为青布立领对襟衣，扣布纽襻。穿土布长裤，缠青布长头帕。颈部戴三至五条银项链。

※ 榕江吴家寨式（苗族）

榕江吴家寨式以贵州省榕江县古州镇吴家寨为代表，分布于榕江古州、八吉、宰麻、加利，从江停洞、信地、增冲，黎平银潮等乡镇。

吴家寨男女服饰均用自织、自染亮布缝制，颜色有紫、蓝、白三色。女装上穿无领左衽大襟衣，前摆肥大。下装或穿百褶中长裙，裙腰宽大，用织锦腰带交叉系扎。腰带两端有流苏，系扎时悬垂于左腰侧。小腿缠亮布脚笼，用织锦带捆扎。

女装以刺绣装饰，袖口、衣摆处花边图案精细艳丽，后摆自腰下饰几何纹挑花，衣摆两衩、衣袖肘部镶缀彩色布条，构图匀称，色彩协调。

少女绾髻于头顶，用圆帽形银簪固定，插木梳。妇女绾髻于顶，用银簪固定。额前用步摇、华胜装饰，戴银耳环、银耳坠，颈上重叠戴多只银项圈和银锁，银锁下有吊坠，手上戴多副银手镯，以示其富有。

男装上穿无领对襟衣，下穿亮布长裤，裤腰宽大。头缠青布头帕，系青布腰带，上挂砍刀、烟袋、火药罐等生产生活配饰。老年男子上穿无领对襟亮布衣，下着亮布大裆裤。留长发，绾结于顶，包青布头帕。

※ 榕江滚仲式（苗族）

榕江滚仲式以榕江县平江乡滚仲村为代表，分布于榕江平江、平永、三江、桥来等乡镇。

滚仲式女装上衣为立领右衽侧襟短衣，袖、肩、背及衣摆饰以刺绣花纹。下着蜡染百褶裙，裙上用青、红、蓝线条或图案点缀。百褶裙外拴绣花鸡毛飘带裙，飘带裙上用刺绣装饰，下摆处坠云纹状饰物，缀白鸡毛。围刺绣围腰，围腰的周边绣片和花边，刺绣针法为平绣、绕线绣、锁绣，纹样主要是花卉和几何纹，色彩艳丽。左腰悬挂银吊牌。小腿套绿色缎面绣花脚笼。

女子绾髻于头顶，用圆帽形发簪固定，髻上插饰缀有彩色绒花及流苏的银雀花。额前留刘海，髻前插饰两排银斗笠簪，下排垂有笆篓纹银片坠，髻后插银梳，戴银网链。戴银耳坠、银项圈和银项链。

男子盛装上衣为直领对襟长袖衣，衣前有四块正方形刺绣图案，衣领、衣袖、袖口、衣摆处以刺绣装饰，左右对称，图案纹样为花鸟纹、几何纹、云纹。下着亮布长裤，裤脚宽大。头缠织锦头帕。也有穿蜡染长衫的，长衫上的蜡染纹样为龙凤纹、云纹、花鸟虫鱼纹，图案古朴。

※ 榕江高文式（苗族）

榕江高文式以榕江县料里乡高文村为代表，分布于榕江料里、八开和腊西等乡镇。

高文式女装上衣为青布无领对襟长袖衣，内穿织锦挑花胸围兜。

上衣用织锦条绲边，绣满各种菱形几何纹图案。下穿长及膝百褶裙，百褶裙外围十六条刺绣彩带连成的飘带裙。飘带裙的下端吊饰彩色璎珞。上衣、衣摆、飘带裙上有长方形银饰片和银花，并坠有小银铃。小腿套缎面脚笼，脚笼用刺绣花纹镶边。

女子绾髻于头顶，用银簪固定发髻，额前勒银头箍，头箍分为三个部分，顶部插银步摇，中间由九朵大银花拼成，下部连接笆篓纹银牌和小银领，坠垂至额前。颈部挂一条链状编花的银项圈和一条錾刻花纹图案的银压领，压领上缀挂数十条银坠饰。

男子上装为立领敞胸对长袖襟衣，下穿青布长裤，长裤外罩彩色刺绣飘带裙。额头勒红底织锦抹额，抹额上钉数十枚螺旋锥状银泡钉。

※ 榕江朗洞式（苗族）

榕江朗洞式以榕江县朗洞乡为代表，主要分布于榕江朗洞、朗冈、岑最、色同、九董等乡镇。

朗洞式女装上衣为青布对襟长袖衣，内穿挑花围胸，外套织锦挑花裲裆，两侧用锦带系于后腰，扣上S形锥状衣钩固定。下穿百褶裙，裙腰宽大，盛装时一般叠穿两条以上。百褶裙外系彩色围腰，前围腰为蔽膝，长及脚背，后围腰腰带过臀。腰系织锦腰带，末端挂彩色流苏穗子，小腿上套彩色织锦脚笼。上衣两肩、衣袖、裲裆、围腰、飘带、脚笼上绣满几何纹样图案。朗洞式最有特色的是裲裆和前后围腰。裲裆为黄底，前短后长。

妇女留发绾髻，发髻上插银雀花，用帽形长银簪固定。勒银发箍。戴银项圈、银压领、银耳环多种银饰。衣背上有螺旋形银衣钩，围腰上有錾刻花纹银片装饰。颈上挂扭丝状银项圈和长链状银锁。

男子包青布头帕，呈圆盘形，帕的末端有刺绣装饰，系结靠右翘起，露出花纹。上穿对襟银扣青布短衣，下着裤。

※ 榕江卡寨式（苗族）

榕江卡寨式以榕江县朗洞镇卡寨村为代表，主要分布于榕江和黎平两县交界的几个乡镇。

卡寨式女装上衣为直领交襟长袖绣花衣，衣服上满绣各种几何纹图案，内穿胸兜；下穿前后两片青布百褶裙，裙摆用白布绲边。腰系前长、后短的两片围腰，围腰下端垂吊彩色流苏穗子，腰后系织锦挑花腰带。小腿上套彩色绣花脚笼，用织锦花带系扎。衣服装饰手法以挑花和织绣为主，喜用黄色线作绣线。构图多为几何图纹和抽象图文，文化含义深刻。

女子绾髻于头顶，发髻上插银雀发钗。额前戴银头箍，头箍上插银步摇，用彩色绒花缠绕，头箍上镶银华胜，下沿用银吊坠装饰，遮住额头。颈部挂银项链或银锁。银锁为两层，锁上錾刻各种吉祥图案，银锁下垂挂有小银铃。衣背处系螺旋式银带钩，造型独特。

男子上装为直领对襟布，外罩绣花马甲，下穿自织青土布长裤，头缠青布头帕，系扎织锦花腰带。

※ 榕江计划式(苗族)

榕江计划式以榕江县计划乡为代表，分布于月亮山周围的榕江县八开、定威、兴华、计划、水尾、加宜，三都县坝街、板甲，从江县加牙、孔明、加鸠等乡镇，广西环江驯乐也有零星分布。

计划式女装上穿立领右衽大襟长袖衣，衣襟、衣袖处有刺绣花边。下穿亮布百褶裙。其盛装上衣为直领敞胸开襟衣。上衣前后布满刺绣图案。衣肩处装饰有彩色流苏。头戴绿底或蓝底刺绣头帕，用织锦彩条勒于头上。戴银项圈和银链。围蔽膝围腰，围腰的上缘和左右两边镶缎面，并用刺绣纹样装饰。腿上套织锦刺绣彩色脚笼，用织锦带系扎于小腿上。

计划苗族妇女善于蜡染和刺绣，手巧技高。女子自幼就为自己缝制绣衣，百鸟衣上满绣图案，刺绣图案以几何纹、花鸟纹为主。常用的绣法为平绣、贴布绣，茧底绣是其特色。茧底绣是先让蚕吐丝在木板上形成蚕板，然后将蚕板压紧染色后剪成各种形状，绣在百鸟衣上。

计划苗族女子每人都有几套绣衣。每逢集会，就是计划苗族女子赛手艺、亮家当的日子，她们会身着盛装，抬上挂着绣衣的长竿。

男人在祭祀时也穿百鸟衣，形制与女装同。

※ 从江斗里式（苗族）

从江斗里式以从江县斗里镇为代表，分布于从江斗里、翠里和西山等乡镇。

斗里式女装上衣为无领斜裾左衽无扣长袖衣，衣料为自织亮布。上衣大襟无扣，两襟在胸前交叉，用织锦彩带在腰间固定，彩带尾端自然下垂。衣领、衣襟处镶刺绣花边。衣袖长及腕，袖缘处绣花，穿时将衣袖挽起，露出衣袖内衬蓝布，卷成袖口。衣摆呈弧形，摆缘边饰以彩珠、流苏。内着刺绣菱形连胸围兜，围兜两个菱形处有刺绣纹样装饰。披刺绣缎面云肩，云肩上缀有彩穗流苏。

下装为青布百褶裙，裙外围青布蔽膝围腰。腰扎挑花宽腰带，打结于右侧腰间，尾端坠挂三重彩色璎珞。小腿处套亮布脚笼，用蓝色织锦彩带系扎。脚穿绣花布鞋。

女子绾髻于头顶，用长银簪固定，髻上插红色绢花和银步摇。耳上挂耳坠。

※ 从江大歹式（苗族）

从江大歹式以从江县丙妹镇大歹村为代表。

大歹式女装为直领左衽交襟长绣衣。下装内穿紧身长裤，外罩蜡染百褶裙，再系绣花围腰。围腰有两种。一种为挂在颈部的菱形连胸围腰，上端靠领处有梯形刺绣图案，下端是三块方形刺绣图案；一种是方形短围腰，四边绣几何纹图案。衣服的装饰工艺有刺绣和蜡染。上衣衣襟、衣摆、袖口、围腰等处都有宽绣花边装饰，刺绣针法为平绣、锁绣、挑花。百褶裙裙身为青色土布，裙摆为蜡染。

小腿处套亮布脚笼，脚笼上下缘镶织锦花边，用彩色长带系扎。背扇是实用品，也是重要的配饰，女子到谈婚论嫁的年龄，会自己绣一个背扇，背扇扇面上绣满吉祥图案。

女子绾髻于头顶，用长发簪固定。发髻上戴绢花，髻后插一红色木梳。戴扭丝状银项圈，手上戴银手镯。腰系织锦腰带，用彩色布条系扎。

男装为立领对襟长袖衣，用家织亮布缝制，袖口处镶制绣花边。下装为亮布宽裆长裤。缠白色头帕，戴银项圈和银手镯。

※ 从江加勉式（苗族）

从江加勉式以从江县加勉乡为代表，分布于从江加勉、加鸠、加牙、寨坪、尧贵，榕江加宜，荔波水维等乡镇。

加勉式女装上衣为家织亮布制成的无领无扣敞胸斜襟衣，内穿菱形绿底绣花胸围兜。外衣下摆开衩，内衬绿布，两角翘起成菱形。衣襟、衣摆、衣袖处各镶三道绿底彩线绣花边。下穿长及膝盖的前后两片百褶裙——先穿后片，再穿前片。腰带用两层面料缝制而成，用挑织、刺绣等工艺装饰，非常漂亮。小腿部套亮布脚笼，用绿色织锦带系扎。

加勉女子头饰很讲究，长发绾成发髻，左右用两枚长簪固定。额前悬两片银牌装饰，造型独特，前后用三枚乳钉状银发簪夹住。银牌上錾刻有图案，银牌下端悬挂数十枚小银瓔珞，遮在前额处。发髻上插三叉状银翼。颈部佩戴银项圈两个、银项链两条、银压领一副，两小臂上戴四副银手镯。

男子盛装为立领对襟衣，衣领、衣襟和下摆两侧开衩处内衬绿色织锦布条，土布头帕缠头，并插一根白色羽毛。

※ 从江岜沙式（苗族）

从江岜沙式以从江县丙妹镇岜沙村为代表，分布于从江县境内各乡镇。

岜沙式女装上穿无领无扣紧身小袖左衽侧襟衣。衣襟、袖口、衣摆饰以栏杆花边，下着蜡染百褶裙。围腰有两种，一种是内穿的蜡染菱形连胸围腰，一种是外系的方形短围腰。腰间系红绿色花带。小腿套蜡染脚笼，系织锦花带。脚上穿绣花鞋。

少女绾髻于顶，偏右，头发在额前呈“人”字形，插木梳。挂耳环，叠戴银项圈多个，粗大沉重。

男装上穿无领右衽布扣对襟衣，下着宽脚裤宽。岜沙苗族男性头饰帕髻皆露，发式梳理独具特色：以磨得极锋利的镰刀为剃刀，仅蓄顶发而剃去周边，顶发蓄长，绾成发束，于头顶上盘成鬏髻，并终身保持这种发式。挑花白头帕卷成圆柱形，然后按逆时针方向沿发髻四周缠裹，帕尾一端自额顶向上伸出呈直立状，缨须自然垂下；另一端在右侧压紧固定，缨须顺耳后垂下。

男子服饰古风悠然，兼具山野韵味。直至现在，他们日常出门时仍喜欢带着猎枪。除了猎枪，装火药的火药袋也是必不可少的佩戴物。火药袋多为长方形，有的采用质地较厚的棉布或者皮质材料做成，色多为深黑或深青色，极少有装饰图案的。这一形象基本固化为当地男子的着装式样。

※ 从江停洞式（苗族）

从江停洞式以从江县停洞乡为代表，分布于从江停洞、古州、八吉、宰麻、加利、高岑、信地、增冲等村寨，黎平银潮等村寨也有分布。

从江停洞式女装上穿圆领侧襟直裾长袖上衣，用家织亮布缝制。衣襟、衣摆绲蓝白二色边，衣袖肥大，从小臂手腕处镶缎底刺绣袖套，袖套上下两端分别用织锦、刺绣花边装饰。下穿土布前后片百褶裙。腰系蓝底缎面短围腰，短围腰四边有刺绣图案，打结系于腰后。腰扎织锦腰带，腰带两端有彩色流苏。小腿上套亮布脚笼，穿绣花鞋。

女子头发绾髻，绾成大椎，在结椎处用织锦发带系扎固定，发髻坠至左面头侧，髻上插银泡头长簪，形如唐代的坠马髻。耳环为银制，耳环下有吊坠，很重。耳环不是挂于耳垂上，而是用彩色绒线系扎后挂在耳朵上。耳环上用红、白、蓝、绿四色绒线编的穗子装饰，垂至肩上，很有特色。项下戴四式加工技法不同、造型各异的项圈，配银压领。

※ 雷山西江式（苗族）

雷山西江式以雷山县西江千户苗寨为代表，分布于雷山、凯里、台江和榕江等地。

西江式女装上衣为右衽交领夹衣，宝蓝色缎面或绣面，内衬靛蓝家织布，领口、衣肩、袖缘处有刺绣和织锦花带，下摆开衩。下装为围裙式靛青棉布百褶裙，外罩二十四条绣花飘带裙。围黑绒绣花胸围腰。盘肩、窄袖下端绣花边。肩部有银花片，背部和衣摆饰吊有银铃的银片。银片、刺绣纹样主要有几何纹、花鸟鱼虫纹、龙凤纹等图案。全身银饰数量多达 50 余件，重达约 10 千克。老年妇女穿素色右衽大襟短衣，下着青、黑、蓝等色长裤。

女子多绾高髻，佩戴镶有银花鸟的银梳、银马排抹额、银翼，翼尖处插锦鸡毛。佩戴耳环、压领、银项圈、手镯、戒指、腰带和腰链等。年轻女子绾发于头顶中央，戴绢花，插木梳、银簪，穿白袜和绣花布鞋。

男子常服多由无领对襟短衣和大裆裤组成，脚穿布鞋，材质以靛染青黑棉布为主。盛装大致分为两种：60 岁以上老人多缠青布头帕，穿右衽大襟衣，外套马褂，布料材质多为青、蓝绸缎或棉布，脚穿布鞋；年轻男子则穿立领对襟短衣、长裤和布鞋，质地为靛青棉布。

※ 雷山大塘式（苗族）

雷山大塘式以雷山县大塘镇为代表，分布于雷山、丹寨、剑河等地。

大塘式女装上衣为短而肥大的无领对襟夹衣。衣前襟、后背及袖子用平绣、挑花、镶边等手法，对衣裙进行覆盖式装饰，并饰银片。上衣肩片、袖片、后背片，为织锦套花。下着百褶短裙，裙长约20厘米。前后拴挑花围腰，前围腰为连胸围腰，同衣摆形成两层装饰；后围腰长至踵。围腰为横幅式，用青布为面，下端饰织锦，图案多几何纹样。身后系绣有蕨爪纹的飘带裙，飘带下端垂各色流苏，形若鸟的尾羽。女子以裙多为荣，平时穿2~3条，多时达30余条。用青布裹腿，穿布鞋。

妇女戴动物或草花纹银帽，插银牛角花，佩戴银项圈和银耳环。少女绾小髻于头顶，妇女盛装将头发从左向右环绕打成高髻，髻后插木梳固定，形如粽子，故称“粽子髻”。

青年男子平时包双层布帕，外层为宽8厘米左右的紫红色青布帕，内层为白布帕，于前额处呈“人”字形，帕尾折于内。白布帕微露，每逢重大节日时插两支高高耸立的羽毛做装饰，尽显苗族男子威武之势。上穿紧身密扣对襟衣，走亲访友时，喜叠穿五六件。

※ 丹寨排调式（苗族）

丹寨排调式以丹寨县排调乡为代表，分布于该乡部分村寨。

排调式女装上衣为立领对襟紧身短衣。下着青布超短百褶裙，系前后挑花围腰，后围腰外系挑花飘带裙。盛装时要穿20余层百褶裙。一层一层百褶裙叠穿后，使后围腰翘起，把彩色织锦飘带裙撑开，就像锦鸡拖着长长的尾羽，走起来风姿绰约，故名锦鸡服。

排调女装在形制上相同，服饰的色泽和配饰的变化是区分不同年龄不同人群的标志。在村寨的节庆活动中，凭着色泽和配饰，大概能够判断出每个人的社会角色。排调人的穿着打扮模仿漂亮的锦鸡，排调也以锦鸡舞而闻名。

女子绾云髻，梳发时先抹茶油，让头发在额前形成帽檐状，然后再将头发绾髻于顶，高高耸起，用黑红相间的织锦头帕束住额前及四周散发，用银花长簪固定，髻后插银梳子，梳子用银链缠绕，并缀有一排银吊饰，髻前别一朵红色绢花。髻顶插一支银发钗，钗头上横排，装饰有三五只银凤鸟步摇，凤鸟下坠一排银铃。戴银耳环，耳环下有银坠饰。项下戴银项圈，手上戴银手镯。

※ 丹寨南皋式（苗族）

丹寨南皋式以丹寨县南皋乡为代表，分布于与南皋相邻的乡镇，丹寨、凯里、剑河等县也有分布。

南皋式女装上衣为立领右衽大襟长袖衣，衣领、衣襟处镶红色刺绣花边，衣背、衣袖为套色蜡染图案，袖口镶蜡染花边。左右衣肩上缀两块彩色绣片如肩章。衣摆呈弧形，彩条绲边。下穿前后两片蜡染长裙，长及脚踝，裙摆处缀白色流苏。腰系彩色丝带，腰带两端有刺绣片装饰，打结于腰后，腰带下端悬挂三组银吊饰，左右两边系两条绣花手帕。小腿系挑花绑腿，脚穿绣花鞋。南皋传统服饰制作工艺保留完好，在材料、技艺、纹样上严格地遵循传统，刺绣工艺精湛。

女子绾髻成椎，用丝带系结固定发髻，尚存唐宋高髻的余韵。发髻上插银雀花、步摇，额上插三叉状银翅，银翅尖上饰白羽毛。包头帕，然后戴箍银抹额，抹额用织锦花带系结。戴有坠饰的耳环及银项圈。

※ 丹寨雅灰式（苗族）

丹寨雅灰式以丹寨县雅灰乡为代表，分布于丹寨、三都等县靠都柳江沿岸各地。

雅灰式女装上衣为无领无扣对襟长袖衣，衣袖、衣背、衣摆处有刺绣图案装饰。内穿菱形连胸围腰，围腰下摆在衣摆下露出一角。下着青布百褶裙，百褶裙外罩百鸟衣。上衣和百褶裙用家织土布缝制。飘带裙用茧底绣装饰，即根据飘带的花纹图案，先将蚕丝絮片染色并裁剪成各种形状，图案有龙鸟、蝴蝶、花卉及几何纹，然后以锁绣针法，将这些部件绣在飘带上，最后将这些飘带在腰带上缝合，即成连衣飘带裙。

女子盘发髻，绾平髻，髻上插银翼、银梳和银笆篓。项下挂银项圈和银压领，压领上沿呈半圆凹形，上端用银链连接，银牌上錾刻四瓣花纹、鱼鸟纹。

男子盛装为连衣飘带裙，上衣为直领无扣敞胸衣，衣襟下沿缀十余条织锦刺绣彩飘带，有魏晋垂霄衣的古风。

※ 丹寨扬武式(苗族)

丹寨扬武式以丹寨县扬武乡为代表，分布于丹寨岔河沿岸各村寨以及邻近的雷山、剑河等地。

扬武式女装上穿青布立领琵琶襟短衣，衣领、衣肩、衣襟、衣摆、衣袖处用绿色布条绲边，环肩有刺绣图案装饰，衣摆处镶刺绣花边，扣布纽襻。下装穿长约 21 厘米短百褶裙。腰系织锦花带，花带两尾端垂有流苏，腰带上挂银吊饰。缠青布绑腿，穿绣花鞋。走路时，银雀翩翩，步摇窸窣，银铃哗啦，极具风姿。

女子绾发髻，发髻在额头处外凸如帽檐，上罩青布头帕，露出髻顶。穿盛装时佩戴银饰，发髻上插银雀花、银步摇、银华胜，额前是银帽箍，胸前有银压领和银项圈，耳垂上吊坠银耳环，衣背上有蝴蝶形银衣片，小银花。衣片上挂小银铃，行走时，发出清脆悦耳的声音。手上有银手镯，做工精致，美观大方。

※ 都匀坝固式（苗族）

都匀坝固式以都匀市坝固乡为代表，分布于都匀坝固、明英、牛场，丹寨城江、兴仁，麻江宣威、笔架、基东等地。

坝固式女装上衣为蓝布立领右衽短衣。衣摆仅及腰，衣襟环肩处缀多道刺绣栏杆花边。衣袖袖口处也镶同样刺绣栏杆花边，形成一种呼应。下装着青布裤，外套蓝布前后围裙。裙摆处缀彩带瓔珞。扎彩色腰带，穿绣花鞋。

女子绾长发，用长银簪为卷发于头顶成椎髻，髻前压银牌，用彩色丝带固定。髻上插长簪、步摇，用各色彩条装饰。髻后插银梳，梳上坠银吊饰。额前勒银抹抹额，用挑花锦带系牢。耳垂上挂有吊饰的耳环。项下挂链状银项圈。

男子上穿右衽长衫或对襟布扣短衣，下着青布长裤，头缠青布头帕。

坝固式服饰装饰工艺简单，其女子上衣按年龄分为不同的颜色，是社会角色的标志。

※ 福泉马场坪式（苗族）

福泉马场坪式以福泉市马场坪为代表，分布于福泉、贵定、瓮安、开阳等地。

马场坪式女装上穿直领对襟长袖青布衣，衣领镶浅蓝色边，袖长过腕，着装时将长袖挽起，露出衬里蓝布。下装为蓝白条纹相间的蜡染百褶长裙，系刺绣或蜡染方形围腰。围腰四周用青布镶边，系扎各色织锦腰带，腰带上有银饰吊坠，腰带两端有流苏。缠青布绑腿。

衣襟、衣袖上用红、绿、黄、蓝、白五色彩线刺绣装饰，图案为几何纹，刺绣手法为平绣和绕线绣。衣服绣片周围绣白色小花围边，既突出了绣片的轮廓线，也调和了服装的色彩。头帕、围腰上有彩色蜡染图案装饰。

女子绾髻于头顶，戴刺绣花纹帽，妇女绾髻于头顶，系白布头带勒于头顶，用彩色蜡染头帕覆盖，蜡染纹样为几何纹。

男装上衣为蓝布对襟衣或长衫，下穿长裤，缠青布头帕，扎青布腰带，缠绑腿。

※ 龙里草原式（苗族）

龙里草原式以龙里县草原乡为代表，分布于龙里草原、中排等乡镇，贵定石板也有分布。

草原式女装上穿家织青色土布直领交襟衣。外套红底白线挑花背牌，下饰用海贝组成的花吊坠，吊坠上饰红璎珞，穗长至膝。下着蜡染百褶裙，裙长至膝。衣袖挽至肘，露出手腕上戴的银手镯。腰系黑白相间织锦带，腰间右边系数条挑花手帕块，左边系挑花飘带数条。挑花多以白布为底。缠青布绑腿，绑腿布两端绣有红色挑花图案。

女子绾发髻于头后，戴绣有由花草虫蝶组成的银花冠，耳挂灯笼形银环。

男装上穿蓝布直领对襟长衫，下穿长裤，项下戴银项圈和长命锁。项圈后系小银铃和小红缨。衣背悬挂刺绣挑花背牌，边缘处镶嵌海贝，背牌下端坠吊红缨流苏。围挑花飘带裙。腰系黑白相间的织锦腰带，右腰部系对折成三角形的挑花方帕。手帕和飘带的挑花纹样各不相同，十分精美。

※ 贵定仰望式（苗族）

贵定仰望式以贵定县仰望乡为代表，分布在贵定、龙里、惠水等地。

仰望式女装上衣为直领交襟窄袖短衣。领口绲蓝布边，衣肩、衣襟、衣袖处缀挑花绣片。衣袖长过手腕，穿时卷起衣袖，露出绣花花边。上衣外叠穿多件挑花背牌，背牌前短后长，前面齐腰，后面至臀。背牌以蓝布为底，布满挑花图案，并在刺绣绣片周围钉银片花作为装饰。背牌下端用银片、海贝等装饰，垂流苏。下穿蜡染印花百褶裙，以蜡染布为底料。百褶裙分成三段，上段靠裙腰处为蜡染细褶，中段为蜡染宽褶，下段靠裙摆处为细褶。裙上缀以彩色绣花方块，名曰“裙眼”。腰围青色土布蔽膝围腰，围腰上饰挑花图案。束挑花腰带，腰带于右侧打结，两端有彩色绒线穗带，腰带上挂两条白布挑花飘带。小腿缠白布绑腿，脚穿布鞋。

女子绾髻于头顶，用蜡染头帕包住发髻，帕尾处打蝴蝶结，然后用白布挑花抹额把头帕系扎固定。

男子穿青布立领斜襟长衫，穿长裤，系红布腰带。

※ 贵定沿山式（苗族）

贵定沿山式以贵定县沿山镇为代表，分布于贵定沿山、昌明、云雾等乡镇，惠水、龙里等县也有分布。

沿山式女装上衣为家织青布直领交襟衣，衣袖中段和袖口处镶白底红线挑花花边。外罩刺绣花背牌。下穿蓝白两段百褶裙，系挑花蔽膝围腰，扎挑花腰带。腰带两端有红绒线穗子。缠挑花绑腿，穿翘鼻绣花鞋。

妇女头顶绾髻，缠白头帕，外束挑花头带。头带边沿坠挂一串小银铃。项下戴银项圈。

男装上衣为青衣直领交襟衣。直筒袖上镶两道挑花花边。下穿青布筒裙。额头上勒挑花抹额，项下挂银项圈和长命锁。背上披挑花背牌，用织锦带系扎。背牌上绣满几何图案，下端有海贝吊饰，有红色穗子。腰围挑花蔽膝围腰，下端饰珠串。系挑花腰带。

沿山式的装饰工艺主要是挑花和银铃。从头到脚，抹额、上衣、背牌、腰带、裙子、围腰、绑腿、鞋子，都有挑花装饰。头带、衣肩、背牌、裙带，都悬挂布小银铃。

※ 平塘新塘式（苗族）

平塘新塘式以平塘县新塘乡为代表，分布于平塘新塘、公峨等乡镇。

女装上穿开襟大袖短衣，衣襟、袖口处饰有蜡染、挑花绣片。衣背处叠缀数层背牌，背牌上有刺绣纹样装饰，并缀有海贝、银泡。下着家织青布百褶裙，绲白色裙边。腰系挑花腰带，腰带上吊挂红、绿绒线彩球。小腿上缠蜡染绑腿，用织锦彩带系扎。脚穿绣花鞋。

女子绾髻于头顶，上面系扎花头帕，头帕上满饰海贝、银泡花，靠额头处是一排瓔珞。额头上方头帕还插有三匹雉尾，十分美观。项下挂数个银项圈和银压领，造型各异。戴银耳环、银手镯。

男子上穿立领右衽青布长衫，下着青布直筒裤，头缠蓝白两色方格头帕，系青布腰带。腰带左右两侧各系一条织锦花带，花带两端缀流苏。脚穿布鞋。

※ 平塘油岜式（苗族）

平塘油岜式以平塘县油岜乡为代表，分布于平塘油岜、鼠场、金桥和罗甸平岩、沫阳等乡镇。

油岜式女装上衣为前短后长式贯首服，前摆至腹，后摆达臀。油岜女子每人都有几套绣衣，喜欢叠穿。衣袖不缝合，成袖片状搭于手臂上，从袖片层次就能够看得见穿了几件。前后衣襟缀十字纹和方块纹绣片，衣袖缀几何纹绣片。下着彩色百褶裙，裙腰部为黑色，裙摆部镶红色边。裙身上有彩色花鸟图案，裙脚镶红布条边。腰系红白挑花飘带，飘带两端有流苏，垂挂腰后。腰带上还挂着两条刺绣手帕。缠白布绑腿，脚穿布鞋。

女子鬏发绾髻，呈蘑菇形，插长银簪固定，用黄、蓝两色抹额系扎，包绿色头帕。

男装上穿立领斜襟青布长衫，衣襟环肩和袖处镶刺绣花边。下着宽裆直筒长裤，缠青布头帕，系青布长腰带。

※ 惠水摆金式（苗族）

惠水摆金式以惠水县摆金镇为代表，分布于惠水摆金、甲烈、甲浪、大华、和平、鸭绒等乡镇。

摆金式女装上衣为翻领交襟半臂短衣，以红缎为面料制作。衣袖长至肘，外罩贯首刺绣花背牌。下穿藏青色细褶百褶裙，裙长过膝。女子绾髻于头顶，用白色头帕约束，发髻顶端外露，白色头帕外又缠红缎头巾，在额前打蝴蝶结。缎面头巾外又勒上刺绣花边头带，头带下端垂一圈珠帘。缠青布绑腿，穿绣花鞋。

挂银项圈，坠银耳环，戴银手镯、戒指等。系挑花腰带，腰带上镶嵌银泡花，腰带下挂银饰吊坠。雨天戴竹片细篾精编的斗笠，斗笠沿稍微上翘，色泽金黄。竹笠与盘帕在头顶形成双层头饰，风韵独具。

衣服主要以刺绣和银饰装饰。衣袖处有刺绣绣片，绣片周围镶银泡花。刺绣纹样有花草纹、卷蔓纹。发髻上插银羽片和银步摇。银饰主要有银项圈、银盘丝耳环、银羽花、银铃、银手镯等。

※ 长顺敦操式（苗族）

长顺敦操式以长顺县敦操乡为代表，分布于长顺、望谟、罗甸、惠水等地。

长顺敦操式女装上衣为花布圆领右衽侧襟长衣。衣襟环肩镶刺绣花边，衣袖绲挑花花边。下着直筒宽腰长裤，镶黑布脚边。系刺绣连胸围腰，上至领口，下至膝，刚好遮住外衣。连胸围腰右边上端系带处，挂银针线盒和银牙签串。

刺绣针法主要有挑花、贴布绣，做工精细，图案繁多。衣肩和衣袖有彩色刺绣带装饰。围腰边缘以刺绣、挑花带镶饰，并坠以银铃等物。衣襟、环肩、衣袖处有挑花栏杆，挑花图案为菱形、方形等几何图案。

女子绾髻于头顶，髻上包挑花头帕，头帕在头后翘起两角，造型别致。项下戴银项圈、银压领、银项链。

男子上穿青布对襟布扣长袖衣，下着直筒长裤。青布头帕裹头，在额前交叉成“人”字形，帕头上翘于头顶。系红布腰带。

※ 三都交梨式（苗族）

三都交梨式以三都县交梨乡为代表，分布于三都交梨、普安等乡镇，丹寨、都匀等地也有分布。

交梨女装上穿方领左衽大襟衣，领口造型别致。面料为彩色蜡染布。上衣环肩和袖口部分镶刺绣花边，袖口绲白布边。衣摆侧开衩镶边，衣襟以布带系结。下装内穿彩色蜡染筒裙，外罩前后两片彩色围裙，裙长至脚背，裙上有彩色刺绣和五色珠子。围裙后还系彩色飘带。围裙和飘带的面料为红绸缎彩绣，裙下摆绲边，缀彩穗流苏。扎红绸腰带，系白手帕，缠绑腿，穿绣花鞋。

交梨苗族女子是工艺美术的高手，蜡染、刺绣都有绝活。女子画蜡时不用直尺和圆规，画出的图案规整对称，线条优美。衣服以彩色刺绣和套色蜡染装饰，衣领、衣襟和衣肩处有刺绣图案，衣背和衣袖处饰有涡纹蜡染图形。

女子绾螺髻于顶，箍织锦花抹额。盛装时佩戴三叉银角、步摇、梳子、耳环、项圈、压领、手镯等银饰。

男子包青布头帕，缠红绸带，盛装时上穿青布长衫，系青布腰带，下着长裤。

※ 安龙木咱式（苗族）

安龙木咱式以安龙县木咱乡为代表，分布于安龙、兴义、贞丰等地。

女装上装为无领右衽长袖短衣，衣襟处缀彩色挑花带，宽约 5 厘米；衣袖长至手腕部，套绣花袖套，肩部、肘部、袖口处缀有绣花带，多以黄色、红色为主；前后衣摆大面积缀花块，衣摆较大。下装为两侧有褶的蜡染长筒裙，裙长至小腿肚处，由蜡染布、绣花缎子、青布条拼合而成，裙下部多纯底色，上部多点缀。围腰为长至膝盖处的短围腰，呈长方形系于裙子前面，围腰上缀方形花带在四周，内部也呈长方形，上下边的中间用白布镶边；围腰两侧系有较宽的挑花带，用于缠绕在腰间以固定围腰，花带上多线条和流苏装饰，非常精美。此地便装与盛装的区别在于是否缀绣花块，拆下绣花块，盛装就成了便装。

头饰是以木梳别发和绾发为主，妇女在发髻顶部插花木梳，梳面向前作装饰。少女发髻呈扇形绾于额头上方，发髻外平整地包一层青色丝线。

木咱式服饰中最吸引人的装饰物就是木梳，此木梳不像其他普通木梳，只呈树木原色，而是在其上做很多彩绘。木梳整体呈弯月形，两头比较尖，在梳背上绘有小花朵、树叶等物，黄色、蓝色、白色、黑色搭配，精美绝伦。

※ 贞丰坝桥式（苗族）

贞丰坝桥式以贞丰县坝桥乡为代表，分布于贞丰、关岭、兴仁、镇宁、瓮安等地。

上穿为立领右衽长袖短衣，均用青布制成。衣领连着衣襟，绣有挑花带，并用7个银项圈做压领；衣襟较大，宽15厘米左右，肩上、后背同样缀有挑花带；衣袖长至手腕部，在肘部位置点缀有挑花带，有些衣袖的袖口用白布绲边。下装为青布百褶裙，用布料长8米左右，裙长能盖住鞋，裙摆缀花边或者流苏。

坝桥式服饰的围腰为蔽膝，比较长，至小腿部，正前面缀有长方形的图块，图块内绣有各种几何挑花的图案，以菱形居多。此地的挑花工艺非常独特，因此，妇女将这种工艺在服饰上展现得淋漓尽致。她们无须任何底样，反面挑正面看，每一件服饰都是一幅精美的艺术品。

头饰以包帕为主。妇女用两层黑色头帕缠头以固定头发，在外层的头帕上缀以流苏，露出里层头帕边缘的绣花。少女则在头帕外部饰多串珠链，加上银耳环，异常精美和灵动。

※ 贞丰盘龙式（苗族）

贞丰盘龙式以贞丰县盘龙乡为代表，分布于贞丰、安龙、晴隆、镇宁等地。以女性服饰最为典型。

女式服装上穿宽大翻领的贯首衣，衣领上缀近7厘米宽的白边，在胸前交叉呈“入”字。由于其状似旗帜，当地称为“旗帜服”。上衣无任何装饰图案。下装为青布百褶裙，裙长至小腿肚处。系蔽膝围腰，与裙同长，围腰上点缀有数片正方形的小花块；腰带上两边分别悬挂织锦飘带和挑花长巾。挑花长巾为正方形，下缀流苏；白底红花，上饰有红、黑两色彩线绣的百鸟花纹，图案比较对称。脚穿布鞋。

男子的服饰为立领青布长衫，大约在两侧大腿处开衩，分成前后幅；腰间缠一条布腰带，并结穗于左前侧。内穿宽阔长裤。脚穿布鞋。

头饰以包帕为主。女子缠数圈帕子于头顶，露出额头和刘海；男子头饰与女子同。贯首旗帜服是盘龙式服饰最大的特点，给人一种包裹严密、相对封闭的视觉感受。而挑花长巾是这里服饰的点睛之笔。

※ 普安龙吟式（苗族）

普安龙吟式以普安县龙吟镇为代表，分布于普安、晴隆、威宁等地各乡镇。

龙吟式女装上衣为无领对襟短衣，以白布或青布制作；披开领羊毛毡片或麻布制成的披肩，披肩宽大，长至小腿处，腋下两侧不缝合；披肩上用红、白毛线织成几何纹图案，背部缝合处缀有一块绣有几何图案的方形背褡；背褡下坠有数根彩线连着的绒球和铜钱。下装为白麻布长裙，裙上印染有少许蜡染条纹。

外罩大花背牌披肩，披肩由自织的毛麻布制成，厚实保暖。披肩上的挑花工艺复杂，要数着麻线格子用绣花针把红黑两色绣线按纹样要求绣成各种图案。绣在披肩上的纹样为云纹、水涡纹、回纹、菱纹等。披肩制作工序复杂，三四个月才能挑绣出一件衣服的花纹。衣领后悬挂一块刺绣背牌，背牌上面绣有图案和吉祥字样，背牌下垂挂红白黑三色流苏。

女子头饰有两种，一种将头发梳绾在头顶盘绕成螺旋状，用发簪固定；一种是用竹篾编成圆锥状，戴于头上，然后将头发缠绕在竹帽上。

男子服饰上衣为自织白布立领无扣对襟毛麻布衣，下穿青布长裤。外披毛麻布背牌大披肩，型制与女装披肩同。男女都扎白布绑腿，穿布鞋。

主爱不分
囍
各种民族

※ 普安吟塘式（苗族）

普安吟塘式以普安县吟塘镇为代表，分布于普安、晴隆、六枝、盘州和水城等地。

吟塘式女子上衣为立领右衽长衫，衫长至膝盖处，整个服饰以青色或蓝色土布为底。衣襟处钉布纽襻五颗，分布在领子、右肩以及右侧腋窝的位置；衣袖宽大挺括，有点类似喇叭袖，长至小臂处，刚刚遮盖住胳臂肘，露出手腕。下装为青布长裤，腰间系青蓝色布带以固定长衫。

吟塘苗族女子擅长刺绣，刺绣手法主要为辫绣和贴布绣，做工精细。衣领绲边，衣襟从领口至右侧腰部用青布镶绲并钉花边。衣袖用青布镶口，钉花边或绣狗牙、水波式花纹绣片等。裤脚用蓝、绿、红三色刺绣条缀边。腰系青蓝腰带，带尾垂于腰右侧或腰后，腰带长约 2 米。脚穿绣花勾尖鞋，有高帮和敞口两种。鞋上绣花有满绣和半绣两种，满绣是鞋面四周都绣花，半绣就是只绣鞋前半部分或后半部分。配有两条长 2 米、宽 10 厘米的裹脚。

头饰较有特色，未婚女子头缠白包头布，长约 2.5 米、宽约 40 厘米，留两尾结于脑后，状若蝴蝶，长辫子绕头缠于头帕外并插红绢花于头右侧，或梳成独发辫垂于脑后；已婚女子束发髻于头顶，呈圆锥状，缠青色或白色包头布，留两尾结于脑后，状若蝴蝶。已婚女子佩银首饰。

※ 普安硝洞式（苗族）

普定硝洞式以普定县龙吟镇硝洞村为代表，分布于普定、关岭、晴隆等地，以女子盛装最为典型。

普定硝洞式女装上衣为无领右衽短衣，衣襟缀挑花带，于右肩处做扣打结；衣袖较窄，长至小臂处，从肩部至袖口绣满各式挑花、刺绣图案；衣摆较宽，同样缀挑花块。下装为蜡染挑花百褶裙，长约3米，围绕于腰部，打褶于身侧。下装为蜡染百褶裙，系围腰。与众不同的是，此地妇女系两块围腰。一块为连胸围腰，整体呈“凸”字形，上部系于脖颈处，下部系于腰后。围腰上部缀一梯形挑花块，上面绣各种花鸟、祥云、几何图案，围腰下部为纯黑色布，中间无装饰，两侧分别缀各种挑花块。另一块为短围腰，以青布为底，三条挑花带呈“川”字状连缀于上。连胸围腰看起来短小而精美，短围腰则呈现出落落大方、飘逸大方之姿。

硝洞式服饰装饰的重点在袖子和胸围腰上，此两处刺绣着墨较多，集中体现了该地妇女的制衣、刺绣的最高水平。

头饰以木梳别发。女子将头发从左向右缠绕，用弯月形的木梳加以固定，发尾在右侧耳朵处翘出，造型可爱。

※ 晴隆碧痕式（苗族）

晴隆碧痕式以晴隆县碧痕镇为代表，分布于晴隆碧痕、中营等地。

碧痕式女装上穿直领右衽交襟绣花衣，衣袖镶七色绣片。下着花布马面裙。腰围较长，为绣花蔽膝围腰，系花飘带。

碧痕式装饰主要是刺绣，男装女装上衣、衣袖、围腰、背带、布鞋都绣满精美的图案。刺绣针法有平绣、挑花、锁线绣，纹样为花草纹、几何纹，主色调为红、黄、绿、黑，色彩艳丽。

女子髽髻于头顶，髻上插红色小木梳。

男子缠白底红线挑花头帕。男子上衣为直领交襟长袖绣花衣，穿绣花背心。下着青布宽裆直筒裤。腰围刺绣挑花蔽膝围腰，围腰下端饰彩色流苏，系挑花腰带。

※ 望谟交俄式(苗族)

望谟交俄式以望谟县乐旺镇交俄村为代表，分布于该镇的部分村寨，以女性服饰最为典型。

此款服饰上衣为无领敞胸短衣，衣襟在胸前形成一个精美的大“V”字，有的内搭白色衬衣。衣襟宽七八厘米，绲挑花宽边，交叉于胸前，上绣有花鸟、几何纹等图案，颜色绚丽；以青布接袖，使得袖子与上身的颜色截然不同，袖长至手腕部，上缀挑花带，多至五条，有的又没有。

下装为白色麻布百褶裙，裙长至小腿处；裙前系青布蔽膝围腰，与裙同长，围腰中心缀约七条挑花带，用蓝布或花布绲边；腰部扎挑花带以固定衣裙，多达十多道，花带边露在外面。用青布绑腿，然后用白布带扎紧。

头饰以包帕为主，女子绾髻于头顶处，包3米左右长的青布头帕，盘成巨大的圆盘。妇女戴银饰。

交俄式服饰的色彩搭配非常清亮爽朗，青色和白色的搭配，加之偶有的红色花边的点缀，整套服饰显得非常靓丽。

※ 望谟乐旺式（苗族）

望谟乐旺式以望谟县乐旺乡为代表，主要分布在望谟、罗甸、紫云等地，以女性服饰最为典型。

女装上衣为无领短衣，以白色为主。衣袖长至手腕部，衣摆至腰间；衣领的后面缀有绣几何纹样的方形披肩。下装为蜡染百褶裙，裙长至小腿肚处。裙以大红色为基调，用数百片红布条拼成几何图案，裙子上多“回”“工”字等字样，集中了贴布、挑花等多种工艺；裙摆处绲红色花边；裙的装饰自上而下呈现出层层叠叠的视觉感受，艳丽却不杂乱。系青布蔽膝围腰，略长过裙，上部以蓝、青布拼接，下处缀多层挑花带。腰间扎大红色花布飘带。缠白布绑腿，穿布鞋。

头饰以包帕、银饰为主，女子盘髻于头顶，用青色头帕缠绕数圈，帕外围圆盘吊穗银帕。

此地服饰最大的亮点在百褶裙上，在色彩搭配上以“红”为主，整个服饰约三分之二的部分为红色；上衣的颜色就比较简单，有白、绿等色。

※ 花溪镇山式（布依族）

花溪镇山式分布于贵阳市花溪区石板镇。女装上装为短衣，右衽，立领。上装运用深色布料制作，绕肩颈的一圈为更深色的布料镶上宽窄不等的刺绣边制作，整体上形似云肩。门襟与里襟交叉于右腋之下，以布纽扣扣合。衣袖为窄袖，长及手腕。下装为肥大长裤，颜色比上装更深。距裤脚约 20 厘米处，镶有一道宽约 4 厘米的刺绣花纹；往下约 10 厘米处，绣有一道窄窄的花纹。两道花纹将下装分割为两个部分，给人一种层次分明的感受。

该服饰所搭配的围腰为连胸围腰，但造型较为独特：头部较窄，往下至三分之一处时突然变宽。整条围腰长与上装下摆几乎平齐，头部镶有一个正方形刺绣纹饰，将围腰的头部横向分为三个部分，刺绣纹饰两侧的部分向下延伸，就成了围腰上沿的镶边。围腰整体上较为宽大，系带于身后，人体前部都被围腰围裹于其中，在日常生活中颇为实用。着该服饰时，以青布作为头帕，在色彩上与上装、下装和围腰都形成和谐的色彩搭配效果。

禄
永结同心
福
一姓成亲互敬爱
囍

※ 乌当偏坡式（布依族）

乌当偏坡式主要分布于乌当区、花溪区等贵阳近郊地区。一直以来，由于地处贵州政治中心地域，这些地区布依族乡民长期受汉文化影响，服饰汉化程度也更深，服饰也由裙装演变成了裤装，只有极少的中老年人仍保留有传统布依服饰，即女性老人仙逝后入棺用的“簸箩衣”。

乌当偏坡式服饰朴素简洁，上身着青色无领右衽短衣，盘肩，身宽袖大，习惯上内衣的袖口较外衣长而小，而外衣袖口大而短。内外衣袖处还饰以绣织，其花纹图案十分讲究，鲜艳美观。胸前挂“π”字形连胸围腰，围腰头以少量刺绣点缀。下身着裤，裤管口向上约 16 厘米处镶绣花栏杆，脚穿银钩贴布绣花鞋。

该服饰老少皆同，唯有头饰是区分婚否的唯一标识。已婚妇女将头发盘于头顶，再将长约 3 米、宽约 30 厘米的头帕紧紧缠绕在头上，将头发全部裹住，一点也不露在外面；未婚女性则不同，她们将头发梳理好后，将头巾按顺时针方向缠于头上，再将头发（头发少的以部分黑色细毛线充当真发）辫成辫子盘在头巾上，并在左前额上端发辫梢上戴一朵小红花，更显青春活力。

男性青壮年多半穿对襟短衣和长裤，老年男性则多穿大襟短衣或长衫。

順
好

※ 水城猴场式（布依族）

水城猴场式以水城县猴场乡为代表，主要分布于北盘江及其支流沿岸的水城米萝、猴场、红岩，六枝捞河、陇脚等地。

猴场式女子盛装以自织靛染土布制成。上衣为大襟衣，衣长及臀，两侧开衩，宽摆窄袖，袖口长至手腕。衣领以红、黄、绿三色布镶拼而成，红、绿两块布无刺绣，中间黄色部分以黄色丝线缠绕马尾钉成连枝图案作为装饰。袖子连肩处为蓝、绿等丝线绣成的条状数纱绣花边，袖口则多以黑、白、蓝布做底，以平针刺绣技法绣制花草图案缀之。盛装时多为三件或五件成一套。短衣袖口、衣领及马甲衣身两侧多采用十字挑花的刺绣技法。下装为红黑两色布料拼接而成的百褶裙，黑色在上，占裙长的三分之二；红色居下，占裙长的三分之一。裙摆以暗红色条纹手织布为底，而后用多股棉线顺条纹方向做刺子绣，有加厚裙摆的作用，刺子绣完成后再与黑色裙身拼接打百褶而成。裙后侧另有一条小百褶裙遮挡大百褶裙的连接处。围刺绣蔽膝围腰，围腰两侧以刺绣缀边，中间也有装饰图案。后侧饰以成对刺绣飘带，系一条自织细菱格纹棉布腰带。

※ 水城发耳式（布依族）

水城发耳式以水城县发耳镇为代表，主要分布于发耳附近各村寨，样式独特，风格明显。

女装有裙装和裤装两种。衣裙式为对襟衣配裙装，上衣为两件套黑色对襟短上衣，内为长袖，外为配套裁剪的短马甲。长袖衣的袖口以及短马甲的衣领、衣襟、坎肩处皆以螺纹刺绣装饰，刺绣呈橘红色调。下穿及脚背的百褶裙，裙子为上黑下红。裙外系蔽膝围腰，围腰以蓝色或绿色为主，并用异色布条将围腰分割成八格，与围腰底布形成鲜明的色彩对比。围腰头用刺绣带系于身后。

衣裤式为盛装。女装上衣为绿色或蓝色右衽窄袖短衣，两侧开衩，衣摆呈弧形，衣长掩臀，托肩及襟边饰刺绣。着装时，右衽衣外罩无领布扣背心，长与衣同。背心上的布扣多达 12 对，只作为装饰使用，穿着时并不系上。下装为深裆大裤，长及脚踝。束满绣蔽膝围腰，围腰头呈圆弧形，刺绣色调与衣同。

女子将头发绾髻于头顶，后围上毛巾，再外缠黑色布帕盘成圆盘状，并隐约露出额前的乳钉银带。

※ 水城花戛式（布依族）

水城花戛式以水城县花戛乡为代表。主要分布于水城花戛及与北盘江隔水相望的普安龙吟。

花戛式女装上衣为青色领交襟短衣，紧身，长恰好覆脐。衣下角分别镶绣花边及绲边。衣外罩青色比甲，长与衣同。领饰宽幅挑花花边，两侧开衩至腋下。衣衩边缘均饰以挑花花边。下装多穿百褶长裙，裙上部青色，下部为红棕色。着装时，裙束于衣内，裙头恰挂于胯骨之上。

女子头饰则以浅色毛巾做底垫高头围，而后以青、蓝、白三色布叠为六折自额前向后包头，垂于肩下，再用一条双排乳钉银带于头顶部束住，以固定头帕。系青布绣花蔽膝围腰，围腰挂脖处用蓝色或绿色花布做成，围腰以黑色棉麻布料做成，长过膝盖，露出百褶裙的红色部分，围腰两侧及腰头用蓝色或绿色棉布拼接，腰头连接长约一米五的腰带，用以打结垂至腰后作为飘带。脚穿精美翘鼻子满花绣鞋。

花戛式的衣袖、衣边、围腰边刺绣常采用大面积的蓝色和绿色棉布为底布，因此服饰整体呈现蓝绿色调。所用刺绣纹样简单，多采用十字挑花技法和辫绣技法。挑花图案多为八角花，框菱形边，色彩以胭脂红、菜花黄和浅绿为主，挑工极为精细。袖口、衣边、围腰上的刺绣纹样通常用花鸟纹。除裙装外，当地妇女也穿宽筒长裤。

※ 六枝牂牁式（布依族）

六枝牂牁式以六枝特区牂牁镇为代表，主要分布于六枝牂牁及与其一江之隔的关岭、晴隆、普安等所属的乡镇。

牂牁式女装上衣为窄领右衽大襟衣，衣袖宽大，以蓝色棉布做袖口，衣摆长过膝盖。下穿青色长裤，裤脚边缘镶有刺绣栏杆花边。女子头部缠裹青色头帕。银饰较少，盛装时妇女儿童前额以椭圆银泡钉制的银带缠于青帕上加以装饰，颈上佩戴螺纹银项圈，手上通常佩戴骨制手镯，银制手镯数量较少。胸前系“凸”字形刺绣连胸围腰，围腰带向后捆绑成飘带垂于身后。脚穿布鞋。

牂牁的布依族妇女擅长织染技艺，牂牁式皆以自织自染的青布制成。哪怕是今天，外来布料都无法撼动当地靛染布料市场。靛染的青布使服饰格外素雅。服饰上刺绣用得不多，其刺绣针法皆为平绣，喜爱用玫红色作为主色绣花枝、蝴蝶等造型。刺绣仅作为围腰头与飘带尾部点缀之用，服饰整体呈现出深黑的视觉效果。老年人穿素色无刺绣的服饰，不系围腰。

※ 盘州羊场式（布依族）

盘州羊场式以盘州市羊场乡为代表，主要分布在盘州羊场、保基一带。

羊场式有裙装与裤装两种。裙装是传统盛装，裤装则是日常便装。前者女装上衣为深黑色两件套窄袖对襟短衣，外搭一件黑色对襟短马甲。衣领、衣边以及衣袖手肘以下以刺绣做装饰。下装为黑红布料拼接的百褶长裙。裤装为青色大襟衣和长裤，长裤裤腿处镶一条绣花栏杆花边。

女子头缠白头帕或青头帕。青年女子用白头帕，年长的妇女用青头帕。头饰用浅色毛巾做底垫高头围，而后以青布包头，头帕两端编织打结成流苏，再以银带系于额顶。围绣花蔽膝围腰，脚穿精美翘尖满花鞋。每逢节日集会，还要佩戴耳环、戒指、项圈、发坠和手镯等银饰。银耳环为双环式，上环较大，套住薄片装的下环。银项圈则由四个内旋涡纹按“S”形组成垂胸部。银手镯图案较为精细，有錾刻花朵、二方连续云勾纹等图案。当地女子刺绣喜用绿色、蓝色底布打底，图案既有几何纹样，又有花鸟图案。

※ 镇宁扁担山式（布依族）

镇宁扁担山式主要分布在镇宁、六枝、普定、关岭等的部分地区。此种服饰曾被印在1980年版贰角人民币上，被称为布依族服饰的“活化石”。

该服饰上衣为对襟短衣，领口以锦带装饰，衣袖以一段、两段或三段织锦段和蜡染段装饰，传说织锦的段数与布依族社会中人的社会地位有关；下装为百褶裙，裙外围挂脖织锦蔽膝围腰，系绸缎腰带，脚穿绣花鞋。头饰有已婚与未婚的差别；未婚女子头戴织锦头帕，以粗发辫盘扎头巾，额上为织锦和数圈发辫。已婚者头戴的假壳（布依语称“更考”），是以竹笋壳和布匹制成的，形如撮箕，前圆后方，先以青布缠裹后包织锦绣花头帕。

该式服饰可分为锦衣红裙、花衣蓝裙和素衣黑裙三种搭配。盛装为锦衣红裙，多在结婚、丧葬仪式等正式的仪式、庆典活动时穿着。布依语中有“一贵两涡”的说法，锦缎镶在中间，两条蜡染段分别镶在两边，现在见到的锦衣大都是这种款式。花衣蓝裙是日常生活装，花衣布依语称之为“卜涡”，即用蜡染装饰的衣服。蓝裙即蜡染裙。素衣黑裙为孝服。素衣颜色素雅，不能用红色，所有锦缎上的红色丝线全部用黄色或橘黄色丝线代替，因此呈现出的色彩整体偏蓝绿色系。下身搭配黑色百褶裙。

※ 镇宁六马式（布依族）

镇宁六马式主要流行于镇宁六马、沙子沟，紫云火烘、关岭花江一带的乡镇中。

该服饰上衣有两件，外着一件斜襟右衽圆摆短衣，领边、衣襟边缘饰以刺绣图案，衣身多为青色，衣袖袖口用蓝色布料拼接；穿着时露出内搭的立领对襟衣。内搭只绣襟衣领口刚好露出的部分，既美观又节省了手工；对襟衣衣身与外衣相同，故两件衣服要一同剪裁以搭配成套。下装为蓝色或青色细褶裙，搭配条状刺绣飘带围腰。围腰腰头宽约 20 厘米，与腰带相连的是四条同样宽度的刺绣飘带，刺绣带多以蓝色或绿色为底布。

女装头饰以花格纹长布帕盘头，形似锅圈，出席重要场合时还要在锅圈外坠以银饰“扎万”。

六马式服饰除裙装外，还有裤装。如今，裤装作为日常生活装更为常用。着裤装时，其头饰不变，夏季盘形似“锅圈”的圆形花格头帕，冬季则将头帕绾成三角帽状，御寒保暖。上装为窄领右衽大襟短衣，领口、衣边镶一条宽 3 厘米左右，长 3 米多的“栏杆”图案；漫肩用与衣服不同色的布做成，呈半圆形，位于肩背部，上有“栏杆”纹饰。连胸围腰短小，上部有少量刺绣图案，挂脖的围腰链为银制梅花链，下着深色长裤，脚穿圆口布鞋或绣花鞋。

※ 关岭永宁式（布依族）

关岭永宁式主要分布在镇宁募役乡，关岭断桥、永宁一带。

该服饰女装上穿长袖右衽短衣，腰窄摆宽，衣身通常使用青色棉布和红色缎面来制作，红色缎面更显华丽，通常在重大活动时穿着；衣袖用蓝、红、白几种颜色的布料刺绣拼接而成，衣襟边缘和衣衩处饰以刺绣图案。下着蜡染鱼鳞纹长裙，裙外系长及脚面的蔽膝。蔽膝上部及两侧都以刺绣装饰，蔽膝向后捆扎刺绣飘带。刺绣多以平绣针法主，以花鸟图案最为流行。

其头饰是该地区分婚否的重要标识。未婚少女内梳独辫于头顶，置于拱形榔树皮上，使之呈拱桥形（即桥髻），再在其上由前往后插一根银簪固定，而后用绣有鸟、鱼、虾图案组成的织锦头帕包裹在外，两侧露刺绣花块。待出嫁生子后，银簪则改为银碗，戴在桥髻末端。银碗碗口直径约 9 厘米，总高约 18 厘米，碗中心吊着两尾银质小鱼，随人而动，发出有节奏的声响。除此之外，妇女头饰前额还要围一圈鱼、鸟和银铃组成的银饰挂链，当地人称之为“扎万”。

※ 关岭松德式（布依族）

关岭松德式以关岭县松德乡为代表，分布于关岭、镇宁、贞丰等地。

女子上衣为无领右衽长袖衣，下摆为弧形，衣襟、衣摆和衣袖上镶有刺绣花边。下穿蜡染长百褶裙，裙摆及脚踝。腰系青布蔽膝围腰，其长比裙稍短，两侧用刺绣彩条镶边，刺绣纹较为精致。彩色刺绣围腰带宽约20厘米，两端有刺绣图案装饰，尾端有璎珞。系围时腰带绕腰一周后，在腹前交叉打结腰带尾下垂。刺绣针法主要有平绣、绕梗绣，纹样为花草图案。

头饰较有特色，梳妆过程较复杂。先将用彩布做成的抹额束于额前，抹额上镶钉有数枚银泡。然后将黑底红格挑花土布头帕分左右按“∞”状盘绕缠于头上，露出抹额，在头顶左右呈角状，头帕尾端流苏自然垂于头后左侧。

松德式女装有浅蓝、深蓝几种，不同的年龄和身份，穿不同蓝色的衣服。

※ 紫云火花式（布依族）

紫云火花式主要分布于紫云县火花镇以及望谟县岜饶乡等地区。

此服饰上装为右衽衣，由一件长袖衣和一件坎肩组成，有红色与黑色两种。红色上衣通常只在重大的祭祀仪式时穿着；衣长及臀，衣摆呈圆弧状，长袖袖口用宽约 15 厘米的异色布料拼接。下身着蓝黑百褶裙，佩戴与衣等长的刺绣连胸围腰；脚穿青布鞋或绣花鞋。较早的时候绣花鞋是以绣片做的鞋面，但鞋底则以铁片钉牢，耐磨耐穿。

火花式服饰所使用的刺绣技艺有打籽绣、贴布绣、盘金绣、辫绣、平绣等，但主要以打籽绣和贴布绣为主。衣摆大量使用打籽绣技艺，围腰上部为圆弧形，上方为打籽绣，下方则以贴布绣为主，贴布绣从反面看也是整齐的走针。由于打籽绣在布依族中运用较少，因此打籽绣与贴布绣的装饰搭配也成为紫云火花式布依族服饰的独特标志。

盛装梳妆时，女子先将头发编成发辫缠绕于头顶，然后将刺绣带包裹于外，再将白色点状纹样的刺绣头带装饰固定于正前方，最后在最外层包裹靛染刺绣头帕。头帕长约 1.2 米，两端以各色丝线平挑鸟纹、井字纹、八角花纹等图案，将尾端刺绣图案交错折叠，露出刺绣部分。

※ 威宁新发式（布依族）

威宁新发式以威宁县新发乡为代表，分布于新发乡附近各村寨。

新发式女装为短衣长裙装。上衣为两件，内穿黑色立领右衽斜开襟及腰短衣，衣领为红色绣片；外披无领对襟夹衣。短衣无扣，常以红色、蓝色、绿色等织锦拼接制作，领口为挑花绣片，袖子用红白两色布料拼接而成，上以栏杆图案装饰。着装时露出里面的黑色衣服。下装为青色长百褶裙，裙外围纯白色蔽膝围腰，系蓝色腰带。

男装上衣穿两件，内穿一件为蓝色立领对襟盘扣短衣，外搭一件白色立领对襟马甲，马甲领口有挑花装饰。穿着时马甲不扣，从而露出里面的蓝色上衣。下装为黑色阔腿长裤。不论男女，都穿细耳绣花布凉鞋或绣花布鞋。

女子头饰最具特色，分已婚和未婚两种。未婚少女将当地称为“勒条”的挑花带缠在头上，于额前叠成“人”字形，挑花带两头分别从头两侧自然垂下，头后露出头发。勒条的条数与少女岁数相等，即每增长一岁，两边的飘带数各增加一条。勒条以白布做底，用十字挑花技法绣成，最里层的一条勒条中段除了有挑花纹样外，还要镶以锡花作为装饰；勒条两端呈尖状。女子结婚后便不再包勒条，而改包黑色或青色头帕，同样在前额交叉叠成“人”字形，饰以银链。

萬事如意
迎新春人興財旺
賀佳節富貴吉祥
2014年7月5日起

※ 贵定音寨式（布依族）

贵定音寨式分布于贵定县盘江镇。该服饰女装上衣由颜色明亮的布料制作而成，右衽，立领。衣领上、下沿分别镶一道浅红色织锦，门襟上也以两道浅红色织锦作为装饰。门襟与里襟交叉于右腋下，以布纽扣扣合。衣袖为窄袖，袖口及腕，距袖口约5厘米左右处为一道或两道织锦，与门襟上的织锦形成呼应。下装为肥大的长裤，以青色布料制作而成。与衣袖的织锦相呼应，裤脚不仅加上一道浅色绲边，而且在小腿处还镶上两道织锦装饰。

着该服饰时，搭配白色头帕和上沿呈弧形的围腰。头帕为一整块布料，围绕头缠绕一圈，尾部留有经线延伸而成的缀饰。连胸围腰造型简洁，主体为青色布料制作，上沿呈弧形，镶以织锦；又以织锦为带，挂于颈部。整体上看，围腰与下装颜色统一，烘托出上装的明亮色彩。鞋一般为宽口青面布鞋，套白袜，给人以简洁干练的美感。

政通人和
錦

※ 惠水雅水式（布依族）

惠水雅水式分布于惠水县雅水镇。该服饰女装上装为立领短衣，以深色布料制作而成，右衽，衣摆及髋。领为矮领，上沿绲浅色边；身前位置钉三颗布纽扣；一道约 3 厘米宽的刺绣花纹绕肩一周，整体上形成云肩状。门襟与里襟交叉于右腋下，以布纽扣扣合。袖筒较为宽松舒适，距袖口约 4 厘米处镶有一道浅色刺绣花纹。下装为宽松的深色长裤，小腿处镶一道浅色刺绣栏杆，往下约 10 厘米处为一道浅色窄条花纹。上装绕肩花纹、袖口花纹与长裤小腿处花纹，形成了紧密的呼应关系。

着该服饰时，系梯形连胸围腰。围腰芯与上装颜色相同，为深色布料，边沿镶有一道宽约 3 厘米的浅色花纹，围腰头部绣有多种纹饰。

该服饰的头饰为白色，用一块布料围裹而成，将整头头发都罩于其中，尾部留有经线延伸而成的缀饰。整体上看，该服饰上下装的搭配和谐，显得素雅、简洁、大方。

※ 惠水好花红式（布依族）

惠水好花红式分布于惠水县好花红镇。该式女装上装以蓝色布料制作而成，衣摆及髋，右衽，立领。领上、下沿各镶有一道浅色边，将领与衣服主体部分隔开来，领根处置布纽扣一粒；绕颈肩部位镶有一道较宽的刺绣纹饰，顺着门襟一直延伸至右腋下。刺绣以黑色布料为底，上绣以红花、绿叶，鲜艳美观。袖为窄袖，袖口处镶有约10厘米宽的黑底刺绣，与衣襟、肩颈处形成紧密呼应。

下装为深色宽松长裤。裤腿的小腿部位，一些人会绣上几道花纹形成装饰，但多数无此装饰。着该服饰时，搭配梯形连胸围腰。围腰以与下装相同颜色的布料制成，上沿以织锦镶边；围腰头部绣以花团锦簇的花纹：多为红花绿叶，显得艳丽多彩。围腰上部以织锦为系带，挂于颈部，侧面以较宽的、末端绣有红花绿叶的带子系于身后。该服饰的头饰多为浅色，以一条状布面围裹而成，布的末端留有延伸的经线作为缀饰。

整体上看，该服饰下装与连胸围腰的黑色将蓝色的上装衬托得更加明亮。

※ 贞丰纳孔式（布依族）

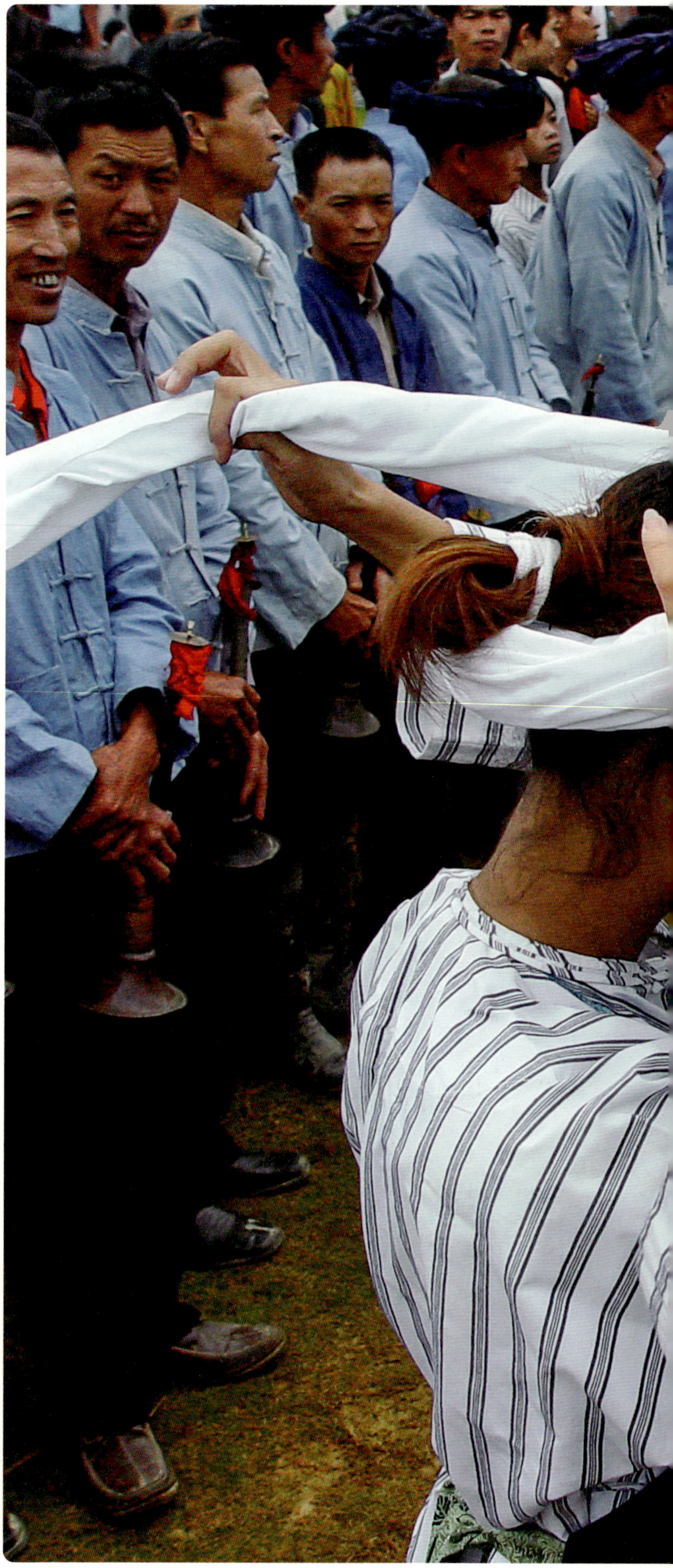

贞丰纳孔式主要分布于贞丰县者相镇，该式服饰以女装最具特色。

女装上装为宽松的短衣，右衽，矮领，以白底、手指宽灰色竖条纹布料制作。条纹由两条较粗、较深的灰色实线框定，以色彩稍浅的灰色填充，给人一种层次清晰的感受。上衣下摆及髋，且下摆与地面呈一定的夹角，而不是与地面平行。门襟与里襟交于右腋之下，以布纽扣扣合。衣袖宽大，其长及腕，给人以舒适的感受。

下装为肥大的深色长裤，裤脚长及脚背。着该式服饰时，配宽大的连胸围腰。围腰较短，与上装下摆几乎平齐，整体上以与下装相同或相近颜色的布料制作。胸前缀一尺寸较小的正三角形刺绣纹饰，其底边之下，为一“π”形符号——与正三角形刺绣又形成一个更大的三角度图案。

头饰为头帕，由纯白色的布围裹而成，常见的款式有两种：一种为将白布折成约为 10 厘米宽，以头为中心围裹成数圈；一种为将白布折为约 6 厘米宽，以头为中心围裹为数圈，但额头上方则以他物作为辅助，将白布上下拉宽，形成独特的形状。

※ 贞丰沙坪式（布依族）

贞丰沙坪式分布于贞丰县沙坪镇一带，以女装最有特色。

女装上装为窄领右衽盘扣短衣，以自织自染条纹、格纹、花椒纹等纹路的土布或浅蓝色土布制作而成。以条纹土布制作而成的上衣，无领，袖筒宽松，其长及腕，不用刺绣或其他颜色的布料作为镶边。以浅蓝色土布制的，无领，肩颈部位以青布盘肩，袖长及腕，袖口镶宽约 10 厘米的青布，与肩颈部形成呼应。下装为青布宽松长裤，裤脚及脚背。胸前围青布连胸围腰。围腰头正中以一三角形刺绣装饰，两斜边向斜下方延伸，直到两腋之下，巧妙地将围腰分割为上下两个部分，增强了整个服饰的层次感。颈部佩戴以三条银链制成的压领，做工颇为精致。此外，还佩戴银质手镯或珍珠手串作为腕部装饰，佩戴戒指作为指部装饰。

头饰为浅青圆形千层帕，造型较为别致。包千层帕时，先将头帕折叠成约 10 厘米宽度，再一层一层盘绕在头上。

※ 普安江西坡式（布依族）

普安江西坡式主要分布在普安县江西坡镇以及与之相邻的晴隆县沙子镇等周边地区。

该服饰女装上衣为右衽立领大襟衣，以宝蓝色和浅蓝色两种最为常见，领下以刺绣做盘肩装饰，衣长掩臀，衣袖宽大，衣襟、袖口都镶以刺绣“栏杆”。下身着深色长裤，裤子长及脚踝，裤脚亦有刺绣“栏杆”。正式场合胸前还要系连胸围腰，围腰上部呈“凸”字形，脚穿绣花翘鼻鞋。

江西坡式布依族服饰所镶嵌的刺绣以贴布绣与平绣为主。刺绣图案左右对称，通常以绿色为底布，贴布则多为黑色，贴布外沿用粉、白、黄、蓝等色的辨绣盘钉而成，三种色彩鲜明的元素形成了强烈的色彩对比。

头饰较为复杂。先用深色布帕包裹头部，再以一条银泡带于额前将其固定，然后再包上一张白色头帕，白头帕边缘以刺绣勾边，头帕两端坠的流苏毛球垂于两侧耳旁。毛球粉色与绿色相间，显得格外灵动。

江西坡布依族服饰由裙装演变而来，且于新中国成立后在部分地区演变成了常装，保留下来的短衣百褶裙则作礼服和寿服用了。

※ 晴隆光照式（布依族）

晴隆光照式主要分布在晴隆县境内以及与晴隆相邻的关岭、兴仁、六枝牂牁镇、普安、盘州等周边地区。

此款服饰保持了布依族古服的模样，以青黑色为主，古朴素雅。上衣为青黑色大襟衣，衣长及臀，两侧开衩，宽摆，袖口宽大；领口以植物染制的红色土布拼接，接缝处点缀约一厘米宽的十字挑花带。除此之外，只有衣袖手肘处拼接一条墨绿色几何图案的挑花带。下身着长及脚背的百褶裙，裙子上半部以黑色麻布或棉布制成，下摆则以约宽约 40 厘米的暗红色手织布拼接。裙外系连胸围腰，挂脖的带子、围腰头及后侧垂挂的两条飘带多以缠枝花图案的平绣做装饰。围腰长度恰好遮住百褶裙上半部的黑色裙身，露出下部的红色裙摆。双脚穿着翘鼻绣花靴。盛装时头缠 3 米多长的青黑色头帕，头帕包裹住头发后留有一部分拖于脑后，颇具特色。

此外，该服饰还有一种变体，即上衫下裤式。有头搭青帕者，另有头搭白帕者。上衫下裤式服饰于 20 世纪 50 年代后在部分地区演变成了常装，取代了原本上衣下裙的着装，保留下来的短衣百褶裙只作礼服和寿服用了。

※ 望谟桑朗式（布依族）

望谟桑朗式分布于望谟县桑朗镇，以女装最具特色。

女装以自织自染的布料制作而成，颜色以蓝靛染成的藏青、深蓝或浅蓝色为主。

桑朗式女装服饰上衣可分为内衣与外衣，又有无领及有领的差别。内衣为白色无领右衽衣，短而贴身；外衣为靛染低领盘肩宽袖右衽衣，长不掩臀，衣摆呈弧形，两侧开叉，由领口向右镶定五对盘扣，有的妇女还会在外衣胸前缝暗兜做钱包使用。下身着直筒长裤，有的妇女会在裤口镶定刺绣栏杆。此外，连胸围腰是桑朗式服饰必不可少的一个部件，它由腰头、围腰和腰带三部分组成，腰头和围腰上绣有剪贴绣和双针彩绣，腰带末端以布条纬线编织成白果须条，十分美观。

桑朗式服饰中年以下男子着短衫，60岁以上男性着长衫。短衫为对襟式，钉九对盘扣，胸前缝无盖小兜一对，腹部两侧再缝两个无盖大兜。无论男女，其头饰都是格子帕折叠后围额盘成圆盘状，显得干净利落。

总而言之，桑朗式服饰色彩较为素雅，而复兴镇往蔗香镇方向更喜蓝靛靛染之青色。

※ 望谟打易式(布依族)

望谟打易式主要分布于望谟县北部，以打易镇长田村为代表，其女装工艺、结构复杂，制作考究。

女装上衣为右衽短衣，长不及臀，领边及衣边镶以织锦和刺绣装饰；窄袖，袖口处、腕关节处、肘关节处、肩关节处往下三寸共镶以四段织锦、蜡染或刺绣装饰。其下装既穿裤又穿裙，且裙子和裤子需同时穿着。大摆裙裙长及小腿，主体以红、黄、绿等色的布条相间而成，色彩丰富，貌似彩虹，裙摆则以浅蓝色自织土布拼接，穿着时露出内搭的深色宽口长裤。裙外围形如等腰梯形的连胸围腰。围腰整体长至膝盖，两侧有带系于腰后，上、左、右三边都镶有刺绣栏杆花边，底边则以彩色布条拼接。穿着时，围腰、裙、裤错落有致、层层分明，极具美感。

长田式服饰极具特色之处反映在头饰上。该服饰头饰先以竹片打底，将头发编成辫子绑于竹片上后用一层土布包裹，然后再包裹另一层横条状织锦头帕，再用刺绣的“勒条”把头帕固定。竹片的支撑使织锦头帕自然垂于脑后并保持立体的造型。

※ 册亨者楼式（布依族）

册亨者楼式分布于册亨县者楼镇，以女装最具代表性。

女装可以分为盛装、便装、婚服、丧服、祭祀服等。盛装上衣为立领右衽大襟短衣，以蓝色绸缎或深色布料制作而成，开浅衩于身体两侧。门襟镶以浅色布料，其下方为两条较窄的浅色布条，与襟一起向上延伸，最终绕肩颈一圈直至里襟末端。整体上形成云肩的形状。领上沿以浅色布料绲边，衣摆也镶以与衣襟相同的浅色布料。袖及腕，袖口略宽，也以浅色布料镶饰。以深色布料制作的，衣襟衣摆等处全饰以刺绣，刺绣图案多为蝶纹、花卉纹等。下装为直筒阔腿长裤，裤脚以织锦镶饰，或直接以刺绣图案装饰，装饰的纹露多少不等，一般为3～8道。着黑色布料上衣的，一般会在衣外配饰连胸围腰。围腰四周镶宽刺绣边，中心与衣服主体颜色相同，为黑色。

头式为白色千层帕。包帕时，先将其折好，再一层一层地盘绕在头上，最后将帕头置于头的左侧。包好后的千层帕，额上有几何竖纹作为装饰，看起来简洁美观。

※ 册亨双江式（布依族）

册亨双江式布依族服饰，分布于册亨县双江镇。此服饰上装以青色布布料制作而成，衣摆及髋，右衽，立领。领或为几种颜色的布料环颈拼接而成，或为青色布料上下沿镶浅色布料制作而成，领根处置有布纽扣。环肩颈一周，为大幅色彩艳丽的刺绣，再往外则为镶嵌有璎珞的花纹边。它们整体上形成云肩的形状，沿着门襟向右腋下延伸。袖为窄袖，袖口以整块绣片镶成。袖口绣以浅花朵，为陪衬图案多以蓝绿色为主，给人以华贵的美感。袖口处的刺绣与肩颈部形成了紧密呼应。

下装为青色长裤，在距裤脚约 10 厘米处以多道刺绣花纹和栏杆为饰，给人以简洁的感受。此服饰时一般搭配梯形连胸围腰。围腰也是以青色布料制作而成，上沿镶有宽约 5 厘米的刺绣花边，上部镶以一块色彩艳丽的绣片，图案多为红花绿叶等传统花纹。着此服饰时，以格子布头帕作为头饰。布为长条形，经折叠后在头上缠绕为多层，最后形成环的造型。与此同时，常穿宽口青布鞋。

※ 册亨冗渡式（布依族）

册亨冗渡式布依族服饰，分布于册亨县冗渡镇。此服饰上装以青色布料制作而成，衣摆及髋，对襟，矮领。领呈优美的弧形，多刺绣有花卉纹饰，领根处有线条将其与上装主体分隔开来。环肩颈处为大幅刺绣图案，花纹多为花卉纹饰，整体如云肩。袖为宽松的窄袖，袖口以织锦镶边，臂弯以下满绣精美的花卉纹图案。下装为宽松的青色长裤，裤脚与衣袖相同，也是以织锦镶边；膝盖以下饰以多道几何纹及花卉纹纹饰。

着此服饰时，搭配青色布料的短围腰。围腰上沿呈拱形，绣有约10厘米宽的大幅刺绣，纹饰为左右对称的花卉纹；下摆以织锦镶边，二次成型后与袖口几乎平齐，形成了巧妙的呼应。头饰有二种：一为以深浅不同的格子布缠头，形成环状的造型；一为以一方形布料双面进行满幅刺绣，并以璎珞装饰后盖于头上，额前为璎珞串形成的帘状装饰。后一种头饰在整体上呈现出一种雍容华贵的美。此服饰二次成型后，着装者会佩戴一些简单的首饰，如手镯、戒指等。

※ 册亨坡妹式（布依族）

册亨坡妹式分布于册亨县坡妹镇。此服饰多以自纺、自织、自染的土布制作而成。上装为短衣，衣长及髋，颜色较浅，立领，右衽。领上多绣有纹路简单的刺绣图案。环肩颈一周，为大幅刺绣，图案多为花卉纹，整体上形成云肩的形状。袖为窄袖，袖口镶一整幅花卉纹刺绣。下装为修身的深色长裤，长裤无任何纹饰。

着此服饰时，搭配连胸围腰。围腰由深色布料制作而成，上沿呈弧形，下摆与衣摆几乎平齐，上部中心部位由织锦围成一个不太标准的三角形，中空部分由蓝底刺绣满填。刺绣花纹为花卉纹，显得独特而有韵味。围成三角形的织锦两斜边向侧后方延伸，将围腰分割为上下两部分，下部无其他纹饰。

头饰较为简单，一般以白色土布折叠为六七厘米宽绕头而成。二次成型后，还会以斜挎包等为饰。整体上看，此服饰色彩较素，即使是刺绣的花卉也不选用艳丽的色彩。

※ 镇远报京式（侗族）

镇远报京式以镇远县报京乡为代表，分布于镇远报京所辖各村寨。

报京式女装上衣为圆领右衽长袖衣。衣长至膝，两侧开衩，衣身宽大。肩部、袖口用挑花作为装饰。下装为大脚裤，裤管宽大，裤脚缝缀宽窄不等的刺绣花边。女子绾发为髻，然后用3米多长的青色侗布缠绕成圆盘状，再戴银帽。银帽分为三段：上段为帽顶，由许多五瓣银花组成，数只凤鸟、蝴蝶高居花簇之上，或翔或踞，形态逼真。其间饰有湖绿和玫红丝线花束，与银饰辉映相衬，相得益彰；中段帽箍为压花银片，纹样主题是“骑马飞渡”，布满帽箍；下段沿帽箍檐口垂下一排由银片卷成的圆锥形喇叭状饰物，以银链和花朵相连，密匀整齐。银帽美观悦目，给人以满目珠翠、雍容华贵的感受。用银链、银项圈、银币、银泡作为胸饰和腰饰。

腰围为上窄下宽的梯形连胸围腰，面料采用黑色绒布或黑色绸缎，围腰由梯形与长方形构成上下两个部分。上部中心绣一朵太阳花，四周簇拥着龙凤、鱼、蝴蝶等图案，构图饱满，色彩艳丽，对比强烈。围裙下摆去角，形成圆弧形底摆。围腰罩在侧襟上衣之外，上端用织锦带系挂于颈上，腰部用织锦带系扎。脚穿绣花布鞋。

※ 天柱三门塘式（侗族）

天柱三门塘式以天柱县坌处镇三门塘村为代表，主要分布在天柱县境内以及锦屏大同一带。

女装上衣为立领右衽大襟衣，窄袖圆摆，衣长及臀，左右侧缝开衩。年长者在门襟处用黑布绲边，服装简洁、装饰简单，整体风格朴素利落。由于天柱、锦屏一带自古产棉，过去当地女性用自织自染的青色土布为衣料制作盛装，现在用机制的蓝色棉布制作，这不仅让服装色彩更鲜艳，还减少了制作盛装的繁琐工序。年轻人更喜欢用寓意吉祥、色彩鲜艳的机织花边装饰门襟、衣袖、裤腿。上衣着装时，将宽大的衣身在腰前对折为两个褶子，然后以自织自染的亮布为带系扎。带长丈余，在腰间缠绕数圈，结穗于腰部右侧，显得整齐又富于变化。三门塘式盛装银饰非常少，只是以银泡为扣，并以蝴蝶纹银片装饰在布扣上；下身穿着深蓝色裤装。无论老少，都将长发梳辫，混合黑色、玫红色毛线盘绕于额顶，实为整套服饰的点睛之处。脚上穿自制的绣花鞋。

男子原着白布立领对襟衫，五排布扣，由于长期与汉族屯军、商贾密切往来，现在服饰已经汉化。

※ 锦屏九寨式（侗族）

锦屏九寨式侗族服饰以锦屏县彦洞乡的彦洞、平秋、魁胆、小江、黄门、瑶白、皮所、石引、高坝九个村寨为代表，分布于锦屏、剑河两县交界的几个乡镇。

九寨式女装上身穿用绸缎制作的圆领右衽式上衣，衣长掩臀，两侧开衩，衣襟绲浅蓝色边，大袖向上翻折成半袖，内搭湖蓝色夏装。下着深蓝色裤装，腰带用“盘轴绲边绣”装饰。脚上穿自制的绣花鞋。

九寨地理位置靠近清水江，因此随水运而来的中原文化和毗邻苗族文化对九寨服饰艺术产生了深远影响，形成了穿裤装、多银饰、多刺绣等特点。盛装时所佩戴的花冠是由用纯银锻造成龙、凤、花、叶等造型的银片组成的，以银枝条相连，与彩色线球相混杂装饰在银帽上而成。额前为挂桃形叶片，整体式样繁复。行步则动，摇曳生姿。颈部佩戴五六个大小相套的银项圈和锁形银压领，以银泡和蝴蝶银链装饰在门襟右侧，手腕上带宽大的珐琅银手镯，耳多佩戴银耳环。粗犷的银饰为精致的服饰增添了几分豪迈之情。

※ 黎平茅贡式（侗族）

黎平茅贡式以黎平县茅贡乡为代表，主要分布于黎平县茅贡乡周围各村寨。

茅贡式女装上衣为直领对襟衣，收腰窄袖，衣长至膝，侧缝开衩至腰部，领口、门襟、前后衣摆与侧缝处装饰“干栏”式布条和花卉纹刺绣；衣袖手臂处绣满了太阳纹和花鸟鱼虫纹样；上衣无扣，与肚兜搭配穿着。肚兜用侗布拼接而成，斜纱穿戴，领口呈“V”字形，与人体颈部吻合。花带是黑白与彩色结合的菱形纹织锦带，将织锦带系在腰间，不仅装饰腰部，还具有上下装分割的过渡功能。

下装的百褶裙制作工序繁多且复杂，由一片腰头和20片规格相同的褶皱亮布拼接成一条360度圆摆裙。上浆后的百褶裙褶皱细密立体，精致美观，在阳光下散发出金属光泽。围裙构图饱满，太阳纹、蝴蝶纹、花卉纹几乎覆盖了整个围裙；围裙下端悬挂着彩线缠绕的几何纹样吊坠，同时搭配各色珠子和穗子，行走时随着脚步轻轻摆动为整套服饰增添了一份灵动之美。绑腿用白色带子固定，巧妙运用线条分割法，从而富有造型之美。

※ 黎平六洞式（侗族）

黎平六洞式以黎平县肇兴镇为代表，分布于黎平肇兴、新安、皮林，从江贯洞、龙图、洛香、庆云等乡镇。六洞是过去侗族人对六个大寨合款后的统称。

六洞式女装上穿左衽交襟衣，亮布制作，衣长掩臀，侧缝开衩，袖长至手腕，接袖由深浅不一的蓝色布片和以红、绿、黑、白为主的"干栏"组成，全身仅在领缘和手肘处装饰刺绣带，工整且细密。从脖颈处吊挂一方五边形肚兜垂至裙前，紧贴于体肤，颈部的挂带翻转于衣领后背，挂吊"S"形的螺纹银背扣；围腰由长方形亮布和蓝色腰头组成，围腰上端折叠如扇，每个褶皱上绣有不同的纹样，常用倒钩藤花、山形纹和锄头纹。女子头部戴银饰并插白色鸟羽，颈戴 3 枚麻花状项圈，下穿百褶裙和绑腿。百褶裙底端留有 10 厘米的宽褶，褶皱间隔是细褶的两倍，宽细结合产生了丰富的层次感。

男子上穿土布对襟布，下着大头裤，衣身合体。头饰与女子盛装时头饰一致。为了美观，男子盛装腰束长约一丈的玫红色绸缎腰带。

※ 黎平永从式（侗族）

黎平永从式以黎平县永从乡三龙村为代表，主要分布在黎平永从乡附近村寨。

永从式女装上衣为直领对襟衣，着装时前襟上提，后片下坠，领口自然敞开，两襟交叠成左衽。袖肘处接假袖，从外观上看是两件衣服叠穿，实际上是一个整体。在前襟和肚兜处有少量刺绣，大多是二方连续的勾藤花纹、井纹、杉树纹等，常在右边领口上绣一条卷曲的龙纹。下穿百褶裙，裙内穿七分裤，裤子宽大。

围腰为蔽膝，上部接宽约10厘米的浅蓝色棉布做围腰头，下部四角各镶嵌一块蝴蝶纹银片，再用长方形银片将四只“蝴蝶”相连，正中间整齐排列多个圆形银片，围裙底边下摆处悬挂一排圆锥形银坠，走路时银饰发出清脆的声响。

头部装饰三束鲜花和白色鸟羽，颈部戴三只麻花状银项圈。小腿缠长方形布片绑腿。

※ 黎平九洞式（侗族）

黎平九洞式以黎平县岩洞乡为代表，分布于黎平岩洞、双江、口江等乡镇。

九洞式女装为紧束型裙装，上衣长遮臀，两侧开衩，袖长至肘弯处，袖口由侗族标志性的栏杆与刺绣装饰组成，与对襟上衣的窄袖口搭配而形成一个整体；门襟处装饰朴素，三道绲边，以银泡作为纽扣；肚兜是圆弧形领口，其装饰图案、色彩与围裙相呼应。下身穿百褶裙，缠圆筒形绑腿，围裙的腰头和绑带都有刺绣，主要运用平绣、数纱绣等刺绣技艺。

女子绾发盘于头上，盘发时需将假发与真发缠绕成一束，经额前绕至脑后，用剑鞘型银发簪固定。银泡抹额的每一颗银泡下端都挂着一个三角形银片，行走时银片晃动，生动活泼。头顶插银凤鸟、银花等的，额前垂晶莹剔透的珠帘。

九洞男子盛装十分华丽，头饰之精美不亚于女子。盛装上衣是对襟背心，以黑色绸缎为底布，更加衬托出刺绣的鲜艳夺目，也使得它与银链形成巧妙对比；下装是羽毛帘裙，由各色绸缎、塑料珠子和白色鹅毛组成。帘裙分为里层与外层，里层是十片宽帘，外层是十片窄帘，里外错位，疏密有致，富有层次。刺绣图案前后左右对称，羽毛帘裙内层绣同形异色的太阳花，外层绣各种花卉。

※ 黎平洪州式（侗族）

黎平洪州式以黎平县洪州镇为代表，分布于黎平洪州附近村寨。

女子上装为右衽大襟衣，衣长掩臀，侧缝开衩，窄袖。袖口为绿色，袖口和门襟处镶嵌少量花纹刺绣花边，腰间系一方围裙，腰头的刺绣为数纱绣，是一种以数经纬线来进行二方连续几何形构图的刺绣手法，纹样对称均匀，色彩以邻近色为主。这种对称与平衡的图案、冷暖一致的色彩为不对称的画面、不同色彩的绣线带来了调和的效果。有变化，但不混乱；有秩序，但不单调，将年轻人朝气蓬勃、风华正茂的青春气息表现得恰到好处。

其头帕是最具识别意义的符号。刺绣头帕呈长方形，佩戴时需将其从额前向后围，在脑后折叠，用一条彩色丝带绑缚。戴好后，装饰部分主要在侧面和脑后；织锦头帕则在头帕两端添加白色穗子。头帕图案布局通常是以中心轴对称的二方连续几何纹样，常用八角花、苔藓、窗户纹、龙鳞纹等，工艺精巧、寓意深远。银项圈与众不同，是用纯银制成的大小相套的三个银环，耳朵常戴环形大耳环，套环底段刻有植物纹。

※ 榕江四十八寨式(侗族)

榕江四十八寨式以榕江县寨蒿镇晚寨村为代表，分布于榕江寨蒿、平保、便洞、色边，黎平尚重、盖保、洋洞、高岑、高孖、绍洞、育洞等自然村寨。

四十八寨式女装上衣有两件：内层是交领左衽袍服，衣长及膝，肩袖处破缝接袖，缝份用刺绣花边掩盖，袖口紧窄；在身侧的腰部开衩，衣襟、袖口、下摆与开衩处拼有多色调的刺绣缘饰；外层为右衽琵琶襟上衣，袖口宽大，袖长仅及手肘。短上衣在袖口、衣襟处拼接以双龙戏珠为主题的刺绣缘饰。肚兜呈“V”字型领口，边缘为菱形数纱绣，中间采用三角式辫绣、绞绣、锁绣等多种刺绣手法。云肩以领口为中心，上面布满花卉纹刺绣，边缘点缀红、黄、蓝、绿、紫色的穗饰和银铃铛。

蔽膝围腰用梯形、三角形布块镶拼，围系在腰部，下沿至小腿中部，将人体腰部至腿部遮盖。在这一块小小的长方形布面中，丰富而繁杂的纹样图案与简洁精炼的几何形状结合，形成视觉上的平衡感；繁复的花纹以中心线为对称轴进行分布。条裙由刺绣腰带拼接数条造型卷曲且尾部缀穗饰的刺绣布条组成。脚穿翘头绣花鞋。

※ 榕江七十二寨式（侗族）

榕江七十二寨式以榕江县乐里镇为代表，分布于榕江乐里周围村寨。

七十二寨式女装上衣为右衽大襟衣，衣长及臀，两侧开衩，袖口肥大，及腕，袖口有宽大的数纱绣花边。衣缘采用绞绣、三角式辫绣、锁边绣等刺绣工艺，饰浅绿、浅蓝、浅黄、粉红为主色调的如意云头纹样，具有精雕细琢的浮雕感。前片衣角有贴饰，过去由于自织自染的土布布幅较窄而无法满足宽大的下摆制作的需求，于是采用补角摆工艺，即拼一块衣角，而贴饰正起到加固和掩盖接缝的作用。如今，七十二寨盛装面料为提花缎面，布幅足以裁剪整件衣服，因此补角摆从盛装上消失，但贴饰并未随之而去，而是作为服饰文化的一部分被保留下来。

围腰为蔽膝围腰，长至小腿中部。未婚女子的围腰刺绣工艺丰富，有的以花鸟鱼虫为主题的破线绣，有的以传统龙纹为主题的绲边绣，配色都趋向于淡雅清丽。已婚妇女围腰上没有过多的装饰，只在腰部和两角点缀少量精美的刺绣。围裙没有实际用途，只是用来点缀裙子背面。翘头鞋纳千层底，十分牢固耐磨，脚尖向上翘起处与千层底尖端缝合，使鞋子造型如船，线条流畅赏心悦目。两侧鞋面绣抽象的花鸟鱼虫纹样，以白色绞绣绲边，与上装的刺绣相呼应。

※ 榕江车江式（侗族）

榕江车江式以榕江县车江乡为代表，分布于车江附近各村寨，以女装最有特色。

女装上装为无领右衽短衣，以黑色丝绒布或青色佩带布制作而成，衣襟上沿绲花边，钉布纽扣；袖长及腕，距袖口约 5 厘米处，拼镶长约 15 厘米的蓝布袖筒。用于拼镶的蓝布筒上又镶织锦。下装为侗布制作的百褶裙，有些会在裙里套穿长裤。着该服饰时，拴纯蓝色短围腰，围腰带系于身后，带尾自然下垂。项戴银链数条，与衣襟上沿的花边形成色彩呼应。缠棕色亮布脚笼，以浅蓝色布条系扎；穿布鞋。

头饰较有特色，给人以简洁明快的美感。头发束为一股，盘绾于头顶成发髻，插缀有红绒花的长簪固定，再饰以步摇。步摇上图案细致，做工精美。手腕上以玉或其他材质的手镯为饰，简洁大方。

此式服饰强调整体性。比如，蓝色短围腰与袖筒上镶拼的蓝布形成紧密的呼应，银链与门襟上沿的织锦的色彩呼应等，突显了服饰的整一性。

※ 从江高增式（侗族）

从江高增式以从江县高增乡为代表，分布于高增附近各村寨。

高增式女装上衣为圆领琵琶襟长袖衣，保留有清代风格。以前盛装用蛋浆亮布制作而成，现在有些村寨用黑丝绒代替。上装衣长掩臀，衣袖宽大，长及手腕，再向上翻折至肘部，形成多层袖的着装效果。琵琶襟衣边缘镶嵌二方连续纹样的织带，同时装点银泡。银泡与袖口的彩色干栏、黑色丝绒底布形成了强烈的色彩对比，立体银泡与平面刺绣营造了立体与平面交杂的层次感。百褶裙是两片式，将整个腰臀部覆盖。前片与后片不缝合。围裙是上下装的过渡服装，盛装围裙形制非常简单，但满幅银片点缀使围裙质感倍增。绑腿由两部分组成，一部分是直接套在膝盖部位的筒状绑腿，一部分是长方形布片的缠绕式绑腿，此为该式服饰所独有。鞋独具特色，翘角绣花鞋的左右鞋帮，用平绣和绞绣工艺绣着龙纹和太阳纹等纹样，配色丰富，善用对比色和互补色。

男子服装上衣为立领对襟短衣，以亮布制作；下装为宽松长裤，头饰为头帕。头帕为白色，富有纹理。

※ 从江西山式（侗族）

从江西山式侗族服饰以从江县西山镇为代表，分布于西山附近的村寨。

西山式女装上衣为无领无扣紧身对襟衣，衣长过臀，衣衫两侧高衩，分别用蓝色和玫红色布条包边；袖口以橙黄、蓝色和紫色相间布料为底布，用花鸟鱼虫作为刺绣主题，两端用彩色犬齿纹衔接蓝色绸缎。盛装通常三件或五件叠穿，依次露出底摆的龙纹刺绣。刺绣中龙的形状用包裹着马尾的银线勾勒，图案规整，立体且生动。肚兜为正方形，上角呈浅口“V”字领，领口下方用蓝色布条分割出一块长方形用来展示制作者精湛的刺绣技艺，图案有抽象或具象的莲花与蝴蝶。

下装穿百褶裙，裙两侧各挂一条橙黄和湖蓝花带。花带类似帘裙，当地人称之为“哇西”，面上绣着一对凤鸟，尾端挂塑料珠子，走动时轻盈活泼。

银项圈是整套盛装的亮点。由于物质富足，爱美的侗族姑娘更加注重装扮自己，女子盛装中连环项圈最具代表性。着盛装时，脖颈处佩戴层层叠叠的银项圈，为 6 个小环和大小相套的 7 环组成。绑腿长至大腿，用湖蓝色布条在膝盖处捆扎。脚穿凉鞋式样的布鞋，当地人称之为快鞋。

※ 沿河沙子式（土家族）

沿河沙子式分布在沿河县沙子镇，以女装为代表。

女装上装为蓝色或红色短衣，右衽，矮领；襟不镶边，制领所使用的布料与上衣相同；自领往右下钉数枚布纽扣，其也是使用与上衣相同的布料制作而成。下摆或镶以刺绣作为装饰，或不作装饰。下摆有装饰时，衣襟上沿则镶以几道绣有大团花朵的刺绣边，以与下摆的刺绣装饰相呼应。袖口至肘，为他色布料制作而成，饰以动物纹刺绣；与蓝色袖筒的缝处镶有一道花边。

下装为黑色长裤，胫以上的裤腿刺绣有圆形图案和动物图案，胫以下为与上装同色的布料制成。不同颜色的布料将长裤分为两截，给人一种独特的美感。鞋为宽口青面布鞋，朴素自然。该服饰配连胸围腰，上沿及两侧沿镶有黑色边；主体部分为与制作袖口的布料相同的颜色，且刺绣有植物、动物、几何等纹饰，与袖口一起形成一种对称、整一的美感；上部镶有一刺绣绣片，美观大方。

着该服饰时，妇女往往头戴刺绣繁复的帽子，上面饰以珠翠；额头上方，还增饰了花朵形装饰，华丽绚烂。

※ 六枝关寨式（彝族）

六枝关寨式分布于六枝特区关寨镇，以女装最具特色。

女装上装为立领长衫，右衽，以蓝色、深绿色、藏青色等颜色的布料制作，前襟短，下摆及髋；后襟长，下摆及脚踝。领以刺绣制作而成，边沿有布料绲边，左边的领的边沿一直往下延伸，切入门襟上沿第一道花边；置彩色布纽扣数枚，以系合门襟和里襟；门襟上沿镶有两道宽约 4 厘米的刺绣花边，饰以植物、花卉等纹饰。整个门襟花边向上一直延伸，绕颈一周直至里襟，整体上形成云肩的形状；向下延伸至右腋下。袖体为窄袖，整个袖体或在两臂处镶有一道刺绣花纹，或为纯色；袖口或镶以一道宽约 4 厘米的刺绣，图案为花卉纹和植物纹，或直接以刺绣拼合为肘部以下的袖筒。整体上，袖口的花纹装饰与衣襟上的花纹相呼应，给人一种整体美感。下装为长裤，长及脚踝。

此服饰配以长及脚踝的蔽膝围腰，以黑色等深色布料外镶较宽浅色（一般为白色，也有镶刺绣边的）边制成，较为实用。上部的浅色边向两侧延伸，就成了系带。系带在身后打结。着该服饰的女子发髻高耸，缠以宽十厘米左右的头帕，在额上交叉呈“人”字形。此外，还会配以带有涡纹的项圈和手镯，这在贵州的其他彝族地区是不多见的。与此同时，还会在腰间放置一条巾帕。

※ 威宁马街式（彝族）

威宁马街式分布于威宁县云贵乡马街村，以女装为代表。

女装多以灰白色布料制作而成，为大襟长衫，衣襟下摆及膝，腋下开衩；刺绣立领，领呈优美的弧形，以黑布绲边，距边沿1厘米左右，又饰以黑色纹一道。门襟与里襟以布纽扣扣合，其颜色为青色，给人以明亮的感觉。此式服饰为右衽，衣襟上沿镶有宽约10厘米左右的刺绣花边，上绕颈一周，延伸至里襟，整体上形成云肩的形状；下延伸至下摆，让整个前后襟下摆及开衩处都布满花边装饰。花边大致分为三道，以花卉纹、几何纹、蝶纹为饰。衣袖为窄袖，长及手腕，袖口处镶以黑底绣片，饰以蝶纹、几何纹，与衣襟上的纹饰相呼应。下装为宽大的长裤。距裤脚二寸处，镶有多道花边。花边有宽有窄，图案多有不同，也有蝶纹和花卉纹。配刺绣有植物叶片纹的腰带，精美雅致。传统的鞋为布鞋，但如今多已被市场上购回的鞋所取代。

着该服饰时，佩戴用黑色布料制作的头饰。该头饰前为瓦片状、饰以纹饰的部件，前面边沿上饰以银饰；在两耳上方，饰以一颗较大的银质乳钉，装饰作用极其明显；后部为布片，沿着头发自然下垂，长及后肩，边缘处饰以几何纹刺绣。此外，还配以一斜挎包为饰。此包带为黑色，极细；包身饰以刺绣。整体上看，此式服饰以刺绣装饰的面积较大，二次成型后给人以沉稳的感受。

※ 大方大屯式（彝族）

大方大屯式分布于大方县大方镇，为典型的贵州彝族服饰。

女装上装为大襟长衫，立领，以蓝色布料制作而成，刺绣立领，右衽。后襟短，下摆及髋；后襟长，下摆及胫。门襟上沿镶数道刺绣花边，向上延伸沿肩颈一周，直至里襟，整体上形成云肩的形状；向下延伸至右腋下，并钉上色彩匹配的布纽扣。

袖口宽窄适中，或以与蔽膝同色的布料制作，与上段袖筒泾渭分明；或饰以多道刺绣花边，与前襟的花边相呼应。下装为长裤，分为两段：裤身一般为紫色或黑色，与上衣颜色截然不同；裤脚则以和上衣颜色相同的布料制作，两段接合处饰以多道刺绣纹饰，图案多为植物纹。

围腰为蔽膝围腰，主体颜色与裤身相同。蔽膝四周镶以两道——中有一定间隔——刺绣花边，上部花边向两边延伸为系带，于身后打结。蔽膝起到了补上衣前襟之短的作用，既实用又美观。鞋为青布鞋绣花鞋，饰以色彩鲜艳的花朵，现已多从市场购买。着该服饰时，头上佩以“恩考”帽，其主体颜色一般与蔽膝相同，但外面一圈为白色。

※ 普安高棉式（彝族）

普安高棉式分布于普安县高棉乡，男女式接近。

女装上衣为长衫，袍以蓝色布料做成，右衽，前襟长至髋，后襟及足跟。立领，以刺绣制品作而成，领口前绣一颜色接近的布纽扣。再往右下，又有几枚纽扣。位于肩部位置是绣有花卉的刺绣，颜色鲜艳，整体上形似霞帔，在边沿处以珠翠等作为饰物。窄袖，袖长及腕，袖口以刺绣镶嵌，大致分为三道：中段为花卉，两边为纹饰，给人以精致鲜艳的美感。下装为黑色布料做的裤，较普通裤为短，类似于曾经流行的八分或九分裤。距裤脚三四寸处，镶有三道刺绣花纹，图案多为几何纹，从下至上逐渐变窄。鞋为青布布鞋。随着时代的变化，布鞋已多自购于市场。

着该服饰时，头上往往会戴“恩考”（彝语发音）帽。“恩考”帽主体或为白色，饰以织锦，简洁大方；或色彩丰富，饰以银乳钉装饰的布条，繁复得体。与此同时，还佩蔽膝一块。蔽膝为长方形，主体为黑色，上、左、右三边为约三寸的刺绣镶边，上部镶边向两边延伸，即为系带；下部镶边往往不刺绣图案。围腰为蔽膝围腰，系好后，刚好覆盖了长衫短前襟所未覆盖处，其系带绕腰两周后系结于前，具有收束的功用，从而不专门使用腰带。

※ 晴隆三宝式（彝族）

晴隆三宝式分布于晴隆县三宝彝族乡，以女装最具特色。

女装为右衽立领长衫，前襟及腰，后襟及脚踝；领呈弧形，饰以多种色彩有刺绣。主体以蓝色或黑色布料制作，门襟上沿镶有三道较宽刺绣边，饰以植物、花卉、几何纹等图案；刺绣边绕颈一周，直至里襟，使得整个肩部形似云肩；后襟边沿亦饰以多道刺绣边，图案多为几何纹，质朴大方。门襟与里襟间以三枚布纽扣扣合，领下置一枚，右肩窝处有一枚，右腋下又有一枚。窄袖，袖口处镶有三道刺绣花边，饰以多种纹样。下装为长裤或百褶裙，长裤为蓝色布蓝做成，窄口；百褶裙由麻、棉、绸等材料制作而成，分为蓝、白、黑三截。裙下垂至足，细褶无数。

围腰为该式服饰重要配件。围腰为蔽膝围腰，整体上以与上装不同色，一般为白色的布料制作而成，又镶以与围腰主体不同颜色的边框。上沿的镶边为刺绣，向边延伸至一定程度，即以绝色布接续，由此形成系带。系带两端留有白色流苏，并在紧接流苏处饰以长约 30 厘米的刺绣。刺绣图案多为几何纹，色彩多为褐色、灰色，整体上看较为深沉、朴实。此式服饰经二次成型系好蔽膝后，刚好覆盖了长衫短前襟所未覆盖处，其系带绕腰两周后系结于前，具有收束的功用，从而代替了专门的腰带。该服饰头饰较为简单，为一条红色饰带。

※ 播州平正式（仡佬族）

播州平正式分布于播州区平正仡佬族乡。平正仡佬族乡为贵州唯一的仡佬族乡，服饰很有民族特色。

女装上装为无领贯首衣，主体以蓝色布料制作而成，领口以齐肩宽的织锦镶成，带肩部一周；短袖，袖长及臂，袖口以织锦镶成，与领口形成呼应。衣襟前短后长，两侧开衩。衣襟前摆及腹，以织锦镶过，再缀以如淡黄色意云纹刺绣；后摆及小腿，边缘缀以刺绣花卉纹，简洁大方。下装为百褶裙，裙身以与上装同色的蓝色布料制作，下摆以多道刺绣作为装饰。捡腰带，身前较宽，呈三角形，下方“V”字形边沿以珍珠串作为吊饰。着该服饰时，头戴插满花朵的发箍状银质饰物，再饰以一束红色缨穗。缨穗下部散开，刚好将额头上方的头发完全盖住。整体上看，此式女装比较明亮清新。

男装为对襟短衣，以浅黑色布料制作而成，两侧开浅衩。衣摆并不整齐，前摆稍短而后摆稍长。下装为以浅褐色布料制作的长裤。

※ 石阡坪山式（仡佬族）

石阡坪山式分布于石阡县坪山乡，以女装最具特色。

女装上装以蓝色布料制作而成，上装为短衣，下摆至髋，右衽，矮立领；门襟有较宽花边，延伸至右腋之下；两肩处绣有绿叶红花；衣袖较普通衣服为宽，肘部、袖口处皆有两道纹饰，绣以绿叶红花。一些上装下摆也饰有花边。

下装为宽裤腿长裤，裤身绣有两道5厘米左右宽的花纹，裤脚处有一道类似于城墙的白色纹路。着该服饰时，配以黑色短围腰或连胸围腰。短围腰中部和连胸围腰头部绣以红花绿叶，饰以花边。一般穿布鞋，但现多以从市场购买的各种鞋代替。

整体上看，石阡坪山式仡佬族服饰较为简洁，纹饰多用红花绿叶，使用较为集中，整体上给人一种简洁、阳光的美感。

茶
石阡县中等职业学校
茶文化艺术团
建和谐
普天同庆

※　榕江新华式（水族）

榕江新华式以榕江县新华镇为代表，分布于榕江、从江等地。

女装上装为圆领右衽宽袖短衣，以蓝绿色布料制作而成，门襟上沿饰以织锦，一直延伸到腋下开衩处；袖筒及手肘，距袖口约5厘米处镶一道织锦作为装饰。下着长裤。系短围腰，围腰带以织锦制作，美观大方。着此服饰时，脚穿绣花青布鞋。男装为对襟无领蓝布衫，老年人着长衫，头缠里布包头，脚裹绑腿。

新华式服饰造型大方实用，色彩浅淡素雅，装饰不多，上衣肩部一圈及袖口、裤脚处镶有刺绣绣片。包头巾上有几何纹图案。银饰不多，有银冠、银项圈、银手镯、银压领、银耳环。传统水族善于织造、染布、绣花，豆浆染和马尾绣是其特色。

榕江新华式的马尾绣背扇很有特色。背扇为“T”形，刺绣做工精致，纹样美观。马尾绣是先将马尾缠绕上彩色丝线，在背扇底布上画好各种传统图案，纹样内容为祈福平安，然后将缠好的马尾绣线绣钉在底布纹样上。背带美观实用，是母亲给出嫁女儿重要的嫁妆，也是成婚生育后背负婴儿的襁褓，是水族妇女的重要配饰。

※ 都匀奉合式（水族）

都匀奉合式分布于都匀市奉合乡，女装含有两种款型。

第一种款型，上装为立领长袖短衣，右衽，以绿色布料制作。门襟上沿有些镶以黑边，布纽扣也为黑色。黑边下接一道缀有红花的刺绣纹饰，延伸至里襟末端。与肩颈处相呼应，袖口处也镶以宽黑边及一道缀有红花的刺绣纹饰。围腰为梯形的连胸围腰，以黑色布料制成，头部以抽象的刺绣的飞鸟、花朵纹饰作为装饰。着该服饰时，头上佩戴黑色帕饰，缨子自然下垂于右侧，还会佩戴三重造型各异的银项圈，下压两端饰以吊坠的银链持饰。

第二种为少女装，以蓝布料制作而成。右衽，或为立领，或为直领，领部装饰繁复。若为直领，则领以刺绣镶成。门襟上沿镶以黑边，下接饰两道或三道刺绣缀有红边的刺绣纹饰，一直延伸至里襟末端。袖仅及肘，袖口较宽，镶有一道饰绣有三角形的刺绣纹饰，下接两层装饰物：一为黑色布料，在上一层；一为刺绣，在下。三层装饰给人以层层叠叠的美感。着此服饰时，头戴头饰品。该头饰品呈梯形，刺绣以花纹繁复的图案，底边向两端延伸为带，带端缀有吊饰。此外，还配以银手镯等手饰。

※ 三都都江式（水族）

三都都江式分布于三都县都江镇，以女装最具特色。

女装上装为无领右衽大襟短衣，以蓝、黑等深色布料制成，侧襟，两边开衩。门襟上沿镶有黑色边，宽边约10厘米，绕颈一周，延伸至里襟末端；黑边内侧为两道花边。门襟与里襟交接的地方，钉有深色布纽扣多枚。袖长及手腕，袖口处镶有襟边同色、近宽的黑色边，黑色边与袖身衔接处缀有一道花边。

下装为长裤，长及脚踝，颜色与衣袖镶边相同或相似。小腿处缀有两道白色刺绣花带，将裤腿分为上下两部分。鞋为尖头绣花鞋，侧看似一叶小舟，尖头处为暗红色。

着该服饰时，头上会围以白色的巾帕，里置内衬，形成一个特殊的造型。巾帕末端为纬线自然延伸形成的缨子，有较强的装饰性。

※ 三都九阡式（水族）

三都九阡式分布于三都县九阡镇一带，女装含有三种款型。

第一种款型上装为圆领短衣，右衽；下装为长裤，长及脚踝。上下装皆以自织黑色土布制成，朴素自然。着该服饰时，一般会饰以两重银项圈及银链挂饰，头戴黑色头帕。头帕两端留有缨子，自然下垂于右侧。

第二种款型上装为圆领短衣，右衽，两边开衩，以蓝色布料制作而成。门襟上部边沿镶有黑色和浅色刺绣两道宽边，绕脖一周，一直延伸至里襟末端。门襟下摆至开衩处也镶有宽约 5 厘米的刺绣边。与门襟上部相应，袖口处也镶有黑色和浅色刺绣两道边。下装为黑色长裤。着该服饰时，一般会饰以黑色或白色帕巾。

第三种款型上衣也是短衣，右衽，两侧开衩，以黑色布料为制成，门襟上沿饰以数道马尾绣花边，绕脖一周，一直延伸至里襟末端。下摆也以马尾绣作为装饰。袖身较普通衣服稍短，袖口镶以 10 厘米左右的 3 道马尾绣宽边，以与衣摆相呼应。下装为黑色长裤。该式服饰配以连胸围腰。围腰使用与衣服相同的底色制成，头部在 3 厘米左右宽边处开始以马尾绣作为装饰。着该服饰时，头饰或为黑帕巾或为银饰。银饰又分为两种，一种带有较大的银角，上面饰以各种图案。颈部饰以两重银项圈及银链挂饰，手上还会配戴精美的银手镯，与服装的马尾绣相得益彰。

卫生
灶

※ 威宁麻乍式（回族）

威宁麻乍式主要分布在威宁县麻乍镇，以女装最具特色。

女性上装为蓝色或青色立领大襟短衣，右衽，大襟缀花，窄袖口，领口也缀花，其花色随穿着者年龄的增长而逐渐转素；下装为宽大长裤，一般以棉布布料裁剪而成，在颜色搭配上选择与上装不同色为宜；鞋面绣花，圆口。绣花围腰为麻乍式服饰的重要配件。男性上装为白色或青色对襟衣，襟缀细花，袖口细而短；下装较为肥大；外罩马甲，马甲为对襟，布扣，衣襟处镶有花边；鞋为圆口，鞋面为青色布料。

女性喜欢佩戴遮面护发的头巾，质地一般为细棉布、丝绸等，颜色为绿、青（黑）、白三种，上一般都会饰以精美刺绣图案。男性多戴白帽或包白帕。

※ 大方核桃式（白族）

大方核桃式分布于大方县核桃镇，以女装为代表，整体上色彩端庄、典雅明快。

女装上衣为无领大袖衣，或右衽或贯首，衣服饰主体部分为红色或蓝色，衣袖为白色。若为右衽，衣襟、袖口以青色布条绲边，前后衣襟和袖口处有刺绣纹样作为装饰；若为贯首衣，则仅在袖口处稍作装饰。围腰为短围腰，下摆呈优美的弧形，围腰中央以各色丝线刺绣花卉等吉祥图案。腰带较宽，与上装主体部分颜色相同或接近，上也刺绣以花卉等吉祥图案。下装为百褶长裙或宽裤脚长裤，小腿处也绣有鲜艳的花卉等吉祥图案。鞋为绣花翘头鞋。着该服饰时，编辫绾发，再插银簪作为装饰，再饰以用薏苡米串作五色长流苏的头饰——流苏自然下垂于左侧。据说，该头饰有“风花雪月”的象征意义。

白族先民以游牧生活为主，其羊毛擀制品最有特色。在白族先民的生活中，羊毛擀制品有垫毡、披毡、毡帽等。披毡有男式、女式两种，均用白色羊毛擀制而成。在造型上上窄下宽，领口处系毛线，披时系结。披毡在白族生活中作用很大，白天作御寒挡风的衣物，夜晚作寝具。白族从游牧转为定居后，农耕经济得到发展，于是便有了麻制品加工，更是使用自织的布料做长衫、头帕、腰带等。

※ 从江翠里式(瑶族)

从江翠里式以从江县翠里乡为代表，在西山岑杠等地也有分布。

女装以自织亮布缝制，华丽迷人，为短衣，大襟，敞胸，襟边所镶饰以几何纹的刺绣边一直延伸至领后；衣袖由十余道刺绣花纹的布料制成，与作为上衣主体的亮布在色彩上形成鲜明对比。内着刺绣围胸，其上还饰以多枚圆形金属饰片。下装为亮布制作的长裤，裤脚以数道刺绣花带镶紫色布料制作而成，与衣袖有一种美学上的呼应。脚穿布鞋。系前后短围腰。前围腰由亮布镶竖条纹刺绣花带制成，下边沿饰以彩珠串等饰物；围腰带较宽，由亮布制作而成，尾梢饰以刺绣条纹。头饰较为简单，为青色配饰，给人以简洁的美感。此外，还佩戴银手镯、耳环等饰物。

该式男装与女装有着相似的风格，但要简洁得多。上衣是由亮布制作的对襟长衣，衣襟饰以几何纹刺绣，不钉纽扣。裤子为亮布制作的长裤，与女式长裤相比，无刺绣花纹。

※ 荔波瑶山式（瑶族）

荔波瑶山式主要分布于荔波县瑶族乡，茂兰镇瑶麓村也有分布，以男装最具特色。

男装以自织自染棉布制作，上装短，背部为大翻领，对襟无扣，衣领、衣襟和袖口处镶宽六厘米左右的蜡染刺绣花边，下装为具有标识性的短膝白裤，短裤上两只裤腿上各有一道红色印迹，为手掌之形，传说这五道红色印迹象征着瑶王的血手印。着该服饰时，一般会缠白布和青布两色头帕，腰系白布刺绣腰带，打青布绑腿或刺绣彩色腿笼。

女上装为贯首背牌短衣，由一幅青布制作而成。经对折，将上部两边在连接处缝上，仅留一孔供头钻出。两腋下开衩，用布带系结。贯首衣正面无装饰，背面以蜡染为底刺绣图样。其花纹为菱形花，瑶族称之为“大围马”“小围马”。所刺绣的整幅图案为方形，瑶族自称为“盘王印”，这是瑶族的族徽。传说瑶族同胞相信瑶王印信威力巨大，故将其刺绣于衣服上。背牌图案下部缀三根带有串珠的飘带。腰部系一条彩色腰带，腰带穗头垂于左右两侧。下装为牛油染齐膝百褶裙，裙摆镶宽约二寸的花边。有时亦在百褶裙前罩一条彩色刺绣蜡染围腰。小腿上着脚笼，脚笼下沿绣有花边。着该服装时，长发盘顶，先系青布头帕，再加系白布头帕，以花布包头。

※ 荔波瑶麓式（瑶族）

荔波瑶麓式分布于荔波县茂兰镇瑶麓村。

女装上装为短衣，前短后长，右衽，无领无扣，袖口刺绣得有两道彩色鲜艳的刺绣。外罩一件贯首式无袖短衣，其背面以蜡染为底上面刺绣有图样，作方框之形，即“背牌”；其正面及两肩处的边沿也镶有刺绣边纹。背牌图案与瑶族其他服饰型款相似，下方有两条刺绣飘带。围腰为蔽膝，四边皆绣有精致的图案，其图案一般与袖口相同；系带为织锦，系于腰间，既有固定的作用，更有装饰作用。蔽膝中央绣有抽象化、几何化了的房屋和人，当有其特殊的美好寓意。下装为青布短裤或百褶刺绣裙。裤装的裤脚处刺绣有精美的花纹，既与衣袖口巧妙形成呼应，又与蔽膝相得益彰。着该服饰时，女子婚前束发编辫；婚后则绾髻于脑后，并插上金属发钗作为装饰。发钗多为银质，数量多为三支，也有插四支的。与此同时，带佩戴银项圈，数量一般为两个以上。

该式男装为无领右衽青色上衣，前襟短而后襟长，以布带扣结；沿衣襟边和袖口处镶有一道精细的刺绣花边，左胸处缝一个刺绣装饰的荷包，以便装随身之物；下装为青色长裤，膝盖位置和裤脚边各镶有一条刺绣花边。着该服饰时，男性蓄发，绾发髻于头顶，头缠五色织锦头帕，头帕两端绣有花纹，且留有巾须。腰缠织锦花腰带，多为几何纹。

※ 从江翠里式（壮族）

从江翠里式分布于从江县翠里乡，以女装最具特色。

从江翠里式壮族服饰，主要由自织自染的亮布为质料制作而成。女式上装为无领对襟衣，领口处镶有竖条纹浅色花边，两腋下开衩，绲以浅色花边。该式服饰最具特色的是，开衩处往往会悬挂银吊饰。衣袖在肘下部镶宽约 5 厘米宽的蜡染布袖口，衣袖与袖口连接处镶刺花边；以布条作腰间系带，系于衣襟掩压处，于背后打结，末端垂于身后。下装为齐膝青布纯色百褶裙，不进行装饰。青布脚笼以蓝布带系扎，穿于小脚处。围腰为青布所制，上缀刺绣纹样；其系带为宽一寸左右的织锦，滚花边。这样的服饰搭配方口青布鞋。

着该服饰时，上装里穿无领衬衣，常挽发髻于头顶右侧，其上饰以银质步摇；项戴多重银质项圈，有层叠之美。与此同时，还饰以金属手镯，与步摇及项圈相呼应。另外，此式男装上衣也为藏青色亮布制成，为立领对襟衣，布襻扣有 11 颗；头上以青布头帕作为装饰，在头顶左侧打结，留头帕穗头。

※ 麻江隆昌式（畲族）

麻江隆昌式分布于麻江县金竹街道隆昌村，以女装最具特色。

隆昌式女装以自织自染蓝色土布缝制。上装为立领右衽短衣，领为藏青色土布制成，领根为蓝色土布，绕脖一周。以布纽扣扣系，门襟边最外沿镶有一道浅色边，下接数道深色襟边，一直线肩一周直至里襟边沿。袖口为数道花边缝接青布制成，与衣身的蓝色形成鲜明对比。下装为裤，裤脚有的肥大，有的窄小，并不整一，但都是以青布制成。围腰为连胸围腰，主体以青布制作而成，呈梯形的上部以刺绣片镶嵌而成，刺绣图案以红花绿叶居多。数朵花与绿叶簇拥为一团，刚好占据绣片大部分。围腰上部以金属质的链作为系带，挂于衣领之后，搭配起来极有质感。从某种意义上说来，围腰起到了从上装到下装的颜色过渡作用，使得上下装的颜色并不显得突兀。鞋为圆口青布鞋。着该服饰时，头缠深色头帕，外圈镶以金属片。

与女装相比，该式男装就简单得多。整体上以藏青色布料制作而成，右衽，立领袍装，袖口、衣领等皆无装饰。下装为长裤，也是以藏青色布料制作而成。长裤往往被袍服下摆遮挡，故着该服饰时，仅见衣袍。鞋为青布面布鞋。年纪稍长者着该式服饰时，往往会以青色布帕缠头，头帕留有穗头，自然垂于头左耳位置。

※ 平塘卡蒲式（毛南族）

平塘卡蒲式分布于平塘县卡蒲毛南族乡，以女装最具特色。

卡蒲式女装上装为浅蓝色立领短衣，右衽，门襟上沿镶有一道刺绣花边，一直延伸至左肩处；窄袖口，距袖口约十厘米处往往会有两道刺绣花纹，上绣花卉图案，鲜艳欲滴。下装为宽大长裤，以深色布料制作而成。距裤脚约五厘米处有一道刺绣花纹，图案也为花卉图案，与衣袖形成明显的呼应。

系连胸围腰。围腰为深色布料所制，上部为梯形，以浅色底刺绣绣片镶嵌而成；上部系带宽约3厘米，为织锦；其下摆与上衣门襟下摆几乎平齐，故系上围腰后，几乎看不见衣摆。由于围腰与下装颜色相同或相似，故起到了过渡的作用，使得下装之间有着巧妙过渡，而不显得突兀。鞋一般为夹尖绣花鞋，饰以精美图案。不过，现在大都是穿购于市场的布鞋或皮鞋。

着该服饰时，毛南女子往往会以耳环、手镯等作为饰物；年纪稍大的妇女则包上青布头帕。

※ 黔西金坡式（满族）

黔西金坡式分布于黔西市金坡苗族彝族满族乡，民族特色浓郁。

金坡式女装为高领琵琶襟旗装，矮领，右衽，色彩鲜艳。长袖袖口呈喇叭状，袖臂和袖口上镶刺绣宽花边两道，绚丽多彩。一般外罩同色坎肩，其肩袖处镶刺绣排花宽边。下装为青蓝色布长裤，裤脚较为肥大，且镶有刺绣彩色宽边。佩戴浅色围巾，两端刺绣有鲜艳的图案。鞋为云头鞋。满族女子擅长刺绣，一般会在衣襟、荷包、鞋面等处刺绣有作为装饰的图案。纹样有花鸟，也有“福、禄、寿”等寓意吉祥的文字。着该服饰时，头戴刺绣头帕，并佩戴耳环、手镯、项圈等饰物。老年妇女的服饰则相对素净：主体以黑色布料制作而成，短衣，矮领，领上沿绲白边；门襟上沿镶刺绣排花宽边，并绕颈一周直至里襟末。袖口镶一刺绣花边，两侧各有一道白纹。腋下开了浅衩，衣襟下摆所镶花边与袖口处统一。下装为肥大的长裤，裤脚处所饰刺绣与上装下摆相同。

男装为袍，一般以蓝色布料制作而成，矮领，右衽，下摆两侧开衩。下装为长裤，裤腿肥大，长及脚踝，不镶边。马褂为男装的重要组成部分，一般为黄色，为琵琶襟，上置布纽扣数枚。鞋为黑布面布鞋。着该服饰时，往往会佩以瓜皮小帽。不过，瓜皮小帽仅在童装中较好得以保存。

福

※ 大方凤山式（蒙古族）

大方凤山式主要分布于大方县凤山彝族蒙古族乡，邻近乡镇也有分布，以女盛装最具特色。

女装有两种，一为上衣下裙式服饰，一为上下连体的蒙古袍。前者上装以黄色的布料制作，长袖及腕，袖口处镶有紫色护腕；外罩琵琶襟马甲，衣襟上钉紫红色布纽扣四枚，下摆及腹，下摆门襟边沿以织锦为饰。下装为裙，以紫色布料制作。靠近下摆处以金色线条作为装饰。头戴红色帽子，帽子正前方有一颗专门的饰物，四周以珍珠串为饰。

上下连体的蒙古袍，以红缎制作而成。高直领，领口与衣襟连接处处嵌套了一个造型别致装饰，一直延伸至腹部，与腰带相连。袖长及腕，袖口较窄，以宽约10厘米的绣片作为装饰，有护腕的功能。下部为裙，裙摆过膝，镶金色边作为装饰，裙身饰以金色抽象图案。系金色腰带，腰带将衣裙分割为上下两部分。脚穿红色靴子，靴子侧面以金色抽象图案为饰。帽子与前述款式的帽子相差不大。整体上看，显得简洁大气。

※ 江口漆树坪式（羌族）

江口漆树坪式分布于江口县桃映镇新寨村，以女装最具特色。

漆树坪式女装整体上为红色或蓝色，上装为大襟袍装，立领，领上沿镶有一道刺绣花纹，以七对布纽扣系扣；两腋下自髋部往下开衩，开衩处镶以刺绣为边；右衽，门襟上沿镶有两道较宽的刺绣花边，绕肩劲一周直至里襟，整体上形成云肩状。刺绣图案为花卉，色彩艳丽。袖或为窄长袖或为半袖，前者于手臂中部及袖口处各镶一道和两道刺绣花纹；后者长仅及肘，以刺绣花纹镶边。下摆边刺绣有花卉图案。所佩围腰有两款，或为蔽膝围腰，或为短围腰。蔽膝长及小腿，整体上为黑色，上刺绣大团艳丽的花朵；上沿为刺绣系带，底为黄色或蓝色，向后延伸 15 厘米后，以黄缎接。短围较短，夹层如口袋，可放置针线等细小之常用物。穿戴时，于身后打结。下装为贴身长裤，鞋多为绣花鞋。着该服饰时，头发梳编为两条辫子，盘绕后戴叠瓦状绣花头饰，以纯色彩色绳捆扎。头饰的额前部分，饰以珠串，形似珠帘。

男装多为蓝色，形制与女装相同，只是以几何纹作为装饰。男子着该服饰后，头缠四米长头帕，外围也饰以几何文，并插上数枚雉尾。有些男性也褐色帽子，其形状与牛仔帽相似。羌族服饰中，最具特色的是羊皮褂子。对襟无领无袖，男子穿上后，显得粗犷剽悍，颇有古之遗风。

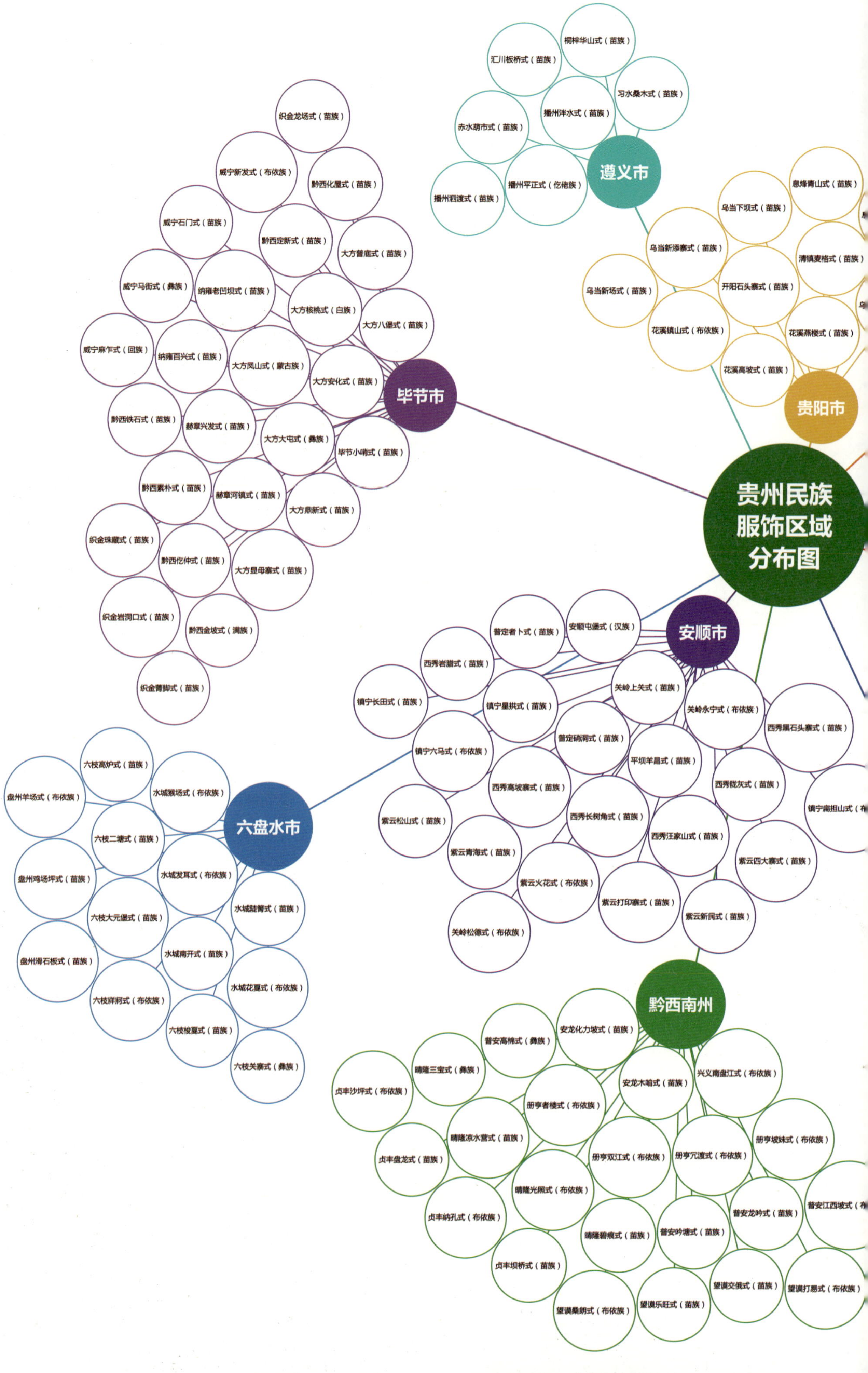
贵州民族服饰区域分布图
遵义市
桐梓华山式（苗族）
汇川板桥式（苗族）
习水桑木式（苗族）
播州泮水式（苗族）
赤水葫市式（苗族）
播州平正式（仡佬族）
播州泗渡式（苗族）
贵阳市
息烽青山式（苗族）
乌当下坝式（苗族）
乌当新添寨式（苗族）
清镇麦格式（苗族）
乌当新场式（苗族）
开阳石头寨式（苗族）
花溪镇山式（布依族）
花溪燕楼式（苗族）
花溪高坡式（苗族）
毕节市
织金龙场式（苗族）
威宁新发式（布依族）
黔西化屋式（苗族）
威宁石门式（苗族）
黔西定新式（苗族）
大方普底式（苗族）
威宁马街式（彝族）
纳雍老凹坝式（苗族）
大方核桃式（白族）
大方八堡式（苗族）
威宁麻乍式（回族）
纳雍百兴式（苗族）
大方凤山式（蒙古族）
大方安化式（苗族）
黔西铁石式（苗族）
赫章兴发式（苗族）
大方大屯式（彝族）
毕节小哨式（苗族）
黔西素朴式（苗族）
赫章河镇式（苗族）
大方鼎新式（苗族）
织金珠藏式（苗族）
黔西仡仲式（苗族）
大方显母寨式（苗族）
织金岩洞口式（苗族）
黔西金坡式（满族）
织金箐脚式（苗族）
安顺市
普定者卜式（苗族）
安顺屯堡式（汉族）
西秀岩腊式（苗族）
镇宁长田式（苗族）
镇宁星拱式（苗族）
关岭上关式（苗族）
关岭永宁式（布依族）
西秀黑石头寨式（苗族）
镇宁六马式（布依族）
普定硝洞式（苗族）
平坝羊昌式（苗族）
西秀高坡寨式（苗族）
西秀陇灰式（苗族）
紫云松山式（苗族）
西秀长树角式（苗族）
西秀汪家山式（苗族）
紫云青海式（苗族）
紫云四大寨式（苗族）
紫云火花式（布依族）
紫云打印寨式（苗族）
紫云新民式（苗族）
关岭松德式（布依族）
六盘水市
六枝高炉式（苗族）
盘州羊场式（布依族）
水城猴场式（布依族）
六枝二塘式（苗族）
盘州鸡场坪式（苗族）
水城发耳式（布依族）
六枝大元堡式（苗族）
水城陡箐式（苗族）
盘州滑石板式（苗族）
水城南开式（苗族）
水城花戛式（布依族）
六枝牂洞式（布依族）
六枝梭戛式（苗族）
六枝关寨式（彝族）
黔西南州
安龙化力坡式（苗族）
普安高棉式（彝族）
晴隆三宝式（彝族）
贞丰沙坪式（布依族）
安龙木咱式（苗族）
兴义南盘江式（布依族）
册亨者楼式（布依族）
晴隆凉水营式（苗族）
贞丰盘龙式（苗族）
册亨双江式（布依族）
册亨冗渡式（布依族）
册亨坡妹式（布依族）
晴隆光照式（布依族）
贞丰纳孔式（布依族）
晴隆碧痕式（苗族）
普安吟塘式（苗族）
普安龙吟式（苗族）
贞丰坝桥式（苗族）
望谟桑朗式（布依族）
望谟乐旺式（苗族）
望谟交俄式（苗族）
望谟打易式（布依族）

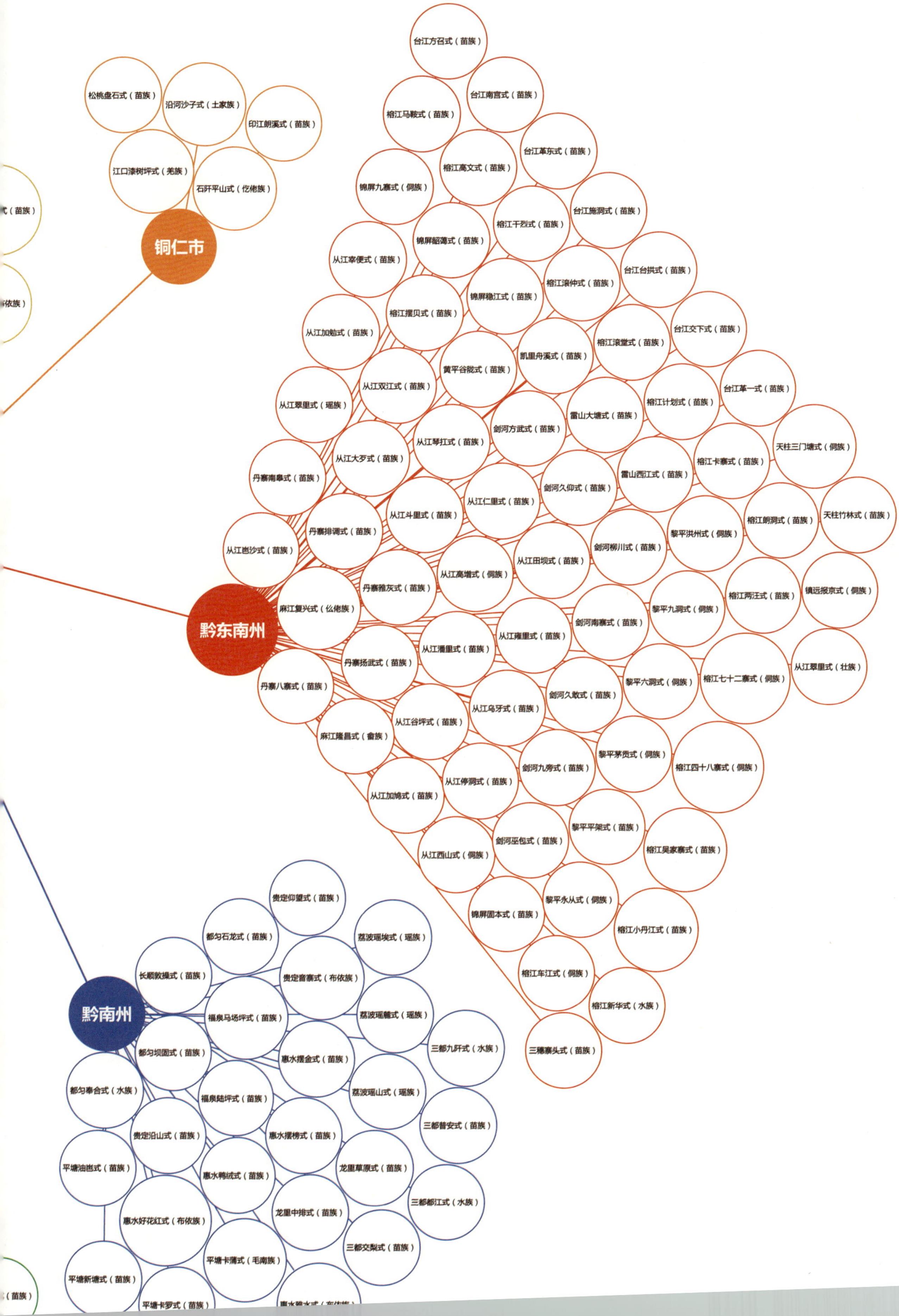
铜仁市
松桃盘石式（苗族）
沿河沙子式（土家族）
印江朗溪式（苗族）
江口漆树坪式（羌族）
石阡平山式（仡佬族）
黔东南州
台江方召式（苗族）
台江南宫式（苗族）
榕江马鞍式（苗族）
台江革东式（苗族）
榕江高文式（苗族）
锦屏九寨式（侗族）
台江施洞式（苗族）
榕江千烈式（苗族）
锦屏韶蔼式（苗族）
从江宰便式（苗族）
台江台拱式（苗族）
榕江滚仲式（苗族）
锦屏稳江式（苗族）
榕江摆贝式（苗族）
从江加勉式（苗族）
台江交下式（苗族）
榕江滚堂式（苗族）
凯里舟溪式（苗族）
黄平谷陇式（苗族）
从江双江式（苗族）
从江翠里式（瑶族）
台江革一式（苗族）
榕江计划式（苗族）
雷山大塘式（苗族）
剑河方武式（苗族）
从江琴扛式（苗族）
从江大歹式（苗族）
丹寨南皋式（苗族）
天柱三门塘式（侗族）
榕江卡寨式（苗族）
雷山西江式（苗族）
剑河久仰式（苗族）
从江仁里式（苗族）
从江斗里式（苗族）
丹寨排调式（苗族）
从江岜沙式（苗族）
榕江朗洞式（苗族）
天柱竹林式（苗族）
黎平洪州式（侗族）
剑河柳川式（苗族）
从江田坝式（苗族）
从江高增式（侗族）
丹寨雅灰式（苗族）
麻江复兴式（仫佬族）
榕江两汪式（苗族）
镇远报京式（侗族）
黎平九洞式（侗族）
剑河南寨式（苗族）
从江雍里式（苗族）
从江播里式（苗族）
丹寨扬武式（苗族）
丹寨八寨式（苗族）
从江翠里式（壮族）
榕江七十二寨式（侗族）
黎平六洞式（侗族）
剑河久敢式（苗族）
从江乌牙式（苗族）
从江谷坪式（苗族）
麻江隆昌式（畲族）
黎平茅贡式（侗族）
榕江四十八寨式（侗族）
剑河九旁式（苗族）
从江停洞式（苗族）
从江加鸠式（苗族）
黎平平架式（苗族）
榕江吴家寨式（苗族）
剑河巫包式（苗族）
从江西山式（侗族）
黎平永从式（侗族）
锦屏固本式（苗族）
榕江小丹江式（苗族）
榕江车江式（侗族）
榕江新华式（水族）
三穗寨头式（苗族）
黔南州
贵定仰望式（苗族）
都匀石龙式（苗族）
荔波瑶埃式（瑶族）
长顺敦操式（苗族）
贵定音寨式（布依族）
福泉马场坪式（苗族）
荔波瑶麓式（瑶族）
三都九阡式（水族）
都匀坝固式（苗族）
惠水摆金式（苗族）
都匀奉合式（水族）
福泉陆坪式（苗族）
荔波瑶山式（瑶族）
贵定沿山式（苗族）
惠水摆榜式（苗族）
三都普安式（苗族）
平塘油岜式（苗族）
惠水鸭绒式（苗族）
龙里草原式（苗族）
三都都江式（水族）
惠水好花红式（布依族）
龙里中排式（苗族）
三都交梨式（苗族）
平塘卡蒲式（毛南族）
平塘新塘式（苗族）
平塘卡罗式（苗族）

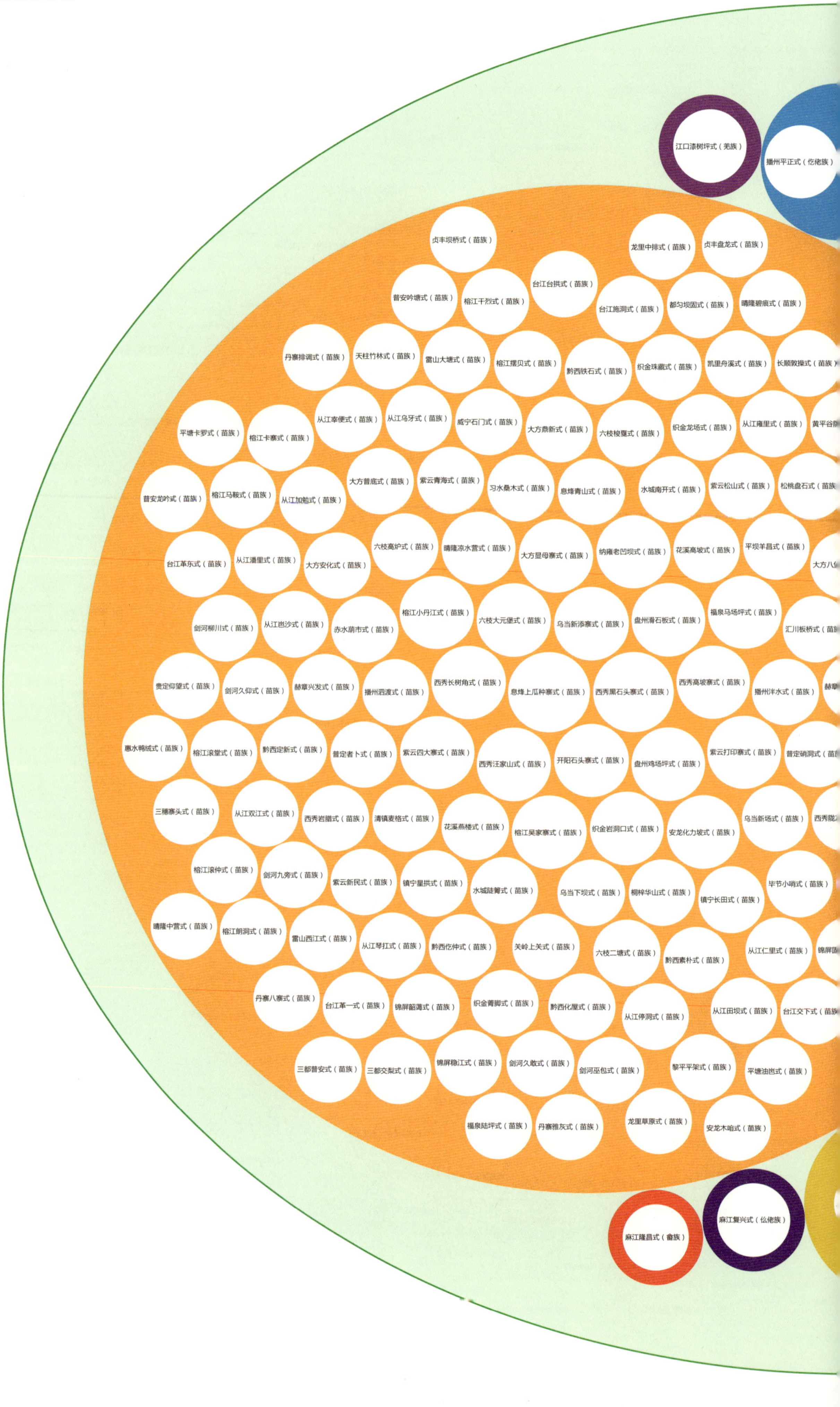

江口漆树坪式（羌族）
播州平正式（仡佬族）
贞丰坝桥式（苗族）
龙里中排式（苗族）
贞丰盘龙式（苗族）
台江台拱式（苗族）
普安吟塘式（苗族）
榕江干烈式（苗族）
台江施洞式（苗族）
都匀坝固式（苗族）
晴隆碧痕式（苗族）
丹寨排调式（苗族）
天柱竹林式（苗族）
雷山大塘式（苗族）
榕江摆贝式（苗族）
黔西铁石式（苗族）
织金珠藏式（苗族）
凯里舟溪式（苗族）
长顺敦操式（苗族）
平塘卡罗式（苗族）
榕江卡寨式（苗族）
从江宰便式（苗族）
从江乌牙式（苗族）
威宁石门式（苗族）
大方鼎新式（苗族）
六枝梭戛式（苗族）
织金龙场式（苗族）
从江雍里式（苗族）
普安龙吟式（苗族）
榕江马鞍式（苗族）
从江加勉式（苗族）
大方普底式（苗族）
紫云青海式（苗族）
习水桑木式（苗族）
息烽青山式（苗族）
水城南开式（苗族）
紫云松山式（苗族）
台江革东式（苗族）
从江潘里式（苗族）
大方安化式（苗族）
六枝高炉式（苗族）
晴隆凉水营式（苗族）
大方显母寨式（苗族）
纳雍老凹坝式（苗族）
花溪高坡式（苗族）
平坝羊昌式（苗族）
剑河柳川式（苗族）
从江岜沙式（苗族）
赤水葫市式（苗族）
榕江小丹江式（苗族）
六枝大元堡式（苗族）
乌当新添寨式（苗族）
盘州滑石板式（苗族）
福泉马场坪式（苗族）
贵定仰望式（苗族）
剑河久仰式（苗族）
赫章兴发式（苗族）
播州泗渡式（苗族）
西秀长树角式（苗族）
息烽上瓜种寨式（苗族）
西秀黑石头寨式（苗族）
西秀高坡寨式（苗族）
播州洋水式（苗族）
惠水鸭绒式（苗族）
榕江滚堂式（苗族）
黔西定新式（苗族）
普定者卜式（苗族）
紫云四大寨式（苗族）
西秀汪家山式（苗族）
开阳石头寨式（苗族）
盘州鸡场坪式（苗族）
紫云打印寨式（苗族）
三穗寨头式（苗族）
从江双江式（苗族）
西秀岩腊式（苗族）
清镇麦格式（苗族）
花溪燕楼式（苗族）
榕江吴家寨式（苗族）
织金岩洞口式（苗族）
安龙化力坡式（苗族）
乌当新场式（苗族）
榕江滚仲式（苗族）
剑河九旁式（苗族）
紫云新民式（苗族）
镇宁星拱式（苗族）
水城陡箐式（苗族）
乌当下坝式（苗族）
桐梓华山式（苗族）
镇宁长田式（苗族）
毕节小哨式（苗族）
晴隆中营式（苗族）
榕江朗洞式（苗族）
雷山西江式（苗族）
从江琴扛式（苗族）
黔西仡仲式（苗族）
关岭上关式（苗族）
六枝二塘式（苗族）
黔西素朴式（苗族）
从江仁里式（苗族）
丹寨八寨式（苗族）
台江革一式（苗族）
锦屏韶蔼式（苗族）
织金菁脚式（苗族）
黔西化屋式（苗族）
从江停洞式（苗族）
从江田坝式（苗族）
三都普安式（苗族）
三都交梨式（苗族）
锦屏稳江式（苗族）
剑河久敢式（苗族）
剑河巫包式（苗族）
黎平平架式（苗族）
平塘油岜式（苗族）
福泉陆坪式（苗族）
丹寨雅灰式（苗族）
龙里草原式（苗族）
安龙木咱式（苗族）
麻江隆昌式（畲族）
麻江复兴式（仫佬族）

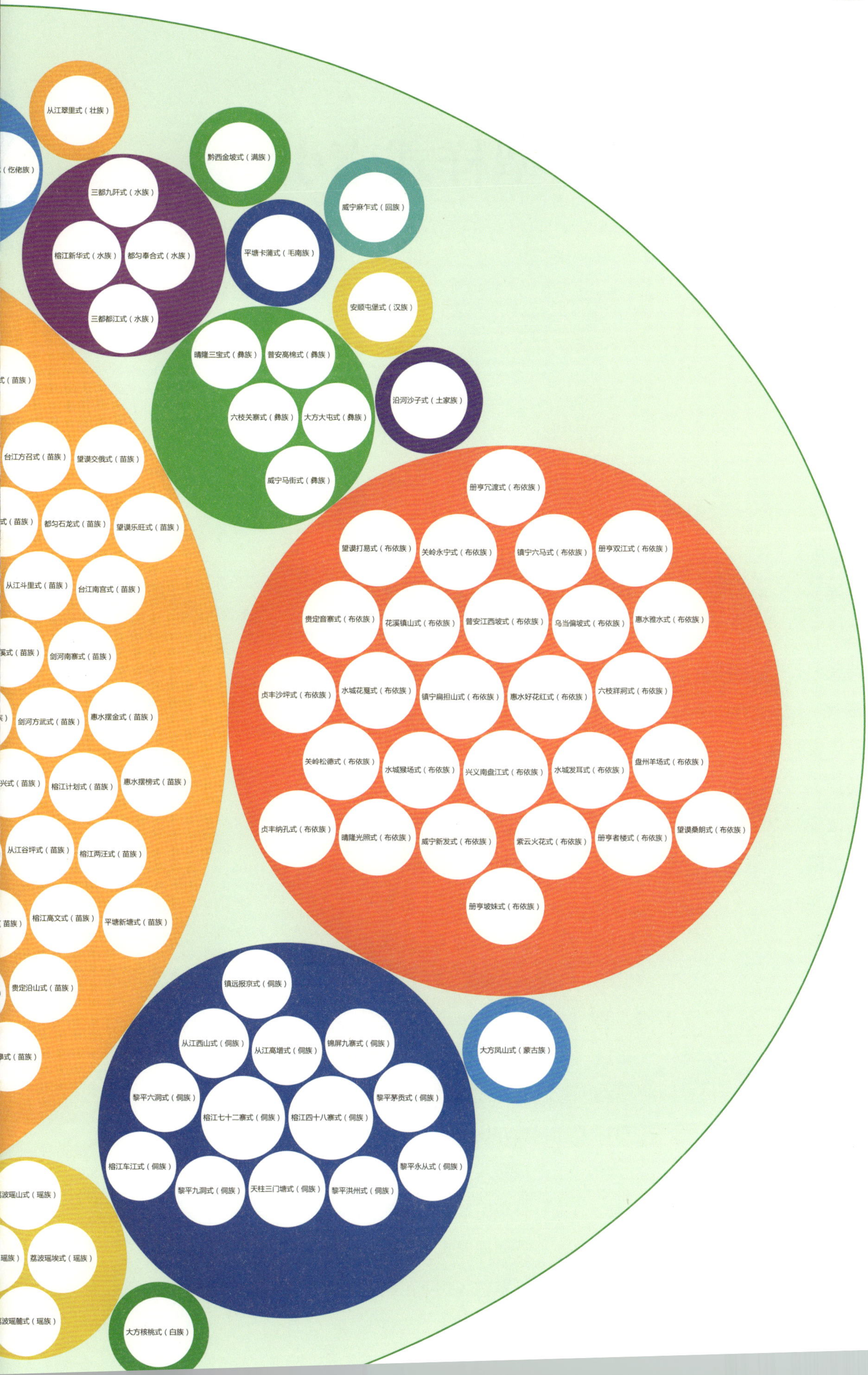
从江翠里式（壮族）
黔西金坡式（满族）
三都九阡式（水族）
威宁麻乍式（回族）
榕江新华式（水族）
都匀奉合式（水族）
平塘卡蒲式（毛南族）
三都都江式（水族）
安顺屯堡式（汉族）
晴隆三宝式（彝族）
普安高棉式（彝族）
沿河沙子式（土家族）
六枝关寨式（彝族）
大方大屯式（彝族）
威宁马街式（彝族）
台江方召式（苗族）
望谟交俄式（苗族）
都匀石龙式（苗族）
望谟乐旺式（苗族）
从江斗里式（苗族）
台江南宫式（苗族）
剑河南寨式（苗族）
剑河方武式（苗族）
惠水摆金式（苗族）
榕江计划式（苗族）
惠水摆榜式（苗族）
从江谷坪式（苗族）
榕江两汪式（苗族）
榕江高文式（苗族）
平塘新塘式（苗族）
贵定沿山式（苗族）
册亨冗渡式（布依族）
望谟打易式（布依族）
关岭永宁式（布依族）
镇宁六马式（布依族）
册亨双江式（布依族）
贵定音寨式（布依族）
花溪镇山式（布依族）
普安江西坡式（布依族）
乌当偏坡式（布依族）
惠水雅水式（布依族）
贞丰沙坪式（布依族）
水城花戛式（布依族）
镇宁扁担山式（布依族）
惠水好花红式（布依族）
六枝岩洞式（布依族）
关岭松德式（布依族）
水城猴场式（布依族）
兴义南盘江式（布依族）
水城发耳式（布依族）
盘州羊场式（布依族）
贞丰纳孔式（布依族）
晴隆光照式（布依族）
威宁新发式（布依族）
紫云火花式（布依族）
册亨者楼式（布依族）
望谟桑朗式（布依族）
册亨坡妹式（布依族）
镇远报京式（侗族）
从江西山式（侗族）
从江高增式（侗族）
锦屏九寨式（侗族）
黎平六洞式（侗族）
榕江七十二寨式（侗族）
榕江四十八寨式（侗族）
黎平茅贡式（侗族）
榕江车江式（侗族）
黎平永从式（侗族）
黎平九洞式（侗族）
天柱三门塘式（侗族）
黎平洪州式（侗族）
大方凤山式（蒙古族）
荔波瑶埃式（瑶族）
大方核桃式（白族）

附录二

贵州民族服饰的典型样式索引

国家出版基金项目
NATIONAL PUBLICATION FOUNDATION

中国贵州民族服饰全集

ZHONGGUO GUIZHOU MINZU FUSHI QUANJI

贵州省博物馆/编

工艺篇

民族服饰从原始到文明、从单一到丰富、从简洁到奢华的发展历程。

李飞 曹维琼 杨长远/主编

孔學堂書局

织造是人类利用自然、改造自然的杰作。远古时代，人类就发现天然纤维材料葛、麻、丝、毛，并通过绩葛、绩麻、缫丝、纺纱、织布等手段，利用多种纺织工具加工纤维，织成衣料。贵州保留下中国传统织造的多种技艺和机具，是传统织造的活态博物馆。

概　述

一、织造的定义

传统织造，是人们将动植物纤维加工成纱线，用手工或织机将经纬线相互交织成织物的工艺。对于崇尚人格、注重礼仪、富于情感的中国人来说，人类脱离动物状态，迈进文明大门的一个重要标志，就是纺织技术的发明。在漫长的历史过程中，贵州各族人民不断摸索实践，利用各种材料和手段，生产出众多的织造类别和丰富品种，用来装饰和美化自己的生活。它是贵州民族服饰的重要材料和构成要素，体现了贵州各民族人民认识和利用自然并服务于自己的聪明才智，以及丰富的审美能力。

贵州，东接湘楚，南连两广，西走滇藏，北通巴蜀，这使它成为古代南方百濮、氐羌、百越、苗瑶四大族系迁徙流动、交汇融合的大通道。秦汉以来，由于东西南北不同民族先后向贵州迁徙，至今贵州有 18 个世居民族。各种织造技艺也流向贵州，如氐羌织造文化的东流，百越织造文化的北上，苗

瑶织造文化的西进，巴蜀及中原织造文化的南下，加上本土的濮人织造文化，多种织造文化在贵州这块土地上互相交流、融汇、演化，促进贵州民族织造技艺的发展，形成了多姿多彩的贵州民族织造文化。

二、贵州民族织造的特色

据各种文献记载，历史上贵州民族织物名称有上百种，目前，贵州不少民族依然用传统方法来生产各种纺织品。从技术上分有提花、平纹、印花、无纺四大类。织造材料不仅有草、树皮、竹、葛、麻、棉等植物纤维，而且还有蚕丝、羊毛等动物纤维。在利用这些材料时，或纯织，或交织，或单独使用，或综合运用，有先织后染的，有先染后织的，用各种技艺生产加工出各种质地的织造工艺品。由于各族人民生活环境和风俗习惯不同，导致贵州的织造机具的多型化和织造方法的多样化。根据不同用途，贵州的织造机具分为编组机、织绦机、织布机、织锦机，其中又有各种不同的型号。织造方法上，有吊挂式、机织式、肢体织式、人体与外物的配合式、通经通纬、断纬换色、以针织纹、挑花样本、竹条编纹、提经网套等方法。染整技术方面，贵州民族织造过程包括了前期、中期、后期三个染整环节。具体方法有沤、泡、煮、蒸、捶、漂、浆、染、薰、涂层、熨烫、砑光、碾踹等。

由于贵州民族历史上多信奉原始宗教，其织造题材，多取自民族神话、古歌等口头文学，以及各有寓意的艺术符号，反映了贵州民族的宗教意识和美好愿望。所以，贵州民族织造多为变形或抽象纹样，与中国汉代前的艺术造型表现出一致的风格。它是研究中国古代文化艺术以及民俗的重要资源。

图3-1 黎平·坑洞·侗族·斗牛·织锦头帕亮布衫

第一章

贵州民族织造的历史沿革

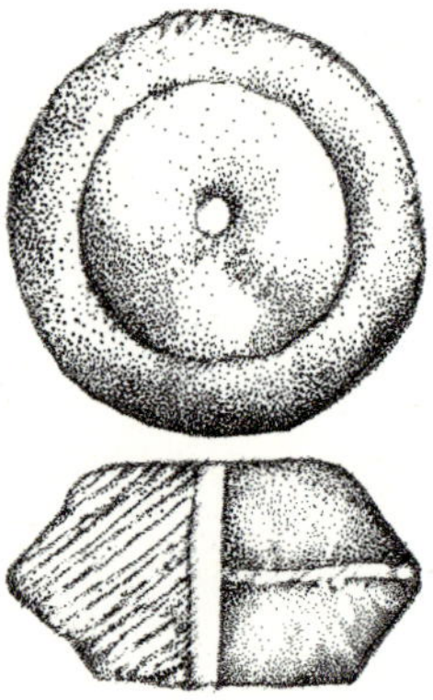

图 3-2　平坝·飞虎山·陶纺轮

第一节　先秦时期的织造

自中华人民共和国成立以来，考古工作者在平坝飞虎山、赤水、毕节青场、威宁中河、习水土城等地，发掘出新石器时代的网坠、纺轮以及各种生产生活用品。更令人欣喜的是，在贵州赫章可乐属战国至西汉时期的乙类墓中，发现了不少黏附在铜器、铁器上包括丝、毛、麻三种材料的纺织物残片。它表明在先秦时期，贵州高原不仅能生产普通葛、麻、毛织物，而且也能生产贵重华美的丝织品。贵州有不少古代岩画，人物形象为“椎髻”发式，并穿着上下相连的筒裙，这与《新唐书》记录的古代濮僚的“椎髻”和“妇人横布二幅，穿中贯其首，号曰通裙”装束完全相符。据考证这些岩画年代上限可到战国时期，这也间接证明了在先秦时期夜郎地区便已有较为发达的纺织技术。

图 3-3　用于编组的陶坠

第二节　秦汉至明清时期的织造

从秦汉至宋元，南方各大族系迁入了贵州，并带来各自母体民族的纺织技术，促进了贵州民族织造的变化。这种变化主要体现在两个方面：第一个就是织造技术的发展与提高，如织造机具由原先的踞织式、梯架式发展为斜式和水平式，防染印花技术的广泛运用，熨烫和涂层技术的推广；另一个就是织造种类和品种的多样化，如擀毡技术的兴起、织锦等提花工艺的产生等。

图 3-4　惠水·苗族·织缣

明至清中是贵州民族织造文化的繁荣期，明初至清代，中央王朝向贵州进行大规模屯军和移民活动，较为先进的中原织造技术也随之带进了贵州，加上明清王朝政府推行的农桑政策，以及各级官吏的实施举措，大大促进了贵州社会经济的发展，清乾隆年间遵义知府陈玉壂引进山东柞蚕养殖和丝织技术，正安吏目徐阶平引进浙江家蚕养殖和织造技艺，并迅速在全省各地推广，使贵州的丝织业兴盛发达起来，成为当时全国丝绸业较有影响的地

区，其产品销往外省各地，声名远播。

第三节 现当代的织造

晚清以来，由于受技术革命的影响，贵州出现了初级阶段的纺织工业，但受强势的西方工业产品的挤压，不仅没有形成大规模的产业，反而使原先的手工纺织业日渐凋敝。但少数民族由于宗教信仰、生活习惯的原因，其传统的家庭手工织造技艺，反而借助外来的材料，得以兴盛不衰，并生产出更加丰富的织造品种。

图 3-5 荔波 · 布依族 · 高织机

中华人民共和国成立之后，由于贵州各民族人民的生活习俗所需，加上历史上比较封闭的地域环境，使得这块土地上至今仍较多地保留了传统织造工艺。随着党和政府对民族文化保护政策的出台，各民族人民的文化自省意识的增强，对传统工艺的挖掘、保护、传承，成为人们的自觉行为，使贵州各族的织造工艺得到迅速恢复和发展，如纱、绢、绮、锦、绦、组、罗、绫、绨、缣、色织布、蚕丝絮片（自成绢）、毡等生产工艺。春秋战国时越人的葛织技艺和楚国的丝绸品种，秦汉时期氐羌民族的毛织和擀毡工艺，南北朝时期僚人的“阑干细布”织技，隋唐时期南方少数民族的“蜡缬”工艺，都还在贵州民族中传承。

从实地考察来看，贵州民族最为丰富、最为多样地保存了中国古代的织造技艺，成为中国丰厚的非物质文化遗产的重要组成部分，它是研究中国古代灿烂织造文化的活化石。

图 3-6 黎平 · 侗族 · 斜织机

图 3-7 雷山 · 苗族 · 高织机

第二章

贵州民族织造的类别及品种

图 3-8　贞丰・苗族・棉织锦

从技术上分，贵州民族织造有提花类、平纹类、印花类、无纺类四个类别。

第一节　提花类织物

提花类织物主要有锦、绮、绫、罗、绦、组等。

一、锦

图 3-9　榕江・苗族・棉织锦

锦，是用各种彩色丝织造的提花织物。除了丝织锦之外，贵州民族还采用棉纱、麻纱和毛线甚至现代化纤线来织锦。从组织结构上分，贵州民族织锦有二重经锦、二重纬锦、多重纬锦。二重经锦，是用两个系统的经线和一个系统的纬线交织而成；二重纬锦，是用一个系统的经线和两个系统的纬线交织而成；多重纬锦，是用一个系统的经线和三个系统以上的纬线交织而成。从色彩上分，又有运用多种颜色纱线织成的彩色锦，和只用蓝（或黑）白两色纱线交织的双色锦，俗称“素锦”。历史上贵州苗族、布依族、侗族、土家族、瑶族、水族等都有织锦工艺，从地域分布上看，它遍布全省 9 个市（州）。

（一）丝织锦

图 3-10　榕江・苗族・棉织锦

丝织锦，原先用自产的家蚕丝，现在多改用工业丝来织。一般用白色丝（也有用蓝色丝）做经线和地纬，用黑色丝织纹，锦的正背两面呈现图案相同但却互为异色的效果。丝织锦主要分布于凯里、丹寨、麻江、雷山交界一带苗族居住区。这种锦的幅宽为 15 ~ 26 厘米不等，经纬密度每平方厘米约 36×32 根。图案以菱形为骨架，骨架内外填织鸟、树叶、花卉及雷纹、勾纹、回纹、卍字等，每个菱形为一个单元，每个单元长度约 13 ~ 19 厘米不等。每匹锦长有 10 多米，具体应用的时候，一般剪成长约 180 厘米，与当地自产的棉布搭配，制作成背负幼儿的褴褓，以前还用作女性的袜筒。

（二）丝棉交织锦

丝棉交织锦，是指用棉纱做经线和织地纬，用丝织纹的锦。丝棉交织锦有经锦和纬锦两种。经锦是在整经时用各种颜色的线牵成彩色经条，用单色线织纬，由经线起花的锦，主要分布于黔东南剑河、台江一带苗族居住区，当地妇女用它制作绑腿。纬锦是用单色线牵经，用多种颜色的线织纬，由纬线起花的锦。纬锦分布广泛，苗、布依、侗、瑶等民族均有织造。并且各地在锦的规格、图案等方面，均有差异。除了做被面之外，主要是用于服装各部位如头巾、衣领、衣襟、衣背、衣肩、衣袖、衣角、胸兜、围腰、裙面、裙边、裙摆、绑腿、童装、襁褓面、挎包面、褡裢等装饰，有的地方甚至整套衣服均用织锦制成。

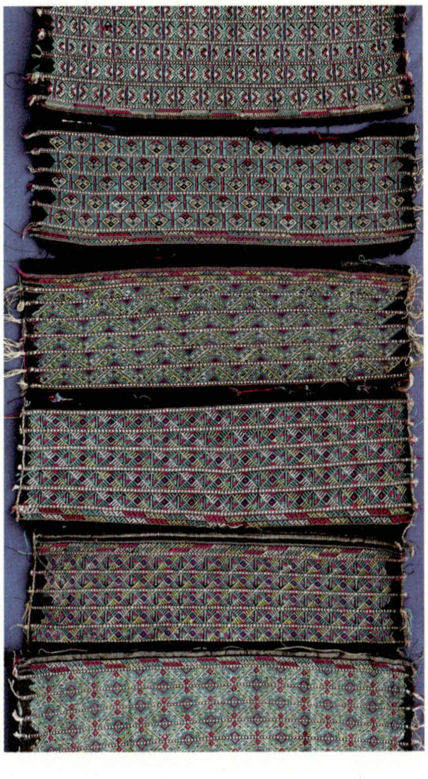

图 3-11　黎平・苗族・丝棉交织锦

（三）棉织锦

棉织锦，是贵州乃至西南许多少数民族在缺少蚕丝的条件下，利用棉纱来仿照丝织锦的提花织物。从纹饰上看，贵州棉织锦有黑白凸纹、双面异色和彩色三种。黑白凸纹锦，主要分布于凯里、黄平、镇远一带。双面异色锦，最明显的特点是，由于只用黑白或蓝白两种颜色交织，所以锦的正背两面出现纹饰相同但颜色互异的效果，即正面是白地黑纹（或蓝纹），背面就是黑地（或蓝地）白纹。这种锦分布很广，遍及全省各地，苗族、布依族、侗族都有织造，但花纹图案、织造方法、幅面大小、经纬密度、实际应用又有差别。棉织彩色锦，是贵州少数民族用棉纱染成各种颜色来织出的提花织物，它主要分布于黎平、荔波、兴义等县市。

（四）棉毛交织锦

棉毛交织锦，主要分布于黔西北的赫章、纳雍、水城一带苗族居住区。被外界称为“小花苗”的苗族妇女，用当地生产的羊毛加工并染成黑色的毛线，以棉纱为经线和地纬，以毛线来挑织纹样，在一匹经上，分别织出每段锦的几何纹图案。据当地古歌传唱，这些几何纹象征着她们祖先开创的故土家园、道路城池，以及他们先辈迁徙过程中跋涉过的高山大河。织完后分段剪下，她们再用红色或黄色的布条在锦上拼贴，加十字挑花手法，制作成他们在民族节日和礼仪场合穿的披肩。这种独特的服饰，既是这一苗族支系的重要标志，也表示他们对先辈的纪念。

图 3-12　兴义・布依族・丝棉交织锦

（五）麻毛交织锦

麻毛交织锦，古代将毛织品称为“罽”，本是游牧民族的发明。但生活在贵州威宁、赫章、纳雍、水城、普定、镇宁、紫云

等地及云南昭通并延及楚雄武定一带被外界称为“大花苗”的族群，在与氐羌民族交往过程中，学会了毛织工艺，他们用自产的麻纱为经线和地纬，用当地染成红、黑、蓝三种色的羊毛线来织纹，在同一匹经线上每织 40 厘米或 64 厘米为一段，锦面宽 48 ~ 66 厘米不等，图案多井字、田字、米字、方格、三角等几何纹。这些纹饰，同样是这支苗族对祖先家园的形象记忆。织完后分段剪开，用这些厚实的锦面做成上下相连的袍装或披风，也有的剪下单幅锦面，在两侧上端加缝系带，做成背负幼儿的襁褓。它既具有这一苗族支系记忆历史的文化功能，又可以在高寒山区起到保暖作用。

图 3-13　黎平・侗族・棉织锦

二、绮

《辞源》：“素地织纹起花的丝织物。织采为文曰锦，织素为文曰绮。”绮，是平纹地上起斜纹的素色织物，但也有彩色绮。绮，从商代开始已有生产。贵州民族用各种材料生产绮，按材料分为丝织绮、丝棉或丝麻交织绮、棉麻织绮。贵州民族没有根据传统的纺织学分类来称呼绮，各地区各民族是按照这种织物表面呈现的纹样与他们生活中所见到的某种形象来称呼它，如“花椒布”“斗纹布”“升子花布”“塘布”“鱼刺纹布”“鱼眼纹布”等。尽管材料有棉、麻，但从组织结构上看，都是平纹地上起斜纹的提花织物。贵州织绮的族群，主要为苗、布依、侗、水等民族，并且广泛运用于他们的服饰上。

（一）丝织绮

丝织绮主要分布于凯里、黄平、丹寨、麻江、雷山、台江、剑河、施秉、镇远一带苗族居住区，织造者为苗族妇女。在传统农业时代，她们自行养蚕制丝，先将蚕丝进行染色，并分别用红、黑、绿、蓝等丝牵成彩色经条，然后用相同的蓝、红、黑、绿色丝织纬，与经线上的彩条构成彩色方格。绮面上的暗花为菱形回纹，由 6 个菱形回纹形成一个单元，单元之间用 4 道波折线相连接。绮是用水平式织机织出的，一匹有 30 米长，幅宽一般为 28 厘米，经纬密度每平方厘米约 40×36 根。苗族妇女剪下 260 ~ 300 厘米长的绮，两端镶上花边，缝成长筒状，并折叠成四层，压扁成带，女子着盛装时系于腰间。

图 3-14　台江・苗族・彩色横条绮

（二）丝棉、丝麻交织绮

丝棉、丝麻交织绮，即用棉纱或麻纱为经线，用丝线织纬的

绮。它主要分布于凯里、台江、剑河、施秉、镇远和镇宁、关岭、六枝等地。生产者为苗族和布依族妇女。从纹饰上分，有几何纹绮、横条绮、彩色方格绮、回纹绮等。几何纹绮，分布于凯里、台江，用白色棉纱做经线，白色丝织纹，织成后当地苗族妇女将它染成紫色，并用两幅长62厘米的绮拼合，周围加缝布边，配上系带，做成围裙。横条绮和彩色方格绮，分布在台江、剑河、施秉、镇远一带苗族居住区，主要用作女性头巾。镇宁、关岭、六枝布依族也生产这类织物，主要用作襁褓系带。回纹绮，主要分布于凯里、黄平等地，当地苗族将它染成紫红色，用作服饰或儿童襁褓。

（三）棉麻织绮

棉麻织绮，是苗、布依、侗、水等民族用棉麻纱织出平纹地上起斜纹的织物。因其表面有回纹、卍字、菱形、网状、罗纹、锁链、叶脉、花椒、鱼目、鱼刺等纹饰，当地人冠以各种名目，一些文章把它归入“色织布”。而布一般为平纹，这类产品为平纹地上起斜纹的织物。它既有经纬线为同一种颜色的素绮，又有多色经纬线构成的方格绮。三都水族、布依族的棉织绮，花纹有柳条、方格、篱笆、花椒、梅花、桂花、鱼刺等近百种。荔波县布依族、水族的棉织绮有“土花呢”之称。花色品种有“四块瓦”“壁巴脚”“鱼刺骨”“满天星”等200余种。

图 3-15　剑河·苗族·方格绮

三、绫

绫是斜纹地上起斜纹的素色丝织物。《释名·释采帛》：“绫，凌也。其文望之如冰凌之理也。”《中国纺织科学技术史·古代部分》：“绫是斜纹（或变形斜纹）地上起斜纹花的丝织物。”《中国科学技术史·纺织卷》说绫有狭义和广义之分，狭义的绫指“具有斜纹结构，表面某些地方或全部，均呈现山形或近似山形的变化斜纹组织纹的织品”。该书还有对绫织物及其相关问题作专门考辨一节。看来对绫究竟为何物，目下还未有最终定论。综合上述著述中“其文望之如冰凌之理也”，“表面某些地方或全部，均呈现山形或近似山形的变化斜纹组织纹的织品”的说法，贵州凯里、黄平一带的这类织物应称为绫。除了丝织绫之外，贵州民族还用棉麻来织绫。

（一）丝织绫

丝织绫主要分布于凯里、黄平一带。织绫的蚕丝是自产的，绫的生产周期较长，从养蚕到缫丝、牵经、上机、织完一匹绫，

图 3-16　黎平·侗族·鱼眼纹绮

图 3-17　黄平・苗族・丝织绫

图 3-18　黄平・苗族・丝棉交织绫

需一到两年时间。当地的绫幅宽 34 厘米，经纬密度每平方厘米约 28×24 根。因用未染色的且不加捻的素丝织造，所以绫面呈黄色。图案纹样与出土于河南安阳的商代残石像上面的服饰纹样和西周早期簋上的纹饰相同，为勾连雷纹，即由一纵一横两个变异“山”字纹复合为一个独立单元，然后以四方连续形式构成整幅图案，由此也可以看出苗族织造与中国商周艺术的传承关系。当地苗族老人故去，在他的丧葬礼上，家中亲人要用这种丝织品覆盖在他的遗体上，伴随着他的灵魂回到祖先居住的东方。也有将绫染成红色或黑色作为服饰。

（二）棉织绫、丝棉交织绫、丝麻交织绫

这三种不同材料的绫，也分布于凯里、黄平交界一带，在其他地区则未见。棉织绫是用白色棉纱纯织；丝棉交织绫，则是以棉纱为经，用丝线来织纹；而丝麻交织绫，又是以麻纱为经，用丝线来织纹。这体现了当地群众对不同材料的灵活运用。棉织绫经纬密度每平方厘米约 12×18 根；丝棉、丝麻交织菱经纬密度每平方厘米约 14×18 根。除了经纬密度有差异之外，这三者的共同点就是，成品在组织结构上都为斜纹地上起斜纹，纹饰都呈勾连云雷纹，幅面宽约 36 厘米，用时都要染成黑色或藏青色，用作老年人的服饰面料，或者用于遮盖逝者的遗体，送他的灵魂回到祖先居住的地方，这些基本上都与丝织绫的文化意义和实用功能相同。

四、罗

《释名》：“罗，文罗疎也。”也就是说，罗是一种纹饰稀疏的丝织物，形成稀疏纹饰的原因，是采用绞经组织结构，有二经绞、三经绞、四经绞。表面呈现平纹和绞经孔眼相间的条形排列，但是由于经纬线互相缠绕、连锁牢固、结构稳定、不易脱落，加上透气性好，是夏季服装和帘幕帐幔等居家用品的上佳材料。贵州的罗主要分布于从江、黎平交界一带肇兴、贯洞、庆云、洛香、独洞、新安、龙图的“六洞”地区。这里的罗，属于二经绞罗组织，但又有两种不同的绞法，两种绞的每一个单元的纬线都由三根纬组成。一种是连纬短距绞，是两根经线在每个单元中的第二根纬线部位形成一道绞纹，然后在两个单元中间又形成第二道绞纹。另一种是跨纬长距绞，是两根经线在每个单元中的第二根纬线部位，以一上一下的平纹组织出现，在两个单元之间并不形成绞纹。

第二种纵向纹饰比第一种纵向纹饰长一倍。侗族妇女用棉麻纱来织罗，一般用它来制作夏季服装。

图 3-19 从江 · 侗族 · 二经绞罗

五、绦

《辞源》：“绦，丝带、丝绳，一名扁绪。”用现时的话来说，绦就是用丝织出的带状物，民间称花带。绦这种带状物，在湖北江陵马山楚墓和湖南长沙马王堆汉墓中都有发现，尤其以马王堆出土的“千金绦”最有影响。古代的绦一般用作衣物边缘如领、襟、袖部位的装饰，这种装饰方法叫“以锦为缘”。贵州织绦的民族有苗族、布依族、侗族、水族、瑶族、汉族。大凡有织锦的民族都有织绦工艺，因为织绦和织锦，都需要采用提花技术，只有掌握了较为简单的织绦提花技术，才能够上升到较为复杂的织锦技术，贵州民族的绦有丝织、棉织、丝棉交织、化纤线织。组织结构上有经线起花和纬线起花两种。贵州民族主要用绦作头带、腰带、绑腿带、挎包系带及襁褓系带。

（一）丝织绦

丝织绦主要分布于凯里、黄平、施秉、台江、镇远和安顺一带，并且基本上是属经线显花的织物。凯里、黄平、施秉、台江、镇远苗族是用丝线为材料，以玫瑰红、大红、黄、绿、蓝、白等颜色的丝线作为不同色区的经线，以大红丝线为纬线，采用通经通纬、浮经起花的手法织造，图案以几何纹为主，幅宽 1 ~ 8 厘米不等，窄的一般用作衣裙、挎包、襁褓系带，宽的多用作女性腰带，它也是苗族未婚女性向异性表达情意的信物。凯里、黄平一带僅家，他们的丝绦也是分区出彩经线显花，宽的约 8 厘米，当地妇女用 160 厘米的绦两端加上缨穗做成盛装腰带。窄的只有 1.5 厘米，用作年轻女性的绑腿。居住在安顺地区的屯堡人，大多是明代江南移民的后裔，这些居民基本上保留了明代汉族人民的生活习俗，特别是妇女着装，依然是大襟衣，肥裤腿，凤头发型，腰系黑色丝绦。所以编织丝绦是当地妇女一项不可缺少的手头活，现在则多集中在安顺市所属乡镇，一些人员以织造丝绦为业。经纬线全用黑色丝，丝绦宽约 7 厘米，长约 380 厘米，分三段拼接成，两头为平纹筒状，中间一段采用挑经浮纬方法显示花纹，纹饰有菱形、方胜、卍字、寿字、雷纹等，两端还各有长约 45 厘米的垂缨。

图 3-20 松桃 · 苗族 · 棉织绦

（二）棉织绦、丝棉交织绦、化纤线织绦

制作棉织绦、丝棉交织绦的主要民族有苗、侗、水、瑶等。

图 3-21 黄平 · 苗族 · 丝织绦

有经线显花和纬线显花两种。经线显花是以当地自纺自染的红、黄、蓝、黑、白棉纱排成彩条经，以单纯的白或黄、蓝的棉纱为纬线挑织而成，宽度一般在 2 ~ 6 厘米不等，多用于女性的腰带及襁褓系带。纬线显花的绦，一般是用白色或蓝色棉纱做经线和地纬，用黑色棉纱织纹，因只有两种颜色交织，所以绦的正背面显示出纹样相同但颜色互异的图案。当代，由于化纤线价格低廉，色泽艳丽，各族妇女利用它来织绦，但在织造机、织造方法、规格尺寸、图案纹饰、具体应用诸多方面都没有改变，只不过织物表面的色彩比起原先的丝棉产品来则更加鲜亮，深受民众喜爱。

图 3-22　黎平・侗族・丝棉交织绦

六、组

组，是只用经线交叉编织成的带状物。浙江湖州钱山漾良渚文化遗址，湖南长沙马王堆、河北满城、北京大葆台等地的汉墓，都有这种丝编带状物出土。在黔东南的台江、黄平、凯里、雷山、榕江，铜仁的松桃，黔南的三都、荔波，黔西南的兴义、兴仁、普安、晴隆等地，苗族、布依族、侗族、水族的妇女，用一个圆形或半圆形的木制凳架，将十几根丝线的一头拴在凳架的横梁上，在丝线的另一头分别系上铜钱、陶坠或石子、竹筒等物，用双手交替调换这些坠物，将丝线编成扁平的丝，俗称“辫带”，一般用作刺绣材料，或用于上衣领襟、裤子栏干部位盘饰纹样。

图 3-23　黄平・僅家・丝织绦

第二节　平纹类织物

平纹类织物主要有葛布、棉布、麻布、纱、绢、缣、绨、条纹布、格子布等。

葛布这一古老的织物，目前在中国其他地区早已消失，在贵州黎平县岩洞镇竹坪村，至今还完整地保留着古老的葛布生产工艺。其生产流程为：采葛，一般在农历五六月份上山采葛，将葛藤割成 2 ~ 3 米长，捆成把，挑回家。破葛，用手将葛藤从中一分为二。泡葛，把破开的葛藤放在鱼塘、稻田或溪流中浸泡一两天，使其胶质溶解，便于剥皮。剥葛，用手将葛藤的外皮剥下，并捆成把。煮葛，先将葛皮放在柴木灰里揉搓，再放进锅中煮五六个小时，锅水中需加入石灰、草木灰等碱性物质，以利于煮烂脱掉葛藤表面的青皮。洗葛，将煮过的葛放在河水溪流中搓洗，去除表面青皮，剩下韧皮，并晒干。撕葛，即把葛的韧皮撕成缕，并绩成线

团，便于纺线。纺葛，用纺车把绩成团的葛纺成纱锭。此后的倒纱、漂白等织造、染整工序与棉纱、棉布的生产工序大体一致。应当说黎平侗族的织葛技艺的传承，为研究中国古代的葛布文化，提供了活化石般的重要资料。

葛布、棉布、麻布是百姓日常生产生活着装的主要面料，而纱、绢、绨、缣、条纹布、格子布却在服饰中有着特殊用途。

图 3-24　荔波・布依族・条纹布

一、纱

纱是一种纤细、稀疏、方孔、轻盈的平纹丝织物。贵州民族除了用丝织纱，还用麻来织纱。由于纱比较轻盈、孔眼稀疏，具有较好的透气性，一般用作头巾、腰带或蚊帐。目前，丝织纱的织造技艺，主要见于黔东南、松桃、仁怀等地。仁怀县后山苗族布依族乡，在 20 世纪末，当地苗族妇女仍养蚕织纱，幅宽 29 厘米、长 400 厘米，染成青色，作为穿着礼服时系在腰间的带子。而黔东南和松桃等地的苗族妇女，一般用它染成红、黑色来做头巾。贵州比较多见的是麻织纱，在 20 世纪 70 年代前，各地群众居家床上的蚊帐，基本上都是用稀疏透气的麻纱来缝制。

二、绢

《说文解字》：“绢，缯如麦，从糸、肙声。”用现在的话来说，绢就是用未经练染的生丝织出来的平纹织物。因生丝带黄色，用黄丝织出的绢，颜色当然也呈黄色。《说文解字》说它如“麦”，就是像麦秆的颜色。贵州民间织造的绢均为黄色的情况，也印证了许慎的解释。《桐梓县志》记载：“生丝绸，一名黄绢。同治、光绪间，密匠溪、龙罩台等处土织，销内地。”说明清末时期桐梓产绢。20 世纪 80 年代前，凯里、黄平一带都还有绢的生产。苗族妇女用当地自产的蚕丝来织绢，幅宽 38 厘米，经纬密度每平方厘米 26 × 24 根。未染前呈黄色，当地人一般将它染成紫色来制作服饰。

图 3-25　黄平・苗族・丝织绢

三、绨

《中国工艺美术大辞典》：“古代的一种厚实有光泽平纹染色丝织品。《急篇》卷三颜师古注：‘绨’，厚缯之滑泽者也。”这里所说的绨，是一种古代织物，而非现代纺织工业生产的线绨。台江、剑河、施秉、镇远一带，苗族妇女用江南引进的各种彩色

丝来织绨这一古代织物，用黑白两色丝线牵成 17 道黑白相间的经幅，总经数为 392 根。两端用黑色丝线织出三道菱形回纹，每道回纹间夹织彩条平纹做间隔，中间是用红、绿、黄、蓝、白、黑、粉红、玫瑰红、橙等 10 多种色丝有规律地织出彩色平纹纬向条纹，幅宽 28 厘米，每织 82 厘米为一段，然后重复原先的配色形式再织下一段，经纬密度每平方厘米约 14×140 根。当地苗族妇女剪下一段作为头巾，年轻女性的头巾偏红色，年长女性的则偏蓝色。织物外观显得十分光滑艳丽，用手触摸却又非常厚实沉着。

图 3-26　台江·苗族·丝织绨

四、绨

《纺织辞典》对绨的解释是："中国古代丝织物名。双经或双纬的粗厚平纹织物。"一般的平纹布采用的是一经一纬为构成织物基本单元的织法，而绨则是以双经或是双纬为构成织物基本单元的织法，绨就是平纹变化组织的一种织物。据清代郑珍等撰《遵义府志》载：清代中晚期，遵义就生产绨类丝织物，但当地人称之为"双丝""大双丝""小双丝""单丝""大单丝""小单丝"等。随着现代纺织工业兴起，这种传统的织物在大部分地区均已消失，但贵州惠水县鸭绒乡仍保留着绨的织造技艺，尽管是使用棉纱来织造，但仍属用双纬来构成织物的基本单元的绨。这种织物是当地的"青苗"妇女专为周边"打铁苗"妇女做头帕而织造的。

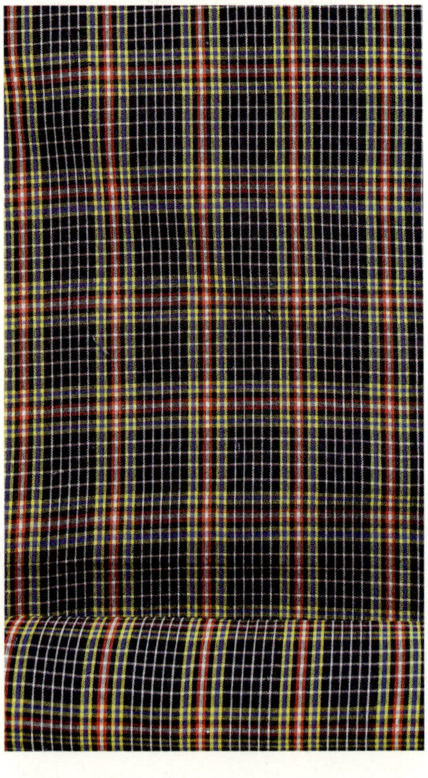

图 3-27　荔波·布依族·方格布

五、色织布

色织布是对贵州苗族、布依族、侗族、水族群众织造的各种平纹花布的俗称。这种花布虽然没有提花工艺，但是由各种彩色棉纱形成既有规律又富于变化的各种纹饰，使这些花布成为极富审美性的工艺品。色织布主要有条纹布和格子布两大类：条纹布是用彩色棉纱牵出有规律变化的经条，然后只用一种颜色的棉纱织纬，形成有纵向条纹图案的平纹织物；方格布是用彩色棉纱牵出有规律变化的经条，然后用多种颜色的棉纱织纬，形成有方格条纹图案的平纹织物。历史上贵州大部分民族都生产色织布，至今仍具顽强的生命力。尤以三都、镇宁最为知名，有上千个花色品种。水族的色织布花纹美观、大方，质地牢实、耐用。布依族的色织布，不仅有传统花型，也有现代花型，有柳条、格子、壁笆、斗纹、斜纹、梅花、桂花、兰花等十多种图案。

图3-28　贞丰·布依族·牵经

图 3-29　从江·侗族·亮布

六、亮布

“亮布”是贵州苗族、布依族、侗族、水族群众十分喜好的织物品种，尤其以侗族南部方言区生产的“亮布”最为知名。“亮布”，一般是棉织品，有的是平纹织物，有的是斜纹织物，即当地群众所说的“斗纹布”“斜纹布”“花椒布”“塘布”等。先将这些布染成青色或蓝色，再利用一些动植物染剂对它进行再加工，使织物外表色泽、功能及风格上产生变化。各地在使用材料和加工方法上各有不同，归纳起来，大致有三种：一是用猪血涂抹；二是用牛皮胶水浸煮；三是用鸭蛋清涂抹。不管是用猪血涂抹，用牛皮胶水浸煮，用鸭蛋清涂抹（因而又有“蛋布”之称），最后都要对布进行捶打，使布面变得平整光滑，挺括坚实，闪闪发亮。民国初年，在重庆手工业展览会上，侗族生产的“蛋布”曾荣获银质奖牌，使得这种布遐迩闻名。

第三节　印染类织物

贵州保留了传统的蜡染、树脂防染、牛油防染、扎染、镂版印花（蓝印花布）等手工印染技艺。它们都属于利用各种排水物质对织物的某些部位作遮盖再进行染色，然后去除遮盖物，织物便显示出图案花纹的防染技术。

图 3-30　凯里·苗族·蚕丝絮片

一、蜡染布

蜡染，古代称“蜡缬”。从具体操作上来说，蜡是不能染色的，应当叫“以蜡防染”。贵州制作蜡染的历史非常悠久，历史上苗、布依、侗、瑶等民族都制作蜡染。即使现时蜡染的分布仍然极其广泛，居住在松桃、凯里、黄平、雷山、丹寨、榕江、三都、都匀、荔波、龙里、贵定、贵阳、安顺、惠水、镇宁、水城、六枝、纳雍、织金等县（市）的苗族、布依族、瑶族群众都还在生产。除蓝底白花的蜡染外，有些地区还利用植物染料来生产彩色蜡染布，而丹寨苗族则用矿物性朱砂在白地上再绘出红色旋涡纹，做成彩色蜡染布。

贵州少数民族制作的蜡染品，都是线条清晰、图像完整的画面，并无断纹和模糊之处，并不刻意地追求当代艺术家所谓的“冰纹”效果。传统时代，他们的作品往往具有严肃的宗教意义，很多蜡染纹样是他们崇拜的偶像，他们制作蜡染时怀着对神灵的敬畏之

心而一丝不苟，如果作品纹样出现裂纹、模糊不清的情况，就是一种残品，他们会弃之不用。在他们的意识中，如果穿着这种蜡染服装出现在祭祀节日和重要的人生礼仪场合中，就是对神灵最大的不敬，将会遭到神的惩罚。即使是在线条最为纤细、纹饰最为繁缛的织金苗族蜡染作品上，人们也很难发现一丝冰纹。

图 3-31　三都·水族·斗纹布

二、树脂防染印花布

树脂防染，是使用枫、松等树木分泌出的脂液作为防染剂，主要分布于惠水、从江、麻江、荔波等地。因枫树、松树的脂液能散发出一种香气，所以民间又称枫树脂防染技术为“枫香染”，称松树脂防染技术为“松香染”。而荔波县瑶山乡瑶族及广西南丹同属一个支系的族人，则用当地称为“娄枯叫”的树，又叫“粘膏树”的脂液，来生产防染印花布。利用本地生长的各种树木的油脂作为防染材料，制作服饰和家纺用品，这种古老的工艺在贵州的传承，也体现了贵州民族特有的文化。

图 3-32　三都·水族·条纹布

三、牛油防染印花布

贵州民族用蜡和树脂做防染材料时，往往在蜡和树脂中加一些牛油，既可加强防染的效果，又能使蜡和树脂脱离干净。但也有一些地区纯用牛油作为防染材料，如平塘县新塘一带苗族群众，就只用牛油不添加其他材料来制作防染印花布。

上述三种防染印花布，除材料上不同，其制作工艺流程大致一样，所以一些文章往往将它们统称为蜡染，但却是不同防染剂的工艺。

四、扎染布

扎染，又称“绞缬”“撮缬”“撮晕缬”。扎染工艺主要分布于惠水、望谟等县，当地人叫作“绣染”，因为布依族妇女是用针引线在面料上绣成各种花纹，染色后拆除绣线，就形成了同时具备刺绣与晕染效果的扎染布。

图 3-33　荔波·布依族·方格布

五、镂版印花布

镂版印花布，俗称蓝印花布，是在宋代“药斑布”基础上发展而来。明清以来，随江南移民迁居贵州，也一同引进，被贵州少数民族所借鉴。因防染的浆料是用大豆粉与石灰加水拌和而成，所以贵州民间又叫它“豆浆布”。历史上贵州汉族及受汉文化影

响较深的一些民族，都普遍生产镂版印花布，目前它主要分布于铜仁、印江、石阡、玉屏、天柱、三都、荔波等地，部分土家族、布依族、侗族、水族、仡佬族群众仍在生产。

图 3-34　六枝·苗族·弹棉花

第四节　无纺类织物

无纺类织物，是指不需经过纺纱过程而将丝毛棉等纤维直接加工成的面料产品。贵州民族生产的无纺类织物有用羊毛擀成的毡和蚕丝絮片。

一、毡

图 3-35　六枝·苗族·擀毡

毡，本是游牧民族利用动物氄毛如羊毛、牛毛、骆驼毛擀制成的生产生活物资。贵州赫章可乐墓发掘出先秦至汉代的毛毡，不仅说明毡在贵州已有两千多年的历史，而且也证实贵州是多种织造文化的汇集地。生活在贵州的许多民族如彝、白、羌等民族与古代氐羌民族不仅有着密切关系，包括织造工艺在内的各种文化，都有着共同的源头，随着这些民族向东迁徙，其毛织或擀毡工艺也进入贵州，并且对其他民族的纺织工艺也产生极大影响。从汉代至明清的各种文献，都有贵州高原上的各民族生产和使用毛毡并上贡朝廷的记录，这一古老的工艺至今仍被彝、苗、仡佬等民族所传承。毡制品具有抗寒保暖、防潮避雨、经磨耐用的特点，对人体有很好的防护作用，所以一直被生活在黔西北一带寒冷地区的各族人民所喜爱。

图 3-36　六枝·苗族·整毡

二、蚕丝絮片

蚕丝絮片，是用丝纤维不经纺织加工而制成的薄片。它是造纸的前身，汉代才正式命名为纸，到唐代蚕丝絮片被用于服饰。宋代人们不让蚕结茧，而是将蚕捉放在平板上，使其将丝吐成薄片，称之为“自成绢”，上海博物馆藏有两张清代的实物标本。目前，这一古老的制丝工艺在中国其他地区早已失传，但却被贵州民族保留了下来。它主要分布在松桃、凯里、丹寨、榕江一带。当地苗族妇女一直有养蚕的习惯，并将蚕丝生产成板块片状，染成各种颜色，俗称“蚕丝板”或“板丝绢”。这一特殊的蚕丝技艺能在贵州的大山深处传承下来，与贵州苗族的世俗生活和宗教信仰密切相关，这种现象在中国 56 个民族中也许是独一无二的。

图 3-37　六枝·苗族·整毡

图 3-38　榕江·苗族·棉织锦

第三章

贵州民族织造的工艺技术

图 3-39　桑树

第一节　织造材料

历史上贵州民族使用的织造材料有草、树皮、竹、葛、麻、棉、毛、丝等动植物纤维。近现代以来，贵州民族现存织物最为普遍，现仍在使用的织造材料是蚕丝、麻、棉、毛。

一、蚕丝的生产

图 3-40　蚕虫

蚕丝，是中国对世界丝织业的伟大贡献。从文献记载和遗物来看，贵州民族使用的主要是柞蚕丝和桑蚕丝两种。

（一）柞蚕丝

柞树，又称栎树，贵州民间有“青枫”“麻栎”的叫法。由食柞树叶的柞蚕吐出的丝纤维，就叫柞蚕丝，属野蚕丝中产量最高的一种，具有良好的吸湿性和透气性，可用来织造各种组织的厚、中、薄型织物。柞树有野生和人工种植两种，野生柞树存在树木分散、老幼不齐、管理不便、易受鸟虫畜兽侵害等弊端，如果要生产大量质量好的蚕丝，则需人工开辟土地种植柞树来实现规模化养蚕，并进行有效的管理看护。清中期以来，贵州遵义、安顺、毕节等地都大规模种植柞树来养蚕，以致后来成为中国柞蚕丝的重要产区。柞蚕丝的生产流程大致为：种树、养蚕、收茧、缫丝、染色、倒丝。但在近现代工业织造品的冲击下，这种柞蚕丝生产模式已在贵州各地逐渐消失。

图 3-41　蚕茧

（二）桑蚕丝

桑蚕丝，又称家蚕丝，以桑叶为饲料的蚕所吐出来的丝纤维，具有纤细、强伸度高、手感柔软、轻盈飘逸、吸湿性好、光泽明亮的特点。历史上贵州少数民族有养蚕治丝的习俗，一般都是以家庭劳动为主的小规模生产，并保留着一些古老的养蚕习俗和较为原始的蚕丝生产方式。直到现在，贵州不少苗族、布依族、侗族群众仍在种桑。比起规模化的柞蚕丝生产加工程序来说，贵州少数民族的桑蚕丝生产环节则要简便一些，技术也较为粗放。生

产程序为：栽桑、养蚕、抽丝、染色、倒丝。少数民族的治丝没有使用缫车来缫丝，而是把蚕茧放入锅内煮开后，将丝头抽出并续接上，盘在簸箕内，每盘一层就撒上一层米粒，防止吞丝出现零乱，有的甚至抽出丝绪直接绕在纱架上。

二、麻的生产

贵州主要有苎麻和大麻两种。东南部地区以种植苎麻为主，西北部地区以种植大麻为主。

苎麻，贵州民间称为“青麻”或“家麻”。《中国科学技术史·纺织卷》说，苎麻属多年生草本植物，有白叶种与绿叶两种。中国苎麻属白叶种，茎高达 1.5 ~ 2.5 米，每年可收 2 ~ 5 次，叶片互生，呈圆形，叶底有白色的绒毛，夏秋间开淡绿色的小花，单性，雌雄同株。苎麻茎皮单纤维长 6 ~ 250 毫米，宽 20 ~ 80 微米，质地细长坚韧，表面光泽平滑，其拉力、耐热力及吸湿性、散热及上染牢度俱佳。苎麻经过剥皮、脱胶处理后，其纤维为精干麻。用苎麻纤维织成的面料有轻薄凉爽、透气性好、挺括不粘身等特点。

图 3-42 野马蓝

大麻，贵州民间称“火麻”。据《中国科学技术史·纺织卷》《纺织辞典》等书说，大麻为一年生草本植物，雄雌异株，雄株开雄花俗称花麻，雌株开雌花俗称籽麻。雌株花序是球状或短穗状，茎粗壮，成熟较晚，韧皮纤维质劣且产量低，雄株花序呈复总状，茎细长，成熟较早，韧皮纤维质佳且产量高，麻子含油，可食用。大麻单纤维呈圆管形，尖端有分叉，表面有节和纵纹，无扭曲。大麻一般茎高 3 ~ 4 米，茎粗 6 ~ 12 厘米，大麻单纤维长度约 15 ~ 25 毫米，宽度一般为 15 ~ 30 微米，纤维中纤维素含量约为 77%，比重为 1.49，强力约 5.9 ~ 6.9 克 / 旦，经微生物脱胶后，其工艺纤维呈淡灰黄色，质虽坚韧，但粗硬，弹性差，漂白困难，不易上色，只能织粗布。

图 3-43 摘棉

麻从种子到麻纱产品，其生产过程为：种麻，割麻，泡麻，剥刮，分缕，绩麻，捻麻，纺麻，绕纱，练漂，上浆，碾压，倒纱。具体为：麻每年春天发芽，需人工锄草、施肥，秋季成熟。到了农历七八月份即可割麻，并扎成捆。将成捆的麻放进池塘、稻田中浸泡，使麻皮软化便于剥离。先将麻皮从茎上剥离分开之后，再用一块薄竹片刮掉表面青皮，而得到韧皮。把麻的韧皮撕开分成一缕缕细条，以便绩纺。用手指将麻缕续接，并加弱捻，盘成麻团。接麻时需将两根麻头交缠在一起，不能打结。利用纺车将绩捻后

图 3-44 彩色丝线

的麻团纺成纱锭。一般为手摇式单锭纺车，或4个甚至6个锭子的纺车来纺。用一个竹制轮架，把轮架安在一块圆石或木垫上的轴杆上，转动轮架可把锭上的纱回绕成纱把。

图3-45 从江·侗族·晒棉花

三、棉的生产

历史上中国织造利用的棉纤维主要有两种，即一年生草棉和多年生木棉。一年生草棉，是旧大陆棉种中的非洲棉。中国新疆地区最先种植这种棉花，后传入甘肃河西走廊及陕西一带，但它始终未越过陕西延及东南各省，所以，更为遥远的贵州，历史上并没有种植和使用草棉来织造。

木棉，早年为多年生，系旧大陆棉种中的亚洲棉，是宋代前中国南方和西南地区主要的织造材料。宋时开始传入江南，因种植技术的改进，使这种多年生的植物变为一年生，产量也大幅度提高。元代以后，逐渐扩展到全国农业区域，明清以来，遂成为中国主要的织造材料。贵州民族也很早就利用木棉进行织造，唐贞观年间东谢蛮首领谢元琛及随行人员所着的“衫袄”和“大口袴”用“绵紬”及“布”为之，其中的绵就是木棉，欧阳修在《六一诗话》中称苏轼在淯井监从西南夷人手中购得并送给他的“蛮布弓衣”，也是木棉所织。明代大量汉族人口由中原迁入贵州，一年生棉也随之引进，为少数民族接受，成为全省人民主要的纺织材料。

图3-46 从江·侗族·晒棉花

尽管贵州各民族在棉纱的生产加工上存在一定差异，但是基本的流程为：种棉、摘棉、晒棉、捡棉，这是前期工作；然后是轧棉、弹棉、搓条、纺纱、挽纱、浆纱、倒纱。棉纱的生产过程为：春天种棉，秋天棉桃成熟，绽放开花，将其尽快摘回，防止被雨水淋坏，摘回的棉花要摊在竹席上晒干，并捡出杂质和败棉。用一台木制机将棉花擀轧，去掉其中的棉籽。用一把安装有牛筋弦的木制弹弓将棉弹松散，这项工作一般请专业的弹花匠人完成。用一只竹签为轴，把弹松的棉花搓成棉条，便于纺纱。用纺车将棉条纤维纺成纱锭。用一个上下交叉成十字的竹制架子，将纱锭挽成纱把。对纱把进行浸浆，并挂在竹木杆上拧干晾晒，可使棉纱变得紧密软韧，便于织造。贵州少数民族织平纹布一般是先织后染，但如果是织条纹布、格子布，或者是用于织锦的棉纱，则需先染色。利用两台竹木机将纱倒成纱锭，或者倒在篗子上，为牵经上机织造作准备。

图3-47 从江·侗族·晒棉花

四、毛的生产

贵州西北部民族，有生产及穿戴毛织品的生活习俗。直到20世纪末，这一带的苗族和彝族，仍然把羊毛作为他们主要的织造材料。贵州的羊分绵羊和山羊两种，绵羊毛纤维为5～30厘米长，适合用来纺线织布和织锦；山羊毛比较粗硬，一般用来擀毡。羊毛的生产程序因其用途不同，而表现为毛线的加工程序和毡毛的生产程序两种。

图3-48　兴义·布依族·搓棉条

（一）毛线的生产环节

毛线生产环节为：养羊、剪毛、捡毛、洗毛、晒毛、弹毛、绩毛、纺毛、绕线、染色、倒线。贵州民族养羊以野外放养为主。成年绵羊每年可剪毛三次，时间分别为农历三、六、九月，以六月毛为最好。将羊毛中的草籽、疙瘩等杂质挑出，用热水把羊毛表面的油脂和污物洗净，铺在竹帘上晒干。弹毛有两种方法：一是以竹制的小弹弓弹；另一种是用牛筋裹着手弹，将凝结的羊毛弹松散，并分别团成拳头大小的毛絮。纺毛有三种方法：第一种是手捻；第二种是用纺棰绩线；第三种是以手摇式纺车纺。纺成锭的羊毛，要绕成毛线把。贵州西北部的“大花苗”支系，将毛线染成红、蓝、黑三色，用来织彩色锦。当地“小花苗”支系则把毛线染成黑色，用来织黑白锦。也有的用作假发。

图3-49　从江·侗族·擀棉籽

（二）毡的生产方法

因为毡子是无纺品，所以用于擀制毡子的羊毛加工，比起用于织布和织锦的毛线生产在工序上要省去绩、纺、绕、染、倒的环节。贵州民族用于擀毡的工具有剪刀、竹弓、竹帘、木钩、量具、布袋、模板等。毡的制作工序一般为：剪毛、洗毛、晒毛、弹毛、铺毛、喷水、卷擀、定型、晒干。其中剪毛、洗毛、晒毛、弹毛与毛线生产环节相同，而不同的是后面的工作。将弹松散的羊毛均匀地铺在预先准备好的竹帘上，然后卷起，往帘上不断喷洒清水，并来回滚动竹帘，将羊毛压实定型后，摊开竹帘把毡子晒干。有些地方还要将毡子染成各种颜色，装饰各种图案，以增强毡制品的美观。

图3-50　威宁·苗族·撕麻

第二节　织造机具

贵州各民族的生活环境、风俗习惯、织造种类不同，所以贵

州的织造机具也呈多样化，机子的结构、规格、部件也不尽相同，按不同用途分，有编组机、织绦机、织布（锦）机。

图 3-51　关岭·布依族·纺纱

一、编组机

贵州苗族、布依族、侗族、水族的编组机，有木制的圆形和半圆形的凳式机两种。有些地区甚至还利用木桶和竹篮来编组。

（一）圆形凳式编组机

圆形凳式编组机，是用木材制成，有三条腿，也有四条腿的。高约 50 厘米，圆盘直径 35 厘米，圆盘上的两根立柱高 25 厘米，两柱间横穿两根横木，两木间安一活动轴，轴由插销控制，用作卷组用。其编组的缠线棒下端有铜钱、陶坠、石子等，编组时有规律地调换这些物品，将几股丝编成带状。

图 3-52　关岭·布依族·搓棉

（二）半圆形凳式编组机

半圆形凳式编组机，剖面一侧宽 60 厘米、半径 30 厘米，下有三条腿，高 55 厘米，凳面上又固定两根高 30 厘米的立柱，立柱中间横穿三根横木，中间一根可转动，用于卷组，下方一根用于系丝，上方一根用于承丝，编组的各色丝线，分别缠绕在用竹子削成的 15 厘米 ×2.5 厘米的卡坠上，尾端缀有用布包缝的扁圆形石子。编组时双手有规律地调动和变换这些卡坠，将丝线编成扁平的丝带。

图 3-53　关岭·布依族·纺纱

二、织绦机

贵州民族使用的织绦机有六种式样：大型四腿双排框架式织绦机、小型四腿双排框架式织绦机、两腿单排框架式织绦机、折凳式织绦机、双杠式织绦机、木马式织绦机。

（一）大型四腿双排框架式织绦机

大型四腿双排框架式织绦机，是用木料制成 25 厘米 ×158 厘米 ×28 厘米的双排梁柱长方形框架，作为绷经架的两头立柱又高出 22 厘米，经线牵好后套于绷经架上，这样就形成 50 厘米的高度，便于人工操作。

图 3-54　关岭·布依族·卷经

（二）小型四腿双排框架式织绦机

小型四腿双排框架式织绦机，也是用木料制成一个 22 厘米 ×80 厘米 ×55 厘米的双排梁柱长方形框架，左端分别有三根可以活动的竹木插销，右端是一个可以上下活动的木装置，并用绳子连接在下面的长条踏板上，踩动踏板便可将经线绷紧，织时用骨、竹、

木质的挑刀进行挑织。

图 3-55　关岭 · 布依族 · 挽纱

（三）两腿单排框架式织绦机

两腿单排框架式织绦机，是用四根木料制成一个两竖两横的单排框架，长约 90 厘米、宽约 55 厘米，两柱下面分别用两块长约 28 厘米的木头做成支垫，以保持框架的稳定，框架两根立柱内侧分别安插两道长约 15 厘米的挂经木棒，将牵好的经线绕于上面，织时人坐在一只低矮的凳子上并用一只膝盖来绷紧经线，用骨、竹、木刀挑织。

（四）折凳式织绦机

折凳式织绦机，用木材做成像中国北方的马扎一样的折叠架子，高约 78 厘米，并在轴的右边安上一个长约 35 厘米的“T”形踏板，将经线绕于折凳周围，织的时候脚踩踏板绷紧经线，用骨、竹、木刀挑织。

（五）双杠式织绦机

双杠式织绦机，形同体育训练用的器材双杠，长约 2 米，高约 1.5 米。把穿筘捡综后的经线一头拴于机架的尾端横梁上，一头系于织者腰间，人站在架机的前端用手脚配合织造。

图 3-56　关岭 · 布依族 · 穿筘

（六）木马式织绦机

农业时代，贵州广大农村地区农民用木材打制成一个形同木马的架子，普遍用它来编织草鞋。随着经济和社会发展，农村人口已不再编草鞋了，现在，榕江侗族妇女们利用它来织造花带，操作时将经线一头拴在木马头上，人跨于木架背上用双手来织造。

三、织布机、织锦机

贵州的织布机、织锦机，有腰机和高机两种类型和不同型号。

（一）腰机

因为卷布轴或卷锦轴系于织者腰间，织者用腰来调控经线的张力，故称腰机。贵州腰机又有两腿型、四腿Ⅰ型、四腿Ⅱ型、四腿Ⅲ型、六腿型等式样。

1．两腿腰机

两腿腰机，又称梯架式织机，有些地方是站着织，所以又叫“站机”。其结构是用两根方木作为立柱，两根细些的方木作为上下横梁，构成一个长方形的梯架，中间还连有吊综架臂，并用一根踏板或绳子与之相连。仁怀、毕节的机子较小，高约 150 厘米，下宽约 62 厘米，上宽约 57 厘米。

图 3-57　关岭 · 布依族 · 倒纱

图 3-58　关岭·布依族·牵经

而威宁、赫章、普定一带的两腿腰机要宽大一些，高约 140 厘米，宽约 120 厘米，这种机子搬动方便，不织时将经线卷好拴在梯架上，搬进家中，织的时候将机子搬出户外，并拴结固定在树木或者房柱上即可。织者坐在一只凳子上，将连接卷经轴的系带拴于腰间，绷紧经线用脚后跟拉动连综绳，启开经口便可织造。

2．四腿Ⅰ型腰机

四腿Ⅰ型腰机，有四只腿，织机的后两腿接近机床尾部。它主要分布于台江、剑河、榕江一带。

3．四腿Ⅱ型腰机

四腿Ⅱ型腰机，它的后两腿接近机床的中部。主要见用于松桃、黄平、黎平、从江、贞丰、兴仁、安龙等地。

图 3-59　关岭·布依族·牵经

以上两种织机呈 45° ~ 60° 的倾斜，所以又称“斜式腰机”或“陡机”。贵州民族所用的斜式织机，由于地域不同所以出现很大的差异，有的机型宽大些，有的要短小一些，一般长约 170 ~ 190 厘米，宽约 65 ~ 70 厘米，机上的吊综架高约 100 ~ 110 厘米，上置两只吊综臂，长 100 ~ 110 厘米，形成“A”字形。从机尾到机头分别有以下部件：卷经板，一些地方称它为“滚板”，有的是一块两端呈方头、中间左右呈凹槽的木板，卷经板的两头装置为十字形或米字形的木棍，俗称“羊角”，古代称“胜”。有些地方卷经时还用一些竹片与经线相隔，使经线卷成圆形并防止经线的散乱滑落。挡棍，作用是固定卷经轴头防止松动。分经器，是一个木制的三角形架子，有些地方是以竹筒代替，叫“中筒”。控制面经上下交叉的是两根竹棍，俗称“绞棍”。一般有 2 ~ 4 片线综，但有些地方只有 1 片综。1 个竹筘，各地竹筘的大小和筘齿数量也不同。一把木质的纬刀，有些地方的纬刀只用于打纬和撑住经口，刀背也不挖槽，有些地方的纬刀除打纬外，还兼织纬线，背面凿有放纬杼的凹槽。一根木制的卷锦轴。一根系带，是用布条或者牛皮做成，一头与卷经轴相连，另一头是活动的，织造时织者将它系于腰部，并以腰的前后运动来控制经线的松与紧的变化。一只扁平一头削尖的竹签，它的作用是将面经挑起把地经压下。一只带有钩的挑子，是用牛骨、金属、竹子等做成的，它的功能是挑织纹纬。一只竹棚子，将布幅或锦幅撑紧呈平直状。数把船形梭子或者绕有纬线的杼。一块活动坐板，织者坐在上面，机下有一根或两根与综相连接的拉绳，可以分别套在织者的两只脚后，向后蹬左右脚时可分别提起地经和面经，以便织纬，有的是用两

图 3-60　关岭·布依族·牵经

根竹木杆代替两根拉绳，织者用双脚分别踩动踏杆，变换经口，其原理与拉绳相同。

4．四腿Ⅲ型腰机

主要分布于从江一带，它与四腿Ⅰ型、四腿Ⅱ型机的差异在于机床呈水平状，但应是从四腿Ⅰ型机改进而来。

5．六腿腰机

六腿腰机，见于毕节一带。它是在织造者坐着的部位加一个与织机连在一起的坐凳，应是从明代《天工开物》一书中的腰机改良而成。这种织机的主要特点是卷布轴不是系于腰前，而是直接放在机床上。经线的绷紧是依靠一根木棍，这根木棍把布系在织者腰前。

图 3-61　水城・布依族・晾纱

（二）高机

高机分为水平式高机和倾斜式高机两种式样。

1．水平式高机

水平式高机比起斜式机来，特点是机床四角呈水平状，在机床上安一个“Π”形的木装置，右侧凿有十字交叉的孔眼，插进一根木销，用来卷布或锦及固紧经线。这种机子长 90 ~ 230 厘米、宽 60 ~ 90 厘米、高 130 ~ 150 厘米不等。部件比腰机也要复杂一些，如 F 形的架臂，有的架臂上安装有鸟形或鱼形的吊综吊筘装置，俗称“布鸽”或“鹦哥”。用来开启经口的装置是连接着综片的踏板，各地机子的踏板数量从 2 ~ 5 块不等，这是由所织品种决定的，组织结构越简单，综和踏板越少；组织结构越复杂，综和踏板就越多。

2．倾斜式高机

倾斜式高机的特点是，它的机身前低后高呈倾斜状，两只踏板固定在机床下的横梁上，主要见用于毕节一带。

贵州各个地区的织机部件装置有差别，除了卷经板、分经器的区别外，有的卷经轴置于机尾上方，有的则置于机尾的下方。竹筘的装置及运动方式也不同，有的是将竹筘嵌在一个木制的框槽中，并用两根吊绳悬挂在架臂上；而有的框槽是与机子侧面的“∠”形活动连杆相连接；而有的竹筘则既无框槽也不与“∠”形活动连杆相连接，而是织造者直接用手移动它来挤紧纬线。

图 3-62　关岭・布依族・牵经

第三节　整经方法

整经是织前的准备工序之一，即按经线的长度及数量要求，将经线牵绕成经轴，并且完成穿筘、分绞、上轴、梳经、卷经、上机、捡综、调蹑、上浆、织头等一系列工作。贵州民族的牵经工具和方法，归纳起来大致有四种：第一种是地桩式牵经；第二种是凳腿式牵经；第三种是凳架经耙式牵经；第四种是竹竿轮盘式牵经。

图 3-63　黎平·侗族·凳式编组凳

一、地桩式牵经

地桩式牵经的工具有：三根 80 厘米长的木桩，一般用无弯曲和节疤的灌木削成。一条量长度的绳子。一把打桩用的锤子。一台竹木制作的牵纱架，有些地方的架子为立体三角形，有的地方为方框形，上面可套上十几支纱锭。一台竹木制作的倒纱机，形同纺车，用于纱锭不够时随时倒纱。若干个纱锭。一只竹筘。一把穿筘拽经的金属钩，钩子的尾部拴上一根约 80 厘米长的线，两根竹制的分绞棒。一根木制的卷经轴等。整经过程大体有以下步骤：

（一）测距、定桩

选地定桩位置，一般是在房屋前面的空地上，用绳子量出经线的长度，以台江县施洞一带为例，这里苗族织锦牵经一般为 10.3 米或 20.6 米，缠线头的一端打一根桩，而绕线分绞的一端则顺打两根桩，这两根桩中间约有十几厘米的空档。

（二）牵纱、结套

木桩打牢后，即可牵纱，牵纱前将纱锭分别套在牵纱架上，纱头分别穿过牵纱架上的孔洞，并缠成一把，拴在单根木桩下端，然后用左手提起牵纱架向另一头走动，到两根木桩前时右手指分别由下往上挽住纱，套在两根木桩上，形成不完整的“8”字套。照此重复，中间如果有的纱不够长或发生断线时，可以换上另一只纱锭并接上线头继续牵纱，直到牵出 638 支纱为止，形成 38 厘米宽的经幅。地处乌蒙高原的威宁苗族也采用地桩式牵经，不过他们不用牵纱架，而是用线球一根一根地绕在地桩上，显然效率要低得多。

图 3-64　雷山·苗族·丝组

（三）穿筘、分绞

经纱牵完后便是穿筘（竹筘长 48.5 厘米、高 8.9 厘米），由

两人配合操作，分别蹲在绕有“8”字套的两根木桩边，正面一人用左手将竹筘直立，用右手将金属钩由竹筘下端的齿缝中伸出，对面一人则用双手一边整理“8”字套上的经纱，一边将一根经纱挂在对方伸出的金属钩上，正面的人将纱钩回，又顺势向上面一个筘齿缝中伸出钩子，拉过筘齿的经纱被金属钩尾端的线挡住，而不会滑回竹筘，两人依次操作，直到将全部经纱穿完。穿完筘后就用两根分绞棒来替换原先的两根木桩，分绞棒是用两截中间无节的竹竿做成，分别长 58 厘米，将这两根竹竿插进原来的两根木桩纱套中，拔出木桩，并用线将两根竹竿的两头拴住，防止经线滑落。榕江侗族也用这一方法。

图 3-65　望谟·布依族·凳式编组

（四）上轴、卷经

穿筘分绞后，需三个人进行配合换上卷经轴、梳经、卷经。一人将金属钩后的那根线提起，一人用木梳在竹筘前梳通经线，中间一人用手将竹筘及分绞棒往前推行，这时就可将木制卷经轴插入竹筘后的纱套中，并抽出金属钩尾端的那根线，然后用一根扁平的木棍将经纱压贴在卷经轴上，卷经的人用两手分别握住轴的两头并绷直向前卷动，直到将经卷完，拔下拴纱头的木桩，要用剪刀把经线头剪开，并分成数股系在一根木棍上，如果是用腰机织，这根木棍便成为卷布或卷锦轴；如果是用高机织，就把它绑在机床“Π”形的卷布或卷锦装置上。

图 3-66　册亨·布依族·凳式编组

（五）捡综、刷浆

捡综，将卷经轴头卡在机尾的横档上固定住，然后捡综。捡综时将地经与面经分别套进综片的上下线套中。由于台江施洞的织锦是挑织法，所以机上只有一片综，吊在“A”字形机臂上的前端。为了使经线具有韧性抗拉，便于梭子的穿行，有些地方还要用浆水在牵好的经幅上涂刷均匀并用火盆烤干。

（六）调经、织头

捡完综后，将经头再作调整，使经线的松紧度一致，便开始织造。如果是织锦，要先织一段平纹头，有的地方是用稻草来织头，平纹头织好后就正式挑织纹样了。

二、凳腿式牵经

凳腿式牵经，是织造绦带的牵经方法，因经幅窄、经线总数少、经匹短，便可利用凳腿来整经。就是把两条凳子倒过来腿朝上，用凳子的腿来作分绞桩和挂经桩，其他工序与地桩式整经相同。

图 3-67　仁怀·苗族·桶式编组

图 3-68　雷山・苗族・凳式编组

图 3-69　紫云・布依族・凳式编组

图 3-70　松桃・苗族・凳式编组

三、凳架经耙式牵经

凳架经耙式牵经，这种方法使用的工具有：

凳架式经耙两只，各地规格不一，以从江县谷坪乡高吊村为例，其高 62 厘米、宽约 90 厘米，每个架上安有 7 个挂经木齿，其中一个上面还有两只分绞木齿。有些地方的经耙宽大很多，上有 20 个挂经齿，用于幅面较宽的织物整经。

贯线架圈，这种架圈在明代《天工开物》中被称为“眼溜”。高约 2 米、宽约 3 米，横梁上系有 9 个贯线圈。

竹篓，又称“篗子”，共 9 个，分别绕有牵经用的纱线。

掌扇，操作时，牵经者把竹篓上的经线头分别通过贯线圈并穿入掌扇的眼孔内，人持掌扇走向凳架一头，把线头系在耙齿上，然后将经线引向另一头的凳架耙齿上挂住，并套在分绞齿上，来回牵挂，直到经数足够为止。其后面的穿箝、捡综等工序与地桩式牵经相类似，也需 2 ~ 3 人配合操作。贵州少数民族的牵经耙是平放，掌扇持于手中，可以一人操作。

在贵州一些山区，由于地势不平，民居建筑紧凑，很少有宽阔的地面空间，所以当地妇女就利用建筑侧面墙体来牵经。镇宁布依族就是把挂经木桩与分绞桩钉进道路边的石墙缝中，人提着牵经架子将经线牵绕在木桩上，经线总数足够时，便把它拔下来进行后面的工序。

四、竹竿轮盘式牵经

竹竿轮盘式牵经，主要流行于黔北及黔西北。用两根长 4 ~ 5 米的竹竿交叉插在一根木桩的孔洞中，形成十字架，来代替经耙。插竹竿的木桩是放在一张侧立的桌腿空档中，竹架的四个头上分别插有 5 根挂经棒，牵经时将经线头先拴在竹竿一头的经棒上，然后转动十字形竹竿，把线一圈一圈地分别绕在 5 根挂经棒上，直到绕足总经数为止，再进行穿箝、上轴等其他工序，后面的工作与经耙式牵经大致相同。

第四节　织造方法

贵州民族织造方法，由于各地区发展悬殊、品种不一，所以表现出极大的差异性。

一、组的编法

编组，民间叫打辫子，是利用圆形或半圆形的木质凳架，先将丝线缠绕在线棒上，线棒尾端拴有坠物，或用铜钱，或用陶网坠，有的用竹筒，有的用布包缝石头。丝线头系在凳架的梁上，丝线的数量有 4、8、9、12 根不等，编织时双手有规律地调换各根线棒，使丝线互相缠绕，绞结成辫状，并延伸成一根扁平的带子。组有单一颜色的，也有用各色丝线编成彩色花纹的。这种方法与古代的吊挂式编织法原理是一致的，即利用坠物甩动形成的重力，可加快编织的速度，提高劳作效率。除了专门的凳式机外，有些少数民族妇女还利用家中木桶、竹篮来编组，就是将丝线的一头拴在木桶、竹篮的提梁上，代替凳式机来操作。

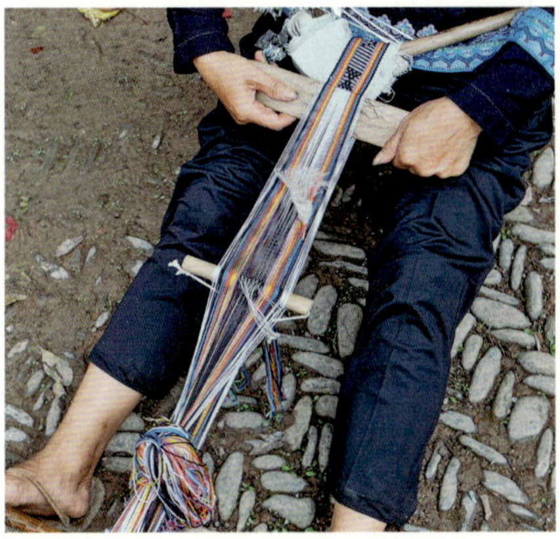

图 3-71　丹寨・苗族・织绦

二、绦的织法及显花技术

（一）绦的织造方式

有人体织、肢体与外物配合织、机具织三种形式。

1．人体织

整经结束后，不借助外物的力量，仅用人的肢体如足、膝、腰部位来绷紧经线，用双手进行织造的一种形式。松桃、麻江、榕江等地苗族、侗族妇女只用双膝绷紧经线，用挑刀来织造。而有些地方则用腰和脚来绷蹬经线，用双手来提经织纬，这两种形式织造者都是坐在小凳子上操作，而不像海南黎族人是席地而坐的踞织形式。

图 3-72　雷山・苗族・织绦

2．肢体与外物配合织

借助某些外物如树木、柱子、桌椅、栅栏、墙壁等物体的力量，将整理过的经线的一头拴结在这些物体上，另一头系于人的腰部并绷紧经线，双手进行操作。这种形式见于黔东南、黔南各县乡村，尤以苗、侗、水三个民族最为普遍。它的操作不受条件限制，既可在家中进行，也可携带到田间地头，于生产劳动的休息时间进行，甚至几个妇女共同借助一棵树干开展织造，互不干扰。

3．机具织

利用专门的织造机具进行操作的一种方法。除了前面所说的大型四腿双排框架式织绦机、小型四腿双排框架式织绦机、两腿单排框架式织绦机、折凳式织绦机、双杠式织绦机织绦机外，黔东南、黔南一带苗族、侗族妇女则利用腰机或高机来织，但榕江

图 3-73　兴仁・苗族・织绦

图 3-74　望谟·布依族·整经

图 3-75　凯里·苗族·整经

图 3-76　榕江·侗族·牵经

寨蒿一带侗族则用一种木马机来织。有些地方如丹寨、凯里、黄平还制作一种专门织造绦带的小型高机，丹寨杨武乡排莫村苗族的织绦机最小，宽 58 厘米、长 83 厘米、机床高 40 厘米、架臂宽 72 厘米，部件有卷经轴，4 片综，木框嵌竹筘，5 只踏板，卷锦轴。黎平岩洞一带侗族妇女织绦，一般是整经后，利用大型高机来织。

（二）绦的显花技术

绦面多由经线显示花纹，方法有以下几种：

1．用中筒和 1 片线综

将全部经线分为奇偶数，奇数经线从中筒上方往下绕，偶数从下方往上绕。松桃、凯里、榕江、黎平、从江一带多用这种方法。

2．用提经网套

用线将分绞后的经线分别绕过，代替线综的作用，并结成一个网套，当提起网套把中间的经线往下一压，便会形成上开口，而下口的开启只需提起网套便会形成，这样就可织入纬线。黔东南及赫章一带比较常见。

3．用孔栅桄综

用木材做成一个长方形框子，框内成排地安装竹签，每只竹签中间打有孔眼，把经线按顺序地穿入竹签的孔眼中和竹签与竹签之间的缝中，只需移动孔栅桄综就可以变换上下经口，织入纬线。孔栅桄综主要流行于黔西南望谟、普安、兴仁一带。这种方法与中国古代的综版织法有相通之处。

4．用线综

线综有 3 片综、4 片综的区别，并且是用斜式腰机或水平高机织。3 片综主要见于黄平、台江一带，综前有竹筘，织时采用竹签挑织。4 片综主要见于剑河一带，整经时不用竹筘，而是将经线分别捡进 4 片线综，连接线综的是 4 只踏板，分别踏动踏板变换经口，不需挑经，直接投梭织入纬线，就形成了绦面上的连续纹样。

三、锦的织法

各地区各民族各锦种方法不同，具体有以下几种。

（一）通经通纬

通经通纬织法，各地有别。

松桃苗族织锦，用木梭来织地纬，纹纬则用缝衣针来代替杼梭，将纹纬线穿入针眼，并用针头逐次挑经过幅，拉筘打紧。

兴义布依族织锦，锦面朝下背面朝上，先用 1 把竹刀侧立于

经口，用另1把竹刀在面经上数纱挑经，然后侧立于面经口，抽出前一把竹刀再在面经上数纱挑经，挑完后两把竹刀同时往筘方向推移平放，这时用木梭织出一道纹纬后，再抽出一把竹刀，又用另一色纹纬梭织出第二道纹纬。不同的纹饰，要默记不同的挑经数量，并用手指配合数纱。

图 3-77　从江・侗族・倒纱

从江县谷坪乡高吊村苗族妇女织造锦帕，用足后跟蹬一下拉绳，启开地经口，用木刀织出一道地纬，并顺势打紧，再蹬一下拉绳，将面经升起，并用竹签挑起部分面经投杼织出一道黑纹。

（二）通经断纬

通经断纬织法，又称随形断纬、逐花易色。由于织锦图案的纹样色彩是由各色纬线构成，所以在织造过程中，要根据花纹色彩的不同，在经幅上随时更换不同颜色的纬线，这就形成断纬换色现象。

图 3-78　从江・侗族・倒纱

榕江县兴华乡摆贝村的服饰缘条锦，通幅纹纬共9次挑经，也变换9次色纬，第一轮织完了，就用木刀连打两下纬线，抽木刀时顺势织出地纬，抽出竹签，用双手拉一下竹筘挤紧地纬，然后进行下一轮纬线的织造。

黎平县龙额乡侗族的缘条锦，根据花纹颜色要求，每挑一次就要放弃前一根纹纬，而用另一种颜色的纹纬。要连续反复织出三道断纬，再用长竹签又通幅地挑压全部经线，并将竹尺侧立形成经口，先用白色地纬线梭穿过，接着穿过黑色纬线梭，实际上是三道彩色断纬，黑白两道通纬。

图 3-79　榕江・侗族・倒纱

（三）挑花样本

挑花样本，是蜀锦、宋锦、云锦必不可少的工艺环节。贵州民族织锦也使用挑花样本作为参照物，挑花样本是用一种色丝把织锦图案的基本元素或单位纹样挑刺在面料上，并不显示图案的全部纹样和色彩效果。织造者只要掌握样本上的元素和纹样形成规律就可以据此连续操作，完成全部图案的织制，而图案配色则完全根据织者个人的偏好或参考其他样品的配色方式来进行。台江、施秉、剑河、镇远的苗族织锦裙面，就是参照挑花样本来织造的。将挑花样本放在织机一旁，先用竹签将经线按纹样要求分开，并把竹签往筘方向推，形成经口，不熟练者按照挑花样本上的纹样，用牛骨挑子数纱挑起部分面经，并分别更换色纬，眼观手挑，而熟练者则凭经验操作。

图 3-80　榕江・侗族・牵经篗子

图 3-81　望谟·布依族·纺纱

图 3-82　榕江·苗族·倒纱

图 3-83　荔波·布依族·纺纱

（四）竹条编纹

竹条编纹织法，也属于挑花样本技术，只不过是上机后用竹条来预先编制出一个花纹单位或半个花纹单位的样本。贵州苗族和侗族、广西壮族、云南傣族都用这种技术来织锦。不同的是，广西壮锦是将竹条样本挂在一个竹笼上，云南西双版纳傣族是将竹条样本由机架垂至经幅下面，而贵州苗族和侗族则是将竹条样本用一根木棒挂于“A”字形的架臂下，但其原理却是相通的。黎平县龙额乡归养和从江庆云一带，采用竹条编纹织法。上机后将全部经线用线圈绕成花纹线综，将圈成的综线在挂综线棒上再圈一次以固定综线，在纹线综上依照纹样插入竹条，竹条数量与一个图案单位的长短有关，图案单位长用180根，图案单位短用56根。织时先用地纬织一小段平纹，然后右脚向后蹬，闭合中筒的经口，双手拉下最前一根竹条至纹线综下方，左手食指抠住竹条中部并用力向前拉，这时纹线综分成前后两部分，右手将一根较宽的竹片插进并下压，这时形成经口，将筘推近线综，再往筘前伸入纬刀，保持纹经线的开口，取出纹棒，左手将较宽的竹片和纹线综分开棒一起往前拉，这时纹线综撑开成两部分，将取出的纹棒插入后面经线，形成下一个图案单位的循环。

（五）提经网套

提经网套这种方法，见于从江县谷坪乡高吊村，当地织造服饰缘条锦的过程中。分别用 5 个线圈把每一次需提起的经线套上并系在 5 根竹棍上，纹纬有 5 根，蓝、白、红、绿及 1 根白色金属线，红、绿纬用梭织，蓝、白纬用小竹签带过或拉出。每织一道纹纬前，按顺序提起一根网套上的竹棍，把需要提起的面经提起，并用竹尺侧立在综后面的经口内，然后用大梭织过纬线，或者用小竹签穿过竹筘前的经口，把纬线头塞进竹签尾端的小缝隙中，回抽竹签，织出纹纬，接着用大竹签把纬线一点点拨紧，踩踏板提起地经，织过一梭地纬，再提第二个网套竹棍，升起第二层面经，也如第一道纹纬的顺序进行，到第 4 道色纬织完，就用小竹签的倒钩拉过银色金属纬线，就完成了一段锦缘纹饰。

四、绮的织法

绮，是平纹地上起斜纹的织物，虽说绮为素色，但出土物中亦有彩色绮，贵州民族的“斗纹布”“花椒布”等织物，就是平纹地上起斜纹的织物，可称为素绮，除此之外，还有用多色丝织

的彩绮。

（一）素绮的织法

素绮一般用丝或棉或麻纯织，也有用棉麻交织的。尽管各地区各民族绮面上的单位花纹大小不一，但都是用高机来织并采用相同的提花技术，即用四片综四只踏板来提花。

水族称“花椒布”的绮，用白色棉纱素织，织后染成藏青色，通幅共 34 个回文，每个回文规格约 1 厘米大小。操作方法是：这里用 4 片综，第 1 综为地经，第 2、3、4 综为面经。4 片线综上面用绳系于机臂的木鸽首尾。下面又分别用绳子与 4 只踏板相连接，由左至右的顺序为：左 1 踏板连接第 1 片综、左 2 踏板连接第 2 片综、左 3 踏板连接第 3 片综、左 4 踏板连接第 4 片综。踩左 1 踏板形成地经与面经开口，投梭织出平纹地纬，分别踩 2、3、4 踏板时，形成部分面经开口，织出回字菱形花纹。

（二）彩绮的织法

台江、剑河、凯里、丹寨一带苗族的织绮多为彩色。台江一带横条纹绮的织法是：用单色线牵经，4 综 4 蹑来提花，上机后将经线分别捡入 4 片线综，但纬线却有 9 种，并分别装入 9 把船形木梭槽内，每种颜色的木梭应用顺序和过梭次数都有严格规律，有序操作，反复循环，织出具有暗花回纹的横条绮。

凯里、丹寨一带苗族织的腰带，属彩色方格绮，也是用 4 综 4 蹑来控制经线的变化，又用三四种彩色线来织纬，呈现出彩色方格回纹图案。

与此不同，剑河县革东一带苗族织彩色绮，为白经蓝（藏青）纬棉织绮，网格菱形纹，宽度为 37 厘米，用 I 型腰机来织，也有挑花样本，并用 6 根竹子来作为纹棒，6 根纹棒依据不规律的 14 次循环而构成一个完整的纹样，并织出全部图案。操作程序为：上机后先织入稻草，以调整经线张力，右脚后蹬使线综开口，并用竹棒将线综前方的经线压下，容易形成开口。这时参照挑花样本，用牛骨挑子挑起经线，并穿入一根粗线。经过 6 段反复循环而构成一个纹样。这时，将纹线上的纹样移到线综和中筒之间，再分别插入 6 根细纹棒以固定，这需要两个人配合才能完成。6 根纹棒插完后，就把稻草织的部分剪掉，并把绮头与卷轴上的布缝接上并卷紧装上机子。正式织造时将卷轴系于腰前，还是用右脚后蹬使线综开口，将第一根纹棒用力向下压，纹纬线（藏青色）通过梭子引纬，中筒开口，将筘向胸前移动，纬线穿过织口，穿入打

图 3-84　关岭 · 布依族 · 倒纱

图 3-85　关岭 · 布依族 · 倒纱

图 3-86　关岭 · 布依族 · 倒纱

图 3-87　镇宁 · 布依族 · 倒纱

图 3-88　剑河·苗族·纺纱

图 3-88　望谟·布依族·纺纱

图 3-90　关岭·布依族·穿筘

纬刀，引过白色地纬。线综开口，将筘往胸前移动，经线穿过织口，再用打纬刀打入纬线，即完成一段的织造。然后依此方法进行第二至第六段的织造，直到完成全部图案。

五、罗的织法

（一）挑综

首先在上下两层经纱中间放置一根较柔软耐磨的尼龙线作综绳，织女左手执一块由细竹棍和一块 10 厘米 ×45 厘米的木板组合的辅助工具，右手将综绳从经线之间挑起，穿套在细竹棍与木板上，编成综环。细竹棍的作用是固定每一个综环的位置，木板的作用是确保每个综圈长度一致。侗族绞经织物使用的织机是多综多蹑织机，共有三页线综和三个脚踏板，线综分“基综”和“半综(绞综)”，完成二经绞组织需要建立包括两副基综和一副半综(绞综)在内的提综装置。前基综是从经纱中挑选奇数位上层纱线(地经)形成，后基综由偶数位底层经纱(绞经)组成，两副基综分别悬挂在摇综器上，这样使纱线两两分离，初步构建绞经织物的骨架结构。在建立绞综时，织女有她们独特的方法，即将绞经从地经左下方挑出后，由综绳穿套形成半副绞综，悬挂在偶数位底层经线(绞经)上。这样不仅节约了挑综时间，还能够形成较大的梭口，方便引纬。

（二）绞法

尽管侗族的罗分短距绞和长距绞两个品种，但都使用同一种织机和装置，它们的织法不同。

1. 短距绞法

织罗纹之前，要先织一小段平纹，作用是既可以使后面的罗纹牢固，又方便卷入卷轴中。然后开始织花纹，连纬短距绞罗的织造法则，是通过提起不同线综，形成三种梭口，穿地经的综框上升时所形成的梭口称为普通梭口，此时织入纬纱后并不扭绞。当前后基综轮流提拉绞经时，绞经在地经的左上方形成开放梭口，在地经右下方形成绞转梭口，织入纬纱后经纱便发生扭绞，形成罗纹。

三种梭口开口形式和提综方法是：普通梭口，提前基综上层经纱，压后基综底层经纱；开放梭口，提后基综层经纱，压前基综上层经纱；绞转梭口，压绞综，绞经从左上方绕过地经，从地经右侧向下拉。这三种梭口的操作顺序，形成了绞经织物的组织

结构。

2. 长距绞法

第一纬织绞经，下拉半综，绞经从左上方绕过地经在它的右侧向下拉，形成绞转梭口；第二纬织平纹，提后基综的底层经纱，下拉上层经纱（前基综），绞经从左上方绕过地经，与地经交叉，形成开放梭口；第三纬织绞经，提地经（前基综）起，压后基综，形成普通梭口。这三个步骤是绞组的一个循环，其中第一纬可完成一次扭绞，第二纬与扭绞相交，第三纬与下一循环的第一纬完成一次扭绞，以此循环。引纬的工具，称为斫刀，用于引纬和打纬。斫刀大致呈梳背形，中间凸出两头平顺，凸出部分内有凹槽，装纡子，侧面有一小孔引出纱线，刀口为刨制光滑的薄切面，这样的设计一方面便于打纬，另一方面在梭口较小的时候，薄切面更易于穿过经线，是民间手工艺人在实践中的经验总结。二经绞罗织物可以说是二经绞纱织物的“升级”版本，是绞经纹样与平纹两种工艺的结合。织造步骤按照绞转梭口—开放梭口—绞转梭口—普通梭口—开放梭口—普通梭口的顺序，每个梭口织入一根纬线，形成一次循环。

图 3-91　望谟·布依族·牵经

图 3-92　望谟·布依族·牵经

第五节　染整技术

现代大工业机器织造，其染整技术分为三个步骤，即前期对纤维、纤维束、布帛的练漂，中期的染色及印花，后期的整理。贵州民族传统织造的染整工艺，也需经过前处理、中处理、后处理三个阶段，并有自己的独特之处和不同叫法，体现了贵州民族织造的地域和民族特色。

一、前处理技术

由于织造材料在生长过程中，会附生胶质、色素和其他渣滓，前处理是对纺织材料进行脱胶、除色素、去渣滓，使其变得光滑柔软，具有一定弹性和抗拉伸强度，便于纺织和染色，又称练漂。

（一）丝的练、漂、浆

蚕丝是由丝素和丝胶构成，丝胶的去除分几次进行。首先是在缫丝时用荞秸、荞壳燃烧后的灰烬过滤的碱水煮茧，高温碱水可以使大部分丝胶膨胀脱离。除荞灰外，贵州少数民族还利用糯稻草灰或灶膛中的柴灰来制剂脱胶，凯里舟溪一带苗族甚至还直

图 3-93　镇宁·布依族·牵经

接用水煮茧脱胶。

碱水热煮后的丝虽然已经具有一定的纺织染色性能，但是它的外表和空腔仍然存留有部分胶质，所以必须对织成的匹帛进行再练，材料仍然是碱性物质。清代，遵义丝绸用猪胰脱胶，说明贵州民族至少在清代已掌握了这一生物化学技术。

为了便于织造，还要对蚕丝上浆。上浆是在整经上机以后，用刷子蘸上浆水在经上均匀地涂刷，经线下面要放置火盆，烤开经线。这样使蚕丝表面光滑，利于纬梭的穿行。

图 3-94　望谟·布依族·牵经

（二）麻的练漂

麻的练漂也分为脱胶、精练、漂白三个步骤。脱胶的方法为：把割下的麻株扎成捆，放入水池中浸沤。沤麻时间在夏秋之季，因水温较高，麻入池水中后，容易大量滋生以胶质为营养的微生物，促使胶质溶解脱落。待麻韧皮变得松散柔软后，把麻捞出来，先用双手将麻皮从麻茎秆上剥落下来，然后再用竹片把外表一层青皮刮掉，剩下的就是韧皮，就可以进行析缕绩纺了。脱胶的方法还有煮，在锅中加入草木灰，利用灰碱来为麻纤维脱胶和去色素。

图 3-95　望谟·布依族·牵经

为了使麻纱变得柔软光滑，有些地方用碾的方法，把纺成的麻纱放在铺平的稻草上面，再用一个圆柱形的滚石来回碾压，改变麻纱的韧性和粗糙感。六枝苗族则是用一个竹筐盛着白土，将麻纱置于白土上蒸的办法，来给麻线增白。

（三）棉的练漂

因为棉花本身具有自然白色，较麻的练漂要简便一些。但是为提高棉纱或棉布的白度和增强它的拉力，贵州大多数民族利用泡、浆、蒸、捶、漂等手段。但也有些地区采用特殊方法。如：从江县加勉乡苗族将棉纱倒成纱把，用稻草灰水煮一次，大约煮干两锅水即可。晒干之后，又用粘茹水煮一次，每斤纱用粘茹半斤。剑河县九仰苗族用草木灰水来浸泡棉纱，1 个小时左右取出晒干，然后进行浆纱。雷山县掌披苗族先把纺好的棉纱泡在草木灰水里 3 ~ 6 天，取出放在甑子里蒸过，再用清水洗净，晒干。侗族地区也采用相同的方法。蒸过的棉纱还要放入白芨水里浸浆，取出后晒干，要反复 2 ~ 3 次，主要是为了使棉纱的纤维凝结而牢固，织时不易磨断。不少地方还用牛粪来做漂白剂，贵州属山地农业区，农耕时代，各族群众都饲养牛来作为耕田工具，牛食草量大，排出的粪便是棉纱练漂的自然材料。办法是将牛粪盛于木桶内，加水稀释，将棉纱放入桶内浸泡，三五天后取出，拿到河边的石块上，

图 3-96　望谟·布依族·牵经

或用手搓，或用木槌捶打，将纱中的牛粪渣液和纱中的杂质去除，并放在水中反复漂洗干净。

图 3-97　望谟 · 布依族 · 整经

二、染料及着色技术

贵州民族织造的染色，有先染和后染两种。一般彩色织物是先染，即把蚕丝或棉纱、麻纱、毛线染成各种颜色，再牵经上机织纹。而素色织物都是先织后染。

（一）染料

贵州民族使用的染色材料有矿物、植物、动物三类。矿物类染料主要是朱砂，用于染红色。据《逸周书》记载，西周早期，仡佬族先民卜人就向周王室贡献朱砂。历史上贵州务川、万山、丹寨等地就是朱砂的重要产地。贵州属亚热带气候，植物染料也十分丰富，染蓝色的有蓝草，贵州常见的蓝草有马蓝、蓼蓝、松蓝三种；染红色或紫色的有仙人掌、苋菜、高粱壳、救军粮、紫草、茜草、红花、桑葚；染黄色的有石榴、黄柏、槐花、栀子；染黑色的有橡树籽、栗子壳；染棕色的有艾叶、茶；染青色的有核桃内皮；在一些地方利用阴沟、水塘、农田中的泥浆来染黑色。有些民族利用动物的血液来做浆染材料。贵州民族就地取材，利用金属农具、工具、用具如铧口、锄头、钉耙、斧子、镰刀、菜刀、铜钱、铜盆、铜壶等器物来当作媒染剂，将它们放在各种染缸中使染料产生变化，得到自己所需的颜色。

图 3-98　望谟 · 布依族 · 整经

（二）制靛方法

贵州民族蓝靛的生产过程为：种蓝、收蓝、沤蓝、加石灰水、排水取靛。传统农业时代，贵州各地均种蓝草，尤以黔南荔波产蓝最多。一般农历三月种蓝，农历七月收蓝。蓝草收割后，规模化的生产是修建一个蓝靛池，将蓝草放在池中用石灰沤泡。如果一家的蓝草不够一池，就约几家合伙泡一池。15 天至 20 天后即用耙子去搅动蓝草，搅时一般需十余人合作，人少了则搅不烂。搅动过后，再泡上一段时间，待蓝靛沉淀在池底时，放干池水，然后把沉淀的蓝靛装进竹箩里，挑回家备用，用不完的则抬去市场上销售。家庭制靛是用一只木桶，将蓝草放于木桶浸泡两天，观察靛叶变软时，则捞出靛叶，按比例放石灰入内搅拌，隔四个小时后靛已沉淀，即可放水取出。

图 3-99　望谟 · 布依族 · 整经

（三）着色方法

贵州民族使用矿物颜料染色的并不广泛，只有部分民众如丹

图 3-100　望谟 · 布依族 · 整经

寨苗族在制作彩色蜡染时，用少量朱砂对服饰部件上色。作为矿物颜料的朱砂，它的着色不是染，而是将它与黏性物质如牛胶拌和后用涂刷的方法，使其附着于纺织物上。由于朱砂这种物质比较稀少贵重，所以一般只用于局部染色，很少有用它来作大面积染色的。但是也有将朱砂与植物染料混合使用的。贵州民族主要染色材料为植物染料，其着色方法有还原染、直接染、媒染，有些地区还采用熏染方法，如凯里、黄平、施秉一带的苗族，就流行熏染。即在已经染好色的基础上，用一种粉状的紫色化工染料兑水，然后涂刷在面料上，再将面料放在用柏树枝叶燃烧的烟上薰烤，最后把面料平放于石砧上用木槌捶打，既让紫色染料渗入纺织品的纤维中，又使面料光亮平整。这种紫色几乎成为这个苗族支系主要的服色特征。除蓝草是人工培育的之外，贵州民族使用的其他染料基本是自种或野生的蔬果、草药等草木植物，人们把这些植物的根、茎、叶、花、果实采集回来，从中提取色素进行染色。

图 3-101　关岭·布依族·织布

图 3-102　关岭·布依族·织布

三、整理工艺

为满足实用和审美要求，贵州民族早就发明和应用了织物的各种整理技术。他们利用一些物质和技术手段，既可加强织物的实用功能，又能改变织物的外在风格。这方面既有与中原内地的相同之处，又表现出自己的独特性。技术上主要有上浆、涂层、熨烫、砑光、碾踹五种形式和各种表现手法。

（一）上浆

用于织造品上浆的材料有植物浆料和动物浆料两类。

植物浆料，主要有大豆（黄豆）、薯莨、魔芋、白芨、皂角。动物浆料，主要有禽蛋、牛皮胶、血浆。动物浆料一般用于制作亮布，上浆过程中要进行捶打，使织物表面出现光泽亮度，是贵州民族的独特技术。有些民族还制造专门的上浆机，如惠水布依族用木料制成一个立体框架，高约 75 厘米、长约 130 厘米、宽约 65 厘米，上端两头各有一个活动式圆木轴，中间有挡板，下面放置火盆。上浆时，由两人操作，先将布匹卷在右边的木轴上，一人把布匹的一头通过挡板卷在左边的木轴上，另一人用刷子蘸上浆料涂刷在面料上，左边的人用双手卷动木轴将火烤干的布卷紧，并抻出面料，右边的人又涂浆料，依次进行，直到浆完整匹布，再换另一匹。

图 3-103　关岭·布依族·织布

1. 大豆

黔东南、黔南等地苗族、布依族、水族喜用大豆来浆布。如台江县巫脚乡苗族将豆浸水发胀后捣烂，在半桶的清水里，用一块小布包着揉搓就成豆浆。再将布浸入豆浆里，以手轻拍，使布均匀湿透，取出晒干，再放到甑里蒸，豆浆才不掉。而后继续浆并漂清水一两次后又浆。浆到三次最好，如大豆不够则只浆一两次。经豆浆浆后的布匹，就由蓝色变成了黑里透亮的藏青色。

图 3-104　黎平・侗族・织锦

2. 薯莨、魔芋、白芨、皂角籽

薯莨，属一种多年生缠绕藤本的薯蓣科植物。其茎块肉质肥大，呈长圆形或不规则形，表面棕黑色，内部黄棕色，有疣状突起，鲜割伤时有红色黏液。贵州全省均有分布，因它里面有黏液，所以有些地方把它叫“黏苕”或“糯苕”。苗族、侗族、水族、瑶族群众从山野上挖来这些薯莨，清洗干净，捣成浆汁用来浆布，上浆后或用光石磨擀，或用木槌捶打，织物表面出现灼灼发亮的紫光。魔芋，一种可食用的植物，一些民族用它的茎块捣碎制浆，用来浆布和粘布。白芨，属多年生草本植物，可以入药。因它的茎块具有黏性，贵州一些苗族群众用它来作为浆布材料。贵州各地都有皂角树，树上结有皂角籽，秋天人们将成熟后的籽采集回来，制成浆对织物进行加工，使之硬挺发亮。皂角籽还是极好的洗发剂。

图 3-105　关岭・布依族・织布

3. 蛋浆

贵州侗族南部方言区群众在织物染色结束之后，还用鸭蛋清上浆，将鸭蛋壳敲出一个小洞，只让蛋清流在盆里，不用蛋黄。用木筷搅匀蛋清，然后均匀地涂抹刮刷在染过色的织物表面，待蛋清阴干，便将织物平放在石砧上，用木槌捶打面料，使蛋清渗入织物的缝隙，织物变得紧密、光滑、平整、挺括，出现熠熠亮光。

4. 胶浆

贵州苗族、布依族、侗族、水族喜用牛胶来浆布，制胶的材料主要是水牛皮，牛皮越厚、存放的时间越长越好。台江县巫脚乡苗族，用水牛皮熬浆水，方法是：将一斤半重的干牛皮放入锅中，兑上清水加热熬煮，到水干变成黏液时牛皮浆即熬成。牛胶浆布和豆浆浆布的方法相同，浆过牛胶的布，一些地方还要热蒸和捶打，如前面说到台江等地苗族就反复地对染过的织物进行蒸捶。

图 3-106　黎平・侗族・织布

5. 血浆

用动物血液来浆织物，主要体现在传统渔猎工具罾网上面，在塑料化工产品未发明之前，用来编织渔网和罾套的材料一般是

图 3-107　镇宁·布依族·织锦

图 3-108　镇宁·布依族·织锦

图 3-109　镇宁·布依族·织锦

图 3-110　镇宁·布依族·织锦

麻棉纱，为了使网缯更具伸拉力和防水性，人们用动物血液来作涂层。有些民族也用它来浆布，一般是在原先染色的基础上，再用猪、牛等动物的血浆来浸渍、涂刷纺织物，这样会使织物的原色产生变化，织物也变得更加紧密硬挺、经磨耐用。

（二）涂层

用于织物涂层的材料主要有两种，即漆和桐油。用漆或桐油对织物涂层，属于功能性整理，通过涂层可以改善和加强织物的防水、防潮、防腐性能，达到耐磨经用的目的，同时，也能使织物增强坚韧挺括的风格特点。

1．漆纱、漆布

贵州多漆树，一些民族有割漆的习俗。漆是漆树分泌出来的脂油，刚开始为白色，经氧化后变成黑色，漆具有很好的防腐性，人们用它来涂刷木质用品，也用来对织物进行涂层。中国各地都出土了不少汉代的漆纱、漆帽。现在贵州一些少数民族也仍使用漆来对织物进行加工，如贵阳市花溪苗族妇女制作头帕时，就用漆来涂刷，使头帕变得坚挺并闪闪发亮。不过近些年来由于农民不再种植漆树，她们已改用化工漆和圆珠笔芯的油来代替大漆了。

贵州大方的漆器，虽然在相当长的历史时期为皮胎，但从1956 年起，就先后数次派员工到福州等地学习麻布脱胎等技术，从此纻胎漆器成为大方漆器的新品种，这种纻胎漆器的特点就是要使用“裹衣”技术，即先用纺织品裹在器物胎骨上，再直接上漆。

2．油布、油绸

历史上贵州不仅产漆树，而且还是桐油的重要产地。据史料记载，明清时期，贵州产的桐油就从清水江等水上运输线源源不断地流向湖广一带。桐油具有很好的排水性，利用桐油对织物进行涂层，也早被贵州民族所掌握，并且主要是用来生产制造防雨防水用具和生活用品，如苫布、雨伞、雨衣、雨鞋等。民国《续遵义府志》就记载：“油绸，向惟正安出，今则遵义制者尤良，柔软而不濡，洵为行李必需之物。”贵州气候多雨，过去贵州有些地方制作的雨鞋叫“钉鞋”，即用桐油来涂刷厚厚的棉布鞋底，并在鞋底钉满铁乳钉，直到 20 世纪 50 年代，仍有不少地方的群众穿这种油底钉鞋。桐油能对棉鞋布底起到很好的防水作用，达到经穿耐磨、延长使用时间的目的。

（三）熨烫

传统的熨烫整理工具用铜和铁铸造，有两种式样。一种为碗形熨斗，底部平整，有的斗柄连体，有的另装木柄。在斗心放置炭火，利用金属重量及温度把织物熨烫平整。早先是用来整理丝绸的，后来也用于棉麻织物的整理。赫章可乐甲类墓出土有3件熨斗，就属于这一种。虽然它可能是从巴蜀传入，但也证明了贵州民族使用熨烫整理的技术已有2000多年的历史。另一种为三角形烙铁，也有手柄。将烙铁放在炭火灰烬中加热，然后用来熨平面料。这种烙铁在电熨斗发明之前，是贵州各地常见的整理工具。利用熨烫方法整理，属于风格性整理，它可以压平织物和服装的皱褶，使其变得平整，又能平均面料的匹幅，改变长短宽窄不一的形状。

图3-111 仁怀·苗族·织锦

（四）砑光

砑光的方法有磨擀、捶捣两种。

1. 磨擀

磨擀是把织物放在平整的桌面或石板上，用一块圆而光滑的石头在织物上面来回地磨擦擀压。东汉许慎在《说文解字》中把这一工艺称为碾，“碾，以石擀缯”。清人段玉裁注：“碾以碾缯，今俗谓之砑。”从前人的解释和阐述来看，砑光技术是从用光滑石头擀压发展到用元宝形大石头来碾踹。贵州民族如苗族、布依族妇女制作蜡染前，就用一块经石灰水煮过的牛腿骨，或者用一块清洗干净、光滑坚硬的鹅卵石，对一些幅面较小的面料，裁剪好的棉麻布进行磨擦擀压，使其紧密、平整、光滑，便于绘制纹样。作为家中的擀布工具，有的牛腿骨用了几代人还在传递。磨石一般从河床河滩上捡来，手掌般大小。

图3-112 水城·苗族·织锦

图3-113 榕江·苗族·织锦

2. 捶捣

捶捣，在中原内地的传统织造中，属于染整过程的中期工序，即通过捶捣除去织造材料或布帛的杂质或色素，使其变得洁白柔软。唐代张萱的《捣练图》，就表现了唐代宫廷女性进行捣练、成衣、熨烫劳动的场面。但是贵州民族中捶捣却是织造的后期整理工序，尤其是生活在黔东南、黔南一带的苗、侗、水等民族，最擅长用捶捣的方法，使织物显得平整、光亮、挺括，又变得经磨耐用。在清水江、都柳江、雷公山、月亮山一带，不管是苗族、水族的“花椒布”或者是侗族的“蛋布”，都要经过认真捶捣才算成品。在这里几乎每家每户都有一块特制的约60厘米见方的捶布石，古代称“砧”，2个木槌，木槌直径10厘米、长30厘米、柄长55厘米。

图3-114 从江·苗族·织锦

一到农闲时间，妇女们三三两两，手握木槌对面而坐，反复地捶打布匹，呈现出一派家家听棰响、户户传砧声的繁忙景象。

图 3-115　荔波・布依族・织布

（五）碾踹

碾踹方法有两种：一种是用元宝石碾，上宽约 100 厘米，下宽约 65 厘米，厚约 30 厘米，高约 75 厘米，重约 200 斤。元宝石置于一个木质架前，方法是把布匹卷于木轴上，以一块磨光的石板为承垫，将布卷成圆轴形，置于元宝石下面。操作时双手扶于木架上，双足踏在元宝石的两端并且左右摇晃，对布匹进行分段重复往返碾压，在石头的重压和磨擦下，织物变得紧薄，出现光泽。另一种是用一个圆柱形的石头或木头作承垫，并平放在窗户下或木架前，把纺织物置于石上再用一块长方形的光滑石板压在织物上，人扶住窗口或木架，双足踏在石板上，也是左右摇晃，重复往返，将纺织物躏踹得平整光亮。这种方法既可碾纱，又能碾布，主要见于贵州西北部，一般家庭可以配置，妇女也能操作使用。

图 3-116　贞丰・布依族・织布

图 3-117　松桃・苗族・织锦

第四章

贵州民族织造的文化功能及其在服饰中的应用

图 3-118 黎平・侗族・浆纱

贵州各民族的服饰，使用了包括织锦在内的各种高档织物作为材料，呈现出华美绚丽的视觉效果。

第一节 贵州民族织造的文化功能

图 3-119 从江・侗族・晾纱

对于贵州民族来说，传统的织造工艺品不仅是实用性的物质产品，更是具有礼仪性、宗教性的一种精神产品，这一点可以通过他们的织造工艺品的两个主要用途表现出来，一是作为制作节日盛装的重要材料和装饰要件，二是作为人生礼仪的互相馈赠物品。

一、贵州民族织造与民族节日

贵州民族日常生活和生产劳动时的着装面料，基本上都是普通的平纹布，而他们耗费财力物力人力和心血织造出来的工艺品，平常时间难得一见，而到了节日期间，人潮涌动、盛装云集，才会形成服饰的海洋。

图 3-120 黎平・侗族・捶布

传统节日是民族聚会联络感情的机会，同时也是与各种神灵沟通的日子，所以应用在节日中的织造工艺品，也就表现在三个方面：氏族成员的节日盛装，节日司仪、祭师、巫师及仪仗队员使用的织造法物，以及向神灵献祭的礼物。这时服饰的结构和纹样便具有三种功能：节日主体之间穿上这些服饰，彼此之间身份得到认同，族人可以互相辨识；作为族人沟通神灵的桥梁和媒介的司仪、祭师、巫师，身着这些服饰，才能够被神灵认可和接受邀请；给神灵形象献上这些服饰，他们才会被族人尊重和拥戴。可以说，民族节日和各种宗教活动，既是织造工艺品的展示会，也是织造工艺品生产的主要动机和目的。

图 3-121 从江・侗族・捶布

二、贵州民族织造与人生礼仪

图 3-122 榕江·侗族·捶布

图 3-123 三都·苗族·擀布

图 3-124 三都·苗族·碾布

贵州各民族很早就形成了一种不成文的社会伦理关系，以及由这种关系所衍生出来的一套约定俗成的人生礼仪。人的出生之日为诞，当高档织物发明之后，人类母亲们就用它来精心制作婴儿的襁褓、衣服，包裹自己的孩子。当他一个月或一周岁时，他的祖母、外祖母、舅母、姨母、姑母等女性长辈送给他的礼物中，也多半是用最精美的织造品制作的襁褓、童帽、童衣、童裤、童被等。在贵州有些地方还保留这样的习俗，自己小孩用过的衣服襁褓，要精心保管，因为他们相信，这些物品上附有小孩的魂，如果把它送人或出卖，小孩会生病或夭亡，即使万不得已要送人或出卖时，小孩母亲要用剪刀将这些物品剪下一小块留下，意味着小孩的命根已留下，他就不存在危险了。一些少数民族女孩的成年仪式，除了梳洗打扮换上一套成年装外，往往还在某些部位留下一种标记，或挽发结，或佩巾帽，或扎腰带，表示她已经有资格谈情说爱了。

婚礼是人生最隆重、最繁琐的礼仪形式，也是织造工艺使用最多的地方。贵州不少地方男青年向姑娘们讨取花带，是男女两性建立婚姻关系的第一步。确立了双方恋爱关系以后，在提亲、定亲、迎亲、送亲时，男女双方家庭及亲友们，则要用衣服、鞋帽、织锦、花布、蜡染、刺绣、彩绸、被面、床单、枕巾、帷帐、帘幕等织造品，作为礼物送给这对年轻人，并以礼物的多少来彰显双方的伦理关系，往往礼物越多越高档，就表示双方的关系就越亲近。对于存在着巫术观念的贵州少数民族而言，这些织造品不仅是作为物质生活用品那么简单，更重要的是，织物上面的各种纹样是他们崇拜和乞求的神灵，或有着某种寓意，他们相信它可以暗暗地降福于拥有它的女子，让她早生多生儿女，繁衍后代。

寿礼是给予老年人的一种特殊待遇，寿礼以高档织造品最为贵重。丧葬礼是较为隆重的一种礼仪。对于相信还有阴间世界的大多数贵州少数民族来说，老人去世后，要换上本民族织造缝制的寿衣，这些寿衣上必须有本民族神灵形象的纹样，这些神灵一路陪伴他的灵魂返回祖先故土，起到保护神和引导神的作用。一些地区给逝者入殓时要用织锦盖在逝者的尸体或棺材上，引导亡者的灵魂进入仙乡。老人入土后，家人还要将他生前用过的床上被褥床单及服装拿出去烧掉，意味着供他在另一个世界使用。惠

水等地布依族特意生产一种马裙花的枫香染作品，专用于丧葬礼时搭在马背上，黎平侗族用织有马纹的锦覆盖在死者棺木上，寓意天马驮他进入仙界。彝族头领火葬时，族人要用锦缎毡衣包裹他的尸体，进行火化，表示头领永远都保持他的尊荣和高贵。土家族人祭祖时，扮演祖先的人员，要身披土家族织锦，由四人抬着进入祭场。

图 3-125　黎平・侗族・晾布

第二节　贵州民族织造在服饰中的整体应用

整体运用，即衣服的面料全是采用织造工艺进行制作，如锦、绮、罗、绨、条纹布、花格布、蜡染、树脂防染、牛油防染、蓝印花布、毡、蚕丝絮片。它又分别表现在袍装、上衣、裙子、胸兜、围腰、围裙、头巾、帽子、腰带、绑腿、童装、褴褓等物品上面。

一、袍装

图 3-126　从江・侗族・晾布

居住在乌蒙山区被外部称为“大花苗”的苗族支系，由于当地海拔高、气候寒冷，他们用当地自产的羊毛与麻纱织成既厚实又艳丽的锦幅，这些锦面图案上的十字、井字、米字、田字、网格等纹饰，象征着他们的故土家园。他们用 7 幅锦拼接缝合成袍装，表示他们永远铭记祖先生活的地方和开创的业绩。

在榕江、三都、丹寨、雷山交界处，有一支以穿“百鸟衣”著称的苗族。他们的“百鸟衣”，有的是用染绣手法完成，也有全用织锦来制作的。如榕江兴华、四格，三都都江、巫不一带，当地苗族用织锦作为一件衣服的全部构件，或组成全套服装的部件，然后将这些部件进行搭配组合，形成一套完整的盛装礼服。鸟毛做成的裙缀，表示他们是鸟图腾的子孙，服装上的卍字纹、菱形、八角，则隐喻着本氏族繁荣昌盛、发达兴旺的愿望。

二、上衣

图 3-127　西秀・苗族・长衫

黔东南部分苗族、侗族、瑶族，三都水族，用织有回纹的绮，当地叫“花椒布”，来制作女性这一人群的服装，其隐喻的是多籽丰饶的花椒代表女性，她们穿上花椒布的服饰，象征氏族的人口像花椒那样繁荣兴旺。

苗族喜用织锦、蜡染作为上衣构件，如丹寨苗族妇女用织锦做成整件上衣。

图 3-128 榕江・苗族・鼓藏衣

剑河苗族用织有人物、八角、菱形、网格等纹饰的锦面，裁剪为年轻女性盛装的肩片、袖片、前胸片、后背片，形成装饰的主要部位。

这些服装构件上的那些网格、菱形、八角，象征着兴旺的繁殖力；而那些并排牵手的人物纹，则寓意着苗家后人绵绵不断，接踵而来。

雷山大塘、桃江一带苗族女性盛装上衣肩片、袖片、后背片，也多用织锦，锦面多菱形套花。黄平苗族也用织有网格、菱形、八角纹的锦面作为女性的上衣后背片。

三、下裳

历史上贵州少数民族女性多着裙装，用织锦及蜡染制作裙子的民族有苗族、布依族、侗族、水族、瑶族等。在雷山、丹寨、三都交界一带，苗族妇女用十几条锦带做成带裙，系在腰下，每当跳起“锦鸡舞”时，飘动的裙带如同锦鸡的翅尾展开，异常美丽。

图 3-129 榕江・苗族・百鸟衣

四、头装

头装主要为头巾、头帕、帽子。使用的织造工艺品有纱、绨、绮、锦、条纹布、方格布。台江、剑河、施秉、镇远交界一带的苗族妇女头巾，是她们自织的厚实耐用的横条纹绨，或彩格纹的丝织绮。年轻女性的颜色偏红，老年女性的颜色偏蓝。近年来有的将这一品种加长，用来当作男女皆宜的长围巾，体现了当地苗族群众与时俱进的着装意识。

榕江一带苗族用的头巾为棉织锦，图案都为八角、卍字纹。

黎平、从江一带侗族也喜扎织锦头帕，但黎平洪州的头帕也是棉织锦，纹饰多为牵手人物、鸟、八角。

而从江下江侗族妇女的锦帕，则是丝棉交织，约 28 厘米 ×65 厘米，图案为几何纹。

镇宁扁担山、关岭坡贡、六枝洛别一带的布依族女性，其头帕也是丝棉交织锦，图案多菱形、勾纹。

图 3-130 榕江・苗族・飘带裙

紫云布依族女性头帕为青色，中间及两头织有鸟、花卉及几何纹，33 厘米 ×90 厘米，包扎时折叠成四层。都匀、兴义地区的布依族大部分女性喜用花格布、条纹布当头巾，而惠水、罗甸一带布则喜用当地扎染花布为头巾。

三都水族用的头帕为棉织绮，男子用的约 33 厘米 ×150 厘米，

老年女性用的约 33 厘米 ×200 厘米，染成黑色，而年轻女性则用方格回纹绮，也就是她们称之为“花椒布”的织物。

图 3-131 威宁·苗族·披风

五、披肩、披风

披肩为肩上服饰，而披风则较长，可垂至腰下膝部。着织锦披肩的民族有居住在水城、赫章、威宁等地，被外界称为“小花苗”的苗族支系，他们的披肩用两块棉毛交织锦与红黄布条拼贴制成，上饰几何纹。

而当地被外界称为“大花苗”的苗族支系，除了用麻毛交织锦制作袍服之外，还用 3 幅锦与麻布缝制成披肩。

而居住在黔西北一带的彝族和苗族人民，喜用他们自擀的羊毛毡来制作披风。这种具有耐寒保暖、防潮避雨功能的着装，最适宜当地寒冷冬季的户外活动。

图 3-132 黎平·侗族·云肩

六、胸兜、围腰、围裙

胸兜、围腰、围裙，是用于对胸部、腰腹部、腿部进行保护和装饰的服装。榕江、黎平一带苗族侗族妇女，喜用一幅织锦作为胸前服饰。

围裙是中国古代服饰蔽膝的遗存，最早它只是对人的下肢起保护与装饰作用，后来发展为具有宗教意义的装束。贵州各地围裙规格、图案不一样。台江、施秉、镇远、剑河、雷山、丹寨、贞丰、兴仁等地苗族，喜用织绵作女性围裙面，着装时前后各一幅。台江、施秉、镇远、剑河一带的织锦裙面约 33 厘米 ×67 厘米，前后相同，穿着时呈纵向。裙面上为叙事性图案，纹饰多《苗族古歌》中故事情节和艺术形象。

雷山、丹寨有一支被称为“短裙苗”的苗族支系，这一族群妇女盛装礼服上，前后围裙、带裙、腰带，全用织锦。前片一般为 70 厘米 ×23 厘米，后片为 70 厘米 ×33 厘米。图案为菱形、蝴蝶纹、鸟纹、卍字等，穿着时呈横向。

图 3-133 从江·苗族·围腰

贞丰、兴仁一带有一支被外界称为“黑苗”的苗族，这部分人是自清乾嘉（1736 ~ 1820 年）以来，陆续从黄平等地迁徙而来的。他们的织锦裙面也呈纵向，规格为 19 厘米 ×45 厘米，图案为勾纹、八角等。

生活在黎平与广西交界的瑶族，其女性盛装上的围裙，少则 3 幅，多则 5 幅，层层叠加，上面用织锦装饰，图案为几何纹。

榕江摆贝苗族用蜡染制作围裙，系于腰间呈菱形。镇宁扁担山一带布依族的围裙左右及下边，均用织锦装饰。

图 3-134　贵定·苗族·背饰

七、绑腿、裹脚、脚笼

绑腿、裹脚、脚笼都是用来保护小腿的服饰，只因式样和穿着方法不一，才有不同的称呼。贵州山区荆棘遍地，杂草丛生，冬季气温较低，女性多着裙子，所以不少民族都有打绑腿、缠裹脚、穿脚笼的习惯。原先是为下肢的防护，但是随着时间推移，它慢慢演变为民族盛装的一个不可或缺的重要部件。装饰手段有织、染、绣。贵州苗族、侗族妇女多着百褶裙，这里冬天阴冷多雨，她们上山下地劳动，为了保护小腿，都要扎绑腿，套脚笼，时间久了，变成一种装俗。剑河革东、久敢，凯里舟溪的苗族，黎平水口、雷洞一带苗族妇女，就织造专门制作脚笼的锦幅，织成后配上花系带，着盛装时穿上它，显得干净利落。

图 3-135　榕江·侗族·围腰

八、童装、襁褓

儿童是一个家庭甚至是一个家族的希望和未来，儿童的健康成长对于父母来说比任何事情都更为重要，倾注着人类母爱的莫过于儿童的衣服和襁褓了。受到传统习惯影响，贵州一些民族妇女未婚前，在母亲或女性长辈指导下，就开始暗暗地制作她们婚后育养小孩的服装和襁褓了，当她们结婚时这些物品会连同嫁妆一起送到夫家，或是在她生育小孩时由母亲再带给她。儿童的重要性也决定了育儿用品的制作也非常讲究。黎平洪州一带侗族用织有人物纹、鸟纹、八角纹的锦面制作成童装。童装上的这些纹饰，隐喻着祖母神、保护神在陪伴和护佑着儿童的健康成长。当地儿童戴的帽子也多用织锦制作，有的帽檐还缀有一排金属佛像，当然这是受佛教影响的表现。贵州少数民族的襁褓，既有刺绣、蜡染品，也有用织锦制作的。

图 3-136　从江·侗族·织锦带

凯里、雷山、丹寨、麻江交界的苗族丝织锦，就是专用于儿童襁褓的，用一幅 150 厘米长的织锦为襁褓面，在上下部位加缝宽 30 厘米、长 3 ~ 4 米的平纹布作为襁褓系带。襁褓面上的鸟、蝴蝶等纹饰，犹如一道道神符，守护着苗族幼儿的成长。

威宁苗族用一幅麻毛交织锦加缝系带作为儿童襁褓。镇宁、关岭、六枝一带布依族的襁褓，中间为一幅 35 厘米 ×38 厘米的织锦，两侧系带为 108 厘米的回纹绮面，两端再分别缝接平纹布。

黎平南部的苗族和侗族用棉织锦作襁褓面，上为几何菱形纹样，两端缝上织纹绦带。

与苗族侗族杂居在一起的部分水族，也用棉织锦制作儿童襁褓，除襁褓面外，他们织的襁褓系带也多为菱形、卍字、勾纹、鸟纹等。

图 3-137 凯里·苗族·缘条锦

第三节　贵州民族织造在服饰中的局部应用

局部运用是指用织造工艺品如缘条锦、绦、组等对服装各部位作装饰处理，不仅使服装变得美观，也呈现出立体感。

一、缘条锦的应用

缘条锦，是贵州一些民族用于装饰服装边缘部位的小锦，一般织成横条状。用锦对服装边缘进行装饰，这在中国古代称“以锦为缘”，是古代贵族的一种服饰制度，湖北江陵马山楚墓和湖南长沙马王堆汉墓出土的服装有不少就是“以锦为缘”的手法完成的。这一服饰形式在其他地区早已不复存在，但它却被贵州大山深处且等级观念并不严格的苗族、布依族、侗族、瑶族人民顽强地保留了下来。这些民族除了织造幅面较宽的锦之外，还生产专门用来装饰服装领子、襟边、袖口、裙边等部位的条状小锦。

图 3-138 三都·水族·刺绣

在织造这些缘条锦时，他们按照本民族的习惯和服装边缘部位的实际装饰要求，在同一匹经线上，分别织出不同规格的锦条，制作服装时，将这些锦条剪下，逐一缝缀在领子、襟边、袖口、裙边上，使服装极富立体感。

尤其以台江、凯里、黄平、雷山、榕江、黎平、从江一带苗族，侗族、瑶族，镇宁、关岭、六枝一带布依族妇女上衣、裙子的边缘部位，最为典型。

二、绦的应用

绦是专门用来系扎衣服和背负婴儿用的物件，如发带、帽带、腰带、衣带、裙带、绑腿脚笼带、襁褓带，以及挎包带、背包带等。质地有棉织，有丝织，也有丝棉交织。贵州不少民族都织造绦带，他们着装时腰间都有系绦带的习惯。

图 3-139 黄平·苗族·丝织绦

黄平、台江一带女性，用丝线织成几何纹花带，专用于穿盛装时系于腰间。

图 3-140 黎平·侗族·辫绣

黔东南、黔南两地苗族、侗族、瑶族女性的上衣、胸兜、裙子、围裙、脚笼、绑腿、裹脚，以及她们出门用的挎包背包，也多用丝绦作系带。

威宁、赫章、水城、普定一带“大花苗”女性，用棉纱织成数米长的花带，专用于背负婴儿。

三、组的应用

贵州民族有些织造品，是专门用于刺绣装饰的，如组和蚕丝絮片。

苗族、布依族、侗族、水族都用丝编组带，并且都用于刺绣。苗族、布依族用它盘成结纹（盘长纹）、卍字纹、寿字纹、回纹等，用于服装衣襟、袖口、裤腿栏干等部位的装饰。

黔东南苗族、侗族妇女用 4 根或 4 的倍数的丝线编成扁平的组，用于刺绣，因为丝组形同女子发辫，故俗称“辫绣”，其表现手法又有平铺式、波浪式、结珠式三种。

图 3-141 雷山·苗族·辫绣

平铺式辫绣，是按照刺绣底子的纹样走向，将丝组平铺并用线固定，图案上可以看出较清晰的辫纹。它主要分布于台江、雷山一带。

波浪式辫绣，是按照刺绣底子的画样走向，将丝组折叠成层层波浪样的绉纹，用线固定，图案纹样呈现出浮雕效果，所以又称之为褶绉式辫绣。也分布于台江、雷山一带。

结珠式辫绣，又称圆圈式辫绣，是按照刺绣底子的画样走向，将丝组扭结成一个个小圆圈，形成色彩不同、大小不一的疙瘩状纹饰，俗称“锁宝绣”。这一技法主要流行于台江、雷山、榕江苗族和侗族居住区。

四、蚕丝絮片的应用

图 3-142 榕江·苗族·蚕板绣

蚕丝絮片的生产，主要目的是用于刺绣或刺绣底子。凯里、丹寨、麻江、雷山一带苗族，用蚕丝絮片剪成各种刺绣纹样，然后贴绣于服饰上，主要体现在女性围裙面。

榕江、三都一带苗族妇女，则将蚕丝絮片当作刺绣底子，上面加贴各种花纹，绣成整套节日盛装，因上面纹样多为鸟纹，故称“百鸟衣”，这一服饰是这支苗族的主要标志。

第四节　独具民族特色的织造服饰

一、作为儿童神符的苗族丝织锦襁褓

凯里、雷山、丹寨、麻江毗邻一带苗族，外界称之为“舟溪支系”，丝织蓝白花鸟几何纹锦，是这一支系最有代表性的工艺，也是贵州最精致的织锦。当地妇女通常用浅蓝色丝做经线和地纬，总经数为565根，用黑色丝织纹。锦宽一般为20厘米，经纬密度每平方厘米为28×23根。纹样有云雾、水汽、漩涡、枫树、鸟、蝴蝶等。当地用水平式高机，锦为一个经线系统与两个纬线系统交织的纬二重组织结构，先织一小段平纹头，然后再织图案。地纬是用船形木梭投织，纹纬有两种工具和手法，一种是缠绕有黑色丝线的竹杼，用一支薄而光滑的竹签在经线上数纱挑起部分经线，便将竹签侧立于经口，用手将竹杼从经口中穿过，只织出一根纹纬，然后双手顺势拉回竹签把纹纬挤紧。另一种是用一个竹钩从经口的一侧向另一侧将纹纬线拉出，形成两根纹纬，也是用竹签将纹纬挤紧，再踩动踏板上浮地经，重复操作。用这两种织纹工具和两种手法，一种织出单纬，一种织出双纬，也就造成了锦面菱形图案的长短不一，前一种方法织出的图案要短一些，后一种方法织出的图案要长一些。除少量用于女性脚笼之外，基本上它是当作儿童襁褓专用面料来织造的，襁褓不仅仅是一种物质产品的生产，还是附有宗教的、祈福的深层意义的神符制作。

图3-143　榕江・苗族・织锦上衣

图3-144　雷山・苗族・织锦飘带裙

二、浓色重彩的苗族织锦围裙

清水江上游的台江、施秉、黄平、镇远、剑河五县交界一带，居住着一个苗族支系。其女性盛装头扎花格回纹绮头帕，上穿对襟交领衣，下系青布百褶裙，前后系织锦或刺绣围裙，佩各种银饰。当地浓色重彩的织锦围裙，是他们区别于其他支系的一个主要标志，也是苗锦中的一个最富特色的品种之一。织机为斜式腰机，用黑、蓝、白棉纱做经线和织地纬，用彩色丝织纹。锦面分红、蓝两个基调，并用黄、绿、紫、青、粉红、黑、白色来点缀，形成五彩缤纷、绚丽夺目的图案。图案由上下两部分构成，上部分为三至四层菱形套合，菱形多以龙纹为中心，下部分为三道横条，各层菱形和各道横条间填织人物、动植物及各种几何纹。锦属纬

图3-145　榕江・苗族・织锦脚笼

四重组织结构，即两重纹纬（一道断纬、一道通纬）和两重地纬与一个系统的经线交织。两道地纬采用船形木梭来回穿投，断纬纹采用牛骨挑经织出，通纬纹采用杼子穿织。织时参照预制挑花样本，由于用十几种色丝来织纹，并不断更换纬线，锦面就呈现出五颜六色、绚丽夺目的装饰效果，而背面则留下密密麻麻的断纬头。当地苗族妇女织造这种锦时，在一匹经线上，可以分别织出多幅图案相同或有变化的围裙面。织完一匹经后再分别将这些锦面剪下，两边配以刺绣以及系带，做成女性的围裙。

图 3-146　贞丰·苗族·棉织锦

三、献给神灵的苗族织锦袍服

榕江、丹寨、雷山、三都一带有一支苗族，男女包织锦头巾，身穿上下相连的对襟袍服，传统的袍服是在茧板上刺绣或织锦裁制缝成。衣服下面为飘带裙，并饰以鸡毛吊坠，俗称“百鸟衣”。当地织锦有两个品种，一个是棉织黑白几何纹锦，用作头巾及祭祀旌幡。另一个是丝棉交织几何纹锦，专用作服装的各个部位。服饰锦属纬二重组织，织造方法以榕江县摆贝村为例，织机为四腿Ⅰ型腰机，机宽 53 厘米，长 148 厘米，机头高 25 厘米，机尾高 51 厘米。经幅宽 44.5 厘米，经 602 根，织成锦后约 39 厘米，经密度每厘米约 15 根。纹纬是用竹签数纱挑经，地经与面经的起伏及变化是，除幅两边为 2 上 2 下外，由右至左分别为 5 上 5 下、3 上 3 下、3 上 3 下、5 上 5 下、3 上 3 下、3 上 3 下，共要经过 27 次的“5.3.3”挑分，直到幅边又是 2 上 2 下，将 602 根经线分为地经和面经，然后将竹签往竹筘的方向移动，形成经口，再用牛骨挑子在面经上间隔地挑起 5 次经线，但每挑一次的经线数量却有差异，然后用挑子顺势将一根色纬递过这 5 次挑经后形成的经口又带出纬头，第二次又重复这个数字和动作，但每一次的纬线都换成另一种色，整幅纹纬共 9 次挑经，也变换 9 次色纬，这一轮织完了，就用木刀连打两下纬线，抽木刀时顺势织出地纬，抽出竹签，用双手拉一下竹筘挤紧地纬，然后进行下一轮纬线的织造。

图 3-147　台江·苗族·丝绵交织锦

四、以针挑纹的苗族棉织锦

松桃一带苗族织锦，原来用丝、棉、麻不同材料，现改用工业棉纱，一般用白纱做经线和地纬，用黑色纱或红色纱织纹。锦幅宽 49.5 厘米，总经数为 1090 根，经纬密度每平方厘米 22 × 14 根。

当地苗族织锦是用水平高机，机床一般高50厘米，机宽80厘米，机长160厘米，机臂距地面160厘米，部件有：卷经轴，置于机尾端。十字轴头，卷经时轴周边用四片竹子裹住，以保证经呈圆形。挡棍，横于经轴前，用来抵挡轴头固定经轴。承经木，固定于机臂的两柱间。用竹制分绞棍将经线分为地经与面经。两片线综分别将地经与面经穿入。竹筘宽62厘米，嵌在木制的梳背形木框中，木框两头是“<”形的活动式斜撑。综与筘框分别悬吊在架臂前的横梁上。撑经木刀一把，比经幅略长，6厘米宽。卷锦轴，安装在机床上，高出机床30厘米，右侧有插销，以卷锦并固定经线。船形木梭一把。坐板一块。两片综下分别用绳子连着两只踏板，以变换地经和面经的开口。用木梭来织地纬，地纬是用三根白棉纱合成，不加捻，倒成纱锭装入木梭槽内。纹纬则用缝衣针来代替杼梭，织时用针头逐次挑经过幅，穿过纹纬，拉筘打紧。图案是由两个不同的纹样构成，一个是用四个卍字纹组成一个菱形，另一个是四个变化的几何纹组成另一个菱形，用这两个元素排列构成锦面的连续纹样。

图 3-148 黎平·侗族·织锦

五、游牧文化与农业文化交融的苗族织锦披风

在乌蒙山的威宁、赫章、水城，和黔中的普定、镇宁、紫云等地，甚至云南武定一带，居住着一些身穿花格长袍或花格披风的苗族，因他们身上的长袍和披风图案显得粗犷大气、色调分明，外界因之称他们为“大花苗”，他们最有影响的工艺便是身上的花格长袍和披风，而用来制作长袍和披风的主要面料，正是他们的织锦。这种苗锦是用当地出产的羊毛线和麻线交织而成，用白色麻线作为经线和地纬，用红、黑、蓝三色毛线织纹，织机为两腿移动式，采用数纱挑经、断纬换色的织法，在同一匹经线上每织40或64厘米为一段，锦面宽48～66厘米不等，图案多象征他们祖先家园、土地、城池、道路及迁徙途中经过的高山大河的几何纹。织完后再用白色棉布与之搭配，缝制成长袍或披风，每逢他们的节日期间和人生礼仪场合，所有成员都穿上这种盛装礼服，聚集在一起，载歌载舞，庞大的人流身上那些由红、黄、黑、白，点、线、面构成的纵横交错、粗犷有力的服饰图案，在乌蒙高原的蓝天衬映下，显得格外的耀眼。尽管从20世纪初开始，这个支系的民众大部分都从原先的原始宗教改信基督教，但他们去教堂做礼拜时，也仍然穿上这种织有象征故土家园图案、带有祖先崇拜意味的服装，

图 3-149 三都·苗族·织锦·披风

图 3-150 威宁·苗族·织锦·披风

显示了民族文化和传统手工艺术强大的生命力。

图 3-151　松桃・苗族・织锦

六、慧心与灵指成就的布依族织锦服饰

镇宁、关岭及六枝一带布依锦，织机为水平高机，机长 123 ~ 170 厘米，机宽 70 ~ 88 厘米，架臂高 120 ~ 155 厘米。一般用青、蓝棉线作经线和地纬，用各色丝线织纹。操作过程是，踩动面综踏板使面经上升，用竹尺撑开经口，然后用右手中指与无名指由右向左挑起数根经线，左手大拇指与食指掐住纹纬递过右手指挑起的经线，然后右手中指与无名指再向前挑经，左手大拇指与食指向前换递另一根色纬，依此反复，织完一道纹纬，拉筘打紧，踩动地经开口，用梭子反复织出两道地纬，拉筘打紧后，再踩踏板使面经开口，用竹尺撑住经口，然后由左向右织纹，但两手的指头却调换使用，改为用左手中指与无指挑经，右手大拇指与食指递纬。每次挑经换色递纬，全凭织造者的大脑记忆和双手灵活地配合，体现了布依族女性过人的才华和智慧。在一匹经上分别织出头帕、衣领、衣襟、衣袖、角摆、裙边等。锦宽 34 厘米，经纬密度每平方厘米约 16 × 32 根。锦的规格因用在服装的装饰部位不同也长短不一，衣领约 4.5 厘米，衣襟和裙边约 5 厘米，袖饰约 12 厘米，衣角和下摆约 8 厘米，褙褓面约 38 厘米，头巾约 28 厘米。纹样有菱形、三角、回纹、井字纹、万字纹、勾纹等，图案细腻精致，是布依族织锦中的精品，被人们称为“纳锦”，在 1984 年被评为全国旅游优秀产品。

图 3-152　从江・侗族・织锦・竹条编纹

七、以竹编图的侗族织锦服饰

黎平、从江一带侗族织锦采用竹条编纹法，即用竹条在经线上先编出一个菱形图案或一个菱形的二分之一，织时按照竹条编的次序进行操作。龙额归养、唐面、洞里几个村子织的马纹锦，用于丧葬礼，白经黑纬均当棉纱，宽 38 ~ 42 厘米，经纬密度每平方厘米 14 × 12 根，最多用 180 根竹条。织服饰锦只用 56 根。从江庆云所用竹条数量为 73 ~ 207 根。织机是斜式腰机，牵经后将全部经线用线圈绕成花纹线综，并与左脚套绳相连接，将圈成的综线在挂综线棒上再圈一次以固定综线，在纹线综上依照纹样插入竹条，形成梭口程序。织时先用地纬织一小段平纹，然后右脚向后蹬，闭合中筒的经口，双手拉下最前一根竹条至纹线综下方，左手食指抠住竹条中部并用力向前拉，这时纹线综分成前后

图 3-153　黎平・侗族・通经断纬・织锦

两部分，右手将一根较宽的竹片插进并下压，这时形成经口，将筘推近线综，再往筘前伸入纬刀，保持纹经线的开口，取出纹棒，左手将较宽的竹片和纹线综分开棒一起往前拉，这时纹线综撑开成两部分，将取出的纹棒插入后面经线，形成下一个单位花纹或半个单位花纹相同部位的花本。用三把木刀代替梭子来织纬，木刀的刃面中部钻一个小孔，纬线从中引出。分别用木刀穿过经口，织出一根蓝、一根绿、一根白纬线后，用木刀连续打几下，以此循环，直至织完。

图 3-154 榕江·侗族·二经绞罗

八、绝艺仅存的侗族二经绞罗

《释名》："罗，文罗疎也。"罗是绞经织物，用两根经线相绞的称二经绞罗，用三根经线相绞的称三经绞罗，有用四根经相绞的称四经绞罗。罗有素罗、花罗之分，是中国织物中的名贵品种。贵州的罗织物，主要分布在被称为"六洞"的侗族地区，它包括从江县的洛香、贯洞、庆云、独洞、新安、龙图，及黎平肇兴一带。当地的罗属二经素罗，用棉纱织成。织罗用的多综多蹑织机，需在两层经的中间放置一根尼龙线作综绳，用一块木制的板，板的下端绑有一根竹棍，在捡综时用手指从经线中挑出综绳绕在竹棍上，形成综环。织机有三片线综和三只踏板，线综分包括两副基综和一副绞综。前基综是从经纱中挑选奇数位上层纱线（地经）形成，后基综由偶数位底层经纱（绞经）组成，两副基综分别悬挂在摇综器上，这样使纱线两两分离，初步形成绞经织物的骨架结构。在设置绞综时，当地妇女有她们独特的方法，即将绞经从地经左下方挑出后，由综绳穿套形成半副绞综，悬挂在偶数位底层经线（绞经）上。这样不仅节约了挑综时间，还能够形成较大的梭口，又便于织纬。由于经线互相缠绞后织物出现稀疏的孔眼，质地轻薄，织成后还要用牛胶、药材、鸭蛋清加工成亮色。当地妇女一般用它来制作夏季服装，极富民族特色。（张云婕，《侗族绞经织物的类型与织造工艺》《装饰》，2018 年第 6 期。）

图 3-155 黄平·苗族·丝织绫

九、送给老人最后的礼物——苗族丝织绫

《说文解字》："东齐谓布帛之细者曰绫。"《释名·释采帛》："绫，凌也。其文望之如冰凌之理也。"《中国纺织科学技术史·古代部分》："绫是斜纹（或变形斜纹）地上起斜纹花的丝织物。"《中国科学技术史·纺织卷》说绫有狭义和广义之分，狭义的绫

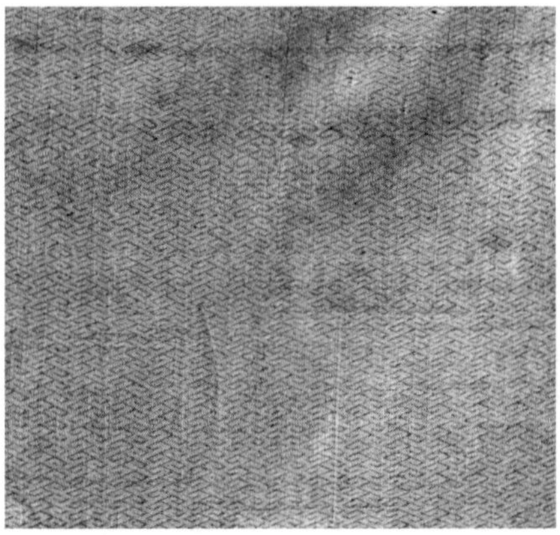

图 3-156 凯里·苗族·丝棉交织绫

图 3-157　镇宁·布依族·青缎镶绣花边围腰

图 3-158　桐梓·苗族·挑花腰带、裹脚布

图 3-159　花溪·苗族·挑花头帕

“具有斜纹结构，表面某些地方或全部，均呈现山形或近似山形的变化斜纹组织纹的织品”。本文依据并综合以上著述中“其文望之如冰凌之理也”，“表面某些地方或全部，均呈现山形或近似山形的变化斜纹组织纹的织品”的说法，将贵州这类织物称为绫。丝织绫主要分布于凯里、黄平一带。织绫的蚕丝是自产的，绫的生产周期较长，从养蚕到缫丝、牵经、上机、织完一匹绫，需一到两年时间。当地的绫幅宽 34 厘米，经纬密度每平方厘米约 28 × 24 根。因用未染色的且不加捻的素丝织造，所以绫面呈黄色。图案纹样与出土于河南安阳的商代残石像上面的服饰纹样和西周早期簋上的纹饰相同，为勾连雷纹，即由一纵一横两个变异“山”字纹复合为一个独立单元，然后以四方连续形式构成整幅图案，由此也可以看出苗族织造与中国商周艺术的传承关系。当地还有丝棉交织绫。绫一般用于苗族丧葬礼，老人故去，用白绫覆盖在死者遗体或棺上。也有的染上颜色后制作为服饰。

十、作为成年女性标志的苗族丝织绮腰带

绮，是平纹地上起斜纹的提花织物，主要分布于黔东南苗族地区。与楚国的绮一样，苗族丝织绮不仅有素绮，也有彩绮；既有蚕丝纯织的，也有丝棉交织的，还有棉纱纯织的。丝织绮主要分布于凯里、黄平、丹寨、麻江、雷山、台江、剑河、施秉、镇远一带，织造者主要为苗族妇女。历史上苗族妇女，自行养蚕治丝，现在都购买商业丝。用红、黑、绿、蓝等丝牵成彩色经条，然后用相同的蓝、红、黑、绿色丝织纬，与经线上的彩条构成彩色方格。绮面上的暗花为菱形回纹，由 6 个菱形回纹形成一个单元，单元之间用 4 道波折线相连接。绮是用水平式织机织出，一匹绮约有 30 米长，幅宽一般为 28 厘米，经纬密度每平方厘米约 40 × 36 根。苗族妇女剪下 260 ~ 300 厘米长的绮，两端镶上花边，缝成长筒状，并折叠成四层，压扁成带，女子着盛装时系于腰间。台江一带横条纹绮的织法是：用单色线牵经，用水平高机的 4 综 4 蹑来提花，上机后将经线分别捡入 4 片线综，但纬线却有 9 种，并分别装入 9 把船形木梭槽内，每种颜色的木梭应用顺序和过梭次数都有严格规律，有序操作，反复循环，织出具有暗花回纹的横条绮。镇宁扁担山一带布依族也织绮，原来也用丝织，但现在多改用化纤线。当地的绮，一般见用于儿童织锦襁褓两侧的系带，其他服饰则未见应用。

十一、润滑厚实的苗族丝织绨头巾

图 3-160 花溪·苗族·挑花头巾

《说文解字》："绨，厚缯也，从糸，弟声。"《中国工艺美术大辞典》："古代的一种厚实有光泽平纹染色丝织品。《急就篇》卷三颜师古注：'绨'，厚缯之滑泽者也。"绨这一古代织造工艺分布于台江、剑河、施秉、镇远一带，当地苗族妇女用从江南进入的各种彩色丝来织造，用黑白两色丝线牵成 17 道黑白相间的经幅，总经数为 392 根。两端用黑色丝线织出三道菱形回纹，每道回纹间夹织彩条平纹做间隔，中间是用红、绿、黄、蓝、白、黑、粉红、玫瑰红、橙等 10 多种色丝有规律地织出彩色平纹纬向条纹。幅宽 28 厘米，每织 82 厘米为一段，然后重复原先的配色形式再织下一段。经纬密度每平方厘米约 14×140 根，当地苗族妇女剪下一段作为头巾，年轻女性的头巾偏红色，年长女性的则偏蓝色。织物外观显得十分光滑艳丽，用手触摸却又非常厚实沉着。对于贵州民族这一织物，一般只当作头巾来介绍，而对它属于什么品种和命名，则从未有过。从外组织结构及密度上看，这一织物是经丝粗而纬丝细，经丝密度低而纬丝密度高，质地及外观都与《中国工艺美术大辞典》中对绨的解释十分吻合，据此，贵州苗族的这种织物无疑是属于绨。

图 3-161 西秀·屯堡人·丝织绦

十二、带着大明王朝遗风的屯堡人丝绦

居住在安顺地区的屯堡人，大多是由于明代朝廷推行屯军戍边的政策，而从江南移民到贵州的人群后裔，因为在较长时期都居住在比较封闭的社会和自然环境中，他们很少与外界发生交流，所以这些居民基本上保留了明代汉族人民的建筑、语言、生产、宗教、饮食等生活习俗。特别是妇女着装，依然是棉布大襟衣，肥裤腿，凤头发型，腰系黑色丝绦，脚穿绣花布鞋。因此，他们常常被外界误认为"蛮苗"之类，如清末桂馥在《黔南苗蛮图说》中，就把他们称为"里民子"，而女性则称"凤头鸡"。即便是当今时代，一些外地游客见到这种装束的妇女，也以为她们是贵州的某一个少数民族。贵州大多数少数民族织造工艺，一般都是由女性完成，而屯堡人编织丝绦却是男性的手艺活，现在多集中在安顺市西秀区鲍家屯一带乡镇，一些人员以织造丝绦为业，以满足屯堡女性们的着装需求。当地的绦，经纬线全用黑色丝，丝绦宽约 7 厘米，长约 380 厘米，分三段拼接成，两头为平纹筒状，中间一段采用

图 3-162 从江·侗族·亮布

挑经浮纬方法显示花纹，纹饰有菱形、方胜、卍字、变体寿字、雷纹等。两端还各有45厘米的垂缨。从这些纹饰上也可以看出，与贵州其他民族的服饰图案有着较大的差异，多为宋代以来的吉祥内容，体现了他们对于自己传统文化的坚守。

图 3-163　从江・侗族・亮布衣

十三、熠熠闪光的侗族“亮布”

“亮布”是贵州一些少数民族十分喜好的织物品种，苗族、布依族、侗族、水族群众都有生产，尤其以侗族的“亮布”最为知名。苗族、侗族、水族群众生产这种“亮布”，一般是棉织品，有的是平纹织物，有的是斜纹织物，即当地群众所说的“斗纹布”“斜纹布”“花椒布”“塘布”等。先将这些布染成青色或蓝色，再利用一些动植物染剂对它进行再加工，使织物外表色泽和功能及风格上产生变化。各地在使用材料和加工方法上各有不同，归纳起来，大致有三种：一是用猪血涂抹；二是用牛皮胶水浸煮；三是用鸭蛋清涂抹。从江、黎平、榕江侗族，把布染成蓝色，然后用鸭蛋清再进行涂抹捶打。在涂抹蛋清之前，一般先要用魔芋和白芨等植物制浆对布匹作涂层处理，这样可以减少鸭蛋的使用量。使用鸭蛋时将蛋头敲开一个小孔，只把蛋清倒滴在碗里，用一些鸡鸭翅毛或毛刷之类的工具，蘸上蛋清均匀地涂抹在面料上，等蛋清阴干之后，再把面料折叠成数层，平放在专用的石板上，然后由两人对面而坐，手执“T”形木槌，叮叮当当地捶打起来，直到整匹面料变得平整光滑、挺括坚实、闪闪发亮，方告完成。由于这种布是用鸭蛋清加工而成，所以又称“蛋布”。民国初年，在重庆手工业展览会上亮布曾荣获银质奖牌。

图 3-164　册亨・布依族・土布

十四、具有“土呢子”美称的布依族花纹布

一些文章把布依族的棉织物通称为“色织布”，实际上并不科学，因为它们中有丝织品、有棉织品，还有丝棉交织品，应是纺织学中不同的织物品种。在平纹地上起斜纹的称为绮，多重组织的提花织物，窄的称为绦，宽的称为锦。而布一般是用棉麻织造的平纹织物。用各种彩色线织出的平纹花布有两种，一种是条纹花布，另一种是方格纹花布，这两个品种以布依族、侗族、水族最为普遍，尤其是布依族的花纹布，花色变化最为丰富，具有“土呢子”之称，织物花色变化达上千种，质地也最为精良，原用自产棉纱，现改用工业棉纱。布依族花布的生产地主要在黔南、安顺、

图 3-165　都匀・布依族・花纹布

黔西南。条纹花布是用各种彩色棉纱根据设计要求牵出彩条经幅，然后用单色棉纱织纬，因为各色经条棉纱数量不一，所以布面或是一种条纹的重复，或是多种条纹的交替，但都为纵向伸展。幅面一般为 36 ~ 40 厘米，经纬密度每平方厘米约 25×23 根。方格纹花布的经线和纬线都是用彩色棉纱，由于各个民族各个地区及织者个人的审美趣味不同，织造时选择的颜色及各种色纬的投梭次数也不同，所以这些布虽然都呈格子纹，但单位纹样却宽窄不一，大小互异，其图案色调也冷暖不同，素艳有别，极具变化。幅面一般为 36 ~ 40 厘米，最宽的可达 50 厘米。经纬密度与条纹花布相同。

图 3-166　榕江·苗族·蚕丝絮片衣

十五、遗传古代“自成绢”工艺的苗族蚕丝絮片

蚕丝絮片，古代称“自成绢”。据《中国纺织科学技术史·古代部分》引《西吴蚕略》说：“蚕老，不登簇，置之平案上，即不成茧，吐丝满案，光明如砥。”上海博物馆收藏的两张自成绢的实物标本，印证了上述记载。这一古老的制丝工艺在中国其他地区早已失传，但却被贵州民族保留下来。它主要分布在松桃、凯里、榕江一带。当地苗族妇女一直有养蚕习惯，并将蚕丝生产成板块片状，俗称“蚕丝板”或“板丝绢”。制作蚕丝絮片是一项需要仔细观察和精心照料的事情，制作时间是在家蚕成熟时，一般需要几个人轮流守候操作，先要准备一块平整光滑的大木板，通常是将门板卸下擦拭干净，置于堂屋，将成熟的蚕捡放在门板上，使其吐出的丝不能结茧成团，而是均匀地平铺于门板上，形成丝板。守候蚕的人要仔细观察，当发现蚕的腹尾部出现黑色时，就说明它要排便，要迅速地将它拿开放在门板外，以免蚕屎污染丝板，蚕屎排出后再放入门板上，继续吐丝。一直要坚持三个昼夜，当蚕吐丝完毕，又把吐完丝的蚕捡出。然后再用各种植物染剂涂刷在蚕板丝絮上，将它染成各种颜色。凯里舟溪将丝板剪成刺绣花纹，再用马尾进行刺绣；而榕江苗族，则用作刺绣底子，在上面贴绣各种花纹，缝制他们节日穿着的百鸟衣。

图 3-167　榕江·侗族·蚕丝絮片围腰

图 3-168　榕江·苗族·蚕丝絮片裙

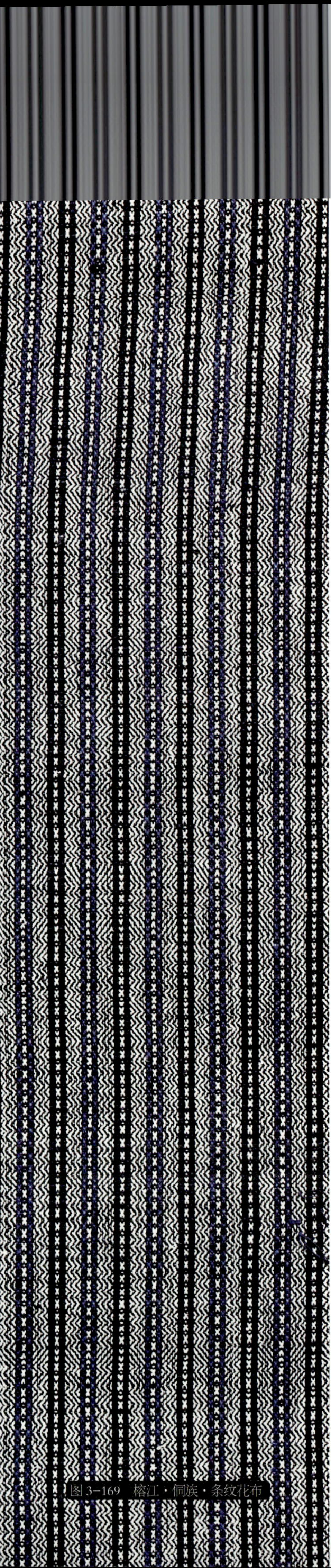

图 3-169　榕江·侗族·条纹花布

图 3-170　台江·苗族·织绮

图 3-171　从江·侗族·二经绞罗

图 3-172　黄平・苗族・丝织绢

图 3-173　荔波・布依族・方格布

图 3-174　荔波・布依族・平纹布

图3-175 凯里·苗族·织锦

图 3-176 凯里·苗族·丝织锦

印染是面料及家纺加工的一种方式。蜡缬、绞缬、夹缬和灰缬是中国古代四大印染工艺。贵州保留了多种传统印花技艺，尤擅长蜡缬，即蜡染，是贵州民族世代传承的技艺，图案丰富，色调素雅，风格独特，并形成以蜡染装饰为主的服饰文化。

概　述

一、定义及品种

（一）印染定义

按照《中国大百科全书·纺织》的解释，印花和染色本来是纺织物两种不同的技术处理工艺："印花是用染料或颜料在纺织物上施印花纹的工艺过程"；"染色是纺织材料用染浴处理，使染料和纤维发生化学或物理化学结合，或在纤维上生成不溶性有色物质的工艺过程"。《中国工艺美术大辞典》"印花"条目说："使染料或涂料在织物上形成图案的过程为织物印花。印花是局部染色，要求有一定的染色牢度。"既然印花离不开染色，印花和染色就慢慢融合，而成了业界的通用词汇。印染通常指以各种技术手段，用染料、颜料在纺织物上形成固定图案的工艺。中国传统印染又分为直接印花和防染印花两种形式。直接印花是用印花模型将印花色浆直接印到织物上的工艺，印出的花纹有白地、

满地、色地三种，原理比较简单，容易操作。防染印花是用防染物质或防染手段在织物上先制作出图案纹饰，以防止染色剂渗入的工艺。中国唐代以前的防染技术主要有蜡染蜡缬、扎染绞缬、夹染夹缬三大印花工艺。宋代又发明了“药斑布”，即后来称为“蓝印花布”的灰缬工艺。

贵州是一个多民族聚居的省份，有汉族、苗族、布依族、侗族、土家族、彝族、仡佬族、水族、回族、白族、瑶族、壮族、畲族、毛南族、满族、蒙古族、仫佬族、羌族 18 个世居民族。据民族学研究，这些民族除仡佬族是贵州最早的土著濮人的后裔之外，其他民族都是在不同的历史时期，从不同区域迁徙进入并定居于贵州的，他们与中国古代民族有着深厚渊源，带来了各自的母体文化，其中包括蜡染、油脂防染、扎染、型版印花等手工艺术，并在贵州高原生根开花结果，一直流传至今，是多姿多彩的贵州山地民族文化中的艳丽花朵。即便在信息十分发达的当今时代，贵州很多民族如苗族、布依族、侗族、土家族、水族、瑶族等，都还在传承传统的印染技艺，并在生产生活和节日礼仪中，广泛使用他们的印染品。

贵州地处中国西南部的高原山地，平均海拔在 1100 米，全省地貌以高原山地居多，素有“八山一水一分田”之说，是全国唯一没有平原支撑的省份。贵州属亚热带湿润季风气候，气暖风和，雨量充沛，冬无严寒夏无酷暑，植物种类十分丰富，为印染提供了所需的各类原材料。贵州属于山地农业经济，各民族都以自耕自织的方式来满足生活需求，种棉植麻，自纺自织，是民众穿衣及居家日用的主要来源。贵州大多数民族没有本民族的文字，他们的历史记载，文化传承的方式，基本上靠口头文

图 4-1 榕江·摆贝·苗族·鼓藏节·蜡染彩印鼓藏幡

学、图像艺术、节日仪式等文化习俗来承担，所以以图记事、以歌述史便成为这些民族世世代代相袭的生活习俗。而印染、织品、刺绣等工艺造型手段，也是以图记事、以纹表意的艺术形式，一代一代保持至今。如苗族、瑶族等民族的印染图案，就描绘了他们精神领域中的各种神灵形象和各有寓意的符号。上述原因使得贵州民族印染工艺丰富多样，并具有顽强的生命力。

图 4-2 凯里·蓝靛

（二）贵州民族印染的品种

在一些出版物中，将贵州民族的蜡染、牛油防染、树脂防染都统归于蜡染之中，其实它们是不同的印染工艺品种，根据各自所使用的主要防染材料，贵州民族印染应当分为蜡染、牛油防染印、树脂防染、扎染、型版印花工艺。这不仅展现了贵州民族印染工艺的丰富性、多样性，也体现了贵州民族的聪明才智和创造性。

1. 蜡染

图 4-3 从江·蓼蓝

蜡染，是一种以蜡防染的传统印染技艺，也被称为蜡防印花，古称“蜡缬”。康熙《贵州通志》对蜡染释曰：“用蜡绘画于布而染之，既去蜡，则花纹如绘。”其工艺流程大致是通过加热熔化固态的蜡后，使用特制的工具蘸取蜡液，在布料上绘制纹样，然后浸染于染缸中，被蜡覆盖的部分染液无法浸入，因此不会被染上颜色，染完后在沸水里滚煮，蜡受热熔于水中，被蜡覆盖的纹样保留了布料底色，而面料的其余部分被染上颜色，纹样因此而显现出来。

贵州少数民族绘制蜡染纹样主要使用的工具是蜡刀，各地区所用蜡刀造型、大小各有不同。除了蜡刀之外，部分地区也使用简单的金属模戳工具或是竹签、筷子蘸蜡盖印一些重复的点状图案，但与东南亚地区繁复组合、可大批量快速生产的模戳蜡防印花不同，贵州蜡染主要还是以蜡刀手绘为主。

在贵州，蜡染是四种印染工艺中表现形式最为多样、应用最为广泛、使用民族最多、最具特色的印染技术。不同地区、不同民族、不同语言、不同着装的人们用同样的工艺创造了千姿百态、绚烂别致的蜡染作品，造就了在世界范围内也独树一帜的贵州蜡染艺术文化。

图 4-4 榕江·木蓝

2. 树脂防染

树脂防染，是以树脂作为防染材料的防染方法，树脂以枫树、松树的脂液为主。防染原理和制作流程与蜡染基本相同，只是用树脂替代蜡作为防染剂。树脂防染的应用历史应早于以蜡防染，

是一种更为古老的防染技艺。

在贵州境内使用树脂防染的地区和民族并不少，如从江岜沙苗族、麻江河坝瑶族、荔波瑶族、惠水雅水布依族等，所使用的树脂如枫香树脂、粘膏树脂、松香树脂等，树脂中需加些牛油，按照不同比例混合熬煮后使用，目的是增加树脂的韧性、黏合性，使得防染剂在使用时更顺滑流畅，染色过程中不易脆裂剥落。

与蜡染不同的是，牛油、树脂防染的绘制工具不使用蜡刀，而呈现出多样化、原生态、轻加工的特点。有使用鹅毛、鸭毛、鸡毛管配头发丝或细线的，有使用细竹签的，也有用毛笔绘制的，每种工具都各有特点，与当地的特色纹样相契合。

图 4-5　贵阳・红子树

3．牛油防染

有少数地区直接使用牛油，并不添加其他材料作为防染剂使用的，如平塘县新塘乡苗族。

4．扎染

扎染，古称“绞缬”，民间常称“撮花”。扎染是一种以缝钉、绑扎、捆束等方法，有计划地使面料的局部不被染液浸透，从而形成特定花纹的防染法。在贵州境内，传承使用扎染的民族目前仅见荔波、罗甸、惠水、望谟一带的布依族，制作技法、使用范围基本相同，大多用于家居床品，只有惠水长安一带用于头巾，艺术风格也类似，手法相较其他地区的扎染较为单一，基本只运用针缝技法。

图 4-6　剑河・薯莨

5．型版印花

型版印花也称为“镂版印花”，分为型版直接印花和型版防染印花两种，贵州流行的是后者。型版防染印花是用硬纸板或牛皮刻镂出特定花纹，然后反复多次涂刷桐油等材料使之防水，干后覆盖在面料上，后入染缸染色，染完刮除防染浆料，则呈现白花色地的效果。人们较熟悉的蓝印花布就是此类工艺的产物。型版直接印花则无需刮涂防染浆料，直接刮涂或喷洒色浆、染料即可，此种工艺在贵州少数民族地区未见使用。

贵州的型版印花，型版印花图案布局、题材风格、技术特点等均与湖南、四川等地的蓝印花布风格类似，受汉文化影响明显，不如前三种工艺呈现出土生土长的原生态民族文化特性那么突出。

图 4-7　关岭・红椿树

二、贵州民族印染的分布

据文献记载，历史上印染工艺基本覆盖贵州全省，但由于社

图 4-8　西秀·蜂蜡

会经济发展，导致各地区各民族的印染工艺发展传承情况发生变化。整体来看，经济发展较好、受汉文化影响较大的地区，印染技艺的流失越严重，印染制品的存量越小，使用人群数量和范围也越小，如地处黔北与重庆、四川接壤的遵义地区，以及黔东北与湖南接壤的铜仁地区等。有一些民族，以前曾经广泛使用，但现在已几乎失传，如侗族、彝族、畲族、仡佬族等，偶有少数印染品遗存，但对于制作工艺、工具、绘制技巧等问题已难以考证了。而交通较闭塞、族群相对集中、较少受外界影响的地区，则较多地保留了传统的印染工艺。

（一）蜡染的分布

蜡染，在贵州的分布最为广泛，根据当代田野调查情况来看，黔东南自治州的凯里、黄平、丹寨、榕江、从江，黔南自治州的都匀、贵定、龙里、福泉、三都、荔波、惠水，贵阳市的开阳、清镇，安顺市的平坝、镇宁、普定、紫云，六盘水市的六枝、水城，毕节市的大方、织金、黔西、纳雍、赫章，遵义市的播州、仁怀等地区，都还保留着这种传统工艺，其生产民族主要为苗族、布依族、瑶族。尤其以苗族蜡染分布最广，生产和使用人群最多，影响也最大，是贵州蜡染中最具代表性的。

图 4-9　荔波·粘膏树脂

（二）树脂防染的分布

使用树脂作为防染材料的工艺，历史上黔东南、黔南不少地方都曾流行。但由于树脂的采集比较费时，农业机械代替了牛力，农村养牛的也不再普遍，所以油脂防染也渐趋稀少。目前主要分布于从江县、惠水县、麻江县等地。

（三）牛油防染的分布

牛油防染工艺仅发现于平塘县新塘一带，当地苗族纯用牛油来防染制作花布。

图 4-10　荔波·牛油和树脂

（四）扎染的分布

贵州扎染主要分布于惠水、罗甸、望谟、荔波等几个县，生产者主要是当地布依族。但是除了惠水长安一带的扎染用于女性头巾之外，其他地区的扎染则主要是制作居家用品，如床单、被面等，很少用于服饰。

（五）型版印花的分布

型版防染印花工艺，应是明代以后随大规模迁徙的移民带来的工艺。与纯手工操作的蜡染、牛油防染、树脂防染、扎染相比较，它的可快速复制性，使得效率更高、成本更低，所以流传更

广。在现代工业印花布传入之前，贵州大多数地区都曾经流行这种工艺，现在黎平、天柱侗族，印江、石阡土家族，三都水族等，都还保留着这种工艺，但它并非像蜡染、油脂防染作为民族服饰中必不可少的部分存在，而仅仅是用于日常家居环境中的一种锦上添花式的补充性使用，因此产量不高。

贵州普遍使用传统印染工艺的民族有很多，不少民族同时使用多种印染技艺，如全省大部分苗族都精于蜡染，而平塘苗族却独擅牛油防染。安顺市镇宁自治县的布依族擅长蜡染，而黔南州罗甸县、望谟县的布依族人民却是扎染高手，同属黔南州的惠水布依族又有深厚的枫香染传统；荔波一带布依族却长于型版防染印花。也有同一民族在同一地域使用不同的印染技艺的，如荔波境内，青裤瑶、长衫瑶喜爱蜡染，而白裤瑶却钟情于粘膏树脂防染。

图 4-11　惠水・取枫香树脂

图 4-12　惠水・熬枫香树脂

图 4-13　惠水・过滤枫香树脂

第一章

贵州民族印染的历史沿革

图 4-14　从江 · 苗族 · 沤蓝靛

第一节　先秦至宋元时期的印染

文献及出土资料虽未有明确的证据来说明先秦时期贵州的印染状况，但是赫章可乐遗址出土大量高档精美的服饰品及墓室中的红色物质，则间接地显露出当时贵州已经有了染色工艺，那些用金属、牙骨等材料制作的服饰品，不可能是搭配在粗糙素面的服装上，必定是具有花纹图案的高级面料才相符。联系到《逸周书》所记“濮人以丹砂”进贡给周王室，当时贵州的濮人也必定会利用这些丹砂，来给自己的服装面料进行染色。据《后汉书》说：“织绩木皮，染以草实，好五色衣服，制裁皆有尾形。……衣裳斑斓。”这正是当时南方民族的习俗，至今一些苗族、瑶族仍保留了这种以各种草木局部染彩的习俗。

图 4-15　从江 · 侗族 · 沤蓝靛

到了隋代，这些南方民族的印染工艺得到进一步发展，《隋书》记：“诸蛮……服章多以斑衣为饰”；“长沙郡又杂有夷蜒，名曰‘莫徭’……其男子但著白布裈衫，更无巾袴；女子青布衫，斑布裙；通无鞋屩”。这里说的“斑衣”“斑布裙”，应当是早期的包含蜡染在内的印染工艺制品。

到唐代，斑布已成为包括贵州在内的西南一带地方向唐王朝进贡的物品，《元和郡县图志》记：“夷州，开元贡斑布。南州，开元贡斑布。”能作为贡品上交王朝，肯定是质地优良之物。这些物品还对唐朝宫廷的服饰产生过直接或间接影响，在唐代留存下的绘画作品中，可以发现一些蜡染、扎染工艺，日本还有唐代蜡染实物。沈从文先生在《中国古代服饰研究》一书中说到唐代的印染工艺时就认为：“有蜡缬，即蜡染，或起始于西南兄弟民族，花纹特别细致。”即点明了西南民族蜡染与唐代宫廷服饰的关系。

图 4-16　从江 · 侗族 · 煮蓝靛

到了宋朝，贵州民族印染更加普及。《岭外代答》记：“西南夷，大率椎髻跣足，或衣花斑衣。”《容斋随笔》记：“靖州之地，通以细斑布为之裳。”宋代天柱县属湖南靖州所辖，到清

雍正四年（1726 年）才被划入贵州。《溪蛮丛笑》记：“顺水斑，蚕事少桑多柘，茧小不可缲，可缉为紬，或以五色间染亦可，伪名顺水斑”；“点蜡幔，溪洞爱铜鼓甚于金玉，模取古文（鼓纹）以蜡刓板印布，入靛缸渍染，名点蜡幔”。从以上记录中可以看出，贵州民族印染在宋代不仅分布广，而且生产使用的民族多。

图 4-17　凯里・苗族・靛池浸泡蓝草

考古发现也证实了宋代贵州蜡染的工艺和精美。1987 年夏，考古人员在平坝县（今平坝区）下坝乡桃花村“棺材洞”属宋代的 415、423 号棺中，发现不少蜡染服饰及蜡染刀。其中 415 号棺内有蜡染上衣 3 件；蜡染褶裙 3 件；蜡染刀 1 把，长约 8.7 厘米。由两块斧形铜片夹在一条形竹柄中，再用窄铜条捆扎制成，它是绘制蜡染的工具，出土于死者右袖筒内。423 号棺内有蜡染外衣 1 件，中衣 1 件，内衣 1 件，外裙 1 条，中裙 1 条，内裙 1 条。

平坝“棺材洞”精美多样的蜡染制品和蜡染工具的出土，从根本上否定了一些学者关于西南少数民族的蜡染兴于宋代之后的说法。

图 4-18　榕江・苗族・蓝靛染缸

第二节　明代至民国时期的印染

明代以来，随着贵州作为全国第十三个直属中央管辖的行政机构的建立，官方组织的大量内地汉族人口向贵州移民，不仅大大增加了开发贵州的人力资源，也带来了更为先进的农业、手工业技术。这一时期，江南、湖广、四川一带的各种工匠，为满足不断增长的民众的生活生产需求，也随之进入贵州，其中包括纺织印染匠人。宋代兴起的药斑布，也就是后来被称为蓝印花布的工艺，在全省迅速扩展开来，使贵州的印染工艺大为兴盛。在明代至民国期间，应当说全省大多数民众，都接受和使用了镂版印花这种成本低、产量大的印花布。不过，由于民族习惯和宗教信仰的原因，原先的蜡染工艺并没有衰退，反倒因为中原传入的棉纺织品而得到材料上的改进，棉织品比起原先的麻织品更加便于受蜡和上色，蜡染成品更加细腻精致。

从明代至民国，不少文人及官吏任职或旅游贵州，在他们的著述中，留下了大量的贵州民族印染工艺的信息。如明代郭子章的《黔记》中记：

图 4-19　惠水・布依族・拌料

“宣慰司有东苗、西苗。男首以织花布条束发。妇着花裳”；“龙里，西苗女子以蜡画布衣”；“花布者，为‘花仡佬’”；“龙

家，妇人斑衣”；“蛮人，妇女被花短裙”。

弘治《贵州图经新志》记：

“红仡佬，妇人以毛布染红作裙”；“东苗，妇着花裳”；“镇宁，女则服花衣杂以五色”；“龙里，妇女衣尽蜡花布”；“新添卫，男女皆以花布为衣”；“清平卫，妇人则服短花衣”。

清代田雯《黔书》记：

“然而盘丝绘蜡，亦自可人（绣花于布或以蜡绘花）”；“裳服先用蜡绘花于布，而后染之，既染，去蜡则花见，饰袖以锦，故曰花苗”；“女著花裳，无袖，惟遮前覆后”；“狗耳龙家，女人辫发螺髻，上指若狗耳之状，衣斑衣”。

图 4-20　从江・侗族・靛染

乾隆《贵州通志》记：

“夭家，妇人工纺织善染。”

《皇清职贡图》记：

“贵阳大定遵义等处花苗，有大头小花之称，衣以蜡绘花于布而染之，既染，去蜡则花纹似锦”；“贵筑龙里等处东苗，以花布束发，衣衫短不及膝，妇人多服花布帔肩”；“平越黄平等处夭苗，衣尚青，左衽，女工纺织，善染”；“贵定都匀等处蛮人，男子披蓑衣，妇人系花裙”。

图 4-21　从江・侗族・备布料

爱必达《黔南识略》记：

“镇宁州，男子束发不冠，妇人辫发螺髻上指，若狗耳，衣斑衣”；“荔波县花瑶，男子蓄发挽髻垂后，覆以花布”。

陈浩《八十二种苗图并说》记：

“东苗，妇人穿花衣，无袖，惟两幅遮前覆后；穿细折短裙，男子蓄顶发，短衣花背甲”；“伶家苗，男女均以蓝花帕蒙首，未婚者其帕稍长”；“卡尤仲家，穿青衣。妇女以花帕蒙首”；“水家苗，妇人善纺织，故有水家布之名，穿桶裙短衣，四围俱以花布缀之”；“蛮人，男子披草簑，妇人穿青衣，花布短裙”；“狗耳龙家：男子蒙头而不冠，妇女辫发螺结，束以布而结于顶，布结之余，双指若狗耳状，故名。衣斑衣”。

桂馥《黔南苗蛮图说》一书，也有不少反映贵州民族织造、印染、刺绣、服饰工艺的内容。其中第 50 图，描绘了荔波壮族收割靛蓝场景；第 72 图，龙家女子服装上有明显的印染花纹。

近代以来，一些学者进入贵州进行田野考察，记录了贵州民族印染等工艺，如日本人鸟居龙藏《苗族调查报告》一书中就记：

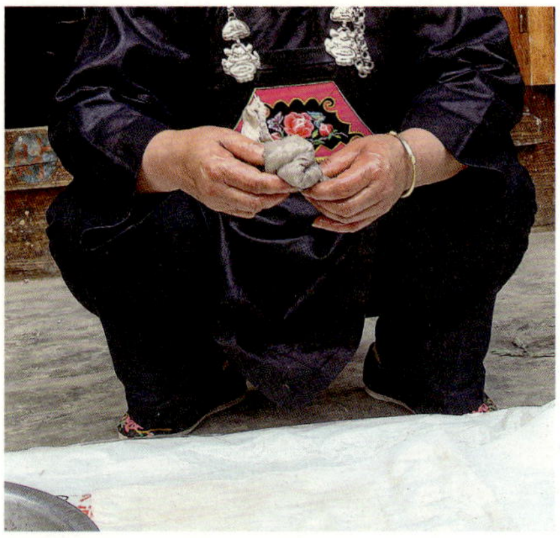
图 4-22　丹寨・苗族・上浆

“蜡缬之制法，与日本传自奈良朝者同，乃先以蜡质流成花

纹而后染者。

“在作刺绣之布面上，先投以蜡，绘以一定之花纹——刺绣时即依此蜡纹而施丝于其上。

“此处尚须说明者，即‘蜡缬’之法是也。蜡缬在日本奈良朝，仿隋、唐之法，盛行是种绸织物，今其遗物尚藏于正仓院。黑川文学博士关于此事，曾于《国华杂志》记载之。其制法，在中国既已失传，古代之遗物，今亦无存。唯苗人今尚传此术也。此术之最初流传于日本者，本得之于汉人，然今日其发源地之中国，此术既衰，反于苗人中存其遗风，宁非奇事耶。

图 4-23　从江·侗族·浸染

“蜡缬之法，苗人中固均行之，然最盛者，则为‘仲家’（Tchung-kia）。彼等于白棉布之上，投以蜡缬，染成各种花纹。余于朗岱附近，目睹彼等之制作，今试记其概要：其先，置布于某处，于其上投以火熔之蜡少许，然后任意绘以花纹，在此花纹完全绘成时，则绀染之。此种技术，甚为困难，若处理不善，则投上之蜡花纹，或至破损。是此种技术所需要者，即熟练与注意是也。若经一次绀染之后，则用清水洗之，然后置于日光透照之广场将其晒干，晒干后，则除去所投之蜡。如是，完全之蜡缬花纹由此制成矣。此种蜡缬花纹，在‘仲家’概为绀色，至余所见之安顺‘花苗’，亦有染绿色者（余采集有是项标本）。又于同一布面上，亦有染绀、黄、赤等各色者。要之，此种制蜡缬之法，在苗人方面，诚可视为今日一种非常之技术也。”

图 4-24　从江·侗族·浸染

吴泽霖、陈国钧《贵州苗夷社会研究》中也记：

“绘花——此法又名蜡染，亦即日人鸟居龙藏在贵州苗族调查报告书中说的蜡缬法：所谓蜡染，并非以蜡作染料，而是用以作染色时的防御工作而已。考此法，各种族皆有，传来发源地是爪哇（Jawa），发明年代已不可考了，远在我国隋唐时代仍盛行，迨后流行到日本，至今尚存。但此法在我国汉族间失传已久，此在苗夷族中今仍保存，这是民俗学上最堪注意的奇事。苗夷族间流行这种绘花方法，然而最盛行的要算花苗与仲家，小之如手帕、腰带，大之如衣裙、被单等日用物品上常可见到；尤其花苗，如《贵州通志》特别述及花苗绘花之情云：‘裳服先用蜡绘花于布，而后染之，既染，去蜡则花见，饰袖以锦，故曰花苗。’绣时必备一支笔，这笔是用铜片制成，其构造以薄铜片二小块，制成斧头形的笔头，装上一根柄。形状好如鸭嘴笔，笔头两端有小口如铅笔芯粗细；要绘时，先取自做的黄蜡，即蜂蜡，要富粘性而又松脆，

图 4-25　从江·侗族·浸染

富粘性则绘上不致剥落，能松脆则易生冰裂状，将蜡放入小锅中加热，待完全融化时，拿铜笔浸入放蜡的小碗中，铜片内布满蜡汁，手执着笔即可在平坦的白布上任意描绘，蜡汁就由小口内流出而染成各种纹样，描绘工作全部完竣之后，等蜡汁干透，便将布放进染缸染色，蜡汁处染不到色，没有蜡汁处染到色，染过数回晒干，乃将这布再放入煮沸水中，使蜡质完全漂清，水面上见有蜡浮起，即须撇去，则这布取出后，就可显现出白底的花纹了；倘要更增些美观，可用各色染料加上牛胶，绘在白花之上，花纹益发变化，虽经久亦不会落色。上述即是绘花的实际情形，方法是简陋的，但首先要在描绘的技术上下一番工夫，因为一落笔后就难得移改，而且处理不慎，绘上去的蜡花容易损伤，所以必要有极熟练的技术；图样色染可以独出心裁，自由设计，苗夷寨中许多老妇人，多有这一种非常的手段，绘时神妙意匠，真令人感叹不已！

图 4-26 从江·侗族·煮染

“又有一种蜡画，这是染色的一种方法，用一种特制的笔，蘸上熔化的蜡，随手书出各种花纹，然后放入染缸去染，染成之后，再将蜡洗去，如连接染二三次好像是套色印刷一般，以上所说，都是中国的老法子，尤其是蜡画的染法这在中原地带，早已失传了，然苗夷还保存着。”

从以上的引述中，可以发现民国时期贵州民族的印染工艺仍然兴盛。

图 4-27 从江·侗族·煮染

第三节 当代的印染

一、1950 年至 1980 年的印染

中华人民共和国成立以来，党和政府十分注重民族工作，制定了一系列民族政策，各民族真正实现了平等，他们的生活习惯和文化艺术受到尊重。政府还特意组织了民族工艺厂、民族贸易公司，专门生产销售民族工艺品，满足各民族人民的生活需求。

据《苗族社会历史调查》《黔西北苗族彝族社会历史综合调查》《布依族社会历史调查》《苗族简史》《布依族简史》《中国少数民族美术史》《贵州少数民族民间美术全集》《中国苗族服饰图志》等书记载，中华人民共和国成立初期至 80 年代，贵州传统的印染工艺，基本上得到较好的保护与传承。贵州大多数民族都还在种植棉麻和蓝草，自己纺纱织布，沤制靛蓝，染布印花，

图 4-28 从江·苗族·浸泡

并用来制作本民族的服装和其他生活用品。

图 4-29 从江·侗族·晾布

二、1981 年以来的印染

自从中国实行改革开放以来，经济社会发生巨大变化，整个中华民族的文化自信心得到了恢复提高，政府也出台了更加具体的文化保护政策和措施。在这一大背景下，贵州各民族的文化及传统工艺得到了行之有效的保护和传承。另外，随着旅游事业的迅猛发展，贵州民族印染工艺在新的历史时期发生了巨大变化，具体表现在以下四个方面。

（一）产品消费面扩大

小农经济时代，各个民族的手工印染品生产，主要是供应家庭或一个地区同一民族的服饰或居家用品。但是到了现代社会，人们的物质和文化需求向多样化个性化发展，具有悠久历史、浓郁民族特色及地域风情的贵州民族印染，成为社会很多人士追求的消费品及收藏品，如学者、艺术家、设计师、民族文化研究者、工艺收藏家、博物馆、艺术院校师生、国内外游客等，这些人士和部门的需求，激活了贵州民族印染工艺的生产，拉动了印染品产销量的增长。

图 4-30 从江·侗族·捶布

（二）产品用途得到扩展

由于市场的扩大，反过来又刺激了贵州民族印染的应用范围和新品种的开发。大到服装设计、家纺设计、居室及旅馆酒店装饰、出行箱包包装、家具包装，小到手包、卡片包、钥匙包、手机包、茶席、坐垫等日常生活用品，贵州民族印染都被纳入了设计师和生产企业的考虑范围，成为各种产品重要的构成元素，而走进千家万户，成为大众消费品，实现从山区到都市，从民族到世界的发展。

（三）工具材料及生产技术更加多样

为了满足人们对印染品的多样化需求，促使印染生产者引进更好的生产工具，选择更高档的材料，采用更先进的生产技术，以此来提高产品质量、扩大数量。如一些原先用毛笔和竹签的地方改用了金属工具来制作纹饰，这样其线条表现更加有力度；一些原来只用树脂防染的民族，掺和了蜂蜡，更具防染效果，使之纹饰更为清晰；有些地方为了扩大产量，购买现代设备，采用丝网印方法来生产仿蜡染产品，快速抢占市场。

图 4-31 从江·侗族·卷布

（四）题材内容更加丰富

为了满足市场和不同的消费者需求，一些设计者和生产者在坚持本民族特色基础上，眼光放远，走出去参观学习，了解各地各民族的文化，并借助不同的文化技术融入印染品的设计生产过程。一些印染企业或个人，为了掌握现代设计理念和方法，主动与艺术院校联系，开展交流，或派人到各艺术院校去进修，来提高创新能力。这一时期，贵州民族印染中出现了很多超越传统图案的内容题材和表现对象，如书法绘画、自然风光、人物形象、社会生活画面，甚至异国风情等，使原来只局限于一个地区、一个民族的固定产品，真正实现了文化的多元性。

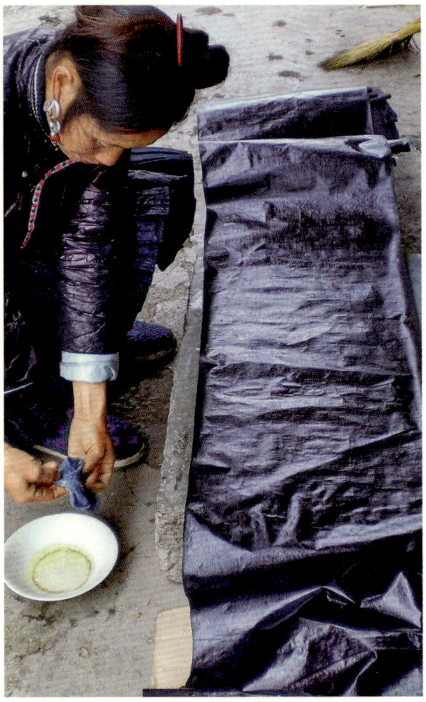

图 4-32　黔东南・侗族・亮布制作

图 4-33　镇宁・布依族・蜡染制作

第二章

贵州民族印染的制作工艺

图 4-34　大方・苗族・蜡刀

贵州民族蜡染、油脂防染、扎染、型版防染印花，它们的防染材料和原理、所用工具各有不同，呈现的艺术效果也各有千秋，但是染色过程中所使用的主要染料和染色方法是基本相同的，也都传承了从原材料采集、加工、图案形成、染材种植、染料制作、后整理等全部流程及技艺。

贵州民族印染的制作工艺，是在传统农耕社会环境下，小农经济时代，各地民众经年积累、世代传承的成果。保留了全流程自给自足、全手工的制作技艺，是体现本地区、本民族的服饰特征、生活习惯的方式之一。在这样的环境下制作出来的印染制品，几乎全部是自制自用，而不会作为商品买卖销售，这与当下运用传统印染工艺或图案进行的产品开发制作工艺是有很大区别的。

图 4-35　织金・苗族・蜡刀

贵州民族传统手工印染的制作方法，总体而言大同小异，流程大致相同：面料前处理—用各种防染法制作纹样—染色—去除防染物质—后整理。其中以蜡染、牛油、树脂防染最具特色，表现形式、作品数量、运用范围、适用民族也是最广泛的，相比之下，扎染、型版防染印花在贵州的应用地区和民族都很少，制作工艺与我国其他地区的同类作品类似。

第一节　工具及设备

一、工具

图 4-36　西秀・苗族・蜡刀

（一）蜡染绘画工具

蜡染，并不是以蜡染色，而是以蜡防染，用蜡刀蘸取熔化的蜡液，在布上绘制纹样，染成后沸煮去蜡，而得到成品。贵州民族传统蜡染所必需的工具有：蜡刀、盛蜡的容器、熔蜡的热源等，其他辅助工具有：模戳、手指甲、手掌、大小适合的圆形碗碟等。

1. 蜡刀

蜡刀，是贵州大多数地区使用的蜡染工具。最常见的是铜质

图 4-37　丹寨·苗族·捶布

蜡刀，另有铝质蜡刀。蜡刀并不是真的刀具，而是以竹、木棍为手柄，将铜片或铝片剪裁成适当形状，如扇形、三角形、梯形等，再根据需要组合为不同层数、不同开口方式的绘制工具，用以蘸取熔化的蜡液作画于布料上。用于制作蜡刀的有黄铜片、紫铜片、白铜片等，铜片导热性能好，光滑耐用，最受欢迎。大多数地区使用的蜡刀为一套 3 ~ 5 把，大小厚薄不同，以适应不同图案的绘制需求。小的蜡刀刀头宽不足 1 厘米，大的可至 5 厘米左右。有些地区只用一把小蜡刀，铜片层数少，每次蘸取的蜡液少，画出的蜡线细，大蜡刀层数多，画出的蜡线较粗，绘制距离长。

蜡刀的手柄多是竹制的，大蜡刀的手柄粗如筷子，长约 15 厘米，小蜡刀的相应细一些，长约 10 厘米。手柄底端从中间劈开约 1 厘米长，插入金属刀头，两者的结合方式，有用细铜丝紧密缠绕绑紧的，也有用小铆钉直接贯穿所有部件固定的，也有用细棉线缠绕绑紧的，当手持蜡刀较低时，这种方式不容易烫到手指，但耐用性稍差。

贵州各地所使用的蜡刀形制差异很大，这是由各地不同的蜡染纹样风格决定的，各地的蜡刀都是最适合绘制当地的纹样。如丹寨三都一带的蜡刀呈扇形，刀口是流畅的圆弧线，宽度 1.5 ~ 3 厘米，小刀两层，大刀三四层，用来绘制当地蜡染流转圆润的涡妥纹、奔放洒脱的花鸟纹得心应手；而毕节织金一带苗族所用的蜡刀，小的细如牙签，宽不足 1 厘米，大的也宽不过 1.5 厘米，是绘制当地细如发丝的传统纹样的不二之选。

2. 盛蜡容器

贵州民族常常废物利用，盛蜡容器虽简陋但却实用。常见的有陶碗、瓷碗、酒杯、坛盖、破锅底等，只要能平稳地盛装蜡液，并能耐受高温即可。容器的大小则与绘制的蜡染纹样有关，有些地区的纹样密、幅面大、线条粗、用蜡多，容器就大些；有些地区纹样细、幅面小、用蜡少，容器就小些。而有些地区则不需要容器，而是将熬制过的蜡冷却成团块状，置于案上，用铜质蜡刀在火上烤热后，再借助蜡刀上的热力从蜡块上蘸取蜡汁，便在面料上绘纹。

图 4-38　织金·苗族·画蜡

3. 熔蜡热源

熔蜡热源，使用最多的传统燃料是木炭，把燃烧的炭块用炭灰掩埋，使其缓慢燃烧，无需见明火，有微弱热量即可，将盛蜡的容器放在炭灰里，蜡液慢慢熔化后，正好可以保持适当的温度，

安全又节能。现在，市面上有卖各种小电炉和专用的熔蜡锅，安全高效，逐渐替代了传统的炭盆熔蜡。

上述物件是制作蜡染的必备工具，除此之外，某些地区还会用到一些独特的辅助工具。

4. 模戳

模戳，是为了提高画蜡的效率而制作的简单模具。不少蜡染图案中有大量重复的简单纹样，如连续的多排的点状，小圆点聚集的梅花形、三角形等。在木质手柄中嵌入细铜管，排列成所需的相应形状，蘸取蜡液后在布料上轻压就可获得一个单元图形，大大提高了绘制效率，并且图案规整、均匀，这种模戳工具基本只有安顺地区布依族使用。另有将筷子五根一组绑在一起，用粗的一头蘸蜡点梅花形的。东南亚地区的模戳蜡染有着成熟的生产工序，其模戳工具多由薄铜片制成，单元图案丰富、纹样精美、组合繁复、生产效率高。贵州少数民族蜡染中所用的模戳，简陋、单一，仅是少数地区的辅助用具，主要还是以蜡刀手绘为主。

5. 圆形碗碟

圆形碗碟，是用作圆形图案轮廓的模具使用的。在绘蜡之前，将大小合适的圆形碗碟反扣在布料上，用手指甲沿着边缘在布料上刻画出一道痕迹，移开碗碟，用蜡刀蘸蜡依痕迹描绘。

6. 毛刷

毛刷，用于涂刷需要较大面积覆盖蜡液的部分，多用于制作百褶裙的面料，涂刷宽而长的线条。传统的毛刷是用猪鬃制成，以竹管为柄，猪鬃是猪脊背部长而硬的鬃毛，根条均匀、软硬适中，并且有天然叉梢，很利于吸储蜡液，且在高温蜡液中不易被烫损。

除了以上工具外，贵州民族常常用指甲、手掌来代替工具。如织金地区苗族的蜡染细腻精美，细条细若发丝，可谓世界上最精细的蜡染，其中细长笔直的蓝色线条，是用蜡刀在布料上绘蜡之后，再用大拇指的指甲在蜡面上刻画出一条细细的裂缝而形成的，这种方法速度快、线条直而粗细均匀，体现了劳动人民质朴的智慧。手掌，类似砚台的作用，用来调节蜡刀中多余的蜡液。在用蜡刀蘸取蜡液后，常常会在容器边缘轻轻叩击，使多余的蜡液流出蜡刀，以免滴落在布面上造成起笔过粗的失误，有些妇女为了方便直接在掌心划拉蜡刀，控掉多余蜡液。蜡温一般在60℃左右，初时会烫手，覆盖一两层之后皮肤就感受不到蜡液高温了。这种方法控蜡比在容器边缘叩击更准确、快速，也不伤蜡刀。

图 4-39　镇宁·布依族·画蜡

图 4-40　镇宁·布依族·画蜡

图 4-41　镇宁·布依族·画蜡

图 4-42　镇宁·布依族·画腊

（二）牛油、树脂防染绘画工具

油脂防染用的绘画工具极其简单易得，如一般毛笔、竹签、刺猬针之类。惠水雅水一带布依族使用毛笔，麻江河坝瑶族多用竹子削成比牙签稍长些的笔签，而荔波瑶山瑶族除了蜡刀之外，还使用野生刺猬针。他们就是用这些并不贵重也不专业的工具，绘制出精美的图案，表现出惊人的艺术才能，真有些八仙过海各显神通的味道。

（三）扎染工具

贵州制作扎染的工具主要是缝衣针和棉线。先在布料上画出图案，再沿线条折叠出 2 ~ 3 毫米的边，用针穿引棉线细密缝钉后，即可染色，染完拆线即成。

（四）型版印花工具

型版印花工具主要是印版和浆盆、刮板。印版的制作，一般是专业人士生产，选用经过加工处理后的牛皮，雕刻成具有镂空图案的印版，并刷上桐油或漆料，使其防腐耐用。也有的用硬纸板雕刻后刷上油漆、桐油代替牛皮印版的。浆盆是盛装防染浆料的容器，一般有木盒、金属、塑料盆。刮板是用来在印版上刮实刮平浆料的，一般用木材制作。

图 4-43　望谟·苗族·画蜡

二、设备

（一）染色设备

染桶、染缸。贵州民族普通家庭所用染缸有木制桶、陶缸、塑料桶几种。染缸的大小并无定数，高 60 多厘米，直径 50 至 80 厘米不等，形状一般是口大底小。木桶的使用历史最为久远，因为贵州山区就地取材方便，而大陶缸仅少数地区能够烧制，且运输也多有不便，因此用陶缸做染缸的并不多见，现在基本都用轻便便宜的塑料桶替代了木桶、陶缸。每个地区的蜡染制品有固定的用途，也就有了特定的尺寸，染缸过大，不仅耗费染材，养护起来也费力，染缸过小，布匹在染液中舒展不开会导致染色不匀。家用染缸的直径可大可小，但高度一般不会低于 60 厘米，否则染液无法淹没面料，或是面料沉底，大面积触碰到缸底的泥状沉淀物都会导致染色不匀、产生色斑等问题。

图 4-44　赫章·苗族·画蜡

（二）清除防染剂设备

清除防染剂的设备有灶台、大锅、燃柴。一般家庭作坊是利用家中灶台大锅。而专业染房则备有专用灶台大锅，大锅为铁铸，

直径约七八十厘米，灶下烧火，锅口大，火力旺，能快速干净地脱蜡去油脂。现在也常用液化气加热，更为方便。随着时代的发展，少数民族地区蜡染也逐渐市场化、产业化，出现了蜡染作坊，出售成品，或帮人染色，家庭染缸不敷使用，于是便用砖石、水泥砌筑方形大染池，满足大批量染色的需要。

除了以上设备，还必须准备滤水架、晾晒架、绳、竿之类物品。

图 4-45 麻江·瑶族·画蜡

第二节 材料

一、面料

贵州民族印染的载体主要是棉织物和麻织物。

（一）棉类面料

贵州山区多阴雨天气，棉花产量低，质量未至上乘，但种植仍较普遍，百姓自种自收、自纺自织，以满足一家人穿着和居家所需。所以，20世纪70年代前，贵州全省农村居民几乎都有纺织机，呈现家家纺纱、户户织布的景况。受传统织机所限，面料幅宽一般在 30 ~ 45 厘米之间，长度可达十余米至几十米。面料多是平纹布和百姓俗称“斗纹布”“花椒布”的小提花织物。

图 4-46 黄平·僅家·画蜡

（二）麻类面料

麻织物一度是贵州最重要的印染载体。贵州所用麻纤维主要是苎麻和大麻纤维，东部一带多苎麻，西部多大麻。苎麻是原产热带、亚热带，多生长于丘陵缓坡地带，贵州自然生态非常适宜苎麻生长，田间山林、房前屋后随处可见，因此产量高、用途广。苎麻纤维细长、强韧、洁白、有光泽、强力大，剥麻、绩麻、纺麻是少数民族妇女必备的技能。适宜的地理气候条件，使得棉麻广泛生长、种植，棉麻织物经洗练后平整、顺滑，是印染工艺的上佳载体，同时，也是靛蓝染色的最佳搭档。

传统常用的天然纤维中，棉、麻属植物纤维，也就是纤维素纤维，蚕丝和羊毛纤维属动物纤维，是蛋白质纤维，因为传统的靛蓝染色是氧化还原染色法，染液呈强碱性，织物需多次反复、长时间浸泡在染液中，强碱性染液对蛋白质纤维的破坏性很大，再加之蜡染、油脂染还需高温沸煮以熔化防染剂，使得蚕丝、羊毛一类的动物纤维变得易脆裂、无光泽、弹性差、变黄、收缩变形等。加之，蚕丝织物的获得更加不易，贵州仅西部部分地区使

图 4-47 清镇·苗族·画蜡

用毛纺织品，相比之下，棉麻类纤维素纤维无论从获取途径还是染色原理来看，都更适宜靛蓝染色。

图 4-48　西秀・苗族・画蜡

（三）面料前处理

织好的棉麻布匹，含有胶质、杂质，色泽偏乳黄，为了得到上佳的印染效果，布匹必须经过一系列的前处理，包括漂白、洗练、刷浆、砑光等方法。

漂白。贵州少数民族传统漂白布匹的方法最常见的是天气晴好的夜间将布匹铺在草地、灌木丛上，利用露水漂白，早晨收卷布匹，多次重复这一过程，实现漂白去黄的效果。

洗练。洗练布匹的目的是去除纤维上的浆质和杂质。为了使纤维在织造过程中顺滑挺括、不缠绕、不易断，一般都要给经线上浆，浆料则是用魔芋或白芨的块茎根熬煮成的黏稠液。洗练的方法是将布匹浸泡后反复捶打漂洗，若是用草木灰水、碱水浸泡，再加热沸煮则效果更佳，也能起到漂白的作用。

图 4-49　纳雍・苗族・画蜡

刷浆。洗练过的布匹会变得柔软，不利于绘制图案，尤其是贵州少数民族大多生活环境艰苦，家居简陋，绘制图案时多是一手捧布，一手绘制，面料刷浆能使面料平整，有一定的挺度，方便绘制。刷浆所用的浆料同样来自魔芋根，将其刮削捣烂成泥状，用少量水稀释后，用细布包裹起来，在布匹的背面均匀涂抹，晾干后即可。这种方法，原材料简单易得，操作快速简便，且染后漂洗时就能轻松去除。

砑光。砑光是为了使布匹平整光洁，相当于熨斗熨烫加抛光的效果。首先，用牛骨反复打磨布匹表面，动作类似磨刀，去除表面的棉籽等杂质，使其光滑，所用牛骨多为下颌骨，长而平直。然后将长长的布匹卷起来，放在一块光滑平整的大石板上用棒槌捶打之，并不时翻动布卷，使之均匀受力，这一过程也可以用脚踩式的碾布石完成，目的是进一步使布匹平整，并且增加光泽度。

图 4-50　织金・苗族・画蜡

二、防染材料

（一）蜡

蜡，是贵州向外省输出的主要山货，历史上还曾作为贡品上贡给中央王朝。

作为防染剂的蜡，有蜂蜡、虫蜡、木蜡、石蜡。

1. 蜂蜡

蜂蜡又名黄蜡、蜜蜡，属动物蜡，是工蜂蜡腺分泌的、用于

筑巢的脂肪性有机混合物，主要包含脂类、游离脂肪酸、游离脂肪醇、碳水化合物、水分以及其他活性物质等。人类运用蜂蜡的历史十分悠久，它也是贵州传统蜡染最早、最广泛使用的防染剂。蜂蜡常温下呈固态，暖黄色，质地较软，纯正的蜂蜡有微微的蜂蜜香，无油脂味，熔点在 62 ~ 67℃之间，液态蜂蜡黏性很强，不易碎裂，在布料上渗透性也很好，折叠、揉搓也不易剥落，就算产生了小裂纹也不易被染液浸透，因此有卓越的防染性能，是绘制精细纹样的首选。但是，因为黏性好，所以脱蜡也不易脱净，用蜡量大时需脱蜡两三次。蜡在常温下为固体，受热后熔化为液体，不溶于水，有一定的黏性，绘于布上能快速冷却凝固，起到防染作用，染完脱蜡后，又能冷却凝固，再次回收使用。

图 4-51 清镇·苗族·画蜡

2．虫蜡

虫蜡，是介壳虫科昆虫白蜡虫的雄虫群栖于木犀科植物白蜡树、女贞等枝干上分泌的蜡，将包有蜡质的树枝切下，沸水煮之，虫体沉淀，蜡质熔化而浮于水面，冷后凝结成块即可使用。虫白蜡属动物蜡，呈白色，是天然蜡中最白的一种，熔点高达 82 ~ 84℃，质地硬而脆，甚至稍加搓捻便会粉碎，因此很少直接用于蜡染。

图 4-52 安龙·苗族·画蜡

3．木蜡

木蜡又称漆蜡，是从漆树种子压榨出来的油脂，或木蜡树果皮中提出的固体脂肪。主要是由软脂酸的甘油酯和游离软脂酸组成，属植物蜡，熔点在 53 ~ 55℃，不溶于水。使用木蜡制作蜡染的地区并不多，贵州西部地区漆树分布较多，该地区部分苗族使用木蜡。

4．石蜡

石蜡是从石油、页岩油或其他沥青矿物油的某些馏出物中提取出来的一种烃类混合物，属矿物蜡，无臭无味，不溶于水，固态呈白色，液态几乎透明无色，质地松脆、易碎，熔点在 47 ~ 64℃之间，含油量高的石蜡熔点低、硬度低。石蜡松脆的特性导致染色后出现的冰裂纹或细若游丝或铺展如蛛网，随机的裂痕具有抽象的美感，很受当代艺术家的喜欢。但是少数民族对蜡染的品质要求是不能有裂痕出现的，否则就是残次品，因此制作传统蜡染时不会使用纯石蜡，因为过于松脆，渗透性也较差，很容易从面料上脱落，导致局部防染失败，纹样的完整性被破坏。

图 4-53 六枝·苗族·画蜡

石蜡大约在 20 世纪 50 年代后以蜡烛的形式传入黔中腹地，

图 4-54　榕江·苗族·画蜡

图 4-55　麻江·瑶族·画蜡

它价格便宜、使用方便，老百姓们渐渐开始将蜡烛混入纯蜂蜡中混合使用。

为了达到印染品纹饰清晰和便于脱蜡，百姓们在使用时常常把各种蜡混合在一起，形成混合蜡，最常见的是蜂蜡混合石蜡使用。蜂蜡产量低、价格高，自从石蜡能方便便宜地买到之后，混合两种蜡使用的情况便多了起来。蜂蜡和石蜡的混合比例并无定数，但一般来说石蜡不超过 50%，否则过于松脆，容易产生裂纹，造成瑕疵，而掺入一定比例的石蜡能节约蜂蜡用量，同时降低蜡液黏性，使脱蜡相对容易些。

蜡染脱蜡后回收再使用的蜡，老百姓俗称老蜡。绘制完成的蜡染染完后需要在沸水中滚煮，使面料上的蜡熔化，由于蜡的密度小于水，待水冷却后，凝固的蜡漂浮在水面上，便可回收再次使用。由于脱蜡时面料上多少会有浮色残留，水会变成蓝色，多次沸煮回收的蜡颜色会越来越深，接近青黑色。百姓绘制蜡染都偏爱使用老蜡，老蜡颜色深，画在白色的布料上，纹样清晰，比新蜡醒目，但因为反复沸煮，蜡中的油脂流失也较多，一般会混合新蜡使用。

（二）牛油、树脂

牛油、树脂防染的防染剂，主要有枫香树脂、松香树脂、粘膏树脂、牛油等。贵州地处亚热带，复杂的自然条件及各种资源，为多种防染方法提供了多种原材料。

惠水雅水播潭一带布依族、鸭绒一带苗族，以当地枫树脂为主，掺以蜡质，作为防染剂，制作防染花布，因枫树脂加热后会散发出一股浓烈的香味，所以当地称为“枫香染”。

麻江河坝瑶族，以前被称为“绕家”。当地人以枫树和松树脂并加蜡质，作为防染剂来生产花布，因松树脂加热后也会散发出一股浓烈的香味，所以当地称为“松香染”。

荔波瑶山一带白裤瑶族群，用当地称为“粘膏树”的树脂，掺以牛油作为防染剂，制作花布。平塘新塘一带苗族，以纯牛油为防染剂，不添加其他材料，生产牛油防染印花布。

（三）防染灰浆

型版印花用的灰浆是用石灰、黄豆粉与水拌和而成，因此又有“灰浆布”“豆浆布”之称。石灰一般用石灰石在土窑中烧成，农民们从窑上买回来打成粉末，黄豆也是当地出产，磨成浆，按一定比例将石灰、豆浆、水调配成浆料。

三、染色材料

染色材料有植物材料和矿物材料。

（一）植物材料

植物染料主要有蓝草。蓝这种颜色中国古人称之为“青”，《说文解字》：“蓝，染青艸也。”也就是说，蓝是能染出青这种颜色的草，我们常说的“青出于蓝而胜于蓝”正是此意。中国人很早就掌握了从植物中提取色素为织物染色的方法，至迟在周代已成熟地掌握了种植和使用蓝草染色的全流程。《周礼·地官·司徒》中就列有“掌染草”这一专管掌征收可做染料之草者的官名，专职“掌以春秋敛染草之物，以权量受之，以待时而颁之。……染草蓝、蒨，象斗之属”。由此可见，染草就包含了染蓝的蓝草、染红的茜草、染黑的象斗之类的各种植物。李时珍在《本草纲目》中言：“蓝凡五种，各有主治……而作靛则一也。”五种蓝则是指菘蓝、蓼蓝、马蓝、木蓝和苋蓝，作为染料，它们共同的特点就是能制取靛青，近代民间百姓通常称之为蓝靛。蓝草种类多，分布广，易生长，在中国大部分地区皆可采摘或种植，这也是蓝色成为中国古代平民使用最多、最广泛的颜色的一个重要原因。

图 4-56 三都·苗族·浸染

蓝草大多喜爱温暖、湿润的气候和排水良好的环境，贵州的亚热带湿润季风气候使得贵州气温变化小，降水多、湿度大，正是适宜蓝草生长的条件。贵州的山地面积占全省总面积的 61.7%，这样的地形有利于多余水量的排流，不易造成积水，同时，蓝草普遍喜好含铁量高的土壤，贵州有丰富的赤铁矿，很多地方土壤中铁含量高，十分适宜蓝草的生长。在贵州主要种植和使用的蓝草种类是蓼蓝和马蓝，在印染流行的地区，家家户户都会有一片专门种植蓝草的地，蓝色染料可以轻松实现自给自足。后来制靛逐渐专业化，有专门的靛农制靛于市集售卖，提供了极大的便利。上文提及，贵州的少数民族印染几乎全是蓝色，这蓝色主要来自蓼蓝和马蓝，在贵州菘蓝和木蓝作为染材种植得非常少。

图 4-57 三都·苗族·氧化

蓼蓝，是蓼科、蓼属一年生草本植物，喜温暖和湿润的气候。马蓝，俗称南板蓝，是爵床科板蓝属植物，草本多年生，半喜阴，常生长于潮湿地方，适宜生长温度为 15 ~ 30℃，春、秋两季植物生长旺盛，夏季是营养生长期。作为蓝染染材取用的主要是马蓝、蓼蓝的叶子。

图 4-58 三都·苗族·漂洗

贵州民族蓝靛的生产过程为：种植蓝草、收割蓝草、沤蓝、

加石灰水搅打、排水取靛。

除蓝草之外，贵州民族还会利用自种或野生的树木、蔬果、草药等植物的根、茎、叶、花、果实，从中提取不同颜色素，制作彩色印染品。

（二）矿物材料

贵州民族使用的矿物颜料有朱砂，由于朱砂这种物质比较稀少贵重，所以一般只用于局部染色，很少用它来作大面积染色的。只有丹寨苗族在做彩色蜡染时，使用少量朱砂对服饰领背上的面料涂色。作为矿物颜料的朱砂，它的着色方法不是浸染，而是将它与牛胶拌和后，涂刷在预先染好的蓝底白花上，变成蓝地红花。

现代化工染料进入贵州以后，也被引入了贵州民族印染之中。

图 4-59　惠水·布依族·枫香染·浸染

第三节　工艺流程

贵州民族印染的主要染色材料为植物染料，其着色方法有还原染、直接染、媒染，有些地区还采用熏染方法。

一、蜡染及牛油、树脂防染工艺流程

图 4-60　惠水·布依族·枫香染·脱脂

（一）蜡染工艺流程

贵州少数民族的蜡染制作，不像现代艺术家要预先设计稿子，而是胸有成竹、随心所欲地绘制出世代相传的图案纹饰。所以工艺流程一般有五道工序，即准备工作、涂蜡绘纹、染色、脱蜡、漂洗。

1．准备工作

就是浆洗、熨烫、擀磨、裁剪面料，备好绘画工具和材料。少数民族妇女制作蜡染，一般都是按照用途先将面料洗净、上浆、熨平，并裁剪成所需的规格，如床单、垫巾、门帘、台布及服装各个部件。

同时将蜂蜡、石蜡、牛油的比例调配好，并加温熔化成液体。

2．涂蜡（树脂、牛油）绘纹

图 4-61　惠水·布依族·枫香染·漂洗

把裁剪好的面料平放在画板或桌面上，一些地区是用铜制蜡刀，一些地区是用竹签，蘸上蜡液在面料上绘制纹样，一般是先画物象的轮廓粗线条，再画里面的小花纹，从主体花纹开始到辅助边线结束。曾有一些著述对于蜡染纹饰上出现的不规则纹理这样说：由于蜡凝结收缩或加以揉搓，产生许多裂纹，染料渗入裂缝，

成品花纹往往产生一丝丝不规则纹理，形成一种犹如冰裂纹的独特效果。这只是指现代艺术家所生产的作品，而贵州少数民族制作蜡染，却不刻意地追求这种所谓的“冰裂纹”效果，他们的蜡染作品，都是线条清晰、图像完整的画面，绝无断纹和模糊之处。传统时代，他们的作品往往具有严肃的宗教意义，很多蜡染纹样是他们崇拜的偶像，他们制作蜡染时是怀着对神灵的敬畏之心而一丝不苟，如果作品纹样出现裂纹、模糊不清的情况，就是一种残品，他们会弃之不用。在他们的意识中，如果穿这种蜡染服装出现在祭祀节日和重要的人生礼仪场合中，就是对神灵最大的不敬，将会遭到神的惩罚。即使是在线条最为纤细、纹饰最为繁缛的织金苗族蜡染作品上，人们也很难发现一丝冰裂纹。

图 4-62　石阡・仡佬族・镂刻印版

3．染色

涂蜡绘纹后的半成品叫蜡版，要平放，不能折叠，也不能搓揉，防止织物上的蜡质断裂开缝，以免染色时染剂渗入裂缝造成纹样模糊不清。

染色分为单色染和彩色染。单色染一般只染蓝色，成品为蓝底白花。

图 4-63　石阡・仡佬族・豆浆染・镂版

首先用 20C° 左右的温水将蜡版浸湿，然后将布料放入染缸浸染。适当提浸蜡版，30 分钟至数小时后再捞出缸外，此时蜡版呈黄绿色，再过 5 ~ 10 分钟，经过空气氧化，蜡版慢慢变成蓝色。再放入染缸浸染。颜色的深度，是根据浸染的时间和次数来决定的，一般重复 5 次，多的达 9 次。在浸染中，发现染液出现白泡或用白布条试染不佳时，称为“染液疲劳”，要及时添加蓝靛和酒，休养一天，第二天再继续染。植物蓝靛浸染，根据颜色深浅不同最长周期要 30 天，最少两天左右。为了保证色彩匀净、色牢度好，一般会重复浸染、氧化、漂洗这个流程至少三次。

4．脱蜡

蜡染作品经过反复多次浸染达到需要的色度之后，将作品放入水锅中煮沸，利用沸水温度使蜡质熔化脱离织物，这时要不停地用瓢勺将浮于水面上的蜡液舀出，或用纸、布之类吸出。如未脱干净，可重复此过程一两次。

5．漂洗

织物的蜡质全部脱落后，需进行漂洗。传统蜡染用的都是植物蓝靛染色，并不会造成河水的严重污染，所以少数民族一般都是把脱蜡后的织物拿到河水或溪流中冲洗、漂净，并晾晒在河滩、

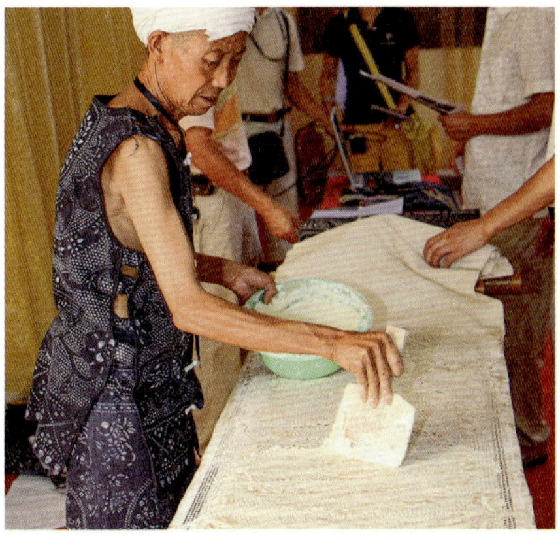
图 4-64　石阡・仡佬族・豆浆染・刮浆

图 4-65　惠水·布依族·枫香染·成品

图 4-66　惠水·布依族·枫香染·成品

溪畔，天黑前将其收回家中。

以上是单色蜡染的制作流程，在此基础上，可以进行彩色染，即用各种染料或颜色直接涂绘在蜡染品白色的纹饰上面，使其变成彩色花纹。过去，丹寨苗族使用的是朱砂颜料，现在多用红色植物染料，加工彩色的衣背纹饰。贵州西部一带，多用当地出产的植物根茎提炼出彩色染剂，来制作彩色蜡染。当然现在也有的先用彩色染料先在织物上绘制出纹饰，再用蜡液涂在彩色纹饰表面，起到遮盖纹饰的作用，经染色后去掉蜡质，便得到彩色蜡染。

（二）树脂、牛油防染印花工艺流程

利用树脂和动物油脂的排水性，作为织物防染印花材料，其工艺流程与蜡染大体相同。麻江瑶族、惠水布依族、荔波瑶族在使用枫脂和松脂时都要加些牛油，以加强树脂的防染功能。而平塘县新塘一带苗族则纯用不掺杂其他材料的牛油来制作防染花布。

制作树脂或牛油防染花布的工具，各地不一，惠水布依族用毛笔，而麻江瑶族用竹签，荔波瑶族则用单层蜡刀。

其他的工具、染色材料和设备，以及生产工艺流程，一般与蜡染无异。

二、扎染工艺流程

贵州惠水、望谟、罗甸、荔波一带布依族，仍然保留着传统的扎染工艺。不过，他们是利用针线在面料上折缝出图案花纹，使其起到局部遮盖作用，然后放入染缸中进行浸染，晒干后拆去缝线，就露出蓝白互渗并有晕色效果的纹样，所以又称之为“绣染”。

与蜡染、树脂和牛油防染显花原理相比，制作扎染的材料不用另外的防染物质，只用缝衣针线和绳子等工具，使面料形成折皱，实现局部防染。与上述两种工艺相比，染完后的沸煮、脱蜡、脱脂步骤换成了拆除缝线。

三、型版印花工艺流程

型版防染印花，染色剂也是用蓝靛，染出的花布为蓝底白花，又称之为“蓝印花布”。因为这种工艺比起蜡染等印花技艺来，需要刻版、制浆、刷浆等较为繁重的体力劳动，所以它的生产者一般都为男性。具体做法是，先在硬纸板上或加工过的动物皮革上刻镂出图案，并用桐油涂刷，使花版具有防水防腐的功能，可

反复使用，经久耐用。

花版尺寸宽窄与面料相当，印花时将花版平放于纺织面料上并固定住，往花版镂空处刮刷浆料，取下型版，放在背阴处晾干，再放入染缸或染池中进行浸染，取出晾晒，刮去浆料，清洗干净，就得到蓝底白花的印花布。

图 4-67　惠水·布依族·枫香染·成品

图 4-68　石阡·仡佬族·豆浆染·成品

第三章

贵州民族印染的文化艺术特征

图 4-69　荔波・瑶族・树脂染・瑶王印纹

图 4-70　丹寨・苗族・蜡染・水涡纹

图 4-71　盘州・苗族・蜡染・阴阳五行纹

第一节　贵州民族印染的文化内涵及其功能

贵州民族印染，是在比较封闭的自然和社会环境中形成的一种文化形态，它不仅是一种实用性的手工艺术，而且也是反映民族宗教意识、表达思想观念、寄托美好愿望的一种载体。

一、宗教意识及吉祥观念的反映

（一）族群精神的集体表象

所谓的“集体表象”，是借用法国人布留尔在《原始思维》中的定义：“这些表象在该集体中是世代相传；它们在集体中的每个成员身上留下深刻的烙印，同时根据不同的情况，引起该集体中每个成员对有关客体产生尊敬、恐惧、崇拜等感情。”传统时代，贵州各民族虽然是大杂居，但又相对小聚居的状态，他们都保留了古代民族的一些文化基因，所以文化上每个民族都有着本族群的“集体表象”，他们的印染艺术中自然要表现这种“集体表象”。这些集体表象，蕴含着民族的历史、文化、精神、情感、理想、意愿等。如黔东南苗族蜡染中的涡纹、蝴蝶纹、鸟纹，就是能引起当地人产生尊敬、恐惧、崇拜感情的“集体表象”。

丹寨一些苗族自称“嘎闹”，即鸟部落人群，他们世代传唱的古歌和传说中，说水是世界上最早的物质，蝴蝶与水涡交往而产下十二枚蛋并由鹡宇鸟帮助孵化出包括人祖姜央在内的生命。所以，水涡、蝴蝶、鸟代表生命起源繁衍，被当地苗族作为歌唱、织造、印染、刺绣、银饰、服装上永恒的主题，一代一代地传承下来，而成为他们的“集体表象”。

又如荔波瑶山白裤瑶支系，他们的树脂防染印花中的方形图案，当地称为“瑶王印”。在当地瑶族传说中，他们祖先生活在中原一带，后来由于战争迁徙到了新的地方，为了纪念瑶王，他们把象征部落首领权力的印，画在布上染成图案，穿在身上，并

世代相延，形成他们的“集体表象”。清镇、六枝一带的四印苗支系，也有类似的传说和印染服饰图案。

图 4-72 丹寨・苗族・蜡染・花鸟蝴蝶纹

又如惠水雅水布依族的树脂防染中，有一种称为“马背花”的图案，它不能随便用于服饰，是专门用于丧葬时垫在马背上的花布。寓意马驮死者灵魂进入天堂，印证了布依族《古榭经》中马驮死人上天的内容。无疑，这种有“马背花”图案的树脂防染品，就是当地布依族的“集体表象”。

贵州西北部的大花苗、小花苗的蜡染裙面上有三道纹，当地的苗族古歌中就有苗族迁徙途中，经过三条大江大河的内容，这三道纹饰，就是他们对于祖先迁徙历史的形象记忆，而流传下来，并成为他们的“集体表象”。诸如此类，在各地印染纹样中都不乏例证。

（二）吉祥观念的反映

吉祥观念，是中国宋代以来三教合一所形成的思想文化，表现在工艺美术上，就是把儒家宣扬的圣贤英雄、正面人物，佛教中的佛、菩萨、罗汉、高僧大德，道教中的玉皇、神仙，以及自然界中的天文地理、动植物等，都作为致吉纳福的征兆，附以祥瑞的含义，并运用程式化手段，形成比较固定的艺术图案，并随汉文化的流传而遍布各地，形成中国民间文化的主流。自明代以来，大量汉族移民迁徙进入贵州，他们也带来了各种工艺及附着在上面的吉祥文化。贵州民族印染中的型版印花，以及受汉文化影响较大的布依族树脂防染印花工艺，就有龙凤呈祥、凤穿牡丹、二龙戏珠、麒麟送子、鹭鸶戏莲、莲生贵子、岁寒三友、鲤鱼跃龙门、平安富贵、鹿鹤同春、狮子滚球、福寿绵长、瓜瓞绵绵、刘海戏蟾、松鹤延年、三多图、福禄寿喜、万字流水、喜上眉梢、五福捧寿、连年有余、八仙过海、暗八仙、和合二仙、五子登科、吉庆有余、太平有象、金玉满堂、百子图、百寿图、百福图等吉祥图案。这些图案因其致祥纳福的心理作用及浓郁的装饰性，而被各民族所接受和喜爱，并运用到本民族的工艺当中。

图 4-73 丹寨・苗族・蜡染・节庆故事纹

二、族群识别的重要标志

传统社会，分散聚居在崇山峻岭间的贵州各族人民，因交通不便很少与外界交流，形成了各自比较独立的文化小圈子，正是各个民族和支系都在特定的环境下，产生形成了不同的“集体表象”，表现在印染等服饰上的艺术形象也有千差万别，各有特征，

图 4-74 从江・苗族・蜡染・太阳纹

而这些特征，也就形成了识别不同民族、不同支系的艺术符号和主要标志。

图 4-75　织金·苗族·蜡染·鱼鸟复合纹

传统时代，交流不便，他们彼此之间的图案很少互相影响，界限分明，每个族群成员只认同和选择本族的纹饰形象来装饰自己的服装，形成明显的族群标志，节日中他们就是以此来区分本族人与外族人的。对于不同民族和支系而言，相同的纹饰，是他们内部成员互相认知、彼此亲近的密码信号，当他看到与本族人相同的纹饰，就有一种亲切感和极大的认同感，内心马上就会涌起我们是一家人的情绪，进而亲如一家。当他看到与本族不同的纹饰时，心中也会有他们是另外一个族群的想法而产生心理上的距离。在明清时期，一些外界人士也是根据各民族的织造、印染、刺绣、发型、服装色彩、纹饰、造型等差别，来称呼和命名贵州民族的。如前面所引田雯《黔书》“裳服先用蜡绘花于布，而后染之，既染，去蜡则花见，饰袖以锦，故曰花苗”便是证明。所以说，贵州不同的印染工艺及纹样也是区别各个族群的重要标志。

第二节　贵州民族印染的艺术特征

图 4-76　织金·苗族·蜡染·鱼鸟复合纹

如前所述，贵州各民族族源不同、地域环境不同、文化背景不同，所以贵州民族印染，体现出了百花齐放、异彩纷呈、各具特色的特点和不同的审美风格。例如，同属安顺市镇宁县的布依族和苗族两种蜡染，就有着截然不同的表现风格，该地布依族蜡染以质朴而典雅的几何纹为主，圆点错落、曲线盘绕，简单的点线面元素却营造了层次丰富、疏密有致的整体效果；而同地区的苗族蜡染则擅长于表现具象风格的花鸟鱼虫等，构图灵动、形态丰富。相邻的不同民族各自用智慧与巧手，用同一种工艺表达了世代传承的民族文化和族群审美。同样是苗族，东南部以自然纹为主，以几何纹为次；西北部则以几何纹为主，自然纹为辅。同样是树脂防染印花图案纹饰，惠水一带布依族的枫香染多为吉祥纹样；麻江一带瑶族松香染多变形花卉纹；荔波一带白裤瑶树脂防染以方块几何纹为主。又如同样的题材，但是却造型各异，搭配有别，如同在黔东南的黄平、丹寨、榕江苗族，同样表现水涡、蝴蝶、鸟、鱼、花卉，但造型、构图、搭配组合，各不相同，自有面貌。黄平一带将这些物象作变形处理，互相连接，变为复合型图案。榕江则把龙、鸟作延伸处理，变成纵向图案。丹寨把鸟

和花卉极度夸张，并且作动植复合、异种嫁接处理，鸟身上会长出花卉，植物中会有鱼鸟的肢体，奇形怪状，异想天开。

一、纹样形态

贵州民族印染图案是由各种不同的纹样构成，从全省来看，造型上大致可分为变形、抽象、适合三大类。

（一）变形纹样

变形纹样，是中国汉代前各种工艺的主要特征，这一点可以从汉代前出土的玉器、漆器、青铜器、织锦、刺绣等文物表面纹饰上看出。这是受中国哲学思想和造型技术影响的结果。贵州大多数民族与中国上古民族有着深厚渊源，他们将各自的母体文化带入贵州山地，并世世代代遗传至今，印染工艺同样带有古代巫术文化的因子，所以其纹饰造型依然保留了中国古代的变形特征。表现得最为明显的是苗族蜡染，如榕江、丹寨、黄平、水城、纳雍、织金等地的蜡染图案中，不管是人物中的男女老少，动物中的鸟、鱼、蝴蝶、龙，植物中的树木、花叶、藤蔓、果实等，都运用夸张、简略的手法来表现，与现实中的物象相去甚远，基本上都呈现变形异化的特征。

图 4-77　麻江·瑶族·蜡染·花卉纹

（二）抽象纹样

抽象纹样，是指由各种点线构成的几何纹，有的来源于对自然现象、形象的模拟，如闪电、流水、山峰、天际线等；有的是人类创造的各种表意符号，如文字等。抽象纹样在贵州各民族的印染中都普遍存在，但各地却存在差异。西部一带以各种抽象符号作为图案主体纹样，比如安顺、镇宁、六枝、织金、纳雍等地，图案中以各种几何纹为骨干框架，中间虽有花卉鱼鸟之类，但已高度抽象化和符号化，在图案中居于次要地位。而东部一带则是用它来作为辅助纹样，比如黄平、榕江、丹寨、三都等地蜡染图案中，一般以各种龙、鱼、鸟、花叶、藤蔓、果实等为主题，再用一些点、圆在主题之间进行点缀，用锯齿、回纹、万字、芒状来作为边框装饰纹。

（三）适合纹样

适合纹样，是为了将就图案要求，把本来千姿百态、各不相同的物象，经过规整处理，变成统一的模式，置于图案的固定位置上。这类纹饰在全省各地印染中都存在，但在从中原汉地引入的型版印花图案中，以及受汉文化影响较大的惠水布依族树脂防

图 4-78　榕江·苗族·蜡染·花卉鱼虫纹

染印花图案中，表现得尤为明显，图案中的各种动物、植物，都被限定成一个形态，有的单独出现，有的以连续方式重复出现，呈现程式化构图。

图 4-79　惠水·布依族·枫香染·蝴蝶纹

二、线条类型

贵州民族印染图案从线条的宽窄度上看，可分为粗、中、细三个类型。

（一）粗线型

粗线型以用刀用笔接触面料较宽、线条粗壮为特征，主要分布于榕江、从江、三都、荔波、安顺等地，尤其以榕江、三都交界一带苗族蜡染最为突出。当地妇女绘画制纹饰时，蘸蜡饱满，用笔粗豪，行笔流畅，劲道十足，加上图形中的龙、蝴蝶、鸟、鱼等形象都呈现出一种古朴原始的韵味，使这里的印染作品散发出原始稚拙的气息。

图 4-80　惠水·布依族·枫香染·荷花纹

（二）中线型

中线型以下笔下刀力度均匀，轻重适中，运行不疾不缓，表现出来的线条不涨不弱，平稳畅达为特征。这种特征在全省的印染中最为普遍，最具代表性的有丹寨、黄平、麻江、惠水、镇宁等地作品。

（三）细线型

细线型以选笔小巧精细、下笔轻盈，但运作沉着稳当、线条纤细清晰为特征，以西部的织金、水城、纳雍等地为主。最为细致纤巧的线条是织金一带苗族蜡染，当地的铜蜡刀宽不足 1 厘米，先将蜡加工成一个团块状，置于案上，绘画时把铜刀在火上烤热，然后用刀尖在蜡块上滑荡而过，利用热力蘸带少许蜡质，再小心细致地绘于面料上，整幅图案所花费的时间和精力，比其他地区的制作要多出许多，号称“最精细的蜡染”。

图 4-81　惠水·布依族·枫香染·花卉纹

三、图案样式

贵州民族印染的构图，从视觉移动方向分为纵向图案和横向图案两类。但不管是纵向图案还是横向图案，它们的表现形式都很少如传统绘画的由近到远、由大到小的平视体，以及居高俯视、以大观小、景物毕现的立视体。而是以左右上下相齐、四面六合对称，或者是以同一单元做连续重复的格律体为主。但是，又根据印染幅面的大小情况，其纹饰的运用又表现为独立图案和连续

图案两种样式。

（一）独立图案

独立图案应用在幅面较小的印染作品中，它是由几个不同的元素，围绕一个中心，采取左右互对、上下互对、斜角互对的方法，形成互为对称又具变化的图案。这种图案在黄平、安顺等地蜡染中的方巾、台布、包袱布中表现得最明显。

图 4-82　西秀・苗族・蜡染・花鸟纹

（二）连续图案

连续图案应用在幅面较大的印染作品中，它也是用几个不同的元素，进行交替排列，或者互相纠合，构成一个独立单元，然后以二方连续或四方连续的形式，向左右上下延伸扩展，成为单元重复的图案。还有就是用不同的元素组成两个以上的单元，再用这些不同元素的单元进行有规律的排列组合，构成重复中又有变化的图案。如丹寨、三都一带蜡染，罗甸、望谟一带扎染，惠水一带树脂防染，以及型版印花，这些工艺中的床单、被面、门帘等较宽幅面的作品，基本上都是二方连续或四方连续的方式构成的既重复又变化的图案纹饰。

图 4-83　六枝・苗族・蜡染・几何纹

四、色彩特征

贵州民族印染色彩上表现的特征为蓝白分明和素地点彩。

（一）蓝白分明

贵州传统印染使用的染色剂主要是靛蓝，除少数地区用彩色染料作二次染色之外，大多数地区都只是一次染色，而面料都是经过漂白处理后的棉麻织物。所以，其产品大部分呈现的是蓝底白花，间有少量白地蓝花。即便有变化，也只是深与浅的不同。这种蓝白分明、素净淡雅、耐晒耐脏、不易褪色的产品，非常适合乡村民间老百姓的生活需求。

（二）素地点彩

素地点彩，只存在于丹寨、安顺、纳雍、黔西等地苗族，这与苗族的传统文化习俗有关，苗族与古代楚国居民有深厚渊源，楚人十分追求色彩享受，这在屈原的诗歌中已有反映，出土的楚国服饰及其他工艺上五彩斑斓的图案，也证实了这一点。苗族保留了这一文化习俗，在他们的织造、刺绣、印染、服装上，都显得浓墨重彩，大胆强烈，这形成了苗族服饰的主要特征。丹寨苗族过去用朱砂将他们的上衣领背及袖子的涡纹涂抹成红色，现在还用栀子染成赭黄色。安顺、纳雍、黔西等地苗族，用的是当地

图 4-84　荔波・瑶族・蜡染・花鸟纹

的不同植物，分别提取红色或黄色素，来对蜡染纹饰进行二次染色，在素地的花纹上涂染彩色，形成了蓝、白、红、黄色互衬，素艳搭配的图案。有些地区虽然不用二次染，但却用刺绣方法，给蓝底白花的印染品填补上彩色，如福泉、贵定、龙里、六枝、织金等地苗族，就是在他们的蜡染上再做刺绣补花上彩的装饰。

图 4-85　罗甸・苗族・蜡染百褶裙

图 4-86　毕节・苗族・蜡染百褶裙

图 4-87　黄平・僅家・蜡染百褶裙

第四章

贵州民族印染在服饰中的运用

第一节 印染与服饰的关系

图 4-88 榕江·苗族·蜡染·上衣

印染运用于服装的源头，可追溯到史前时期，中国各地出土的新石器时代的彩陶上面人物着装，已见用各种颜色涂绘的花纹，商周已出现专业掌染的机构和人员，出土的秦汉服装、南北朝至唐代的绘画人物服装上，可发现各种印染工艺。南方民族在汉代已掌握“织绩木皮，染以草实”的技术，隋朝时有“衣斑衣”“着斑裙”，贵州民族与他们有着一脉相承的关系，唐代贵州各地生产的“斑布”，已当作贡品上交朝廷。宋代，贵州民众盛行“衣花斑衣”“细斑布为之裳”，并生产“顺水斑”“点蜡幔”。20世纪末在贵州平坝、长顺一带，发掘出大量宋代少数民族蜡染服装及蜡染工具。从明代到当代，贵州不少民族都保留着以印染品作为服装面料或者装饰件的习俗。直至今天，生活在贵州的苗族、布依族、瑶族、水族等民众，仍然继承了这种服装习俗。

图 4-89 织金·苗族·蜡染·上衣

贵州民族的印染工艺与他们的织造、刺绣、银饰、服装一样，是记录他们民族历史的重要载体，是传承民族文化的有效手段，是民族识别的标志，是中华工艺园地中的艳丽花朵，是中国非物质文化遗产的组成部分。这些工艺在当代得到保护发展传承，既体现了党和政府对于传统文化的重视，也反映了贵州各民族的文化自信，他们不仅在自己民族的节日中穿着这些服饰，而且穿着它走出国门，把贵州民族印染艺术之美，带给了全世界。

第二节 贵州民族印染在服饰中的运用方法

图 4-90 榕江·苗族·蜡染·披巾

贵州民族制作各种印染服装，很少把整匹布做成印染品，而是采用染片组合的方法，即根据服装设计或一个族群服饰的固定样式，事先把面料裁成规格不同的块面，然后把这些块面绘染成服装的头巾、领子、袖子、前胸、后背、衣角、裙面、裙边、裙摆、

披肩、胸兜、围腰、围裙、绑腿、脚笼、腰带等各个部件及饰品，有的还要在这些部件或饰品上作刺绣、布贴工艺，最后把各个部件或饰品缝制成衣。

由于贵州民族支系众多，他们的服饰习俗不同，所以各地区各民族在实际运用印染制作服装的形式及手法上，有着千差万别的差异。因篇幅有限，本文只能按印染工艺的当代分布分为东南部、南部、中部、西部四个地区进行大致分析，历史上有些地方和民族曾经有过某种工艺，但现在已经消失，其印染服饰无法追述。对于跨地区民族出现相同的应用情况，在前一地区已作介绍的基础上，在另一地区则不再重复。

图 4-91　清镇·苗族·蜡染·人鸟蝴蝶纹

一、贵州东南部民族印染服饰

贵州东南地区用印染来制作服饰的有凯里、黄平、丹寨、榕江、麻江、从江等地。

居住在重安江沿岸一带凯里、黄平的僅家，普遍盛行蜡染工艺，并作为服饰的主要材料。这支族群妇女盛装由红缨帽、对襟低领上衣、百褶裙、三层围腰、背牌、绑腿等组成。其红缨帽帽围、上衣前后片、袖口、裙面、围腰面、背牌边缘等部位，均用蜡染花布为料，虽然加织锦、刺绣装饰，但整套服装看上去以蜡染为主，成为这支族群的服饰特色。

图 4-92　清镇·苗族·蜡染·人鱼花卉纹

丹寨有一支被称为白领苗的苗族，他们的蜡染除居室用品外，也制作服饰用品。当地妇女的上衣为矩形领、左襟系带，以黑色亮布为料，领襟、双肩、后腰，以及下裙用刺绣装饰，但领背、衣袖上段部位，是用画有当地称为“涡妥”的旋涡纹彩色蜡染装饰，有的裙子也用蜡染制作。与之近邻的三都、都匀一带的同一支系苗族，其服装大体相同。

居住在榕江平永、兴华、八开一带的苗族也盛行蜡染。当地女性的服装也多用蜡染装饰，以平永为例，她们的围腰为菱形，裙子为百褶裙，均用蜡染花布为主料做成，有些头巾、胸兜、绑腿也间用蜡染。

居住在麻江河坝的瑶族，以前被冠以绕家之名。这里盛行枫树脂防染印花工艺，除了床上用品之外，也用作服饰。当地妇女上衣的前胸、后背、袖子都是枫树脂防染花布，并配合刺绣、布贴工艺制作而成。另外，当地还用枫树脂防染印花布来制作儿童的服装。

图 4-93　清镇·苗族·蜡染·人鸟花卉纹

从江雍里、宰便、加鸠、加勉、光辉、岜沙一带，历史上也有枫树脂防染工艺，并用来制作女性服装的衣后片、胸兜、百褶裙、绑腿以及挎包等。

二、贵州南部民族印染服饰

贵州南部地区民族印染服饰主要分布在三都、都匀、荔波、福泉、贵定、龙里、惠水、平塘、罗甸等地。

与丹寨同属白领苗的三都、都匀一带苗族，其印染服饰与前述丹寨苗族大致相同，此不赘述。

居住在荔波县的瑶族有长衫瑶、青裤瑶、白裤瑶三个支系，都有印染工艺，尤其以白裤瑶的树脂防染印花最具代表性。当地女性的上衣前后片、百褶裙的裙面，全用印花布制作，衣上的方形纹为他们民族崇拜的瑶王印，表明他们对民族祖先和英雄的纪念。

在福泉、贵定、龙里一带，包括近邻的开阳，分布着一支小花苗族群，他们的服装款式、装饰手段，相对统一，被称为罗泊河式。其女性上衣为对襟交领式，下为百褶裙，上扎头巾。其头巾、百褶裙为蜡染品，上衣肩、袖、前襟、后背饰件，以蜡染为基础，于上面加饰刺绣纹样，成为当地特有的服装样式。惠水雅水一带布依族女性，用她们自产的树脂防染印花布缝制裙子；而该县长安一带布依族妇女，则用当地产的扎染花布作为头巾。平塘、罗甸等地苗族女性，虽然上衣不用蜡染，但她们用蜡染并加上刺绣工艺做成华丽的百褶裙。

三、贵州中部民族印染服饰

贵州中部地区一带的民族印染服饰，主要分布于乌当、开阳、修文、息烽、清镇，安顺、镇宁、关岭、紫云、普定等县（市、区）。

乌当、普定等地苗族女性服装，其上衣袖子中段、下装百褶裙，全用蜡染装饰，清镇麦格、修文扎佐等地苗族女性上衣袖、前后片，用方形图案蜡染装饰，故称“四印苗”。

普定马场苗族妇女上衣，为对襟交领式，用蜡染面料缝制。

息烽青山苗族女性百褶裙用几何纹蜡染布缝制。安顺关口一带苗族妇女穿长的百褶裙，用网格纹加圆点蜡染花布。普定波玉、者卜一带苗族女性上衣袖子、边摆、百褶裙上段用蜡染装饰。

开阳一带小花苗的蜡染服饰与龙里、贵定小花苗相似。

图 4-94 榕江·苗族·蜡染·动物纹

分布于扁担山附近的镇宁石头寨、关岭坡岗，包括六枝洛别一带的布依族，也盛行蜡染服饰，当地妇女的下身百褶裙，用蜡染为主工艺，其上衣袖子也用蜡染装饰。

四、贵州西部民族印染服饰

贵州西部地区包括兴义、六盘水、毕节、遵义四个地市所辖范围，西部印染主要有蜡染和少量扎染。生活在这里的大部分苗族擅长蜡染工艺，并且基本上是以制作服饰为主。他们的蜡染服饰可分为蜡染套装、蜡染上衣、蜡染裙子。邻近黔南的望谟布依族制作扎染，但主要是床上用品，很少用于服饰。

制作蜡染套装的有安龙、普安、晴隆、兴义、盘州、水城、六枝、织金、大方、黔西等地苗族。安龙普坪，盘县（今盘州市）滑石板，水城陡菁，六枝二塘、梭戛、新场、新华，纳雍百兴、水东、丰岩，织金菁脚、龙场、岩洞口、珠藏，大方普底、吉星、坪寨、百纳、鹏程，黔西定兴等地苗族，上衣多为对襟交领式，下为百褶裙，选用蜡染花布为面料，或者作为主要装饰件，尽管有些民族加以织锦、刺绣工艺，但并不掩盖服装的蜡染纹饰，形成以蜡染为底刺绣点缀的服装风格。

蜡染上衣主要以普定马场、纳雍老凹坝一带苗族为主，这些地区的妇女上衣也多对襟交领式，用蜡染缝制。大方竹园显母寨及织金、黔西、纳雍、毕节一带苗族，有一种长摆衣，衣袖上段也用蜡染装饰。威宁、赫章、水城一带小花苗，有的男女披肩，用细线蜡染为底，加以刺绣，形成这个苗族支系的服饰特色。

蜡染裙子，分布于望谟乐旺，安龙洒雨、木咱，晴隆凉水营一带的苗族女性，普遍穿百褶裙，裙面用蜡染制作。

毕节燕子口苗族妇女的百褶裙为麻布蜡染裙。大方八堡、竹园、安化、鼎新，黔西素朴、铁石，息烽青山，遵义泗渡、板桥、泮水，赤水葫市等地苗族，女子普遍穿百褶裙，均用蜡染花布制作或装饰。

分布于威宁、赫章、水城，以及迁移到镇宁、普定、紫云等地的大花苗族群，上衣用毛麻织锦加白布缝制而成，女性下穿百褶裙，裙面均为横条纹的蜡染工艺，是构成这支苗族服饰的一个重要元素。

图 4-95　榕江·苗族·蜡染·人物纹

图 4-96 榕江·苗族·蜡染·鼓藏幡

图 4–97　惠水・布依族・枫香染・花卉纹

图 4-98　黔西 · 苗族 · 蜡染 · 复合纹

图4-99 黄平·苗族·蜡染上绣·水涡纹

黔绣是贵州民族刺绣的总称，是以苗族刺绣为代表的地方性绣种。黔绣绣法有18种基本绣法及40余种手法变化，绣品多为贵州各民族女子自绣自用，集中呈现在贵州民族服装的装饰上。黔绣具有取材丰富、手法多样、纹饰生动、设色大胆、对比强烈、风情浓郁等特点。

概　述

一、刺绣定义及刺绣流变

（一）刺绣定义

《周礼·冬官考工记》曰：“五彩备谓之绣。”中国传统的五彩是指青、赤、白、黑、黄，而非当今时代美术学上称的五种颜色。

东汉刘熙《释名·释彩帛》记：“绣，修也，文修修然也。”这里的修，不是指物的修长，而是指对纺织品或服装的修饰、装饰的意思，进而引申为古代上层人士的着装需用刺绣进行装饰美化，以彰显君子的仪表与品德。故商周时期上层人士的服装，一定要符合用绘和绣来装饰的礼制。有了这样的制度，也就需要一些专业机构与从业人员，为上层社会的需求而服务，专门从事刺绣的劳作。既然服饰上要备“五彩”，刺绣也就构成“五彩”的一种手段，由绣工刺缀在服装上。

随着社会发展与进步，刺绣普及到社会各个阶层，在男耕女织的社会分工下，刺绣便成了民间女性普遍从事的一种家庭手工劳动。用今天的话来说，刺绣就是用针引线在绣底上穿刺出一定图案和色彩花纹的手工艺术。刺绣既是中国一项重要的非物质文化遗产，也是中国女性勤劳品格的体现和她们聪明才智的结晶。

（二）刺绣流变

中国是最早发明刺绣艺术的国家之一，据丁山《古代神话与民族》引《困学纪闻》卷二等书云："汤始居亳，从先王居，作《帝诰》，曰：'施章乃服，明上下。未命为士者，不得朱轩，骈马，衣文绣'。"与商同时的四川广汉三星堆遗址，出土的铜人像身上服饰也有明显的刺绣纹。周时《诗经》中则有更多"素衣朱绣""衮衣绣裳"的描写。1974 年，考古工作者在陕西省宝鸡市茹家庄西周鱼伯墓中，发现了附着在淤泥上的刺绣残痕，它是由人工用黄色丝线在丝绸上以锁绣针法绣出的花纹轮廓，绣底上留下的绣线颜色及刺绣线条都十分艳丽和清晰。据此，一些学者遂将它定为中国迄今为止发现最早的刺绣遗物。但是如果真正了解中国民族民间刺绣技艺的人，却会从另外的考古资料中，发现比这更为久远、更为重要的刺绣信息。那就是 1958 年在浙江吴兴钱山漾遗址中，出土的竹筐及盛放在筐内的绢片、丝带、丝线和几块碳化了的苎麻布。对于这些物品，人们的关注点只侧重于纺织和丝绸方面，而很少有人将它与中国的刺绣工艺联系起来，其实这些物品正是中国远古时代女性用于刺绣的器具与材料。竹筐，是用来盛放刺绣材料与工具的；绢片和苎麻布，是进行刺绣的底子；丝带，

图 5-1　榕江·摆贝·苗族·吃新节·刺绣衣裙色斑斓

古时称“组”，作为刺绣的半成品，事先用经线编成扁平的带状物，刺绣时将它盘在绣底上形成纹样，然后再用针引线对它进行固定或加绣其他纹样；筐内的丝线，正是用于固定丝带或加绣其他纹样的材料。这种工艺手法至今仍可在贵州不少民族刺绣中见到，如果这种推断没有错误的话，那么中国刺绣的历史，则可以推进到新石器时代。

春秋至秦汉，刺绣艺术更是达到一个前所未有的高度，湖北江陵马山楚墓和湖南长沙马王堆汉墓，都出土了大量的刺绣品，其神秘的几何纹及各种生动奇幻的变形纹，让世人惊叹当时精美的丝绸和刺绣技艺。汉代以后，随着佛教的传入，大量佛教题材成为中国刺绣的表现对象，既拓宽了刺绣的使用范围，同时也改变了中国刺绣原来的以几何纹、变形纹为主的艺术特征，走向了写实的造型风格。宋代三教合一思想格局的形成和文人艺术的兴起，刺绣内容又开始引入较多的世俗题材和文人书画。元代蒙古上层统治者对金银的偏好，使得中国的刺绣作品变得金碧辉煌、亮光闪烁，充满了华贵气息。明清两代，皇家与民间的刺绣技艺都达到鼎盛，大量的朝服及官员补子显示了皇家刺绣的富丽与繁缛；而蜀、苏、湘、粤四大名绣及其他地方名绣，则向世界展现了中国普通女性的聪慧心灵与精湛技艺。而地处中国西南边陲的贵州，山川雄奇，民族众多，历史悠久，文化多样，人民勤劳，同样创造了丰富而精美的刺绣艺术，并且表现出它独有的地域特征及民族特色。

图 5-2 凯里·苗族·刺绣

二、贵州民族刺绣特色

（一）众多民族献艺，高原处处开花

在男耕女织的传统农业社会，刺绣作为妇女必须学会和从事的手工技艺，普遍存在于世代居住在贵州的汉、苗、布依、侗、土家、彝、仡佬、水、白、回、壮、蒙古、畲、瑶、毛南、仫佬、满、羌 18 个民族中。从现实的田野调查情况看，省内的贵阳、遵义、安顺、六盘水、毕节、铜仁市及黔东南、黔南、黔西南三个自治州所辖的各县、市，各民族女性也还在传承着这种历史悠久的手工艺术。尤其以苗族、布依族、侗族、水族的刺绣最为知名，有的被列入国家级非物质文化遗产。可以说是众多民族献艺、高原处处开花的繁荣景象，这在目前的中国来说，也许是独有的。

图 5-3 凯里·苗族·刺绣

（二）材料运用广泛，加工技艺翻新

中国传统刺绣材料，除少量金银线之外，大多为丝线、绢、丝绸、棉线、棉布及一些孔雀毛。与之相比，贵州民族刺绣，不论是在材料，还是针法技艺，或者是表现形式的运用上，都更为广泛丰富，更为多样灵活。比如材料，包括动物、植物、金属、纸张、塑料、化工、玻璃、其它，八大类几十种材料。有的单纯运用，有的综合运用，创造出极具民族特色的手工艺术。

对于各种材料的加工处理，贵州少数民族也表现出令人惊叹的聪明才智和精湛的技艺。有劈、捻、染、熏、蒸、编、折、叠、剪、镂、缠、绕、串、结、缀等技法。通过巧妙加工，把一些平常材料甚至是垃圾废料，变为神奇的艺术元素。

图 5-4　三都・水族・刺绣

（三）表现形式多种，形象如绘如塑

在表现形式上，贵州刺绣可谓千奇百怪、花样迭出，有 18 种基本形式，40 余种的变化手法。不仅有许多用针线刺缀的方法，而且还有缠绕、平铺、加垫、堆砌、折叠、拼贴、编织、嵌缀、缝钉、串结等各种造型技艺，正是运用了丰富多样的技法，使贵州刺绣形象既有如绘画般的平面效果，也有如雕如塑、如刻如镂的立体效果。

（四）纹饰内容奇古，文化意蕴深厚

与四大名绣以仿制名人书画为能不同，也异于其他地方刺绣以文学戏曲故事人物的题材内容，贵州刺绣延续了不少古代刺绣的传统，纹饰上多为形态异化的变形纹和各种几何纹，以及不同生物图案构成的复合纹样，保持了中国汉代前刺绣的纯正风格，这些纹饰蕴含着古代先民对自然、对神灵的崇拜意识，反映了他们对宇宙、对社会、对未来的观念，表达了他们的理想愿望。可以说，贵州民族刺绣是研究中国古代社会历史文化的宝贵资料。

图 5-5　雷山・苗族・刺绣

第一章

贵州民族刺绣的历史沿革

第一节　史前至宋元的刺绣

据民族学研究，贵州除仡佬族为古代南方濮人后裔属贵州土著之外，其他民族均是分别从中国东西南北不同地域迁徙进入贵州的，所以贵州各民族与中国古代民族有着千丝万缕的关系。田野调查资料和图像比较证明，至今不少贵州民族文化仍保存着中国古代的文化基因，他们的生活习俗及生产工艺仍古法犹存，古韵犹在，完全可以称为研究中国上古社会的活化石。在刺绣等服饰工艺方面，也同样如此。

图 5-6　三都・水族・刺绣

一、钱山漾遗址出土的丝组与贵州辫绣的关系

浙江吴兴钱山漾遗址出土的竹篮及竹篮中盛放的绢片、丝带、丝线，应当是古代先民刺绣的材料和半成品。吴兴钱山漾出土的丝带，是用 10 股丝线互相交缠编两排平行的人字形纹，宽约 0.5 厘米。这种编丝带的技艺，在当代中国其他地区早已消失，然而，它却依然流传于贵州的大山之中。苗族、布依族、侗族、水族的妇女，至今仍在用一个圆形或半圆形的凳架，来编结这种丝带，她们把这种技艺叫作“编辫子”，并且把这种丝辫广泛运用于她们的刺绣当中，由于丝带只用经线编成如妇女的发辫状，所以当地人称这种刺绣为“辫绣”。浙江吴兴钱山漾古代居民留下的竹筐及筐内的绢片、丝带、丝线，应当是今天贵州民族“辫绣”的源头。除此之外，古代良渚居民崇拜鸟的习俗，也依然遗存于贵州不少民族的生活之中，他们崇拜祭祀鸟，歌唱赞颂鸟，把鸟的形象制作成各种工艺，穿戴在身上，并跳着模仿鸟形体动作的舞蹈。如果这种用现代民俗民艺现象与考古资料进行印证、比对的方法是正确的话，则可以说，贵州民族保留了中国至今发现最早的编组刺绣工艺。再来看陕西茹家庄西周墓中出土的刺绣残痕，这是被业界称为发现最早的中国刺绣文物，刺绣针法为锁绣，又称辫子股。在贵州苗族、布依族、侗族、土家族、水族等民族的刺绣中，

图 5-7　剑河・苗族・刺绣

至今还普遍使用，并且是贵州民族刺绣中最为常见的针法。

图 5-8　台江・苗族・刺绣

二、贵州民族盛装与商周“衣绣裳绘”遥相呼应

如果说相距数千年的刺绣技艺上的相同，属于一种带有偶然性的巧合的话，那么，贵州民族生活仍保留着商周时代的习俗，则是有现实依据的。《诗经》是一部反映商周时代人们生活的诗集，其中的“素衣朱绣”“衮衣绣裳”“衣锦褧衣，裳锦褧裳”等古代社会习俗，至今在贵州不少民族中依然可见。民族学研究认为，商为东夷民族中崛起的一部分，而另一部分则流向南方，甚至远徙云贵高原，成为贵州部分世居民族。而周有华夏民族成分，又有氐羌民族成分，陕西宝鸡茹家庄西周墓，墓主鱼伯正是北上参与与周人伐商的巴人头领，这支巴人属土家族族源的一部分，现贵州就有属氐羌民族后裔的彝、土家、白、羌等民族，他们不仅保留了古代先民的生活习俗，也传承了他们民族古老的工艺。特别是他们的节日期间，由织造工艺、刺绣工艺、印染工艺、银饰工艺构成的盛装华服，从四面八方涌向节日场地，洋溢着浓重的肃穆又热烈、沉重又欢乐的古代原始宗教的气息，观众通过时间的隧道，一下子仿佛回到《诗经》记录的古代社会生活场景中。

当代贵州民族与商周时代在刺绣工艺及着装习俗方面的高度契合，更加印证了民族学关于贵州部分民族与中国古代的东夷民族、百越民族、氐羌民族同根共源的论断。只不过古代统治阶层把民间的着装习俗提升为一种社会服饰制度，原先普遍存在于民间的“绣衣绘裳”被上层社会垄断，下层百姓与之绝缘。而一些远徙到贵州并定居下来的民族，其生活习俗和刺绣工艺都仍然保留和延续了古代民族的刺绣技艺和生活习俗。

图 5-9　台江・苗族・刺绣

三、贵州刺绣与楚汉刺绣一脉相承

春秋战国时期的楚国，是由多民族共同组成的诸侯国，其国民中既有东南方的百越民族，又有中西部的百濮民族；既有由北向南拓展的华夏民族，又有从东夷中分裂出来的苗瑶民族。经过百折不挠的奋斗，在战国时代，终于发展成为雄霸几乎整个南方疆域的大国，其文化艺术更是充满着浪漫瑰丽的特征。这种特征不仅在屈原、宋玉等人的文学作品中有记录，而且也每每被不断出土的文物所证实。湖北、湖南、河南等地大量楚国墓葬出土了许多丝绣品和服饰。如湖南长沙烈士公园战国楚墓出土的裱附在

图 5-10　乌当·苗族·刺绣

图 5-11　西秀·苗族·刺绣

棺壁上的变体龙凤纹刺绣和变体鹤鹿纹刺绣。湖北江陵马山砖厂一号战国楚墓出土的浅黄绢衾面对龙对凤纹刺绣，蔓草龙纹刺绣，凤鸟花卉纹刺绣，龙凤虎纹绣禅衣，凤鸟纹花卉纹刺绣，花冠鸱鸺鸟纹刺绣浅黄绢面绵袍，蟠龙飞凤纹刺绣浅黄色衾被面，变体凤纹刺绣红棕绢緅衣，雁衔草花纹刺绣，龙凤合体相蟠纹刺绣。据《中国丝绸科技艺术七千年》一书介绍，这些刺绣针法以辫子股为主，极富装饰性。刺绣题材多为龙、虎、凤、雁、鸱鸺、蔓草等祥瑞动植物，纹样构成也多采用变形及复合型手法，其颜色方面，虽然一幅作品不超过五种，但是底色与纹样用色的搭配却开创了对比色的先例，如底色常用明亮的具暖和感的朱红、古铜、湘绿、淡橘、浅茶黄、浅草绿等颜色，而花纹则选用深褐色勾边，用明黄来填面，再用白色等颜色进行画龙点睛似的点缀。

历史学、民族学、民俗学等众多学者都认为，贵州不少民族与楚国均有渊源。与前面提到的楚墓出土的刺绣相比较，贵州民族的一些刺绣，其图案纹饰多为变体抽象的形态，色彩搭配也呈现出两相碰撞对比强烈的手法，技艺也多用锁绣针法，应用上也表现在服饰方面。除此之外，二者在服饰式样，以及宗教信仰、精神崇拜、祭祀活动、生活习俗等方面，也都表现出高度的一致性。据此，完全可以这样推论，部分贵州民族刺绣工艺与楚国刺绣，不仅渊源深厚，而且是楚国刺绣工艺的忠实传承者，他们的刺绣工艺与楚国刺绣一脉相承。

四、从好“五色衣”到“鸟章卉服”

汉帝国是由楚国后裔刘邦所建的，将南北两地文化融为一体，开创了影响到后世中国社会的辉煌灿烂的大汉雄风。但汉代的青铜器、漆器、织绣、绘画等，却带有明显的楚国文化神秘浪漫的特征。以刺绣为例，湖南长沙马王堆一号西汉墓出土的红棕绢地平针方棋纹刺绣，绯地菱形填花变体树纹铺绒绣，以锁绣针法为主的信期绣、长寿绣、乘云绣、朱萸绣等，这些作品的纹样、配色、手法方面，都与楚国刺绣如出一辙，便足以证明，汉代初期的艺术仍然较多地保持了楚文化的面貌。

秦汉时期，原楚国居民大部分融入汉民族中，但有相当一部分向西南方向迁徙，成为后来魏晋至隋朝时期的“南蛮”“五陵蛮”“五溪蛮”。这些族群进入五溪之后，与他们留在楚国故地的兄弟一样，也保留了古代楚国的生活习俗。《后汉书》说他们“织

绩木皮，染以草实，好五色衣服，制裁皆有尾形。……衣裳斑斓，言语侏离”，《隋书》说他们“承盘瓠之后，故服章多以斑布为饰”，这些描述虽然带有中原上层文人的优越感，但是也反映出南方及西南方民族不仅延续了古代楚国的生活习俗，而且也根据居住地的自然环境发明了新的服饰生产工艺。其实“五色衣”也好，“斑衣”也好，都是楚国的着装习俗特点，读一读屈原的《离骚》，看一看楚墓出土的纺织品及服饰，便可得到印证。只不过在屈原看来，这只是一种与中原服饰相异的“奇服”罢了。失去了故国故土，没有了较好的生产条件，但他们发明了“织绩木皮，染以草实”的工艺技术，来保持原先“五色衣”“衣裳斑斓”“制裁皆有尾形”的服饰特点。这“五色衣”“制裁皆有尾形”“斑衣”的形成，不能只看作是印染技术的单独使用，也应当包括织造和刺绣，以及腰上佩带绦组并垂悬于后等多种服饰工艺技艺的综合运用来实现。贵州大部分民族与这些“南蛮”和“五陵蛮”有着千丝万缕的关系，苗族东部方言区就有关于他们的蚕种是从洞庭湖和鄱阳湖一带传来的民间故事，故事中把喂饲蚕种的姑娘叫“蚕娘”，当地的苗族民歌中还这样唱道：“我们的祖先在洞庭湖边养蚕，我们的祖先在武陵地方缫丝，我们的祖先在铺戏村寨织绸。”贵州的不少民族就是用织造、印染、刺绣及腰围系带并向后垂悬的手法，保持着“五色衣”“制裁皆有尾形”“斑衣”的着装习俗。明代郭子章在《黔记·诸夷》中说贵州民族，“斑衣左衽”，“长裤短裙，或长裙数围而无裤，加刺绣一幅，刺绣垂之，名曰‘衣尾’”。

图 5-12 台江·苗族·刺绣

唐宋时期，虽然考古资料和历史文献都没有关于贵州民族刺绣的明确信息，但是《旧唐书》《新唐书》都记载了牂牁“东谢蛮”首领谢元琛朝拜唐太宗，《宋史》中也记载“西南夷”龙姓首领率团朝拜宋太宗，他们的团队成员都穿着一身奇装异服。虽然这三部史书都没有提到他们服饰上有刺绣，但《旧唐书》说颜师古看到了“此辈章服”，才奏请皇帝命阎立本将这些人的形象画下来。既是章服，必然含有刺绣工艺，因古代的鸟章卉服，就是融合了绘画和刺绣工艺的服装。再从后来明代文献中记录贵州民族服饰上都有刺绣工艺这一情况推测，不管是唐代的谢元琛团队，还是宋代的龙姓首领团队，他们身上的奇装异服，必定综合了刺绣在内的装饰手法。从宋人周去非的《岭外代答》、朱辅的《溪蛮丛笑》等记录西南民族生活习俗的著述中，也可以窥见宋代贵州民族服饰刺绣工艺的一斑。

图 5-13 台江·苗族·刺绣

第二节　明清至当代的刺绣

图 5-14　台江·苗族·擘线绣

一、明清至民国——但见“苗夷”着绣装

明代以来，由于贵州建省，大量官吏及文人进入贵州，并亲身接近这里的各个民族，他们记载了贵州民族的生活习俗，也把贵州民族的服饰及刺绣工艺呈现给外界。但由于当时的文人们并不具备后来的民族学常识，所以把贵州所有的世居民族统称为“苗”，他们笔下的“苗”，其实是有着不同的来源和文化差异的。

弘治《贵州图经新志》记：“妇女以青布一方裹头，着细折青裙多至二十余幅。腹下系五彩挑绣方幅如绶”；包汝楫在《南中纪闻》说：“苗民……男子头插雉尾，身穿短袄，胸背两臂俱著绣花。妇女头髻偏挽右傍，顶上插一银牌为饰，上衣齐腰，亦俱绣花”；田汝成《炎徼纪闻》说：“峝人……妇人短衣长袴，后垂刺绣一方若绶，胸亦如之”；江盈科《黔中杂诗》中道：“洞女肤妍工刺锦”，“彩绳贯贝苗姬饰，蛮锦裁衣卫士装”；郭子章在《黔记》曰：“其妇女……服短衫，系双带结于皆。胸前刺绣一方，银钱饰之”。

图 5-15　台江·苗族·平绣

清代关于贵州刺绣的著述更为丰富，康熙及乾隆版《贵州通志》，贵州各府、州、厅、县的志书和文人著述，都有这方面的内容。如田雯的《黔书》、张澍的《续黔书》、李宗昉的《黔记》、傅恒的《皇清职贡图》、爱必达的《黔南识略》、罗绕典的《黔南职方纪略》等书，可谓连篇累牍，详述备至。用图画来表现贵州民族刺绣技艺是从康熙年代起一直到光绪时，各级官员及文士，绘制了不少反映贵州各民族生活情境的画册，学术界称为《百苗图》，因外界对贵州各民族缺乏深入了解，如同《史记》《汉书》等文献作者用一个“蛮”字来统称南方民族一样，这些《百苗图》的编绘者也用一个“苗”字来统称贵州的各民族，甚至包括早期进入贵州的汉族居民。其中内容最多的是光绪年间江西人桂馥的《黔南苗蛮图说》，书中共描绘了当时贵州境内的 86 种居民形象，比嘉庆年间陈浩的《八十二种苗图并说》多出 4 种。该书中表现贵州民族织绣艺术的就有 49 幅，基本上包括现在贵州的 18 个世居民族。

晚清至民国初年以来，不少人类学者、社会学家进入贵州，进行田野考察，如日本学者鸟居龙藏，中国社会学学者吴泽霖、陈国

钧诸人，在他们的考察报告中，都大量地记录了贵州各民族包括刺绣工艺的各种习俗。鸟居龙藏的《苗族调查报告》记："无论举行仪式或平时，其衣服皆为长袖半体衣与长裙，而绣以美丽之花纹"；"刺绣各苗间皆盛行，而尤以花苗为冠"。吴泽霖《贵州苗族社会调查》中说贵州："绣花——苗夷族有一共通特征，即女子无一不擅长绣花，爱美的观念，非常浓厚，对于自己所穿衣服上的花纹，异常考究，花钱向汉人买来，家庭辛苦所得，即作此种消耗，然其色的配合，形状的精巧，却不亚于湘绣杭绣等，着实难能可贵"；"裙子的前后面各罩一块六七寸宽，比裙子略长一二寸的黑布，后面一块，下边有四分阔的绣花"；"女子要穿上特制的花衣。衣上所绣的花纹，非常精致鲜见"；"鞋面用丝线刺绣，所费工夫极大，普通女子一年仅做一双"。如此内容，书中多处记载。

可以说，从明代到民国，凡进入贵州考察的官员、文人、学者，他们眼前是一个"但见苗夷着绣装"的浓郁生活画面。

图 5-16 台江·苗族·擘线绣

二、当代——黔绣繁花笑东风

中华人民共和国成立以后，贵州各民族真正享受到了平等的权利，他们的生活习俗得到尊重，政府不仅保护少数民族的各种手工艺术，还动员文化工作者深入各少数民族地区，对少数民族社会进行深入广泛的调查，搜集各种工艺资料，整理成书并出版发行。为了满足少数民族特殊的物质和文化需求，政府还兴办民族工艺企业，从资金、人员、材料、生产、销售各方面都提供支持保障，生产包括刺绣在内的民族专用产品。特别是1978年以来，随着党和政府对民族文化和非物质文化遗产的抢救、保护、发展政策的颁布与实施，加上旅游事业的发展，贵州民族的刺绣工艺步入迅速繁荣的阶段。这一时期不仅恢复了不少濒于失传的技艺，也创造了一些新的技法，并通过各种展览会、评比会，涌现出一大批少数民族刺绣能手，她们通过自己的勤劳，既传承了民族手工文化，也为繁荣市场，满足人们文化及物质的需求，做出了贡献。由于国人对民族文化越来越自信，加上贵州刺绣本身所具有的历史、艺术、审美价值，而受到各方面的重视，它不仅成为本地区本民族的经济增长点和文化名片，而且成为大都市、艺术院校、工艺收藏界、艺术设计界各方面发掘、收集、收藏、借鉴的对象，可以说贵州刺绣的繁花，在新时代的东风吹拂下，在中华民族工艺美术的百花园地中，散发出诱人的清香。

图 5-17 台江·苗族·平绣

第二章

贵州民族刺绣的材料及工具

图 5-18　齐针绣·针法

贵州民族刺绣一个最大特点，就是在材料方面，比起其他地方的刺绣来，要广泛和灵活得多，可以称得上是不拘一格、唯材是用。它包括八个类别：动物、植物、金属、纸张、塑料、化工、玻璃、其他，达数十种材料，其包括各种旧物，甚至被人们当作垃圾废料的东西，贵州少数民族妇女都能够发挥自己的聪明才智和灵活技巧，把它们点化转换成为艺术品。当然，一些材料的选择，除了实用、审美的意义之外，还具有宗教信仰、民族心理的文化内涵。

第一节　动物材料

动物材料主要有蚕丝及丝织品，毛及毛纺品，以及海贝、牙、骨等。

一、丝类

贵州出产柞蚕丝和家蚕丝，但用于刺绣的基本上是家蚕丝及其织造品。贵州一些民族至今仍保留了古代蚕虫崇拜的习俗，如黄平一带苗族，不仅养蚕，而且把蚕虫形象绣在衣襟边。近现代以来，江南的丝大量流入，这种质地上佳颜色丰富的商业丝，被贵州不少民族采购，用来作织绣材料，其产品比本地材料制品显得更为优良。即使是当代社会，在贵州各地农村的集市上，也常常能见到一些专门销售丝线的商铺。更有一些流动商贩，他们手里提着从江南购进的各种颜色的丝，根据各地集市日期，轮流出现在当地的几个集市，租一个摊位，进行零售，第二天又辗转到另一个集市，为广大农村妇女供应织绣用的材料。

图 5-19　水城·苗族·齐针绣·绣样

（一）丝绸

丝绸，是刺绣的底子和一些特殊绣品如拼贴、堆绣用的材料。贵州历史上除清代中期遵义、正安、桐梓、平坝、大方、兴义等地大量生产丝绸之外，其他地区的丝及丝织品的生产都属于小规

模的零星的家庭副业，因而产量有限。至今苗族、布依族、侗族、水族、瑶族等民族仍在生产绮、绫、纱、绢、锦、绦、组等丝织品，并且用于服饰和刺绣。更多的地方和大多数民族用于刺绣的丝绸，则是从商店或集市上购买。

（二）蚕丝絮片

蚕丝絮片，是贵州至今仍保留的一种传统的丝织品种。属于无纺品，宋代开始出现，是人为地不让蚕虫结茧，而把即将吐丝的蚕虫捉放到预备好的平板上，将丝均匀地吐成板块片状，而不是椭圆形的，在古代这一品种被称为“自成绢”或“丝板绢”。这种技艺在其他地区早已失传，但贵州黔东南一些苗族群众仍在生产，并且主要用作服饰和刺绣材料。

（三）丝线

贵州传统的治丝方法有两种。一种是用缫丝机来将蚕茧缫成丝锭，清代遵义等地大量蚕丝生产就是采用这一方法。另一种是土法治丝，为贵州少数民族家庭所采用，他们不是用缫丝机来缫丝，而是将茧放在热水中煮开之后，用筷子夹出丝头，把丝抽出来盘绕在簸箕中，每抽完一根就再抽一根，并且用手将两根丝头连接上，每盘一层丝就要撒上一层米或大豆，防止蚕丝散乱，抽完茧丝之后，就用绕纱架把丝挽成丝把，有的地方甚至从热锅中抽出丝直接挽在纱架上，取下丝把，放在自制的染剂中染上颜色，晾干后就可以用来绣花或织造。

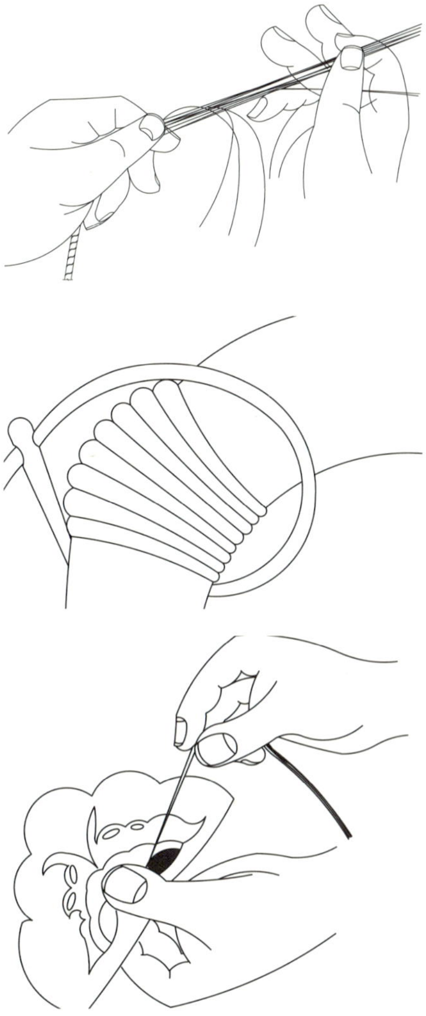

图 5-20 擘丝绣·针法

（四）丝带

丝带，因为只用几根经线交叉组成，而不需纬线来织，所以古代称它为组。最早的组见于浙江吴兴钱山漾新石器时代文化遗址，这一品种后又见于湖北江陵马山 1 号楚墓，此后便很少发现。但贵州的苗族、布依族、侗族等民族，至今还保留着这种古代织物及生产技艺。方法是用圆形或半圆形的凳架来编织，将数根丝一头系在凳架上的活动轴木上，另一头分别缠绕在竹木杆上端，杆的下端拴上铜钱、石头、陶等物做成坠子，用双手有规律地调换这些坠子，就可编出如女性发辫一样的丝带。有的地方甚至借用木桶、竹篮的提梁来编组，这也体现了劳动人民的聪明才智。组，一般用于刺绣和服装装饰。

图 5-21 台江·苗族·擘丝绣·绣样

二、毛皮类

中国宫廷刺绣及一些地方名绣如粤绣，因财力雄厚，常使用

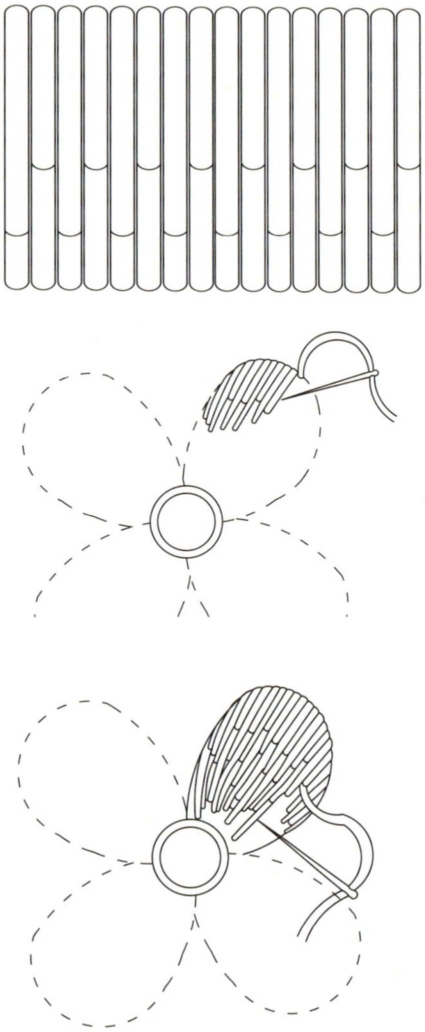

图 5-22　插针绣·针法

孔雀这种稀有动物的羽毛来当材料，以增强作品的华丽与贵重。贵州民族刺绣虽然没有这种高档材料，但使用了他们自己饲养的动物的皮毛，如马尾毛、绵羊毛线、羊皮、毡子、鸡尾毛等现实生活中的寻常之物，体现出劳动阶层在艺术创造上的优势，即就地取材，唯材是用，因材施艺，点石成金，化腐朽为神奇的智慧和特点。

（一）马尾

贵州虽是山地，却出产马匹。在南宋时期，云贵一带的马，曾经是赵宋王朝采购军马的重要对象，因边防需要，每年宋王朝要用大量成都产的织锦，运往广西，与专门贩运马匹的贵州少数民族人士进行以锦易马的交换。清代田雯《黔书》中有《水西马乌蒙马》一节，专论贵州马的特点，应当说，马在贵州民族历史生活中起到重要作用，至今，贵州不少民族仍有养马、赛马、斗马、崇拜马，甚至将马当作驮运死者灵魂进入天堂的使者的习俗。对马的长期观察，他们了解到了马尾毛不仅细长，而且具有柔韧性的特点，这启发了他们在艺术创作上的思考，于是随手易得的马尾毛，便成为他们服饰和刺绣材料的来源。如明人郭子章《黔记》中说："大头龙家，男子以牛马鬃尾杂发而盘之若盖，以尖笠覆之。"田雯《黔书》也说："妇人敛马鬃尾杂人发为髲，大如斗，笼以木梳。"目前，贵州凯里、织金苗族和三都水族的妇女，仍选用马尾毛来制作她们的刺绣，有的项目还被列入国家级非物质文化遗产名录。

（二）羊毛线

居住在贵州西北一带的各民族历来养羊，羊毛及羊毛线便成为当地群众纺织和刺绣的材料。赫章可乐乙类墓就出土有毛织物残片。至今当地被外界称为"大花苗"和"小花苗"族群身上的披肩，不仅有用羊毛线织出的花纹，也有用羊毛线绣出来的图案。毛线除了用于服装，有不少民族还将它当作假发，如威宁、赫章、纳雍、织金、黔西、大方、毕节、水城、六枝、安顺、普定、镇宁、紫云、清镇、平塘等县市的苗族，用毛线与头发掺和，盘成各种发型，形成这些民族支系的重要标志。

图 5-23　台江·苗族·插针绣·绣样

（三）鸡毛

鸡毛，主要用公鸡尾部漂亮的毛，因其细长而色彩艳丽，而成为服装的装饰材料。鸡为禽鸟，用鸡毛来装饰衣着的有苗族、侗族，反映了他们对鸟的崇拜。贵州雷山、榕江、丹寨、三都交界一带，居住着一个崇拜鸟的苗族支系，这支苗族每到节日期间，

男女民众都要穿上“百鸟衣”，这些“百鸟衣”上，或织或绣，布满了鸟的形象，衣裙的下摆，还要用鸟毛，即漂亮的公鸡尾毛，扎成一把把吊坠，进行装饰。而有些苗族支系的女性在节日时，则跳着模仿鸟的形态动作的舞蹈，外人冠以“锦鸡舞”，黎平侗族的飘带裙也用鸡毛作吊坠，实则都是她们表达着对鸟的崇拜之情。除了家鸡毛，贵州水城苗族还用野鸡毛来作头饰。

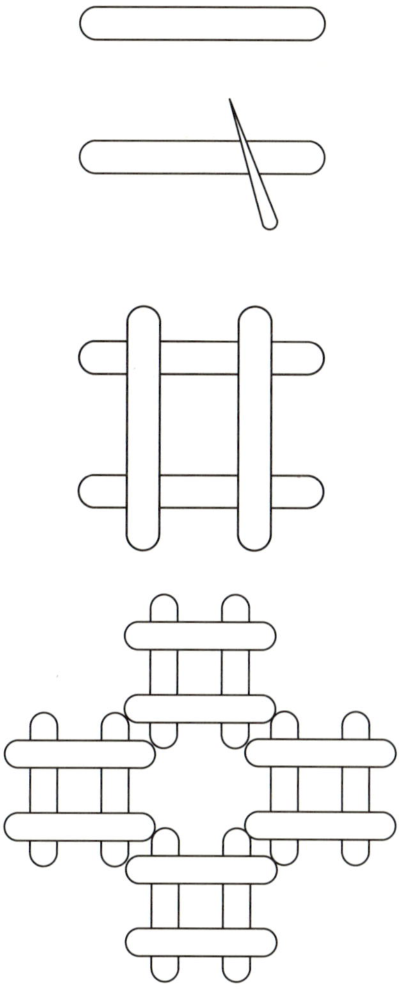

图 5-24　叠针绣·针法

三、贝、牙类

（一）海贝

海贝，本产自大海，是一种海底贝类甲壳，古代往往被用作货币，是财富的象征。又由于它具有形状丰圆、色泽光润的特点，而被人们作为装饰品。历史上，贵州不少民族刺绣及服装上，都用海贝装饰，如属西汉早期的威宁中水梨园工区墓葬中，就出土有 20 余枚海贝。明人郭子章《黔记》中说“妇人杂海贝、铜铃、药珠结缨为饰”；清人田雯《黔书》也说“饰薏结螺”，结螺，就是指用海贝结成串，缀缀于服装上形成装饰。这种习俗一直流传至今，现在龙里中排、惠水摆榜、平塘卡罗、贵阳花溪高坡、水城南开等地苗族，仍然使用海贝来做服饰材料。既说明贵州民族保留了古代的生活习俗，又证实了贵州民族与沿海人民有着密切的交往历史。

（二）兽牙

使用兽牙兽骨来做装饰品，可以追溯到旧石器时代，各地旧石器时代遗址，都出土了不少这类饰物。一些贵州民族传承了这一古老习俗，仍用兽牙兽骨来做服饰和刺绣材料。男人们当作战利品，挂于胸前，或当作烟杆吊坠。而妇女们则用石灰水，把野猪的獠牙进行煮净、打磨，当作饰物缝缀在刺绣品上。

第二节　植物材料

各种植物，不仅是中国纺织的主要取材来源，也是中国民间刺绣的主要材料。贵州民族刺绣所利用的植物材料有人工种植的棉麻制品，如棉花、棉线、棉布、麻线、麻布，还有属于野生植物的棕丝、薏苡珠等。另外，他们还利用各种植物的根茎、花叶、果实、皮核、油脂等，来加工制成各种染剂，对纺织品和刺绣材料进行染色、涂层，以实现自己美好的愿望。这也体现出贵州民

图 5-25　松桃·苗族·叠针绣·绣样

族刺绣和服饰工艺的山地文化和民族文化特色。

一、棉类

棉，虽然有草棉和木棉两种不同的植物，但贵州民族使用的主要是经过改良后由多年生变成一年生的木棉。这种植物从明代初期由江南移民带入贵州后，因其可以人工种植，生长快，产量高，原来南方民族所利用的多年生木棉和葛便很快被淘汰，而成为贵州各民族都普遍选择利用的纺织材料和刺绣材料。

（一）棉花

棉花，是木棉秋天所结棉桃成熟后绽开的白色纤维，人们将它从棉田里摘回来，并晒干拣净，然后用轧棉机擀去棉籽，再用弹弓将棉匹弹松散变成白色絮状。既可用来制作被褥和棉衣，又可用来纺纱织布，成为人们的服装面料和刺绣材料。棉花用于刺绣主要是当作刺绣衬底，一般是制作儿童用品如童帽、童鞋、襁褓时，将棉花衬在底子上，上面加绣，其柔和保暖的质地十分适合儿童娇嫩的身体，利于他们的成长，凸起的刺绣纹样又能增加这些用品的立体感和美观度。

（二）棉线

棉线的使用，是在蚕丝不能大量供应而刺绣又极为兴盛的情况下，贵州民族采取的形式。贵州高原山地，纬度低，雨水多，雾气大，气候阴冷潮湿，不太适合桑蚕的大规模养殖，即使有桑蚕的生产，也只是小规模的农家副业。但大多数贵州民族因没有文字，刺绣等图像艺术便成了他们用来记述历史、传承文化的重要手段，所以他们十分重视刺绣等手工技艺的发展，在桑蚕丝匮乏的条件下，大部分人选择了棉麻线来做刺绣材料。棉线用在刺绣图案制作上，是纹样的主要构成物质，由它显示出刺绣的文化内容。

（三）棉布

棉布，有自织和工业生产两种，自织棉布俗称“家机布”，传统农业时代，男耕女织的社会分工，广大农村妇女都基本从事纺织，并且多半是自种自纺自织，棉布既是她们用于制作整个家庭成员服装和床上用品的主要材料，同时也是她们刺绣的底料，粗糙的质地和稀疏的经纬线距更适宜于大面积刺绣的制作。当工业棉布进入贵州之后，这种比自织土布更紧密细致的产品，同样也成为她们选择的对象，并且绣出更加精致美观的作品。

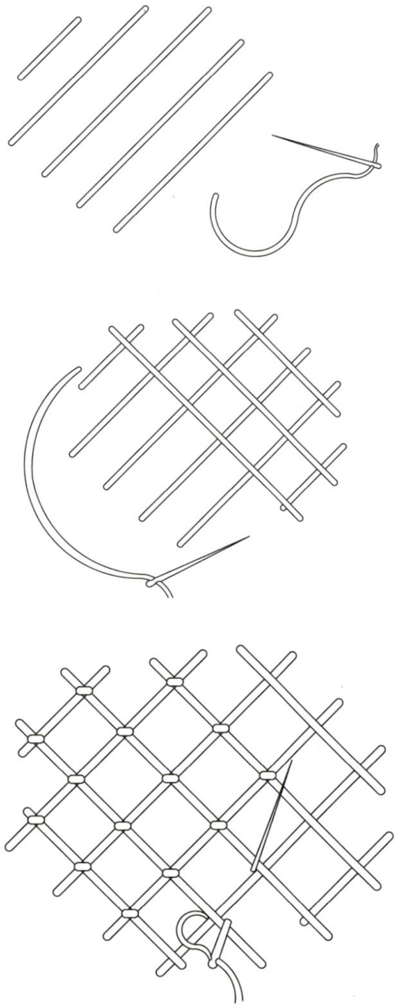

图 5-26　分割网格绣·针法

图 5-27　松桃·苗族·分割网格绣·绣样

二、麻类

在宋代之前，中国人主要的纺织材料是丝、葛、麻，故桑麻二字成为农业的代名词。即使从明代以来一年生棉成为主要纺织材料之后，麻这种易生高产的植物，依然是贵州不少地方的主要纺织材料。贵州的麻有苎麻和大麻两种，苎麻多为东南部居民种植，大麻又称火麻，多为西北部居民种植。麻纤维主要用于纺纱和织布，也有用来编制麻绳和织网的。

（一）麻线

贵州东南部因棉花生产较多，所以这里的民族刺绣以丝及棉线为主，麻线一般只用来缝纳鞋底和上鞋帮；而贵州西北部产棉较少，大麻则常见，所以居住在这一带的各个民族，不仅采用当地产的麻线来织布、织锦，而且也用来制作刺绣。麻线虽然比较粗糙，但是用它绣出的作品却显得纹饰突起，图像古朴，极具立体感。而织金苗族则以麻为芯，外面缠以丝线，制作绞绣。

（二）麻布

麻布，质地硬挺，贵州西北部的各民族一般用作服饰面料，如果制作上衣或男子下装，以及一些头巾和绑腿，一般很少染色，用麻布直接裁剪缝制，而用作妇女裙子，则一般用蜡染方法进行染色。当地女性还利用它来作为刺绣底子，在上面绣出几何纹图案，刺绣一般用于头巾、头围、腰带、披肩、衣襟、后背、袖子、裙面、裙边、围腰、鞋面、襁褓的装饰。

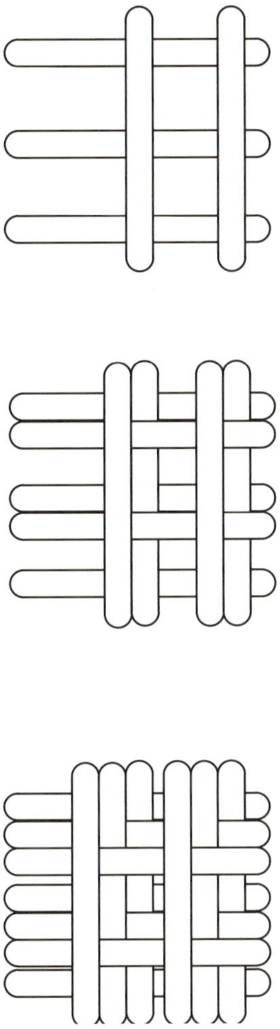

图 5-28 网绣 · 针法

三、野生植物

除了大量利用人工材料之外，贵州一些民族还利用各种野生植物来做刺绣和装饰绣品的材料，如棕丝、薏苡珠等，并且还用各种野生植物来对刺绣材料进行染色和整理。

（一）棕

棕树的外皮，由一层层坚韧的纤维构成，俗称棕毛。棕毛不仅可以用来编制蓑衣，结成防水耐拉的绳子，其纤维也可以作为刺绣的线条。贵州凯里舟溪一带的苗族妇女，就是在了解了棕毛的这一特点之后，她们把棕皮割回家，然后将棕毛一根根抽出，以一根棕毛为芯，再用一根丝线缠绕在棕毛外面，变为琴弦似的线轴，用它来绣在蚕茧贴花的边上。经过她们的匠心运作和精心绣制，使这种不起眼的野生植物，变为耐人品味的奇妙艺术品。

图 5-29 松桃 · 苗族 · 网绣 · 绣样

（二）薏苡珠

薏苡，是一种多年生禾本科植物，干茎直立，叶呈披针状，果为卵形，外表呈灰白色，称为薏米，既可食用，又可入药。贵州山区常见，因为这种果实具有外形圆润、色泽漂亮、手感沉坠等特点，贵州民族很早就利用它来做服饰了，《黔记》曰：“妇人斑衣，以五色药珠为饰。贫者以薏苡代之。”现在不少地方如花溪、六枝、毕节、遵义等地的少数民族妇女，对它仍十分喜爱。她们在秋天时将它采摘回来晾干，并且挑选颗粒饱满、光滑圆润的薏苡珠，将珠心穿眼，用线连成珠串，用它来吊缀在帽檐、衣摆、裙边、襁褓上面，形成漂亮的装饰物，随着步伐的移动，这些珠串互相摩擦，还会发出玉珮般的声音。

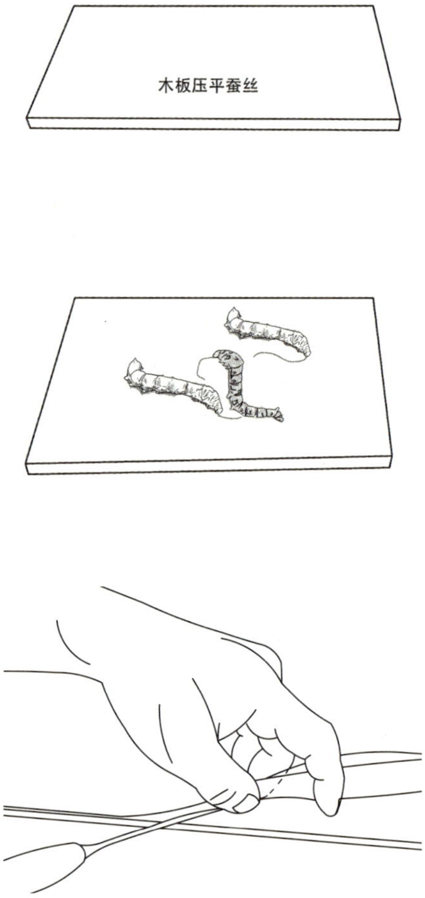

图5-30　茧底绣·针法

（三）笋壳

笋壳，是竹子在成长过程中不断脱落下来的表面包层，贵州山区多竹，在经济并不发达的情况下，贵州不少农村妇女捡回这些笋壳，对它做清理压平处理后，用来绣布鞋底子。但用来做刺绣材料的主要是粗大的楠竹外层，先将这些笋壳剪成鞋底形，然后用数层笋壳进行假缝，用布包边，把它夹贴在布料做成的鞋底层中间，再用针线将它绗缝成坚实的鞋底。这种材料，在20世纪80年代之前，还被不少民族所使用，随着社会发展和物质不断丰富，它已退出了人们的视线。

第三节　金属材料

贵州民族刺绣工艺中，使用了较多的金属材料，这些材料来源又分为三部分：第一部分是刺绣艺人从商店或流动商人手中购买一些金属，如金箔、银箔、锡箔，剪成各种形状，再用各种技法将它变图案纹饰；第二部分是购买一些金属扣，或者利用家中一些金属物如铜钱、镍币，以及捡回香烟盒中的箔纸等，进行加工后用在刺绣上；第三部分是利用本地银匠打制的一些产品，如银菩萨像、银盘、银泡、银花、银铃、银链。本地银匠打制的银饰品，大部分是人们在穿衣打扮时才佩戴在身上，但有一小部分银饰件，却是服装绣品的重要组成部分。金属材料的使用，既能增加绣品的华贵气息，又是宗教信仰和民族心理的反映，如儿童帽子上的菩萨像，就是借助其来护佑儿童成长的寓意，这显然是佛教文化的影响，而有些民族的儿童襁褓上居然缝上一把剪刀，

图5-31　榕江·苗族·茧底绣·绣样

这分明又是巫术信仰的表现，因为在部分民众心理中，金属是可以震慑妖魔鬼怪的，刺绣襁褓上的剪刀，便具有了与道士、巫师手中的剑、刀相同的作用。

一、金属箔片

在刺绣中使用的金属箔片有锡片和锑片，以及香烟盒中的金属包装纸。

（一）锡片、锑片

用锡片加工成锡条进行刺绣，为剑河九旁一带苗族所独有的一种工艺。这些锡片、锑片都是一些流动商人带到苗族地区来，专门供给部分人群。这些锡片一般 10 多厘米宽，当地苗族妇女买回这些锡片后，用剪刀将其剪成 1 厘米宽的锡条，然后用于刺绣。用锑片做刺绣材料见于台江一带，在 20 世纪七八十年代，仍在使用，但近些年却逐渐减少。

（二）金箔、银箔、锡箔

利用香烟盒中的金属包装纸作为刺绣材料，主要表现在黔东南一带苗族、侗族刺绣上。当地少数民族女性在生活中发现香烟盒中的金属包装纸，光华闪亮，她们一一捡回这些金属箔纸，或折叠成块，或剪刻成条，用于刺绣。这既节约了刺绣的材料成本，同时又使绣品显得金碧辉煌，华光灿烂，体现了少数民族女性在平凡中发现美的艺术才华。

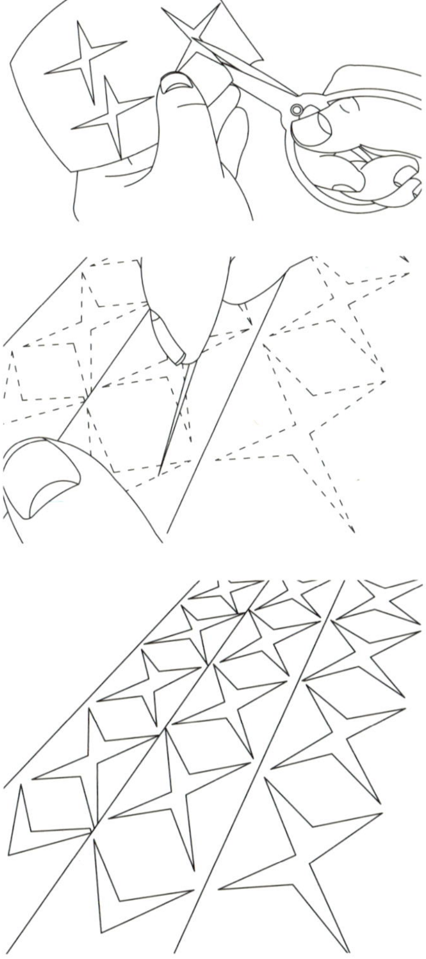

图 5-32　茧花绣 · 针法

二、金属制品

金属制品，一般是从商店或者是当地银匠手中购买，如银饰和铜扣等物品；有的则是利用家中的金属物，如金属货币之类。

（一）银佛像、银泡、银花、银铃、银链

金属的佛、菩萨像，是贵州大多数民族妇女用来护佑儿童健康成长的护身符，各地均有出售，也有当地银匠打制的银质佛和菩萨像。除此之外，一些银匠铺还专门打制一些用于刺绣的银泡、银花、银铃、银链等饰物，各地少数民族妇女会特意购买来缝缀在绣品上，这些银器形成了贵州刺绣的一个装饰特点。

（二）铜钱、铜珠、铜圈、铜铃

贵州民族很早就用铜制品来装饰服装及刺绣品，如赫章可乐乙类墓中就发现铜质服饰工艺品，至今不少民族仍用铜钱、铜珠、铜圈、铜铃来做刺绣装饰品，有些民族还用铜珠作为服装的扣子，

图 5-33　凯里 · 苗族 · 茧花绣 · 绣样

形成服装和刺绣品外表华丽闪光的审美效果。尤其以黔东南一带苗族、侗族和黔南三都水族刺绣最为常见。

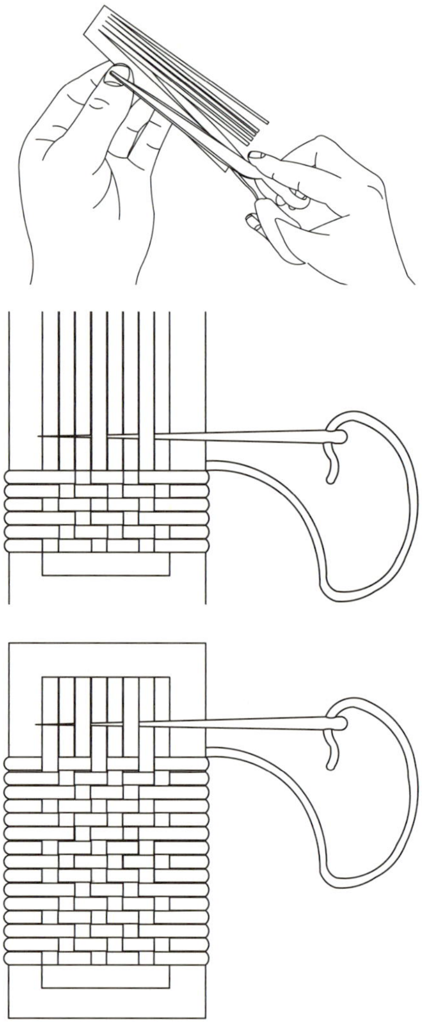

图 5-34　金箔织绣・针法

第四节　纸张

纸张是用来剪刻、绘画、印刷成刺绣底稿和衬底的材料，包括新纸和旧纸，既有现代工业造纸，也有传统人工土法造纸。

一、新纸

新纸有白色和彩色两种。一些剪纸艺人，一般是妇女，从商店购买回来，按照当地流行的各种刺绣图案，或自创一些新的图案，将纸剪刻、绘刺、印刷成刺绣底稿，俗称“花样”，或自己使用，或出卖给其他人，或分送给亲友，在贵州农村的集市上，常常会看到出售刺绣底稿的摊位。这些剪纸艺人一般都随集市日子的轮换，游走于不同的市场，因此她们的作品往往影响到附近民族的刺绣风格。

二、废旧纸

旧书刊、旧报纸、旧挂历这类物品，也被贵州民族妇女所利用，除了用来剪绘刺绣底稿之外，更多的是当作刺绣衬垫。贵州不少刺绣艺人往往用旧书刊、旧报纸、旧挂历之类，叠成几层甚至十几层，并剪成与纹样轮廓大小相同的形状，垫在绣底下，再穿针走线，这样绣出来的纹样，高出绣底许多，形成立体状。即使是一些平绣作品，绣面纹样也往往微微凸起。

第五节　塑料、化工、玻璃

塑料、化工、玻璃之类产品，在中国四大名绣或其他地区的刺绣上，很少出现，但在贵州民族刺绣中却比比皆是，并且运用十分得体，毫无别扭之相，反而使刺绣作品显得更加醒目亮丽。

一、塑料

贵州一些民族使用塑料类物品来做刺绣材料，主要有塑料扣、塑料纸、塑料袋、海绵等。

图 5-35　黎平・侗族・金箔织绣・绣样

（一）塑料扣

塑料扣，一般用来装饰刺绣表面，一幅绣品完成以后，苗族、布依族、侗族、水族妇女会选用各种颜色的塑料扣，然后将它上下错落有致、颜色排列有序地缝缀在绣面上，与刺绣纹样构成一件漂亮的艺术品。

（二）塑料纸、塑料袋

塑料纸，一般来做刺绣花纹底样，比起木材纤维纸来，它更经久耐用，一张塑料纸剪成的底样，用过之后，可以存放下来，留在以后再当参照物，或用纸照它复制剪出纸样，或用它贴于绣底上，用笔直接画出纹样，可省去求助亲友或购买新的剪纸花样。一些少数民族妇女还用塑料袋来包装皂角，然后用分成股的丝线穿针从装有皂角的塑料包装中穿过，并悬挂起来，让丝线变得紧密顺直，便于刺绣。

（三）海绵

海绵，一般作为刺绣里层的填充物，如儿童帽、鞋帮等，绣底里面衬上海绵，既起到托起绣底呈现立体形状的功能，又有保暖作用。

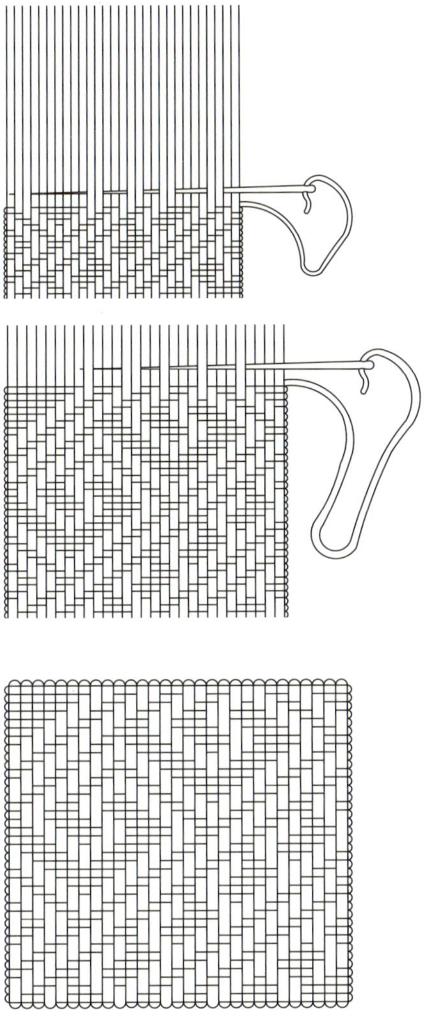

图 5-36　彩线织绣・针法

二、化工

化工类产品用于刺绣，主要有化纤纺织物、化学染料、化工油漆。

（一）化纤纺织品

化纤纺织品有腈纶线、尼龙线、化纤面料等。腈纶线一般用作刺绣线条，构成纹饰，它比蚕丝便宜，比棉麻线颜色丰富，且不用人工染色。尼龙线用作轮廓线，用它当芯，外用其他线缠绕，然后将它盘成纹样轮廓。与棉线相比，它更具弹性和流畅感。化纤面料用作绣底，比起棉布和丝绸面料来，既节约成本，又易得到，从而被贵州大多数民族女性所选择。

（二）化工染料、化工油漆

与传统的草木染料相比，化工染料可以不需要经过采集、加工的许多环节，节省时间，加上价格低廉，又便于操作，这种材料进入贵州后，便被广大农村妇女所选择，用来浸染刺绣材料，虽然会带来一些弊端，但它实用方便的一面，却使她们从原先那种上山下地采集各种草木材料的繁杂劳动中解放出来，有更多的时间放在刺绣的实际操作过程中，无疑大大提高了刺绣的效率。

图 5-37　雷山・苗族・彩线织绣・绣样

贵州一些地方的刺绣，需要用化工油漆对作品进行涂层处理，如贵阳花溪一带苗族妇女的头巾。原先是用天然油漆，但化工油漆这一方便易得的材料进入市场后，当地妇女便购买回来，代替原来农民自产的桐油和大漆，她们甚至用更为廉价的圆珠笔芯，将笔头拔掉把管中的油吹出来，作为涂层材料，直接涂刷在头巾上抹匀晾干。

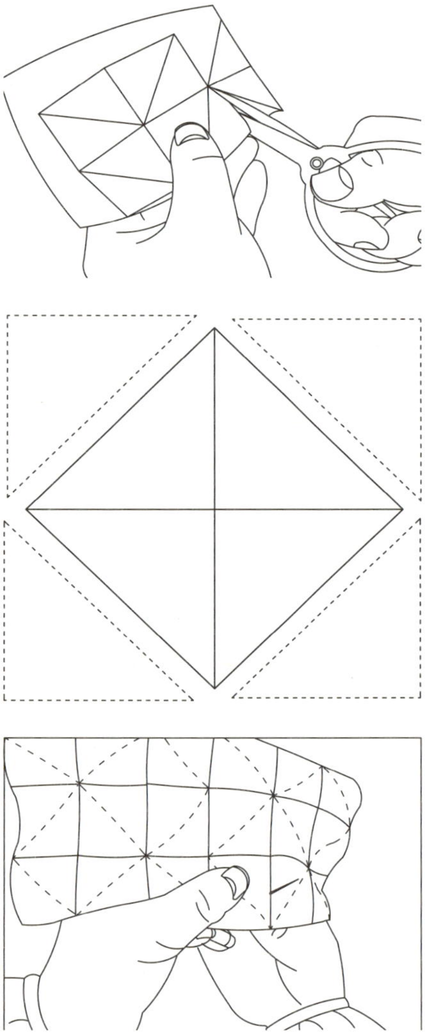

三、玻璃

（一）玻璃珠

玻璃珠，主要用于刺绣表面的装饰。有些民族绣完一幅刺绣后，喜欢用各色玻璃珠穿成珠串，珠串下端用丝线扎结成缨穗，再缝缀在刺绣上面。这些粒粒珠子和飘垂的缨穗，除了有装饰作用，还有生生不息、子孙繁衍的文化寓意。如黎平侗族、麻江瑶族、织金苗族，常用此法。

（二）镜片

贵州有些民族妇女用残碎的玻璃和镜片，敲打或磨制成小圆形装饰片。因为玻璃和镜片，具有光亮感和反射作用，这些圆形的玻璃片、镜片，常常被少数民族妇女缝缀在刺绣品上，一是有避邪的寓意，二是能够使绣面光华明亮、熠熠生辉。这种材料常见于黎平、榕江苗族、侗族的刺绣上面。

图 5-38　三角拼贴绣 · 针法

第六节　其他材料

一、绣线加工材料

为了使绣线能够紧密光滑，并散发出一种光泽，贵州一些民族妇女，常常利用蜂蜡和皂角籽来对绣线做涂抹处理。

（一）蜂蜡

图 5-39　榕江 · 苗族 · 三角拼贴绣 · 绣样

蜂蜡，是蜂蜜的副产品，蜂农在取出蜂蜜后，常常会沉淀下一层薄薄的蜡质，它是蜜蜂蜡腺分泌出来的蜡。蜂蜡具有防水、保洁、光滑的特点，贵州一些少数民族妇女正是借助蜂蜡的这一作用，除了利用它来制作蜡染，或织布时用它涂抹经线便于上下升降和木梭穿行之外，还用它来涂抹绣线，利于穿过绣底并保持纹样的光洁。她们常常是用碗盆把蜂蜡熬成饼状，冷却备用，刺绣前将绣线置于蜡饼上拉过一次，使其密实光滑，再用于穿刺。

这一材料常应用于台江一带的擘丝绣。

（二）皂角籽

皂角籽，是皂角树的果实，秋天成熟。贵州一些少数民族妇女每到秋天，就将成熟后的皂角荚采回来，剥开荚层取出里面晶莹透亮并有油脂的籽粒，用布或塑料袋包裹起来，当作绣线的加工材料。与蜂蜡相同，它具有使绣线紧密光滑的作用，刺绣者常在刺绣之前用针引线从皂角籽的包装袋穿过，在绣线表面涂上一层油脂，便于在绣底间穿刺。这种材料应用常见于黔东南、黔南、黔中一带苗族地区的刺绣。

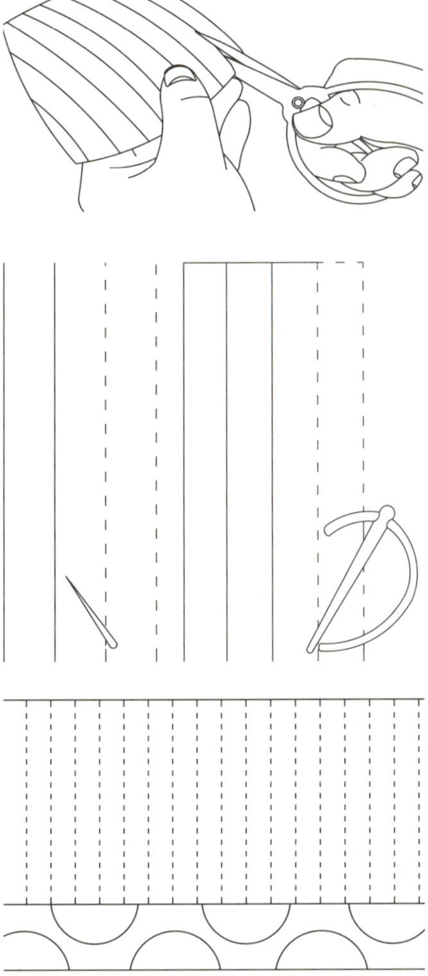

图 5-40　条块拼贴绣・针法

二、绣底加工及粘连材料

不同于各种名绣不需对绣底进行再加工，贵州大多数民族刺绣，常用各种土产材料如魔芋、山芋、白芨或糯米、面粉等，来对绣底做加工处理。

（一）魔芋、山芋、白芨

魔芋是可食用的植物，多为人工种植。山芋为野生。白芨是一种中草药，有野生和人工种植两种。这三种植物根茎都有一定的黏性。贵州不少地方农村妇女将其打磨成粉，并加热成浆，用来对刺绣底布进行上浆，使布帛变得平整硬挺，便于操作。黔东南、黔南用魔芋、白芨较多，黔西北用山芋较多。

（二）糯米、面粉

糯米、面粉属粮食，但它们具有黏性，广大农村妇女将其熬煮成糊状，用作黏合剂。如凯里、台江一带堆绣，便是利用它来黏合。各地刺绣剪纸底稿，也基本上要用它粘贴于绣底上，待其晾干即可穿针走线。

第七节　刺绣工具

贵州民族刺绣所使用的工具极为简单，除了个别地区需要绷子之外，大部分地区都只是一枚针、一盒绣线、一块底料、一个竹篮就可以刺绣。有些特殊绣技，需要一些特殊的工具。

图 5-41　毕节・苗族・条块拼贴绣・绣样

一、主要工具

（一）绷子

中国四大名绣和其他地方刺绣必备绷子，这种刺绣工具，清

代以前贵州民族都不曾使用，只是到了清代，与湘西紧邻的松桃一带苗族因受湘绣影响，不仅刺绣题材、手法、风格上与其相近，绷子也一同引进。绷子有大小两种，大绷子由绷架和绷绳组成，绷架用木材制作成一个长方形框架，规格大小由刺绣幅面决定，一般长 70 厘米、宽 40 厘米（可根据幅面宽窄收放），将底布绷于架子中间，并用绳子将架子绑紧，然后置于刺绣台上，便可操作了。小绷子呈圆形，直径约 25 厘米，一般用来绣扇面之类。

图 5-42　镂空贴花绣 · 针法

（二）针

针是引线穿刺绣底并构成纹样的金属工具，人类最早的缝纫工具是用动物骨头磨制而成，后来发明了金属针，大大提高了缝纫和刺绣的效率和质量。用于刺绣的针有大小长短不同的型号，一般根据个人习惯，从商店里购买回来。

（三）针线包

针和线容易失落和散乱，大部分民族都自制针线包或针线盒，来存放针线。其中黔东南一带苗族、侗族的针线盒最有特点，是用纸或布折叠裱糊成，里面设有多层，分别装有长短不一的绣针和各种颜色的丝线，外形如钱包一样可以折叠开合，缝有系带，有的里层还画上装饰画，有的表面还涂上防水层。

二、辅助工具

实际上，贵州民族直接用于刺绣的工具并不多，需要配备的辅助工具却不少，如剪刀、竹篮、画笔、花版、刷子、毛笔、编组机等。

（一）剪刀

剪刀，是用来剪铰各种布料、纸张、金属箔片的工具。根据个人的习惯，可以选用大小不同的型号。传统剪刀由当地铁匠打制，后来外地的各种剪刀流入，被各地各族妇女所选择。

（二）竹篮

竹篮，是用来盛放刺绣材料、工具和半成品的器物，这种刺绣工具及它所盛放的刺绣材料和半成品，最早见于浙江吴兴钱山漾新石器文化遗址。贵州各地均产有竹子，是编制篮筐的上好材料，为适应广大妇女的刺绣需求，一些竹编手艺人常常编制专供妇女们刺绣用的精致小巧的篮子，成为各具特色的竹编工艺品。

图 5-43　剑河 · 苗族 · 镂空贴花绣 · 绣样

（三）画笔、花版

画笔，是绘制纹样的工具，有不同质地，如钢笔、圆珠笔、

铅笔等。花版，是一些不需要剪纸底稿的刺绣，但需要先在绣底画上纹样，一些刺绣艺人用硬纸板等剪成可反复多次使用的花版，以备存用。刺绣时将花版贴于刺绣底料上，用笔沿花版轮廓画出花样，然后再进行下针走线。

（四）刷子、毛笔

刷子和毛笔，是用来给刺绣材料刷浆的工具，如用魔芋、山芋、白芨、糯米、面粉制成浆水或浆糊后，要使用刷子或毛笔涂刷在两层或多层刺绣底料上，使其黏合在一起。又有些绣品如布贴、贴花、堆绣等技法，需要用毛笔、刷子蘸上浆水将一个一个半成品进行粘连组合，再用线固定，成为一件作品。

（五）编组机

编组机，是用来编制丝带的，一般为圆形或半圆形木制凳架，将 3 至 14 根不等的丝线头，分别拴在凳架的活动轴上，丝的另一头缠绕在线棒上端，线棒下端拴有铜钱、石子、陶坠，用双手有规律地调动这些线棒，就可编出如女性发辫一样的丝带，有些地方的妇女用家中的木桶或竹篮的提梁来代替编组机，同样可以编出扁平的丝带。然后用这些丝带制作不同的绣品。

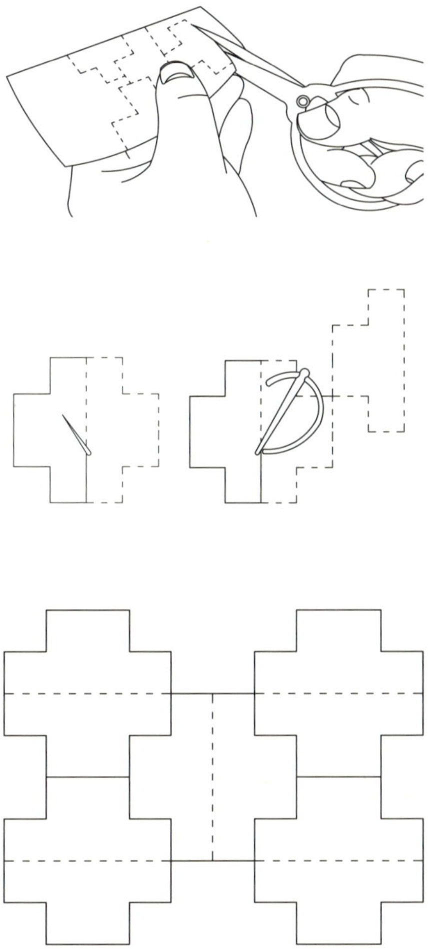

图 5-44 剪彩贴花绣·针法

图 5-45 黄平·苗族·剪彩贴花绣·绣样

贵州民族刺绣的分类及技法

图5-46　十字挑花·针法

贵州民族刺绣，既保留了不少中国古代针法，也创造了一些独有的技艺。从整体上看，贵州民族刺绣更多地运用了各种方法、技艺来对材料进行加工，使之变成艺术元素，再通过巧妙的组合搭配，创造出既有平面的绘画效果又具三维立体的雕塑效果的艺术，完全可以称之为布艺或者综合艺术。但这并不完全是用针法表现出来，而是利用了合成、缠绕、编织、堆积、折叠、镶嵌、剪镂、拼贴、缝钉、串结、吊缀等技艺来实现，所以本文没有按照传统刺绣针法来叙述，而是按纹饰形象大体上分为平面绣绘类、立体贴塑类、装饰类，并着重介绍那些贵州地域及民族特色明显、全省常见的刺绣技艺和变化手法。对于那些流行不广或与外地针法相同的技艺则予省略。

第一节　平面绣绘类

一、平绣及其变化

平绣，是用绣线按绣底轮廓将纹样全部覆盖的绣法，它在贵州民族中普遍使用，包括了齐针、擘丝、插针等变化技法。

（一）齐针

齐针，又叫平绣，是用直线并排在剪纸底稿或画样轮廓内将花纹绣满。要求出入针都在纹样的边缘，线要排列整齐，分布均匀，将底子全部遮盖，但又不能重叠造成表面高低不平。按丝理走向不同，齐针又可分为直排、横排、斜排三种。

贵州民族的齐针各有差异，有的用剪纸为底稿，有的用笔在绣底上画出纹样，有的甚至用指甲在绣底上画出基本轮廓，然后用未经分缕的丝线在绣底上或直或横或斜地走针穿刺，绣出纹样。配色上不求与客观物象相同，而是主观用色，或用一种色铺陈，间用他色点缀；或用反差较大的颜色互相碰撞，对比强烈，追求装饰效果。齐针是一种比较普遍的针法，在贵州全省均有分布。

图5-47　花溪·苗族·十字挑花·绣样

（二）擘丝绣

擘丝绣，又称“破丝绣”“剖丝绣”，是将一根全丝分成若干丝缕，并用蜂蜡或皂角油对丝缕进行涂抹，使其光洁密实，然后从绣底纹样轮廓边缘下针，逐一将纹样覆盖，不露底色，相当于传统针法中的套针。贵州民族的擘丝绣要用剪纸为底稿，底稿一般是作者自己剪刻，有的是从他人手中购买或受赠。有些地方用数层剪纸为底，再用经过分缕涂层的丝绣出微微凸起的纹样，作品表面光滑、整齐、细腻、亮丽，散发出一种熠熠的荧光。配色上也是从主观出发，或用蓝色，或用红色为基调，再用其他色进行点缀，极具装饰性和审美性。它主要流行于台江施洞、黎平龙额等地。

（三）插针

插针，有的称“岔针”，相当于传统针法中的擞和针，即用长短不一的线条相掺，用不同的颜色来表现花纹由深到浅、由浓到淡的变化，所以又有羼针、掺针和参针的称谓。这一针法主要流行于松桃和台江，在贵州其他地方则未见。显然这种针法是受到汉文化特别是湘绣的影响，因为松桃紧邻湘西，从清代以来，其服饰工艺均与湘西呈一致风格。而台江施洞为清水江上游的一个重要码头，明清以来，大量湖湘人员溯清水江而上并定居下来，他们带来的文化在当地留下深刻的印迹，当地那种带有写实性的刺绣纹样及针法，便是其中之一。

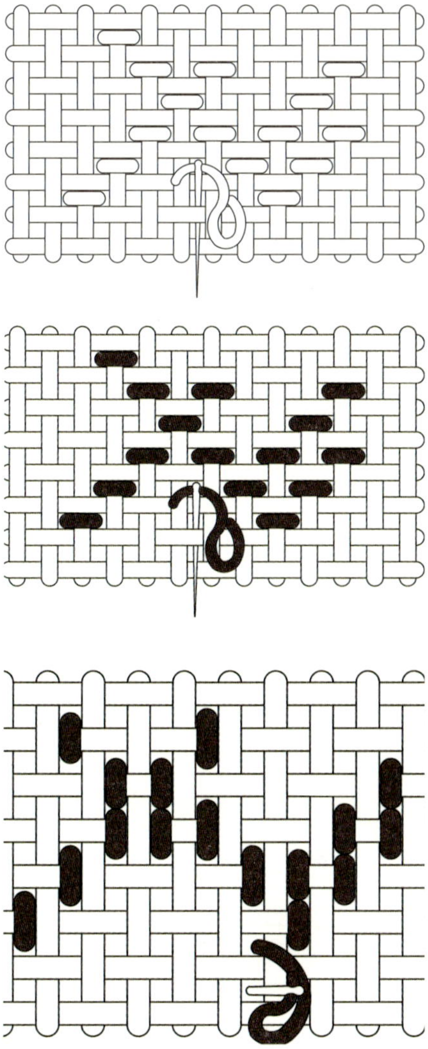

图 5-48　短针平挑·针法

二、网绣及其变化

（一）网绣

主要流行于松桃一带苗族村寨，是用丝线在绣底上以直线、斜线、平行线相互交叉，拉出三角、方格、菱形等形状，并将三角、方格、菱形中的空地覆盖，不留纱底，一般是用来绣制水果和鱼鸟。

（二）分割网绣

主要流行于榕江苗族村寨，是将一幅绣面分割为若干小块，再用不同颜色的丝线在绣面上拉成网格，并用线将两线交叉处固定。这种绣法在形态和色彩上富于变化。

三、蚕板绣及其变化

蚕板绣，又称蚕锦绣，是利用蚕丝絮片作为刺绣材料的刺绣品种。它有两种形式，茧底绣和茧花绣。

图 5-49　黎平·苗族·短针平挑·绣样

（一）茧底绣

茧底绣，主要流行于榕江、丹寨、雷山、三都四县交界的苗族居住区。具体方法是：先要将蚕丝絮片按照服装各个部位规格剪成一定形状，然后分别在不同的茧底上用平绣等技法，绣出鸟、鱼、花、几何符号等各种纹样，最后，将各个部位拼合，并在上衣加以衬布和袖口及襟边，在裙上加缝布腰带和鸡毛吊坠，构成一套完整的百鸟衣。

（二）茧花绣

茧花绣，主要流行于凯里、雷山、麻江三地交界的苗族居住区。具体方法是：先把蚕丝絮片染上所需颜色，再剪成各种花纹，如果蚕茧太厚，需揭开取下一层薄片，粘贴于剪成条状的绣底上，取马尾、棕丝、丝线等进行缠绕，用它在不同的条状绣底上沿花纹轮廓边缘盘钉牢固。最后将绣好花纹的条状组合缝钉在裙面上，于裙边再加以垂缨，完成一条十分精致的女性围裙。

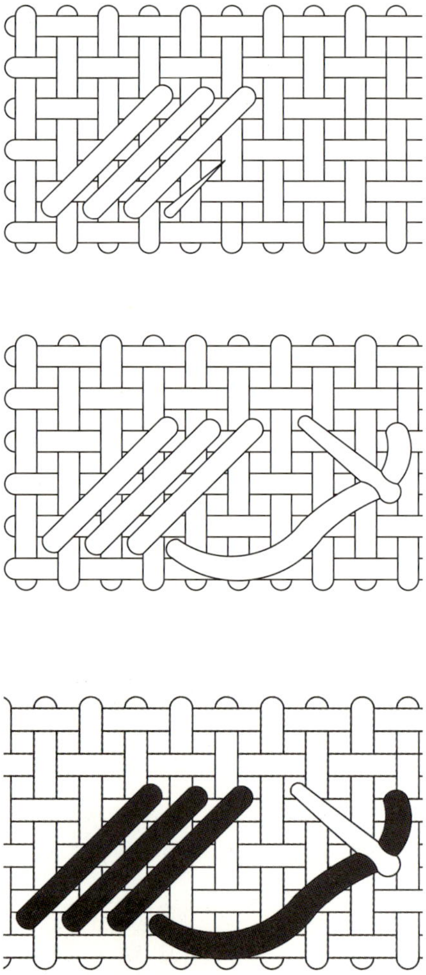

图 5-50　长针平挑·针法

四、织绣及其变化

织绣，即织与绣，虽是两种不同的工艺，但在贵州民族织造中运用刺绣的手法，在刺绣中运用织的手法，所以很多人对贵州的织绣工艺，分辨不清，混为一谈。但二者外在形式上还是有严格区别，经过整经拣综上机后，虽用针来代替梭子或竿子引纬，仍属织造工艺；而利用线在绣底上织出纹饰，仍属刺绣工艺，称为织绣。贵州民族织绣有两种：利用金箔丝与丝线在绣底上纵横交织、利用彩色丝线在绣底上斜向交织。

（一）金箔织绣

用金箔与丝交织，主要流行于黎平南部一带的苗族、侗族地区，当地妇女用它来制作刺绣的轮廓、绲边、框边部位。具体方法是：将金箔片剪成细条（主要是锡箔片），规格不一，常常根据绣品轮廓、边框宽长度来决定。锡条的首端不剪开，各条仍然相连在一起，将首端固定在硬纸板或浆过的布上，作为经线。然后根据纹样要求，用针挑起经线穿织纬线，先从右到左至边，再转过针头由左向右织，如此反复，直至织到锡条末端。因纬线不能将锡经全部盖住，所以刺绣表面露出锡条，呈现亮光闪烁的视觉效果。

图 5-51　花溪·苗族·长针平挑·绣样

（二）彩线织绣

用彩色线交叉织，主要流行于雷山、台江两县，以及三都一带。雷山、台江苗族妇女用它来装饰上衣领子部位，而三都水族

妇女则用它来装饰她们的襁褓轮廓、边框部位，当地一件育儿襁褓，综合运用了马尾缠绕绣、拉尾打籽绣、平绣、织绣等多种技法，把它统称为马尾绣是不准确的。彩线交叉织的具体做法是：选择密度较稀、孔眼较大的面料为绣底，并且上浆，便于下针，规格因需要而定，两边用绸缎包边。先用丝线在绣底上从左下角向右上角排线，每根线的两端都从绣底的同一水平线出入针，形成从左到右的斜经线，再用针引线从右下角向左上角一根一根地斜向交织，直到完工，形成经纬斜向交叉的纹饰。

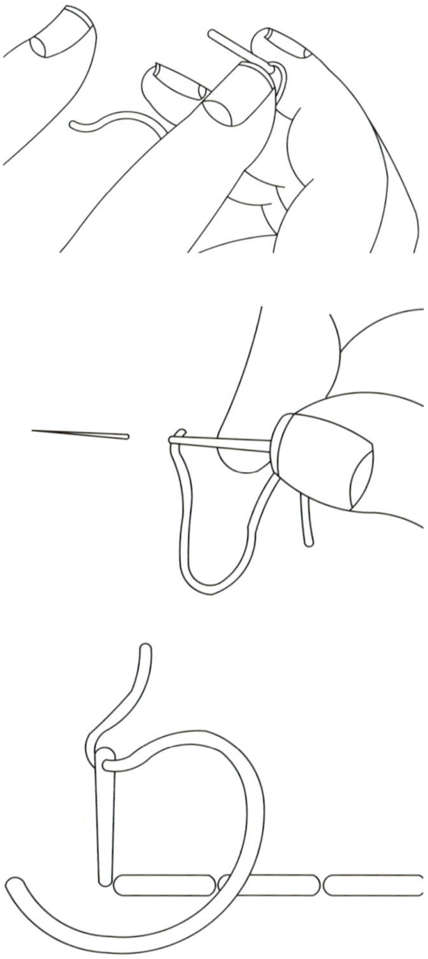

图 5-52　刺子绣·针法

五、贴花绣及其变化

贴花绣，又称拼贴，是将各种不同颜色的纺织面料或者金属箔片剪裁成各种形状，然后将它们在绣底上拼贴，并加用其他针法而制作成图案的方法。从贵州各地表现出来的贴花绣纹样看，有三角拼贴、条块拼贴、镂空贴花、剪彩贴花四种形式。

（一）三角拼贴

三角拼贴，是将各种彩色布帛剪裁成大小相等的三角形，然后将这些不同颜色的三角，按照一定规律进行绗合，先用一个红色三角与一个黄色三角绗合，依此重复，拼成形状契合但颜色反差的条形，再将每一条形状和颜色都互为倒置的布条，缝合成整块装饰图案。或者是用红黄各 4 个三角相间，拼成一个旋转的基本单元，然后再用绗缝手法将其连接成整块图案。三角拼贴流行全省各地，但以毕节、赫章、丹寨、贵阳乌当苗族居住区及麻江瑶族居住区最盛行，当地人用这种方法来装饰服装后背、袖子以及儿童襁褓。毕节、赫章一带的三角拼贴不用底料，直接将每个彩色三角缝出图案，而丹寨、乌当苗族及麻江瑶族是将三角贴于绣底，再用针法固定。

（二）条块拼贴

条块拼贴，是将各种彩色布帛按一定规格剪成条块状，然后分别将其拼贴于底料上。有两种表现形式，一种是单层贴，即用剪好的一种颜色的条块布帛贴成几何形图案；另一种是重叠贴，即用不同颜色的条块重叠地缝合，形成具有堆绣效果的彩色拼贴图案。这种方法各地可见，但主要流行于居住在毕节市、六盘水市两地的小花苗族群中，他们用这种方法来制作本民族的披肩、围裙和襁褓。这种服饰也成为识别他们这个支系的主要标志。

图 5-53　台江·苗族·刺子绣·绣样

（三）镂空贴花

剪镂贴花，是利用剪花或镂空的手段，按设计要求将面料剪镂成不同形状的花纹。剪，一般将物象周围剔出留出阳纹；镂，一般将物象剔除留下阴纹；有时剪镂结合，留下阴纹与阴纹互补的形象，并拼贴于绣底，然后加其他刺绣技法，将其制作成一幅优美的刺绣作品。剪镂贴花这种形式分布广泛，贵州大多数民族都利用它来制作服饰及刺绣工艺，尤其以苗族、布依族、侗族、彝族、水族的剪镂贴花最为普遍。

（四）剪彩贴花

剪彩贴花，是贵州一些民族利用各种彩色布料或丝绸，来作为刺绣材料的一种工艺。按设备要求将不同颜色的布、绸剪成花纹的不同部位，并贴于绣底，再利用其他针法将其固定，形成图案，这种技艺使绣面出现色彩具有变化但形象却统一的视觉效果，它是贵州民族在经济并不发达的社会条件下，借助废料及垃圾来实现美好生活的创造。这一技法主要流行于雷山、剑河苗族和罗甸、平塘、望谟等布依族地区。

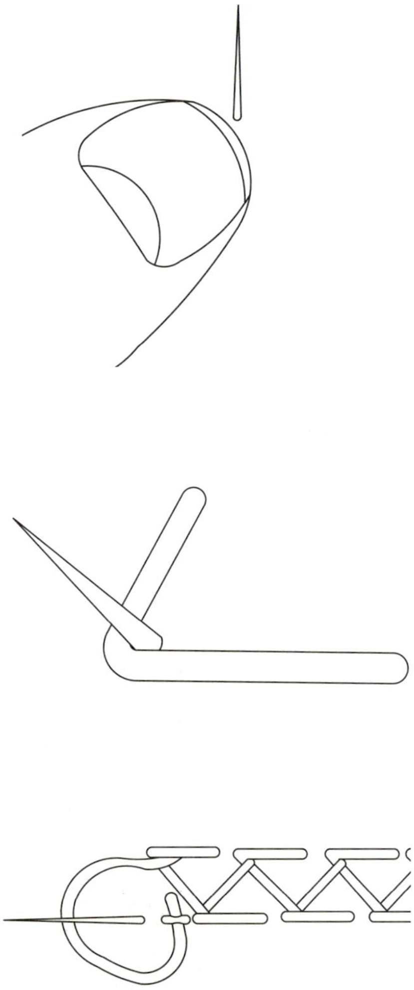

图 5-54　三角循环绣・针法

六、挑花及其变化

挑花，是一种十分普遍的刺绣针法，在贵州各地均有分布。在材料上，除黔东南部分群众选用丝之外，其他大多数地区都用棉线。配色上有单色，有多色。挑花最大的特点是严格按照织物经纬线的数量来确定针线距离，所以又有数纱绣、戳纱绣、纳纱绣的称谓。从各地看，尽管有正面挑、反面挑、双排挑、斜向挑、重叠挑、平挑、直线挑、双面挑、逗花针等多种多样的叫法，但是从针法的基本元素上分，贵州挑花可以分为十字挑、短针平挑、长针平挑三种形式，也就是说，不管成品图案纹样如何复杂，都是从这三个基本方法上演绎而来。从一经一纬的十字交叉处，斜向施以两针绣出一个十字纹，称为“十字挑”；或顺经线数量，或沿纬线数量，施以短线或长线，如果针距只跨越一根纱的称“短针平挑”；如果针距跨越两根线以上的称“长针平挑”。当然各地的挑花中，三种技法会同时应用，只不过有主有次而已。

（一）十字挑

图 5-55　兴义・布依族・三角循环绣・绣样

十字挑，它的主要特点是在织物经纬的基本单元上，即在一经一纬构成的十字架上面，再用交叉针法绣出一个十字纹，然后用二方连续或四方连续形式，向外扩展，构成几何形图案。贵州

最有特色的十字挑出自贵阳、安顺、六盘水等地的苗族女性之手。

（二）短针平挑

短针平挑，又称一字挑，是顺着经线，或沿着纬线施针，针脚只跨越一根纱的距离，不同于两针形成十字纹的基本单元，而是只绣出一字纹的针法，并在此基础上连续重复地运针。相当于传统戳纱绣中的短串。由于用这种单一的手法在绣底上重复，每针距离都是整齐一致的，并根据纹样要求演变为各种几何纹，成品严谨规范，十分清晰。短针平挑主要分布于黔东南、黔西南两地，尤其以凯里、黄平、黎平、剑河、贞丰等地苗族和僅家人刺绣使用较多。

（三）长针平挑

长针平挑，也是顺着经线，或沿着纬线施针，但针脚却跨越两根以上纱的距离，犹如织锦中的跨越经纬的浮线，并根据各种几何纹样的要求，变换针脚走向是直线或折线，而不同于齐针绣制写实纹样那种呈曲线或弧线走向。相当于传统戳纱绣中的长串。由于它跨越的线距长，露出的针脚少，将绣底完全盖住，比短线挑显得更加平整光滑，有缎面铺绒的视觉效果，所以有的文章称为“铺绒绣”。它主要流行于黄平、黎平等地苗族居住区。

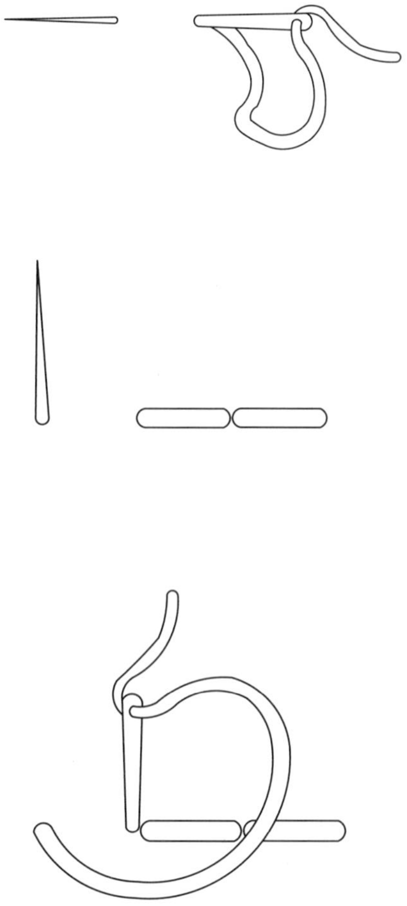

图 5-56　倒三针 · 针法

七、循环针及其变化

循环针有两种变化形式，一种是连续循环，另一种是三角循环。

（一）连续循环

连续循环针又称刺子绣和回针缝，主要流行于黔东南台江、榕江等地，苗族侗族妇女用这种针法来绣制鞋底及袜跟等部位的纹饰。方法是用针从正面刺出，然后从第一针的右边到刺针再从左边回针，再从第一针处出针，形成循环针。一般是单线条，纹样走向清晰，具有流动感。

（二）三角循环

三角循环针，主要流行于兴义一带布依族，方法是用针在上衣环肩上刺缀出上下互相契合的三角形，并且以此形式循环发展，构成三道刺绣纹。

图 5-57　台江 · 苗族 · 倒三针 · 绣样

第二节　立体贴塑类

一、辫绣及其变化

辫绣，是贵州民族独有的刺绣品种。这一品种虽然可以追溯到浙江吴兴钱山漾新石器文化遗址出土的丝组，但从全国来看，目前仅存于贵州。它是用8、9、12、14、16根数量不等的单色或多色丝线，在编组机上先编成扁平状的组，类似于女性的发辫，然后用它来作为刺绣材料并形成纹样的手法，这也是当地人称它为辫绣的原因。它有五种不同的表现形式，即平铺式、平行折绉式、对角折绉式、三角折绉式、结珠式。除此之外，有些地方如松桃苗族还用丝组在衣服上的领襟、袖子、裤脚栏干部位，盘成各种纹饰。

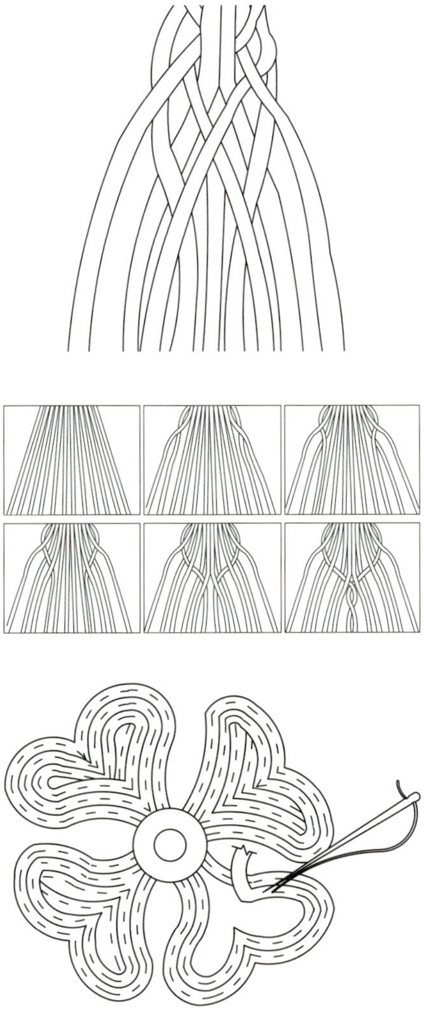

图5-58　平铺式辫绣·针法

（一）平铺式

平铺式辫绣，主要流行于台江、雷山一些苗族村寨。一般先用笔在绣底上勾画出纹样轮廓，再用丝组在纹样轮廓内，由外向内地平铺遮盖，并用丝线将其固定在绣底，以此构成纹样块面，每根丝组要求相互紧贴，平整一致，不能出现露底和重叠现象。不同的块面往往用不同颜色的丝组来铺钉，而轮廓线则用比较醒目的丝线以锁绣针法来表现，作品虽然用同一手法完成，但又被轮廓线分割为不同颜色的块面，整幅图案看上去显得既统一又有差别，真可谓和而不同。

（二）平行折绉式

平行折绉式又称绉绣，有的称波浪式辫绣。用笔在绣底上预先勾画出纹样轮廓，再用手指将扁平状的丝组收拢在绣底轮廓内折成一层层的褶皱，随即用丝线将一层层褶皱固定于绣底，依次将轮廓内底子遮掩，每层褶皱长度都要做到基本一致，不能出现长短不齐、高低不平的现象，凸起的褶皱使绣面纹样形成一种浮雕状的艺术效果。同样，不同的块面也使用不同颜色的丝组来表现，轮廓线也用与丝组有别的丝线来完成，这一技法主要流行于台江、雷山部分村寨。

图5-59　雷山·苗族·平铺式辫绣·绣样

（三）对角折绉式

对角折绉式是用扁平的丝组折成对角，并用线固定于绣底，并以此连续操作，形成凸起对称的龙身鳞片，主要流行于榕江侗

族地区。

（四）三角折绉式

三角折绉式也是用扁平的丝组折成三角形，用一个个三角铺满轮廓线内的绣底，并用线固定，以此连续操作，形成线刻般的纹饰，主要流行于雷山苗族地区。

（五）结珠式

结珠式，因图案纹样是由一个个圆形的小疙瘩构成，形同珠宝，所以俗称“锁宝绣”，又有的称为“圆圈式辫绣”。也是先用笔在绣底上勾出纹样轮廓，再按纹样走向，用手指将扁平的丝组扭结成一粒圆珠，并随即用线将其钉牢于绣底，依次重复，完成全部纹样制作。此技法主要流行于台江、雷山、榕江等地部分苗族和侗族村寨。

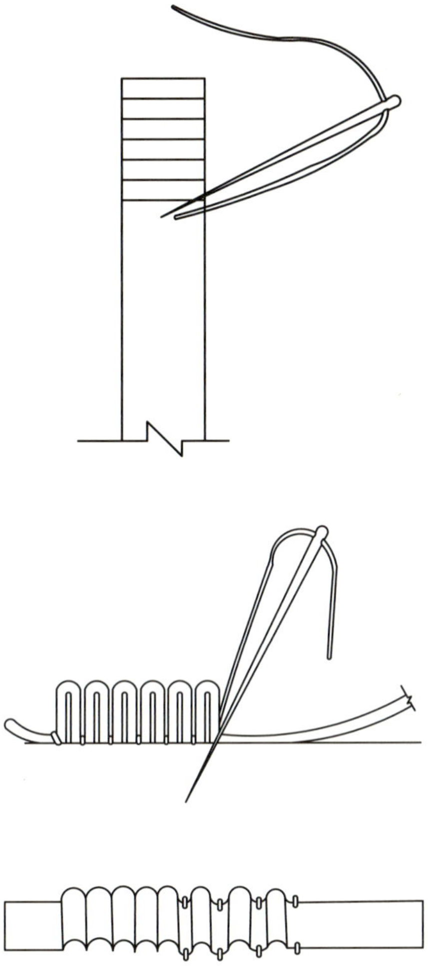

图 5-60　平行折绉式辫绣 · 针法

二、堆绣及其变化

堆绣，有的称堆绫绣，也属拼贴形式。但贵州民族的堆绣却有特别之处，所以从拼贴绣中提出来单独介绍。它有两种方法：三角堆和卷堆。

（一）三角堆

三角堆，是流行于凯里、台江一带的一种刺绣技法，一般用来装饰衣上的大块面及领子部位。要经过材料处理、半成品加工、堆绣等环节。具体方法是：第一步，先要将面料染成所需颜色，晾干后还要用热蒸固色，并在面料背面上用白芨上浆以备用。第二步，将加工好的面料剪成长方块，并根据纹样需求，折叠成菱形和人字形，菱形用来表现鱼身上的鳞片，人字形用来表现鸟身上的羽毛。第三步，用折叠好的菱形和人字形，按照绣底上预先勾画的纹样轮廓，逐层地叠贴，每贴一层便随之用针线将其固定在绣底上。以此方法，完成整幅图案制作，作品表面呈现出雕刻般的艺术效果。

（二）卷堆

卷堆，是台江施洞一带苗族用于衣肩装饰的一种堆绣手法。它不同于流行在黔西北一带的条块拼贴、黔西北小花苗的条块拼贴是完成图案的主要手段，台江的卷堆属于完成图案的辅助手段。卷堆也是用与本地三角堆一样的材料和方法，把经白芨浆过的丝绸剪成 3 厘米长、1 厘米宽的条状，再用一根针或牙签将其卷成空心圆条，然后一条挨一条地拼贴，每 4 条或 5 条相同颜色的为一

图 5-61　雷山 · 苗族 · 平行折绉式辫绣 · 绣样

组，然后再贴出另一种颜色的4条或5条，这时就加一个彩色条，形成两种颜色组成的一个独立单元，以此重复，完成一道如条形码般的纹饰，再用两道绸条将两边框定。

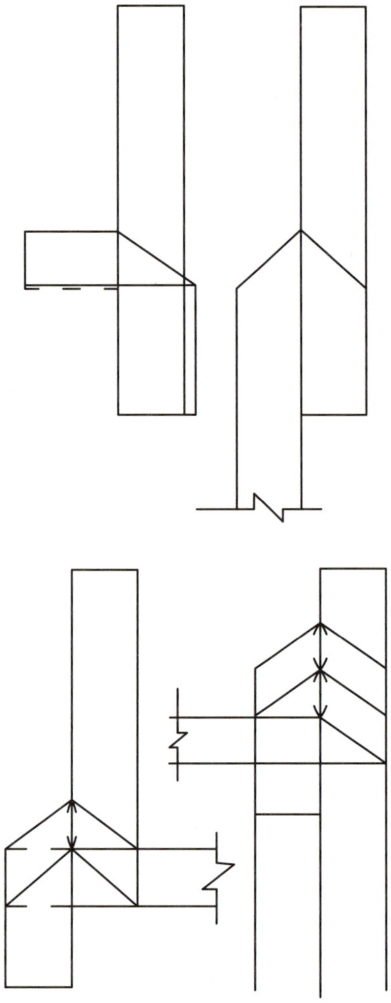

图5-62　对角折绉式辫绣·针法

三、缠绕绣及其变化

缠绕绣，有不同的材料、不同的效果，但从手法上看都是用缠绕的形式来完成材料加工，然后再应用于纹样轮廓的制作，如苗族、布依族、侗族的打籽绣，周边轮廓基本上是用缠绕绣来制作。织金等地苗族刺绣，虽然用缠绕绣来完成锁绣轮廓内的纹样，但每个纹样也只显示出基本轮廓，轮廓下仍露出底子。从线材的使用上来看，以侗族的棉线缠梗绣、苗族的丝线绞绣、水族的马尾缠绣三种技艺最有影响，除此之外，还有用棕丝、尼龙绳、锡箔条等材料来缠绕的。

（一）缠梗绣

用棉线互相缠绕，因棉线比丝粗，缠绕后的线更粗，用它盘出来的纹样轮廓如同一道道结实硬挺的梗边，所以称之为缠梗绣。具体方法是：用多根白色棉纱系于柱上作为绕线，反复捻转，使其紧实，再用1根白色棉线为芯并与绕线头相系，两线系头上拴一个重物，人手不停地转动线芯，绕线会一圈一圈地缠在外围，形成一条坚实粗硬的绣线，然后用它沿着画好纹样的绣底上盘出轮廓，并随即用线固定于绣底，轮廓线盘成后，再用其他针法在轮廓内填绣，完成全幅刺绣制作。它主要流行于榕江、黎平、从江侗族居住区。

（二）绞绣

不同于缠梗绣用棉麻线缠绕，而是麻线、棕丝、马尾、锡箔条为芯，用丝作绕线。这一技法黔东南、黔西北苗族使用较多，尤其以织金苗族的缠绕绣最有特色。当地选用麻、马尾来为芯，用丝来缠绕，不仅线条细小，而且应用较多，当地的刺绣作品基本上均以它为主要手段，因其纹饰精致细腻，形如绞丝，故称绞绣。操作方法为：先用锁绣针法绣出纹样轮廓，再用缠好的细线在轮廓内一圈一圈地盘钉，将每个单元都盖住，再用平绣技法把单元与单元之间的空隙填充。

图5-63　台江·苗族·对角折绉式辫绣·绣样

（三）马尾绣

用马尾作绣线，主要为三都水族，凯里、织金苗族使用。它的制作过程，以三都水族马尾绣为例。一般选择白色的马尾，并

清洗干净，用 2 ~ 3 根长短不齐的马尾作为线芯，再用一根白色的棉线将马尾一端系上，然后用手指不停地捻动棉线和马尾，用白色的棉线将马尾缠裹住，形成一根类似于小提琴弦的线轴，其直径约 1 毫米。选用长短不齐的马尾可避免两根马尾的连接处出现在同一个点上，以保证马尾线的拉力均匀。然后用缠好的线轴，按照图案纹样的主要线条走向进行盘缀，并用针线将其固定在绣底，这样形成图案纹样的主要轮廓线，而轮廓线以内却用平绣、拉尾打籽绣等手法进行填补，使绣面达到充实饱和，这样整幅图案线条流畅，纹饰清晰，大有古代青铜器嵌金银和掐丝珐琅的味道。

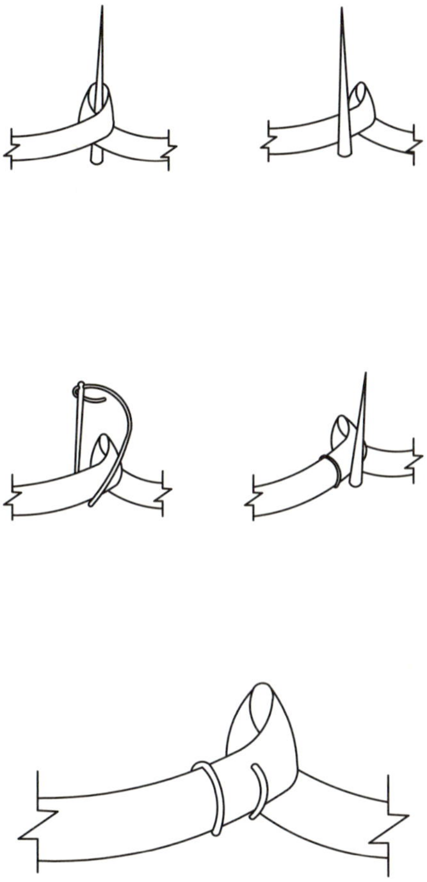
图 5-64　三角折绉式辫绣 · 针法

四、绕针绣及其变化

（一）绕针绣

绕针绣，是在正面抽出针后，用线在针上缠绕，并绕上若干圈后再入针，将绕成的线圈留在绣面上，并按此法重复，绣出各种梗状的花纹。这种针法主要流行于黎平、榕江侗族地区。

（二）绕编绣

绕编绣又称双线排列绣，是用两根线来绣，一根作为中心线，另一根沿中心线两边绕编出立体的龙身鳞形纹样。此针法主要流行于黎平肇兴一带侗族地区。

（三）吊三针

吊三针，俗称为“倒三针”，国外称“宝珠针”，是流行于贵阳一带布依族地区的一种极具特色的刺绣手法。具体方法是：通过斜针，穿针、套针，连续穿针，三针完成一个环节，依次循环，形同穿珠一样的纹饰，并显示出线雕般的立体效果。其刺绣针法主要用于表现花卉、鱼鸟之类的轮廓。

五、锁绣及其变化

锁绣是中国早期的刺绣品种，贵州民族不仅保留了古代的链子锁技艺，如花溪一带苗族，就用链子锁来绣制头带。而且又发明了单针锁、双针锁、开口锁、拉锁子等针法。

（一）单针锁

单针锁，一眼望去与链子锁相似，虽然它也是从构成链子的底端起针，但行针方向却相反。链子锁是在第二条线才向下形成一个环，后一环是从前一个环的下面穿过；而单针锁是在第一条线就向上形成一个环，第二条线则将第一个环上端压住，然后环

图 5-65　榕江 · 侗族 · 三角折绉式辫绣 · 绣样

环相压地向上延伸。它主要流行于黔东南，台江施洞苗族妇女用它来完成擘丝绣的纹样轮廓，凯里、黄平俵家妇女用它来绣制各种服饰图案。

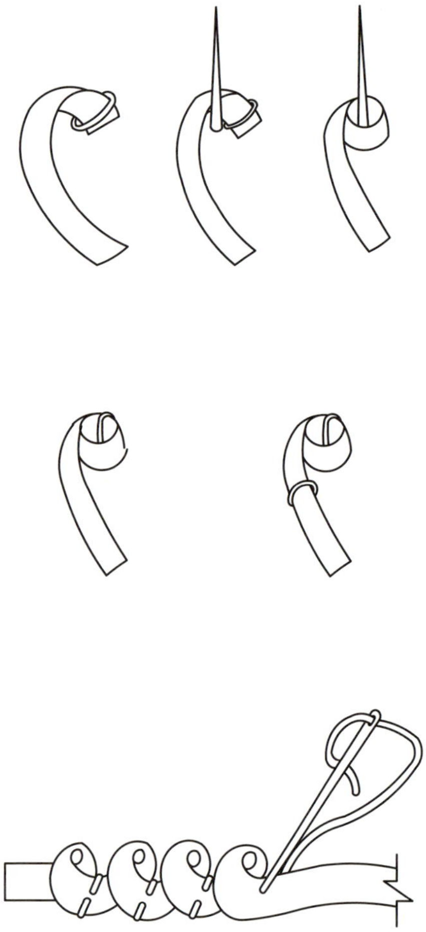

图 5-66 结珠式辫绣·针法

（二）双针锁

双针锁的最大特点是用两根线来刺绣，但具体操作又表现为两种运针方法。一种流行于六枝梭戛一带，一根线用来沿绣纹走向绕成一个一个圆圈，另一根线则用来将两个圆圈连接处一同固定于绣底。另一种流行于雷山、台江一带，也是用一根线来沿绣纹走向绕成一个一个圆圈，但第二个圆圈压住第一个圆圈一半，第三个圆圈又压住第二个圆圈，再用另一根线把两个圆圈同时固定在绣底上，依此连续，形成圈圈相叠的纹饰。所以一些文章称它为双线重叠绣。

（三）开口锁

流行于从江岜沙、黎平口江一带苗族的开口锁，是单针锁的又一变化品种，它是在出针和入针之间，不像前二者那样两针相挨近，而是有一些距离，这样每个环下面便出现一个缺口，所以，有的文章称它为开口锁。

（四）拉锁子

拉锁子，由绣线环圈锁套而成，第一针在纹样的根端起针，落针于起针近旁，落针时将线兜成圈形；第二针在线圈中间起针，两针之间距离约半市分，随即将第一个圈拉紧，以后类推。其用于小孩帽子、围嘴和育儿袋等装饰，流行于黎平、榕江侗族地区。

六、打籽绣及其变化

打籽绣，因丝线在刺绣表面留下一粒粒形同菜籽的圆圈，故而得名。贵州的打籽绣有三种表现形式，即圆圈式打籽、拉尾式打籽、结粒式打籽，前两种最为常见。

图 5-67 雷山·苗族·结珠式辫绣·绣样

（一）圆圈式打籽

圆圈式打籽，是贵州各民族普遍使用的一种针法和刺绣品种。其具体方法是：将剪纸纹样粘贴于绣底，有的地方还在绣底背面也贴上一层纸，以此来防止布料变形。先用缠绕法将纹样轮廓绣出，然后用针线（凯里、台江一带多用丝线，并分缕、合股、加捻、上皂角油，其他地区多用棉线）从绣底反刺出针，用线在针上绕上两圈，再从正面下针，这时用手指把圈下压浮在绣面，防止圆圈形成死结，再拉紧绣线，依次操作，使轮廓内均匀地布满

一个个菜籽似的小圆圈。同样，可以用不同颜色的线来表现纹样，使图案色彩出现装饰性效果。

（二）拉尾式打籽

拉尾式打籽，主要流行于榕江侗族和三都水族居住区。是在用缠绕绣盘出图案轮廓的基础上，再完成轮廓内纹饰填绣的一种技法。具体方法为：从正面抽出针，用线绕在针上一圈，然后在距离出针的左上方入针，用手指将线圈固定在第一针的位置，这便在线圈与第二针入针的空间留下一条尾线，这也是拉尾打籽绣名称的由来。

七、金属嵌盘及其变化

金属嵌盘，不同于传统针法的平金绣。平金绣是用捻金线和捻银线或双根盘成花纹，并用丝线固定，这种贵重材料只有皇家贵族阶层才有财力和资格享受。但贵州少数民族却有在平常物件见精神，化腐朽为神奇的艺术才能。他们用价格低廉的金属如锡、锑、铝等普通材料经过巧妙加工，创造出常人意想不到的艺术形式。嵌锡绣、锡箔镶边、锡箔嵌条就是他们的代表作。

（一）嵌锡绣

嵌锡绣，有的简称锡绣，但实际上不是用锡作绣线，而是在刺绣纹形成的基础上，嵌缀金属锡条，流行于剑河部分苗族居住区的一种服饰工艺。其流程及方法是：先用青色线在面料上，以短针平挑出矩形纹，再将锡箔剪成细条，将锡条穿嵌在绣纹上，锡箔是从外地游商手中购买。先把锡箔剪成 2 毫米左右的细条，把锡条一头反扭成一个钩子，另一头剪成尖状，从第一道绣纹底下穿过，将锡条拉至钩头将绣线勾住，用针将钩压平，并将锡条剪断，用针把剪断的锡条头再弯成勾，插入绣线底，把原先的丝线封闭。然后，照此重复，把绣底上挑刺的纹饰用锡条全部穿嵌，形成闪闪发亮的几何形锡纹，最后还要用青色丝线在背面反挑出小花纹。台江县的一些苗族村寨，20 世纪七八十年代还流行嵌锡绣，可惜从 90 年代后便已消失。

（二）锡箔镶边绣

锡箔镶边绣，流行于凯里舟溪苗族，当地妇女做围裙时，还会用锡箔剪成齿状，装饰在围裙的边缘。

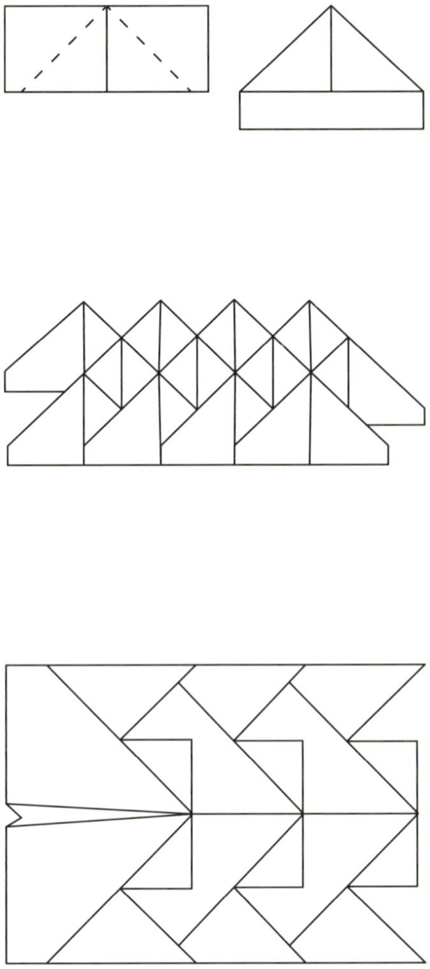

图 5-68　三角堆式堆绣 · 针法

图 5-69　台江 · 苗族 · 三角堆式堆绣 · 绣样

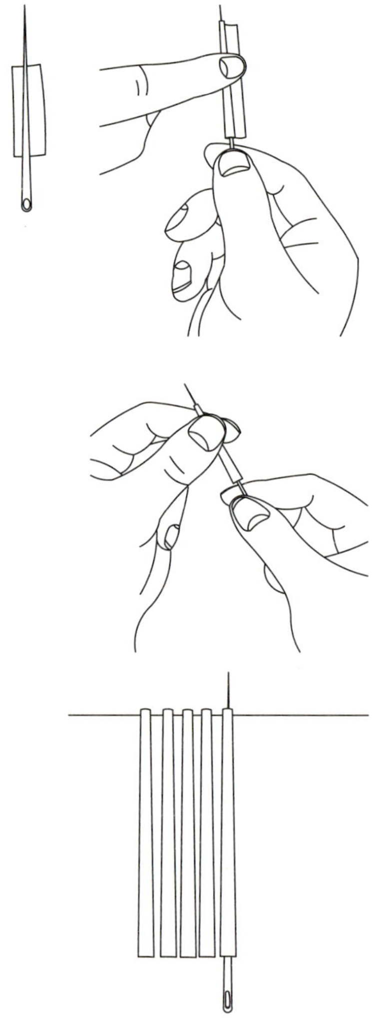

图 5-70　卷堆式堆绣 · 针法

图 5-71　台江 · 苗族 · 卷堆绣 · 绣样

（三）锡箔嵌条绣

流行于台江、剑河一带，苗族妇女用锡箔折成条状，镶在衣肩衣袖的刺绣拼接处，形成装饰。

（四）盘金绣

流行于从江苗族地区，当地妇女用锡箔纸或者涂有金属粉末的塑料纸剪成丝条，盘钉出纹饰。有的用一根丝条盘钉在绣底上构成纹样轮廓，再用平绣填充轮廓内。有的用两根丝条，盘钉出卷云纹或卷草纹。

（五）绞金绣

流行于雷山一带，苗族妇女用各种金属箔，一般都是用捡回香烟盒的金属箔包装层，剪成条状，在衣袖上用两条金属箔条互相叠绞，并压平固定于绣底上，形成一道闪亮发光的纹饰。

八、叠针绣

叠针绣，俗称“盖针”“压针”。主要流行于松桃、镇远、遵义、毕节等地，为苗族、侗族、仡佬族所使用。在第一道绣线的上面，或施以横针，或施以斜针，叠加一道绣线，形成重叠的绣纹。一般用较粗的棉线在粗糙的棉布上进行刺绣，所以显得朴实粗犷。

九、剪绒绣

剪绒绣，主要流行在黔西南布依族地区。先用彩色丝线在绣底纹样铺满，并留出一定高度，最后用剪刀把线圈剪成松散平整的纹饰，形成如地毡般的绒面。

十、钉线绣

钉线绣用金属箔条或者棉线为轴，沿纹饰走向用线将其固定于绣底，固定线一般用双针，针距整齐一致，与俗称的龙抱柱线相似，一般用于纹样的勾边，苗族、布依族、侗族都见使用。

第三节　装饰类

一、补花绣及其变化

补花，有三种形式：

（一）印染补花

印染补花，即在印染品上绣花。贵州不少民族有印染工艺，如蜡染、树脂防染、扎染、蓝印花布，并常用于服饰。一些民族为了增强服饰的审美性，往往在蜡染服饰上补绣花纹。最突出的是贵定、龙里、福泉、安顺、黔西、六枝、织金一带苗族，在蓝底白花上的蜡染图案上，有规律地点缀些红色、黄色的刺绣花纹，冷暖对比，互相映衬，格外醒目。

（二）织锦补花

织锦补花，即用织锦作为刺绣底子。它主要流行于遵义、仁怀、金沙一带苗族地区。当地妇女织有一种专做裙边的锦，宽 34 厘米。制作裙子之前，用刺绣方法在锦面的黑白几何纹上再加红色花纹，犹如在素净的地上绽放出鲜艳的花朵，夺人眼目，真可以称得上是锦上添花。

（三）布贴补花

布贴补花，主要流行于雷山、台江、剑河、黎平、平塘、兴义、六盘水、威宁等地。这些地区的布贴艺术极具形式感，其中一个重要特点，就是一幅作品由不同规格、不同颜色的条块布帛拼缝而成，再加绣各种花纹，从轮廓上看每一条块各自独立，但巧妙的组合又使它成为整体，而用不同颜色绣出的花纹，又显示缤纷耀眼的色彩，耐人寻味。

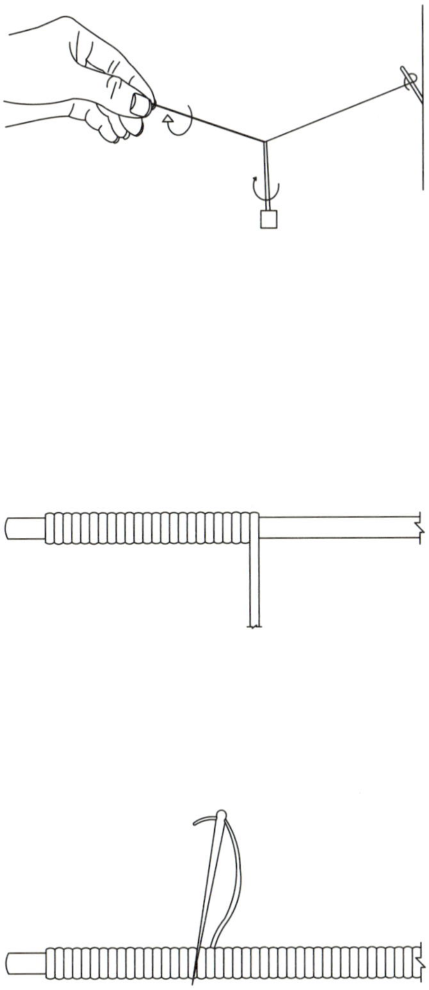

图 5-72　缠梗式绕线绣·针法

二、缘条

除了用绣的方法对刺绣作品边缘做装饰外，贵州不少民族还用服装工艺的绲边、压条、镶边方法，来增强作品的美观度。

（一）绲边、压条

绲边，是用棉布或丝绸作为材料，在刺绣的边缘包缝一道窄条，既可防止边线脱落，又能使作品更具立体感。

压条，有些民族的刺绣成品，是用各种不同规格的小块刺绣拼缝而成的，需要在块与块之间压上一道布条或绸条，既能盖住拼缝针迹，又能将各块分割，形成立体图案。这一特点，尤其在凯里、黄平一带苗族数纱绣上最为明显。

（二）镶边

镶边，贵州一些民族在刺绣边缘表面镶上一道装饰，材料一般采用织锦和丝带。这一方法，在黔东南苗族、侗族刺绣上尤为常见。当地妇女编的丝带，除了作为辫绣和盘花材料外，还常用

图 5-73　黎平·侗族·缠梗式绕线绣·绣样

来为刺绣镶边。另外，他们还特意织造一种服装缘条锦，专门用来给服装和刺绣边缘进行装饰。这一做法，可以上溯到战国秦汉“以锦为缘”的服饰习俗，长沙马王堆汉墓中出土多件这种服装，从当代贵州苗侗人民的服饰上，仍可窥见中国古代的服饰遗风。

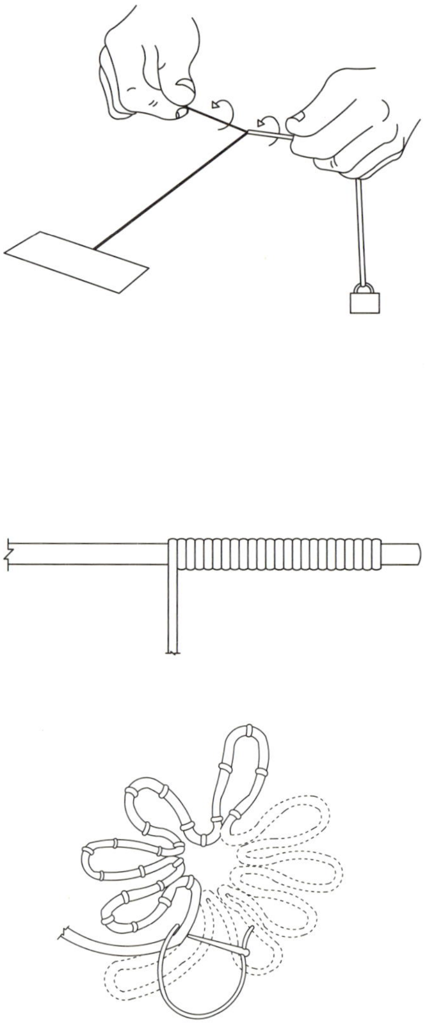

图 5–74　绞绣・针法

三、流苏、璎珞、链带

流苏、璎珞、链带，均有下垂延伸的意味，贵州大多数民族的刺绣都喜用这些形式来装饰和搭配，并且多用于男女婚姻时的床单、帐檐，年轻妇女及儿童的服饰上，其文化内涵不言而喻，即生命繁衍、永不中止的象征。这与用万字流水纹、藤蔓纹、回纹有相同的意味。

（一）线络

络，本来是植物果壳里的一种中有孔洞但又互相连接的纤维，如丝瓜络。人们把用纤维线编结成互相连接又有网眼的纹饰，称为结络。《红楼梦》第三十五回下半节“黄金莺巧结梅花络”，就是描写大观园中女孩子编结这种纤维艺术的事。贵州一些民族往往在刺绣品的下端，留出十几厘长的面料，将纬线抽出来，用剩下的经线巧妙地编结成一排颇具匠心的网络。

（二）流苏、缨穗

流苏，是古代车马、楼台、帐幕边缘的穗状饰物。一些贵州民族将这种形式运用在刺绣品的下端，特别是女性的衣背、衣摆、裙边、腰带两头，以及儿童帽、襁褓下边。有的是利用绣底下端的面料，将纬线抽出，在露出的经线上端加一道压条，让下垂的经线变为一排流苏。有的是用彩色丝线、化纤线、棉线制成一排穗状，也有的用金属箔条剪成散条，然后将它们缝缀在衣裙的边摆或刺绣下端，形成既漂亮又有文化内涵的装饰物。

缨穗是把排状的流苏捆扎成一个个圆形，然后缝缀在刺绣表面或下端。

图 5–75　织金・苗族・绞绣・绣样

（三）银链

贵州银饰，除了大量用于着装时佩戴的品种之外，贵州一些民族有把银饰品固定在服装和刺绣上的习俗，并且构成服装的一个固定饰件，如银链、银泡、银珠、银铃等，这些物品并不因卸妆时而离开服装。当地银匠也会特意地打制这类银饰品。

四、珠串

珠串，一般用两种材料制作，一是薏苡珠，二是玻璃珠。

（一）薏苡珠串

贵州山区多薏苡，一到秋天，果粒成熟，这时农村妇女就把这些薏苡珠子摘回来，拣净晒干，然后用线把它连接成串，用来装饰服装和刺绣。一般用于帽檐、衣背、衣摆、裙边，以及儿童襁褓。也是含有生命繁衍，粒粒相生，连续不断的意义。

（二）玻璃珠串

玻璃，中国古时称琉璃，很早便被用作装饰物，考古部门就曾发掘出属不同时期的琉璃制品。随着现代工业玻璃产品进入贵州，它的透明闪光和色彩变幻的特点，被富于艺术创新意识和变通才能的民族女性所利用。她们从商店买回这些玻璃珠，用线串结起来，或是与缨穗搭配在一起，缝缀在服装和刺绣上面，形成美丽的装饰物。

五、吊坠

吊坠，这里说的吊坠，不是指古诗中“耳坠明月珰”之类的首饰，而是贵州民族利用各种金属片剪裁折叠成或用鸡毛捆绑扎缚成的服饰品。

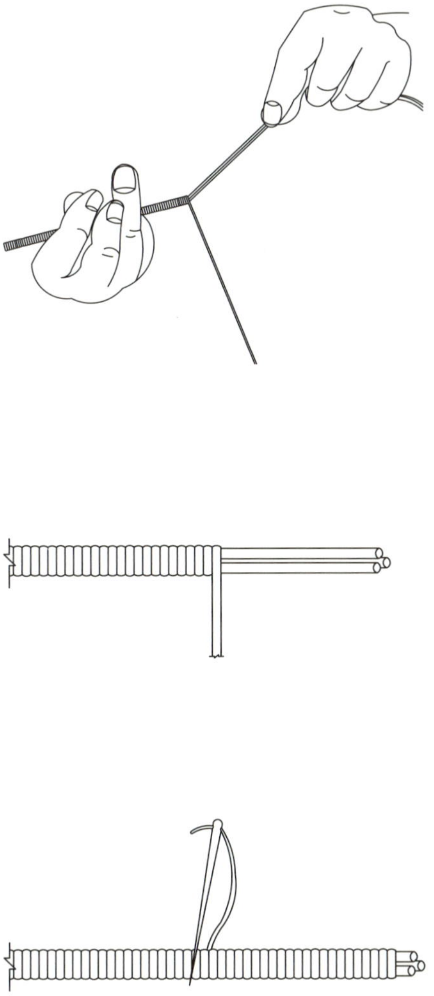

图 5-76　马尾绣 · 针法

（一）金属吊坠

常见的金属吊坠有铜钱吊坠和金属片吊坠两种。铜钱吊坠是用旧时货币铜钱做成，先用布条把一枚铜钱拴结，再把拴结好的铜钱一枚一枚地钉在刺绣上，形成一排下坠整齐的吊坠。多见于黔东南苗族、侗族刺绣上。金属片吊坠流行于榕江摆贝一带，当地苗族妇女用牙膏皮、金属盒之类，将其洗净剪裁，然后压成三角形，配以薏苡珠或玻璃珠做成，缝缀在衣摆或裙边，太阳照射下，会发出光亮，随身摆动，响如环珮。

（二）鸡毛吊坠

鸡毛吊坠见于榕江、黎平一带，当地苗族、侗族崇拜鸟，除了衣裙上绣有各种鸟纹之外，妇女们还拣选鸡毛，洗净晾干，用线进行捆绑，扎成一把一把的鸡毛吊坠，缝缀在她们的衣裙边摆部位，节日期间，人群涌动，笙歌响起，舞步翩跹，衣裙边摆的鸡毛坠也随之摆动，意味着这个族群的欢乐、兴旺、发达。

图 5-77　三都 · 水族 · 马尾绣 · 绣样

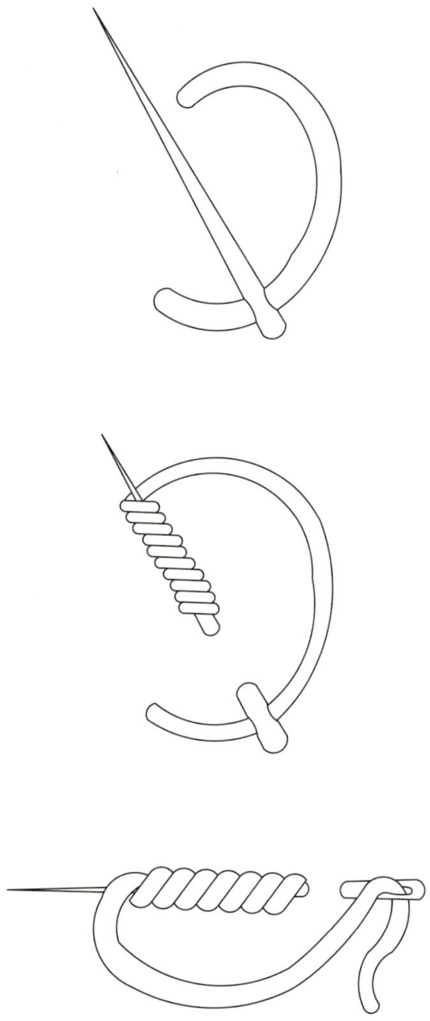

图 5-78 绕针绣·针法

图 5-79 黎平·侗族·绕针绣·绣样

六、缀物

缀物，是把一些物品既有规律又有变化地缝缀在刺绣表面，而形成装饰。主要有三种：缀金属、缀扣子、缀玻璃片和亮片。

（一）缀金属

用于缝缀的金属物有佛像、铜珠、亮片。缀佛像为佛教影响的结果，随明清汉族、白族人口大量进入贵州，佛教信仰也影响到当地其他少数民族，清代文献中就记载了贵州少数民族信仰佛教的现象，如《黔南苗蛮图说》中记：黎平“阳洞罗汉苗……住西山阳洞司，最敬弥勒佛”。人们相信佛、菩萨、罗汉像有护佑作用，一些少数民族妇女将这些像缝缀在儿童帽子上，用来当作儿童的守护神。缀铜珠和亮片，有两层意思，一是圆形的铜珠和亮片有光散发，具有很好的装饰效果；二是有避邪驱疫作用，中国商周时，就有用“黄金四目”的方相来避邪驱疫的傩仪习俗。鉴于审美和宗教的意识存在，所以铜珠和各种金属亮片被贵州民族用来装饰在服装和刺绣上。在使用这些物品时，她们也表现出一定的艺术法则，排列有序，疏密有致，构成灵巧奇妙的装饰效果。

（二）缀扣子

现代塑料扣，形态多样，颜色多种，是现代工业服装上的构件和装饰物，但贵州民族从这种现代产品上发现了它与传统刺绣工艺相结合的可能性，便将它购买回来，与本地区本民族的刺绣进行巧妙地组合搭配，生产出现代与传统相融合得天衣无缝的艺术作品。苗族、布依族、侗族、水族的刺绣上，都能够见到这种艺术创造。

（三）缀玻璃片

玻璃片，与金属片有相同作用，既能使绣面闪闪发亮，民间又信其有避邪功能。在贵州一些民居上，常见有一面镜子悬在门楣上，就是起到为主人避邪消灾的作用。贵州一些民族妇女将各种碎玻璃捡回来，并敲磨成一个个圆片，然后用布包边，缝缀在刺绣表面。贵州安顺一带地戏面具制作，也常用玻璃片安装在面具上，这都是审美心理和吉祥心理作用下的艺术行为。

第四章

贵州民族刺绣的文化艺术特征

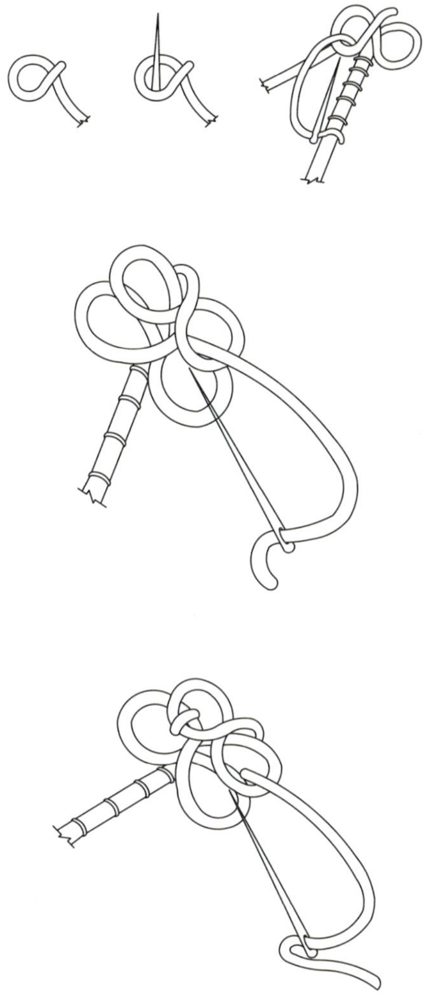

图 5-80　绕编针·针法

第一节　贵州民族刺绣的文化功能

贵州民族刺绣的文化功能主要体现在以下两个方面。

一、作为民族服饰的实用功能

在汉代以前，刺绣主要用于服饰和居家纺织品装饰；汉唐时期，刺绣扩大到为宗教服务；宋以后，刺绣转化为欣赏性艺术。所以，明清以来的顾绣、蜀绣、苏绣、湘绣、粤绣，主要以仿制文人字画为要务，其服务对象也主要是宫廷帝后王公、官员、富豪。京、汉等地方刺绣则主要为各地戏班制作剧装服务，而贵州刺绣则延续了汉代以前中国刺绣用于服饰的主要功能和特色。从田野调查情况看，贵州各个民族都保留了刺绣工艺，除近 20 多年来有的生产作为外部订货加工和用作旅游商品之外，基本上都是用作本民族盛装华服的装饰，很少用于其他方面，更没有像四大名绣被当作欣赏性的艺术那样，用作房屋墙壁装饰、居室陈列品。贵州每个民族的服装上都用刺绣来装饰，每逢民族节日和各种人生礼仪场合，亲友族人都身着用织造品、刺绣品、印染品、银器组合起来的盛装华服，由各个家庭、各个村落向节日和礼仪场地汇集，汇成人流的海洋、盛装华服的海洋、歌舞的海洋。从这个角度来看，刺绣等服饰工艺，是贵州各族妇女专门为民族、为集体、为节日准备的隆重礼物。

二、作为民族文化载体的记事功能

贵州大多数民族都没有本民族的文字和用文字记载的历史，所以这些民族历史的记录和文化的传承，都是依靠他们的口头文学、造型艺术、音乐舞蹈、节日和礼仪方式以及各种习俗来承担。通过这些艺术形式和生活习俗地不断重复，既再现了以往的历史，同时又演绎着现时的生活，人们通过观看和欣赏各种艺术，不仅认识了本民族的文化特征，并且按照这种特征去重新复制各种艺

图 5-81　黎平·侗族·绕编针·绣样

术形式，行为模式也得到保持和延续，同时又能强化每一个人对于本民族文化的认同和理解，从而将本民族的文化一代一代地传承下来，使民族文化血脉得以永久地延续下去。

贵州少数民族女性承担着以刺绣、织造、印染等形式为手段，以图像为符号，忠实地记录本民族历史的重任。历史上结绳记数、刻符记事曾经是人类共同使用过的一种方法，这种方法在贵州一些民族中的表现就是刺绣、织锦、蜡染等工艺。贵州民族刺绣图案中蕴含了大量的古老民族文化信息，如果把他们的史诗、古歌、神话故事与他们的刺绣相对照，就会发现史诗、古歌、神话中所传唱、演说的民族历史上的很多图腾、祖先、英雄、神灵形象，他们祖先的家园、城池、土地、迁徙路程，以及各种故事情节场景，都能在他们的刺绣中找到相对应的图像。当然不可能十分具体，因为随着一代又一代刺绣工艺的流传和演化，有些图像早已变成了装饰性的抽象符号，但是却仍密密匝匝、井井有条地出现在他们的刺绣图案中，让人思索，令人费解。

由于贵州大多数民众信奉万物有灵的原始宗教，所以历史上贵州民族的各种节日和祭祀、驱邪活动都十分频繁。在这些节日和宗教活动中，包括刺绣在内的造型艺术，则塑造出远古历史中的某些故事情节和神灵、图腾、英雄、祖先形象，以唤起族人对于本族历史的回忆，对各种神灵的敬仰和对祖先的怀念；并通过这些艺术的各种形象和符号，以加强和巩固族人对于本民族认同与归属感。各民族由于起源、迁徙、演变、生活环境、宗教信仰不同，所以每个民族的刺绣等艺术形式也不同，其纹样、造型、色彩都表现出自己的特点，从而形成了各个民族识别的重要标志。正是由于贵州民族刺绣用于服饰的这一特点，贵州民族服饰被一些文章称为“穿在身上的史书”。

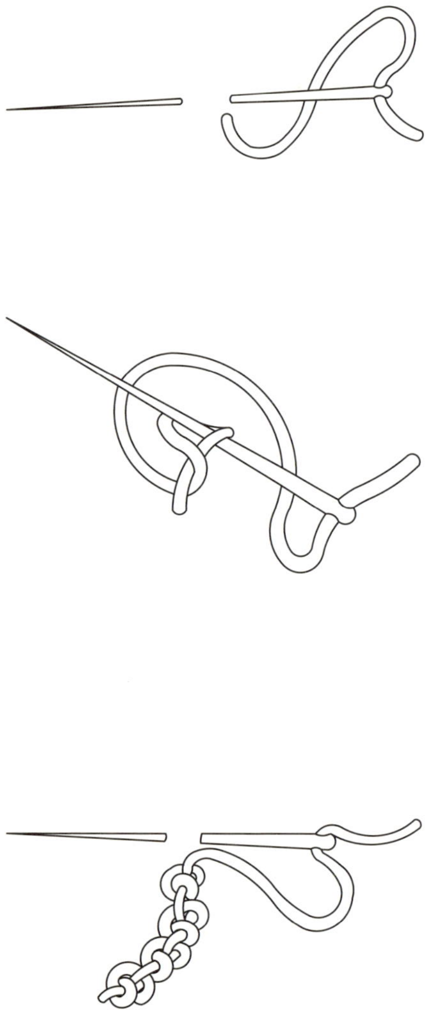

图 5-82　吊三针・针法

第二节　纹样内容及图案特征

一、纹样内容

皇家刺绣以代表等级地位的各种珍禽瑞兽为主要题材；四大名绣多用文人画稿为蓝本；中原汉族民间刺绣内容多为民间故事人物和戏剧情节。而贵州民族，则更多的是把刺绣作为表达民族思想信仰、纪念祖先功业、记录民族历史的一种形式和手段。所以，

图 5-83　贵阳・布依族・吊三针・绣样

他们的刺绣一般都是以本民族的神话、古歌、故事、传说等民间文学为基础，用线条和色彩来塑造他们民族的精神偶像，如原始宗教的自然神、图腾，祖先崇拜的祖先神、英雄神，以及世世代代在他们民族中相传递并对他们心理起到重要作用的各种几何纹和神秘符号。以此来表达他们对于神灵的敬重，对生命的热爱，对幸福的追求。比如：黔东南一带苗族刺绣中的云纹、水纹、八角芒纹、修狃纹、鸟纹、蝴蝶纹、龙纹、象纹、牛纹、鱼纹、蛙纹、人物纹等，就与他们的古歌中所唱到的那些形象完全相符；台江施洞刺绣中那个身穿战袍、威风凛凛的英雄，就是描绘了清代咸同年间苗族起义领袖张秀眉的英武形象；而那个着裙装、跨战马、举钢刀的女子，则取自于苗族起义的女英雄务茂媳的原型。而那些人与动物连体、动物与植物共身的奇异造型，则体现了苗族人世间万物都是大自然母亲的孪生子女，你我同源、万物平等的巫术观念。那个有着人的身躯、长着蝴蝶翅膀的女性，头上有一对水牛角，这是苗族人献给妈妈、献给神灵、献给祖先最隆重最高级的礼物——水牛的象征，而不是如有些人说的那样牛是苗族人的图腾。那些人骑龙、人骑凤、人骑象的造型，与考古学家张光直先生关于河南濮阳蚌塑人骑龙虎、商周青铜器人虎相倚纹饰的解释不谋而合。剑河苗族嵌锡绣的勾纹，学术界称云雷纹，而当地人却称架桥纹，他们认为这互相连接在一起的纹样，代表了世上男女的结合，能繁衍出后代，使生命链条永不中断。黄平苗族服饰上的蚕纹就是古代蚕虫崇拜习俗的遗存。雷山、榕江、丹寨、三都一带苗族服装上的刺绣鸟纹和大量使用鸡毛来装饰裙摆，也是古代鸟崇拜习俗的传承。西部方言区苗族刺绣中的方格、条形、井字纹、米字纹、田字纹等几何纹样，则再现了他们古歌所唱的祖先创造的家园、城池、道路、田野，以及他们先辈被迫迁徙途中经过的高山、大河。侗族刺绣中那个圆形的花蕾，来自他们对祖母神“萨”的崇拜，寓示着她是繁衍之神，能使侗家人繁荣昌盛。彝族刺绣中的虎纹，表达了这个勇敢剽悍的民族对百兽之王——虎的崇拜，而那些对称又曲卷的旋纹，既有对远古游牧时代的怀念，同时也是对于艰苦年代蕨菜这一救命植物的深刻记忆。水族刺绣中那只又大又美的蝴蝶造型，来源于一个民间传说：一位水族妇女在农田劳动，把婴儿放在田埂上睡觉，不知不觉，红日当空，气温升高，劳作中的母亲全然忘了自己的孩子，当她警觉到孩子有危险时，急忙跑上田埂一看，只见一只很大的蝴蝶张着美丽的

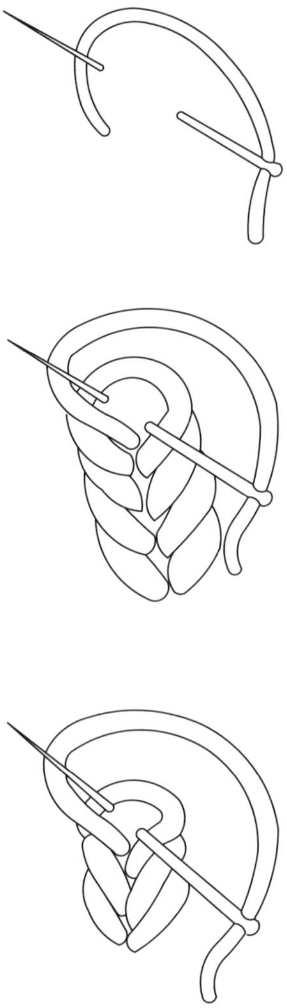

图 5-84　单针锁绣 · 针法

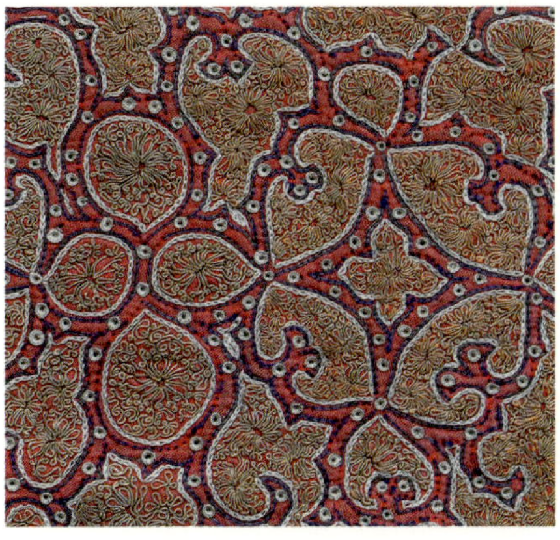

图 5-85　织金 · 苗族 · 单针锁绣 · 绣样

翅膀护在婴儿身上，挡住太阳的强光，这位母亲十分感动，事后她把这只蝴蝶形象绣在背负儿童的襁褓面上，从此，这种绣有蝴蝶纹样的襁褓，便在当地水族妇女中流传开来。

贵州民族刺绣纹样基本上为具象的变形纹和抽象的几何纹，究其原因大致有两点：一是变形纹和抽象几何纹是中国汉代以前民族艺术共同的造型特征。佛教从汉代传入中国，印度人、西方人的写实风格艺术一同进入华夏大地，并且逐渐占了上风，而贵州大多数民族长期生活在较为封闭的大山深处，所以其刺绣、蜡染等工艺造型和纹样形态，仍然较多地保留了汉代以前的变形和抽象风格。二是贵州民族刺绣很少受到文人艺术和宫廷艺术的影响，只是一代一代地继承和延续前辈人的艺术形式和表现技法，不像四大名绣过多地受到宫廷文化和文人风气的熏染，而逐渐趋于雅化。贵州民族刺绣在缺少其他民族的文化艺术借鉴参照的情况下，自我发展，自我生存，所以依然显得浑朴古拙、真趣弥漫。

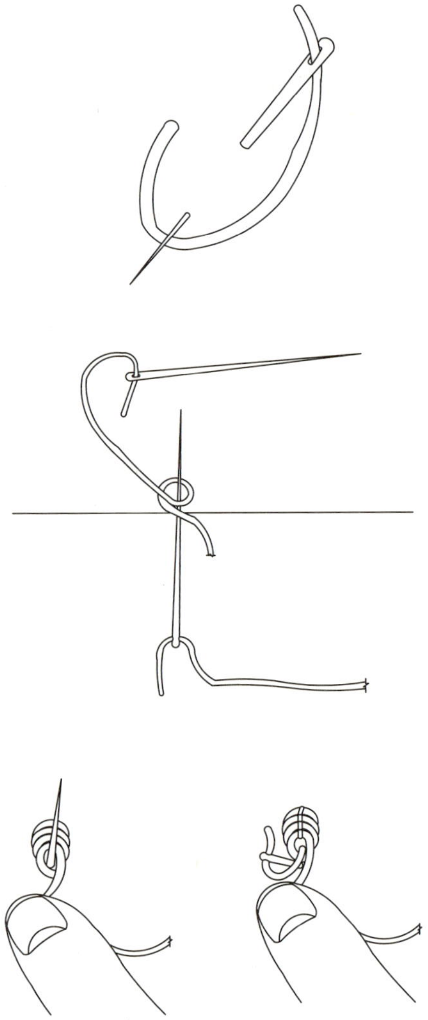

图 5-86　双针锁绣・针法

二、图案特征

从整体上看贵州民族刺绣的图案，多具构图饱满、纹饰繁复的特点；从空间上看它囊括了天空、陆地和水下；从时间上说它连接了远古和现时；从内容上看它包含了自然现象、人文事象、虚拟意象。从日月星辰到山川大地，从花草树木、鸟兽鱼虫到祖先、英雄、图腾、神灵，无所不有，并且各种物象没有身份上的高低贵贱，不分宾主秩序，大家汇聚一堂，错杂其间，各得自在，其乐融融。其次是各种形象塑造得十分饱满，人物五官皆备，各种动物浑圆充实，花草树木枝繁叶茂，既不似某些宗教绘画刻意地突出和强调主神，减弱其他次要身份及背景的特点，又无文人艺术清虚疏简的气息。

贵州民族刺绣图案中，有不少人兽复合、动植共身、异类同体的奇特造型，如人面兽身、兽躯鸟头、树干鸟翅、兽首花尾、鸟羽叶冠，奇奇幻幻，怪相丛生。这与贵州大多数民族万物有灵、万物互变的巫术意识有关。在有些民族的传统观念中，人与人，人与神，神与神，动物与人类，植物与人类，动物与动物，植物与植物，世界上的一切物质，包括有生命的和无生命的，都具有灵魂，各种灵魂之间可以互动，对话，感应，交流，转换，变相。

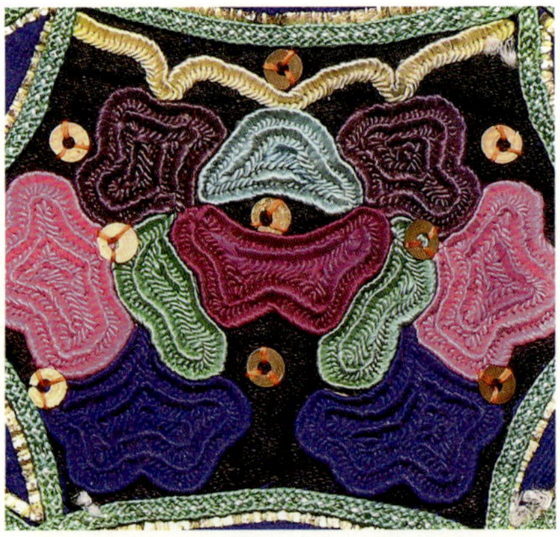

图 5-87　雷山・苗族・双针锁绣・绣样

贵州民族刺绣具有很强的装饰性，在满足装饰效果的前提下，各族女性自觉不自觉地运用了夸张、省略、变形、假借、移位、

抽象等手法来塑造形象，由于采用平视体构图，各种纹饰都完全展现于绣面上，无意中形成散点透视，图案中的物象互相穿插，互相避让甚至连体共首，但绝不重叠和遮掩。有时为了填满空白处，她们会把物象的某些部位加长加大；有时为了照顾形象完整，她们又会把某些部位缩小缩短，甚至把侧面人物、动物的两只眼睛和耳朵都标示出来，形成重影；有的还将动物的腑脏绣在身体表面上，形成了与西方现代艺术中立体主义的多侧面、多角度相似的造型特征。

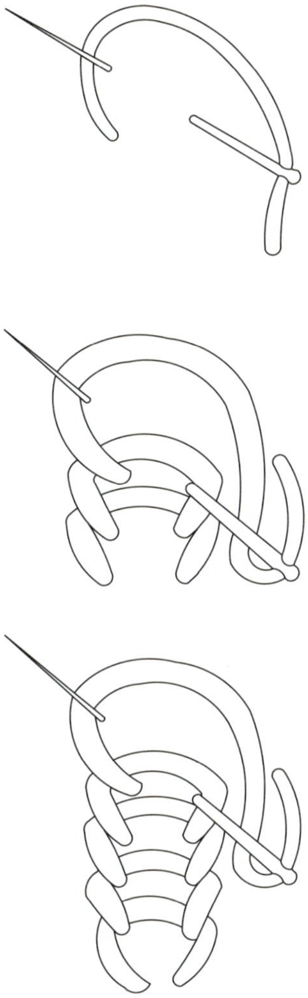

图 5-88　开口锁绣 · 针法

三、色彩特征

贵州民族刺绣，在用色上不受任何条条框框的限制，无拘无束，大胆强烈，直抒胸臆。并且多为主观用色，即只要看上去美，可以将自然中的红色绣成黄色，把绿色变为紫色。他们的配色大致有四种形式：其一，是用单一种色线完成全部纹样的绣制，这种图案颜色单一，幅面宽大，如贵阳花溪一带的挑花最为典型；其二，先是用一种色线做大面积铺陈或构成纹样轮廓，形成图案色彩基调，然后用反差较大的颜色进行点缀，构成强烈的色彩对比关系，像台江苗族的擘丝绣、黎平北部侗族的缠梗绣、三都水族的马尾绣等最具代表性；其三，是用两种以上较固定的颜色完成一个单元，再用另外几种颜色完成另一个单元，然后将这些色彩不同、纹样不同的单元进行有序排列和交替重复，这种图案色彩出现一种有规律的循环变化，如龙里苗族的锁绣、黎平南部侗族的平绣。其四，是多种颜色并用，图案纹样可以随意更换颜色，甚至一个点、一段线、一小块面都更换不同的颜色，这类图案如人工花圃，看上去五彩错杂，炫目耀眼，但却杂而不乱，如松桃苗族的平绣、榕江三都交界一带苗族的丝板绣、威宁彝族的贴布绣。

四、审美风格

贵州民族刺绣一般都是依式设形，因形布象，因象施艺，因艺出纹，因纹生美。图案有大有小，有方有圆，有横有竖；有菱形，有“T”形；有方中套圆，有圆中套方，有方菱互套，有方菱互变；有二方连续，有四方连续；有独幅，有拼接。图案纹样有具象纹，有抽象纹，有变形纹，有几何纹。纹样组合具象与抽象并用，人事纹、自然纹、几何纹相连。图案中点、线、面的运用因需而出，有大块面的铺陈，有各种小块面的组合搭配。有直线，有曲线，

图 5-89　从江 · 苗族 · 开口锁绣 · 绣样

同类线有重复，异形线有交错，有连接线，有分割线。点有排列，有跳跃，有呼应，疏点如画龙点睛，密点似星列河汉。各有意境，引人入胜。图案变化虽多，却又遵守一定程式，整套服饰上极注重对称与平衡、统一与变化的关系，比如上衣的两肩、两袖这些人体对称部位或用独幅式，或用拼接式，图案纹样及技法完全相同，构成服饰的对称形式，达到视觉平衡，用于衣背、围腰及襁褓的图案，或用四方连续，或用方形、“T”形、菱形，或用方菱互套的形式。而服装边缘、领襟、裙摆部位的刺绣图案，大都为条带状，或用二方连续手法。从整套服饰上看，有主有宾，有静有动，有纵有横，主宾搭配，方圆互济，曲直并用，动静结合，蕴含着耐人寻味的工艺法则和浓厚的审美意味。

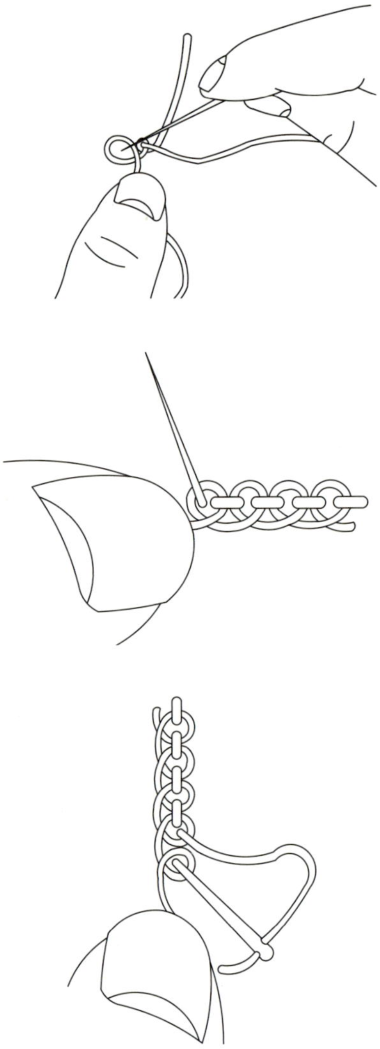

图 5-90　拉锁子绣・针法

图 5-91　锦屏・侗族・拉锁子绣・绣样

第五章

贵州民族刺绣在服饰上的应用

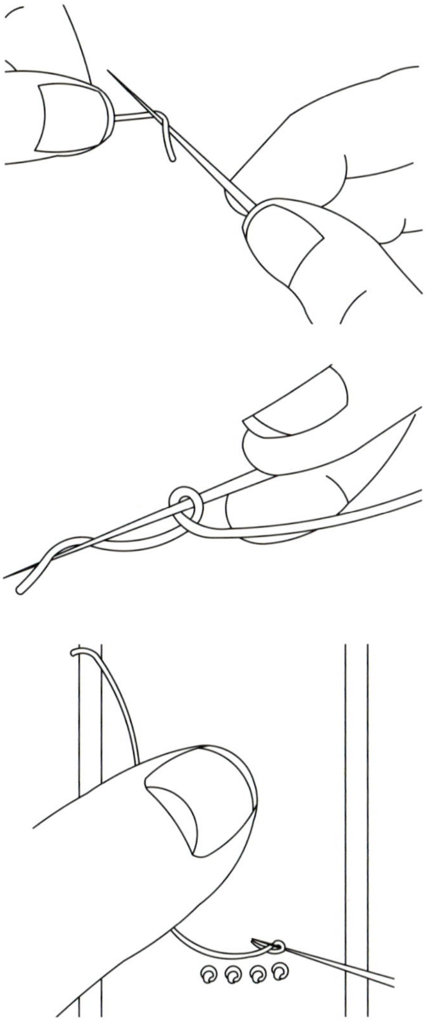

图5-92 圆圈式打籽绣·针法

贵州民族刺绣大量应用于服饰，这与贵州各民族对幸福美满生活的追求向往的共同心理有关。贵州不少民族较多地保留了母系社会的遗风，现实中一些民族女性就享有家中盛装、首饰等贵重财产的继承权，有的民族崇尚以多为美、以多炫富、以多显才的习俗，他们把财富和艺术用于对女性打扮装饰上。刺绣还是一些民族社区评价衡量一个女孩的重要标尺，贵州不少地方都流行“男人看土边，女人看花边”的谚语，反映了刺绣工艺对于女性的重要性。少数民族女性的盛装，不仅仅是为显示个人的财富和才艺，更主要的是为节日、为庆典、为礼仪，为集体的欢乐，为民族的兴盛而准备的，所以很多民族的女孩从小就在祖母和母亲的影响下学习刺绣。随着年龄的增长，她们那份对生活的热爱，对爱情的向往，对民族的责任，对集体的奉献情怀，化为了她手中的刺绣艺术，并用它来衬托衣服的华美，每到民族的节日期间，她们都是一身盛装打扮，有的姑娘腰上系上数十条花裙和腰带，身上戴着重达数十斤造型各异的银首饰，一天的高歌狂舞下来，累得香汗淋淋、气喘吁吁，但她们并不觉得身上的衣裙和首饰是累赘，反而是心花怒放，快乐无比，因为她们把美带给了整个民族。

贵州民族刺绣在民族服饰上的应用，主要表现为整体应用和局部应用两种形式。

第一节 整体应用

整体应用，是指整套服装或上衣下裳等，均用刺绣品作为构件，或者用刺绣进行覆盖式装饰。这种形式以黔东南苗族、侗族的服饰为主，而不少民族的儿童襁褓也用刺绣作全覆盖的装饰，体现了人类伟大的母爱。

图5-93 凯里·苗族·圆圈式打籽绣·绣样

一、满绣套装

所谓满绣套装，并非所有穿在身上的衣着都有刺绣，而是

指穿在外表上的服装由刺绣工艺覆盖，如一些上衣和裙子只有局部绣花，但因外面的头帕、披肩、围胸、裲裆、围腰、腰带、围裙上的刺绣将里面衣服的素面全部盖住，呈现的全是刺绣工艺。表现得最为突出的有榕江、雷山、丹寨、三都、贵阳等地苗族的服装。

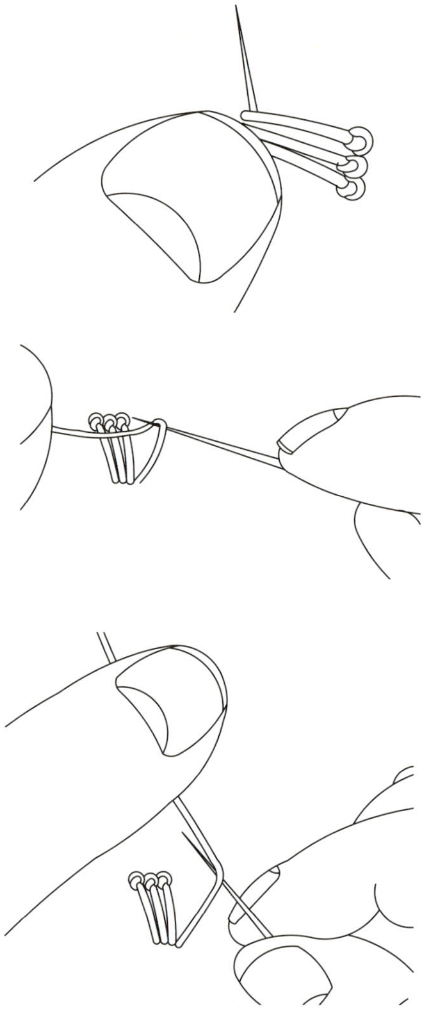

图 5-94　拉尾式打籽绣・针法

居住在榕江兴华及丹寨雅灰、雷山达地、三都都江一带的苗族服装，其上衣和下裙，一般用棉布为底，也有用蚕丝絮片为底的，并裁剪成各个部件，以平绣等手法在这些部件上绣上鸟、龙、蝴蝶、花卉及几何纹，最后将这些部件缝合并配上鸡毛吊坠，制成一套节日盛装，因全身绣满鸟纹，其裙下也缝上鸡毛吊缀，故被称为“百鸟衣”。

榕江朗洞一带的苗族，其上衣、围裙、绑腿均刺绣红黄白纹样，看上去形同穿着一身铠甲。

雷山桃江及同一支系的短裙苗，他们的上衣、围裙、腰带及飘带裙，除了用织锦外，有的也用刺绣来装饰，以棉布为底，用平绣、挑花、镶边等手法，对衣裙进行覆盖式装饰。

贵阳花溪及乌当等地苗族，其贯首衣、背褡、裙带、腰带均用挑花手法进行装饰，图案为几何纹，是贵州挑花工艺的佼佼者。

二、满绣上衣

满绣上衣，是指一件上衣的全部或大部分都被刺绣覆盖，没有露出或很少露出素面。这种装饰形式在苗族、侗族、瑶族等民族中较为流行。

贵州东南部，刺绣手法较多，如凯里湾水、黄平谷陇一带苗族女性盛装，其帽子、上衣的肩、袖、前后片场用数纱绣技法装饰，有的衣服不露一点素面，全被紫色绣纹覆盖，下面的裙子也多为紫色，形成这一支系服饰的主要特征。

黎平侗族节日盛装、从江一带侗族的芦笙衣，用平绣等技法绣满花卉及几何纹。

随着时代进步，一些民族的服饰也在发生变化，如台江苗族女性上衣，用平绣技法，绣满花卉及几何纹；剑河苗族为适应市场需求，利用锡绣工艺，生产锡绣上衣。

安顺黑石头寨及普定一带苗族女性上衣，用红布为面料，上面用锁绣、平绣等技法绣满藤蔓状纹饰。

图 5-95　三都・水族・拉尾式打籽绣・绣样

贵州西部用挑花手法较多，如六枝、大方、黔西，其上衣领子、

两袖、双肩、前胸、后背多用挑花装饰；遵义一带苗族上衣也多用挑花装饰。

三、满绣裙子

利用刺绣对裙子表面进行全部装饰的民族有苗族、侗族。

黔东南台江、雷山、丹寨、榕江、黎平、从江及黔南三都一带的苗族和侗族，有穿飘带裙的习俗，他们将布剪成条带状，带子长短、数量各有差异，但都用拼贴及平绣技法，绣满花卉等纹饰，一般在节日期间穿着。

惠水、长顺一带苗族、布依族用各种彩色布剪成三角形，拼贴并加刺绣做成一件斑斓五彩的裙子，十分美观。

四、满绣襁褓

襁褓，是人类母爱精神的体现，所以也是最能表现女性心灵及智慧的工艺，传统社会贵州所有民族差不多都有这一工艺，女性们都倾注大量心血和时间用最精湛的技艺来制作它，有的民族女性甚至还未出嫁前就暗地里绣制襁褓，这种物品在她出嫁时并不带到夫家，而是当她日后生下第一胎时，才由母亲去吃喜酒时替她带去，送给自己的小孩。因此，一些人将它称为"秘绣"。这种用于包裹和背负儿童的襁褓，一般的形式有盖头、襁褓面、系带构成，尽管各地区、各民族刺绣技法不同，但是都绣满各个民族崇拜的神灵，借以护佑儿童健康成长。

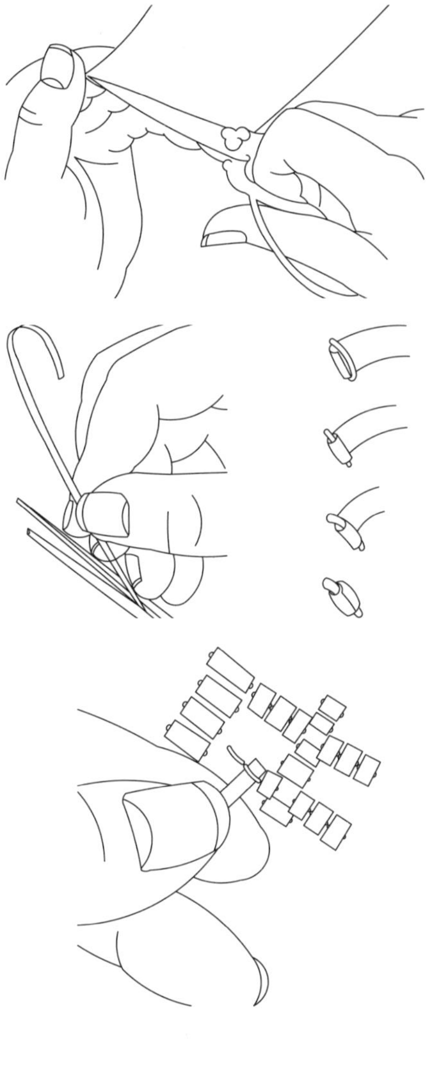

图 5-96 嵌锡绣 · 针法

第二节 局部应用

局部应用，是用刺绣对服装作局部的装饰或点缀。如衣裙、巾帽、披肩、云肩、背牌、围兜、围腰、围裙、腰带、绑腿、鞋子的某些部位，这种装饰形式在全省各民族中普遍存在，区别只在多与少。

一、衣裙刺绣装饰

从文献记录及田野调查情况来看，历史上贵州 18 个世居民族的服装，都用刺绣工艺做装饰。并运用了前面所说的几十种不同的技法，使贵州的民族服饰显得多姿多彩，各有特色。衣裙刺绣大体表现在服装的领襟、肩袖、胸前、后背、角摆、裙边、裙面、

图 5-97 剑河 · 苗族 · 嵌锡绣 · 绣样

裤脚等部位。

相对而言，属苗瑶族系的苗族、瑶族、畲族，以及南部方言侗族地区的衣裙刺绣纹饰较为繁复。而布依族、彝族、土家族、仡佬族、水族、毛南族等民族的衣裙刺绣纹饰较为简略。

二、其他服装部件的刺绣装饰

除了衣裙上用刺绣作点缀装饰之外，刺绣还普遍应用于头巾、头帕、帽子、披肩、云肩、背牌、围兜、围腰、围裙、腰带、绑腿、鞋子等服装部件的装饰。有的是在部件底子上作点缀刺绣，有的则是整个部件用刺绣手法完成。

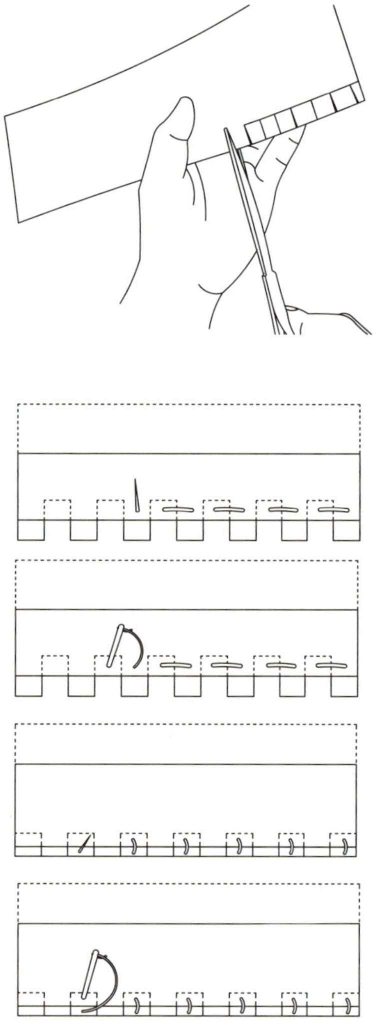

图 5-98　锡箔镶边绣·针法

第三节　贵州民族特色刺绣

一、荧光闪烁的擘丝绣

擘丝绣，是将丝线分裂撕开为若干细缕再作刺绣的技法，由于丝缕细腻顺滑，绣出的纹饰平整光华，熠熠生辉。贵州运用这一技法的主要有台江、剑河、施秉等地苗族，以及黎平侗族，尤其以台江县施洞镇至剑河革东清水江两岸一带的擘丝绣最为出色。由于清水江自明代以来，成为贵州与湖广中原交流的水上通道，汉文化及各种物资得以进入贵州地区，而被少数民族所接受和利用。在这些地区的刺绣工艺中，可以明显地看到汉文化的痕迹。如江南引进的丝线、丝绸、染色材料，刺绣图案中的牡丹、凤凰、麒麟、狮子、大象等纹样。当然，苗族妇女并没有放弃本民族的文化，她们将二者巧妙地结合在一起，如她们把当地《苗族古歌》中的内容和形象，与外来的牡丹、凤凰、麒麟、狮子、大象进行组合，创造出一种既富民族特色又吸收外来文化的刺绣工艺。当地的擘丝绣不仅要将丝线分缕，并要用蜂蜡或皂角油等材料对丝缕涂抹，使其紧密光滑。绣底一般用棉布或丝绸，事先要预备剪纸花样，花样有自己剪刻的，也有从他人手中购买或受赠的。当地的擘丝绣基本上是用来装饰妇女盛装的，一般用在上衣的双肩、两袖上，所以图案都是对称性的，各部位的图案都非整幅，一般是由两节或三节不同纹饰的刺绣拼合成双肩、两袖图案。

图 5-99　从江·侗族·嵌锡箔镶边绣·绣样

二、层层剔刻般的堆绣

堆绣，又称堆绫，是利用丝绸或布堆叠成各种物象，有三角堆、卷堆等变化形式，其中最有特色的是三角堆。主要流行于凯里、台江的苗族村寨。当地苗族妇女制作盛装、褴褓，特意从商店购买丝绸面料，或者是利用自产的蚕茧，将其剪裁成窄条，并折叠成三角形，按图案画样，用自制的浆糊把一个三角贴于绣底上，并随之用针线将其固定，再用第二个三角压住第一个三角的三分之一，也用针线固定，第三个三角又压住第二个三角的三分之一，照此方法，反复操作，直至堆满全部图案。当地堆绣图案中基本上是人物、鱼鸟、花卉、卍字等纹饰，不仅主体纹样用堆绣完成，而且要把主体纹样以外的地方甚至边缘也要堆满，不留空白。由于图案是用众多三角组成，所以绣面呈现如雕刻般的艺术效果。这种技法，虽然没有表现出各种针法和绣线的技艺，但却极费工时，颇具匠心。图案中人物、鱼鸟、花卉的不同部位，都要事先剪折成大小不同的三角形，有些部位如鱼的眼、鳍，鸟的头、爪，还要用一些特殊技法处理，有的还用缠绕绣、打籽绣，较好地表现出不同物象的特征，避免了艺术形象的雷同化。它反映了苗族女性对于各种新材料的接受和把控能力，也显示了她们热爱生活、追求幸福、创造美的内心世界和艺术才能。

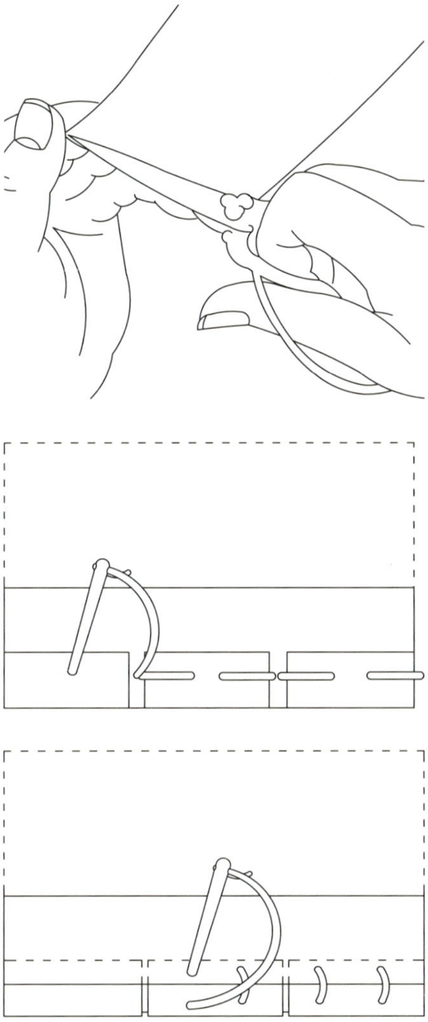

图 5-100 锡箔嵌条绣·针法

三、颗粒均匀的打籽绣

打籽绣，是用绣线在绣面上留下一粒粒如同蔬菜种子似的圆圈，故称打籽绣。贵州打籽绣有三种表现形式，一是圆圈打籽，二是拉尾打籽，三是结珠打籽，最为普遍的是圆圈打籽绣，其中又以凯里凯棠、台江革一一带苗族的圆圈打籽绣最有特色，它是当地苗族妇女装饰盛装的主要手段。她们上衣的领襟、双肩、两袖部位上的装饰，就是打籽绣。当地打籽绣一般先要用缠绕绣钉出纹饰轮廓，缠绕绣以棉线为芯用白色丝线在上面缠绕成线轴，并按纹样形态钉出轮廓，再施以打籽绣针法。具体是从背面入针，从正面出针，用绣线在针上绕上一圈，抽针拉紧后再从出针处旁回针，然后重复前一套动作，留下一个个互相连接的圆圈，直至铺满轮廓内的空地。有的刺绣者在施针时，会变换使用不同颜色的丝线，绣出不同颜色的圆圈，使绣面产生色相不一、深浅变化的图案，以此来打破单一技法上的单调感。打籽绣可以表现各种

图 5-101 台江·苗族·锡箔嵌条绣·绣样

动物、植物及几何纹。当地苗族的打籽绣，由于用在上衣的对称部位，如双肩、两袖，所以图案一般以对称的鸟纹、龙纹、花卉较为普遍。近些年来，苗族妇女的服装装饰已发生变化，有的已发展到衣服的所有部位，她们为适应这一新的需求，也创造出一些新的图案和纹饰，如上衣后背图案，两片前襟图案等。

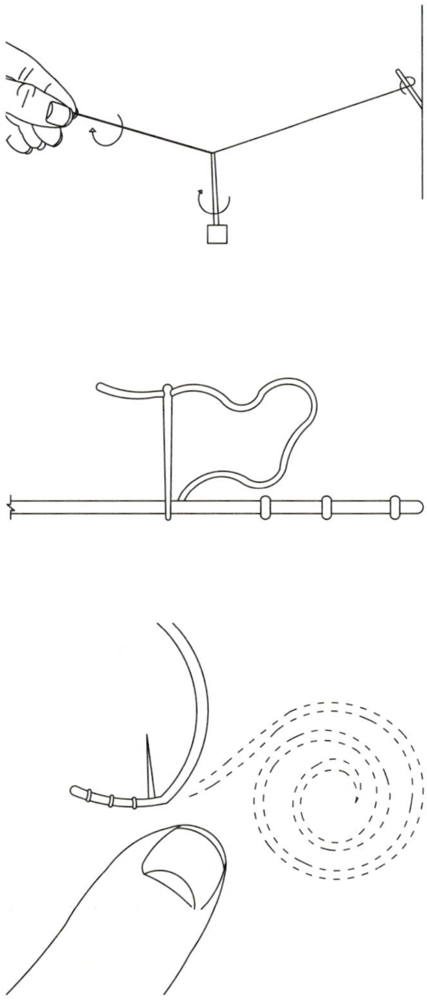

四、纹理清晰的平铺式辫绣

辫绣有三种表现形式，即平铺式、折绉式、结珠式，都是事先要用丝线编成扁平的辫状，然后再加工成绣品的技艺。

平铺式辫绣，主要流行于凯里、雷山、台江一带苗族村寨，当地苗族妇女用 6 至 14 根丝线编成辫状丝组，丝组有用单色丝编的，也有用双色丝来编的。绣底一般选用青色或蓝色棉布，并且要清洗上浆，这种经过处理的绣底，便于承载厚重的丝组，既能很好地衬托出绣面的立体感，又能保证面料不再缩水日后绣面产生变形现象。绣时先用双色丝组在绣底的画样上盘出纹样的轮廓线，并划分出各个不同的区块，如龙头、龙身、龙尾，再用不同颜色的丝组在各个区块内，顺着轮廓线由外向内一圈一圈地平铺顺延，丝组要保持流畅自然，各条丝组紧贴，不能露出空白，并用绣线将平铺的丝组钉牢在绣底上，使其保持平整顺畅，宽窄相同、高低一致。平铺式辫绣主要用来表现龙、鸟、蝴蝶、花卉形象，并用来装饰在苗族女性盛装礼服的双肩、两袖等部位，以及襁褓面。这些纹样多出自当地苗族神话，反映了苗族人民的精神信仰，表达了他们的美好愿望。由于各个区域使用不同颜色的丝组来铺，绣面上呈现出纹路走向清晰、物象肌理明显、色调富于变化的艺术效果。

图 5-102　盘金绣・针法

五、浮雕般的折绉式辫绣

图 5-103　黎平・侗族・盘金绣・绣样

折绉式辫绣，简称为“绉绣”，是辫绣的一种变化形式。这一绣法与平铺式辫绣的分布地区与民族大体相同，基本上为凯里、雷山、台江一带苗族女性装饰上衣或襁褓所用。当地苗族妇女，也是利用数量不同的丝线编成单色或双色的丝组，同样用丝组盘钉出纹样轮廓，并划分不同区域，但在使用丝组填充这些区域时，却不同于平铺式辫绣的铺展方法，用针线将丝组钉于始端，用指尖与针配合将扁平的丝组曲折，向上凸起，反复延伸，形成层层波浪似的纹饰，每折一道便用针线将其钉牢于绣底，再折第二道，

又用针线固定，直至将全部图案填充满，不露底子。由于不同区域有规律地使用不同颜色的丝组进行折叠，图案上不仅各区域的颜色对比反差，而且又显得平衡对称，极富艺术法则。除此之外，这种刺绣在纹饰造型上面最有特色，当地刺绣纹样有人、龙、狮子、鱼、鸟、蝴蝶、花卉等，但是在表现这些形象时，多运用了夸张、变形、变体、复合等手法，如龙的造型就有飞龙、盘龙、屈体龙、昂首龙、探身龙、双身龙、两头龙、鸟龙、鱼龙、鸡冠龙、牛角龙、蜈蚣龙、人面龙、花龙、翼龙等，可谓千奇百怪，异相迭出。由于用丝组层层折叠，纹饰凸起，使绣面呈现既如浮雕又似绒毯的视觉效果，极具观赏性。

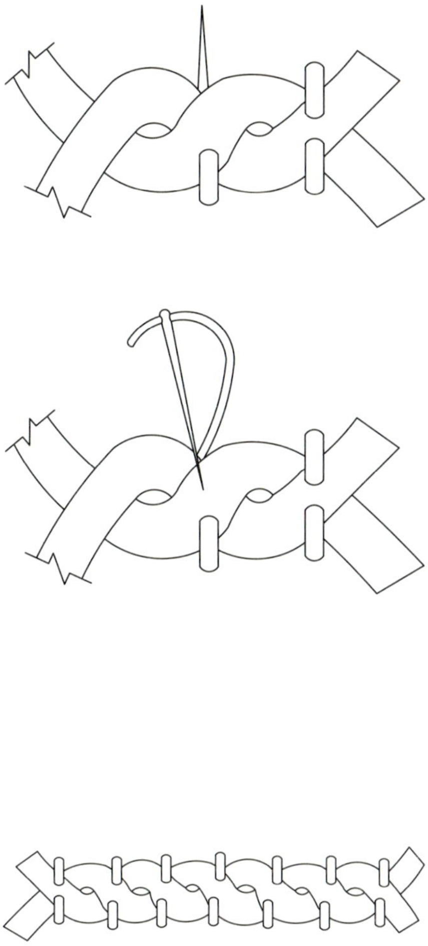

图 5-104　绞金绣·针法

六、嵌宝般的结珠式辫绣

结珠式辫绣，有的称为“圆圈式辫绣”。但从其具体操作和绣面呈现的实际效果上看，它不像打籽绣形成一个个圆圈，而是用丝组绕结成一粒粒圆形的珠子，因此民间称之为“锁宝绣”。结珠式辫绣主要流行于雷山、榕江一带，苗族和侗族女性用来装饰上衣或是襁褓。雷山苗族大多用来表现图案纹饰的块面，具体操作也要用丝线先编出扁平的丝组，为了便于在绣面上缠绕打结，比起平铺式辫绣和折绉式辫绣使用较宽的丝组来，结珠式辫绣的丝组要窄一些。在绣底上先画出纹样轮廓，先将丝组的始端置于绣底，然后从丝组正面出针，用丝组在针上绕一圈，从圈上抽针回刺，把圆圈固定，这样形成绣面上的第一粒圆珠，再按此程序重复前面的动作，用丝组绕成的一粒粒圆珠构成绣面纹饰。与平铺式辫绣一样，图案上每一个区域可用不同的颜色来表现，这样就能够使绣面色彩丰富，具有变化之美。而榕江侗族的结珠式辫绣，基本上是用来表现龙躯干上的骨骼，用一条缠绕成筋的线作为龙的脊骨，然后沿这根脊骨线两侧分别对称地绕出两排珠粒，代表龙脊两侧的骨骼。圆形的珠粒，象征世间最美好的事物，既是生命的起始，又是人生的财富，苗族和侗族人民用它来装饰盛装及儿童襁褓，寓意着生命的蓬勃生机，生活幸福美好。

图 5-105　台江·苗族·绞金绣·绣样

七、环环叠压的双针锁绣

锁绣，是一种古老的刺绣针法。贵州民族不仅继承了古代辫子股的技艺，而且还创造出了单针锁、双针锁、开口锁、拉锁子等针法。其中最为复杂的也最具民族特色的是双针锁，双针锁又

称“双线重叠绣”或“重叠拉锁子”，主要流行于雷山、台江一带，当地苗族女性用来装饰她们的盛装和褓褓。不同于古代的辫子股使用一条线的技艺，双针锁需同时使用两条绣线，一条用来绕圈，称为绕圈线；一条用来固定，称为锁圈线。具体方法是：第一步，先将绕圈线始端固定在绣底，然后用穿有锁圈线的针从正面刺出立于绣面，用绕圈线围着针按顺时针方向绕一圈，这时将锁圈线的针在绕圈线右侧反刺将其固定在绣底。第二步，锁圈线的针在第一个圆圈内的左侧刺出，针头也立于绣面，又用绕圈线围着针头按顺时针方向绕一圈，又将针在绕圈线的右侧反刺，把第二个圆圈固定，这样第二个圆圈就压住第一个圆圈的一半。第三步，锁圈线的针从第二个圆圈内的左侧刺出，针头仍立于绣面，又用绕圈线按顺时针方向绕一圈，这样第三个圆圈又压住第二个圆圈的一半，又将针在第三个和第一个圈线的右侧反刺，把两个圆圈固定在一起，形成两个圆圈相连，这也是双针锁名称的来源。然后每个圆圈都压住前一个圆圈的一半，每两个圆圈相连处都用锁圈线两两相锁，固定在绣底上，形成圈圈相压、两圈相连的纹饰。

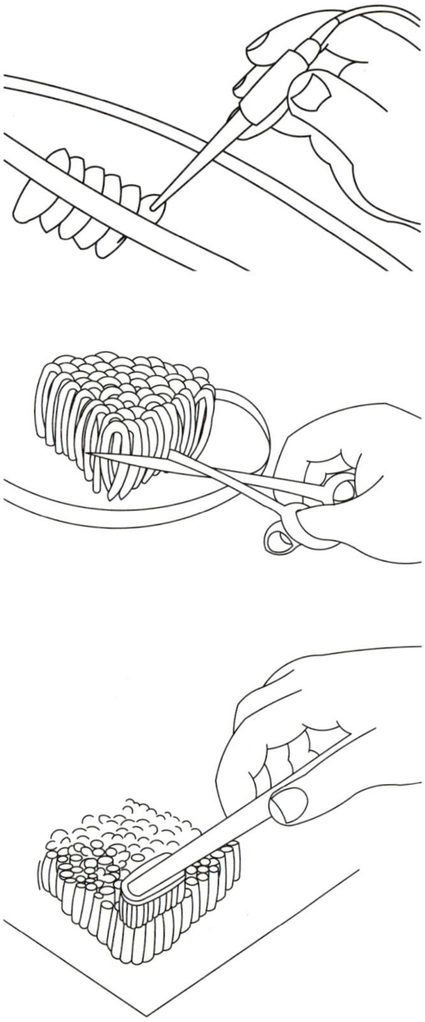

图 5-106　剪绒绣·针法

八、银光闪动的嵌锡绣

锡绣，是一种简称，从实际情况来看，并不是用锡直接刺入绣底，而是用锡条嵌缀在绣纹上的一层装饰，称为嵌锡绣更为准确。嵌锡绣流行于剑河县九仰乡及黎平县德化乡的一些苗族村子，锡箔一般是外地游商带入当地销售，苗族妇女购买存放备用。嵌锡绣的制作分为两个步骤，具体方法是：第一步要在平纹的布上用短线挑花手法形成几何纹饰，挑时反面朝上，正面朝下；第二步先将锡箔剪成约一毫米宽的条状，锡条的一端要剪成尖头，一端要卷曲起来，尖头是为了便于穿过绣线，卷头是便于勾住绣线。嵌锡是用针将绣线从绣面上微微挑起，用带尖的锡条穿过并拉紧至卷头，卷头将绣线勾住，操作者用手指捏住卷头包住绣线并压紧，使锡条不致脱落。这时剪掉卷曲的一端，再将锡条卷曲，进行第二道绣线的嵌缀，照此反复操作，直至嵌完全部图案。纹样一般为矩形纹、勾连云雷纹，苗族妇女称为“架桥纹”。绣面的下端要留出一段布不挑花，而是将纬线抽出，剩下经线，用经线编结成一排流苏，并在每只流苏上包锡条。这些纹饰和流苏，象征男女婚姻，阴阳和谐，繁衍生命，生生不息。过去嵌锡绣只用于装饰女性衣背和前后围裙，20 世纪 80 年代以来，为满足人们需求，

图 5-107　贞丰·布依族·剪绒绣·绣样

开始整件上衣都用嵌锡方法装饰，行走时如银光闪动。

九、布满鸟纹的茧底绣

茧底绣，又称铺茧绣，即用蚕丝絮片作为刺绣底子的一种技艺。主要流行于榕江、丹寨、三都一带。当地苗族每逢民族节日和人生礼仪场合，特别是他们每13年才欢庆的“鼓藏节”，必须穿“百鸟衣”，表示这一支系人群对于鸟的崇拜和纪念。隆重的节日，华美的盛装，也催生出相应的服饰工艺。当地苗族妇女制作“百鸟衣”，用两种工艺，一种是织锦，另一种是茧底绣。两种工艺都极为漫长和繁琐，茧底绣首先要制作蚕丝絮片，其生产方法见本书《织造卷》。这需要从孵蚕到其吐丝数月时间，有了蚕丝絮片，还要按服装样式裁成各个部件和构件。当地“百鸟衣”也有两种样式，一为上衣下裙的套装，一为上下相连的袍服。茧底绣制的“百鸟衣”，一般不需布料，而是用蚕丝絮片为衣料，直接在裁好的各个构件上面刺缀纹样，也有的另加布贴纹样再施以刺绣手法。当地刺绣针法一般是平绣、挑花，刺绣图案上大多为龙、鸟、鱼、花卉，以及一些几何纹，尤其以鸟纹最丰富。服装的各个部件都绣完后，用缝钉方法把各个部件组合为一套衣裙分离或上下相连的衣服。最后还要用金属片如牙膏皮和鸡毛，做成一个个吊坠，缝钉在裙子的下摆，才完成一套“百鸟衣”。传统的“百鸟衣”，从养蚕到成衣，需要费工数年。

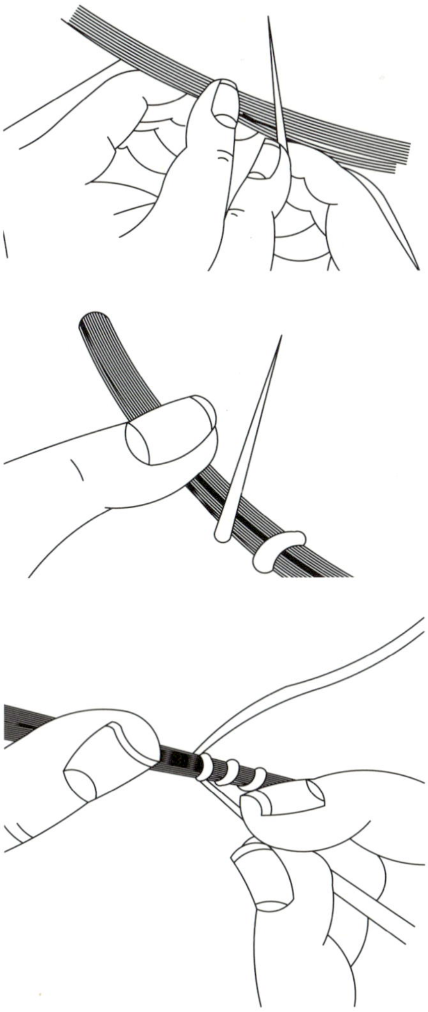

图 5-108 钉线绣·针法

十、纹饰古奥的茧花绣

茧花绣，顾名思义，就是用蚕丝絮片剪成花纹再加刺绣的技艺，也有的文章称“蚕锦绣”，主要流行于凯里、丹寨、雷山、麻江一带。当地苗族妇女用来制作她们自己盛装的围裙，这也是一种极其繁琐的工艺，要分四个步骤进行：第一步是用两层红色和蓝色布料，制作十几条贴花底布，并分别在底布面上缝上由红线、蚕丝、锡箔构成的装饰线。第二步将蚕丝絮片染成各种颜色，并按照花样剪刻花纹，有鸟纹和各种几何纹。第三步是按照传统图案用浆糊将花纹依次贴于底布上，再用丝线或马尾对花纹轮廓进行刺绣，针法有绕线、盘绣等。第四步是把十几条绣制好的花纹拼合在一起，一般上端为4条横向花纹，下端为11条纵向花纹，并在各条之间加上装饰条，形成一幅纵横排列的蚕花绣围裙面。除了裙面，还需制作裙里和裙下摆的缨穗，安装裙带。裙里是用一幅与围裙相

图 5-109 黄平·苗族·钉线绣·绣样

当的棉布，下摆要留出经线，并用经线编成网络垂缨，网络的每个打结点也要用锡箔装饰。垂缨下端还要用各种颜色的蚕丝絮片装饰在表层，先将蚕丝絮片剪成与经线垂缨一样长的细条，并用经纱系住，形成一排与围裙面上花纹相呼应的彩色缨穗。这些缨穗与上面排列的鸟纹、重复的花卉纹一样，寓意着本民族发达兴旺，生命繁衍、永不中止，生生不息。

图 5-110　龙里·苗族·蜡染补花绣

十一、纹如锦面的数纱绣

数纱绣，属挑花法，是要计算织物经纬线数量而下针的一种刺绣技艺。由于绣线依照织物经纬的纵横发展延伸，使大自然中的各种物象原先的曲线和圆形都变化为直线或斜线，而呈现各种几何体。黄平、黎平两地苗族的数纱绣，是最有影响的挑花工艺。虽然两地均以平挑为主，少有十字手法，但黄平一带主要特点是采用长短针法，对绣底作大面积覆盖，留有少许空地，图案多为网格化，由一个个格子以四方连续形式发展成大面积的网格，这些格子有龟背形、四边形、六边形、菱形。构成格子的元素有单线、有双线、有斜线、有矩形、有锯齿、有圆点、有钩状等。格子中间填以蝴蝶、花卉及几何纹，在数纱绣为主的基础上，兼用锁绣、嵌条、镶边等手法。当地数纱绣一般用于女性盛装的双肩、两袖、后背的装饰，未婚少女的圆帽、婴儿襁褓等物件。与黄平同属一个支系的贞丰一带黑苗，是自清代乾隆时期以后陆续由黄平一带迁徙而来，与原住地距离较远和环境不同，他们的数纱绣较多地保留了青蓝色的传统面貌。黎平六合一带苗族，以彩色丝线挑刺，纹饰有蝴蝶、花卉、人物等。长针较多，往往跨越几根纱，形成较长的浮线，但是不露一丝空地，加上丝线细密，绣面呈现出织锦般绚丽闪亮的效果，极具美感。

图 5-111　仁怀·苗族·织锦补花绣

十二、色彩斑斓的十字挑花

十字挑花，是在织物一经一纬两线交织时形成的十字架上，再用针线分别斜向地刺出两针，形成一个十字纹，并且在此基础上向四面扩展延伸，构成连续图案的刺绣技法。当然，在十字挑的基础上，也部分使用一字平挑。十字挑花分布地区十分广泛，贵州大部分民族都使用这种针法来装饰自己的服饰，其中又以中西部较为普遍，特别是龙里、贵阳、毕节等地的十字挑花最有特色。各地十字挑花，多为花鸟鱼虫和各种几何纹，都呈现出直角、斜

角的形态，但又各具风格。贵阳花溪一带用彩色丝线较多，当地苗族女性对各种颜色的使用，表现出两个方面的特点：一是相同颜色作上下、左右、对角的对称运用；二是用几种不同颜色有规律地重复，形成跳跃的色彩。绣面不作全部覆盖，露出少量底子。所以当地挑花出现色彩丰富又有变化的图案。乌当、白云一带多用白色绣线，对绣底作全部覆盖，不留空地，图案饱满，纹饰繁缛。龙里一带苗族十字挑花，在黑色底子上，纹饰有方有圆，有直有曲，可谓方圆并用、曲直相映。而毕节一带苗族的十字绣面上，分为若干个小方块，各个小方块或纹饰有别，或纹饰相同，但都以几种不同颜色来表现，所以出现斑斓五彩的视觉效果，即使是同一种纹样，也因色彩不同而富变化之妙趣。

图 5-112　罗甸・苗族・拼贴补花绣

十三、轮廓分明的缠绕绣

缠绕绣有不同称谓，如绞绣、绕绣、缠筋绣、盘筋绣、梗线绣、马尾绣等。凯里、雷山、台江、织金、黔西等地用丝线缠筋，榕江、黎平侗族用白色棉线缠筋，三都水族多用马尾缠筋。最细密繁缛的缠绕绣分布在织金珠藏一带，当地苗族一般以麻为芯，用丝线缠绕成筋。刺绣图案多为鸟、鱼等动物构成的变体纹。先用锁绣技法构成纹饰轮廓线，再用缠好的线条，在各个轮廓之内，一圈接一圈地盘缀，每盘一圈，就要用针线将其固定于绣底，直至填满全部花纹，而在各个轮廓之间，则采用平绣方法进行填补，四周边框则用挑花、龙抱柱等技法装饰。由于绣面大部分都是由绞绣完成，加上绞绣材料细微，缠出的筋也很细小，所以需要较长时间和耐性，以及熟练的操作技艺，才能完成一件作品。用绞绣制作出来的图案花纹走向清晰，繁密细致。苗族妇女用它来绣制背负儿童的褓褓，褓褓由两幅不同规格的绣面构成长方形或“T”形，两侧分别配以系带。黎平侗族基本上用两根白色棉线互相缠绕成筋，用来盘缀出纹样的轮廓，而轮廓内多用打籽绣填充，但由于侗族用的棉线比丝线粗，并且捻度高，所以盘出的线也显得十分粗壮，向上凸起，轮廓分明。另外，其用途较广，除褓褓外，当地女性的上衣、裙子、鞋子、童帽都有这种刺绣。

图 5-113　贞丰・苗族・流苏

十四、掐丝般的马尾绣

三都水族妇女用马尾作为刺绣的主要材料，一般以白马尾毛为首选，用 2 ~ 3 根长短不齐的马尾作为线芯，再用一根白色的丝线将马尾一端系上，然后用手指不停地捻动棉线和马尾，用白

图 5-114　榕江・侗族・垂缨

色的棉线将马尾缠裹住，形成一条类似于小提琴弦的线条，其直径约1毫米。一幅水族儿童褓褓，由褓褓带、褓褓面两部分构成。褓褓面由23块形状各异、大小不同的刺绣块面拼合而成，刺绣的底子一般采用红色或黑色的丝绸，并粘贴在棉布上面，形成厚0.5毫米的绣底。用缠好的马尾线按照图案纹样的主要线条进行盘缀，并用针线将其固定在绣底，形成图案纹样的主要轮廓线，马尾线的两端都要穿过绣底藏于背面，以保持正面纹样的清晰完整，而轮廓线以内要用红、绿、蓝、藕荷等色，以齐针、打籽绣手法填补，使绣面达到充实饱和。各个刺绣块面完成之后，还要将这些块面按照预先设计好的样子进行拼合缝钉在褓褓面上，并在各个小块面的连接处及边框，用丝带、金线等加上镶拼、嵌缀、织绣手法进行装饰，最后还要用黄色和白色的金属圆片，密密麻麻缝钉在刺绣表面上，这样整幅褓褓图案线条流畅，纹饰清晰，大有古代青铜器上嵌金银和掐丝珐琅的味道。而绣面上那些星星点点的金属片，又像是夜空中的繁星，闪烁着晶莹璀璨的光芒。

图5-115　榕江·侗族·辫绣

十五、镂云裁月般的贴花绣

贵州民族的贴花绣，有三角贴、条块贴、剪花贴、镂空贴等多种形式，材料有棉布、丝绸、蚕丝絮片，加上布料颜色各异，所以贴花绣呈现出不同的艺术效果。较有特色的是剑河、雷山、黎平、平塘、罗甸、望谟、毕节、威宁等地的贴花绣。贴花绣一般都用于儿童褓褓、童帽、妇女云肩的装饰。剑河苗族喜用白色、红色的布料剪镂成卷草龙纹和螺旋云纹，粘贴于黑色亮布上，加以锁绣针法，制成儿童褓褓。雷山苗族用彩色布料剪裁成龙、蝴蝶、鱼、鸟、蛙等动物的各个部位，周边配上花草纹、云纹，绣在褓褓面上，组成一个完整的艺术图案。毕节苗族用彩色布，剪成小三角，采用异色对拼方式，缝制成服装饰片。黎平侗族喜用丝绸剪成同心圆、八角、四叶、如意云头纹，在这些块面上，运用缠绕绣、打籽绣、结珠绣、龙抱柱、织绣等技法，绣上龙、鸟、鱼、花卉等纹样，制作成儿童褓褓。平塘、罗甸、望谟等地布依族，喜用彩色布料剪出对称的花卉、蝴蝶、鸟、鱼、铜钱、花篮等纹样，利用平绣、网绣、龙抱柱等针法，完成一幅“T”形褓褓。威宁等地彝族喜用红、黄、绿、白四种颜色的布料，剪成不同形状，并贴在黄色衬地上，形成九个格子，四个格子为虎头纹，五个格子为蕨菜纹，最后制成一幅有辟邪祈福性质的儿童褓褓。

图5-116　雷山·苗族·双针锁绣

图 5-117　台江・苗族・擘丝绣

图5-118 台江·苗族·三角堆绣

图5-119 榕江·侗族·缠梗绣

图5-120 黄平·苗族·数纱绣

图5-121 台江·苗族·三角堆绣

图5-123 黄平·苗族·数纱绣

图5-124 花溪·苗族·挑花

图5-125 花溪·苗族·挑花

图5-126 花溪 · 苗族 · 挑花

图5-127 花溪 · 苗族 · 挑花

图 5-128　台江·苗族·擘丝绣

图5-129 雷山·苗族·折绉式辫绣

卷次

纹样是民族文化凝练的符号。贵州民族服饰中，纹样承载着族群悠长的历史，是族群辨识的鲜明标志。各民族把自然、传说、历史等题材纹样化，以写实、抽象的手法，或组合、或独立的形式，表达出民族的审美意识和对美好生活的祈愿。

概　述

一、纹样定义

纹样，是装饰花纹的总称，中国古代称为“文镂”，现在一般称为花纹、花样、纹饰、图案。中国的纹样从新石器时代的彩陶、玉器、雕塑等艺术开始，就呈现出迷人的艺术风格。经过历代先人的创造、发展，形成了中国独特的装饰语言，并逐渐达到了日臻完美的境地。

对于纹样的作用，《中国纹样史》一书这样解释：

“纹样，一般应需要产生，即在功能的需求下形成纹样，或逐渐转化为纹样。纹样的属性属于装饰，须依附在工艺品或产品的本体上。纹样本质，可以概括为功能基础、符号意义及审美价值三方面。

“纹样的功能基础表现为加固、防滑以及指示等，多数的装饰纹样大都为实用与审美的统一。纹样的符号意义，在于它表示出一个群体的共识性的认识，反映了特定群体约定俗成的观念。纹样体现

的象征思维是中国传统文化的一大特点。纹样的本质，在于它的审美意义，亦即装饰意义。纹样的发展，从早期的功能基础和符号系统，随着人们生活需要的提高，其审美意义渐渐占据主导地位，即追求纯粹的装饰美。”

服饰纹样，是指通过织、染、绣及裁缝等手段装饰于服装及配饰上的纹样。织造、印染、刺绣是服装纹样主要呈现的制作工艺，是纹样得以呈现的技术条件。纺织技术是纹样产生的物质基础和工艺基础。运用经纬线的交织呈现出以直线、折线为主的几何纹是最早的织造纹样。织物是服装服饰的基础，它本身自带纹样，又可以承载其他技艺形成的纹样，如印染、刺绣等均在织物上进行。染是以色彩呈现纹样，通过描绘、染色、印花等工艺实现。绣以针引线，通过不同走线方式形成繁多的肌理和造型。染、绣在装饰纹样的形式上较织更多样，表现手法更自由。

如果说织造、印染、刺绣是在平面上做造型装饰，那么银饰、头饰、配饰的纹饰则是平面和立体相结合。银饰、头饰、配饰上的纹样与织造、印染、刺绣的纹样相互影响，各有特色。服饰纹样因其题材、形式、载体、工艺的不同，呈现出丰富多彩的面貌。同时适用于不同场合的服装、服饰所采用的纹样有所不同，形成了具有群体性的纹样语言。服饰纹样作为民族文化的重要组成部分，其演进发展方式，一是传承民族文化，二是不断兼收并蓄外来文化。它是人类对物质文明和精神文明不断追求的结果。

二、贵州民族纹样的范围

贵州民族很早就掌握了用各种纹样来装饰自己衣着的艺术。范围十分广泛，手法极其丰富，它既

图 6-1　榕江・三江・苗族・苗年・织染绣蜚纹样繁

图 6-2　苗族・刺绣・曲体龙纹

图 6-3　苗族・刺绣・龙凤纹

图 6-4　苗族・刺绣・鸟纹

有织造、印染、刺绣等工艺形成的平面纹样，又包括银饰、头饰、面具等造型图案。贵州民族服饰有锦、绮、绫、罗、绦、组、条纹布、斜纹布、方格纹布、蜡染布、油脂防染印花布、扎染布、型版印花布等面料。除了织染工艺，服装的装饰还有数十种刺绣技法。贵州民族众多，支系庞杂，其发型及头饰形式千变万化，各有风姿。贵州民族银饰品种丰富，造型各异。除此之外，因生产生活、娱乐表演、宗教信仰等方面的需求，贵州民族还有与着装相随相依的各种配饰。这些服装织染面料、装饰刺绣、银器、配饰上的各种纹饰及图案，构成了内容丰富、多姿多彩的贵州民族纹样。对于缺乏文字记录信史的贵州民族来说，它是一种记录历史和传播文化的符号系统。

三、贵州民族纹样的特色

（一）悠久的古代文化特色

众多民族学者一致认为，贵州的 18 个世居民族，除仡佬族为土著之外，其他民族都是在不同历史时期由不同方向迁徙而来，并且大部分是在秦汉至宋代已定居于贵州。这些民族带来了他们母体民族的文化，进入贵州后，由于他们各自聚居在一个相对固定的环境中，重重大山阻碍了他们之间的广泛交流，所以他们都保留了相当多的古代文化及艺术特色。在服饰上，不仅有大量的古代服装样式、制作技艺，还有丰富的古代纹样。这一点，只要把贵州民族服装样式、制作技艺、服饰纹样，与中国古代《诗经》《楚辞》等文献中的有关句子，以及古代青铜器、漆器、玉器、织染绣等工艺纹样加以对比，便可发现二者之间相去无几。其实历代文人已关注到贵州民族服饰与古代服饰的这种延续性和相似性。如宋代朱辅在《溪蛮丛笑》中就看出居住在湘黔一带的仡佬人的衣裳，与汉代南方民族服饰的承传关系：“（仡佬裙）裙幅而头缝断，自足而入，阑斑厚重，下一段纯以红，范史所谓独力衣，恐是也。”又如清代陆次云在《峒溪纤志》中记载：“苗锦大似芒布，巾帨尤佳。其妇女衣缘领袖皆缀杂组，藻彩云霞，悉非近致，谓之花练，土俗珍之。……女衫襟袖领，悉锦为缘，其锦藻绘逊中国，而古文异致，无近态焉。”

用现代人类学的眼光和方法，把贵州民族服饰与中国古代艺术进行对照的是日本学者鸟居龙藏，他在《苗族调查报告》一书中就记录贵州民族服饰给他的印象：

“彼等俱着筒袖之半体衣，右衽，下缠长裙，胸部着胸挂，而于衣服之腰部及胳臂，俱缀以蜡缬花纹之布片，长裙之上部亦施雷纹。余一见此风，转觉汉代前后之情状，仿佛现于目前也”“蜡缬在日本奈良朝，仿隋、唐之法，盛行是种绸织物，今其遗物尚藏于正仓院。……其制法，在中国既已失传，古代之遗物，今亦无存。唯苗人今尚传此术也。此术之最初流传于日本者，本得之于汉人，然今日其发源地之中国，此术既衰，反于苗人中存其遗风，宁非奇事耶”“‘仲家’与其他苗人有一种不同之花纹，就其显著者言，有用‘雷纹’及‘涡纹’者以为汉人自古即有之花纹”，“吾人一见‘仲家’妇女缠有描画雷纹之长裙时，立即联想到中国古代铜器之花纹”“此种花纹，以一涡纹为中心，其周围复绕以五涡纹。……又有连续如同马家窑彩陶上之旋转涡纹者，亦有连续之花纹如向上横列锯齿状之形状者。此种花纹，于铜鼓及中国古镜上见之”。类似的文字内容，在他的文章里频频出现。

抗战时期，中国人类学者吴泽霖、陈国钧在《贵州苗夷社会研究》中也记：“有一种蜡画，这是染色的一种方法，用一种特制的笔，蘸上熔化的蜡，随手书出各种花纹，然后放入染缸去染，染成之后，再将蜡洗去，如连接染二三次好像是套色印刷一般，以上所说，都是中国的老法子，尤其是蜡画的染法这在中原地带，早已失传了，然苗夷还保存着。”吴泽霖在《定番县乡土教材调查报告》中，反复强调贵州少数民族，“女子的衣服似中国的古装”“苗夷中女子所穿的衣服，就不如男子们这样简单。他们仍保持各别的古风”“美好之苗女，着盛装艳服，其与古代之皇妃无从分别”。

上述资料可以证实，贵州民族服饰是中国古代服饰文化的遗存，是研究中国古代社会和服饰文化的宝贵资料。

（二）丰富的民族文化特色

贵州的18个世居民族，来源不同，文化习俗不同，迁入时间不同，居住环境相对独立，都保留了他们母体民族的文化基因，所以他们的服装材料、款型样式、制作方法、图案纹样等，都各有差异，正是这些差异，构成了多姿多彩、风情万种的贵州高原民族服饰文化。从服饰纹样的制作上，有织造纹饰，如锦、绮、绫、罗、绦、组等提花纹样，有条纹、斜纹、方格纹等平织纹样，有印染纹饰，如蜡染布、油脂防染印花布、扎染纹饰、型版印花布等。这些工艺品种，都是贵州各民族的智慧结晶，是中国文化艺术园地中的异卉奇葩，闪耀着绚丽迷人的光彩。

图6-5　苗族·刺绣·蝴蝶纹、鸟纹

图6-6　苗族·刺绣·蝴蝶纹

图6-7　苗族·刺绣·石榴纹、蝴蝶纹

（三）鲜明的山地文化特色

贵州地处西南云贵高原东部，地形由西向东倾斜，海拔高度相差较大，气候气象条件不同，加上属山地农业经济，这就促成了贵州民族服装服饰材料的丰富多样性，并带有明显的西南高原山地特征。如全省民族都普遍采用自种的蓝草提取蓝靛来对面料染色，并制作印染工艺。一些民族学会从野生或种植的各种植物中，提取各种彩色来制作染色，并加工织锦、刺绣材料，使服饰纹样出现浓墨重彩、五彩纷呈的视觉效果。

图 6-8 苗族·刺绣·人物纹、龙纹

图 6-9 苗族·刺绣·人物纹、龙纹

图 6-10 苗族·刺绣·人物纹、动物纹

第一章

贵州民族纹样的历史沿革

图 6-11 苗族·刺绣·宗庙纹

第一节 先秦至宋元时期的纹样

贵州有记录的历史可以追溯到周代，当时的濮人曾经向周天子进贡丹砂。丹砂可以作为绘画制纹的颜料，赫章可乐墓葬中就发现有红色材料和铜、玉、骨等各种质地的精美服装饰件，由此推测，有着高档精美饰件的墓主人，绝不会用粗糙朴素的衣料制作服装，当时贵州的居民已经会将丹砂涂绘在服装上，形成各种漂亮的纹样。

图 6-12 苗族·刺绣·人物纹、动物纹

贵州民族，除了濮人为土著之外，其他氐羌、百越、苗瑶、华夏等族系，基本上是在不同时期由不同方向迁徙进入贵州而定居的。这些民族与中国上古民族有着深厚渊源，他们先民的服装习俗可以从古代文献中看出。《诗经》《楚辞》等先秦诗集，就记录了不少古人的衣着打扮及服装纹样的内容。

如《诗经》中描写服装纹饰及发型的句子："委委佗佗，如山如河。象服是宜；玼兮玼兮，其之翟也。鬒发如云，不屑髢也。"（《鄘风·君子携老》）现贵州不少民族仍保留"委委佗佗，如山如河""玼兮玼兮，其之翟也。鬒发如云，不屑髢也"的发饰形象及"象服是宜"的服饰纹样。

图 6-13 苗族·刺绣·人物纹、动物纹

也有关于织造和刺绣纹饰的："素衣朱襮。素衣朱绣。"（《唐·扬之水》）"黻衣绣裳。"（《秦·终南》）"织文鸟章。"（《小雅·六月》）"萋兮斐兮，成是贝锦。"（《小雅·巷伯》）"粲粲衣服。"（《小雅·大东》）现在贵州众多民族的服装都用各种织造品和刺绣品来制作和装饰，呈现出"素衣朱襮，素衣朱绣，黻衣绣裳，织文鸟章，粲粲衣服"的华美效果。

图 6-14 苗族·刺绣·人物纹、动物纹

《诗经》中收集的是周代各国的诗歌，当时周的疆域内，不仅有华夏民族，也包括东夷、南蛮、西戎、北狄，应当说周王朝当初制定各种礼乐制度，就植根于治下的各地民间习俗而加以提炼归纳，而升华为制度文化。当今时代，这种礼乐制度在中原内

地早已不复存在，但“礼失求诸野”，作为古代民族的后裔，虽远徙贵州大山之中，却一直保留了这些上古的服饰习俗。

《楚辞》中亦不乏楚国居民服饰的内容，如：“扈江离与辟芷兮，纫秋兰以为佩。制芰荷以为衣兮，集芙蓉以为裳。”（《离骚》）“灵偃蹇兮姣服，芳菲菲兮满堂。”（《九歌・东皇太一》）“浴兰汤兮沐芳，华采衣兮若英。”（《九歌・云中君》）“薜荔拍兮蕙绸，荪桡兮兰旌。”（《九歌・湘君》）“灵衣兮被被，玉佩兮陆离。”（《九歌・大司命》）“荷衣兮蕙带，倏而来兮忽而逝。”（《九歌・少司命》）“翾飞兮翠曾，展诗兮会舞。……青云衣兮白霓裳。”（《九歌・东君》）“若有人兮山之阿，被薜荔兮带女萝；被石兰兮带杜蘅。”（《九歌・山鬼》）“解萹薄与杂菜兮，备以为交佩。”（《九章・思美人》）

贵州苗族、侗族、布依族、土家族、仡佬族等民族先民，都是楚国治下居民，至今这些民族仍保留了古代楚人喜爱盛装华服的生活习俗。

《风俗通义》《后汉书》《搜神记》等书，记载了南方及西南方民族的服饰，“衣裳斑斓”，“织绩木皮，染以草实，好五色衣服，制裁皆有尾形。……衣裳斑斓”。《华阳国志》《魏书》记他们有“蚕桑、绵绢、采帛、文绣”；又“有阑干细布。阑干，獠言纻也，织成文如绫锦”。现在不少生活在贵州的民族，不仅与这些古代南方及西南方民族有着千丝万缕的关系，而且一直传承了“染衣草实，好五色衣服”“衣裳斑斓”，织造“阑干细布”的各种服饰工艺。

《隋书・地理志》记录了南方民族的服饰，“诸蛮……服章多以斑衣为饰”，“女子青布衫，斑布裙”。到了唐代，贵州等西南民族的印染品作为贡品上交中央王朝。《元和郡县图志》记：“夷州，开元贡斑布；南州，开元贡斑布。”这是历史文献第一次反映贵州的印染工艺。

图 6-15　苗族・刺绣・双兽戏珠纹

《新唐书・南蛮传》记载：“东谢蛮，……俗椎髻，韬以绛，垂于后。坐必蹲踞，常带刀剑。男子服衫袄，大口裤，以带斜冯右肩，以螺壳、虎豹、猿穴、犬羊皮为饰。……贞观三年，其酋元琛入朝，冠乌熊皮若注旄，以金银络额，被毛帔，韦行縢，著履。”这也是关于贵州民族服饰纹样的首次记录。“俗椎髻，韬以绛”是指头发向上成锥形，并扎绛色丝绦；“以螺壳、虎豹、猿穴、犬羊皮为饰”，则说明当时贵州民族利用野生动物皮毛和甲壳为材料，

加工成服饰品并显示斑纹。

宋代，贵州各地居民的服饰纹样，已经用织锦、印染、刺绣等工艺来表现。据欧阳修《六一诗话》记：“苏子瞻尝于淯井监，得西南夷人所卖蛮布弓衣，其纹织成梅圣俞《春雪》诗。”有文字的蛮布，就是提花工艺的锦。贵州民族既可以用锦来制作弓衣，也就是弓套，那么也会用来制作服装。《容斋随笔》记：“靖州之地，妇人以银、锡或竹为钗，其长尺有咫。通以细斑布为之裳。”贵州东南一带天柱等地，宋代属靖州所辖，至清代雍正四年（1726年）才被划入贵州。《岭外代答》记贵州西南一带居民“衣花斑衣”。《溪蛮丛笑》记包括贵州东部一带居民的服饰工艺：“裙幅而头缝断，自足而入，阑斑厚重，下一段纯以红，范史所谓独力衣，恐是也。盖裸袒以裙代袴，虽盛暑不去，去则犯鬼，名仡佬裙”；“顺水斑：蚕事少桑多柘，茧薄小不可缫，可缉为䌷，或以五色间染亦可，伪名顺水斑”；“不阑带：蛮女以织带束发，状如经带，不阑者，斑也，盖反切语，俚俗谓团为窦鸾，孔为窟笼（窿），即此意名不阑带”；“点蜡幔：溪洞爱铜鼓甚于金玉，模取古文（鼓纹）以蜡刓板印布，入靛缸渍染，名点蜡幔”。

图6-16　苗族·刺绣·双鱼纹

1987年考古人员在贵州平坝、长顺一带，还发现了一批精美的蜡染服装。《平坝“棺材洞”清理报告》对蜡染的应用、纹饰内容题材、图案色彩搭配等情况都作了极为细致的描述，如415号棺中衣裙：

“外衣大襟用浅色线锁边联成的布条彩带。布条有深蓝、浅蓝、黄褐三色。前后摆由三块布缝式，中间黄褐色、两侧深蓝色。小襟用深蓝、黄褐两色布。袖用三段色布，上为黄褐、中为深蓝、下为浅蓝三色。袖口用布条、布块镶合装饰，颜色与袖身所用颜色相同。肩、胸部是主要装饰区，分两组，左右各有三块方形图案，联接成组。右边三块图案分别为双鸟、立鸟、翔鸟图，下图残，仅可见一鸟头颈部；外侧以带状花卉图案为边。肩部装饰图案皆为彩色蜡染，有深、浅蓝和褐三色。中衣袖中段用三角形色布拼成方形，颜色为深、浅蓝和黄褐；肩胸用黄、绿色丝线绣四鸟和花卉图案。内衣袖子三段上的上段用深、浅蓝和黄褐色三色三角形布拼成方形图案；中段用黄褐、浅蓝色布条，拼成斜纹彩带；下段用深蓝线挑织成的菱形二方连续图案，上、下加曲折纹挑花带饰。蜡染折裙3件。外裙裙身装饰内容分三段。上、中二段为彩色蜡染，上段宽，纹样以翔鹭为主，尾羽特长，屈肢、昂

首、展翅，线条流畅生动，用色以黄、蓝为主，但有深、浅差别，翔鹭间的空白用几何形等纹样填补，显得既饱满又协调；中段纹样粗看似流云，细看又似乎夹有些花蕾，空白处则补以米点，用色与上段同，两段间用两组弦纹分隔，弦纹间的色调，从上至下有变化，即蓝、白、深蓝、淡黄、黄，这种变换色调的手法和构想，给人以妙趣横生的感觉。蜡染的冰纹均为纵向。下段纹样以刺绣和挑花组成，中间为刺绣，内容多变，不规则，有的像树木，有的像人物或走兽，有的是一笔绕成的连环形图像；上下两边为挑花，上为'万'字纹，下为席纹；用的颜色有黄、绿、蓝诸色。裙边为深蓝色，无纹饰。中裙裙身图案装饰亦分三段，上、中段为彩色蜡染，内容与外裙相近，着色没有外裙考究，主要变化是下段，下段是用浅蓝、褐、黄、白等三角形色布缝合成带状图案，用深蓝线挑成曲折纹花边，并间用黄、蓝布条，色彩鲜明，曲折纹花边尚未挑织完竣，裙边为深蓝色布。内裙下段是用深蓝、浅蓝、黄褐三色布条纵向拼合成的，再以曲折纹挑花镶边组成。裙边为深蓝色布。"

在423号棺内，发现三件上衣和裙子：

"外衣大襟用色布条缝合成横线图案，布条颜色有浅蓝、深蓝、黄褐等色，用浅色线锁边。胸肩部用彩线绣翔鸟、云气等纹联成的图案，彩线有深蓝、淡黄、金黄等色。中衣大襟用深蓝、淡褐色方布块缝合成带状装饰，用蓝、浅褐色布条镶双边。内衣大襟用深蓝、黄褐等色布条、块组成彩色图案。大襟用浅蓝、淡褐色布条包双边。边沿部再用深蓝线挑织成三角形纹花带。外裙裙腰用粗纱土白布缝制。裙身以彩色蜡染装饰为主，图案分上、中、下三段，上、下段为翔鸟组成的连续图案，中段则以花卉界植物性纹样为主。裙摆部分则用深蓝、浅蓝、黄褐等色布条拼合成。裙边用深蓝线挑花图案。中裙图案变化在中段，变换成条纹彩染。内裙形制、图案基本与外裙相似。蜡染部分只有深、浅两个色调。裙下摆中部用深、浅蓝和黄褐等色三角形布条组拼成彩色装饰幅。"

从上述描述来看，宋代贵州民族已经借助了大自然的植物花卉、动物中的鱼鸟，以及各种几何纹来作为服装的纹样了。

元代，贵州民族服饰纹样基本延续了宋代的风格。除此之外，考古人员在贵州各地还发现从先秦至宋元时期的各种金属、玉石、骨角等材料制作的首饰、服饰、配饰。上述资料表明，这一时期贵州民族服饰纹样已十分丰富。

图6-17 苗族·刺绣·双鸟纹

第二节　明代至民国时期的纹样

明清以来，由于政府组织由内地向贵州大规模的移民活动，不仅带来了开发贵州的人力资源，而且也引入了较为先进的农业及手工业技术。如型版印花、丝织、银器冶锻等技术，以及中原汉族文化，这些都大大提高了贵州居民的生活质量，丰富了他们的服饰纹样。明清两代大量官吏及文人进入贵州各地任职，他们对贵州民族状况及社会风俗进行考察巡视，在他们的著述中，记录了不少民族服饰情况，使贵州民族服饰纹样比以前更为丰富和清晰起来。

如顾亮《侗锦歌》就说到了侗锦的纹饰与色彩："郎锦鱼鳞纹，依锦鸭头翠。"

郭子章《黔记》卷五十九《诸夷》中，就记录了贵州民族服饰中的织造、印染、刺绣纹样及发型、头饰、配饰样式："苗人，斑衣左衽。""在宣慰司有东苗、西苗。男髽髻着短衣，色尚浅蓝，首以织花布条束发，妇着花裳。""在葛彰葛商为短裙苗，以花布一幅横掩及骭。""在龙里，西苗男子椎髻，上插白鸡毛，女子以蜡画布衣。""在黎平，其妇女发髻散绾额前，插木梳，富者以金银，多者至五六，如连环，织紬如锦为盖头。服短衫，系双带结于背。胸前刺绣一方，银钱饰之。长裤短裙，或长裙数围而无裤，加布一幅，刺绣垂之，名曰'衣尾'"；"仡佬，以布一幅围腰间，旁无襞积，谓之'桶裙'。男女同制。花布者，为'花仡佬'；红布者，为'红仡佬'"；"仲家椎髻鞋跻，衣裳青色，妇人以青帛蒙髽，若冒絮之状。长裙细绩，多者二十余幅，拖腰以彩布一方若绶，仍以青衣袭之。""龙家，男子束发而不冠，妇人斑衣，以五色药珠为饰。贫者以薏苡代之。""四龙家，衣尚白，丧服则易之以青。妇人缁布作冠，若马镫加髻，以笄束之。大头龙家，男子以牛马鬃尾杂发而盘之若盖，以尖笠覆之。狗耳龙家，妇人辫发，螺结上指，若狗耳之状。""蛮人，妇女被花短裙。"

弘治《贵州图经新志》记："红仡佬，妇人以毛布染红作裙。""东苗妇着花裳。""镇宁女则服花衣杂以五色。""龙里妇女衣尽蜡花布。""新添卫男女皆科头，跣足，以花布为衣。""清平卫妇人则服短花衣。"

田汝成《炎徼纪闻》记："㑲人妇人短裙长袴，后垂刺绣一方若绶，胸亦如之。"

图6-18　苗族·刺绣·双鸟纹

图 6-19　苗族·织锦·龙纹

图 6-20　苗族·织锦·龙纹

到了清代，关于贵州民族服饰的文人著作更是连篇累牍，如田雯《黔书》、康熙《贵州通志》、谢圣纶《滇黔志略》、傅恒等《皇清职贡图》、爱必达《黔南识略》、张澍《续黔书》、李宗昉《黔记》、陈浩《八十二种苗图并说》、罗绕典《黔南职方纪略》、陈鼎《滇黔土司婚礼记》、徐家干《苗疆闻见录》、严如熤《苗防备览·风俗考》、许缵曾《滇行纪程摘抄》、蒋攸铦《黔轺纪行集》、桂馥《黔南苗蛮图说》、陆次云《峒溪纤志》等。

以田雯《黔书》为代表："花苗，裳服先用蜡绘花于布，而后染之，既染，去蜡则花见，饰袖以锦，故曰花苗。""东苗、西苗，男髽髻，著短衣，色尚浅蓝，首以织花布条束发。女著花裳，无袖，惟遮前覆后。""短裙苗，以花布一幅横掩及骭。""红苗，衣被俱用斑丝，女工以此为务。""阳洞罗汉苗，妇人养蚕织锦，服短衫，系双带结于背，胸前刺绣一方，以银钱饰之。""武侯锦，锦用木棉线染成五色织之，质组有文采，俗传武侯征铜仁蛮不下，时蛮儿女患痘，多有殇者，求之武侯，侯教织此锦为卧具，立活。故至今日名之曰武侯锦。"此后的文章多是在《黔记》《黔书》的基础上，或引或增。最能反映贵州民族服饰纹样的当数陈浩的《八十二种苗图并说》和桂馥的《黔南苗蛮图说》，两书以绘画加文字说明的形式表现了清中期至清晚期贵州民族服饰状况。从这些图画和文字介绍上可以看出，贵州民族的织造、印染、刺绣、头饰、银饰、配饰等服饰工艺及纹样，出现了十分兴盛的状况。

近代以来，受西方社会科学的影响，国内外一些学者进入贵州做调查采访，记录下了不少贵州民族服饰及纹样的内容，如日本人类学者鸟居龙藏在他的《苗族调查报告》中，就记下了他从贵州玉屏至盘县（今盘州市）一路上所见到的贵州苗族、侗族、布依族、屯堡汉族、彝族等族群的衣着及纹饰。他以一个学者的敏锐目光观察到贵州民族项圈和耳环造型以及纹样形状，"颈圈以粗金属丝制成，多将其尖端卷涡纹形或菱形，亦有作成绳状者"，"耳饰，其中有二种：一为银制缝状者，一种为纯粹之银环。前者小，甚美观；后者有大小之别，小者稍可观，大者令人吃惊。又耳环之尖端，常卷成涡纹形"。又如他观察到各地族群不同的服装上衣、下裙、头巾、帽子的样式，以及用织锦、印染、刺绣等工艺手法形成的各种不同的纹饰，并指出这些花纹与中国古代装饰纹样的传承关系："余一见此风，转觉汉代前后之情状，仿佛现于目前也"，"故吾人一见'仲家'妇女缠有描画雷纹之长裙时，立即联想到

中国古代铜器之花纹”。他还在旅行中认真仔细地考察记录了贵州民族制作蓝底白花和彩色蜡染的工艺过程及方法：

“其先，置布于某处，于其上投以火熔之蜡少许，然后任意绘以花纹，在此花纹完全绘成时，则绀染之。此种技术，甚为困难，若处理不善，则投上之蜡花纹，或至破损。是此种技术所需要者，即熟练与注意是也。若经一次绀染之后，则用清水洗之，然后置于日光透照之广场将其晒干，晒干后，则除去所投之蜡。如是，完全之蜡缬花纹由此制成矣。此种蜡缬花纹，在‘仲家’概为绀色，至余所见之安顺‘花苗’，亦有染绿色者（余采集有是项标本）。又于同一布面上，亦有染绀、黄、赤等各色者。要之，此种制蜡缬之法，在苗人方面，诚可视为今日一种非常之技术也。”

抗日战争时期，内地一些文化人南下迁入贵州，贵州民族成为他们考察研究的对象。并写出不少研究文章，如大夏大学的吴泽霖、陈国钧的《贵州苗夷社会研究》一书，就记录织布、织锦、印染、刺绣工艺，以及由这些工艺产生出来的各种服装纹样，如：

“通常苗夷族所织的布匹，俗称‘平布’，虽不及洋纱布的宽长，然质是厚而有纹路。贵州东南的黑苗与侗家，用棉花织成的布，厚如铜钱，有花椒布、斗纹布、斜纹布等数种，染成颜色后，甚是美观。

“绣花——苗夷族有一共通特征，即女子无一不擅长绣花，爱美的观念，非常浓厚，对于自己所穿衣服上的花纹，异常考究，花钱向汉人买来，家庭辛苦所得，即作此种消耗，然其色的配合，形状的精巧，却不亚于湘绣杭绣等，着实难能可贵。

“（一）织花——此法在织布时用彩色线或是羊毛，镶织成各种花纺，颜色很鲜明，形状不一，有长方、三角、锯齿、十字等形状，我们以几何学的眼光观之，苗夷所织的花纹，大多利用平行线，以状其花纹，如大花苗中以白的麻布，染赤色的羊毛，织成红色的花纹，即是此例。

“（二）粘花——此法系剪各种彩色绸布，粘成不同样的花纹于衣裙上，材料多是向汉人处买来的；这项粘花，多用于袖间、裙带、腰际或其他装饰品上，花纹既精巧，颜色又鲜明，青苗与黑苗女子最善此法，在她们的服装上即可见到。

“（三）刺花——此法又名挑花。女子从幼学习针线活，除协助农工家务等外，就专心一意用针线刺绣花纹，每见她们入山砍柴，或牧畜牛羊等时，亦多将刺花的材料，藏诸腰际，一逢空闲，

图 6-21　苗族·织锦·人物纹

图 6-22　苗族·挑花·宗庙纹

图 6-23　苗族·挑花·几何纹

图 6-24　苗族・挑花・几何纹

图 6-25　苗族・挑花・几何纹

图 6-26　苗族・挑花・几何纹

就取出刺绣，我们往往看到苗夷女孩牧畜，傍晚归来，手携布卷，就是她们在空余时所做的刺花，每逢集会时所穿的各种花纹，亦即是她们日积月累所刺成功的。

“（四）绘花——此法又名蜡染，亦即日人鸟居龙藏在贵州《苗族调查报告》书中说的蜡缬法，所谓蜡染，并非以蜡作染料，而是用以作染色时的防御工作而已。考此法，各种族皆有，传来发源地是爪哇Java，发明年代已不可考了，远在我国隋唐时代仍盛行，迨后流行到日本，至今尚存。但此法在我国汉族间失传已久，此在苗夷族中今仍保存，这是民俗学上最堪注意的奇事。苗夷族间流行这种绘花方法，然而最盛行的要算花苗与仲家，小之如手帕、腰带、大之如衣裙、被单等日用物品上常可见到。

“绣花之外，有捺锦（绣花是在布上绣出花样，留有布底，捺锦是编织成花，完全布满，不露布底），有扣花（扣花是用一色的线，扣出花纹，好像是描的线条一般），种种不同。”

《定番县乡土教材调查报告》也有不少贵州民族服饰的内容：“苗、夷女子的棉鞋，却镶着阔黑边，并绣上各种花纹”“夷家妇女更在胸褂和背包上绣上花纹，作为一种装饰品”“她们的刺绣先用‘蜡’绘成花纹，后用各种彩线绣在衣服上，用色简单，但也配合得当。至于花纹以‘几何式’的利用直线、三角形等制图案或是花卉”。

李绍良《榕江县乡土教材》记：“僮家妇女，着蓝白花衣，头缠蓝白格子布，宽袍大袖，体态从容，耳上戴银饰，形如盘香，直径约一寸。”

除了学者的著述之外，一些画家的作品中，也反映了当时贵州民族的服饰及纹样状况，如庞薰琹、叶浅予、关山月、董希文、黄异等人，在他们表现贵州民族的绘画中，可以清楚地看出贵州少数民族的服装及纹饰。

从以上资料来看，近代贵州民族服装样式不仅丰富多样，而且纹饰也十分美观漂亮。

第三节　当代的纹样

中华人民共和国成立以来，党和政府制定了保护民族文化的一系列政策，使各民族人民的生活习俗和传统服饰艺术得到重视和保护。为了满足少数民族的生活需求，政府创办了民族工艺的

企业，专门生产销售织锦、印花、刺绣、银饰等产品。有关部门和人士，相继在各地举办了贵州民族服饰展览、演出活动，出版了一大批这方面的图书，使贵州民族服饰艺术走出大山，并且成为广大民族文化学者、艺术家、设计师进行研究、创作、生产的重要资源。随着中国经济社会的高速发展，贵州各族人民的文化自信心也得到增强，他们把本民族服饰艺术视为民族的骄傲，不仅制作穿戴使用本民族的服饰艺术，更以这种盛装华服来宣示代表本民族的兴旺发达、繁荣昌盛。在新的时代，还把它当作一种扩大就业、发展经济、增加收入、改善提高生活的一条门路，开展织造、印染、刺绣、服装、银饰、面具等各种服饰手工艺的培训工作，使更多的农村人口掌握传统服饰技艺，扩大产量和提高质量，以占据更大的市场，满足人们的需要，民族服饰不再是局限于本地区民众的一种文化符号，而成为人类共享的文化资源。在这种大背景下，贵州民族服饰及纹样发生了两个方面的变化。

首先是服饰纹样的生产制作技术的多样化。自改革开放以来，贵州民族传统的织造、印染、刺绣手工艺术，如锦、绮、绫、罗、绦、组、亮布、条纹布、斜纹布、方格布、蜡染花布、油脂防染印花布、扎染花布、毛毡、蚕丝絮片等服装材料的生产，得到了迅速恢复，各地区各民族的刺绣、银饰、民族服装生产加工技术，都全面发展起来。同时不少地方引进了现代机械、电子设备，如丝网印花、自动化织锦机、电子刺绣机，有的银饰作坊采用了现代的压模、錾刻、焊接工具，有的生产者选用现代工业材料，这些措施都大大提高了生产速度和产品质量，使贵州民族服饰及纹样呈现出前所未有的繁荣景象。

其次是服饰纹样的互相吸收与融合。由于社会进步，流通加快，各民族再也不是独居一方、互不交流的原始状态。各族人民之间出现了往来频繁，互相欣赏学习，彼此借鉴，最后融合混化的情形。比如这一地区的印染艺人，会学习另一地区的蜡染图案，这个民族会借助另一民族的刺绣纹样，来开发生产制作新的刺绣产品，满足市场和游客的需求。又如贵州各地的银匠，挑着工具担，远走他乡异地，甚至到外省市，去为不同的消费者打制银器，同时，他们也把不同的文化和图案纹样带入本土，创作出新的产品。凡此种种，都使得贵州民族服饰纹样极大地丰富起来。

图 6-27 苗族・刺绣・狮纹

图 6-28 苗族・刺绣・鱼纹

图 6-29 苗族・刺绣・石榴纹

图 6-30 苗族・刺绣・花卉纹

第二章

贵州民族纹样的文化内涵及其功能

图 6-31　苗族·剪纸·人物故事纹

图 6-32　苗族·剪纸·人物故事纹

图 6-33　苗族·剪纸·人物故事纹

第一节　纹样的内容题材

贵州民族服饰纹样的内容题材主要有两个方面，一是文学历史类题材，二是表意类符号。

一、文学历史类题材

文学历史类题材包括口头文学和文本史学两种。对于贵州少数民族而言，由于缺乏本民族的文本史学，所以他们的服饰纹样内容主要是口头文学所表现的内容。当然也有部分民族服饰纹样吸收了中原传入的汉族文史内容及吉祥图案。

（一）民族神话、古歌、史诗

尽管贵州有些民族有文字，但并没有在全民族普及，而仅仅是被本族中少数神职人员所掌握，所以大多数民族都缺少通用的文字典籍。贵州少数民族的文化传播，主要是借助于他们世代相传的各种艺术图像、节日仪式，以及各种生产生活习俗。而他们的神话、古歌、史诗等语言艺术，又是他们造型艺术的源泉。如果用贵州民族的服饰图案中的形象与这些民族的神话、古歌、史诗中的故事进行比较，就可以发现二者惊人的相似性。如他们织锦、印染、刺绣、银饰、服装上的人物、神灵、漩纹、水涡纹、太阳纹、动物、植物等形象，都与他们世代传唱的自然神、英雄神、图腾神、祖先神等崇拜偶像息息相关，高度融合。如中部方言苗族的水涡纹、修狃纹、蝴蝶纹、鸟纹、枫树纹，就来源于当地《苗族古歌》中唱到的“蝴蝶妈妈”的故事内容。

东部苗族织锦中的山形纹、水波纹、马纹，就是当地“骏马飞渡”迁徙故事的图像反映。而西部苗族服饰上的城池纹、三道条纹，就与他们古歌中“故土家园”“跨越江河”的故事密切相关。侗族织锦中的马纹、蜜蜂纹、牵手舞蹈纹，就是《侗族史诗》中“天

马下世”“蜜蜂助人”“接萨”等内容的艺术再现。

彝族服饰上的云气纹、虎纹、鹰纹等，就是他们用图像来表现彝族神话中的相关内容。而布依族的树脂防染中的“马背花”，就源于布依族古歌中“天马托魂”的故事。水族服饰中的“蝴蝶纹”，就是水族民间传说中“蝴蝶护婴”故事的艺术翻版。诸如此类，比比皆是。

图 6-34　苗族·剪纸·人物故事纹

（二）历史、文学、戏剧形象及吉祥图案

除了文学历史类题材，贵州民族服饰纹样还借鉴了不少中原汉族文学、历史、戏剧中的形象，以及宋代以来的吉祥图案。这主要是两个原因造成的，一是历史上中央王朝对贵州实行土司制度，地方上层人士必须定期到中央朝拜，朝廷不断地赐予这些上层人士服饰，进而影响到当地民族的服饰艺术。最明显的莫过于宋元明时期贵州水东、水西、思州、播州的“四大土司”，如水西的彝族土司服饰就有大量江南锦缎，播州杨氏土司世代被授朝廷命官，他们的服饰纹样自然而然被贵州民族所仿效。二是明代以来，汉族文化如官员服饰，小说、戏剧、歌舞、绘画、建筑装饰中的人物着装，不断地传播到贵州各地，使当地各民族的服饰纹样也发生重大变化，清代陈浩《八十二种苗图并说》一书中就记录：“清江苗，喜著戏箱锦袍。”清代以来的布依族、侗族、土家族、仡佬族及部分苗族的服饰，可以明显看出汉族文史中的一些内容和各种吉祥图案，如龙凤呈祥、二龙戏珠、凤穿牡丹、牡丹富贵、百鸟朝凤、丹凤朝阳、五福捧寿、连年有余、莲生贵子、石榴多子、鸳鸯戏水、福在眼前、双喜临门、梅开五福、梅兰竹菊、喜鹊踏梅等。

图 6-35　苗族·剪纸·人物故事纹

二、表意类符号

表意符号，是人类用来表达意志和寄寓情感的各种几何图形。贵州民族服饰纹样中，存在着大量的表意符号。表意符号又分为氏族符号和通用符号。

（一）氏族符号

氏族符号，是指仅仅流行于一个地区、一个族群内部的一种符号。有的是简化了客观自然物象，如将水波、云气、闪电等形状简化为曲线、弧线、折线的几何纹。有的是借用民族古歌、神话、史诗等文学形象中最具代表性的特征变化而来，如农业民族的牛角纹样、游牧民族的羊角纹样、狩猎民族的鹿角纹样，这类符号

图 6-36　苗族·剪纸·人物故事纹

图 6-37 苗族·剪纸·动物纹

代表了这些民族的生产性质，反映一个族群约定俗成的观念，它融合了族群共识，世代流传于这个族群之中而形成集体表意。贵州各民族各支系都有本族群独创的表意符号，如苗族中部方言区的织锦、印染、刺绣等服饰纹样中，常常将蝴蝶的须翅、鸟的颈翅、鱼的身鳍，变化为几何形，成为一种代表繁殖意象的几何形符号；而西部方言区的大花苗、小花苗，他们把祖先的城池、土地、田园，变化为方形的图案，表现在他们的披肩、披风上。

荔波白裤瑶和黔中四印苗支系，都把祖先掌握的大印，简化为四方形，装饰于他们服装的前胸后背上。侗族人把帮助过他们先人战胜敌人的蜜蜂，简化为一个棒槌形，用在他们的织锦上。彝族群众在表现他们的老虎图腾时，省去了虎的身子，只取虎的头部形成一个圆形符号，用布贴手法绣在他们的服饰上。但是这些符号都只是在一个族群内部使用，外族人基本不会选择，即使有些物象共同存在，但造型特征也颇为悬殊。凡此种种，莫不反映了一个民族的精神意志和情感表达。

（二）通用符号

通用符号，是指流行广泛、众多民族都使用的符号。这类符号一般为抽象性的几何形符号，如卍字、八角、寿字、回纹、太阳芒等几何纹，这类符号的象征作用大于说明作用，表号意义大于审美意义。这类符号的流行，大致有两个原因，首先是因为人类在发展过程中，都经历过全部仰赖大自然而生存的阶段，精神上便存在着对于自然特别是那些决定人的生存的对象，怀有强烈的记忆和感恩情结，比如太阳、土地、水、季节变化征兆等，所以在人类早期的艺术创作中，这些物象便成为主题，并流传下来。我们在史前彩陶、玉器上就见到表现太阳的芒纹，表现方位的四边和八角纹，表现流水的波纹，表现土地的网格纹，等等。

其次是大多数民族的发展，都或多或少地与外族发生过交流，彼此会互相吸收文化，时间久了，对方的文化变成了自己文化的一部分，所以我们会看到一些符号在众多民族、众多地区、众多宗教中流行，如十字纹、万字纹、盘长纹、缠枝纹、寿字纹等，尽管在形状上有细微变化，但都保持了大体形态。贵州民族服饰中，就流行着许多这种通用符号，如象征生命繁衍意象的花卉、鱼鸟、蝴蝶、万字流水、寿字、盘长、漩涡、缠枝纹等。它反映各民族共同的心理，表达共同的愿望，寄托共同的理想。

第二节　纹样的文化内涵

一、民族宗教意识的反映

贵州大多数民族信奉的是万物有灵的原始宗教，即以自然崇拜、英雄崇拜、图腾崇拜、祖先崇拜、繁衍生命、种族兴旺为核心的精神信仰。这种原始宗教不像正式宗教那样具有经典、场地、专业神职人员，其精神文化的传播是通过民族的各种祭祀节日仪式，包括族群服饰造型及纹样在内的象征神灵的各种艺术形象展示、古歌内容的演唱等方式，通过一次次地重复这些形式和内容，传达给部落所有成员，从而接受这种宗教意识，并遵守共同的行为规范。在人类发展史上，语言文字及艺术图像是记载传播思想的两大系统，对于没有文字的贵州大多数民族来说，服饰纹样与他们的古歌、神话、史诗一样，承担了传达民族文化的重要使命。贵州民族的服饰纹样就反映了他们的宗教意识和宇宙观念。

原始宗教意识中虽然说万物皆有灵，但归纳起来，其神灵体系一般为自然神、英雄神、图腾神、祖先神的排列顺序。所以中国各民族的创世纪神话中，都有“水是宇宙生命之源”的说法，其次是以盘古为代表的英雄神，再次就是蛇身人首的伏羲女娲造人的图腾神，最后就是各民族的始祖神，如商人的契、周人的后稷等。贵州各民族也有自己的神灵体系，如中部方言雷公山一带苗族古歌中就有水、盘古、蝴蝶、姜央这样一个由自然到英雄，从图腾到始祖的神灵发展体系，贵州其他民族也有类似的神话内容。

有什么样的思想就有什么样艺术表现，在贵州民族服饰纹样中就反映了这种宗教思想和宇宙意识。如贵州大多数民族的服饰纹样中，都有代表水波、漩涡、云气的各种纹样，尤其以丹寨白领苗支系衣领后背上、镇宁石头寨布依族衣袖和裙面上、彝族上衣襟袖上最为形象。又如贵州民族服饰中，都有芒纹和八角纹，它是太阳光芒的简化表现，反映了人类对太阳的崇拜心理。其实，在中国古代彩陶、青铜器、漆器、汉代工艺图案上都有这类纹样。由此可以看出贵州民族艺术与中国古代艺术的传承关系，它是人类早期自然崇拜的遗存。

民族神话中的英雄神，有人物、有动物，基本上都被神格化。

图 6-38　苗族·剪纸·动物纹

反映英雄崇拜的，如苗族神话中的盘古、修狃，侗族神话中的鸟、蜜蜂，彝族神话中的鹰，等等形象，都可以从他们的服饰上看到这些纹样。这些人物或动物都曾经帮助过人类战胜各种敌人，克服各种困难，而被不同民族牢记和崇拜。在中国古代各种工艺图案中，也可以看到开天辟地的盘古、射日的后羿、追赶太阳的夸父、填海的精卫、尝百草的神农、劈山的愚公、治水的大禹等一大批英雄神，贵州民族服饰纹样，正是传承了中国古代艺术的这种英雄主义的精神，保存了这种自强不息的民族气质。

图 6-39　苗族·剪纸·衣袖花·双龙纹

“图腾”一词虽是外来语，指与本族有亲缘关系的物种，以动物为主，兼有植物等。如果从这个意义上讲，贵州不少民族神话中都有这方面的内容，如中部方言区苗族的枫树、蝴蝶妈妈、鹡宇鸟等，土家族和彝族的虎，布依族的鱼、猴，侗族的鸟、龙、蛇，仡佬族的竹、葫芦，东部方言苗族和瑶族的盘瓠，等等。这些民族认为这些物种与他们的种族有着直接的亲缘关系，故世代纪念它们，并表现在他们的各种艺术图案中，得以延续流传。所以，在贵州苗族的服饰中，可以看到不少枫树、蝴蝶、鸟的形象；在布依族的服饰中，看到各种鱼的造型；在侗族的服饰中，看到不少鸟、龙蛇的纹样；在仡佬族的服饰中，看到葫芦形象；在彝族服饰上，看到老虎形象；在瑶族头饰上，看到盘瓠的造型。尽管这些物种出现了变形、简化甚至是变体的样子，但仍可分辨出其原形。

图 6-40　苗族·剪纸·衣袖花·双鸟纹

人类在经过了自然、英雄、图腾崇拜后，最后认识到人是父母所生育养大，并且一代一代地繁衍下来，才有整个族群。于是，到了周代，对祖先的崇拜被推到了首要位置，也由此而形成中国社会以家族为中心、以血缘为纽带的组织结构。中国每一个王朝兴起之后，便忙着修建祖庙，以举行祭祀大典，一个家族迁徙到另外一个地方，便要修祠堂、续家谱，挂祖宗像，以示不忘本。历史上，贵州大多数少数民族虽没有修祠堂、续家谱的习俗，但是会把民族的祖神像或织或绣在服饰上，并在祭祀节日期间穿上这种有祖神像的服装，走向祭祀场，与族人共度节日，共祭祖神。

图 6-41　苗族·剪纸·衣袖花·双头龙纹

在台江、施秉、剑河、镇远、榕江、雷山、丹寨、三都一带的苗族织锦、刺绣、蜡染图案上，就能够看到苗族祖先央公、央婆以及带领族群西迁的列祖列宗的造像；在黎平、从江侗族的织锦、刺绣上，也可看到侗族女祖神“萨”的形象。

图 6-42　苗族·刺绣·衣袖花·双头龙纹

随着时间的流逝，许多民族已经把自然神、英雄神、图腾神、

祖先神的形象叠加混融在一起，造成了他们彼此不分、形象模糊，有的以某种动物来代表，有的以一种符号来象征，它既有自然神、图腾神的意象，又有英雄神、祖先神的意象。

图 6-43　苗族·剪纸·衣袖花·龙凤纹

二、世俗美好愿望的表达

人间世俗生活，总有追求美满幸福的强烈愿望，并以此为目的而去努力奋斗。这些愿望有夫妻和美、子孙繁盛、身体健康、衣食丰足、财源广进、仕途通达、国泰民安等。这种世俗心理表现在民间艺术中，便是各种吉祥图案。如企盼夫妻和美的鸳鸯戏水、龙凤呈祥，希冀子孙繁盛的九世同居、兰桂齐芳，企求身体健康、老人长寿的松龄鹤寿、耄耋图，希望衣食丰足的风调雨顺、五谷丰登，企盼财源广进的四水归堂、日进斗金，寓意仕途通达的一路连科、蟾宫折桂，祝愿国泰民安的太平有象、海晏河清，等等。

图 6-44　苗族·剪纸·衣袖花·双鸟纹

在很长的历史中，贵州大多数民族面对恶劣的自然生存环境，他们生存的两大主要任务，就是食物的生产和人类自身的再生产。因为食物是保证生存的基本资源；而人类自身的繁衍，才能保证族群的发展壮大延续，以战胜各种困难和敌人。所以在贵州民族服饰中，就以表达这种愿望的纹样为主。如蓝印花布图案中，就充斥了众多的反映族群繁衍意识的内容，如瓜瓞绵长、石榴多籽、莲生贵子、早生贵子、观音送子、麒麟送子、宜男多子、百子图、本固枝荣，等等，有的借用自然界中延长伸展的物象来隐喻生命的循环，如永不停息的流水、回环缠绕的植物藤蔓等。铜仁、遵义紧邻湖南、四川地区的两个民族，如土家族、仡佬族的服饰，以及布依族的树脂防染印花布中，也有较多的上述纹样，反映了汉文化对贵州民族的影响。

图 6-45　苗族·剪纸·衣袖花·人物故事纹

而贵州众多的民族织锦、印染、刺绣等服饰图案中，则更多地保留了中国上古时期的一些纹样，如用云雷纹、网格纹、上下互嵌的“T”形纹、菱形套花等。云雷纹，是用两个山字形纹样组合并连续发展，贵州民族称为“架桥纹”，意思是男人与女人相结合而繁衍新生命。网格纹，是由一个一个相连续的菱形构成，有的网格纹中间还填有万字、花卉等，意味着生命的不断循环、四处扩展。上下互嵌的“T”形纹，隐喻世界是由阴阳二体的交合而产生新生命。菱形套花，象征母体正孕育着胎儿。凡此种种，莫不表达了民族兴旺、繁荣、强大的心理愿望。

图 6-46　苗族·刺绣·衣袖花·人物故事纹

第三节　纹样的文化功能

贵州各族人民创造了那么多的服饰纹样，世世代代地使用它，并流传至今，这对于缺乏文字信史的贵州民族来说，其象征意义大于装饰意义，其文化功能大于审美功能。这些纹样起码有着记录本族历史、传承本族文化、辨识族群身份三个方面的功能和作用。也就是说，各种不同的服饰纹样是不同民族的集体表象。

图 6-47　水族·剪纸·背扇花·花卉纹

图 6-48　水族·剪纸·背扇花·花卉纹

一、民族历史的形象记忆

历史的记忆手段，一个是语言文字，一个是艺术图像。语言文字可以按照历史的发展过程，从头至尾地叙述，但艺术图像只能抓住历史的某个人物形象或事件情节，作出独立表现。贵州少数民族对历史的记述，一方面是歌师的演唱内容，如苗族的古歌《亚鲁王》、布依族的《古谢经》、侗族的史诗、彝族的《西南彝志》、仡佬族的《叙根由》等。另一方面是民间艺人根据这些民族神话史诗内容，塑造的各种艺术图像，包括服饰纹样。那么，贵州民族是如何用艺术图像来记述历史的呢？归纳一下，大致有三。

图 6-49　水族·剪纸·背扇花·花卉纹

（一）祖先形象的描绘

贵州各民族服饰上除了有自然神、创世英雄神、民族起源图腾之外，还常常有表明祖先形象的纹样。祖先的故事往往是族群内流传最广，且内容最丰富的。祖先以各种形式的纹饰出现于各类服饰上。这类纹样一方面是纪念感恩祖先，另一方面是记录族群历史，便于追踪溯源。如贵州台江、施秉、镇远、剑河一带的苗族织锦、刺绣图案中，就有表现当地苗族古歌中的央公、央婆，以及带领族人西迁的众位祖先，他们或手挥令旗引导众人行止，或坐于椅上议论公事。在这些地区的服饰纹样中，还有表现晚清时期农民起义的女英雄务茂媳骑马挥刀驰骋杀敌的英武形象。

图 6-50　水族·剪纸·背扇花·花卉纹

（二）故土家园的模拟

贵州不少民族历史悠久，与中国古代民族渊源深厚，后来他们从不同的地域迁徙贵州，他们服饰上均有表现历史题材的纹样，表现他们过去的生活状况，有家园、有故事，既有母系制向父系制转化的痕迹，也可能表现出民族大迁移过程中的生活征候，这些纹样可能简化可能抽象，均反映各族人们纪念故土的情感。如居住在贵州西北部的苗族大花苗、小花苗两个支系，他们的披肩、

图 6-51　水族·剪纸·背扇花·花卉纹

披风，分别用毛麻和毛棉织造或刺绣布贴手法制作，上面有条形方块纹饰组合成的图案，大花苗的披风后面还有一方刺绣，这些都分别模拟了他们祖先开辟并生活过的故土家园，当地苗族古歌就唱道：

“格蚩尤老、格炎尤老来筑城，城池转了九道弯才围周，城内九条街相连，城墙用石头垒，城门用石条砌，城门像一只狮子，门楼上设有蚩尤老的位置，武城、犁城里里外外亮晶。”

“格炎尤老、格蚩尤老，把城里城外的好形象，绣制成一张张的背牌，让男男女女披在身上，像高楼大厦的瓦房，让老人看了个个想，让小孩看了人人念。”

如果用当地苗族的服饰纹样与他们的古歌内容对照一下，就会发现二者都是他们对故土家园、土地、城池、街道的记忆和回顾。再把这些几何形的服饰图案与考古发掘时航拍的上古城池图像对比一下，也不难发现，二者存在着某种契合。

（三）迁徙道路的简化

在历史演进中，各种因素导致大多进行过大迁徙而有文字的民族数量较少，民族的历史记忆一方面靠一代代人之间的口传心授，另一方面就是以线代笔、以画代文，通过纹样的形式记录迁徙的路程，通过迁徙的道路表述各民族的历史、征战、迁徙的故事。

如松桃及湘西苗族的织锦图案中，就有高山、江河、马的纹样，这与当地苗族“骏马飞渡”的迁徙之歌内容相符。而黔西北一带苗族裙子上的三道条纹，就分别代表了他们祖先迁徙时跨越过的三条大江大河。

二、文化教育的形象读本

人类发展离不开教育，传统的正规教育是建校办学，但对于长期处于自然状态下的民族而言，人的知识来源除长辈的言传身教之外，更多的是来源于整个社区族群的集体活动仪式和各种艺术活动，诸如诗歌、音乐、舞蹈、戏剧等表演。这些活动的重复刺激，其中的信息被族群的成员所接受，而形成了一种文化教育体系。整个贵州虽然在东汉就出了尹珍这个教育家，但没有改变教育落后的局面。宋代以后才有了正规的学校、书院，也只有少数上层社会及地方土司子弟才能进入，而绝大多数人都没有机会接受学校教育。所以，贵州少数民族的知识来源便是通过民族的各种仪式及艺术活动，包括服饰纹样的制作、使用，把本民族的

图 6-52　布依族・剪纸・帽顶花・蝴蝶纹

图 6-53　布依族・剪纸・帽檐花・花鸟纹

图 6-54　彝族・剪纸・衣肩花・蝴蝶花卉纹

图 6-55　布依族・剪纸・帽檐花・缠枝花纹

图 6-56　布依族・剪纸・帽檐花・花鸟纹

历史、社会、宗教、自然、生活生产知识、价值观念等，传达给族群的每个成员。

服饰具有特定的形式结构、意义结构，具有特定的指述功能和表现功能。其中，服饰上的纹样是一套独特的符号系统，表述特定群体和特定历史。每个族系的纹样排列组合不同，表达的内容和方式成为这个族系的文化特点，这些也是族系的文化内核。纹样的文化在视觉、语言、工艺等形成特定的生活传承——“语境”。如年长者在给儿孙传授纺纱、织布、染制、刺绣等技艺时，会讲述她们从长辈那里听学来的服饰，解释服饰上纹样的来历，让儿孙了解纹样的故事，纹样与历史相依托着在口口相传中传承。纹样的故事约束着群系中人们的生活、行为，形成民族集体规范和文化传统。

图 6-57　苗族・剪纸・衣袖花・菱花凤蝶纹

图 6-58　侗族・剪纸・衣角花・花鸟纹

三、族群辨识的标志

族系服饰的标志化、统一化是族系内支系协调管理的一种服饰制度。同民族的服饰风格具有共性的同时，每个支系间各有特点。服饰之上的图案纹样是群体意识的文化，是一个族系族徽意识的体现。某种图案、色彩及装饰形制的固定化，在民族服饰中，往往来自“以衣喻裔”、与祖认同的认宗寻根意识，“不改祖制”的顽强信念。同一支系的服饰远看似乎是同样的，这种具有相似的视觉感受是由于雷同的、风格化的纹样母题呈现出的群体文化，是展示支系标志的重要方式。有些纹样的差别在外人看可能根本不会被注意到，但相关族群支系却一目了然。相似的款式和纹样是支系文化的昭示，这一文化展示的功能使得服饰纹样具有了支系身份认证的功能。如民族祈神祭祖时常常要戴羽冠或穿神祖规定的服饰，否则神祖视为别类，不予理会。各个民族织布、刺绣、蜡染、制衣及制作工具在行为上是整合划一的，这些技艺的掌握者很多并不明了纹样的含义和来龙去脉，但很虔诚地应用、传承，不任意更改，这便是他们对族群文化的认同的体现。

图 6-59　侗族・剪纸・衣背花・蝴蝶花鸟纹

第三章

贵州民族纹样的艺术风格

图 6-60 侗族·剪纸·背扇花·石榴花纹

第一节 纹样的分类

一、人文类

人文类包括人物、神仙及各种人工器具。贵州民族服饰纹样中的人物及神仙，其成分有祖先、英雄、佛道、舞蹈、戏剧角色等。

（一）人物、神仙

平面造像人物主要表现在黔东南一带苗族和侗族的织造、印染、刺绣工艺图案中。如台江施洞、施秉、剑河、镇远一带的织锦、刺绣中，就有当地苗族古歌中的蝴蝶妈妈、姜央及带领族人西迁的列位祖先、女英雄务茂媳等人物形象。黎平侗族的织锦中有牵手人物纹，榕江苗族蜡染中也有不少人物。其他地区的这些工艺中则很少有人物纹样。

图 6-61 侗族·剪纸·鞋面花·花卉纹

立体造像人物以银饰和舞蹈戏剧面具等为主。过去受佛教影响，贵州各地各民族儿童帽子上多用佛、菩萨像来缀饰，为满足这种需求，一些银匠专业打制这种小佛像。贵州面具分布较广。威宁板底乡裸戛村的撮泰吉舞蹈表演，共有 6 个人物，除扮山林老人和儿童的演员之外，其他 4 人须戴面具，它分别代表着男性和女性祖先。

流行于贵州各地的傩戏，角色众多，分正面神、反面神及世俗人物形象，大约有五六十个角色，分男、女、老、少、文、武、鬼、神、僧、道、丑、动物。每个角色上场时都须戴上符合其身份的面具。

流行在安顺、贵阳等地的地戏，内容一般为古代战争故事，被称为军傩。其角色分生旦净末丑，每个演员都要戴上与身份相符的面具，而这些面具的造型及色彩，都要反映不同角色的外貌及性格特征。

图 6-62 侗族·剪纸·衣领花·花鸟纹

图 6-63　苗族·剪纸·衣背花·人物故事纹

图 6-64　苗族·剪纸·衣背花·人物故事纹

图 6-65　苗族·剪纸·衣背花·人物故事纹

（二）器具

贵州民族服饰图案中，很少表现他们的实际生活，缺乏宏大复杂的社会活动内容，所以纹样中极少有人文器具，只有台江、剑河、施秉、镇远一带苗族织锦、刺绣图中一些旗帜、椅子、伞、刀随人物出现。旗帜是苗族迁徙中先祖用来指挥族群的号令，椅子是苗族众位祖先的坐具，伞是蝴蝶妈妈的遮阳之物，刀是晚清苗族起义女英雄务茂媳的作战武器。

除了上述器具纹样，在由湖南、四川等地传入的蓝印花布图案中，也出现了一些花篮、花瓶、房屋、龙门、暗八仙、戟磬、笙、轿、伞盖之类纹样，但蓝印花布一般是作为居家用品多，而很少用作服饰。

二、自然类

动物是人类艺术创作的最早题材，古代岩画、玉器、青铜器等图案中，都不乏动物形象。动物也是贵州民族服饰图案中的主要内容。不过，由于民间艺人并不像画动物标本那样把自然界中的各种动物表现得生动逼真，他们只是借助某些动物的基本特征来表达内心的意愿而已，所以各种动物的造型基本上是失真的。我们只能通过其基本特征来区分这些动物的种类。

（一）虚拟动物

虚拟动物除了广泛流行的龙、凤、麒麟之外，黔东南苗族还创造了本地区流行的修狃，它是当地苗族古歌中一个神格化的动物形象，它帮助苗族先人战胜了种种困难和化解危机。苗族人把自然界中大象、犀牛、水牛这几种体形庞大动物的特征结合起来，塑造出一个战无不胜的大英雄，他们的古歌中唱道："修狃是个英雄汉。它从东方跑过来，一只鞋子撮箕大，脚杆大如仓柱呀，喙子碓杆一般粗。"在当地苗族织锦、刺绣图案中，修狃有大象的长鼻、犀牛的粗腿、水牛的大角，表现了一个身躯硕大、力量无比的神灵形象。

（二）动物

贵州民族服饰图案中的动物纹样，兽类有象、狮、虎、牛、马、狗、猫、狸、蛇、鼠，鸟类有鹰、燕子、喜鹊、白鹭、鸟、野鸡、乌鸦、猫头鹰、画眉、麻雀、大雁、布谷鸟、鹦鹉、鸡、鸭、鹅，昆虫类有蝴蝶、蜜蜂、蝉、蜻蜓、蜈蚣、蜘蛛、蟋蟀，水生动物有鲤鱼、鲇鱼、鲫鱼、泥鳅、青蛙，等等。

上述纹样，在具体运用之中，因各个民族各个地区的文化习俗不一，而各有不同。同是苗族，受湖湘文化影响较深的湘西及松桃一带，服饰图案中凤凰、喜鹊较多。黔东南特别是台江、雷山、丹寨、榕江一带，因当地苗族古歌中有蝴蝶生下十二枚蛋并由鹡宇鸟帮助孵化出十二个生命的内容，故多各种动物纹样，并与当地的动物有关系，如猫、狸、蛇、鼠、燕子、喜鹊、白鹭、野鸡、乌鸦、猫头鹰、画眉、麻雀、布谷鸟、鸡、鸭、鹅、蝴蝶、蝉、蜻蜓、蜈蚣、蜘蛛等。西部苗族除水城、织金、纳雍等地有些变体鱼鸟蝶外，多用几何纹样，侗族多用马、鸟、蜜蜂，布依族多用鱼、白鹭、喜鹊、蝴蝶，水族多见蝴蝶，彝族常用虎、鹰。

图 6-66 苗族·剪纸·衣袖花·人物故事纹

（三）植物

贵州民族服饰中的植物纹样并不丰富，常见的有石榴、蕨菜、荷花、菊花、梅花以及一些树叶、花卉、藤蔓等。但基本上不作写生样，而是别出心裁、随心所欲地改变各种植物的形状。

三、几何类

相对较少的人文及自然纹样而言，贵州民族服饰纹样中的几何纹则十分丰富。这是因为贵州大多数民族与上古民族有密切关系，并且大部分是在唐宋以前完成了到贵州的迁徙定居，贵州大山的封闭又使他们各自都处于相对独立的生存环境，所以他们较多地传承了母体民族的文化因子，他们的服装保留了不少上古时期的样式及纹样，特别是中国史前彩陶、玉器，商周青铜器，汉代漆器、砖石画像，以及这一时期的织锦、刺绣等工艺的形式风格。

图 6-67 苗族·剪纸·衣袖花·人物故事纹

从具体运用上，有圆点纹、套圈纹、条纹、斜纹、绳纹、方格纹、S形纹、折线纹、曲线纹、弧线纹、矩形纹、锯齿纹、芒纹、三角纹、八角纹、回纹、菱形纹、网格纹、十字纹、田字纹、城池纹、米字纹、万字纹、寿字纹、亚字纹、山字纹、盘长纹、方胜纹、云纹、雷纹、水波纹、旋涡纹、鳞片纹、羽状纹、角状纹、叶脉纹，等等。有些几何纹是从天文地理的现象演变而来的。

第二节 纹样的造型

与中国古代装饰纹样的造型风格一脉相承，贵州民族服饰纹样的造型也表现出写实变化、变体、抽象、复合的特征。

图 6-68 苗族·剪纸·衣袖花·人物故事纹

一、写实变化纹样

写实变化，是在自然物象的基础上，对其加以适当变化处理，使物象既保持其基本形态，但又产生一定距离。这类纹样主要表现在东南部地区的苗族、布依族、侗族、水族的织锦、印染、刺绣、银饰等服饰工艺上，这些地区一般采用写实变化的手法，把各种物象作了适当的夸张、简略的艺术处理，但保留了物象的基本特征，让人看上去既能认识纹样的原型，又有一种异样的感觉。如台江、黎平地区织锦上的人物、动物，虽然某些部位发生变异，但都保持了其自然的基本特征。又如凯里、黄平、榕江、丹寨的蜡染纹样，一看上去便可认出有鸟、鱼、龙的形象，但不是作延伸夸张处理，就是作省略简化处理，与自然中的原物大异其趣。如此现象，在麻江瑶族和惠水布依族的树脂防染印花图案，以及各地的蓝印花布上，都普遍存在。究其原因，就是民间艺人创作各种纹样的目的，不同于科学研究的标本写生活动，而是借助某种自然物象来表达一种思想、观念、情感、意志，所以在表现物象时便随心所欲地对其作变化处理，一是为了适合图案格式，二是使主观意志得以强调表达。

图 6-69　苗族・蜡染・鱼纹

二、变体纹样

变体纹样，也是来源于自然物象，但是经过极度的变化，改变了自然物象的基本形态，只是在头部还可隐约分辨出某种物象的一些特征。如马王堆汉墓出土的信期绣、乘云绣、长寿绣，虽然借助了燕子、流云、茱萸等自然物象，但经过极度夸张的变形处理，这些物象的基本形态已不复存在，呈现给人们的是弯曲、舒卷、流动的线状物体，成为一种表达人的意念的符号。贵州民族服饰中最具代表性的变体纹样分布在黔西北一带，如六枝、织金、纳雍、水城等地的蜡染图案中，借助了鱼、鸟、蝶、花之类自然物象。为了适应图案要求，苗族妇女们把这些物象做了高度的艺术化处理，在这些图案中，鱼的鳍尾、鸟的尾羽、蝶的须翅、花的蕊瓣，都变成了散列的点、曲卷的线，并互相连接构成的块面，组合为一幅耐人寻味的优美图案。当地人用它来表达生命繁衍、人丁兴旺、民族繁荣、生生不息的美好意念。

图 6-70　苗族・蜡染・鱼纹

图 6-71　苗族・蜡染・鱼纹

三、抽象纹样

抽象纹样，是由点、线、面构成的各种几何纹样，有的几何纹是对某些天文地理现象的模拟而来，如日、月、星、云气、闪电、流水、道路等物象的简化。俄国人康定斯基曾对各种几何纹有深入研究，但是流于美学、心理学方面。而中国古人创造的各种几何纹，却偏于思想精神方面，在表现上虽然呈现美的形式，但主要目的仍是借助这些几何纹来表达心理、情感、意念、愿望。在贵州民族服饰中，存在各种几何形抽象纹样，它是中国古代艺术形式及风貌的遗存。如松桃、凯里、榕江、荔波、镇宁、兴义、仁怀、水城、威宁等地的织锦图案，采用大量的菱形、网格、万字、回文、十字、田字、米字、城池纹等作为装饰纹样，黄平、榕江、剑河、贵阳、安顺、六枝、毕节、大方、威宁等地刺绣挑花图案中，运用众多的云雷纹、锯齿、条纹、方格纹、斜纹、三角、上下互嵌的“T”形。在凯里、黄平、丹寨、榕江、荔波、镇宁、关岭、六枝等地的蜡染图案中，反复出现漩涡、盘长、寿字、点、三角、圆圈、方块、循环的“S”形线等。贵州少数民族在并不了解高深艺术美学理论的状态下，却创造了众多符合艺术美学规律的图案艺术，但这不是他们的终极目标，其最主要的目的是借助这些外在形象来寄托民族的精神情感、理想愿望，那就是生命的无限循环、血脉的永远流淌、民族的繁荣昌盛。

图 6-72　苗族·蜡染·蝙蝠纹

图 6-73　苗族·蜡染·蝴蝶纹

四、复合纹样

复合纹样，是中国古代装饰纹样的一个重要特点，例如西安半坡及临潼姜寨出土的新石器时代彩陶上面，有双体相连和三体相连鱼纹，一体两头及鱼腹中藏人、鱼鸟相连、人首与鱼结合的纹样。汉代人首蛇身的伏羲女娲像，由各种动物器官组合的龙凤造型，等等，反映了古人的神灵无所不能的巫术观念。贵州民族服饰图案中，复合造型的纹样也比比皆是，异相迭出。或人兽复合，或动植共生，或同种重叠，或异类并躯。如丹寨一带的蜡染中，鸟身上会长出花卉和果实，榕江的蜡染中，龙身上长出人的头，台江刺绣中，一个女性后背会生出蝴蝶的翅膀，龙的头上出现一对水牛的角，或是龙尾上开出一朵花，诸如此类，层出不穷。这些复合纹饰造型，说明了贵州民族服饰中保留了较多的古代艺术形式及风格，是研究中国古代艺术的宝贵资料。

图 6-74　苗族·蜡染·蝴蝶纹

图 6-75　苗族·蜡染·蝴蝶纹

图 6-76　苗族·蜡染·蝙蝠纹

图 6-77　苗族·蜡染·蝴蝶纹

第三节　图案格式与表现法则

一、图案格式

贵州民族服饰纹样，不是在每件衣裳上制作一幅整体图案，而是根据服装的不同部位形状，分别织出、染出、绣出不同的纹饰块面，再逐一缝合在一套衣服上，形成装饰图案，有的图案甚至是由若干个条块拼接而成。所以，贵州民族的服饰图案格式，只能按照服装的各个部位来划分，大致有三种，即散点式、格律式、拼接式。

（一）散点式图案

散点式图案，类似于平视体构图，是一种没有焦点透视的自由构图。就是将天上、陆地、水中、现实、虚拟中的各种物象，不分物种、无论属性，通通收聚于一图，不分主次，不分贵贱，济济一堂，各自相安。无论远近大小，都是用正面平视方法，各种物象不重叠，没有纵深层次感，万物万象，尽在眼前。这类图案以黔东南台江、雷山一带的苗族刺绣、黎平南部侗族刺绣为代表，在这种图案中，没有主题，神灵、人物、动物、植物、几何符号，各种物象，前与后，远与近，互不遮挡，没有层次，无论大小，尽在眼前。

（二）格律式图案

格律式图案，不像散点式那样可以在一幅图中自由地放置、排列不同的物象，而是一种围绕中轴线向左右、上下、斜角、四面分别置放对称的纹样，形成既有规律又有变化的图案。这类图案以黄平、丹寨、织金的蜡染布，惠水树脂防染印花布，各地蓝印花布为代表。以凯里、黄平僅家人的一幅方形的蜡染襁褓面为例，以缠枝纹分成 13 个网格，中心是一个圆圈，内填四瓣花，然后左右上下四个网格中填以相同的花卉纹，左下角与右上角网格中填以不同于中心网格的四瓣花，右下角与左上角网格中，又填以不同于中心左右上下网格中花卉纹，靠中心的四角小网格中又填以变形鸟纹，而内层边框是直线，而外层又以一条首尾相连的龙蛇般的“S”形纹，将 13 个网格四边框住，形成左右、上下、斜角、四面对称，内外不同，曲直变化的优美图案。

（三）拼接式图案

拼接式图案，是先在大小长短不一的条块上制作纹样，最后拼接为服装某个部位的图案。这种拼接式图案，有的是用一种工艺，有的是用几种工艺手法。台江、施秉、镇远、剑河交界一带的苗族女装袖子、衣肩，就是用宽窄大小不同的条块拼接而成，虽然这些条块上的纹样内容并不统一，但都是用擘丝绣手法完成，整幅图案看上去风格一致。而镇宁石头寨、关岭坡岗、六枝洛别一带布依族妇女上衣衣袖装饰纹样，也是用拼接法，但却使用织锦、蜡染、刺绣三种工艺，组成衣袖上的装饰图案。榕江兴华一带苗族妇女，她们的上衣、围腰、裙子，甚至绑腿图案，也是用织锦、蜡染、刺绣工艺拼接而成。

图 6-78　苗族·蜡染·双鱼龙纹

二、表现法则

历史上贵州各民族女性多是文盲，但是她们却有着惊人的艺术才能，在她们创作的服饰图案中，表现出极具审美意义的艺术法则。

（一）对称与平衡

对称是纹样的左右或上下相同，是一个元素旋转 180 度或者镜像图形，也可称为轴对称图形。平衡是纹样的左右或上下不同，但却感到稳定，视觉上给人平衡感。

对称和平衡是人类不同民族装饰纹样构图普遍遵循的形式法则，对称和平衡的运用可以让纹样产生和谐、统一的美感。贵州民族服饰中的纹样也不例外，常见到的对龙、对鸟、双鱼等，展现了纹样的对称性构图应用，雌雄、阴阳等显示了非对称的平衡性构图应用。

（二）节奏与韵律

节奏是同一个纹样元素在图案上反复出现，呈现出整齐、条理的美。韵律是节奏表现出来的某种情调，一个纹样元素通过大小、奇偶、疏密等变化组成不同节奏的视觉形式。

节奏与韵律的形式在民族纹样中可以说是随处可见。单一的重复呈现，会产生单调的感受，而适当的变化会产生出有节奏的美。刺绣、蜡染、挑花、织锦等任何一种技法中常见到，一个母题单元或者几个元素重复出现，如旋涡纹、几何纹、圆点等连续不断，而在角或边条的中间加以其他纹样在视觉上产生变化，这些变化在头饰、衣裙、鞋履上给人以不同的节奏感。

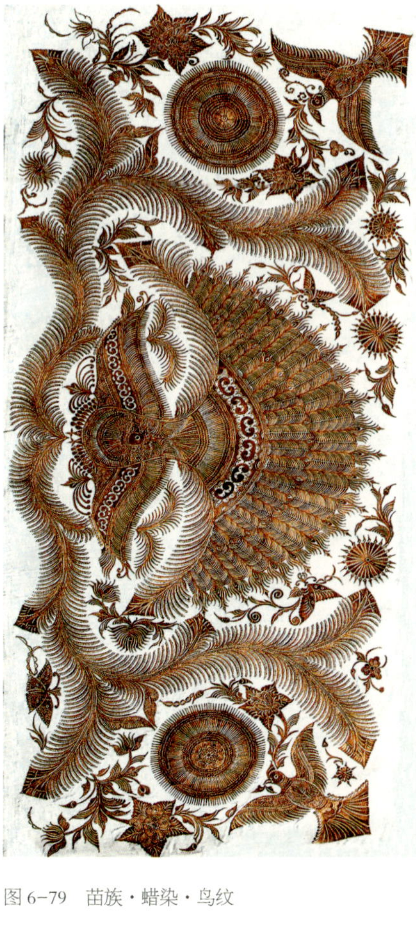

图 6-79　苗族·蜡染·鸟纹

（三）统一与变化

统一和变化是一个事物的两面，是对立的统一。统一是纹样在整体上协调，变化在纹样中指多样、丰富，而且应是基于统一体的、有规律的多样、丰富。统一的形和色需要有对比的调和才能显其活力。变化的作用在于统一的形式和色彩中形成丰富的层次，使统一中各显其美。贵州民族服饰中很讲究统一与调和的形式美，体现在部分与整体的协调统一，线条、色彩的渐变等。如一对龙、一对鸟、几束花统一在一个共同体中，构图上有错落、方向、大小、长短等的变化相互照应，形成统一有变化、变化而不乱的形式。

图 6-80　布依族・蜡染・蝙蝠纹

第四节　审美风格

一、朴拙与精致

朴拙既显现出人工技巧的不熟练、不灵活，仍处于稚嫩、粗糙的阶段，但又有一种原始自然的美感。如史前彩陶、雕塑、岩画等艺术，它表现出早期人类的纯真直观的思维方法及原始的艺术才能。贵州民族服饰中的一些工艺仍保持了这种风格，如威宁撮泰吉面具的雕刻，就是当地农民利用本地的木材，用极简单方法加工成一个椭圆形，只表现出两眼和口鼻，并没有做精细的刻画，用墨水甚至锅烟灰、粉笔涂成黑白两色，配上棕毛之类，便成为表演道具，显得极其粗糙古朴。又如榕江一带蜡染，下刀大胆，用力厚重，线条涩滞，但纹样古拙，形象浑朴，散发出原始艺术的韵味。

图 6-81　布依族・蜡染・花卉纹

精致是经过长期的艺术实践和材料、工具的改进，而呈现出来的一种技术上的熟练灵活和作品的精彩优美。贵州民族服饰图案中最为精致的纹样，是凯里、麻江、雷山、丹寨交界一带的苗族织锦，用蚕丝纯织，锦面宽 15 ~ 26 厘米不等，经纬密度每平方厘米约 36 × 32 根。锦面光华、纹样清晰，是贵州民族织锦中最为精致的品种。

又如织金、六枝交界的苗族蜡染，用精密白棉布为底，用一把细小的铜刀绘制纹样，纹饰繁复，线条流畅，把鱼、鸟全变化为密集点和重复的线，成为变体纹样和精湛细腻的装饰图案，表现出苗族女性内心的宁静和手法的精湛。

图 6-82　布依族・蜡染・蝙蝠纹

二、疏简与繁缛

疏简是指构图的简洁和纹饰的稀疏，繁缛则相反，是指构图繁复和纹饰密集。从地区来看，贵州东南部的苗族、侗族、瑶族等民族的服饰纹样就比较繁复，不仅领袖边摆部位有各种纹样，就是前胸后背甚至整套服装全部都被纹样覆盖，如榕江、雷山、丹寨、三都一带的百鸟衣。

而紧邻四川受汉化影响较大的土家族、仡佬族等民族的服饰纹样则要疏简得多，只是在衣的领襟袖这些边缘部位作些装饰。这两种风格在贵州民族的各种服饰工艺中都有表现，比如同是织锦，黎平、从江一带的织锦图案，构图简洁，多以菱形套花作二方连续图案，纹饰稀疏，显得简单明了；而台江一带织锦，构图繁富，纹饰密布，锦面被红色、蓝色纹饰全部覆盖，显得十分繁缛。又比如荔波瑶山乡白裤瑶的蜡染上衣图案，是用几个方形相套合而成，里面也不填饰其他纹样，构图简单，线条空疏，是蜡染服饰中最为简洁的代表。而黄平僅家的蜡染则是繁密风格的典型，在当地的蜡染服饰上，或是用变形鱼鸟纹、花卉纹，或是用重复的旋涡纹，全都是一个挨着一个，并互相连接，极少空地，组成密密麻麻的图案纹饰。

图 6-83　苗族・蜡染・水涡纹

三、素淡与浓艳

素淡与浓艳，是指图案色彩上的风格，素淡者以蓝白色为主，浓艳者以各种彩色构成。由于贵州各民族的文化习俗不同，加上各地服饰材料来源不同，所以贵州民族的织锦、印染、刺绣等服饰工艺，也出现素淡与浓艳两种倾向。贵州黔东南一带，由于紧邻湖湘，明代以来，清水江成为黄金水道，江南、中原的服饰材料如丝绸、丝线、染料等，得以进入该地区，被当地群众选购，用来制作服饰，如台江、镇远、剑河、施秉、黄平、雷山等地苗族，就利用江南的丝绸来作为服装面料，用流入的丝线来织锦、刺绣，大大改变了原先的服饰色调，显得浓重强烈，五彩错杂。

图 6-84　苗族・蜡染・水涡纹

该地区从清代中期就开始不断迁往黔西南一带的苗族，则基本上保持以青蓝色为主的服饰色彩。从地区上看，东南部的服饰图案色彩显得浓艳，西北部的服饰图案色彩较为素淡；从民族上看，苗瑶族系的服饰图案色彩比较强烈，百越族系的服饰图案色彩比较淡雅。

图 6-85　苗族・蜡染・水涡纹

图 6-86　布依族・蜡染・花卉纹

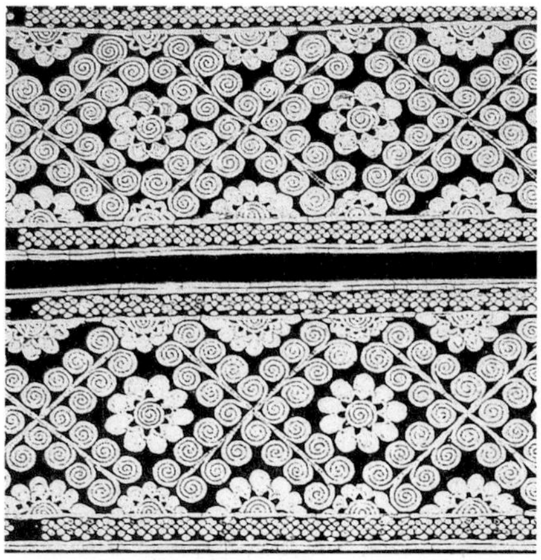

图 6-87　布依族・蜡染・水涡纹

第四章

贵州民族纹样的形成方法与实际应用

第一节　贵州民族纹样的形成方法

构成贵州民族服饰整体的综合纹样，主要包括五个方面：织造纹样、印染纹样、刺绣纹样、银饰纹样、面具纹样。

一、织造纹样

贵州民族服饰上的织造纹样，分为提花纹样和平织纹样两种。

（一）提花纹样

贵州民族提花工艺有锦、绮、绫、罗、绦、组等品种。

提花纹样的形成方法有以下几种。

1．通经通纬织法

通经通纬织法是经锦的织法，即在织造过程中，用提经综蹑提起花经后，用梭子横贯经幅，织出纬线，由花经显示花纹。主要流行于剑河、雷山、丹寨苗族地区。贵州各族群众织绦，也就是织花带，也用这种方法。

2．通经断纬织法

通经断纬织法是纬锦的织法，即用各种彩色纬线分别织出各种花纹，织时用挑子或手指分别提起花经过纬，当一根纬线织到显花的部位时，需中断这根纬线，而选用另一种颜色的纬线来织；当花纹颜色发生变化时，又要中断这根纬线，用另一种颜色的纬线来织，依此类推，这叫断纬换色。这种织法流行很广，苗族、布依族、侗族、瑶族的织锦，都运用这种方法。

3．竹条编纹

竹条编纹是用竹条预先在经线上编出一个花纹的单元，织造时只需逐根提起竹条形成梭口，将纬刀立于梭口，织过纬线，每织一梭，便将这些竹条逐根移向后面的经线上，形成下一个花纹单元。依此循环，织出一匹锦面。主要流行于黎平、从江一带。

4．网套提经

网套提经是预先用网套形式将花经提出并分别用线网套上，织造时只需分别提起这些网套开启梭口，穿织纬线，主要流行于从江高吊一带。

5．四综四蹑提花

四综四蹑提花是绮、绫的织法，是在捡综过程中，把经线分别套入四片综内，四片综分别与下面的四个踏板相连，织造时依次踩压踏板，开启梭口织入纬线，形成连续纹样。贵州民间称为“花椒布”“回纹布”“塘布”“升子花布”的织物，都是用此方法织出。

6．绞经法

绞经法是罗的织法，贵州的罗属二经绞罗，分布在从江洛香、黎平肇兴一带。织法有长距浮纬和短距浮纬两种方式。

7．凳架编组

凳架编组是不用纬线只用数根经线拴在一个凳架的横梁上，分别调换经线，使其互相交缠变成一根扁平的丝带，所以民间称“编辫带”，主要用于刺绣和在服装领袖襟边上盘缀纹样。苗族、布依族、侗族等民族都采用这种方法来编出丝带，有的用木桶和竹篮的提梁来代替凳架，照样可编出丝带。

（二）平织纹样

平织纹样有条纹、方格纹花布等。织造的方法是彩经或彩纬、经纬分区。

1．彩经或彩纬

彩经或彩纬，是在牵经时，根据所需条纹分区地牵出一定数量的经线，构成不同颜色的经条，织时只需织白色的纬线，便可织出纵向有不同的彩条而横向只有白色的条纹布。如果牵线时只用白纱，但织纬时分别用几种颜色并有规律地变换，则织出横条纹的花布。

2．经纬分区

经纬分区，即经线和纬线都要严格地分出彩条，并且有规律地变化各种颜色，使图案出现既整齐又变化的方格纹。

上述两种平织花纹，苗族、布依族、侗族、水族均有织造，但布依族尤为突出。据不完全统计，这种花纹布有上千个品种。

二、印染纹样

贵州民族服饰上的印染纹样分为绘制纹样、扎缝纹样、刻印

图 6-88　布依族・蜡染・水涡纹

图 6-89　布依族・蜡染・水涡纹

图 6-90　苗族·蜡染·龙纹

纹样三种。

（一）绘制纹样

有蜡染、油脂防染。蜡、油脂具有排水功能，人们利用它先在面料上绘制并覆盖纹样，再进行染色，最后把蜡和油脂去除，便形成蓝底白花。如果需要彩色花布，就用彩色染料在白色的花纹上做涂抹，即可得到彩色花布。

（二）扎缝纹样

扎染是利用面料本身对花纹进行防染的工艺，先用针线把面料上需要出现花纹的部位缝扎起来并抽紧绑实，再进行染色，然后晾干拆除绑扎线，即可得到扎染花布。

（三）刻印纹样

型版印花是先用牛皮或硬纸板镂刻成花版，并涂刷油漆以防水耐用。印花时将花版置于面料上并固定，用黄豆粉与石灰拌水合成浆料，用刮板将浆料刮刷在花版的镂空处，待浆料干后取下印版再染色，利用浆料对花纹起到防染作用，染色后再晾干最后刮除浆料，即可得到蓝印花布。

三、刺绣纹样

贵州民族服饰上的刺绣纹样，从视觉效果上看，有平面纹样、立体纹样。另外，也有把两种纹样结合在一起的图案。

（一）平面纹样

平面纹样，是刺绣时在绣底上不加衬物，并且用齐针、插针、挑花等手法形成的纹样，纹饰呈平面效果，看上去如绘制出来一般。故有的文章称之为“绣绘”。

（二）立体纹样

立体纹样，是预先把刺绣材料加工成各种半成品，然后采用加衬、合股、盘结、粘贴、堆积、嵌缀等工艺手法，使这些半成品形成立体的纹饰，看上去如雕如塑，呈现三维的形象。如辫绣、堆绣、缠梗绣等。

四、银饰纹样

贵州银饰纹样从制作手法上看有錾刻纹样、模铸纹样、编扭纹样、剪裁纹样。

（一）錾刻纹样

用各种型号的金属錾子在银坯上錾刻出各种花纹，这是形成

银饰花纹的主要方法，也是检验一个合格银匠的重要标志。

（二）模铸纹样

这是批量生产产品的一种方法，先制作一个模型，再用它来翻制成品。可以节省时间，提高工效。

（三）编扭纹样

制作花丝和粗壮的项圈、手镯、衣背钩等银器，采用编织、扭结的方法形成银器的造型和纹饰。

（四）剪裁纹样

制作银花、银片等银器时，先将银料锤打成薄片，但需用剪刀把银片剪成规整合格的形状。

图 6-91 苗族·蜡染·鸟纹

五、面具纹样

贵州面具纹样从表现手法上看有象征性造型、角色身份造型。

（一）象征性造型

以威宁彝族撮泰吉面具为代表，因撮泰吉表演只有 6 个人物形象，4 个戴面具，对面具只是简单粗略地雕刻出眼、鼻、口，没有对人物五官、性格特征进行细致刻画，是一种象征性的表演道具。

（二）角色身份造型

以安顺地戏面具为代表，地戏主要表现中国古代历史、小说中的故事内容，这些故事中的人物，在人们心中已形成固定的形象和性格特征，所以当地面具匠人都是根据戏中每个角色的外在形象和性格特征，来雕刻面具并描绘五官。

至于各地流行的傩坛戏面具造型，则处于象征性和角色身份二者之间。因为这些戏中的人物形象，都是根据民间的传说而雕刻，因各地的传说因民俗不同而发生很大变化，所以各地区、各民族傩戏中的角色形象，都是依据本地习惯而制作，而缺少统一的固定的造型。

第二节　贵州民族工艺纹样的实际应用

贵州虽然有织造、印染、刺绣、银饰、面具等服饰工艺，但各个地区、各个民族对它们的应用却不相同，所以他们的服饰纹样也是异彩纷呈，各具特色。从文献记录和田野调查结果来看，可大致分为单一工艺纹样和综合工艺纹样两种。

图 6-92 苗族·蜡染·蝴蝶纹

图 6-93　苗族·剪纸·衣背花·人物纹

图 6-94　水族·刺绣·背扇花·蝙蝠纹

图 6-95　水族·剪纸·背扇花·花鸟纹

一、单一工艺纹样应用

单一工艺纹样应用，是指在服装制作中，仅用某一种服饰工艺，其纹样也只是由这种工艺呈现出来。如仅用织造工艺生产的织锦衣，仅用蜡染布制作的蜡染衣，仅用刺绣装饰的绣花衣。这种现象是因为这些地区或民族，只有一种服饰工艺，或织锦，或印染，或刺绣，有的民族历史上曾经有过多种服饰工艺，但近代以来逐渐失传，所以只能用现在仍保存的工艺对服装进行装饰。比如松桃苗族清代仍有织锦衣，但现在他们的服装上，只见到了刺绣纹样。又如雷山、从江等地苗族，贵阳近郊的布依族，历史上就曾流行印染，但如今印染工艺已经失传，他们的服饰也只有用刺绣一种工艺了。

近代以来，因社会发展，贵州大多数民族选择了工业面料来制作服装，如土家族、仡佬族、彝族、毛南族、仫佬族、蒙古族、回族、满族、羌族、侗族北部方言区和靠近城市的布依族民众。他们的服饰，当代已经很少用织锦、印染工艺来装饰，即便是节日及重要活动穿的一些礼仪服装，也仅用少量刺绣对上衣领袖、襟边及裤子栏干部位作点缀式的装饰，很少见有大面积的纹饰。但是随着民族文化意识的自省，一些民族又开始制作和穿戴本族传统服饰。如部分土家族、彝族、仡佬族，在他们的民族节日和盛典期间，已见到众多的民族服装，并用刺绣来制作本民族的纹样。

二、综合工艺纹样应用

尽管现代工业面料和服装对传统民族服饰冲击较大，但贵州民族服饰还是具有较强的生命力，不少民族仍坚持制作和穿着本民族的传统服饰，并坚持用各种工艺来装饰民族服装，使用民族文化符号。

从实际应用来看，刺绣纹样最为普遍，贵州 18 个世居民族均用刺绣工艺对服装进行装饰。尤其以苗族、布依族、侗族、彝族、水族、瑶族、畲族，最为常见。

其次是织锦加刺绣，或刺绣加印染。织锦加刺绣以东南部较多，如铜仁、黔东南、黔南、黔西南的苗族、布依族、侗族、瑶族等。

刺绣加印染于中西部较流行，如福泉、贵定、龙里、开阳、六盘水、毕节等地苗族，以及荔波瑶山白裤瑶。这些民族的服装纹饰，以印染纹样为主，补以刺绣纹样。

再次是织锦、刺绣、印染三种工艺的综合应用，各地均有分布，如榕江、丹寨、雷山、三都一带苗族的百鸟衣；威宁、赫章、水城、紫云、普定等地大花苗和小花苗的披风、披肩、裙子；遵义、仁怀、金沙等地苗族的衣裙；凯里、黄平一带僅家人的盛装；麻江河坝瑶族的礼服；镇宁、关岭、六枝一带布依族的女子华服。这些民族既有织锦工艺，又有印染工艺，同时又擅长刺绣，在他们的盛装礼服上面，综合应用了这些工艺，有的还佩戴各种银饰，显得繁花满眼，周身纹饰。

图 6-96　布依族·剪纸·衣边花·花卉纹

三、贵州民族服饰典型纹样

（一）蝴蝶纹

在苗族古歌中，把蝴蝶称为“妹榜妹留”，也就是苗语中“蝴蝶妈妈”的意思。主要流行于黔东南苗族地区，是苗族崇拜的古老图腾之一，蝴蝶妈妈被视为苗族的最高祖神。苗族的史诗《枫木歌二十二个蛋》中就有“枫树干上生人”的描述，“最初最初的时候，最古最古的时候，枫树干上生出妹榜，枫树干上生出妹榴。……榜留和水泡，游方十二天，成双十二夜，怀十二个蛋，生十二个宝”。苗族诗歌《十二个蛋》中说，蝴蝶跟水上的泡沫结合生下十二枚蛋，由鹡宇鸟将蛋孵化出人类的始祖姜央和其他的动物。枫树、蝴蝶、鹡宇鸟共同创生了人类，都被奉为神。黔东南苗族对蝴蝶崇拜无处不在地展现在黔东南苗族女性服饰上，如使用在头饰、衣袖、围腰上，工艺手法有刺绣、蜡染、织锦、银饰等。蝴蝶妈妈的造型多样，不同的工艺手法形成了或写实或抽象的形式，表现出的形象也不同，或拟人或仿生。其色彩因为地域和支系的不同也不尽相同，有红色比重大的，也有蓝色比重大的。台江的蝴蝶妈妈采用了拟人的方式，大量使用红色，纹样的层次丰富，多用于衣袖装饰。

图 6-97　布依族·剪纸·鞋面花·花卉纹

在贵州西部一些苗族支系的服饰上也有蝴蝶纹。

（二）枫树纹

苗族崇敬枫木，把枫木叫“妈妈树”。苗族古歌的《枫木歌》中讲，枫香树种原在天上仙家，一位神人找到种子，榜香就用神兽修狃把大地全部犁了一遍，然后把枫香树的种子种上，枫香树枝只长在鱼塘边。后因池中有人养了鱼，被野鹤偷吃，而枫树被人诬陷，遭砍伐。枫树生了妹榜妹留，也就是蝴蝶妈妈。妹榜妹留和水泡游方，又生了十二枚蛋。孵化出了始祖姜央和龙、虎、

图 6-98　布依族·剪纸·绣样·花卉纹

雷公等众兄弟。众兄弟都争当大哥，争管天下，通过比赛，姜央以火攻战胜众兄弟，当了大哥。但雷公不服，姜央与之斗争，雷公发洪水，人类只剩两兄妹，只好兄妹结婚，繁衍人类。这是独具苗族特色的一组歌，反映了黔东南苗族把枫木和蝴蝶妈妈视为图腾、保护神、祖先，对之有特殊感情，即枫木图腾崇拜。枫树纹样形式丰富，有仿自然中树造型的，有抽象几何形的。枫树纹多与十二枚蛋、人们生活的场景等相伴出现，多作为主衣饰的纹样。表现手法有刺绣、蜡染等，也有技法综合应用的。根据表现手法的不同，又产生出很多的造型。多见于襁褓和衣服袖饰。

图 6-99　苗族·银饰·胸牌·动物纹

（三）鸟纹

枫树、鸟、蝴蝶是苗族的繁衍之神。枫树是苗族人崇拜的第一繁衍神，它化生出蝴蝶和布谷鸟、黄鹂、鹡宇鸟、鱼、铜鼓等。鸟是第二繁衍神，蝴蝶是第三繁衍神，它与水泡结合孕生了十二枚蛋，并由鹡宇鸟帮助孵化出人祖姜央和雷公、龙、象、虎、蛇等。所以蝴蝶与鸟及枫树一起被苗族人奉为最崇敬的母亲神，在古歌中这三个形象常被冠以妈妈的尊称。以姜央为最高身份的祖先神，包括最早生活于东方家园和后来西迁的列位先祖。从这个神灵体系的排列顺序，可以发现苗族人民的精神信仰，经过了自然崇拜（水）—英雄崇拜（以修狃为代表）—图腾崇拜（枫树、鸟与蝴蝶）—祖先崇拜（姜央及列位先祖）的过程。鹡宇鸟孵化姜央的纹样以黔东南台江一带为代表，应用于衣袖等处的装饰，色调多样。

图 6-100　苗族·银饰·压锁·动物纹

（四）鱼纹

鱼纹源于"稻作渔捞"，鱼是生殖繁衍的象征，代表着子孙绵延。鱼广泛地被多民族使用，鱼纹蜡染纹样，以丹都的蜡染中常见。鱼的造型多种多样，如丹都蜡染中的斗鱼，苗语称其为"然把笔"，是一种生命力极强的小鱼。还有鲇鱼，人们把它当作龙的原形。鱼纹苗族刺绣纹样，流行于贵州台江、施洞等地。如在妇女服装中，胸口刺绣的常用纹样就有鱼戏莲、牡丹等，表达吉祥如意、多子多孙。纹样模拟鱼，加以夸张变形，其特点是鱼头大，触须弯曲，造型稚拙可爱，富有情趣，常用于衣袖花、围腰花、背带花等衣物饰纹。在贵州西部苗族和布依族、侗族、仡佬族、水族、瑶族、僅家等民族的服饰上，也经常见到鱼的形象。

图 6-101　苗族·银饰·银冠·动物纹

（五）龙纹

苗族服饰上的龙纹也被称为"苗龙"，是苗族服饰中普遍使用的一种纹饰，主要流行在黔东南一带。"苗龙"是复合纹样典

型代表之一，其形态多种多样。苗族人民创作的龙纹有牛龙、鱼龙、蚕龙、人头龙、鱼尾龙等，从名称上可以知道龙的形态是多么丰富。这种现象在其他民族比较少见。这与苗族的原始宗教信仰有关，苗族的《祭龙歌》中这样说：祭龙是为了驱灾和求福。

苗族的龙有东西南北中五方五色祥龙，龙可以带来平安、财富、粮食，还有生活中的各种技艺。关于龙，还有一段达查和帕戎美丽的爱情故事，就如同《田螺姑娘》的故事。苗族的信仰崇巫信鬼，但是万物修炼到一定程度后，都将变身为龙，也许是此原因，同时也反映出苗族对龙的观念。龙有善恶之分，有山水龙之别，龙可以变幻莫测，人、鱼、牛、蛇等也可以变成龙，相互之间转换自然，这些是苗族人们创造丰富龙纹样的出处。如，牛龙是龙头牛身，四肢粗壮，头上长一对牛角，花形的长尾竖立，威武有力，气势冲天，常常出现在台江县施洞破丝绣中。龙的造型多样，表现手法和造型也是变化不一，可以说，襁褓、衣饰、银饰等上面均有龙的影子，刺绣、蜡染、银饰等都有表现。

图 6-102　苗族·银饰·衣牌·人物故事纹

（六）马纹

《侗族史诗》有“张古创天，马王造地”的传说。在侗族关于马的传说中有这样的表述：“上天放马落进大香海，大香海中吹着呼呼的大风，有个名吹脱的人看见了，救出天马带到家中。”后来人和马相处融洽，逐渐侗族地区普遍饲养马。从侗族古歌中也能看出，马在侗族社会也曾经是陆路交通的重要工具。马作为纹样也常出现在侗族的织锦中。马的造型根据织锦的工艺特点，形成了比较抽象的形象，保留了马昂头、鬃毛飘逸的特点，简略了身体，形成了夸张和简洁的造型。侗族织锦上的马纹，呈二方连续排列，又组成大菱形，黑白相间，利用线条呈现出规矩的纹样排列。用于襁褓，也用于衣袖上绣片的边缘。

图 6-103　苗族·银饰·衣牌·人物故事纹

（七）虎纹

在历史上，彝族称虎为“罗”，威宁彝族曾以“罗罗”自称。因此，虎纹样在彝族服饰中占有重要的位置。彝文创世神话史诗《梅葛》的“开天辟地篇”说，远古的时候没有天地，格滋天神创造天地，但没有撑天柱，天摇晃，不稳固。于是，天神格滋派人去山上抓了老虎。他们认为世间的东西要算虎最猛。用虎的脊梁骨撑天心，用虎的脚杆骨撑四边，肩膀做东西南北方向，虎的左眼变太阳，右眼变月亮，虎须做阳光，虎牙做星星，虎心做天心地胆，等等，黑虎化生万物。彝族尚黑，对黑虎有特殊的感情。“虎”纹样多

图 6-104　苗族·银饰·衣牌·人物故事纹

用于衣饰。婴儿出生后，父辈和祖辈要给该子戴虎形帽，穿虎纹肚兜，着虎形鞋，以表示“虎族又添后代”。婴儿穿上虎形衣，相当于投入了虎祖的怀抱，虎祖就会时时关照后代，保命护魂。男人身穿绣有老虎图案的衣衫，作为节日庆典的礼服，分外意气昂扬。老人足履虎形鞋。襁褓带上的虎纹造型夸张了虎的眼睛，鼻、嘴的造型呈现出不同的表情。色彩上，采用了对比强烈的红、黄、黑、绿、白，色彩鲜明、艳丽。布贴绣的方法使虎的造型充分体现出线面结合的对比。

图 6-105　苗族・蜡染・鸟纹

（八）云气纹

苗族古歌唱道：“云雾也是很聪明，云雾才生来最早。……水汽也是很聪明，水汽才生来最早。”古歌在追述世界上什么神来得最早时，就从妹榜妹留（蝴蝶妈妈）……盘古—修狃—云雾—水汽，才找到了源头。在苗族人的观念中，云雾、水汽是世界上出现得最早的物质，在万物有灵的巫术思想影响下，苗族人把云雾和水汽当作具有生命的物体来歌唱。云雾孕育和哺养了苗族最崇拜的大英雄盘古和修狃，那个开天辟地的英雄盘古，由于用双手支撑上天，时间太久而累垮被压死，其身体化为 12 座山坡，是云雾将它浇灌、喂养成为高齐于天的高山。在苗族古歌中，修狃是个神格化的虚拟动物，但它的生命也是云雾和水汽繁衍出来的。如台江、剑河、施秉、镇远一带的织锦围裙图案中，一般以龙为中心，而转体回旋的龙纹周边就织有云雷纹、勾云纹、涡纹等。在蜡染、刺绣、银饰等服饰工艺中，均有云气纹作为单独或者辅助纹样，应用非常广泛。

（九）旋涡纹

旋涡纹是代表水的符号，象征生命。在苗族古歌中，水不仅是作生命之源、万物之始的神，而且还是远古英雄、后来人类创造发明的参照物。如四位英雄最初打造太阳和月亮时，就模拟了水漩涡的形状，“铸造云坡的太阳，拿什么来作模样，才能拿来造月亮？铸造云坡的太阳？就用漩涡作模样”。所以各族人们将云气纹变化于各种工艺中，在织锦、剪纸、刺绣、蜡染、银器等工艺图案中均可看到，形式有云纹、旋涡纹、水泡纹等，一般作为图案底纹。如丹寨苗族支系，将旋涡纹作为主纹样绘制于衣服的肩部，形成极具地方特点的风格。银饰是苗族人最喜爱的银器装饰品，也是父母给女儿最为珍贵的嫁妆。在打造银器时，他们会参照水泡、漩涡的样子，做成银泡、旋涡状饰品等。

图 6-106　苗族・蜡染・龙纹

图 6-107　苗族·蜡染·双鱼纹

图 6–108　苗族・刺绣・鸟纹

图 6-109　苗族·刺绣·人祖双凤纹

图 6-110　苗族·刺绣·人祖双凤纹

图 6-111　苗族·刺绣·人祖龙鱼纹

图 6-112　苗族·刺绣·人祖双凤纹

图 6-113　苗族·刺绣·人祖双凤纹

图 6-114　苗族·刺绣·人祖双凤纹

图6–115　苗族·剪纸·宗庙纹

卷次

缝制是服装设计得以实现的手段。自普定穿洞磨制出第一枚骨针起，贵州民族服饰就开始了从原始到文明、从单一到丰富、从简洁到奢华的历程。无论是五彩缤纷的嫁衣，做工精致的褴褛，还是民族庆典的盛装，剪裁缝制皆出自村姑农妇之手。

概　述

一、服饰制作定义

由于历史上服装的生产，分为成衣、鞋帽等不同的行业，所以服饰制作有广义和狭义之分。狭义的服饰制作，是指将面料按上衣下裳的各个部件进行裁剪，并缝纫组合成一件或一套成衣的工艺，如过去各地城乡存在成衣铺裁缝、鞋帽店匠人的职业。而广义的服饰制作，则是指对人体所有部位穿着物进行制作，并组合为一套完整服饰的工艺。

贵州民族众多，传统服饰样式极其丰富，除了银饰、面具、斗笠、蓑衣这些器物的制作，属于半专业性的生产之外，大多数民族穿戴的上衣、裙子、裤子、巾帕、帽子、披肩、披风、云肩、背牌、背褡、胸兜、围腰、围裙、腰带、绑腿、脚笼、棉靴、布鞋、草鞋等，特别是他们的盛装礼服，都是

采用织造、印染、刺绣等手段，制成半成品，再把这些零散的部件，缝制成从头到脚、从内到外的综合性的民族盛装。这些民族盛装，既有固定的外在形式，又蕴藏着深厚的文化内涵，在整个制作过程中，尽管有时会求助于亲友的支持，但大部分都由一个家庭中的主妇完成，如果是结婚礼服，则由女子在母亲的指导下，在十二三岁至十八九岁的少女时期自己制作。一套盛装从开始到结束，往往要经过三五年，甚至七八年的时间才能完成。所以，贵州民族服饰的制作，不仅有裁缝工艺，更有前期的材料及部件的加工，后期的配置、装饰工艺，它包含了织造、印染、刺绣、裁缝等工艺在内的一系列漫长、复杂、繁琐、细碎的生产流程。本卷虽然用了“缝制”二字为标题，但从贵州民族服饰制作的漫长过程来看，缝制二字是很难把贵州民族服饰的制作技艺表达得完整清晰的，实际上应当把它理解为从材料生产、各个部件的加工到全部组合、装饰的整个工艺流程。

二、贵州民族服饰制作的特点

贵州民族服饰，既有遮身蔽体、抵御风寒、美化仪表的作用，又具标明族群身份、记载民族历史、传递民族文化的特殊功能；既有劳动生产、居家生活所穿着的常服便装，又有专用于民族节日、人生礼仪场合穿着的盛装礼服。所以贵州民族服饰的缝制，并不是一种把面料裁剪成片、最后缝合成衣的简单工作，而是要按本民族世代相传的习惯，从各种材料的生产加工到服饰纹饰的制作，再从缝纫组合到整套配置的一系列活动。这就导致了贵州民族服饰的制作，表现出四个明显与一般服装缝制不同

图7-264 榕江·计划·苗族·芦笙舞·缝制简朴存古风

的特点。

（一）族群统一的着装制式

传统社会，服饰是区别一个民族的重要标志，所以居住在一起的族人着装，必须按照这一族群约定俗成的服装样式、图案纹饰来进行生产，才能被大家接受和认可，否则，穿着不同于本族群的服装样式或图案纹饰，就会被当作另类，很难融入这一群体。所以一个地区、一个族群的服装样式和制作手法，都出现程式化的倾向。贵州民族众多、支系庞杂，不同民族、不同支系都有属于本族群的服装样式，以此来区别他们之间不同的民族身份，即便是住在同一个村子的不同民族，也存在着不同的服装样式。各个民族这种带有标志性的服装，也导致了服装的制作者，就只需要按照上一代人的服装样式进行重复性的生产，而不需要花心思去追求改变和提高。在贵州一个民族村落，所有男子服装都是一种样式，所有女性服装也如此，只有未成年者在某些部位存在细微不同，但是服装的制作流程及技艺，不能有任何的改变。所以，贵州每一个民族的服饰，在形状上呈现出同一个款式，用料是同一种面料。由于礼服只讲究族群整体的统一性，并不强调个体穿着的舒适性，在缝纫和装饰上也是千篇一律地照搬，整个族群的服饰，只有整体的共性，没有个人的特殊性。

图 7-265 荔波·瑶族·缝制

图 7-266 纳雍·苗族·缝制

（二）古朴简洁的型款结构

正是由于服装是识别民族的重要标志，加上传统的家庭生产方式，导致了贵州民族服装的剪裁缝制技术，一直处于原始古朴的初级阶段。从先秦到现代，尽管贵州民族的织造、印染、刺绣工艺极其丰富，但是他们的服装缝制方法却非常简便易学，一直沿袭了平面的直线裁剪法，没有发展到立体的曲线裁剪法。以台江施洞苗族女子上衣为例，制作过程只用当地自产亮布剪成六幅，每幅 2 尺 2 寸，衣身 4 幅，衣袖 2 幅。有古代玄端制作之遗韵，不削幅、不邪杀、不圆袂、不继掩、不侈袪。缝纫过程分为六道工序：首先缝合衣前后片的肩部和后背中缝；其次对领口处作简单剪裁处理，形成领肩；再次以窄条织锦沿襟边缝合领口处镶绲；第四缝合衣身与衣袖；五钉上预制好的绣片；最后对衣摆、袖口进行绲边。

又如西部一些民族的交摆衣，其方法更为简单，只需将白色麻布剪成两幅，将两幅面料后背缝合，加上领子前面则分别披于肩上，在腰腹部交叉用腰带系上即可。

图 7-267 从江·苗族·缝制

有的甚至仍然保持了原始的无裁无缝的披挂式和贯首式着装。有的衣服尽管全部采用织锦、印染品、刺绣品来制作，但也只是把一片一片的半成品简单地缝合成衣，而无需裁剪。这种简单易学、操作方便的缝制技艺，当地每个女性都能掌握。

（三）繁缛复杂的装饰手法

尽管贵州民族服装结构简单，裁缝便易，但是由于服饰有着民族历史文化的载体、族群的教科书的重要功能，所以，贵州大多数民族都费尽心思对服装表面做各种纹样和图像装饰，将他们崇拜的各种神灵形象和表意符号都表现在服装上，而成为他们区别于不同族群的标识。这些表现方法有织锦、印花、刺绣、银器等。一些民族的服装纯用织锦、蜡染、刺绣品制成，有的民族服装则集三种工艺于一身，外面还要插缀佩戴全副银饰，显得十分华丽典雅。而每个民族、每个支系的同一种工艺，却因不同的信仰和习惯，在材料、纹饰、形式、方法、内容上又各自不同，形成了贵州丰富多彩、风情万种的服饰文化。

图 7-268榕江・苗族・缝制

（四）家庭完成的工艺流程

不同于大多数民族或现代社会服装的来料加工或备料待选的生产形式，传统社会，贵州民族服装的制作，因各地各族文化习俗有别，所以每个民族的服饰生产，都是从服装材料的基础生产到加工成衣全过程的家庭生产劳动。比如一套织锦衣，从采桑养蚕、摘茧缫丝、染色、整经、织造（服装通常是按各个部件规格织成半成品）、裁剪、配料、缝合、组装、装饰，最后才完成一套织锦衣的制作流程。又如一套印染服装，要从种棉麻、摘棉割麻、纺纱织布、裁成服装构件块面、绘画染色，到缝合各个构件、组装各种饰物，最后得到从头到脚的整套印染衣服。而制作刺绣衣服，则更繁琐复杂，从种棉麻、摘棉割麻、纺纱织布、染色，到裁成服装的各种构件块面，缝合成衣服的款型；再从养蚕制丝、在服装构件不同的块面上，运用不同的技法，绣制出不同的纹样，到将这些刺绣块面分别缝缀在服装的各个部位，并进行配套组合，形成全套服饰。这整个漫长的过程，各个环节都需要服饰制作者的精心料理，亲自动手，才能达到满意，不至于出现各种瑕疵。而这一切基本上是依靠家庭成员特别是女性的亲手劳作而完成。

图 7-269剑河・苗族・缝制

图 7-270剑河・苗族・缝制

第一章

贵州民族服饰制作技艺的历史演变

图 7-271 剑河·苗族·缝制·布料

贵州民族服饰制作，走过了一条从自然材料到多种人工材料过渡，从整块材料的利用到分裁构件拼接组合，从简单质朴素装到华丽繁复盛装的发展道路。

第一节　材料：从原始运用到工艺加工

人类早期，已经逐渐学会利用动物皮毛、树叶、茅草来遮盖身体。贵州众多的民间传说，也反映了古代先民服饰制作的一些信息，苗族、布依族、侗族、彝族、水族的古歌、神话、史诗等口头文学中，就有穿草衣、披树叶和动物皮毛的内容。到了新石器时代，随着纺织的发明，人们利用葛麻毛来生产制作各种服饰。贵州民族也很早就掌握了各种纺织技艺，贵州各地都出土了纺轮，赫章可乐先秦至汉代遗址出土有丝、麻、毛、毡等织物，并发现了大量的服饰品。

图 7-272 剑河·苗族·缝制·平整

汉代至魏晋时期，据《风俗通义》《后汉书》《搜神记》《华阳国志》等书记载，包括贵州在内的南方民族，已经能“织绩木皮”并“染以草实”，也就是用木材纤维来织布，用植物染料来染色，使服装出现“衣裳斑斓”的视觉效果。这时还能生产一种有斜纹的“阑干细布”“织成文如绫锦”。到了隋唐时期，南方广大民众能够掌握印染工艺并用来制作服饰。《隋书》记他们“服章多以斑衣为饰”。当时贵州生产的“斑布”还作为贡赋上交唐王朝。最早记录贵州民族服饰的样式及材料的是《旧唐书》，说贵州东谢蛮，“丈夫衣衫，有衫袄大口裤，以绵绸及布为之。右肩上斜束皮带，装以螺壳、虎豹猿狖及犬羊之皮，以为外饰。坐皆蹲踞。男女椎髻，以绯束之，后垂而下。……贞观三年，元琛入朝，冠乌熊皮冠，若今之旄头，以金银络额，身披毛帔，韦皮行縢而著履”。由此可见，唐代贵州民族已经掌握了绵绸、布、毛、絛、各种动物皮革、金银首饰等工艺的生产加工技术，并用它来制造各种服饰。宋代，贵州民族还用丝和其他材料来生产织锦，据欧阳修《六一

图 7-273 剑河·苗族·缝制·下料

诗话》记，他的学生苏轼曾送给他一件出于贵州西南夷人之手的“蛮布弓衣”，上面织有梅圣俞的《春雪》诗，显然，这属于提花工艺的锦了。能用织锦制作弓衣，也自然会用来作服装材料。《溪蛮丛笑》记录了包括贵州东南部在内的五溪一带少数民族生产“顺水斑”“不阑带”“点蜡幔”等服饰材料。到了元代，贵州产的毡不仅用于当地居民服饰，而且还作为贡品上交元室。

图 7-274 剑河·苗族·缝制·裁剪

明初，贵州成为全国第十三个直属中央管辖的行省，并由政府组织向贵州屯军移民活动，为贵州开发引入了大量劳动力和文化生产技术，如明代江南汉族移民引入的一年生草本棉花种植技术、银饰冶锻工艺，清代乾隆年间从山东引进的柞蚕养殖、缫丝织绸等技术，这些大大地促进了贵州民族服饰材料工艺的繁荣。

近代以来，由于工业生产的各种材料进入贵州，被各族群众利用来生产制作各种服饰工艺，比起自产的材料制品成本低、见效快、质量优，如工业棉纱、工业棉布、工业花布、工业丝绸、化工染料、化纤线、化纤料、石蜡等，都极大地丰富了贵州民族服饰制作工艺的材料。

图 7-275 剑河·苗族·缝制·缝合

上述可以证明，贵州民族服饰材料不仅有本地出产的，也有现代工业生产的各种产品，贵州各族人民能够灵活运用这些十分丰富的材料，本土与外来相结合，传统与现代相搭配，使他们的服饰艺术出现了繁花竞放的现象。可以说，没有丰富多样的服饰材料，就不会有风情万种的贵州民族服饰艺术。

第二节　结构：从简洁单纯到复杂繁琐

远古时期的服饰制作，只是用藤条把草叶之类穿编在一起，或把动物皮毛拴挂在身上，成为一件遮羞蔽体的物件。新石器时代人们开始学会用纺织品来缝制衣服，由于年代久远，加上阴雨潮湿的气候，酸性的土壤，使远古贵州民族的服饰实物无从保留下来，但贵州不少地方曾发现先秦时期的不少岩画。其中六枝境内的岩画中，有人物形象，从这些人物身上可以看出，先秦时期，贵州民众的服装为贯首式，即用一定长度的布料缝合成一个长筒状，在上端中间开一个口，穿衣时头从这个口中伸出，形似今天的套头衫的形状和穿法。这种衣服的制作，连简单的裁剪技术都不用，只是一种从原始时代利用动物皮毛从中掏洞贯穿其首做法演变过来的服装款式。这种服装款式的制作方法，一直流传下来，

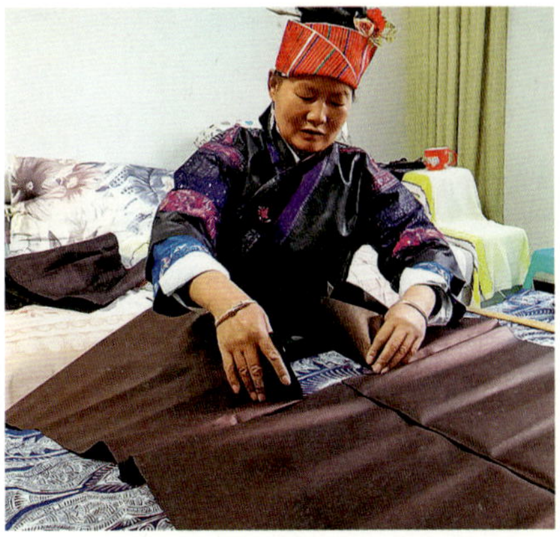
图 7-276 剑河·苗族·缝制·留领口

《新唐书》就记录了生活在川黔一带的仡佬族先民："南平僚……妇人横布二幅，穿中贯首，号曰通裙。"至今，贵州不少地方的民众仍穿着这种贯首衣。

图 7-277 剑河·苗族·缝制·缝领

《后汉书》说部分贵州民族先民们穿的"独力衣""制裁皆有尾形"，显然，这种反映图腾崇拜意识带有民族标志性的服装款式的制作过程，已经运用了按服装的各个部位先裁成不同形状，并作印花染色处理，然后再进行拼接缝合的工艺了。

《旧唐书》中所记贵州东谢蛮的服装款式有：衫，袄，大口裤，熊皮冠，毛帔，韦皮行縢、履。可以说从头到脚，从里到外，样样齐全，款式繁多。说明当时贵州民族已经运用了各种不同的裁剪缝纫手法，才能够制作出这些不同材料、不同用途、不同形状的服饰。

1987 年考古人员在贵州平坝、长顺一带，发现了一批属于宋代的精美蜡染服装。据《平坝"棺材洞"清理简报》称：415 号棺、423 号棺内中各有上衣 3 件，裙子 3 条。上衣为斜襟式，裙子为打褶式，衣裙各部位均用不同颜色的布拼接缝合，并用蜡染、布贴、挑花等手法进行装饰。这一批服饰的发现，表明宋代时期，贵州民族已经掌握服装的复杂裁剪缝纫技术和综合装饰技艺，体现了他们的高度审美能力。

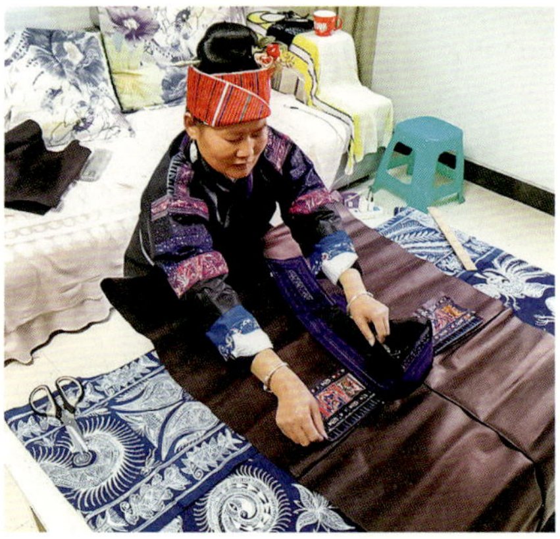
图 7-278 剑河·苗族·缝制·钉绣片

明清时期，大量的文人被派往贵州各地任职为官，他们用文字或绘画记录下了贵州各民族的生活习俗及服饰状况，特别是康熙《贵州通志》、乾隆《皇清职贡图》、陈浩《八十二种苗图并说》、桂馥《黔南苗蛮图说》，以绘画加文字说明的形式，形象地记录了贵州各族民众的服饰样式和装饰方法，从这些资料中可以看出明清两代贵州民族服装款式是千姿百态、万种风情，反映了贵州各族人民丰富的服饰制作技艺。

图 7-279 剑河·苗族·缝制·钉绣片

近代以来，虽然西方服饰文化也波及贵州，地方政府也下令民众改装，也曾产生一定影响，但并未使贵州民族的传统服饰发生根本性的改变。这一点可以从一些学者的著述中得到印证。清末民初，由于受西方人文科学的影响，一些学者进入贵州进行田野考察和民俗调查，他们记下了贵州一些民族的着装习俗及服饰制作技艺，如日本人类学家鸟居龙藏在其《苗族调查报告》一书中，就详细地记录了他从贵州玉屏到盘县（今盘州）一路上所见到的苗族、侗族、布依族、屯堡人（明代江南移民后裔）、彝族等族群的着装样式及各种服饰制作工艺，其中最难得的是他实际观察

了贵州一些民族的服装款式、发型、首饰、服饰纹样，以及蜡染、刺绣的工艺程及方法，并指出贵州民族服饰与中国古代服饰的风格及技艺有着深厚渊源。

抗战时期，中国学者吴泽霖、陈国钧对贵州民族社会作了实际调查，在《贵州苗夷社会研究》一书中，他们记录了贵州民族的奇形怪状的服饰样式，以及构成这些服装的各种工艺，如织锦、斜纹布、斗纹布、蜡染、刺绣、布贴、擀毡、海贝饰品的制作方法，特别强调了贵州民族服装与中国古代服饰的传承关系，并描述了贵州民族服饰生产过程中繁琐的流程与复杂的工艺，如记苗族的百褶裙："裙子的褶裥极多，据云至少在五百褶以上，多的要到千数，所以一条裙子至少需要二丈以上的布料子。"又记他们制作刺绣衣服的漫长时间："衣上所绣花纹，非常精致鲜见，都是在十几岁的时候，花了几年的功夫，刺绣而成的。"

图 7-280 剑河·苗族·缝制·钉衣襟片

由此可见，尽管在西风东渐和官方强制改制的形势下，贵州民族服饰制作工艺依然保持顽强的生命力，可以说贵州民族为后人研究中国古代服饰制作技艺保留下了一份十分宝贵的资料。

中华人民共和国成立以来，党和政府十分注重民族工作，出台了一系列政策法规，使民族文化艺术得到很好的保护。随着经济社会发展，贵州各民族的文化自信心得到增强，他们自觉地挖掘、开发本民族的服饰文化，在各级政府的大力支持下，开展各种服饰工艺的培训班，讲授传统服饰技艺，培养民族服饰的技术人才，同时不断吸收借鉴现代服装理念和技术，研究设计生产各种民族服饰，供当地民众所需，又满足国内外旅客的需求，使贵州民族服饰制作技艺不断提高。如一些商家引进了现代机器设备，提高了生产效率；有的采用现代服装的立体裁剪法，大大提高了民族服饰制作的技术，使民族服饰更具舒适性和审美性。

图 7-281 剑河·苗族·缝制·成形

第三节 装饰：从便衣素装到盛装艳服

对于传统民族服饰的制作来说，并不仅仅是对各种材料的加工和裁剪缝合成型的工作，它还有对服装各个部件的搭配与装饰。贵州民族服装的发展同样也经历了从质朴简单素装到繁复艳丽礼服的过程。

这一过程，可以说在先秦时期就已经开始，比如前面所述的贵州六枝岩画上人物所着贯首衣，除了可以看出它上下相连一体

图 7-282 剑河·苗族·缝制·整理

图 7-283 雷山·苗族·挑花上衣·省博物馆藏

图 7-284 台江·苗族·皱绣女装·省博物馆藏

图 7-285 台江·苗族·平绣女装·省博物馆藏

的简单款式及腰间的束带之外，再没有发现有更为多余的配件装饰，也无图案纹饰色彩等方面的信息显示。显然，这种服饰属于日常生活中的便装。但是在赫章可乐墓中出土的红色材料，有可能是墓主人服饰上的颜料残留，即便不是服饰颜料，但该墓出土的金属、玉、牙、骨等材质的大量服饰品，却也能够证明墓主人的服装是非常繁复华丽，除了上衣下裳之外，必定还有各种服装配件和不同的饰物，否则，难以解释这么多的精美服饰品的存在。

汉代至隋朝，包括贵州在内的南方民族已经掌握了各种印染工艺，并用这些工艺品来制作服饰，《后汉书》说他们“染以草实”“衣裳斑斓”，《隋书》说他们“以斑衣为饰”，就是指的印染服饰。到了唐宋时期，贵州民族服饰材料更为多样，加工工艺更加精致，装饰也更为复杂，着装也更加华丽。从《旧唐书》《新唐书》《资治通鉴》等书描述东谢蛮首领及他的团队的文字中可以清晰地看到，当时贵州民族已经采用了绵绸、丝绦、皮革、海螺、金银首饰等制作服饰的多种材料。这种极具地方及民族特色的繁华富丽的服饰，引起了当时文人颜师古的兴趣，他建议皇帝命画家阎立本把东谢蛮朝拜团队的形象图画下来，作为职贡图的内容。

如果说这一历史记录反映了贵州民族服饰多种工艺的话，那么，平坝棺材洞出土的蜡染服装则体现了贵州民族在利用各种色布、刺绣、拼贴在制作图案上的奇思妙想以及精湛技艺。该洞 415 号、423 号棺共出土 6 件上衣、6 条裙子。虽然结构上衣服均为斜襟式，裙子为百褶裙，但是每件上衣和每条裙子的面料颜色、图案纹样、表现形式却各不相同。据《平坝“棺材洞”清理简报》称：415 号棺中的 3 件上衣，其中外衣大襟用浅色线锁边连成的布条彩带。布条有深蓝、浅蓝、黄褐三色。前后摆由三块布缝式，中间黄褐色，两侧深蓝色。小襟用深蓝、黄褐两色布。袖用三段色布，上为黄褐，中为深蓝，下为浅蓝三色。袖口用布条、布块镶合装饰，颜色与袖身所用颜色相同。肩、胸部是主要装饰区，分两组，左右各有三块方形图案连接成组。右边三块图案分别为双鸟、立鸟、翔鸟图，下图残，仅可见一鸟头颈部；外侧以带状花卉图案为边。肩部装饰图案皆为彩色蜡染，有深、浅蓝和褐三色。中衣在装饰内容上有些变化，袖中段用三角形色布拼成方形，颜色为深、浅蓝和黄褐；肩胸用黄、绿色丝线绣四鸟和花卉图案。内衣袖子三段上的上段用深、浅蓝和黄褐色三色三角形布拼成方形图案；中段用黄褐、浅蓝色布条，拼成斜纹彩带；下段用深蓝线挑织成

的菱形二方连续图案，上、下加曲折纹挑花带饰。3 件蜡染褶裙，其中外裙裙腰为麻布，白色，长 31 厘米，裙身为棉土布，长 62.5 厘米，通宽 512 厘米。裙身装饰内容分三段。上、中二段为彩色蜡染，上段宽，纹样以翔鹭为主，尾羽特长，屈肢、昂首、展翅，线条流畅生动，用色以黄、蓝为主，但有深、浅差别，翔鹭间的空白用几何形等纹样填补，显得既饱满又协调。中段纹样粗看似流云，细看又似乎夹有些花蕾，空白处则补以米点，用色与上段同，两段间用两组弦纹分隔，弦纹间的色调，从上至下有变化，即蓝、白、深蓝、淡黄、黄，这种变换色调的手法和构想，给人以妙趣横生的感觉。蜡染的冰纹均为纵向。下段纹样以刺绣和挑花组成，中间为刺绣，内容多变，不规则，有的像树木，有的像人物或走兽，有的是一笔绕成的连环形图像，上下两边为挑花，上为“万”字纹，下为席纹，用的颜色有黄、绿、蓝诸色。裙边为深蓝色，无纹饰。中裙，形制、布料与外裙同。裙身图案装饰亦分三段，上、中段为彩色蜡染，内容与外裙相近，着色没有外裙考究，主要变化是下段，下段是用浅蓝、褐、黄、白等三角形色布缝合成带状图案，用深蓝线挑成曲折纹花边，并间用黄、蓝布条，色彩鲜明，曲折纹花边尚未挑织完竣，由此推测，此裙应是一件尚未竣工的新裙。裙边为深蓝色布。内裙，主要变化也是下段的装饰，该裙的下段是用深蓝、浅蓝、黄褐三色布条纵拼合成的，再以曲折纹挑花镶边组成。裙边为深蓝色布。腰带，朽残，粗白纱织成的布带。

423 号棺内有外衣大襟用色布条缝合成横线图案，布条颜色有浅蓝、深蓝、黄褐等色，用浅色线锁边。胸肩部用彩线绣翔鸟、云气等纹连成的图案，彩线有深蓝、淡黄、金黄等色。中衣大襟用深蓝、淡褐色方布块缝合成带状装饰，用蓝、浅褐色布条镶双边。内衣大襟用深蓝、黄褐等色布条、块组成彩色图案。大襟用浅蓝、淡褐色布条包双边。边沿部再用深蓝线挑织成三角形纹花带。外裙裙腰用粗纱土白布缝制。裙身以彩色蜡染装饰为主，图案分上、中、下三段，上、下段为翔鸟组成的连续图案，中段则以花卉界植物性纹样为主。裙摆部分则用深蓝、浅蓝、黄褐等色布条拼合成。裙边用深蓝线挑花图案。中裙形制与外裙近似，图案变化在中段，变换成条纹彩染。内裙形制、图案基本与外裙相似。蜡部分只有深、浅两个色调。裙下摆中部用深、浅蓝和黄褐等色三角形布条组拼成彩色装饰幅。

如此丰富的色彩搭配，如此复杂优美的纹样，如此具有艺术

图 7-286 台江·苗族·平绣女装·省博物馆藏

图 7-287 台江·苗族·平绣女装·省博物馆藏

图 7-288 施秉·苗族·擘丝绣女装·省博物馆藏

图 7-289 台江·苗族·辫绣女装·省博物馆藏

图 7-290 台江·苗族·皱绣女装·省博物馆藏

图 7-291 黔西·苗族·挑花马甲·省博物馆藏

法则的图案，如此精湛细腻的工艺，构成了繁复艳丽、精美绝伦的民族服装，不能不为贵州民族在十分闭塞又贫穷落后的社会经济条件下表现出来的艺术才能暗暗称奇。

明清时期，由于贵州成为第十三个布政使司，相当于今天的省级行政区域。大量汉族移民带来了较为先进的生产技术，也使贵州民族服装的装饰形式和手段得到进一步扩展和提高。据文献记载，这一时代，贵州民族的各种织造、印染、刺绣、鞣皮、擀毡、金属等工艺，在全省迅速发展普及开来，为民族服装走向更加华丽典雅准备了各种材料和技术条件。除了那些依附于中央王朝的土司大姓，得到皇家赏赐的高档华丽服饰之外，贵州各少数民族也由于文化习俗的需求，而利用各种自然材料加工成工艺品，并以不同形式来装饰自己的服装，形成了异彩纷呈、繁花似锦的服饰现象。如明人郭子章的《黔记》一书中记：

“苗人，未娶者以银环饰耳，号曰‘马郎’。婚，则脱之。妇人杂海贝巴，铜、药珠结璎珞为饰。”

“在宣慰司有东苗、西苗。男髽髻着短衣，色尚浅蓝，首以织花布条束发。”

“在黎平，其妇女发髻散绾额前，插木梳，富以金银，多者至五六，如连环，织绌如锦为盖头。服短衫，系双带结于背。胸前刺绣一方，银钱饰。”

“罗罗，椎结跣跻，荷毡戴笠而行，腰束韦索，左肩披羊皮一方，佩长刀箭箙。富者以金钏约臂。”

“仲家椎髻鞋跻，……裳青色，妇人以青帛蒙髻，若冒絮之状。长裙细绩，多者二十余幅，拖腰以布一方若绶，仍以青衣袭之。”

“龙家，男子束发而不冠，妇人斑衣，以五色药珠为饰。贫者以薏苡代之。”

清代以来，反映贵州民族衣服装饰的文章更是屡书不绝。尤其以傅恒《皇清职贡图》、陈浩《八十二种苗图并说》、桂馥《黔南苗蛮图说》等书最为珍贵，是用图画和文字相互映衬的手段，表现了贵州民族数十种不同的着装样式和装饰手法，让人们能够形象地感受到贵州民族在服饰上的艺术才能。日本学者鸟居龙藏的《苗族调查报告》，中国学者吴泽霖、陈国钧的《贵州苗夷社会研究》《定番县乡土教材调查报告》等书，也详细地记录了他们各自在贵州亲眼所见到的各民族的衣服款式及装饰形式，可谓花样翻新、层出不穷。

中华人民共和国成立以来，各民族实现了真正的平等，他们的文化艺术和生活习俗得到尊重，他们的文化自信心日益增强，加上经济不断发展，各种生活物资日渐丰富，贵州各民族群众充分利用各种材料和工艺来生产制作和装饰美化自己的服装。这些既有农业时代的动植物材料，又有现代工业生产的装饰手段；既保留了传统的手工技艺，也引进了现代社会的高科技，使贵州的民族服饰艺术更是进入了一个繁花似锦的兴旺时期，这是中国改革开放政策所带来的巨大变化，同时也反映了贵州各族人民与时俱进、紧跟潮流的思想面貌和进取精神。

图 7-292 施秉·苗族·平绣女装·省博物馆藏

图 7-293 罗甸·苗族·挑花女装·省博物馆藏

图 7-294 毕节·苗族·镶边女装·省博物馆藏

第二章

贵州民族服饰制作材料的加工处理

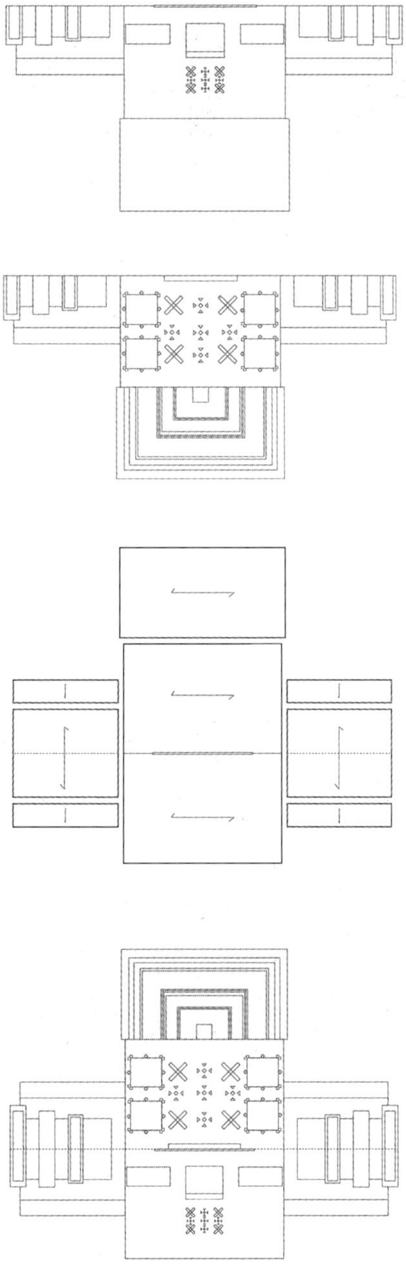

图 7-295　贯首衣结构图

第一节　服装面料

贵州少数民族女性制作本民族的服饰，不同于一般成衣业的简单裁缝工作，它有材料生产加工—裁缝—装饰三大步骤，这样才能实现识别族群、记录历史、传承文化的目的。所以对各种材料的加工处理按本民族习惯进行织造各种图案、绘制印染和刺绣各种纹样的工作，尤为重要，不会织造、印染、刺绣等技艺，也就谈不上民族服饰制作。关于贵州织造、印染、刺绣、银饰、面具等服饰工艺，在本书下编各卷中已有详细叙述，这里只对贵州民族服饰中的材料较为特殊的加工处理手法及服装附属件的制作工艺进行介绍。

一、面料品种及加工处理方法

（一）面料品种

贵州民族常用的面料品种有平纹布、斜纹布、条纹布、方格纹布、经、纬锦、素绮、彩绮、二经绞罗、绦、组、绫、绸、蜡染布、油脂防染印花布、扎染布、蓝印布、毡、蚕丝絮片。

这些品种有麻、棉、丝、毛、化纤等不同质地，各地区也都是根据本民族的习俗来使用。

（二）加工处理方法

尽管在织造品的生产过程中，都经过了后处理的环节，但是真正在各种服饰的制作时，都必须对它们作再处理，这样才能符合各族群服饰的要求。各地区的加工处理方法不一，但归纳起来大致有洗涤、上浆、染色、蒸煮、碾压、捶捣、磨砑、熨烫、涂层等手段。

（三）零部件制作

贵州大多数民族的华服盛装，是由大小长短方圆不同的条块组合而成，所以整套服饰要先用织造品、印染品、无纺品、刺绣

品制作成各种零部件，这些零部件有的是在织机上按标准规格分别织出图案，有的是先按服饰要求裁成不同条块再进行绘纹染色，有的是按装饰部位规格先绣出纹样，然后再按照衣服结构，分别把这些不同的零部件拼接缝合在一起组成套装，或者缝缀在表面上，形成装饰。

图 7-296 平塘·苗族·贯首衣·省博物馆藏

二、其他材料品种及加工处理方法

除了众多的纺织品、印染品之外，贵州一些民族还利用一些动植物材料来制作服饰，并作相应的技术加工处理。

（一）动植物材料品种

据文献记载，历史上贵州民族曾用虎、豹、猿、狁、犬、羊等兽皮，来作为服装材料，现在主要用羊皮。生活在较为寒冷的西北部的彝族、苗族等，自古便有养羊的习俗，羊皮是他们用来制作抵御严寒服装的最佳材料。

由于条件艰苦，贵州民族也曾经用木皮、稻草、棕片、竹子等来作为衣物材料，据《黔南苗蛮图说》等书记载，至清代贵州黎平、贵定等地苗族、侗族仍穿构衣、稻草衣，即便是 20 世纪 70 年代，贵州广大农村居民，仍用稻草来编织草鞋，并成为他们上山下地旅行的必穿之物。

图 7-297 荔波·瑶族·贯首衣·省博物馆藏

蓑衣、斗笠，是广大农民出行挡雨遮阳的用具，一些民族由于长期佩戴斗笠，形成一种着装习俗。棕片、竹子，是用来生产蓑衣、斗笠的主要材料。

（二）动植物材料加工处理

对动物皮毛的加工处理，主要是清洗和鞣制。清洗，是用石灰等物质去除皮毛中的寄生虫、细菌。热水可以洗涤皮毛上的油脂、污垢。鞣制，可以将皮子变得柔软，便于穿着贴身。对稻草的加工主要是拣选、捶打。拣选可以去掉杂质和次品，使草和棕片整齐一致，便于编制，捶打可以让其变得柔软，草鞋穿在脚上有舒适感。对竹子的加工主要是破篾、刮磨。破篾是根据所编器物要求，用刀把竹皮分成宽窄不同、厚薄不一的篾条。刮磨，是由于编制一些细腻精致的器物，要用刮刀将篾条上的青皮刮去，或用其他材料磨光表面。清末时期，遵义一带就曾出产一种用竹丝和麻丝交织的“竹麻履”，而成为当地一种极富特色的产品。近现代贵州一些民族仍用竹篾编制夏天穿的竹马甲。

图 7-298 六枝·苗族·蜡染贯首衣·省博物馆藏

第二节　刺绣装饰及其他饰件制作

一、刺绣装饰

用刺绣来装饰衣服，是贵州民族的普遍使用的方法，但不同于织造和印染工艺，刺绣本身质地既有作为服装面料的功能，它表面的纹饰又能够起到装饰作用。刺绣不能离开服装面料而单独存在，它只能依附于衣料上面，所以刺绣是需要根据装饰的服装部位来预先制作，等服装成型之后再分别缝缀在各个部位，形成服装的装饰。

（一）绣饰部位

贵州民族服饰的刺绣从部位上分，有块面装饰和边缘装饰两种形式。块面装饰主要是对服装的大面进行装饰，如上衣的前片、后片、袖子，裙子的裙面，披风围裙的表面等。边缘装饰是对服装的边角进行装饰，如上衣的领襟、袖口、边角，裙子的下摆、裤脚等。当然也有少数服装是用刺绣进行全覆盖装饰的，但从整体上看其所占比例并不大。

（二）刺绣形态

贵州民族服装的刺绣装饰形态，根据刺绣纹饰呈现的视觉效果可分为平面绣绘、立体贴塑、平面与立体结合三种。平面绣绘，是用针线直接在绣底上刺缀出平面纹样，具有绘画和图案般的效果，如平绣、擘丝绣、挑花等技法制作出来的绣面。立体贴塑，是用各种刺绣材料预先做成各种半成品，再用折绉、叠层、堆积、粘贴、打籽、盘缀等手法，将这些半成品固定于绣底上，图案形象高出绣地，如浮雕、贴塑，具有三维立体效果，如绉绣、堆绣、布贴、打籽绣、缠绕绣等。平面与立体结合，是图案中纹样大轮廓、边框部位，用盘缀、缠绕等手法完成后，再用平针类方法在轮廓内填绣纹样，形成轮廓分明凸显、中间平整的绣面。

以上三种刺绣形态，由数十种不同的手法完成，各有特色，体现了贵州民族的艺术才能。这些服装刺绣品，都是在服装成衣之前，由各族女性按照本民族约定俗成的习惯，在农闲时间一针一线地制作完成。一些民族的一套盛装刺绣，需要数年时间才能完成，一个出嫁女子的结婚礼服的刺绣品，耗费了她最美好的青春年华和心血。所以贵州民族服装的生产，不是简单的裁剪、缝

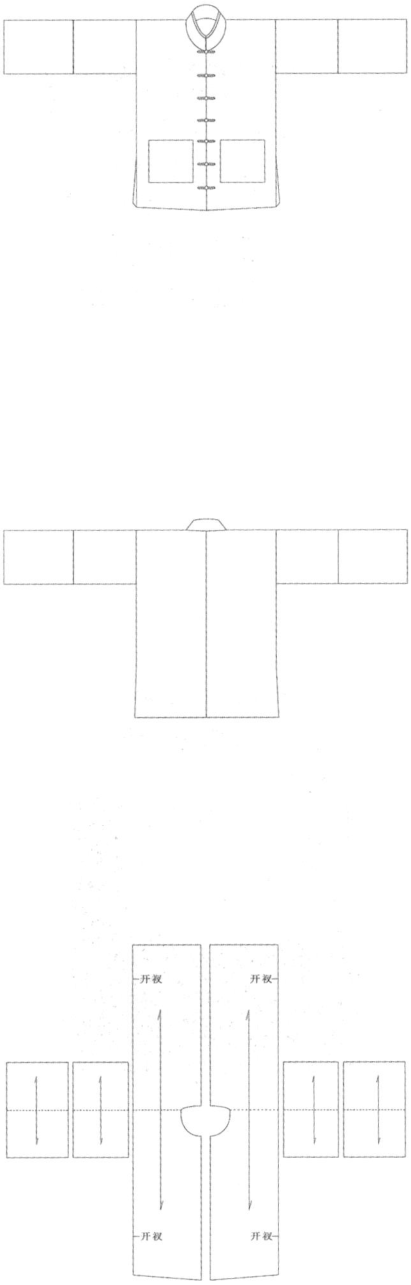

图 7-299　对襟衣结构图

纫工作，而是承担着记录民族历史、传承民族文化、书写民族教科书的重要使命的少数民族女性，在用她们的青春、心血、智慧、才艺，在为民族、为集体、为社区履行着最崇高的责任，用漫长的岁月在精心细致地制作绚烂华美、惊艳世人的服饰艺术。

图 7-300 黄平·苗族·蜡染对襟衣·省博物馆藏

二、其他饰件

贵州民族服饰除织造、印染、刺绣三大工艺形成的装饰之外，还有用其他材料制作的附属饰品。

（一）其他饰件品种

贵州民族服装的附属饰件主要有盘扣、纽带、金属扣缀、海贝、流苏、吊坠等。

1．盘扣

盘扣，是服装的纽襻，既有把两个襟门结合在一起，起固定、保暖的功能，又有打破衣服单调、令人醒目的装饰作用。贵州少数民族男子对襟上衣左右两边，基本采用盘扣这种形式装饰，部分受汉族服饰影响的女性服装，也采用右襟系扣式。有些民族服装，穿时并不系扣，但仍配上盘扣，纯粹是从审美角度来设计和制作它，如榕江、从江等地女性上衣，虽配有盘扣，但穿着时却是敞胸式。上衣盘扣数量有三、五、七对不等。

图 7-301 威宁·汉族·对襟男衣·省博物馆藏

2．纽带

纽带，贵州大多数民族女性的上衣，都为对襟交领式，或者侧襟式，这些上衣并不全用盘扣装饰，有相当一部分是采用纽带来拴结两襟的。

3．金属扣缀

金属扣缀，能让服装显得更加华丽高档、光彩夺目。商周时期，人们就利用金属来制作服装扣饰了，此后延续不断。贵州考古工作也发现从商周至清代各个时期的金属扣饰，如在赫章可乐乙类墓发掘出铜扣饰 156 件、鎏金铜扣 3 件，威宁中水汉墓发掘出铜扣饰 26 件，兴仁交乐汉墓发现铜扣饰 3 件，平坝马场东晋南朝墓发现银钮 5 件，镇宁县良田乡田脚脚遗址（魏晋时期）出土铜扣饰 7 件。近现代仍有不少贵州民族用金属扣来装饰衣服，如凯里、榕江、黎平、从江、剑河、锦屏、天柱一带的苗族、侗族男女上衣，颇为常见。金属扣虽由专业人员生产，但服装制作者必须在成衣前准备好这些物件，有的还需加上红布条或流苏，缝在衣服上更显醒目漂亮。

图 7-302 六枝·苗族·对襟男衣·省博物馆藏

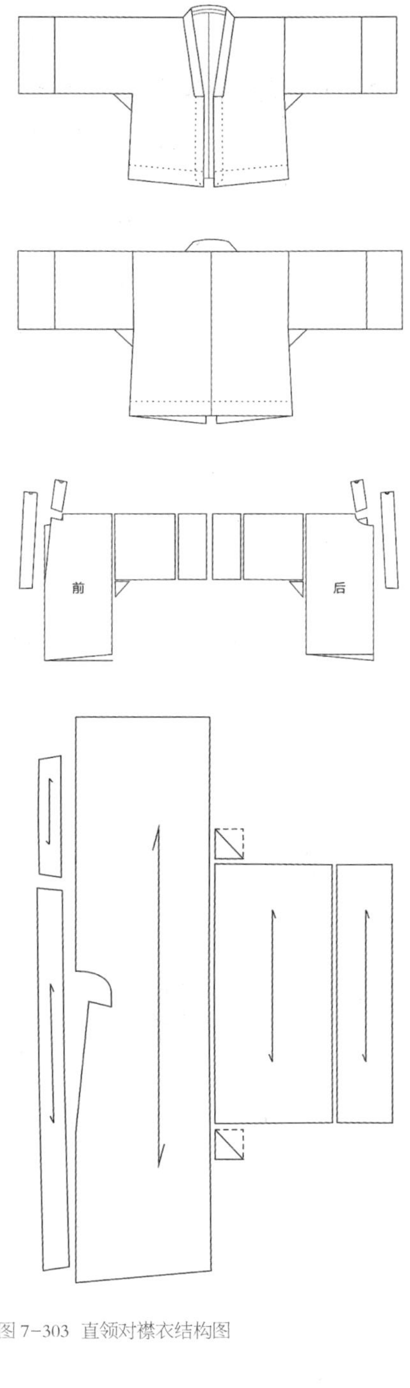

图 7-303 直领对襟衣结构图

4．海贝

贵州民族用海贝来装饰着装的历史，也十分久远。赫章可乐汉墓中就发现 3 件贝饰，威宁中水汉墓发掘海贝 20 余枚，开阳平寨宋明岩洞葬共发掘贝饰 11 件。明清时期，贵州一些民族就因佩戴海贝装饰而被外界冠以“海贝苗”。至今龙里、平塘、贵阳等地苗族仍用海贝制作服饰。

5．流苏

流苏，是用丝线排列扎缝成缨穗状的饰物，最早用于车辆华盖、伞盖、床帷、帐檐，后来被用于服饰。贵州民族服饰中流苏的应用十分广泛，如巾帽、云肩、披风、腰带、裙子、围裙、襁褓，甚至裤子的下端底缘，都缀以各种流苏，并且多用在女性及儿童的服饰上。这种装饰不仅有审美作用，更有生命繁衍、延绵不绝的文化寓意。

6．吊坠

除了流苏，贵州民族还喜用各种材料制作吊坠，缝在摆裙边下端，或者襁褓面上，形成装饰，当然也与流苏一样，寓意着子孙繁衍、永不中断。

（二）其他饰件品种制作方法

1．盘扣的制作

盘扣的制作，是用布料裁剪成条，再折叠数层，用针线将边口缝合，然后将其互相穿绕缠结并抽紧，编成一个圆形疙瘩，作为盘扣的纽头，再用一布条作为盘扣的绊套。盘扣长约 5 厘米，最后纽头和绊套分别缝钉在上衣的左右襟门边，互为对称。一些技艺高的人将盘扣盘缀成花卉、蝴蝶等动植物形状，对服装起到增强美感的作用。

2．纽带的制作

纽带的制作，一般的纽带是用与服装相同的布料，裁剪成长条，并用针线缝边制成。但讲究一些的纽带，是用蚕丝织出的彩色丝绦，民间称“花带”，宽约 0.6 ~ 1 厘米。织绦时用一些简单的木制架子，牵经后把经绕在架子上，用挑子数纱挑织。这种工艺在贵州苗族、布依族、侗族、水族等民族中使用较多。

3．海贝饰件的制作

贵州一些民族用海贝制作各种服饰，如平塘卡罗苗族的发箍和流苏吊坠，龙里中排苗族也有海贝流苏吊坠。贵阳花溪高坡、惠水摆榜等地苗族用海贝制作背牌。海贝是从广西沿海一带流入

的物资，用于制作服饰的海贝，呈椭圆形，大小一致，约 2 厘米长，1.5 厘米宽。海贝发箍，是用一根布条为底，用海贝在布条上缝缀对称平行的两排，成为一条漂亮的发箍。着装时把海贝发箍戴于头上，打结的部位系于脑后发髻下。海贝流苏吊坠的制作，是用 4 枚海贝对称地排成一朵四瓣花的形状，并缝缀在流苏的结头上端，既有装饰作用，又有使流苏下坠而不零散的功能。海贝背牌的制作，各地不一，惠水一带用海贝与银饰结合，背牌领子及上端缝缀银饰，下端缝缀海贝；花溪高坡则是先在背牌上挑花，再将海贝排列缝缀于挑花上面。

4．流苏的制作

流苏的制作，一般都用红黄两色丝线。有两种形式，一种是丝线做成一排缨穗，有的在穗上串结一些薏苡珠，用于头巾边缘装饰。另一种是把丝线扎成一把，丝线上端用物捆绑缠绕成结，悬缀在上衣或褴褛的后背。

5．吊坠的制作

贵州民族服饰有用吊坠装饰的。吊坠是用旧铜钱和一些软质的金属片制作的，如牙膏皮、易拉罐等，也有的使用薏苡珠和鸡毛。用绳带将铜钱拴成坠件，一排排地钉在褴褛面上，民间习俗相信铜钱既有避邪的功能，又是财富的象征。金属薄片吊坠，先剪成块状，再折叠成三角形，然后用线串成吊坠。薏苡珠是贵州山地的一种植物果实，可食，秋天成熟，贵州一些民族女性将其采集回来，晒干，去除杂质，并用线穿成一串串的珠琏，缝缀在巾帽檐、衣背、裙摆、褴褛边，成为一种既经济又美观的装饰物。鸡毛吊坠，榕江一带苗族崇拜鸟，节日里流行穿百鸟衣，除了服装上或织或绣有各种鸟纹之外，当地妇女还选用有色泽的公鸡毛，洗净晾干，并扎结成把，然后分别悬缀于裙摆边缘。节日中他们穿上这种服装，载歌载舞，来表达他们对于鸟图腾和各种神灵的纪念。

图 7-304 贵定・苗族・直领对襟衣・省博物馆藏

图 7-305 普定・苗族・直领对襟衣・省博物馆藏

图 7-306 西秀・苗族・直领对襟衣・省博物馆藏

图 7-307 水城・布依族・直领对襟衣・省博物馆藏

第三章

贵州民族服装上衣下裳的制作

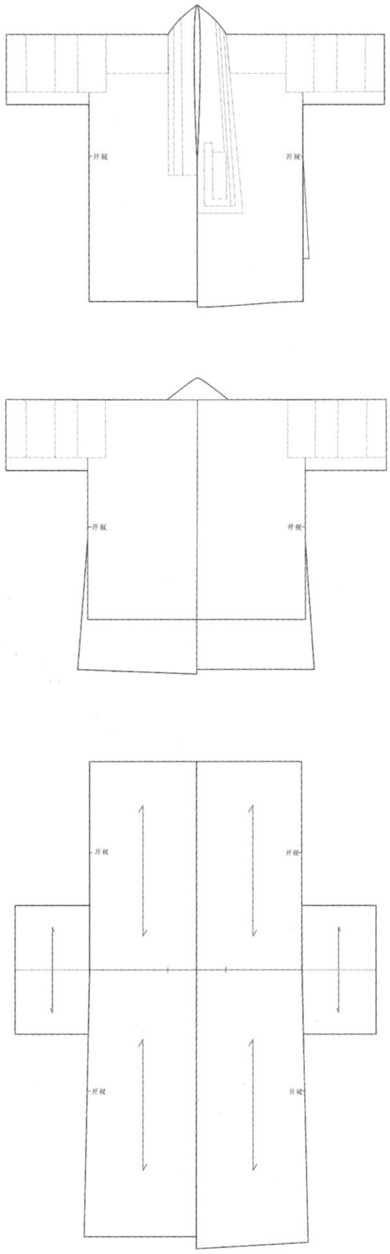

图 7-308 交领对襟衣结构图

第一节 上衣的分类及制作

贵州民族上衣有贯首式、袍衫式、对襟式、侧襟式、无袖式，各式又有不同款。

一、贯首式衣的制作

贯首式衣有无领、翻领、大领三种。

（一）无领贯首衣的制作

无领贯首衣，主要分布在平塘县油岜乡、卡罗乡、鼠场乡，罗甸县平岩乡，荔波县瑶山乡、茂兰镇，黄平等地区。

无领贯首衣是贯首服装的基本类型，主结构由衣身、袖子两部分组成，衣身与袖片面料一致，具有原始的直线矩形裁片的结构特征。首先用一块面料幅宽约 40 厘米（含缝份左右各 2 厘米）的布对折，在对折处的正中央横向开一裁口，作为领口，穿时头部从这个裁口钻出，前胸与后背为一整幅布。为了弥补贯首衣形制的幅宽难以满足人体的围度的问题，前后衣身使用横纱裁剪，在布幅的中心横向开缝为领口，肩部缝合，领口备与衣身相同面料的贴边，套头而穿。后衣片的下摆拼合长约 30 厘米、宽约 58 厘米的矩形面料，呈现出前摆至腹、后摆至臀的整体效果。在肩部、袖口缝合，并且缝合线较短，缝合量也小，左右肩缝合长度相等，为 9 厘米。制衣过程不产生任何边角料，整匹布完整无缺地缝进衣服中，基本是将完整的布料直裁直缝，简单方正。早期衣身与袖子分离，待穿着时才缝合，现今衣身与袖子缝合，腋下仍未完全缝合。

装饰手法以挑花为主，色调为红、黑色，纹样以十字纹表现。上衣结构简单，领口裁剪包边后未做任何装饰，前胸、后背、后衣摆装饰有大面积红、黄丝线的十字挑花纹。用不同的色彩明暗、深浅的过渡方法体现服装的韵律感。

（二）翻领贯首衣的制作

主要分布在贵阳市花溪区、乌当区新添寨、乌当区下坝镇，清镇市麦格乡，六枝特区二塘乡，修文县乌栗乡等地。

翻领贯首衣的制作与无领贯首衣基本相同，基本形制是在一幅布中横向开孔作为领口，领围线采用与衣身相同的面料拼接大翻领，衣身宽 53 厘米，前后衣身为 61 或 63 厘米，领口宽 44 厘米，领面横宽 66 厘米，领面宽为 16.5 厘米，方形翻领造型，整块使用，通过缝制加工将领面与领口缝线缝合，将缝合好的领面外翻，领面平铺时为长方形，穿时把领面翻折立在肩部或露出整个肩部。与无领相比，因为翻领的存在，保暖性好，造型端庄，具有仪式感。领缘用棕色织带包边，袖口宽大，袖口宽约 20 厘米，袖长至虎口位置。

图 7-309 台江 · 苗族 · 交领对襟衣 · 省博物馆藏

衣服的前胸、袖子、后背以及后腰的部分都运用了蜡染的工艺手法，巧妙的侧缝开衩设计与衣身的装饰纹样巧妙融合，形成了集实用性与美观性于一体的翻领贯首衣。

图 7-310 施秉 · 苗族 · 交领对襟衣 · 省博物馆藏

（三）大领贯首衣的制作

大领贯首衣主要分布在息烽县青山乡、贞丰县盘龙乡等地区。

大领贯首衣的主结构由衣身、袖子、领子三大部分组成，衣身的前片、后片由幅宽、长度均等的横纱方形裁片缝合而成，衣身后片下面再接一块长约 17 厘米的方形裁片形成前短后长的款式。上衣用宽约 72 厘米的蓝染布缝制成大翻领，领缘用宽约 3.5 厘米的白布包边，领缘白边成十字交叉于前胸或后背，翻领似旗帜，白边似旗杆套子，侧缝处留出袖口，袖口长约 19 厘米，从侧缝袖口止点缝合至下摆。盛装的时候穿两件成套上衣，下身搭配素色百褶裙，腰间系长围腰或挑花腰带。领子在制作时将两块横纱面料缝合在一起，由肩线两侧向中间分别缝合 3 至 5 厘米，余下的部分作为领部的开口，再用两条长约 75 厘米、宽为 5 厘米的白色长条棉布与领口的起点拼合，领口缝合之后的部分便是前后领子的翻领样式。一般前翻领比后翻领长，穿扎紧腰带，再缝合袖子部分。大翻领贯首衣的衣身侧缝进袖笼处是完全缝合的，从袖子根部到侧缝开衩处理；如果不缝合，当穿着贯首衣时多余的量会随之下垂，对腋下有一定的遮挡作用。

图 7-311 施秉 · 苗族 · 交领对襟衣 · 省博物馆藏

挑花是该服装形制的主要装饰工艺，挑花纹样为几何形图案，先挑出大的几何纹的轮廓，再辅助以彩色的绣线，填充并丰富细节部分和小块挑花图案。

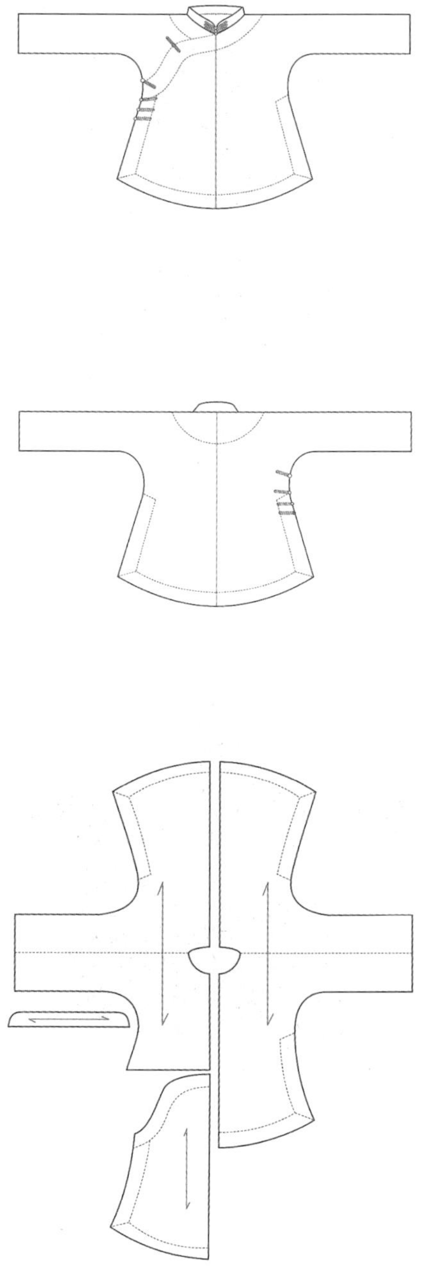

图 7-312 侧襟衣结构图

二、袍衫式衣的制作

贵州民族的袍衫式衣分为袍式和长衫两种。

（一）袍式衣的制作

袍式衣主要分布在榕江县兴华乡摆贝村，丹寨县雅灰乡，三都县巫不乡、都江镇等地区。

袍式衣是衣身连着袖子整片裁剪的宽敞型的服装。以榕江县兴华乡摆贝村的袍式衣为例，上衣为对襟款式，两袖宽大平直，与衣身成 90 度角，前后衣身制图完全相同，前身有开襟，下摆与飘带裙缝合，对襟无纽扣，除两袖口用土蓝布贴饰外，满地绣花。由于在服装上绣着千姿百态的鸟纹形式，裙摆缀满白色的羽毛、绒球等，上身效果宛如翩翩起舞的鸟儿，因此将其称“百鸟衣”。在裁料前需要掌握以下数据：胸围、腰围、裙围、裙长。裙围等于腰围或胸围尺寸的 1.5 至 2 倍，裙片两侧增加的缝边量 2 至 4 厘米，裙长由款式决定，裙片的数目不固定，由数幅裙片拼成，如 6、8、10、12 片等。上接裙腰。服装制作流程由肩、袖口、前胸、后、前后摆片和衣脚着羽毛束等十几个板块构成，再以红、粉红、黄、绿、蓝等彩色锦缎丝绸缝制而成，均按照由上至下而缝补，每个部分单独完成，其后进行缝补，由此制成一件完整的服装。

摆贝村袍式衣的装饰手法，集平绣、堆绣、打籽绣、破线绣、钉线绣、辫绣、马尾绣等技艺于一体，配以红、黄、蓝、黑、白等各种丝线绣出五彩斑斓的图案，每一幅图案都体现一只或几只写意鸟纹图案，底布以土布为基调，每一板块均以茧片做白底。经过画图、剪纸、刺绣等步骤，所绣鸟纹图案的颜色多种多样。根据联想自由创作，单以绣制菱形刺绣裙帕为例，花费时长为 3 至 4 个月，大绣片则需要一年甚至更久，一件男士无领无扣绣花袍式衣至少由 24 片大大小小的绣片组成，加上精美的装饰绣条以连接绣片缝制而成，装饰绣条的制作时间每米需要 2 至 3 个月，制成一件绣花袍式衣至少需要 3 年，工序之多、用时之长令人惊叹。

（二）长衫衣的制作

长衫衣主要分布在大方县普底乡，黔西县仡仲乡，长顺县广顺镇，都匀市摆忙乡、基场乡，三都县交梨乡，平塘县新塘乡、卡蒲乡等地区。

长衫衣的主结构由大襟、大襟身、小襟身三片组成，整体造型呈直腰身、直摆或圆摆，且前后中心线破缝，左右分裁，有连

袖或接袖，接袖有宽窄之分。基本结构有：立领、直筒窄袖、大襟右衽、衣长至脚踝、直腰身、直摆、两侧开衩或单开衩、前后中心线破缝。首先按照长衫衣的裁片从左前片、左后片，到右前小襟、右后片、右前大襟，再到领子、接袖、贴边的顺序裁剪下来，其中下摆与袖口留 6 厘米的缝份，领圈与前大襟线留 0.8 厘米的缝份，其他部位皆留 1 厘米的缝份。整个工艺流程呈现重技艺而轻裁剪特点，因布幅原因袖子、中缝采用拼接的手法需要缝合外，长衫衣只有袖下、侧缝、领子处需要缝合，实现隐藏外部缝合的痕迹，在视觉上呈现完整统一的视觉形象。装饰工艺以镶绲为主。

图 7-313 镇宁・布依族・侧襟衣・省博物馆藏

三、对襟式衣的制作

贵州民族的对襟式衣分为系扣、敞胸、交领三种，又各分不同款。

（一）对襟系扣衣的制作

从领子结构上看，对襟系扣衣可分为无领、立领两款。

1．无领

无领对襟衣主要分布在丹寨雅灰乡、榕江地区等。无领对襟衣的特征是无领、直身、平袖、两侧开衩，上衣门襟从衣片的前中心线处，左右两边衣片相互对开，正中开口的结构样式的服装。无领对襟衣的制作有一套相对比较固定的裁剪流程，具体步骤为：先定衣身轮廓线，取衣长 66 厘米，含底摆折边缝份 4 厘米，裁剪衣身，在袖口、侧缝、后衣身侧缝、开衩处分别加放 1 厘米的缝份，开衩处的上端设置缝份 2 厘米，根据后衣身加放缝份图，沿缝位用剪刀裁剪，裁前衣身，裁接袖，由于面料的幅宽约 30 厘米，所以在同一块面料制作服装的时候，袖子就必须采用拼接结构，袖长为 72 厘米，袖口宽 15 厘米，袖口处缝份 4 厘米，袖侧缝 1 厘米，裁剪完袖子后裁挂面宽度为 6 厘米、贴边 5 厘米、里襟宽约 4 厘米。扣子常见造型为一字扣，在裁剪一字扣的时候需要注意面料要裁成 45 度角的斜丝，可以避免在穿着时出现扭曲变形的现象。

图 7-314 六枝・苗族・侧襟衣・省博物馆藏

2．立领

对襟立领上衣主要分布在大榕地区、平塘县克渡镇、惠水县羡塘乡、三都县打鱼乡、六枝特区梭戛乡等地区。

对襟立领上衣的制作，以镇宁布依族男性素色对襟立领长袖衣为例，衣长 69 厘米，胸围 100 厘米，在无领对襟衣的裁剪流程基础上，增加立领制作的工艺，首先将面料沿经向方向对折，使

图 7-315 凯里・苗族・侧襟衣・省博物馆藏

得两边布边对齐，对折线为衣身的中心线，沿领口弧线、侧缝线、侧开衩，绘制出衣身轮廓线，裁领座高 4 厘米的立领，领子处加放 0.8 ~ 1 厘米的缝份，裁接袖，袖长 68 厘米，袖口宽 18 厘米。以后片定前片的折叠裁剪法来快速获得衣身裁片，整件服装只有袖底线和衣身侧缝相连的一条剪切线，没有跟人体起伏相关的线条，呈现出宽大、平面的特点，以体现着装的适体性。上衣前片左右各缝制方形口袋，口袋是边长为 16 厘米的正方形，以增加实用和装饰性。大榕地区的侗族男子上衣穿立领对襟衣，短小紧身，一般有七至九颗布扣，三或两个布袋。每逢节日或集体社交时，为了显示其富有，甚至穿上七到九件单衣，衣长从里向外依次递减一指宽，形成层层阶梯状的衣襟排列，别有一番情趣。

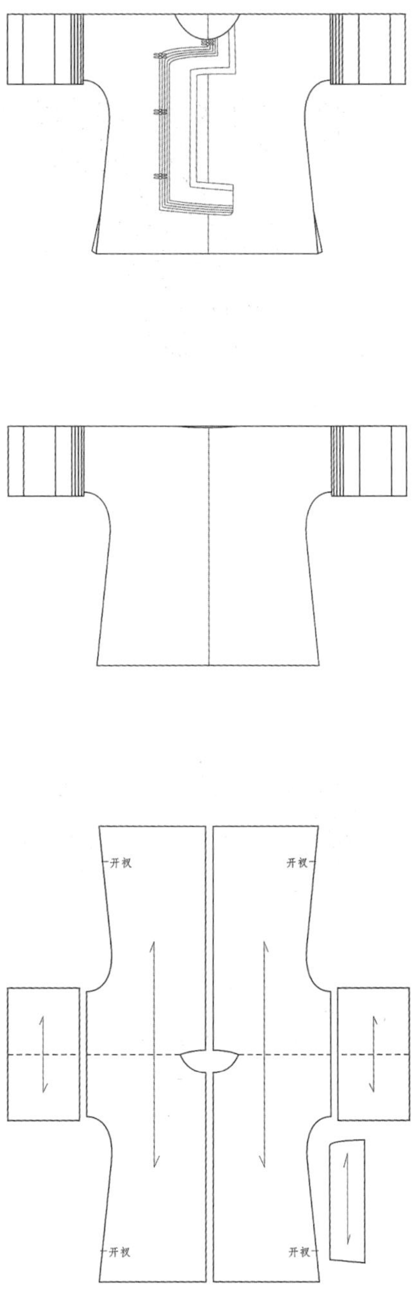

图 7-316 琵琶襟衣结构图

（二）对襟敞胸衣的制作

对襟敞胸衣有无领、低领、立领三款。

1．无领

无领对襟敞胸衣，主要分布在榕江县料理乡高文村、宰便镇宰便村，丹寨县雅灰乡、地坪乡岑懂村，黔西县铁石乡，从江县丙梅镇岜沙村等地。

无领对襟敞胸衣的制作，以榕江县宰便镇宰便村女子上衣款式为例，衣长过臀，长约 75 厘米，衣领处用宽约 10 厘米的蓝色棉布拼缝围合成领部装饰，拼缝处绣有宽约 6 厘米的花纹，衣袖较合体，袖口宽 13 厘米，袖口处贴绣 8 厘米宽的湖蓝和草绿两种颜色的面料作为袖口的装饰，裁制领形时，也是利用横开领、门襟宽和后领深来确定后中点，通过后领口线、侧领线以及下摆门襟线使其圆顺。襟上有“一”字形扣袢，衣身底摆宽 43 厘米，衣身两侧开衩至腰部，长约 22 厘米，服装用整幅布进行裁剪，裁剪过程中对布料的浪费非常少，形成了肩部松量以及腋下空间的服装造型。装饰手法主要是拼布和刺绣，将面料裁剪成规则的或不规则的形状，然后与其他的装饰材料进行组合和拼接。花纹的宽窄和颜色按年龄区分，未出嫁的姑娘花边宽，颜色鲜艳；已婚青年妇女的花纹较窄，色彩淡雅；年长妇女的花纹较窄，色彩较深，从而形成装饰效果的艺术形式。短袖对襟衣的制作与无领对襟敞胸衣类似，只是袖长较短，大约及肘，为方便内搭服装，袖肥及袖口较大，通袖长的数值为 80 厘米，穿着时为敞胸式，门襟下摆处不会出现太多的交叠。

2．低领

低领对襟敞胸衣主要分布在龙里县龙山镇中排村、纳雍县百兴乡、六枝特区梭戛乡等地。

低领对襟敞胸衣，可以看作在短袖对襟的衣身结构基础上增加接袖片，主要结构有：衣身无肩缝，低领，前后片连裁，有前后中线，无肩斜，通袖连裁，袖缝因面料幅宽而拼袖，无结构功能作用。以龙里县龙山镇中排村的对襟衣为例，领子为对襟低领，衣身后有拼缝，袖子为筒袖，下摆为直身型，衣长 55 厘米，上身宽 57 厘米，通袖长 147 厘米，横开领 15 厘米，后领深 1.5 厘米，领缘宽 4 厘米，袖肥 22 厘米，袖口宽 17 厘米，门襟宽 5.5 厘米，除衣身下摆的缝份为 3 厘米，其余各部位均为 1 厘米的缝份。在穿着时，门襟下摆处略向外斜以避免下摆门襟处出现交叠现象，在制作成衣时制作者可根据面料的特性，将袖口进行适当的减量，结构更加符合人体体型特征，穿着或更加合体，再以镶、绲、染、绣为主在对襟、袖口或其他部分进行装饰。

图 7-317　黎平・侗族・琵琶襟衣

3．立领

立领对襟敞胸衣主要分布在播州区泮水镇、六枝特区梭戛乡、黄平县重安镇等地。

立领对襟敞胸衣的主要形制为立领、对襟、直袖，以遵义播州区泮水镇立领对襟长袖衣为例，衣长 82 厘米，领宽 7.2 厘米，通袖长 150 厘米，袖宽 23 厘米，腰宽 59 厘米，下摆宽 62 厘米。在无领对襟敞胸衣的衣身结构基础上增加制作出完整的袖子，将左右袖的接袖和袖头拼合在一起，再把完整的两袖装在身上，缝上领子，完成侧缝线的拼合以及下摆底部的卷边处理。缝纫立领对襟敞胸衣主要用到两种针法，拼接过程中大多是回针，在装领子和折边处理的时候用到缭针，即隐藏针脚的做法。两种针法的搭配使用，为使容易工作及完成后美观，在下摆、袖口的缝份 1 厘米处抹上一层薄薄的糨糊，等其自然干后，用手指甲或尺将糨糊刮掉再进行缝纫，以达到整件衣服制作成型后的美观。

图 7-318　桐梓・苗族・琵琶襟衣・省博物馆藏

（三）对襟交领衣的制作

对襟交领衣有短摆、长摆两款。

1．短摆

短摆对襟交领衣主要分布在雷山、台江、惠水、晴隆、盘州、水城等地。穿着者以苗族、布依族居多。

短摆对襟交领衣的特点是前衣襟略长于后衣襟，衣领后倾且

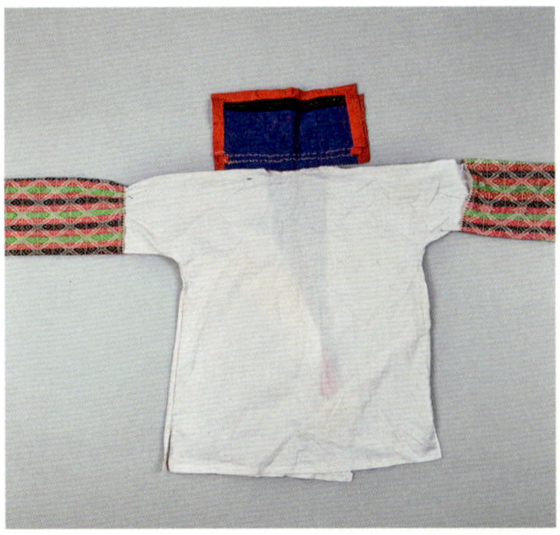

图 7-319　桐梓・苗族・琵琶襟衣・省博物馆藏

低，袖宽大而短，衣长及臀，无扣，穿时系带。雷山县西江苗寨对襟交领衣的前片长于后片 10 ~ 18 厘米，平袖，两袖通长 110 厘米，以靛蓝色棉布打底，里子为蓝色棉布，穿着时后为左右交襟，在左右两片衣襟的前中心线的中点，各固定一条布带，平铺时呈现对称直襟特征，但穿着时，通过左右衣襟的交叠，将上面的前衣襟拉到另一侧，使衣襟线从领部斜向腰部，成为斜襟状，将布带在背后拴系，上衣的两侧，开衩较高，由于前片衣襟被拉斜，前襟的下摆线成为尖角向下的斜三角形，上衣肩线与领子都向后移，没有贴合人体肩部，形成独特的三角形领子造型。普通的对襟上衣后片的领窝没有下挖，是一个整幅的面料，服装的领子具有立体造型，在缝合衣领以后，再另外在里面衬上一块布，后领片为矩形，领长 36 厘米，宽 8.5 厘米，把后衣片的领面与衣身的表面相对，把后领底边与衣身上的领窝线对其缝合，由于领片底边是直线，而领窝线的梯形有拐角，缝合领围线时，在有拐角的地方要拽紧领窝线缝合，缝合后，在后领片的领里再补缝一块里布，这种不贴合人体的领子结构就形成了。当随意放置时，领子与衣服的平面结构就形成一定的角度，平面折叠放置时，都是把领子往上压平。

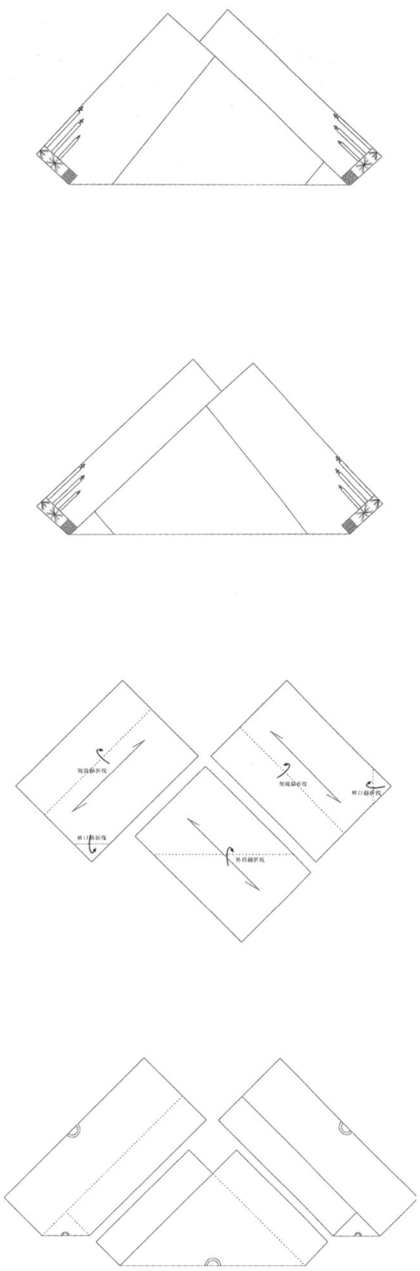
图 7-320 裤式结构图

短摆对襟交领衣的衣袖、肩部和背部装饰有刺绣纹样，刺绣技法多样，有平绣、绉绣、锁绣、辫绣、打籽绣等，工艺精湛。

2. 长摆

长摆对襟交领衣主要分布在盘州市滑石板乡，六枝特区梭戛乡，大方县竹园乡、八堡乡，黔西县定新乡等地。

长摆对襟交领衣上衣前短后长，该服饰类型以贵州省六枝特区梭戛乡长摆女装的制作为例，受生长环境影响，当地居民的个头与体重非常接近（成年女性一般在 140 ~ 150 厘米，成年男性的身高一般为 160 ~ 165 厘米），只要是属于同一年龄段、同一性别的人都可以相互更换服装。服装的制作属于缝制和拼合的成型技术，即构成服装的布片完全采用规则的正方形或矩形，一件长摆衣一般由 15 块方形布片构成，袖片、臂片、背片为正方形，领子、上臂片、前襟为矩形，其中领片为宽 6 厘米，背片为边长 31 厘米，背部尾片为边长 30 厘米，背部拼接尾片为长 30 厘米、宽 7 厘米的相同尺寸的六条；袖片为边长 31 厘米，臂片为边长 15 厘米，襟片为长 40 厘米、宽 31 厘米，制作时襟片与领片相接。整体造型前襟短，后襟长，衣长 110 厘米，衣身前襟下摆齐腰腹部，

后衣身下摆至膝后，两袖通长 132 厘米，衣身侧缝开衩至距腋下 5 ~ 8 厘米。在缝制衣服时，较少裁剪，为节省缝工，常将原有布边用作花边，以免再去缝衣边。肩部、袖子处缝合，缝合线短，缝合量较小。装饰手法以蜡染和挑花为主，少量运用辫绣与平绣，在闭合的轮廓线内将四方连续与二方连续框起来，运用牙齿纹、蛇纹、羊角纹、瓜面纹、卷草纹等纹样以体现制者的审美情趣。

图 7-321 荔波・瑶族・裤式・省博物馆藏

四、侧襟式衣的制作

贵州民族的侧襟式衣有右襟、左襟、大襟三种，各种又分不同款式。

（一）右襟衣的制作

右襟衣有无领、立领两款。

1．无领

无领右衽侧襟衣主要分布在榕江县干烈乡、两汪乡、水尾乡、仁里乡等地。

图 7-322 花溪・布依族・裤式・省博物馆藏

无领右衽侧襟衣的主要款式特点为交领右衽，袖长一般到虎口位置，袖型以筒袖为主，也有半袖，衣身轮廓以直线形、扇形为主，几乎不收腰，下摆以微弧水平居多，衣长以及臀为主。女装上衣平面裁剪连肩长袖，右衽小偏襟，系扣，下摆微微起翘。黑色棉布质地，单层无里。在对右衽上衣进行细部尺寸分析时，发现除衣长、胸围、通袖长、二分之一袖口宽尺寸，一些细部尺寸也是裁料时必不可少的，如横开领、后领深、袖肥、袖缘宽、半肩宽、肩线长、下摆宽等。制作程序是缝制好衣身后再装衣袖，最后再拼缝上缝缀或织或绣的织锦带或袖片，穿时交领右衽侧带系结，有衬里，除领缘外衣身整体结构，保持左右前后对称，穿着时呈交领右衽侧带系布袢做的一字纽或带，长而宽的左襟覆于短而窄的右襟，从而产生对称和均衡的错觉。衬里为薄亮布或格子土布。在服装的领边、左右口以及后片下摆各装饰多种不同纹样不同肌理的彩色织锦边饰。整件上衣简洁，风格古朴，工艺精细，整体风格和谐统一。

图 7-323 榕江・苗族・裤式・省博物馆藏

2．立领

右衽立领长袖衣以镇宁县长田乡的服饰为例，主要由衣身、袖子和领子三部分组成，衣身 63 厘米，穿着时左搭右在胸前形成一定交叠量，穿着后前后襟基本等长，上衣以青色土布饰红、绿色花饰，纹饰刺绣完成后钉缀亮片增加装饰感，色彩浓郁和谐。

有衬里，双襟、衣领均有锦绣缘饰，花纹以花草、蝴蝶、龙、凤为代表，有强烈的立体感。领子横线开口在肩线与中缝的交叉位置，宽约15厘米，领长35厘米、宽9厘米，领子两端为布边，故布料的幅宽为35厘米，采用整裁整用的设计方法、零消耗的制作工艺。有领右衽侧襟衣的分布较广，如镇宁县长田乡、榕江车江侗寨、赤水市葫市乡等地区。

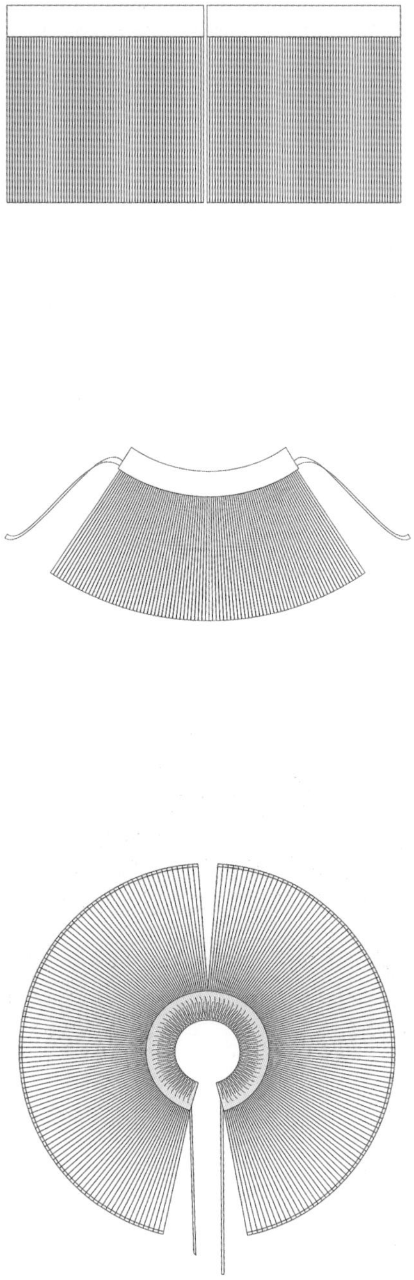

图7-324 百褶裙结构图

（二）左襟衣的制作

主要分布在三都县普安乡、丹寨县扬武镇、从江县往洞镇信地村等地。左衽衣形制独特，以三都县普安乡左衽大襟女上衣为例，领口呈梯形，为方领又称“袒领”，主结构由衣身、领子、袖子、里襟、前后三角侧摆组成，前衣身为一整个布幅，前后中虽有缝合却为破缝，尽可能保持面料的完整性，也是贯首衣的传统制作方法，左衽开襟，从肩线向前裁剪出方形的领口，衣身两边采用接袖结构，两袖为三个接袖片组成，两袖及半肩为一整块装饰布，袖口用宽5厘米的白色斗纹布装饰，衣身的前后下摆两侧均有亮布的三角形侧摆拼缝，四片三角侧摆均为直裁，穿着时衣襟向左掩，为弥补斜襟线剪开的亏损，在斜襟左衽处拼接一片长度为13.5厘米，上边长为29厘米，下边长为34厘米，缝份为0.3厘米的里襟，即在不透内里的情况下尽量地节约布料，又起到搭门的作用。左衽襟缘以布带系结。该服饰运用了布贴、刺绣、各种布的镶嵌和蜡染相结合的技艺，在肩部、领口及斜襟处进行装饰，刺绣装饰可以把服装进一步加固，磨损的绣片不能使用可以单独替换下来，这样既可以物尽其用又能提升服装的使用价值。

（三）大襟衣的制作

受清代氅衣的影响，大襟衣也逐渐在贵州流行，分布较为广泛，苗族、布依族、侗族、土家族、彝族、水族、毛南族等民族女性都有穿着。

大襟衣的主要形式为上衣下裳连属的深衣制，指“十字形”前后中破缝、圆领口的中式裁剪方式。大襟是指将右衽的里襟部分与右衣片进行连裁，由于采用前后中破缝结构，使衣片左右衣身分离，这样就无需单独裁制里襟，而采用右衣片连裁里襟的方法。里襟是指与右衽大襟搭合部位，由此可以认为对应里襟的外襟就是右衽大襟，右衽大襟与左衣片缝合，在右边挖出门襟的开口。大襟款式中，里襟长度略短于衣身，方便行走，不产生牵制。

五、无袖衣的制作

贵州民族的无袖衣分为无袖长衣、马甲两种。

（一）无袖长衣

无袖长衣主要分布在息烽县青山乡上瓜种寨。

无袖长衣最显著的外形特点即是无袖，造型宽松，采用直线式裁剪以及平面化的处理，是由两块麻布于长边对折、背部缝合的直身型对襟长衣。区别在肩宽松度和衣长长短的不同，这一特征的形成可追溯至元朝，元代男性服饰中曾出现过一种前短后长类似背心的“比甲”，明代时则演化成一种长度至膝的背心，可掩盖上身袍衫，仍称为“比甲”，成为明代妇女的常见服式。由于这种无袖长衣保护前胸后背，便于穿脱和两臂活动，穿用广泛。以息烽县青山乡上瓜种寨的无扣无袖白麻布衣为例，其具有规整的方正几何平面外观，衣身左右两片是完整的裁片，衣长152厘米，胸宽57厘米，袖窿（出手）处为直线形，穿着在服装的最外层，贯首披搭，领、衣襟、衣摆底边及肩袖装饰有蜡染、十字挑绣或贴布等图案纹样。

（二）马甲

马甲主要分布在剑河、黎平、从江、台江、开阳、盘州、水城等地区。穿着者为苗族、布依族、侗族男子较多。

以剑河县久仰乡的大襟无袖挑花马甲为例，衣襟开于衣服的右侧，在大襟右衽的型制基础上，在右侧衣襟的下部短缺一块，右襟的边没有腋点位置，而是从齐肩的第二个纽襻处直接向下，在距离底边约14厘米处停止，横向裁剪至前中心线，形成右下衣襟短缺一块的造型。整体衣长56厘米，肩宽42厘米，袖窿深32厘米，胸宽52厘米，腋下至下摆长24厘米。衣襟边缘自领口右行到右肩再垂直往下，到腰部再折回到腹前，至腹前中央再向下到衣服下摆。装左前片衣襟通常往右侧偏位在公主线上，能充分展示人体的曲线，采用传统的二维平面式剪裁与曲线裁剪的结合，表现在领口至向右的琵琶襟延伸的部分，带有一定的弯势，下摆底线多采用弧线。

图7-325 福泉·苗族·百褶裙·省博物馆藏

图7-326 纳雍·苗族·百褶裙·省博物馆藏

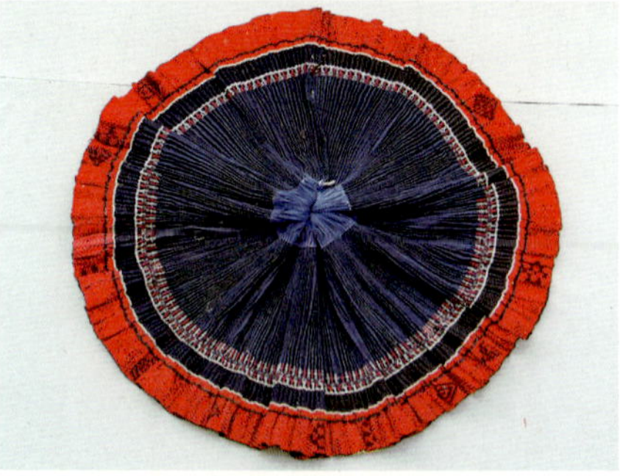

图7-327 罗甸·苗族·百褶裙·省博物馆藏

图7-328 从江·苗族·百褶裙

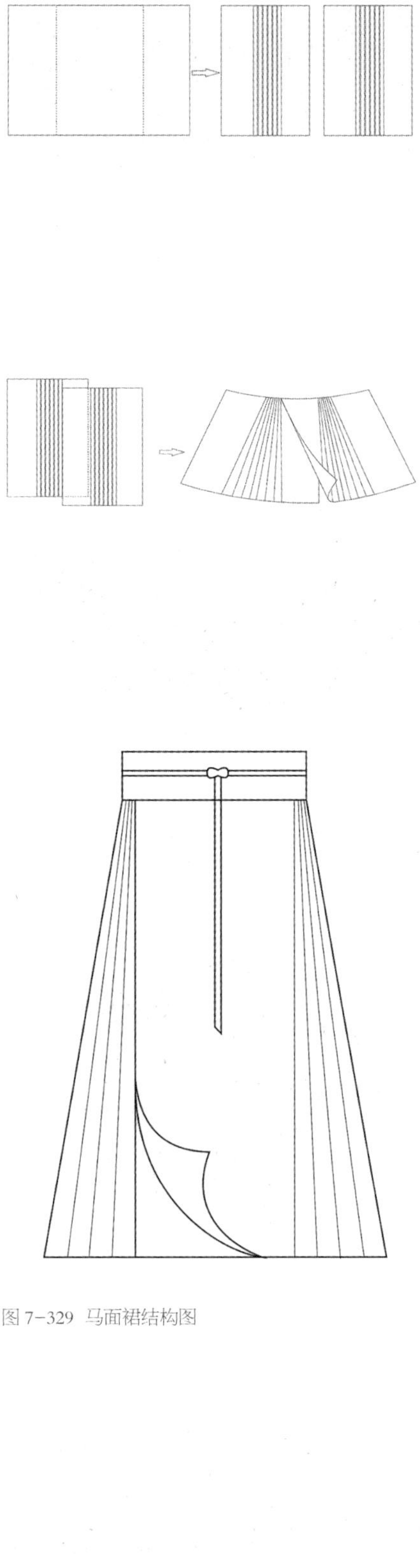

图 7-329 马面裙结构图

第二节 下裳的分类及制作

贵州民族的下裳有裤子、裙子、裙裤。

一、裤子的制作

贵州民族的裤子分为短裤、长裤、裙裤。

（一）短裤的制作

短裤主要分布在荔波县的瑶山等地区。短裤的制作以白裤瑶男裤为例，裤子主体是由三片相等尺寸的布片错位折叠、组合而成。裤长及膝，长为63厘米，裤口短小，宽16厘米，裤腰围102厘米，是由左前片、右前片翻转后围合拼接成型，无腰头，裆部为三角形。严守“幅布为裤”的崇物设计原则，将面料利用率发挥到极致，不浪费一丝一毫。裆部拼缝后成为斜纱，有很好的弹性，通过拼接让相同的面料变得错落有致。裤子围度很大，拼接的三角形裆片可以满足腿部的活动量。裤口两边贴缝一块长28厘米、宽6厘米的橘红色几何纹样刺绣镶边，正面的五条手指形花纹，又称“五指印”，五指印顶端绣有“米”字形纹样，既有装饰性，又增加裤口牢固度。

（二）长裤的制作

历史上，贵州民族男子一般穿裤子，女性基本上穿裙子，但经过几次的改装，现在改穿裤子逐渐成为普遍趋势，但贵州民族女性的裤子却有自己的制作特点。

裤子由腰头、裤腿、大小裆片三个主要部分组成。三穗县寨头乡的挑花栏杆长裤，是较为典型的裤装形式，宽筒，长至足踝，从腰头沿侧缝垂直量至裤口底边的长度为102厘米，腰头约宽18厘米的靛蓝土布，腰围132厘米，裤腿长84厘米。在绘制裤子的轮廓时，根据面料的幅宽来适当调整大、小裆片的形状，穿着时把剩余的量交叠于前中线，另用宽带子绑着穿。裤脚的边缘饰以花边，形如“杆栏”，亦称杆栏裤，杆栏的分布设计不仅牢固、耐磨而且有良好的观赏性，面料幅宽约为66厘米，为使面料的利用率发挥到极致，通过无侧缝、拼接斜线、三角插片的前、后片互借的形式，使得一切裁片都能在一个布幅上正裁整用，即前左裤腿取转向后裤腿用一个布幅裁剪，后右裤腿取转向前裤腿用一个布幅裁剪，左右裤腿亏片用余布补齐，腰头两侧没有破缝，而

是在后中断缝，以区分裤子前后。这种制作工艺像折纸一样将面料的利用率发挥到极致，是服饰近代结构形态的一个缩影。

（三）裙裤的制作

裙裤主要分布在梭戛乡陇戛寨等地区。裙裤是裁剪成类似裙子的裤子，或者说是有裤腿的裙子。六枝特区梭戛乡的白麻布抽褶裙裤，裙裤长 74 厘米，腰头宽 12 厘米，腰围 72 厘米。将 16 片布幅为 24 厘米的白麻布进行拼接，约 1 厘米形成一个细褶，均匀地缩缝抽褶，左右裤腿平均约 140 个褶，为了使褶裥固定不松开，每条竖向褶裥均匀顺直，在腰头至裤腿垂直距离为 5 厘米之间，平均每 1.2 厘米缉明线固定，明线尾部打结固定，明线以下的褶量自然散开，整理褶裥。将裤腿内侧缝缝合：正面左裤腿内侧缝线与背面左裤腿内侧线缝合组成左裤腿内侧缝；正面右裤腿内侧线段与背面右裤腿内侧线段缝合组成右裤腿内侧缝。最后，缝合横档，裆部的制作在前中和后中的一侧作挖裆处理，裆深为 25 厘米，横档宽 4 厘米。将菱形裆片以对称线折叠，拼合在左右裤腿之间，给裆部一个立体的空间，从前中到后中有了横向的转折，穿着时不易被发现，不仅满足了人体的厚度，没有多余的堆褶，美观又方便活动。裤腰的制作取与同等幅宽面料，从中间对折，和裤腿拼缝而成。这种裤型方便在种地的时候把裤腿别在腰上，就可以不湿衣服，随着耕种水稻田的减少，裙裤的实用性逐渐消失，作为节日服装的一部分保留下来。

图 7-330 纳雍・苗族・马面裙・省博物馆藏

图 7-331 黔西・苗族・马面裙・省博物馆藏

二、裙子的制作

贵州民族的裙子分为百褶裙、筒裙、带裙。

（一）百褶裙的制作

贵州穿百褶裙的有苗族、布依族、侗族、彝族、瑶族等。有长中短不同规格。百褶裙是按照褶皱类型分类的一种代表性裙型，由裙腰和裙身组成，通身细密的褶裥，具有很强的流动感。百褶裙制作中比较关键的三个步骤为：面料裁剪、打褶和固定褶裥。黄平县谷陇乡一带的百褶裙用 110 ~ 160 厘米长的土布制成，布料的幅宽和百褶裙的裙长相等。首先将面料平放，并准备上浆水，浆水可使用枫树皮制成。将土布染成深紫色，按要求裁剪好，把预先织成或绣成的裙脚花边与之缝合成整幅，用手将它折成一道道的皱褶，边折边用针线固定，折完之后喷洒一种叫白芨的草药汁，利用阳光将白芨汁彻底晒干之后，绑成圆柱状使其定型，把面料

图 7-332 毕节・苗族・马面裙・省博物馆藏

用浆水喷洒，然后一层层地捏褶，较细的裙褶可以用针、坠子细细地调整齐。再把捏好褶的面料晒干，在裙褶没有完全定型的时候需上浆一次，并反复一次，直至完全定型。最后再加裙腰、裙带。裙褶定型后在泡染缸进行染色处理，浸泡两个小时后晾晒，再浸泡，如此反复染色数十次。再针线把褶缝起来，短裙百褶裙的腰部不做处理，直接将大于臀围的布料缝在腰处，用绳子、织花带等将裙子束在腰间，就形成了裙子。最为精致的是，每一条褶纹的褶脊都以黑色薄丝绒包缝，做工工整精美。

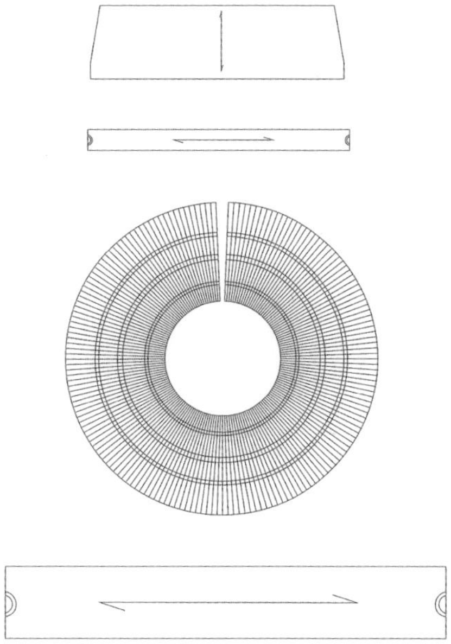

雷山县大塘新桥、孔孟、排里、也耶等寨子的苗族妇女，身着总长约 23 厘米的百褶短裙，一般用两大块蓝染青布折叠而成，总长约 6 米，通过抽褶工艺，用绳子将裙布固定在木桶上，下摆周长约 160 厘米。贵州安顺市凤山乡长树角村一带布依族妇女们的百褶裙很多都是用蜡染做成的，她们的蜡染裙上的纹饰多为圆点、鱼鳞、几何纹等。前后各打细褶，有的各打 50 褶，合为 100 褶；也有的各打 80 褶，合为 160 褶。百褶裙有个共同特点，即在裙身、裙角再以染、绘、绣、镶缀等手法处理，分为彩色蜡染、素色蜡染、贴花、挑花、织锦、刺绣等，无论哪种手法都自然散发出视觉愉悦感，以强调平面视觉的装饰效果。地区分布较广，无论是苗族或是其他少数民族，多有穿着百褶裙。

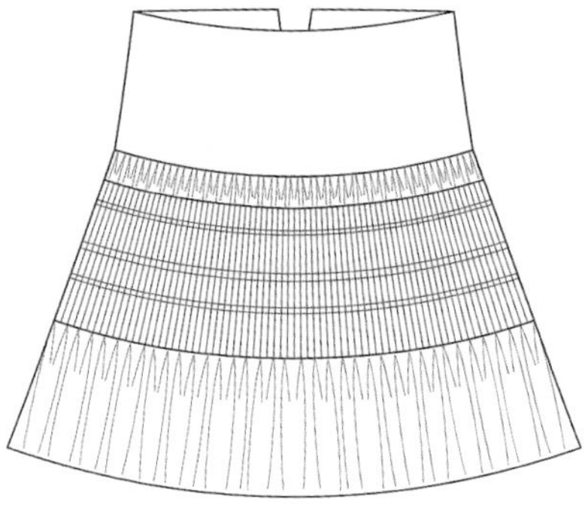

图 7-333 筒裙结构图

（二）筒裙的制作

筒裙主要分布在台江县番召乡、安龙县木咱乡、织金县珠藏乡、三都县拉揽乡等地区。

筒裙又称“桶裙”或“统裙”，因其裙身为圆筒形而得名，筒裙的主要部件由腰头、裙身组成，腰头指筒裙上端束于腰部之处，面料多以单色纯棉布为腰头，制作工艺有先缝成圆筒和将裙幅在腰上缠绕成筒形两种围合方式。从节约的角度出发，筒裙对面料的裁剪十分考究，一般用单色或多色面料拼合成裙面的形状，有的无褶，有的为了方便行走而放大下半身的活动空间，在裙腰处打褶，长短不等。制作者可结合面料情况进行裁制，所有的裁片最大限度地利用材料，靠腰头处留 2 厘米缝份，底边留 1 厘米缝份，两侧缝线各留 0.5 厘米缝份，再将裙片面料进行缝合与装饰。安龙县木咱乡的筒裙长达脚背，腰围 64 ~ 83 厘米，裙长 92 厘米，纱的方向垂直于底边。裙身由白色的腰头，中段用红、蓝、黄色的面料与蜡染装饰的裙身，以及整体靠下部位为纯黑色的棉布这三部分构成。在裙腰两侧进行打褶，使裙腰部位的围度得到了有效

缩减，裙腰处自然形成一条弧线，当裙穿于人体时，这条弧线便会贴服于人体，整体装饰纹样位置在腰臀处。筒裙上进行装饰纹样的方式大致可以分为织、绣、染三种，是在面料的基础上进行再加工，以求纹样装饰能够更符合人们的审美需求。

（三）带裙的制作

带裙一般作为装饰性的下装，在节日或礼仪场合穿着。主要分布在雷山、丹寨、榕江、黎平、从江、镇宁等地区。穿着者为苗族、侗族、布依族。

带裙是指从裙腰以下由一条一条的竖状彩带组成，装饰于裙子外的服装，穿着方式是从臀部往前系，一般情况下都不能围满身体一周，每条飘带经过褶裙撑起来后，像鸟尾一样摇曳。雷山西江、丹寨一带女子的盛装，内穿百褶裙，外面罩上一幅带裙。带裙长至脚踝，用深色手工织染布制成，裙长 92 厘米，腰头宽为 15 厘米，每条飘带长 77 厘米、宽 5 厘米。色彩浓郁，以红、绿、黄、黑为主。每个条片之间重叠 2.5 厘米，带裙上绣有各种花纹，有的分三节或五节，每节用平绣针法绣有各种动植物图案，并镶金片、银片，有些在带裙的下端缝缀彩色的珠子，珠子的底部拼接缨穗、植物果核或者鸡毛之类。从江县信地乡一带重大节日期间，仪仗队员都要穿上带裙。黎平榕江交界一带侗族女子盛装的带裙，形状别致，有花朵形、葫芦形、宝瓶形等，运用打籽绣、平绣等装饰工艺，添加珠串、亮片以及彩绦等，具有非常华美、光彩夺目的视觉效果。

图 7-334 普定・苗族・筒裙・省博物馆藏

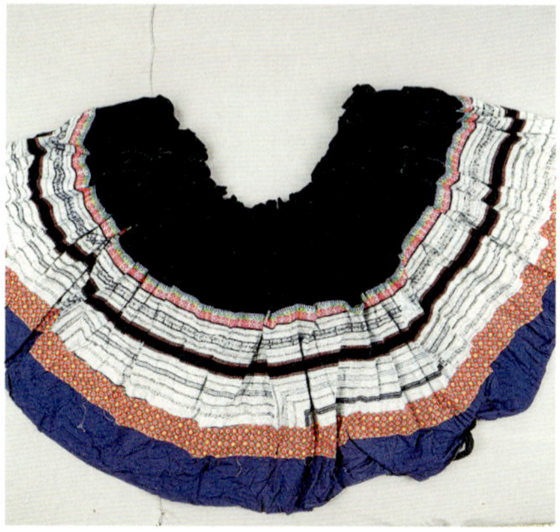

图 7-335 大方・苗族・筒裙・省博物馆藏

图 7-336 纳雍・苗族・筒裙・省博物馆藏

第四章

贵州民族服饰附属件的制作

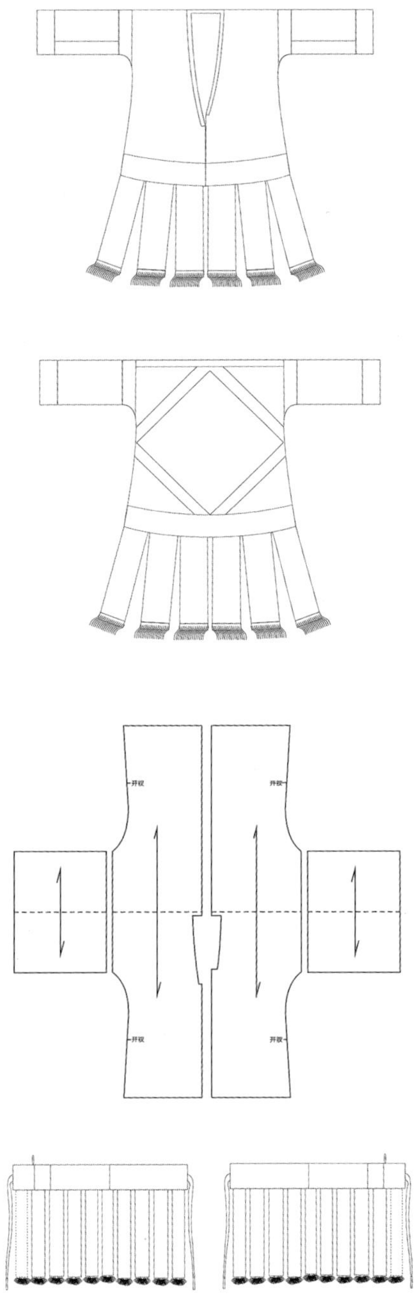
图 7-337 百鸟衣结构图

第一节 巾、帽的制作

贵州民族服饰的制作，是由众多复杂的各个部件组成的综合工程，除了各种上衣下裳的制作之外，还有从头到脚、从内到外的其他附属件的制作。

一、头巾

贵州民族的头巾，按照穿戴形式大致有搭覆式、包裹式、圆盘式、交缠式、箍带式五种。各种头巾的制作，使用材料和方法都存在较大差异。

（一）搭覆式

使用搭覆式头巾的有苗族、布依族、侗族、瑶族、回族等。如榕江、台江、剑河、锦屏、安顺、平坝等地部分苗族；镇宁、关岭、六枝、惠水、水城、望谟、晴隆、纳雍等地部分布依族；黎平、从江部分侗族；麻江河坝、荔波茂兰瑶族以及各地回族女性。有的用织锦，是根据民族习惯，在织机上分别织出统一规格、统一图案的锦面，分别裁剪成头巾，如榕江兴华苗族，镇宁、望谟等地布依族，黎平、从江侗族；有的用刺绣，也是按民族习惯用一块布料为底，施以各种刺绣针法，形成图案，用作头巾，如纳雍布依族；有的用黑白丝巾，如回族。头巾层数有单层、两层、三层不等。搭覆方法也各不相同，有的呈瓦片状，有的呈窝棚状，有的两边上翘起角，有的后拖成帷幕，有的圆如帽筒，有的尖如笠顶。奇形异状，各有风貌。

（二）包裹式

就是用巾帕把头发裹装起来，呈一个包袱状。使用包裹式头巾的主要分布于铜仁、黔东南、黔南，如松桃、榕江、黎平、三穗、剑河、锦屏、天柱、惠水、长顺等地部分苗族；贵定、惠水、关岭、贞丰、册亨、紫云、望谟等地部分布依族；三都水族等。

各地区、各民族用的巾帕质地不一，有丝巾，有布帕，有织锦，有印染，有刺绣。巾帕长短也不同，所以包裹后的头巾大小和高低有别。简单的如黎平平架苗族，用一条两端加刺绣的青布巾把额头两耳都包住，头巾朝后打结，一端垂于肩头。最为高大的是松桃及湘西的苗族女子头巾，用 6 至 10 米长的黑色丝巾或方格花布巾，在头上一层层地向上包裹，俨然一个大圆筒，走亲访友、出门赶集，可以把一些细小物品放置其中。

图 7-338 榕江·苗族·百鸟衣·省博物馆藏

（三）圆盘式

是用较长的布巾在头上一圈一圈地缠成一个圆盘状。戴这种头巾的主要是分布在剑河、龙里、贵定、福泉、瓮安、惠水、望谟、乌当、清镇、镇宁、大方、黔西、遵义、赤水、桐梓、兴仁等地部分苗族，镇宁六马布依族。有的为了脱戴方便，特意用针线将圆盘固定，有的还在圆盘周边加饰流苏，流苏有用布条做的，如剑河久仰男子头巾。有的用薏苡珠，或加铜钱，如清镇、镇宁、遵义、赤水一带。有的用丝线或毛线做成，如乌当、黔西等地。

图 7-339 榕江·苗族·百鸟衣·省博物馆藏

（四）交缠式

是用布巾在头上交叉包缠，形成人字纹的头饰。主要流行于安顺、黔南、黔西南、毕节等地。贞丰、册亨等地布依族女子有一种头巾叫“牛角帕”，穿戴需二至三人合作，先将当地织的近 10 米长的格子布纵向折叠为三寸宽，一层层地包在头上，在头左右两侧堆叠稍厚，以支撑两边的尖角，再将布料包裹呈八字形，最后用针将形固定，防止散落。

最有特色的是威宁新发布依族少女头巾，用各色花布做成与年龄相同的长条，每长一年，就增加一条，把十几条头巾叠加在一起，层层交缠于头上，头巾两头分别垂于两肩。部分苗族也采用交缠式，如贵定盘江、安顺新场、紫云新民、开阳石头寨、花溪高坡、乌当下坝、遵义泮水等地。威宁彝族女子头巾也属交缠式，一般在布巾外面再交缠刺绣头巾。

图 7-340 丹寨·苗族·百鸟衣·省博物馆藏

（五）箍带式

一些民族用布条、丝绦、海贝、银链等做成箍带式头巾，如丹寨、三都苗族妇女，上绾椎髻，用一条花带系于头。都匀坝固的苗族女子，用方格布折叠成带状，系于头上，顶上露出发髻及银饰。平塘油岜女子将头发绾成蘑菇状，用蓝色布带捆扎，布带尾端加流苏。而该县卡罗女子用海贝缀钉于布带上系于头上。安顺黑石头寨女子则用两米长的银链绕于头上。晴隆中营少女用一

根白布带绕扎于头，右侧插红色绢花。六枝梭戛女子用毛线掺于发，在托架上缠成“8”字形，用白色布条先在额前缠成“×”纹，再分别在两边缠出十字纹。

除了上述头巾之外，还有一些其他样式，因不具普遍性和工艺特色，故不介绍。

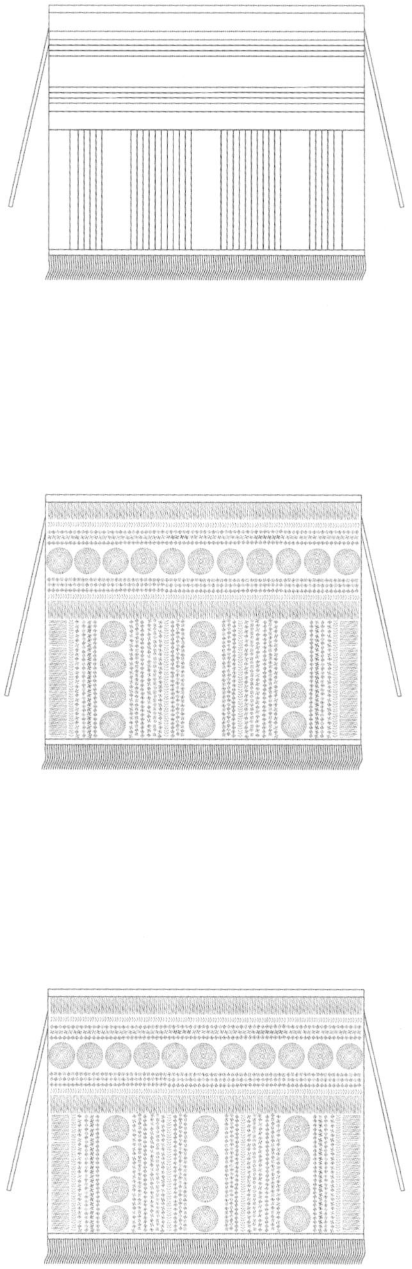
图 7-341 围裙结构图

二、帽子

贵州部分民族有戴帽子的习惯，帽子的样式大约分为四种：圆形、尖顶形、其他形、仿生形。

（一）圆形

戴圆形帽子的主要为苗族、布依族、回族。黄平、施秉、台江、福泉一带苗族少女，她们的帽筒呈圆形，帽顶呈伞状，但中间留有一圆孔。里面用数层黏合布，外面以挑花手法饰以紫、红、白图案花纹。这种帽子是未婚女孩的标志。龙里洗马镇、贵阳花溪等地布依族妇女，也戴圆形帽，是用蓝色棉布缝制。贵州的回族男子，戴白色圆形帽，用白布缝制。

（二）尖顶形

戴尖顶形帽子主要为苗族和瑶族。紫云松山、青海、白云一带苗族女子绾发，先包两层青布巾，其上戴一个青布尖顶带后帷的帽子，布巾外和帽子外均用挑花带系扎。平坝、贵阳、清镇、修文、长顺一带苗族女子，除了戴尖形头巾外，还戴一种尖如锥状的帽子，内用竹篾为衬托，外用青布缝成。生活在威宁、赫章、水城、普定、镇宁、紫云等地的大花苗女子，用竹子编一个尖塔式竹笼，用头发和毛线缠绕成锥状，戴于头上。生活在从江及广西的一支瑶族，当地妇女的帽子，内用藤条或竹子，外用青布或织锦做成尖顶形状，并饰以红缨、珠链。

（三）其他形

龙里、福泉、贵定、开阳、瓮安一带的花苗支系，用黑色布为帽子底料，帽檐呈圆形，并且帽筒较浅，前后长出一节，用白布绲边，帽子用挑花手法饰以花纹。生活在凯里、黄平一带的僅家少女，戴的红缨帽，用蜡染花布做成两侧外展的帽帷，顶上饰以红缨，中间插银弓、银箭。镇宁、关岭、六枝相邻的布依族，初婚妇女有长期在娘家居住的习俗，夫家就想方设法让她回来，便制作一种“假壳”的帽子，由婆婆或几个妯娌装好，去往女方家，趁她不注意时突然摁住，卸去她的少女头饰，把“假壳”戴在她头上，

并杀鸡摆酒，庆贺一场，带她回到夫家。“假壳”是用笋壳做成前圆后方、尾端上翘的约30厘米长的簸箕形帽架，外面用一幅6～7米长的黑布层层包缠成筒状，戴上后还要搭上几方蜡染巾。盘州羊场、保基一带布依族已婚妇女也有戴“假壳”的习俗。

（四）仿生形

仿生形帽子，是指模拟某种动物的特征而制作的帽子。一些崇拜盘瓠的民族，就制作一种模拟狗头的帽子。民间相信各种小动物少生病、易成长，又因狮虎有避邪作用，故百姓常模仿各种动物头部来制作儿童帽子，其形状有狮头、虎头、猫头、狗头、兔头等。除了这些动物造型外，还用刺绣、布贴等手法装饰，有的还在帽前缝缀一排金属佛头、菩萨像，借以保佑儿童的健康成长。

图 7-342 台江·苗族·围腰·省博物馆藏

第二节 披肩、披风、云肩、背牌、背褡的制作

图 7-343 凯里·苗族·围腰·省博物馆藏

一、披肩

披肩是肩背上的服饰件，生活在贵州西北部的民族喜穿披肩，如水城、纳雍、赫章、大方、织金、黔西、毕节等地苗族。但披肩形式各有差异，以水城南开一带为代表的小花苗，是用羊毛线与棉纱交织，或者是挑出几何纹图案后，再用红黄布条在织锦或挑花上进行拼贴，制成两块约40厘米 ×70厘米的披肩，并将两块披肩的三分之一处相缝合，缝合处成为领子，未缝合的地方分别披于两肩。也有的把披肩缝在麻布上，制成带披肩的长衣。织金龙场一带的男子披肩，是用数块挑花拼接，领子部位用蓝布包边，后背及肩部加缀流苏。大方竹园一带女子的披肩，先用挑花手法做成一条披巾，再饰以毛线绣球，披于肩背，于胸前交叉。

二、披风

披风，比披肩长，威宁、赫章一带苗族、彝族自古养羊，并用羊毛来擀毡制衣。当地的披风有两种样式，一种是披毡，另一种是织锦披风。披毡是用羊毛擀制，先用热水将羊毛洗净，用手弓把羊毛弹松散，将羊毛铺撒在一块竹帘上，浇上水把帘子卷起，不停地滚碾，使羊毛压实成毡片，待干后裁剪成形，并配上系带，便可披于肩背，这种羊毛制成的披毡，保暖防寒，可当衣服，可

图 7-344 台江·苗族·围腰·省博物馆藏

作卧具，是当地人民自古以来的必备之物。织锦披风，是以威宁为代表的大花苗支系的主要服饰。先用羊毛线与麻纱交织成锦面，规格为 40 厘米 ×70 厘米，然后分别把两块锦面的一端缝上一半，背部配一方刺绣背褡，开衩处作为领子，两边各缝一条带子，穿时系于肩背。这种织有几何大花纹样的服饰是识别生活在当地的苗族支系的主要标志。

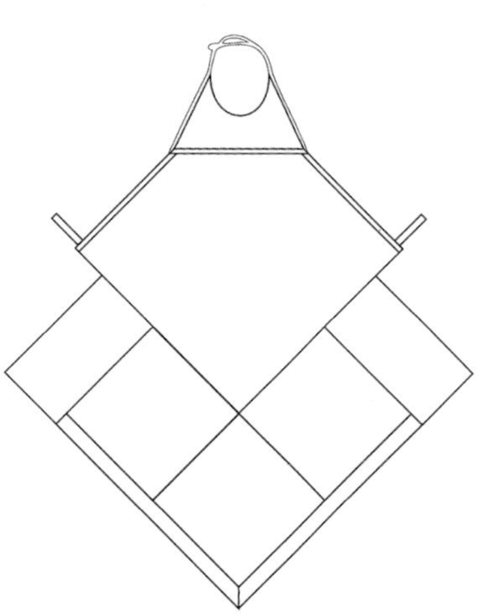

三、云肩

云肩，原为汉族女性服饰，清代以来，湖南湘西及贵州松桃等地苗族女性，接受了云肩这一样式。现贵州松桃、大方部分苗族妇女仍穿这种服饰。云肩的制作是用各种彩色丝绸，剪裁成云头、花卉、鱼、鸟、蝴蝶、龙、麒麟等纹样，并用镂空、拼贴、刺绣手法，制作成一幅围于胸、肩的半圆形饰件，在后背开口并配上纽扣。有的云肩还饰有银器、流苏、绣球等。

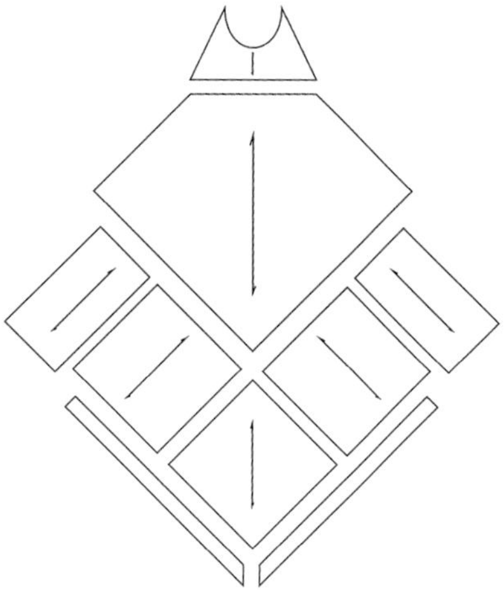

图 7-345 连胸围腰结构图

四、背牌、背褡

背牌、背褡，也是肩背上的饰物，但基本上为成年人所穿。生活在惠水摆榜、平塘西关、龙里中排、贵定仰望、花溪高坡等地的苗族女性，都有穿背牌的习惯。大部分背牌是用布为底，上面加挑花、银饰、海贝等工艺。披于胸肩背部，形状如古代的裲裆。一些地区的男女青年互相爱慕，但因各种原因而不能成眷属，双方就要举行一个"射背牌"的仪式，以此来表示告别。背褡是用刺绣、布贴手法制作成一个正方形或长方形的饰物，系于后背。贵阳花溪、贵阳乌当、息烽青山、黔西铁石、威宁、赫章、水城等地苗族，以及荔波瑶麓瑶族，都有背褡服饰。

第三节 胸兜、围腰、围裙、腰带的制作

为便于叙述，将人体从胸至膝下的服饰，分别分为胸兜、围腰、围裙、腰带。

一、胸兜

胸兜是胸前的一件饰物，主要为女性穿着。尤其以黔东南榕江、黎平、从江等地苗族、侗族为代表。分别有织锦、刺绣、印染工艺，有的还用银铃、银泡、银链装饰。形状有方形、菱形、桃形、葫芦形。

上端呈半圆形或 M 形，便于系于脖颈。

二、围腰

从胸部到腹部前面的围挡物称围腰，最早的功能是从事各种家庭劳动或手工劳作时，可以起到保护里面的衣服不受污染和磨损，后来便逐渐成为一种装饰性的服饰。贵州使用围腰的民族最为普遍，苗族、布依族、侗族、土家族、仡佬族、水族、毛南族等民族妇女，都盛行这一服饰。一般用棉布制作，但有些地区要用织锦和蜡染，如榕江摆贝。有的用印染品，如麻江瑶族，用刺绣装饰得最多。大部分围腰为梯形，但黔东南一些苗族、侗族的围腰为菱形，并与胸兜相连在一起。六枝、织金一带苗族妇女围腰为圆形，是用羊毛擀制。

图 7-346 榕江 · 苗族 · 连胸围腰 · 省博物馆藏

三、围裙

从腹部至膝下前面的一幅服饰称为围裙，它是由中国古代“蔽膝”演变而来。穿围裙的主要是苗族、瑶族，样式有条幅式，有横幅式，有方形，有菱形。围裙的制作有织锦、刺绣工艺，也有用棉布的。台江施洞、施秉马号、镇远金堡、剑河岑松一带的苗族妇女，她们的围裙最为富丽，样式为条幅式，中间为一幅 40 厘米 ×70 厘米的织锦，两边镶上 15 厘米 ×70 厘米的刺绣，穿时双膝前后各系一幅。雷山太塘、桃江一带短裙苗支系的围裙呈横幅式，用青布为面，下端饰一幅 30 厘米 ×70 厘米的织锦，图案多几何纹样。凯里、麻江、丹寨、雷山交界的苗族妇女，穿方形围裙，是用蚕丝絮片剪成各种几何纹，用马尾线把这些纹样绣制在绣底上，所以，这一围裙又称为蚕锦围裙。剑河其他地方苗族的围裙也是条幅式，用青色棉布为面，上面多饰以挑花纹样，唯九旁一带围裙是用两幅约 20 厘米 ×40 厘米的锡绣，别有风情。丹寨、三都交界的苗族妇女，系菱形围裙，是用三块刺绣和一块亮布拼接而成。贵州中西部苗族的围裙大多数呈纵向，多用刺绣、挑花、蜡染装饰，如贵阳、遵义两地苗族妇女的围裙，多用挑花手法装饰。六盘水、毕节两地苗族的围裙的装饰，上段多用平绣，下段多用蜡染，边框用挑花。生活在黎平平茶的瑶族妇女，她们的围裙是由四层织锦重叠组成。

图 7-347 雷山 · 苗族 · 连胸围腰 · 省博物馆藏

图 7-348 三都 · 苗族 · 连胸围腰 · 省博物馆藏

四、腰带

腰带是系于腰部周围的服饰，最初的作用是用来固定衣服便于行动，后来演变为一种装饰。贵州很多民族的上衣为对襟敞胸式和交领式，因无纽扣，都要用腰带来固定衣服的下半部，所以，贵州民族服饰中的腰带也极富特色。腰带有丝织绦，有棉织绦，有彩色绮，有刺绣挑花，有布带，有些地方还打制银腰带。

生活在安顺一带的屯堡人，是明代江南屯军后裔，他们保持了较多的明代江南汉族的文化习俗，特别是妇女着装，依然是大襟衣，肥裤腿，凤头发型，腰系黑色丝绦。当地丝绦的织造现在是由男工完成。当地的丝绦经纬线全用黑色丝，丝绦宽约7厘米，长约380厘米，分三段拼接成，两头为平纹筒状，中间一段采用挑经浮纬方法显示花纹，纹饰有菱形、方胜、卍字、寿字、雷纹等。两端还各有45厘米长的流苏。

黄平、台江一带苗族妇女，用蚕丝来织成宽约5厘米的彩色绦，两端留有缨穗，用来当腰带。而黎平侗族、麻江瑶族、三都水族等，则用彩色棉纱来织绦，着装时系于腰间。凯里、麻江、雷山、丹寨、榕江、剑河等地苗族妇女，专门织一种有回纹方格的彩绮来作为腰带，绮宽28厘米，折成4层，两端还配上流苏。贵州中西部苗族的腰带，多用挑花工艺手法来装饰，图案为几何纹，有的腰带后面还缀有数条飘带。

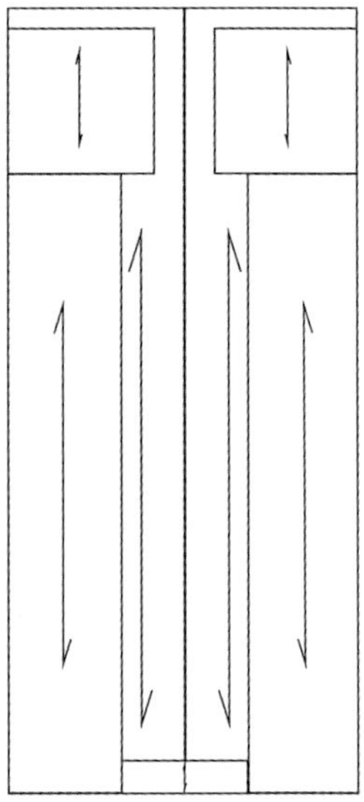

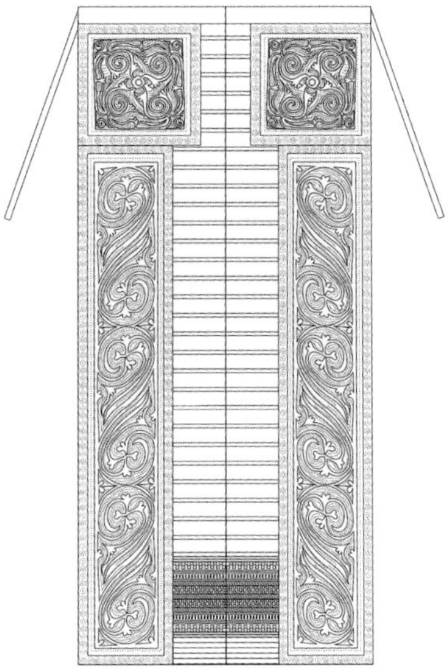

图7-349 蔽膝结构图

第四节 胫衣、靴、鞋的制作

一、胫衣

胫衣是指膝盖以下小腿上的服饰。贵州属西南高原，冬天气候潮湿阴冷，山地的生产环境多荆棘杂草和虫蛇之类，历史上曾经有相当长的时间，贵州民族女性多穿裙子，为了保暖防寒和保护小腿，民众便用各种材料来制作胫衣，后来逐渐演变为小腿装饰。贵州民族常见的胫衣有绑腿、脚笼。

（一）绑腿

绑腿，古代有“行縢”“邪偪”“行裹”“裹腿”等称呼。《旧唐书·南蛮西南蛮传·东谢蛮》就记载，贞观三年（629年），东谢蛮首领谢元琛入朝“身被毛帔，韦皮行縢而著履”，说明贵

州民族从唐代就已用皮革做绑腿了。除了皮革、布料之外，贵州民族还曾经用竹子、藤条来编织绑腿，这些材料可以有很好的防护作用，一般为男性使用。而广大女性的绑腿则丰富多彩，平塘、惠水、福泉、贵定、龙里等地苗族、布依族女性，多用布带；丹寨、锦屏等地苗族用绦带；安顺、镇宁等地苗族用挑花；榕江、从江、黎平侗族用刺绣；麻江、荔波等地瑶族用印染花布。这些绑腿既轻便保暖，又十分美观。

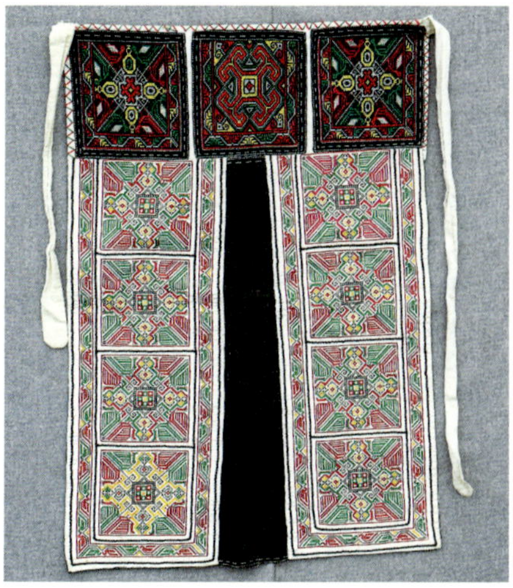

图 7-350 黔西·苗族·蔽膝·省博物馆藏

（二）脚笼

脚笼，是呈筒状的胫衣。随着审美能力的提高，一些贵州民族用织锦、刺绣、印染、亮布工艺来制作脚笼。它美观漂亮，穿卸方便。剑河、台江、榕江兴华、黎平雷洞等地苗族和侗族，专门织造制作脚笼的锦面，缝成筒状，长约 30 厘米，直径约 15 厘米，并在两端配上系带，作为节日或礼仪场合穿的脚饰。

图 7-351 织金·苗族·蔽膝·省博物馆藏

二、棉靴、布鞋

据文献记载，清代前贵州大多数民族是赤脚、跣足，到了近现代，才开始穿棉靴和布鞋。

（一）棉靴

贵州冬天并不像北方那样寒冷，所以人们很少穿皮靴，一般老年人及儿童冬天穿棉靴。棉靴由靴底、靴面、靴帮三部分组成。靴底是用多层棉布粘贴，有的内层夹笋壳，用针线绗缝成厚实紧密的硬底，俗称“千层底”。靴面多用刺绣装饰花纹，靴帮筒高约 15 ~ 20 厘米，讲究的也刺绣纹样。过去，贵州有些地方用桐油涂抹靴底，并钉上密密麻麻的铁乳钉，做成既防湿又防滑的靴子，这也反映了山区人民的聪明才智。

（二）布鞋

布鞋，是由鞋底和鞋面组成，鞋底亦如靴底的方法，布鞋有素面和绣花两种，但鞋头却有尖头、圆头、翘头之分。普通鞋面用棉布裁制，贵州民族女性流行绣花鞋，她们的绣花鞋保持了中国古代翘鼻鞋的特点，并且都用各自民族的刺绣针法对鞋面进行装饰。这种翘鼻绣花鞋，一般只有在民族节日和人生礼仪场合才穿着，更是女子结婚时不可缺少的嫁妆之一。

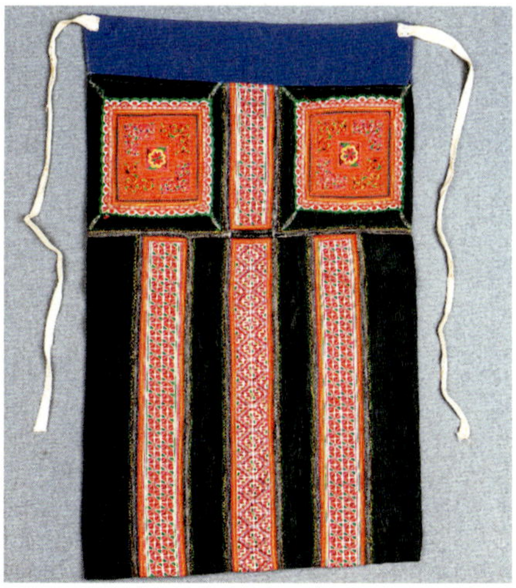

图 7-352 六枝·苗族·蔽膝·省博物馆藏

三、木屐、草鞋

木屐、草鞋，是两种用自然材料制作的脚装。

图 7-353 背扇结构图

（一）木屐

木屐，是中国古代南方特有的一种鞋子。因南方多雨潮湿，前人就发明了木屐。是用木板锯成比脚底略宽的形状，在脚趾两端处装上一根绳子，便可穿趿，这种木屐既凉爽又方便，南朝诗人谢灵运就喜穿这种鞋游览于浙江永嘉的山水间。贵州从江、黎平、榕江苗侗人民，在 20 世纪末仍有穿木屐的习惯，只是随着社会发展，这种鞋已经渐渐消失。

（二）草鞋

草鞋一般为下地上山或出门远行时穿。一般草鞋用普通稻草在一个木马上编制，先用草心搓成筋索，把四根筋索一头系于腰间，一头系于木马头，然后用稻草顺着四根筋索上下穿编，最后配上鞋耳、鞋带。一些少数民族妇女心灵手巧，用糯谷草芯捶软后再掺些彩色布条和麻，编成非常柔软精致的草鞋，既美观漂亮，又经磨耐穿。贵州农村在 20 世纪 70 年代时都还流行这种草鞋，80 年代以后逐渐淘汰。

第五节　襁褓的制作

襁褓，有的称“背褓”或“背扇”，是背负婴儿的用品。传统农业时代，贵州少数民族妇女，除了要做繁杂的家务之外，还要参与农业生产劳动，为了腾出两手来操作，又能随时照看婴儿，就制作了襁褓这种特殊用品。有的还在襁褓面或下缘装饰流苏、绣球、银链，甚至铜钱、剪刀之类。有的襁褓上端配以盖头，防止太阳和蚊虫对婴儿的伤害。襁褓并不是服装的必备之件，但是由于少数民族妇女长期背负婴儿，这又形成了贵州民族女性着装打扮的一个特征，它体现了贵州民族女性的聪明才智和伟大的母爱精神。贵州民族的襁褓形状大约有“T”形、方形、带状形三种。

一、“T”形

“T”形襁褓，是由两个方形组合，上面的方形呈横向，比下面的方形略宽，用“T”形襁褓的有凯里、黄平、剑河、台江、雷山、麻江、贵定、龙里、三都、独山、荔波、平塘、贵阳、安顺、关岭、望谟、兴仁、贞丰等地。但各地区各民族的用料却不同，装饰手法也各异。一般是用布料为底，表面用织锦、刺绣、印染装饰，也有的全用织锦和印染花布做成，两侧上端配以系带，便于把婴

儿背于后背。

二、方形

方形襁褓，有正方形和长方形。方形襁褓主要流行于凯里、从江、黎平、榕江、丹寨、开阳、安顺、水城、六枝、毕节、织金、黔西、纳雍、威宁等地。方形襁褓有的用布料为底，表面饰以织锦，如凯里舟溪一带。有的以刺绣装饰，如黎平、榕江一带。或者直接用织锦制作，如威宁苗族。或用蜡染制作，如黄平、开阳一带。有的用布贴加刺绣，如威宁彝族。有的蜡染加刺绣，如织金一带。

图 7-354　三都・水族・马尾绣背扇・省博物馆藏

三、带状形

带状襁褓，是制作成横幅的襁褓。主要流行于凯里湾水，黄平翁坪、谷陇等地苗族，镇宁、关岭、六枝交界一带布依族。凯里、黄平苗族是用一幅长约 5 米的紫红色丝棉交织回文锦为料，在中段上端加一块盖头，背负婴儿时，用两侧的织锦左右交缠，把婴儿包裹得又厚又严，十分保暖。镇宁石头寨一带布依族的襁褓，襁褓面是一幅约 35 厘米 ×50 厘米的几何纹丝棉交织彩色锦，上面加一块棉布盖头，两边系带分别是约 35 厘米 ×150 厘米的回文彩色条纹绮。背负婴儿时，也是用两条系带将婴儿厚厚地包住，母亲可以从事其他事务。

图 7-355　花溪・苗族・背扇・省博物馆藏

图 7-356　三都・水族・背扇・省博物馆藏

图 7-357 榕江・新华・苗族・百鸟衣・省博物馆藏

图 7-358 榕江・新华・苗族・百鸟衣・省博物馆藏

图 7-359 三都・高尧・苗族・百鸟衣・省博物馆藏

图 7-360 榕江・计划・苗族・百鸟衣・省博物馆藏

图 7-361 榕江・平永・苗族・百鸟衣・省博物馆藏

图 7-362 雷山・达地・苗族・百鸟衣・省博物馆藏

图7-368 三都·都江·苗族·百鸟衣·省博物馆藏

图7-367 三都·都江·苗族·百鸟衣·省博物馆藏

图7-366 雷山·达地·苗族·百鸟衣·省博物馆藏

图7-365 三都·打鱼·苗族·百鸟衣·省博物馆藏

图7-364 三都·都江·苗族·百鸟衣·省博物馆藏

图7-363 三都·都江·苗族·百鸟衣·省博物馆藏

图 7-369 罗甸·坪岩·苗族·贯首衣·省博物馆藏

图 7-370　西秀・汪家山・苗族・直领衣・省博物馆藏

图 7-371　福泉・杨义司・苗族・直领衣・省博物馆藏

图 7–372　惠水·雅水·苗族·交领衣·省博物馆藏

图 7-377　荔波・瑶山・瑶族・直领对襟衣・省博物馆藏

图 7–378　从江・西山・苗族・直领对襟衣・省博物馆藏

图 7-379　平塘·油田·苗族·贯首衣·省博物馆藏

图 7-380　西秀・龙潭・苗族・直领对襟衣・省博物馆藏

图 7-381　镇宁・六村・布依族・侧襟衣・省博物馆藏

图 7-382　西秀・猪场・布依族・侧襟衣・省博物馆藏

图 7-383　六枝・落别・布依族・直领对襟衣・省博物馆藏

图 7-384　普定・平桥・苗族・直领对襟衣・省博物馆藏

图 7-385　大方·普宜·苗族·褙子·省博物馆藏

图 7-386　凯里·龙场·苗族·立领侧襟衣·省博物馆藏

图 7-387　桐梓·马鬃·苗族·琵琶襟衣·省博物馆藏

图 7-394　松桃·世昌·苗族·侧襟衣·省博物馆藏

图 7-395　花溪・石板・布依族・侧襟衣・省博物馆藏

图 7-396　乌当·新场·苗族·立领侧襟衣·省博物馆藏

图 7-397 乌当·下坝·苗族·贯首衣·省博物馆藏

图 7-398　乌当・下坝・苗族・直领对襟衣・省博物馆藏

图 7-399 织金·阿弓·苗族·直领对襟衣·省博物馆藏

图 7-400　花溪·高坡·苗族·直领半臂衣·省博物馆藏

图 7-401　织金・三塘・苗族・交领衣・省博物馆藏

图 7-402　水城·钟山·苗族·侧襟衣·省博物馆藏

图 7-403　织金·龙场·苗族·直领长襟衣·省博物馆藏

图 7-405　六枝·中寨·苗族·直领长襟衣·省博物馆藏

·苗族·立领偏襟衣·省博物馆藏

图7-411 黔西·甘棠·苗族·立领偏襟衣·省博物馆藏

图 7-412 黔西·甘棠·苗族·直领对襟衣·省博物馆藏

图7-415　大方·凯井·苗族·背子·省博物馆藏

图 7-416　大方·瓢井·苗族·褙子·省博物馆藏

图 7-417　紫云·火花·布依族·直领侧襟衣·省博物馆藏

图 7-418　威宁·狗街·苗族·直领对襟衣·省博物馆藏

图 7-419　威宁·狗街·彝族·立领侧襟衣·省博物馆藏

图 7-420　大方・理化・苗族・侧襟衣・省博物馆藏

图 7-421　威宁·牛棚·布依族·立领偏襟衣·省博物馆藏

图 7-422　威宁・马街・彝族・立领侧襟长衫衣・省博物馆藏

图 7–423　大方・牛场・苗族・交领侧襟衣・省博物馆藏

图 7-424 黎平·银朝·侗族·立领对襟衣·省博物馆

图 7-425　兴义·洛万·布依族·立领侧襟衣·省博物馆藏

图 7-426　毕节・七星关・苗族・交领侧襟衣・省博物馆藏

图 7-428　花溪·燕楼·苗族·贯首衣·省博物馆藏

图 7-429　威宁·布依族·直领对襟衣·省博物馆藏

图 7–430　贵定・四寨・苗族・立领对襟衣・省博物馆藏

图 7-431　金沙・安洛・苗族・立领侧襟长衫衣・省博物馆藏

图 7-432　西秀·汪家山·苗族·直领对襟衣·省博物馆藏

图 7-433　松桃·八龙·苗族·圆领侧襟衣·省博物馆藏

图 7-434　三都·周覃·水族·圆领侧襟衣·省博物馆藏

图 7-435　西秀·新场·苗族·褙子·省博物馆藏

图 7-436　水城·南开·苗族·褙子·省博物馆藏

图 7-437　六枝·梭戛·苗族·立领对襟男衣·省博物馆藏

图 7-438　六枝・梭戛・苗族・直领对襟女衣・省博物馆藏

图 7-439 织金·龙场·苗族·立领侧襟衣·省博物馆藏

图 7-440　织金・龙场・苗族・直领对襟衣・省博物馆藏

图 7-441　关岭·菠萝沟·苗族·侧襟女衣·省博物馆藏

图 7-442 黔西·甘棠·苗族·直领对襟衣·省博物馆藏

图 7-443　大方・兴隆・苗族・褙子・省博物馆藏

图 7-444 大方 · 瓢井 · 苗族 · 褙子 · 省博物馆藏

图 7-445　镇宁・扁担山・布依族・交领对襟衣・省博物馆藏

图 7-446　黔西・铁石・苗族・翻领对襟衣・省博物馆藏

图 7-447　紫云・火花・布依族・圆领侧襟衣・省博物馆藏

图 7-448　望谟・岜饶・布依族・圆领侧襟衣・省博物馆藏

图 7-449　三都・都江・水族・圆领侧襟衣・省博物馆藏

图 7-450 大方・响水・彝族・立领侧襟长衫・省博物馆藏

图 7–451　赫章·珠市·彝族·立领侧襟长衫·省博物馆藏

图 7-452 从江·西山·苗族·直领对襟衣·省博物馆藏

图 7-467　纳雍・猪场・苗族・侧襟衣・省博物馆藏

图 7-468　纳雍・猪场・苗族・侧襟衣・省博物馆藏

图 7-469　毕节・阴底・苗族・褙子・省博物馆藏

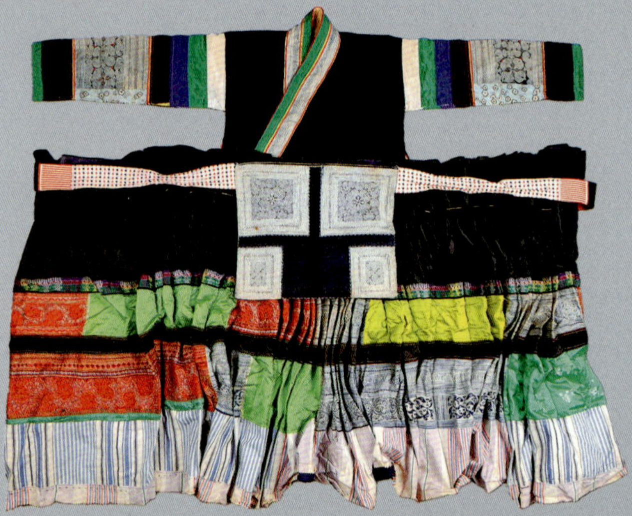

图 7-470　织金・珠藏・苗族・侧襟衣・省博物馆藏

图 7-471　纳雍・百兴・苗族・直领对襟衣・省博物馆藏

图 7-472　惠水・摆金・苗族・半袖童装・省博物馆藏

图 7-473　惠水 · 摆金 · 苗族 · 半袖童装 · 省博物馆藏

图 7-474　黎平・侗族・童帽

图 7-475　雷山・苗族・童帽

图 7-476　雷山・苗族・童帽

图 7-477　台江・苗族・童帽

图 7-478　台江・苗族・童帽

图 7-479　雷山・苗族・童帽

图 7-480　榕江・苗族・胸围腰

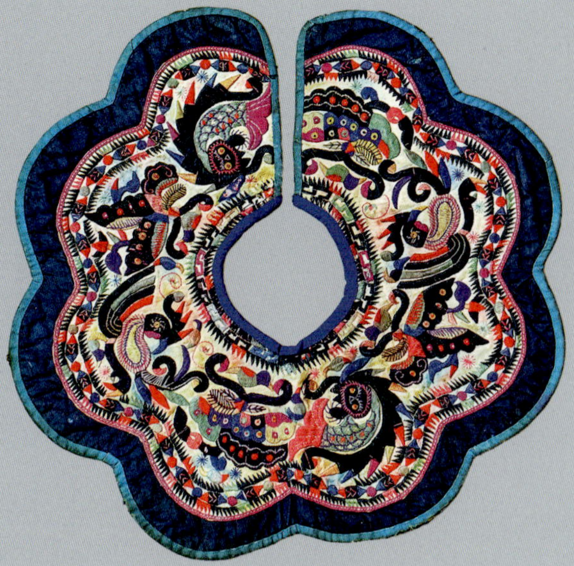

图 7-481　台江・苗族・口水兜

图 7-482　榕江・苗族・胸围腰

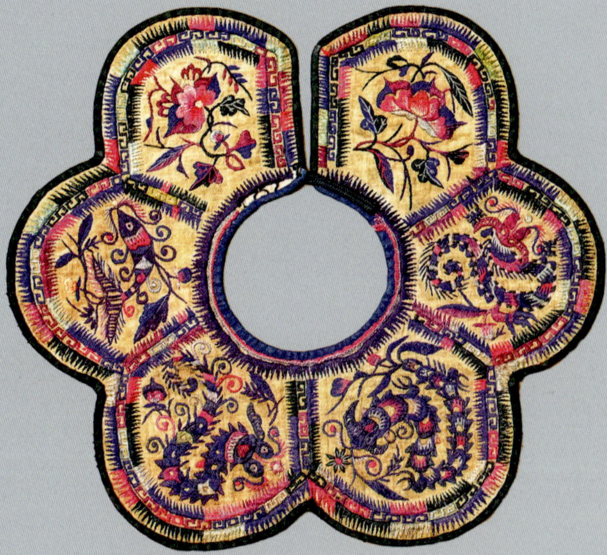

图 7-483　台江・苗族・口水兜

图 7-484　榕江・苗族・胸围腰

图 7-485　台江・苗族・口水兜

图 7-486　西秀·屯堡·绣花鞋

图 7-487　西秀·屯堡·绣花鞋

图 7-488　三都·水族·绣花鞋

图 7-489　西秀·屯堡·绣花鞋

图 7-490　西秀·屯堡·绣花鞋

图 7-491　西秀·屯堡·绣花鞋

图 7-492　黎平·侗族·绣花鞋

图 7-493　三都·水族·绣花鞋

图 7-494　三都·水族·绣花鞋

图 7-495　西秀·屯堡·绣花鞋

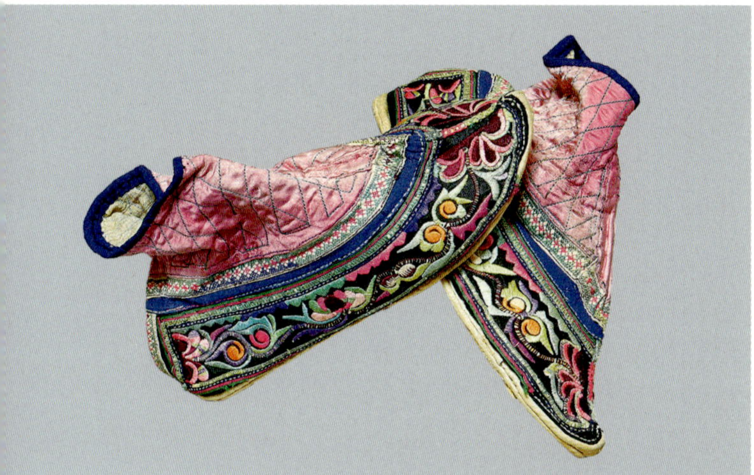
图 7-496　西秀·屯堡·绣花鞋

图 7-497　西秀·屯堡·绣花鞋

图 7-498　西秀·屯堡·绣花鞋

图 7-499　黎平·侗族·绣花鞋

图 7-500　西秀·屯堡·绣花鞋

图 7-501　黎平·侗族·绣花鞋

图 7-503　台江·施洞·苗族·女盛装

卷次

银饰是身上佩戴的饰品和衣上固定的饰件的合称，品种繁多，造型各异，纹样复杂。银饰在贵州民族服饰中作用极为重要，既是身上的装饰，又是婚否的提示，还是财富的展示。银饰将民族服饰点缀得熠熠生辉，服饰借银饰配搭而绚丽夺目。

概　述

一、银饰的定义

银饰，是通过对银的锻制，加工生产出来的各种着装佩饰，包括头饰、颈饰、胸饰、背饰、腰饰、手饰、衣饰等各种饰品。

历史文献记录和田野调查结果，都证实贵州不少民族都有生产和佩戴银饰的习俗，一些民族村寨演变为银匠村，出现了一大批银匠艺人，积累了属于本地区本民族的银饰加工技艺。他们的生产活动和产品，极大地丰富了贵州民族服饰的形式和内容，并由此形成了贵州民族服饰的一个重要特征，并且影响到周边地区。

二、贵州民族银饰的分布

贵州民族银饰的分布虽然遍布全省，但从整体上看，黔东南、黔南、黔西南、安顺、毕节、铜仁地区比较集中，尤其以黔东南最为丰富。从民族来看，苗族、布依族、侗族、水族、彝族比较普遍，而又以苗族、侗族最为突出。苗族银饰以中部方言区（黔东南地区）为代表。侗族银饰以黎平、从江、榕江为典型。布依族银饰以镇宁、关岭一带较集中。彝族银饰以毕节、大方为主。水族银饰以三都、荔波为中心。瑶族银饰分布在荔波境内较多。仡佬族银饰在六枝一带。土家族银饰在遵义和铜仁地区。其他民族银饰则比较少见。

苗族银饰主要分布在黔东南、黔南、黔西南、安顺、遵义、铜仁等地的苗族居住区。黔东南苗族几乎所有支系都有佩戴银饰的习俗，是贵州苗族银饰最集中和最丰富的地区。清末以来苗族银饰锻制技艺一直没有中断，清水江和都柳江木商贸易为这一带的苗族带来一定的资本积蓄，成为这一带苗族银饰传承的主要条件。当地的银饰基本上包括了所有苗族的银饰品种。黔南地区的苗族银饰分为两个片区：一是平塘、三都、都匀、惠水片区，这个片区银饰与黔东南苗族和侗族的比较接近，个别纹样又受布依族银饰影响，有银羽、银泡、银链等；另一个是麻山地区，主要是罗甸的苗族乡镇，有头饰、颈饰、胸饰等。

黔西南苗族银饰也分为两个片区：一为望谟地区，主要是麻山地区的苗族乡镇，与罗甸的苗族银

图 8-1　台江·施洞·苗族·姊妹节·银饰闪烁现繁荣

饰基本一致；二是贞丰、安龙地区，主要是清嘉庆、道光年间从黔东南黄平、施秉、台江交界地区迁徙过去的苗族（当地称为“黑苗”），银饰有围额（受布依族团花纹影响）、耳饰、颈饰等。

安顺地区关岭、镇宁一带苗族，于清末咸同年间由黔东南黄平、施秉、台江交界地区迁徙而来，与贞丰、安龙的“黑苗”同宗同源。银饰特点也大致相同。

图 8-2　黄平・苗族・银饰

遵义地区苗族银饰，原先主要分布在赤水、习水的高山上苗族居住区，但受生活环境的影响，当地银饰已经消失，留下的也是 1949 年以前的少量银饰品，主要银饰是银围额，纹样是涡纹和团花涡纹。

铜仁地区苗族属于东部方言区苗族，主要分布在松桃、印江等地，传统苗族银饰只有少量的银手镯，纹样受汉文化影响。

布依族自古就有银饰喜好，布依族三个土语区均有银饰，如头饰、颈饰、胸饰、手饰等，但银饰品体积较小。虽然布依族的几个区域在银饰上各有差别，但各地银饰花纹、图案上都基本一致。最突出的纹样是团花纹，在头饰、胸饰中运用较多。水城发耳布依族涡纹项圈最有特点。

图 8-3　丹寨・苗族・银饰

侗族有戴银饰的习俗。宋代文献记载侗族居住的地区曾经出产银矿，侗族也是贵州少数民族中较早开采和使用银饰的民族。侗族北部地区银饰主要出现在清末和民国，1949 年后逐渐变异和消失。现在的银饰多为白铜制品。南部侗族是侗族银饰主要使用的地区。由于侗族是一个跟大自然和谐程度非常高的民族，许多文化形态都临摹自然，他们的银饰也不例外，银饰图案以花卉、草木为主，形象生动，有银花、银泡、各种银项圈、银背扣、银衣片等。

水族银饰比较丰富，头饰、颈饰、手饰应有尽有，甚至富有人家还有床帐饰和鞋饰。

瑶族银饰有头饰、颈饰、衣饰等。尤其是银发簪比较有特点，高高翘起如龙形。

贵州彝族的银饰有头饰、颈饰、披肩饰、衣饰、首饰等，彝族披肩银饰较为独特。

贵州其他民族历史上也曾有少量银饰出现，但使用不普遍。

图 8-4　台江・苗族・银饰

第一章

贵州民族银饰的历史沿革

图 8-5　都匀·布依族·银饰

贵州民族银饰的历史，与贵州的历史、民族、社会发展相一致，可分为先秦至宋元、明清、现当代三个大的阶段。

第一节　先秦至宋元时期的银饰

一、史前至先秦时期的银饰

早在史前时代，先民们就学会了利用各种自然材料来制作人体装饰品，贵州考古出土了大量的石器时代用动物牙骨和石头制作的饰物。到了商周时期，随着生产技术的提高，对各种材料的应用也更加广泛。据《贵州田野考古四十年》《赫章可乐二〇〇〇年发掘报告》《贵州董箐考古发掘报告》《2003 至 2013 贵州基建考古重要发现》等资料记载，贵州各地发现了商代至春秋时的多种材料的装饰品，如在毕节青场瓦窑商末周初遗址，发掘骨笄 1 件、牙饰 2 件、铜镯 1 件、铜片 1 件、铜条 1 件、铜粒 3 件、牛牙少量。在天柱江东发现属商周时期的铜簪。在普安铜鼓山发现玉石器 293 件，其中石钏 5 件、石璜 3 件、石坠 15 件、石环 47 件、石环半成品 1 件、环心 5 件、石玦 30 件、绿松石珠 3 件、玛瑙珠 3 件、石串珠 2 件、石扣饰 2 件，又有骨笄 7 件、骨片饰 1 件、牙饰 7 件、铜笄 1 件。在贞丰天生桥春秋战国遗址发现玉石器 10 余件。在威宁中水银子坛墓地发现了战国中期墓葬出土锡耳环 6 件，用金属条弯曲成环状，金属条的质地柔软，颜色灰白。另外出土有铜发钗、玛瑙管和玉珠。尽管没有银饰品的发现，但是这些工艺品却为贵州汉代以来的银器的发展奠定了基础。

图 8-6　乌当·布依族·银饰

二、秦汉至宋元时期的银饰

自秦汉至宋元，随着华夏族系由北向南、氐羌族系由西向东、百越族系由南向北、苗瑶族系由东向西，从四面向贵州迁徙汇集，他们带来了各自母体民族文化及工艺。这不仅大大地提高了贵州

图 8-7　镇宁·布依族·银饰

服饰的水平，也进一步丰富了服饰的材料和内容。这一时期，除了原先的玉石、牙骨、铜锡制品之外，出现了金银这类贵重金属服饰品。据各类考古报告和文献记载来看，从汉代至宋元时期贵州各民族都有佩戴金银制品的习俗。如：

图 8-8　从江・侗族・银饰

在赫章可乐甲类汉墓中，发掘出银环 11 件、金钏 1 件。在贞丰鲁贡发现汉代银指环。黔西甘棠发现汉代银指环。在兴仁交乐汉墓中，发现金手镯 1 件、银手镯 3 件、银指环 9 件。在清镇、平坝汉墓，发现银环、银手镯、戒指等。在平坝羊昌河，发现汉代晚期的白色银合金，又在一件铜片上发现鎏金。在黔西县汉墓中，发现银手镯 2 件、银戒指 7 枚、小银铃 2 件。在黔西甘棠汉墓中发现银手镯、戒指。在安顺宁谷汉墓中，发现金戒指 4 件、银戒指 1 件、银珠 4 件。在兴义顶效万屯汉墓中，发现银器 10 件，其中戒指 8 件、顶针 1 件、手镯 1 件。在赫章可乐汉墓发掘出鎏金铜扣 3 件、鎏金铜帽钉 2 颗。在习水官仓坝发现属东汉时期的银指圈。在平坝金家大坪汉至六朝古墓中，发现鎏金铜饰颗粒数件。在平坝平庄乡、夏云乡东汉和六朝古墓中，出土有金钗、银钗。在清镇、平坝汉墓中，发现银圈 20 件，有大小之分，圈条扁而细，不开口，无花纹。在安顺华严区宁谷东汉墓，发现金指环 4 件、金珠 1 件、银指环 3 件、银顶针 2 件。

图 8-9　榕江・侗族・银饰

在平坝马场东晋南朝墓中，发现金饰 148 件，其中发钗 10 件、簪 1 件、头饰（金花）129 件、珠 5 件、戒指、螺旋形金丝 1 件。银饰 116 件，其中发钗 48 件、簪 4 件、条脱 2 件、手镯 13 件、戒指 27 件、顶针 3 件、包金银泡钉 5 件、耳钩 1 件、银钮 5 件。在清镇、平坝三国至南朝墓，发现鎏金铜泡 3 颗、发钗 10 件，其中 1 件为金质。

在平坝马场唐墓中发现金戒指 6 只、银发钗 6 支。《旧唐书・南蛮西南蛮传・东谢蛮》记载贵州东谢蛮首领：“贞观三年，元琛入朝，冠乌熊皮冠，若今之旄头，以金银络额，披毛帔，韦行縢而著履。”“以金银络额”即额头上戴有金银饰品。

图 8-10　锦屏・侗族・银饰

在桐梓县元田坝冷村五龙山，清理宋代双冢石室墓中，发现残银质头饰数件。在遵义宋代杨粲墓中发现金花片 2 片。在清镇宋墓中，发现有银及铜鎏金的手镯、银项圈，估计为少数民族墓葬。在遵义狮子山宋墓中，发现金耳环 1 件。在遵义县（今遵义市播州区）马家湾发现金器 228.5 克，品种有金跳脱等。在桐梓宋墓中发现 1 件银发钗。在遵义杨氏土司杨价墓女室出土 7 件金银器，男室出

土 25 件金银器。在遵义杨文墓中发现小花朵状薄片金头饰一件。1954 年在杨文和杨纲墓之间，出土一批金银器，左侧棺椁间的一顶完整金凤冠最为珍贵。在清镇干河坝宋至元石棺葬中发现 3 把由两片薄银片或锡片包成的木梳。

图 8-11　从江・侗族・银饰

宋元时代一些文人的著作中，也透露出贵州民族银饰的信息，如洪迈的《容斋随笔》记载："靖州之地，妇人以银、锡或竹为钗，其长尺有咫。"清雍正四年（1726 年）前，天柱就属湖南靖州辖区。又朱辅《溪蛮丛笑》一书记录了清水江产铅和银："西溪，接靖州境，出铅，以中有银，银体差黑，未经坯销。名出山银。"该书还记述了湘黔一带民族喜爱金属器皿的生活习俗："仡佬之富者，多以白金象鸟兽形为酒藤，或为牛角，鹁鸠之状尤多。每聚饮，盛列以夸客。"马端临《文献通考・四夷考・蕃蛮》记载罗殿国、自杞国（今贵州安顺、兴义一带）彝族先民的着装中也有金属饰品："其人多深目长身，黑面白牙，以锦缠椎髻，短褐徒跣，戴笠荷毡珥，刷牙。金环约背，背长刀，腰弩箭箙，腋下佩皮箧，胸至腰骿束麻索，以便乘马。"

图 8-12　三都・水族・银饰

综上，这些物品有服饰、梳妆器、饮食器、陈设器、武器等，尤以服饰最多。器物制作上有模铸、锤鍱、錾刻、编丝、鎏金、焊接等手法。考古报告称，这些金银饰品主人，不仅有汉族，而且也有少数民族；既有出自民间的产品，也有皇家赏赐给各地土司的物品，如遵义杨氏土司墓葬出土的金银器，说明贵州这一时期的金银制品，融汇了不同的民族文化和各自的审美情趣。

第二节　明清时期的银饰

一、明代的银饰

明王朝建立后，为了巩固西南，分别从云南、四川、湖广划出一部分辖区，设立了贵州布政使司。为控制和开发贵州，明王朝政府开始由江南向贵州大规模地派遣军队和移居民众，这改变了这一地区原来以少数民族人口占大多数的局面。为了修建北京皇宫，明王朝遣官员及太监往贵州采购上好木材，于是清水江等水上航运得以开通，这带来日后沿岸的林商经济的繁荣，移民的增加带来了中原先进的文化和生产力，从而极大地促进了贵州社会经济的发展。这些政策既较大地改变了贵州的落后面貌，也为

图 8-13　三都・水族・银饰

贵州民族银饰带来了三个方面的变化。

一是材料来源的扩大，如清水江和都柳江的木商贸易，使大量“硬通货币”白银流入这些区域的少数民族手中。

二是大量汉族商人及工匠进入贵州，使金银加工技艺得到流传和提高。据《思南府续志》载：“工匠不能备具，木工、石工，间有习其艺者，多笨拙，其细致者，举由他省来。此外，埏埴、缝纫、铜铁、锡银等匠胥，致自他郡，居人亦为之，不精也。至无常识，间民出力，为人代耕收，其雇值有岁雇，有月雇。历年久者谓之长年，及瓜而去，亦不能以主仆概之也。”说明外省工匠对本省少数民族金属工艺的推广作用。从少数民族银饰上的造型及纹饰来看，也带有浓厚的汉族文化气息。

图 8-14　台江・苗族・银饰

三是少数民族银饰的增加。这种变化可以从明清两代在贵州任职的文人官员的著述中得到印证。

这一时期，由于逐渐地实行“改土归流”，中央王朝向贵州派遣大量文武官员，这些官员深入各地考察，采访民情，写下了不少著作，书中记录了大量贵州民族的服饰习俗，其中也有不少银饰方面的信息。

图 8-15　贞丰・苗族・银饰

明代郭子章的《黔记》中记载：“苗人未娶者以银环饰耳，号曰马郎，婚则脱之”；“在黎平，苗与贵州同。其妇女发髻散绾额前，插木梳，富者以金银，多者至五六，如连环，织紬如锦为盖头。服短衫，系双带结于背。胸前刺绣一方，银钱饰之”；“罗罗，椎结跣跻，荷毡戴笠而行，腰束韦索，左肩披羊皮一方，佩长刀箭箙。富者以金钏约臂”。

二、清代的银饰

清政府也延续了明王朝对贵州的统治方略，并在原先并未纳入国家行政管辖范围的黔东南部分地区设立了“新疆六厅”，并进一步从四川、广西、湖南划出区域归于贵州管辖，再次扩大了贵州的疆域。

清代，关于贵州民族银饰的记录更是连篇累牍。田雯《黔书》记载：当地一些民族“肩披羊皮，鸠杖镂银以称苴”；“银环双婀妥，酷似镰钩大而且长”；“阳洞罗汉苗，妇人养蚕织锦，服短衫，系双带结于背，胸前刺绣一方，以银钱饰之”。他的《东川女官诗・罗鬼女官》诗中也称彝族女首领“金环两耳垂鬓珠”。

图 8-16　从江・苗族・银饰

《皇清职贡图》记载：“黎平古州等处黑苗，女绾长簪，垂

大环”；“黎平府罗汉苗，妇人散发，绾插木梳，数日必以水沃之，以金银作连环饰耳，衣以双带结背”；“大定府威宁州倮罗，女辫发，亦缠以青布，银花贴额，耳垂大环”。

爱必达《黔南识略》记载：“都匀府，苗女则椎髻短裙，露胸跣足，长簪大环，项圈锦袖”；“花瑶，妇人绾髻垂前，饰耳以大银环”；“镇远府黑苗，女子银花饰首，耳垂大环，项带银圈，以多者为富”；“台拱，妇女短裙窄袖，耳环大径二三寸，项带大银圈，插簪长尺许”；“松桃，女苗头必裹布，耳带大环，项带银圈，自一二围，以至十余围不等”；“阳洞罗汉苗，妇人绾髻额前，插木梳其上，富者以金银作连环坠耳，织锦为衣，系双带结于胸前，刺绣一方以银钱饰之”；“大定府，倮㑩，妇人辫发亦用青布缠首，大若箬笠，缀以珠、蚌、螺壳、耳带大环，垂至项深”；“兴义府，倮㑩妇女长袍短裙，银环贯耳”。

陈浩《八十二种苗图并说》记载：“花仡佬，妇女通身银饰”；“爷头苗，妇人近多圈以银丝扇样冠子，绾之以长簪，或双环耳坠，项圈数围”；“白仲家女子，项有银圈”；“清江苗男人，项有银圈，大耳环”；“阳洞罗汉苗，富者以金银作连环耳坠。衣短，结双带于背，胸前刺绣一方，饰以银铜”；“罗鬼女官，多以银丝花贴额，耳垂大环”。

严如熤《苗防备览・风俗考》记松桃及湘西东部方言苗族：“服具有项圈、手钏”；“贯以银簪四五枝，脑后戴二银圈，左耳贯银环如碗大。项围银圈，手带银钏，衣服俱锡皮。其妇女银簪、项圈、手钏、行膝皆如男，惟两耳贯银环，二三四五不等，以多夸富。衣较男子微长，斜头直下，用锡片、红绒、或绣花卉为饰。头戴银梳，以银丝密绕其髻，裹以青绣帕。腰下系带，下不着里衣，以布棉为裙，而青红间道，绣团花为饰，亦有系锡铃”。

桂馥《黔南苗蛮图说》记录了贵州八十六个族群的习俗，关于银饰方面的有：“第一种黑倮㑩，妇人耳戴大环，垂至项深。女官以银丝花贴额，耳坠大环”；“第四种红苗，妇女耳带大环，项带银圈，自一二围至五十余围不等”；“第七种黑苗，耳环项圈。妇衣额勒银花皮。其耳环项圈，以多者为富”；“第九种阳洞罗汉苗，富者以金银作连环坠耳。养蚕织锦为衣，系双带位于背。胸前刺绣一方，以银钱饰之”；“第十种谷蔺苗，妇人以青布蒙髻，耳坠大环”；“第二十种清江黑苗，男子戴银圈，大环耳坠”；“第二十四种九股苗，妇女短衣窄袖，耳环大径二三寸，项带大银圈，

图 8-17　从江・苗族・银饰

图 8-18　黄平・苗族・银饰

图 8-19　贞丰・苗族・银饰

插簪长尺许”；“第三十二种鸭崽苗，女则椎髻，短裙露胸，跣足。长簪大环，项圈锦袖”；“第五十种僮家，女则椎髻，短裙露胸，跣足，长簪大环，长簪大环，项圈锦袖”；“第五十二种花傜，妇人挽髻垂前，饰耳以大银环”。

图 8-20　台江・苗族・银饰

徐家干《苗疆闻见录》记贵州民族：“喜饰银器，无论男妇戴用耳环、项圈，妇女并戴手钏，富有妇女有戴手钏五六对者，其项圈之重或竟多至百两，炫富争妍，自成风气。”

20 世纪初，日本人类学者鸟居龙藏进入中国西南一带考察，在他的《苗族调查报告》一书中记载了当时贵州民族的银饰习俗：“项圈，男女皆在颈上挂银制之环，普通只挂一环，亦有挂二或三环者。颈圈以粗金属丝制成，多将其尖端卷涡纹形或菱形，亦有作成绳状者，亦有将汉族所给予之银制链挂于颈上者”；“耳环，苗族之耳朵皆穿孔插入银制或铅制之耳饰，其中有二种：一为银制缕状者，一种为纯粹之银环。前者小，甚美观；后者有大小之别，小者稍可观，大者令人吃惊。又耳环之尖端，常卷成涡纹形”。

图 8-21　从江・苗族・银饰

鸟居氏还在《从人类学上看中国西南》一书中，详细地记载了他从贵州玉屏至盘县（今盘州市）一路上所见贵州民族佩戴银饰的现象：“三家塘苗族女子，佩戴银耳环、银项圈”；“五里墩苗族女子，她头包黑布帕，戴耳环、项圈。又遇见一苗族男子，穿黑衣，包黑帕，戴银耳环。又见一女子，她佩戴银耳环、银项圈”；“八番打铁苗妇女，她们包黑头帕并绕额围一圈，耳戴银环，佩饰项圈”；“贵州中部汉族，妇女所挽的是一种变化了的发髻。还有，她们佩戴的耳环也较大”；“贵州中部花苗，男子佩饰银质大耳环。女子耳戴银耳环，头上插一只银笄，手腕戴镯子”；“毛口驿花苗，项上佩戴银项圈，项圈上则无别的装饰，只是将项圈两端稍稍向外弯卷而扣合”。

除了以上文献记录，考古资料也证实了这一时期贵州民族银饰的兴盛。

图 8-22　从江・瑶族・银饰

在思南万胜山明张守宗夫妇墓中发现金环 2 件、银发簪 2 件。在盘县（今盘州市）发现牡丹花形金帽饰 1 件、金环 1 只、梅花形金饰 1 件。在惠水明墓中发现银簪 1 枚。在贵阳青岩明墓中发现银发簪 1 件。在福泉明墓中发现金银簪 1 件。在贵定旧治明清墓中发现银器 45 件，计有簪（分通体为银和木柄簪帽 2 种）、耳坠、耳环等，金器 2 件，为耳坠。在纳雍百兴石板墓群中发现清晚期铜、银器，以银饰为主，约占出土葬品的 95%，有头饰、耳饰、衣服上缀的银片、

扣饰等多个品种。这些器物材料为多项复合，大部分饰片和饰物均为银皮包铜，其中铜质部分锈蚀严重，部分簪上还有木茎保存，故簪为银、铜、木制作，扣饰和耳环多为银质，部分耳环上还有银链，还出土有 2 件金银复合饰品，银含量在 90%以上。

从文献的描述及出土物品的情况来看，明清时期贵州金银器艺术，不论是品种造型，还是制作技艺都大大地超越了以往，使用范围也几乎遍及全省。同时少数民族对金银器的使用也大为增加，苗族、布依族、侗族、彝族、仡佬族、水族、瑶族、壮族等都有佩戴银饰的习俗，有的民族并以银器当作美和财富的象征，这种心理和风气一直延续到当代。

图 8–23　雷山・苗族・银饰

第三节　现当代的银饰

图 8–24　剑河・苗族・银饰

一、1911 ~ 1949 年的银饰

辛亥革命以来，虽然全国仍处于军阀混战、地方割据的状态，但地处偏远的贵州比起中原内地要平静得多，而到抗战时期，贵州成了大后方，大量内地人员撤退至此，居民生活所需，带动了原本落后的贵州社会经济文化生产的发展，银圆的大量流通也为贵州民族银饰艺术得以延续下来打好了物质基础。这一情形被一些进入贵州的学者们所关注并记录下来，如吴泽霖、陈国钧等著《贵州苗夷社会研究》一书记贵州民族喜爱银饰的风俗："女子爱美观念较浓厚，悉心考校穿衣，除日常工作外，时间尽耗费于编麻织布与绣花绘花等事，她们平常衣服随便，及至婚丧、跳花、跳场、跳月、赶场、赶表、摇马郎等时，遂将新衣银饰取出穿戴，形形色色，务使鲜艳夺目，显炫人前"；"在平常时，她们不大佩戴首饰，耳环根本不带，连耳环洞都没有，所带的仅一二只银手镯及二三只戒指，但是当她们穿着花衣的时候，头上就带上一种王式的银冠，发髻旁边有各种形式不同的银簪，颈间至少挂上二三付至十几付的实质银项圈，手镯及戒指也都加倍起来，衣上腰间的各种银饰更不计其数，银子的多少，视作财富的指数，所以到了节令的时候，女子就变成家家户户的陈列品了"；"水家做新娘的时候（在每年九月年节山开赛马会时少数青年女子也是这样装束）把它梳成髻形，盘于头顶上，髻的四周，加插各种银花，发的后面扣一把银质包镶的木梳子。耳环大小不等，大的直径有

图 8–25　镇远・侗族・银饰

逾一寸半者”；“长裙黑苗妇女，此种长裙黑苗妇女之饰物亦甚美丽，俱为银质，富有者专请当地苗族银匠设计打成，平时仅戴银簪项圈及手镯戒指等，若遇有宴会（结婚或每年之芦笙会），除穿新衣裙外，尽取出家中所藏银饰一一戴上，以示其富有也”。文章中还记录了苗族的穿耳习俗和以银夸富现象，“妇女皆自幼穿耳，自婴儿一岁时，其母乃于冬令，用一粒米、数粒花椒混雪捣碎后，放在婴儿两耳上，母手力捻至出血，用针穿通一孔，或以红线穿起，或以木签塞之，此后每满一岁将孔加大，两耳各戴大如小铜圆有花纹的之银耳环，因孔大环重，故两耳竟有下垂及肩者”；“短裙黑苗妇女穿花衣时，亦必佩戴各种首饰，头上带上一种山型（如牛角）之银冠，发髻旁佩带各种形式不同之银簪，颈间悬挂实质银圈若干付，项圈直径约尺许，间有雕花者，式样极多，两手所戴手镯及戒指较平时加倍。苗族家庭之经济状况，常可从妇女身上银饰之重量估计之，家庭经济较优良者，身上所佩戴之银饰亦特多。多数苗民家长过芦笙会时，不惜终日奔波，为其女之服饰张罗。因欲夸其富有计，当倾家中所有银饰挑至广场，至芦笙声大作时，妇女当场戴上，由父兄等扶持场中，以资全场之欣赏”。

图 8-26　台江·苗族·银饰

吴泽霖的《定番县乡土教材调查报告》记载惠水一带民风：“苗夷所戴的首饰，为空心的银簪或铜簪的饰品，如手镯、耳环、插针、条练、戒指、项圈等几种。定番苗夷中年轻的女子都喜欢首饰。”

图 8-27　台江·苗族·银饰

李绍良《榕江县乡土教材》一书记载了榕江一带少数民族的服装及银饰：“苗女上穿青布褂，下着裙。但其青布褂上，恒绣有无数花纹在了耳下边缘，其衣纹色彩形象，类似古代帝王皇后之朝服。上梳发髻，置于顶前，颈项戴有银圈，其粗如手指，由一个至十余个不等，按其身家之贫富及爱美之程度以定。项中银圈，大小不等，按其大小的排列，置于肩上或挂于胸前，美好之苗女，着盛装艳服，其与古代之皇妃无从分别”；“僮家妇女，着蓝白花衣，头缠蓝白格子布，宽袍大袖，体态从容，耳上戴银饰，形如盘香，直径约一寸”。

贵州民族喜爱银饰的习俗，在内地一些途经贵州的画家的创作中也有反映，如庞薰琹、叶浅予、关山月、黄尧、董希文、黄异等人的绘画作品中，就有不少贵州苗族、布依族等民族佩戴银饰的形象。

图 8-28　台江·苗族·银饰

这些都足以证明，在这一时期，处于中国大西南边远山区和

抗战大后方的贵州，其民族银饰艺术依然兴盛。

二、1950 ~ 1980 年的银饰

1950 年后，国家采取一系列优惠的民族政策，让少数民族过上了安全稳定的生活。贵州各地政府针对少数民族喜好银饰的风俗，把当地部分银匠集中在就近的民贸公司、百货公司等处专门锻制银饰。银料来源有少数民族自己提供的不同纯度的银，也有国家提供的纯度较高的银。但银饰的批量制造，是需要稳定且逐渐增长的经济来支撑的。这段时期内，国家经济一直在起伏之中，贵州少数民族的生计，基本都是依靠少量的土地收成，一家人多年的积蓄，也只能购买一两件小银饰而已。银匠们也因家里事务繁忙、锻制银饰收入低等原因，陆续离开了公司。也正因如此，这 30 年间，贵州民族银饰的形态被固化下来，包括形状、纹样、纹饰、工艺流程等，都停留在原先的状态上。

图 8-29　丹寨・苗族・银饰

三、1980 年以来的银饰

这是贵州民族银饰大发展时期。改革开放以后，贵州跟全国一样经济非常活跃，贵州多地的少数民族，也是市场经济的参与者和受益者，资本积累获得空前增加。有了比较雄厚的资本，佩戴银饰之风更加盛行，工艺技术也更高，银匠队伍和从业人员也迅速扩大。这一时期，贵州民族银饰锻制出现了两个中心：台江施洞和雷山控拜。

图 8-30　台江・苗族・银饰

台江施洞镇塘龙村，是施洞最早的银匠村，1949 年前只有五六户银匠，1949 年到 1980 年基本保持这个数量。但 1980 年至今，全村 100 多户基本都成了银匠之家，丈夫锻制银饰，妻子打下手，组成了家族银饰作坊。现在除一些年老的银匠留在村里之外，年轻一代的银匠都外出他乡，把他们的技艺带到了外县、外市、外省。

由于银饰的需求量越来越大，以雷山控拜、麻料为主的走方银匠，走出村寨到处打制银饰。他们走出雷山，走出黔东南，走出贵州。由于他们要价低，工艺全面，锻制速度快，适应性强，能够根据不同地区少数民族的要求打制不同纹样的银饰，在短短几年间，把所到之处的本地银匠几乎代替了。以雷山走方银匠中心的控拜村为例，到 2018 年，全村 260 户，银匠约 400 人，70% 的银匠出门在外打银饰，辐射到周边县、州、省。

图 8-31　花溪・苗族・银饰

随着旅游的兴旺发展，带来了银饰消费迅猛增长，加上银匠队伍年轻化、知识化，他们既把贵州民族银饰技艺带到全国，同时也

不断吸收他人的文化技术，这使得贵州民族银饰发生了几个变化。

图 8-32　黎平・侗族・银饰

（一）银饰产量大增

以黔东南为例，据田野调查，1949 年以前，只有少数家庭有银饰，大多数为仿银首饰，但也只是为不多的家庭拥有。1980 年以前略有增加，纯银首饰也只是用于小件饰品。1980 年以后几乎所有人家都有仿银首饰，纯银首饰逐年增加，到 2018 年为止纯银首饰占到 50%左右，多个银匠集中地区纯银首饰占 90%以上。

（二）工艺的提高及品种的多样化

由于银饰已经不是少数民族的“奢侈品”而是生活用品，工艺的要求和文化的要求则是体现其“豪华程度”的标志。于是银匠们开始琢磨在工艺上更加精进，表现在浮雕工艺的出现，拉丝工艺越来越精湛，錾刻越来越细腻。

浮雕工艺运用增多，银匠们外出做生意，发现把浮雕造型用在少数民族银饰上效果更佳，开始运用浮雕打造的银饰造型工艺，主要用在银饰平面比较宽大的地方。

图 8-33　台江・苗族・银饰

拉丝工艺越来越精湛，民国以前，贵州少数民族拉丝工艺主要出现在黔南地区和黔东南地区，黔南地区比较精致，能拉到 40 丝左右。黔东南的比较粗糙，只能拉到 70 ~ 80 丝。1980 年后黔东南的能够拉到 30 丝，2000 年后能够拉到现在的 20 丝。

錾刻越来越细腻，1980 年前的錾刻相对粗糙，錾刻长度有限，好的工艺也只在 1 厘米以下，錾口在 0.05 毫米左右。1980 年后的錾刻更细腻匀长，好的錾刻在3厘米以上，錾口能达到0.03毫米以下。

原先贵州民族银饰品种比较固定单一，20 世纪 80 年代以来，发展为头饰、颈饰、胸饰、背饰、腰饰、手饰、脚饰、衣饰八大类，并且向生活实用器和陈设具等方面发展，出现几十个品种的繁荣局面。

（三）银饰纯度越来越高

图 8-34　凯里・苗族・银饰

清末，有极少的少数民族家庭拥有银饰，银饰原材料主要来源于银元宝，银的纯度约 91.5%。民国年间拥有纯银首饰的多了一些，银饰原材料主要是银元，银元的纯银含量约在85% ~ 87%。1949后，国家将一些纯银含量稍低的工业银转为民用银，纯度有所提升，达到 92.5%，也叫 925 银。1980 年，特别是 2000 年至今，许多银饰原材料都是精品银，纯度达到 99.99%，也叫 99 银。材料质地的高精度，不仅提高了贵州民族银饰的市场价值，也提高了贵州民族银饰的艺术价值，使它成为贵州工艺美术最为耀眼的一颗明珠。

第二章

贵州民族银饰的制作工艺

图 8-35　凯里·苗族·银饰制作工具

第一节　工具设备与材料

一、加工工具

1. 铁砧

为熟铁打制，用于垫着锤打比较大的银胚，锻制成银条、银片。长宽在 5 ~ 10 厘米左右，高 10 ~ 15 厘米左右。打制手镯和项圈的铁砧中间还有宽窄不等的凹槽，下端插在木墩上起到稳定铁砧的作用。

图 8-36　凯里·苗族·银饰制作工具

2. 锤子

铁锤为钢制，分为大锤、中锤和小锤，加木柄，一般用松柏枝树、茶树等有一定硬度的木材制作。大锤重 1000 克左右，大锤形状为：宽的一面 4 厘米 ×4 厘米左右，常用于锤打大件银饰，如项圈；窄的一面 4 厘米 ×1 厘米，呈半圆弧形，用于锤打银片、银条、银角。中锤重 500 克左右，用于锤打比较小的银饰，如小银条、银丝等。小锤中 100 克左右，用于银饰整形。

牛角锤，用水牛角制成，加木柄，木柄用实心竹做成，一般为粽子叶秆。用于银饰錾刻。

3. 钳子

钳子为铁制，有弯嘴钳子和直嘴钳子之分，功能也不一样。

弯嘴钳子，主要用于调整火炉中的木炭和把坩埚从火炉中夹出。

直嘴钳子，主要用于夹住银条或银片在铁砧上锤打。

拉丝钳，直嘴型，比夹银条的钳子大些，不同的是钳子部分和手柄部分一定不能留缝隙。

图 8-37　凯里·苗族·银饰制作工具

4. 錾子

錾子传统上用纯黄铜制作，现在改用特种钢制作。錾子的形式比较多，有直口大中小型、半圆口大中小型和圆口大中小型，

用于錾刻和镂空工艺。

5．坯模

最早是松香版临时铸模，民国以后开始用金属胚模，主要是铜模，现在也用其他金属制作，一般为常用模具型材制作成专门的模型。金属胚模忌讳用铅、锡等有毒金属。

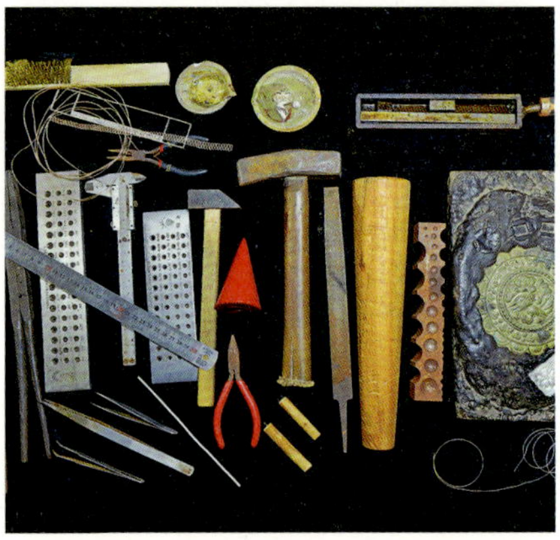

图 8-38　雷山·苗族·银饰制作工具

6．拉丝板

拉丝板最早为民间用犁头、铧口打造，后来用汽车上的承重扁钢打造，现在都改用工业生产的专业拉丝钢板。中间有各种规格的孔眼，正面有圆形凹槽，拉丝孔居中，拉丝板反面只有拉丝孔。

7．松香板

松香板先用木材做成一个长宽约 30 厘米、厚度约 3 厘米的木板，在木板上浇上熔化后的松香即可，松香厚度 1 ~ 2 厘米。每个银匠师傅对松香板的硬度要求不一样，传统银匠主要加入木炭灰，有的加入非常细小的石头粉末，现在有的加入彩色颜料。它主要用于临时铸模和錾刻、镂空的垫板。

图 8-39　雷山·苗族·银饰制作工具

8．倒银槽

最早的走方银匠，用当地临时找的米糠兑油临时铸型倒银，清末后一般用红砂石或白砂石经过火烧铸型而成，外形长 20 ~ 50 厘米不等，宽 10 ~ 20 厘米不等，四面皆可刻槽，倒银铸型的槽，根据需要刻出深度和长度。民国以后有用无烟煤制作的。现在一般都采用便于携带的金属倒银槽。

9．镊子

镊子用两颗细小的铁条焊接一端而成，开口位置较尖，现在都用工业生产的专业镊子。主要用于焊接、编丝工艺。

10．剪刀

剪刀，主要用于修型和根据需要剪一些银片、银条和银丝等。

图 8-40　雷山·苗族·银饰制作工具

11．吹管

吹管有两种，一种是火炉吹管，是用来在火炉开始燃烧时吹气加热和吹掉熔银后坩埚里的木炭渣。另一种是焊接吹管，有木金合制和纯金属制两种材料。前者主要是走方银匠使用，靠嘴一段为竹管，约有 20 厘米，前端为约 10 厘米的金属管。后者约 30 厘米，通过嘴吹出的气量对银饰进行焊接。

12．煤油

煤油有三个用途，火炉生火时用于引火，焊接银饰时起燃烧加温作用，作银槽铸银时二者之间的分离剂。

13. 煤油灯

早先是用陶碗装煤油，制作一个金属管，长 2 厘米左右，直径 1 厘米左右，用棉纱塞入金属管中，露出 1 厘米，把棉纱多的部分浸入油中，点燃露出 1 厘米即可。到民国时开始用玻璃煤油灯。2000 年后用液化气喷枪代替。主要用于加温焊接细小部件。

图 8-41　雷山・苗族・融银

14. 煤油壶

形同茶壶的金属制品，主要用于盛煤油。作用是：一为煤油灯添油；二为铸造银锭前在银槽内壁注入煤油，便于二者分离。有的银匠在煤油壶嘴上塞上棉纱为灯芯，代替煤油灯。

15. 刷子

最早用棕刷，现代以后开始普遍改用铜刷。刷子部位长 10 厘米，宽 3 厘米，铜丝长 2 厘米，木柄长 30 厘米左右。主要用于银器表面抛光。

16. 盆

盆用于洗涤银器，所以要用不生锈的材质，最早为紫铜盆，现在多用不锈钢盆。传统方法是用清水加酸草一起煮热，现在加明矾，起到去掉杂质增加银饰亮度的作用。当代也用磷酸直接洗，不用加热，但磷酸处理过的银饰亮度不长久。

图 8-42　雷山・苗族・融银

17. 搓丝板

搓丝板长 20 厘米，宽约 3 ~ 4 厘米，两头高度不一样，前端约 1 厘米，后端 3 ~ 4 厘米。这个形状的工作原理是，手握中后端，往前有一个坡度，便于用力搓丝。

18. 托板

托板是一块厚度约 2 厘米，宽约 20 厘米，长约 30 ~ 40 厘米的木板，用于小件焊接和加温时托举至煤油灯前。

19. 编结棍

编结棍为金属制品。长约 20 厘米，直径约 0.3 厘米，用于编丝时作为轴心。

20. 焊料盆

焊料盆用紫铜制成，现在改用不锈钢。大小不等，大的直径 40 厘米，小的 20 厘米。用于盛放焊接材料水、焊丝、硼砂。传统的焊料盆中间有一根紫铜杆，直立成 90 度，长约 20 厘米，便于手提此处，置于火上为焊料加热。

图 8-43　雷山・苗族・铸模

图 8-44　雷山・苗族・锻银

图 8-45　雷山・苗族・锻银

图 8-46　雷山・苗族・锻银

二、设备

1. 火炉

火炉是用泥土砌搭而成，直径约 30 ~ 40 厘米，高约 20 ~ 30 厘米。火炉靠底部开一小孔直径约 2 厘米，以便于风箱吹气。

走方银匠为了减轻挑担的重量，基本不带火炉，而是到了某地后，用当地有黏性的泥土现搭现用。炉灶比较简单，先是支起风箱，靠推拉杆一边略高，以免推拉风箱时手肘刮蹭地面，用石块等重物压在风箱上面，防止推拉风箱时产生震动。其次是调整气管角度。连接风箱出气孔端要用布巾包裹塞进出气孔，用黏土封好避免漏气。伸入炉灶一端用黏土垫上约 3 ~ 4 厘米高。最后根据气管在炉灶的位置搭火炉，火炉成鸟巢状，上端厚度 5 厘米左右，底座为 20 ~ 30 厘米左右，炉膛直径约 30 厘米。火炉与气管垂直方向顶端，各开一个缺口，宽高约 5 ~ 6 厘米，便于燃料供氧和放置坩埚。

2. 风箱

风箱是熔银时为火炉增加风力的器具，长约 50 ~ 60 厘米，宽高约 30 ~ 40 厘米。用直径 30 ~ 40 厘米的杉木树干，将里面掏空成一个直径 20 ~ 30 厘米的直筒。做两个与筒口大小的木盖，1 ~ 2 厘米的厚度，木盖靠近边缘的位置各凿一个 2 ~ 4 厘米长方形小孔，用大于这个孔的硬胶皮或牛皮，于箱体内一侧钉住一条边。箱体前端木盖正中间镂空一个小孔，正好能通过一根金属杆，金属杆为圆形，直径一般在 0.5 厘米左右，杆比掏空箱体长出 20 厘米。把金属条穿进小孔，深入箱体一端头上，用厚度 5 厘米左右的软木料，做一个略小于筒形直径的木塞，木塞中间凿出一个宽度、深度约 1 ~ 2 厘米的凹槽。用公鸡脖子毛捆扎在凹槽里，然后固定在深入箱体金属杆的尽头，起到活塞作用。金属杆外端做一个木柄把手，便于推拉。风箱侧面凿一个 3 ~ 4 厘米的孔，用一根长约 30 厘米的空心通风管连接（通风管有竹制的，有用木材镂空的，也有纯金属的，但伸入炉灶一段都是金属制造），连接箱体部的孔略大，伸入火炉中的孔略小。这样的风箱在推拉金属杆时皆可鼓风。有的还在风箱外出风口一面做一个副风箱，原理大致差不多，与风箱连接为一体，能够增大风力。到当代都已改用液化气罐和小鼓风机代替风箱了。

3．坩埚

坩埚一般是耐火黏土烧制而成，有的也用当地泥土烧制，现在有比较好的石墨制品。主要用于熔化银块。

4．称银秤

称银秤传统用十六两秤，以钱为单位，一钱等于 3.125 克。由秤杆、秤砣、秤盘组成。

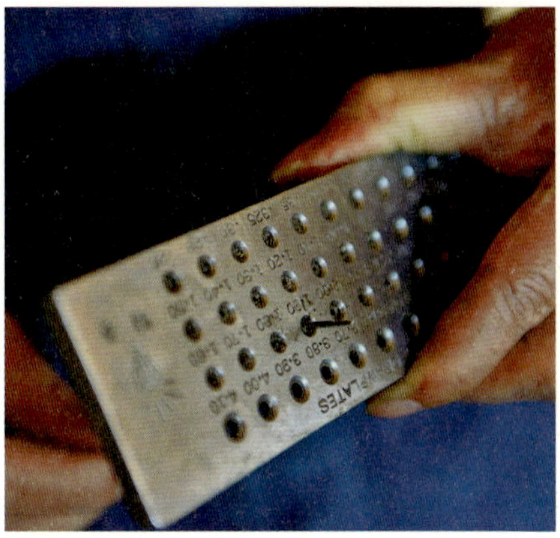

图 8-47　雷山·苗族·拉丝

三、焊接、洗涤材料

1．硼砂

天然硼砂，溶化银时的助熔化剂。一般用于熔化银和焊接，银饰焊接时使用硼砂能够有效促使焊接点熔化，便于接上。

2．明矾

天然明矾，主要用于煮银饰，能有效吸附银饰上的一些杂质，使其光亮。

3．酸草

主要是当地称为“蛇倒退”的酸性植物。

4．木炭

木炭是熔银加热燃料，最好是用槲树，本地称青杠树、麻栎树，或者用榉木树烧成的木炭。

图 8-48　雷山·苗族·拉丝

第二节　生产流程及工艺手法

贵州民族银饰的生产，各地各族略有差异，从整个流程上看，大体可分为前期准备、中期成型、后期整理三个阶段。具体工艺流程及操作方法，以雷山控拜为例，大致如下。

一、前期准备阶段

这一阶段包括熔银、铸造模型、打制初坯等内容。

（一）熔银

熔银，是把各种形状固态的银，通过高温熔化，便于后续银匠加工的工序。

1．搭灶生火

如果有现成的炉灶，便可以生火熔银。走方银匠都不挑着沉重的炉具走乡串寨，而是到了某个地点，利用当地有一定黏性的泥土现搭炉灶。

图 8-49　雷山·苗族·拉丝

图 8-50　雷山·苗族·拉丝

图 8-51　雷山·苗族·拉丝

图 8-52　雷山·苗族·拉丝

生火用少许木屑引火，架上一些细木棍，然后把木炭放在上面。等木炭逐渐点燃后，把炉灶中的木炭量加至 1000 ~ 1500 克。用鼓风设备把火加旺，让炉灶 80% ~ 90%的木炭着火燃烧。只有达到这样的火态，熔银效果才好。

2．架坩埚

火势燃起来后，用弯嘴钳子，扒开上层木炭，留出一个孔，再把坩埚钳起放进去。

3．放银料

把准备好的各种不规则的银锭、银块、银渣放入坩埚中。

4．埋坩埚

放入装好银料的坩埚，必须用燃烧的木炭盖好，便于更好地受热。

5．加温

均匀地推拉风箱杆，让火炉中的温度继续升高。

6．放硼砂

由于银料大小不同，熔化的时间也不同，放硼砂的时间也不同。一般是在银料快要熔化的时候放，用量不大。硼砂的作用有二：其一起到催熔作用；其二能够纯化银料。有经验的银匠能根据银料熔化的色泽看出银料的基本品质。色泽光亮像镜子一样的属比较纯的银料，色泽达不到这个状态的属于纯度差一点的银料。加入硼砂后，银料熔化速度加快，能够把一些银料中的杂质分离出来，增加色泽亮度。

7．熔银

通过火炉加温至 1000℃左右，在硼砂的作用下使银熔化成液态。

8．吹渣

由于坩埚是被燃烧的木炭埋着，会掉入一些没有燃尽的炭屑，用吹气管对准坩埚猛吹几下，会看到火星从坩埚中飞溅出来，直吹到没有火星为止。

9．倒银入槽

银槽常见的有能铸出方条状、方片状的模具，根据银匠所加工的银饰所需的初胚，把熔好的液态银倒入不同的模具中。在倒银之前，先在模具里撒上一些煤油，然后再倒银。煤油能起到隔离作用，能使液态银像水一样平缓流动，不至于倒出来的坯起伏不平，甚至成团状，便于后续锻打加工。同时洒过煤油的银槽，

也便于取出银坯。

10. 退火

银坯退火是锻制银饰的一个小细节，多为有经验的老银匠使用。从银槽中取出银坯后，再放入火炉中烧上 30 秒左右，这时只用鼓风设备，让银坯上面的煤油及其他杂质燃烧殆尽，使之更加干净。

图 8-53 雷山·苗族·编框

11. 初坯淬火

回火后的初坯，温度太高，要放入冷水盆中淬火冷却，便于后续加工。但初坯淬火时间得靠经验，时间过长会使初坯变脆，时间太短又太软。银匠们根据自己加工银饰所需要的软硬度来控制淬火时间。

（二）铸造模型

铸模是为银饰錾刻需要，先铸模型，用模型打制出錾刻所需的图案雏形的工艺过程。贵州民族银饰，都是阴模阳錾，即从阴面铸模，然后从阳面錾刻。清末之前，银匠都是现场成模，即根据顾客需要的银饰形状，用冲子在银片上敲制出银饰雏形，再进行细致錾刻。铸模包括铜模、锡模两道工序。

图 8-54 雷山·苗族·编框

1. 铜模

铜模一般是为生产大量同款产品的民族银饰所用。用一张紫铜片，厚 0.1 厘米左右，用小碳棒或铅笔画出所需图案，图案一般长宽在 4 ~ 5 厘米。先将准备好的松香板加热，待松香板变得比较柔软后，把紫铜片按在松香里，等松香温度慢慢降下来，用手去试推一下紫铜片的固定效果。最佳状态是紫铜片不动而松香又还有一定的柔软度。然后根据图案与所錾刻的内容需要，用牛角锤敲击不同形状的冲子，把图案的形状敲成凹形。阳面越是要突出表现的，阴面就敲得越深。铜模阴面做好后，再加温，把铜模从松香板里取出来。用火焰对铜模烧一下，去掉表面附着的松香。用剪刀剪掉图案周围多余的紫铜片，铜模就做好了。

图 8-55 雷山·苗族·焊接

2. 锡模

用宽 5 ~ 6 厘米、长 100 厘米左右的薄金属片，或者同样比例的厚帆布条（最好是油光可鉴的），把铜模放在带状一端的中间，然后用薄金属片或帆布条沿着铜模的边上卷起，一直把卷边材料卷完，然后稍微收紧，不让铜模与卷边材料之间有缝隙，用金属丝绑紧。把绑好的铜模放在一碗细砂中，一面朝上，一面朝下，先铸朝上一面。其作用是万一卷边有缝隙，熔化的液态锡不会溢

渗出来。

熔锡，把准备好的锡，放到金属碗、金属杯里，置于火炉中加温，加大火使之熔化。熔锡的要点是不能让液态锡太过“活跃”。“活跃”的观察点是，用钳子钳起熔锡的金属碗，稍微晃动几下，液态锡如果不动，是还未熔化好；如果是左右波动，是熔化过火，温度过大，容易化掉卷边材料；缓缓晃动的话正合适。然后把液态锡倒入卷边的铜模凹槽中。倒入的液态锡量，大致为凹槽容积的三分之二或四分之三。等锡冷却凝固，再把另一面翻过来，继续倒入液态锡，等冷却凝固，打开卷边，锡模制成。锡模是铜模的阴阳两面，不管用哪一面铸型，都可以。

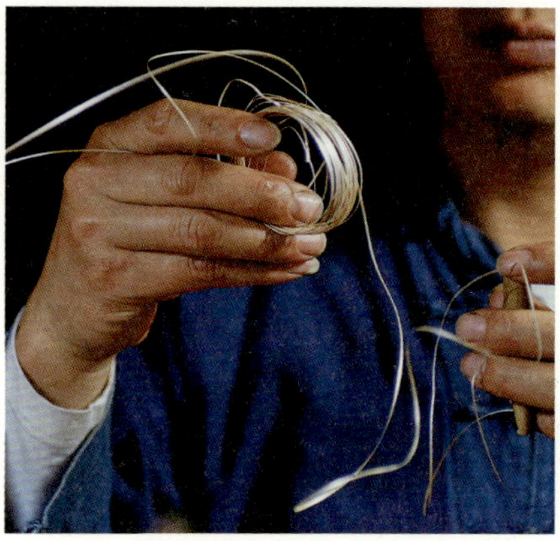

图 8-56　雷山·苗族·编花

3．翻模（铸型）

翻模是银饰锻制的中间环节，根据所需银饰的品种类别，用坯模翻造出银饰制品的大致模型，以便后续的精加工。

先用剪刀把锤打出来的银片，剪出一个比锡模大 2 ~ 3 毫米的轮廓。把银片放在锡模上，锡模下面用铁砧垫着。捏紧银片和锡模，银片在上，用厚度约 1 厘米的胶皮或牛皮蒙在银片上，再用锤子敲击胶皮或牛皮，一个点位只敲击两次，力量适中，只要锤子的力道能够透过胶皮让下面的银片慢慢顺着锡模的凹槽逐渐变形就可以。把整个锡模的纹样一步步全部敲印在银片上，银片就凸显出锡模的纹样，这个过程叫翻模。

图 8-57　雷山·苗族·编花

（三）打制初坯

打制初坯，是银饰生产的一个重要环节，是从银料到银饰的过渡阶段。银匠根据银饰品种需要，把银条、银块锤打成精加工前的初坯。包括银片的厚度和银条的粗细程度。这一过程相当重要，初学者会沿着银片和银条的边缘和两头开始锤打，这是银饰锤锞的大忌。正确的方法是从中间开始锤打，逐渐向边缘和两头过渡。否则会造成银片和银条破损和断裂。锤打的轻重程度，根据不同的银匠习惯和对银纯度、初坯温度的掌控。技艺较高的银匠还能通过锤打，把初坯中一些细微的气泡排除且黏合得非常好。

锤打基本用大锤半圆弧形的窄面锤击，初期阶段由于银片、银条较厚，力度可以稍大些，银片、银条逐渐变薄、变细，力度也逐渐轻下来。锤打有几个基本点：

①从中间开始锤打，逐渐向边缘或两端过渡，这叫擀银。

②每个捶击点只能 2 ~ 3 锤，不能过多锤击，这叫层层擀银。

图 8-58　雷山·苗族·编花

③回火锤打，在锤打过程中，由于银片、银条逐渐冷却下来

变硬，还未达到银匠所需的形状，还得把银坯放回火炉中加温，再淬火，再锤打。直到打成需要的毛坯形状。回火锤打根据需要次数不等。

④表面修形，毛坯出来后，表面会出现一些小痕迹，边缘有些毛刺，便改用大锤宽面垂直捶击，使毛坯尽量光滑。

图 8-59　雷山·苗族·编花

二、中期成型阶段

（一）贵州民族银饰成型手段

贵州民族银饰的成型阶段，包括器物的造型和纹饰的表现。主要用模压、锤鍱、錾刻、剪裁、扭形、花丝、焊接等方法。

1．模压

模压，主要用于泡状、球状、铃状、锥状等银饰件的制作。先用牛角、钢铁等较硬材料做成一个圆形或锥形的模子，将银片围在模上，用锤子轻轻击打，使银质呈现空鼓逐渐变成所需器形，类似于铜器加工的鼓皮法。

图 8-60　雷山·苗族·编花

2．锤鍱

锤鍱，不同于初坯的打制，而是银饰制作的主要技术之一，是用各种锤击工具把银饰直接打造出来的工艺，主要用于平面、片状、条形银饰如银排、银簪、银片的制作。

3．錾刻

錾刻是在模压、锤鍱等技术基础上，用各种不同的錾子在银器表面上刻制出各种纹饰，是最重要最复杂的技艺之一，也是检验一个银匠技艺水平的主要标准。

4．剪裁

剪裁，是用剪刀剪出或修整银饰的一个手段，如银片、银花、银条等器型的塑造及修整。

图 8-61　雷山·苗族·吹珠

5．扭形

扭形不同于编丝工艺，它是制作螺旋纹、绳索纹、辫形纹、链状银器的主要手段，如项圈、手镯、衣钩上旋涡纹、螺旋纹、绳索纹、辫形纹，以及银链上的每个套环就是用扭结手法成形的。一般都用手配合各种工具完成。

6．花丝

贵州的花丝工艺，不同于其他地区的编丝，是综合搓丝、编丝、填丝、焊接等手法将银丝制作成银饰纹样造型的重要技艺，有花丝项圈、花丝手镯等银器。

图 8-62　雷山・苗族・刻模

图 8-63　雷山・苗族・錾花

图 8-64　雷山・苗族・錾花

7. 焊接

焊接，是将一件作品的各个部件组合为整体的手段，如一件银压领，其吊环、牌、链、坠、铃等是分开制作，最后用焊接手法，把这些部件按顺序焊接成为一件完整的银压领。

（二）贵州民族银饰特色技艺

贵州民族银饰的制作，与其他地区相比，有着本省的特色技艺，以国家级非物质文化遗产银饰冶锻项目传承人杨光宾的制作技艺为例。

1. 银泡、绳索纹项圈、银链制作

银泡制作　因银饰呈水泡状，故称银泡。有球形、链形两种。

球形银泡制作方法：

第一步铸模，用牛角、金属等制作一个半球形模。

第二步锤鍱，把初模锻打成所需的薄片。

第三步锻打半模，把银片放在半球形模上面，用圆口錾从半球形模中间的银片开始轻轻锤击，让银片顺着半球形慢慢凹曲下去。待银片完全凹陷成半圆，再用小点的圆口錾轻轻修整，使其光滑。

第四步合泡，也叫合球。把打出来的若干半球形银泡，两两相合，成为球状，并焊接好。

链形银泡制作方法：

第一步锤鍱，把初坯锻打成所需的薄片。

第二步下料，根据链形银泡的长度和宽度，用剪刀裁剪下所需的长方形银片。

第三步编泡，用钳子把长方形银片编成一个圈。

第四步焊接，焊接好每个圈的接口。需要注意的是，第一个圈焊接好后，其他的圈需要先通过接口穿过上一个焊接好的圈再进行焊接，让薄银片制成的圈像链条一样环环相扣。

绳索纹项圈　绳索项圈，有的称龙骨项圈，是指用或圆或方的银条，扭结成绳纹的项圈。其工艺主要是锻打和扭结。

第一步锻打银条，用比较粗壮的方形银条，宽度在 0.3 ~ 0.5 厘米左右。把初坯按照尺寸锻打成银条，或者用拉丝板拉出比较粗的银条。

第二步扭制花纹，扭花有单根扭花或多根交扭两种。单根扭是用一根锻打成中段为方形并略粗、两端或方或圆并逐渐变细的银条，将其中段扭成螺旋状，两端做成可扣可解的钩环即可。多

根交扭，是用两根或三根银条互相交缠扭结成绳索纹的项圈。

因为银条比较粗，扭结时需要用力，可以用手扭结，也可用钳子扭。用钳子扭时，得用布条、胶带等把钳子口缠成一定厚度，以免伤到银条。扭结出的项圈，中间略粗，两端略细。

第三步做钩环，钩环也有两种形式，一是另用细银条在项圈两头绕上圈，项圈两端一头扭成钩子，另一头扭成环形，便于戴卸时可挂可摘。二是在项圈的两端之间，用银条银丝另做一根连接物。

图 8-65　雷山・苗族・编花

银链条　银链条的形状，各地不同，大小不等，雷山苗族银条直径在 0.5 ~ 1 厘米之间。

第一步锻打，把初模锻打成圆形条状，根据所需材料尺寸裁剪成一段一段。然后把每一段锻打成不封口的“8”形。在“8”的其中一端留口子。

第二步链接，先把一个“8”封口，焊接好，用一个未封口“8”的开口套进封好口的“8”内，然后封口焊接，以此类推，做成一条粗大的银链条。

2. 细纹錾刻流程及方法

细纹錾刻是在翻模图案的轮廓基础上，用各种錾子，錾刻出点、线、圆等精细纹饰，是把粗糙死板的翻模，赋予灵魂的精加工过程。分为几个步骤。

图 8-66　雷山・苗族・校正

由于苗族银饰錾刻是银面铸模阳面錾刻，阴面是凹的，银模很薄，錾刀极容易把银模击穿。为了缓解錾刀的力量，在錾刻中更好地走线条，必须在银模阴面加一些填充物。松香板是银匠的必备工具，松香易熔化，方便填充，能缓冲錾刀力度。

熔松香　传统工艺熔松香是用炉火烘烤，炉火比较均匀，能够使松香板大部分均匀受热，直到松香板表面一层松香变软可以刮下为止。松香板与炉火的烘烤距离视炉火的燃烧状况而定，既要把松香烘烤软化，还不能把松香烤燃。

刮松香　用银匠比较顺手的工具如锤子、金属片、牛角片、斧头等有一定硬度和锐度的器具，把软化了的松香从松香板上刮下来。

图 8-67　雷山・苗族・成形

填松香　把刮下来的松香填入翻模阴面凹陷部位，填满为止。

排气　用手压紧填入的松香，以免有的凹陷处可能会留有空气造成气泡，錾刻时正好被錾刀击破。

固定翻模　把填好松香的翻模，固定在松香板的中央。如果

图 8-68　凯里・苗族・下料

图 8-69　凯里・苗族・取模

图 8-70　凯里・苗族・錾花

松香板未经过火燎软化，还必须对松香板加温，用炉火烘烤使之软化，刮平松香板表面，把翻模摁下去，让翻模与松香板粘在一起，再用软化的松香把翻模的边糊起来约 0.3 ~ 0.5 厘米，以免翻模移位或隆起。

磨錾刀　錾刻前必须把本次工艺所需的錾刀找出来摆在顺手的地方，检查錾刀的锋利程度，最好是把所需的錾刀再打磨一遍。2000 年以前银匠都有特制的小油石磨刀，现在用最细的砂布。

錾刻纹饰　錾刻是银饰三大工艺中最能体现工艺水平的技艺。工艺繁琐，点、线、面、截面、剖度都有不同的要求。线条粗细不等，长短不一，弯曲各异，深浅不同，构图与表达必须早就打好腹稿，不能临时添加和删减。不同的银匠有不同的錾刻习惯，只能记述一些常规要求：

从翻模正中间的图案开始錾刻，逐渐向四周延展。少数民族银饰纹样取材于少数民族的刺绣和蜡染纹样。纹样中心一般表现本图案的主体，所以在构图时基本从中间开始，主体内容建构好以后，四周的纹样只是主体的延伸和发展。除此之外，银饰锻制技艺还有其加工的特殊原因，由于錾刻时翻模的银片很薄，从边缘向中间錾刻，会造成中心银片受四周力度的挤压而变形，从边缘向中间錾刻还可能给中间主要纹样预留空间小，无法完全表达。

根据錾刻角度要不断变换松香板角度。虽然翻模是固定在松香板上，但錾刻的不同角度要人去转动，由于人不断变换身位的角度，錾刻的力度也会有差异。最好就是人的姿态不变，而变换松香板的角度来适应人。

用牛角锤錾刻，牛角锤的质地比金属锤轻，敲击錾刀时，不容易把薄的银片击穿。

握錾刀的手法，通常是用拇指、食指、中指和无名指握錾刀，拇指握一边其他三指握一边，小指略向外侧摊开起到调整錾刀在翻模位置的作用，无名指靠近錾刀口和翻模起到调整錾刀与翻模距离的作用，拇指、食指和中指主要掌控錾刀的角度。

走线　錾刻走线分直口錾刀走线和半圆口錾刀走线。

直口錾刀走线讲究细而直。每一条直线深浅一样，又细又直，线条之间间距一样，线条中间没有任何断截痕迹。

半圆口錾刀走线讲究匀称流畅。半圆口錾刀主要用于圆弧形线条的錾刻，每一条曲线不必一样深浅，但必须均匀平行，中间的主线条可以略深些，尤其突出部位更粗。半圆口錾刀走出来的

线条必须也是圆弧形的，中间也没有任何断截痕迹。

圆口錾刀主要用于点的处理，大的处理眼睛等突出部位，小的用于多个小点连接来处理羽毛、鳞片等。大的敲击略重，小的敲击略轻，小圆口錾刀也叫小錾，在处理点的连接时，每一个点的轻重间距都要一样。

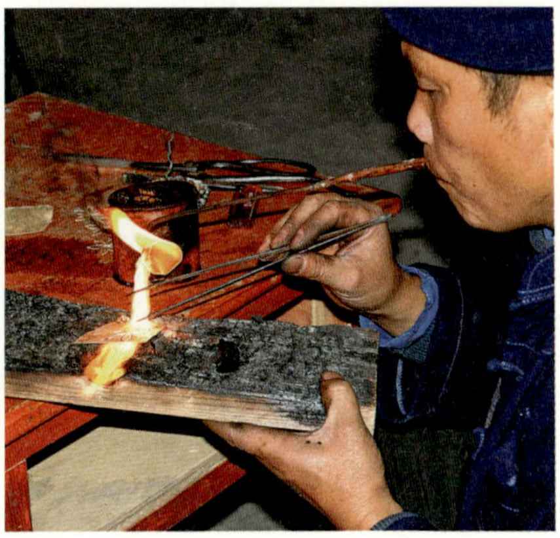

图 8-71 凯里·苗族·烧模

平口刮刀有专门的，也有用直口錾刀代替的。为了表现银饰有不同的轮廓，银匠还采用浮雕工艺，把凸出来比较规整的圆弧形，用平口刮刀敲击打成不同角度的平板坡度，再进行錾刻。在刮平时，力度、角度非常讲究，得凭多年的经验积累，稍有不慎，银片就会被刮破，前功尽弃。

少数民族银饰的诸多造型纹样都是复合造型，在不同的复合个体与复合主体之间用什么样的工艺去表达是不同的银匠自己的事。但有几个要素：其一，复合个体的表达不能脱离于主体之外，太过于独立有各自为政的感觉；其二，复合个体不能与复合主体粘得太紧，这样密密麻麻的分不清主次。点刻、线刻之间既有分别，又有过渡。

图 8-72 凯里·苗族·錾花

收边 所有纹样錾刻好后才能收边，收边多用刀口比较粗些的錾刀，錾刻力度稍大，在主体纹样周围形成一道深而不破的凹槽，更凸显主体纹样的立体感和主题性。

镂空 镂空多用于胸饰，比如银锁（俗称“压领”）、银衣片、吊饰等。银锁由于面积大，如果用细线条錾刻，反而看不清纹样，于是用镂空工艺来表现。镂空的具体位置一般在银锁阳面的凹陷部位，把凹陷部位镂空，显得更具透视效果和立体感。工艺相对简单，就是用锋利些的錾刀，沿着凹陷底部边缘用力敲击，击穿银片，然后整块拔出来。当然用力也不能太过，以免震荡把周围的银片震破。然后荡边，荡边就是把击穿银片的边缘刮平整，不让有毛刺。银衣片和吊饰镂空一是便于缝在衣服上，二是具有透视效果。

图 8-73 凯里·苗族·錾花

取模 錾刻好后，要把半成品从松香板中取出来。取模只是把翻模及周围的松香烧软化就行。把煤油灯点燃，用吹管把煤油灯火焰吹向翻模和周围，稍许，用镊子试试看翻模松动没有，然后钳出翻模。

烧模 翻模从松香板中取出来后，会粘一些松香，继续用煤油灯吹火烧，直到翻模不再冒黑烟，松香燃烧完毕。

剪边 待翻模冷却，就可以剪边。剪边是根据银饰成品样式

的需要，把翻模多余的部分边角料剪掉。剪边时注意剪下来的边角银片带有毛刺，每剪开 1 ~ 2 厘米，就得把它往下方卷起来或剪断，以免刮伤手。

整边 剪边时由于用力的不均匀，银片边上会出现不规整的起伏，用老虎钳把起伏部位捏平整。然后把银饰放在平整的木桌上，看整体平整效果如何。如果是中间不在一个平面上，就用手捏。如果是银饰边不在一个平面上，除了手捏，还可以用金属类的平口器具刮平。经过洗涤处理就是成品了。

图 8-74 凯里・苗族・编花

3．花丝流程及方法

初坯锤打 从倒银槽中取出条状初坯，一只手用直嘴钳夹住一端，放在铁砧上用大锤的半圆弧形的窄面锤击，从中间向两边擀锤。不断翻转银条的方向，让银条四面受力，打成方形。在锤打过程中还得数次回火，回火后的银条稍软，便于继续锤打。回火不用太久，只要把银条烧软就行。锤打银条，是一个需要耐心和时间的过程，有这样几个注意事项：

锤打力度由锤打者根据银条的软硬程度掌握，一个打击点不超过三锤。

在未达到可以拉丝的粗细程度时，银条打成四方形，是为了擀银的便捷和银条粗细均匀程度的掌控。

图 8-75 凯里・苗族・加热

不断用大锤宽面修整，保持银条的均匀和表面平整。

达到可以拉丝的粗细程度后，必须把银条打成圆形，用大锤锤击四个方角。

银条要穿过拉丝孔，所以两端要打得略细一些。

银条越打越长，钳子不便于摆弄，要用手来掌握，可以更好地调整角度锤打。

银条回火时会变软，火炉中间要捅出一个洞，便于银条穿过不变形。

拉丝 拉丝是花丝工艺的基础，用拉丝板，把锤打好的银条拉成所需粗细银丝。

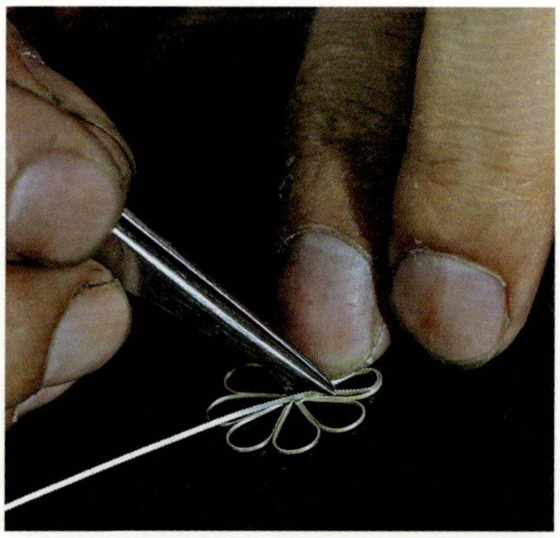

图 8-76 凯里・苗族・编花

拉丝需要非常适合的力度，根据银丝的粗细，用不同的力度来拉。拉丝力度分为两个层面的“度”：一是拉丝所用的力量大小，二是拉丝所用速度大小，即是力量与速度的均衡。从粗丝到细丝，逐步完成，不是一蹴而就。在整过拉丝过程中，有这样几点要注意：

先选择与刚锤打出来的银条直径比较匹配的拉丝孔，拉第一道。

拉粗丝用双脚踩住拉丝板两边，以免在用力过程中，由于拉丝板的移位造成银丝断掉。拉粗丝时，银丝从拉丝孔里穿过来比较短，拉丝钳受脚背的阻挡不好操作，可以把拉丝钳与两脚平行，即从两腿之间拉，一只手在身后，一只手在身前。

图 8-77　凯里·苗族·编花

拉丝时，最好在拉丝孔口点一点油，常用的是菜油、猪油、茶油、煤油，起到润滑作用，也避免银的消耗。牛油、羊油比较涩，不太用，汽油易燃也不用。实在都没有，用比较干净的水代替。有时银丝太长，拉了一段也要滴一点油。

在拉丝过程中，如果发现银丝比较硬或者涩，必须回火。回火不要太大的火力，只要看见银丝有火星闪烁就可以了。火力大了容易把银丝熔化。回过火的银丝不需放到水里冷却，只需钳出来放在一边等一会自然冷却。只要不烫手就可以继续拉丝。回火时因为银丝比较长，有的几米，甚至更长，把银丝卷成直径 10 ~ 15 厘米的圈放进火里，这样方便，也能全部受热。

当银丝头穿不过下一个孔时，用锉刀把银丝头锉小（原来没有锉刀就用柴刀）。

图 8-78　凯里·苗族·加热

拉丝的角度为垂直拉丝板，每拉一道，最好擦拭一下拉丝板，避免一些坚硬的渣子被银丝带入拉丝孔，造成银丝断掉和拉丝孔变形。

拉细丝可以不用脚踩拉丝板，改用手操作。一只手捏住拉丝板，一只手用小钳子拉。拉细丝更需注意力度和角度的均匀和准确，要加倍小心，一直拉到所需要的粗细银丝即可。

压扁是拉丝的最后工序，花丝工艺所需的银丝不是圆形的，是扁圆形或麻花扁圆形的。圆形银丝不便于编丝。因此要把圆形的银丝搓成扁圆形。

搓丝　搓丝是把银丝搓成麻花形状，包括搓单丝和搓双丝。

搓单丝就是用一根银丝来搓。先把银丝线头找到，用一只手的拇指、食指和中指捏紧距离银丝线头 2 ~ 3 厘米处，一只手用拇指和食指捏住银丝线头向外转扭几圈成麻花形，然后放在搓丝板上搓。搓丝板分为垫板和搓丝板，都是比较坚硬的木料制成。垫板宽大，如桌子一般。把银丝线放在桌边，扭线的三个指头一定要捏紧，距离线头约 20 厘米的位置，用搓丝板按住已经成麻花雏形的位置往前下方搓。每次搓的力道自己掌控，搓出去的距离不宜太远，只要有麻花形成就行。然后移位把没有搓过的位置移动到搓丝板下继续搓，直到把整根银丝线搓完。这是第一次搓，

图 8-79　凯里·苗族·编花

图 8-80　台江・苗族・银翼

图 8-81　雷山・苗族・银翅

图 8-82　雷山・苗族・银鸟

一般都要进行三次，这样才能保证搓出来的麻花形既紧密又整齐。

搓双丝即是用两根银丝线来搓。先把一根银丝线的两个头找到，并在一起，一只手捏紧双头，一只手捏住双线往下捋，一直捋到顶端。然后再回到双头一端，用拇指、食指、中指捏紧距离端头 3 ~ 4 厘米处，用另一只手的拇指和食指捏住端头向外转扭几圈成麻花形，然后放在搓丝板上搓。搓双丝三个指头捏紧的位置与搓丝的距离约 30 ~ 40 厘米。搓双丝力道要大些，必须搓三次，才能搓出既紧密又整齐的双股搓丝来。

编丝　编丝有起头、编结、接头、收尾、焊接等工序，主要用于链条的编结。

起头是根据所编银饰样式需要来起头，如果是四边形的就起四个头，六边形的就起六个头，以此类推。起头可以借助任何工具，如手指头、圆木棍子、木条等。大多银匠为了方便都是用自己的手指头来起头。如果起四个头的，伸出一只手的食指、中指并起，用银丝线在并着的指头中间绕四个圈，取出银丝圈，捏扁成一条状，用长出来的银丝线在一端绕数圈扎紧，把另一端的四个圈向四方分开如花瓣状，即是起头。同理，六边形就绕六圈，分开成六个花瓣，以此类推。

插编结棍，编丝是在一根金属细棍上进行，直径 0.3 厘米左右。把编结金属管插入四个花瓣的中间，慢慢穿过扎紧处，松紧要合适。然后开始穿线编结。

编结，编丝最重要的工艺。用手把银丝穿过上一层圈，根据需要，间隔一个穿一次。每穿一圈，拉紧的力度必须均匀，绕圈弧度一致。该放丝时（编丝起头比较小，逐渐增大时需要放丝，后面的直径慢慢均匀增大，增大到一定程度后，必须保持均匀态势，所编结出来的花丝才均匀整齐）慢慢放丝，该收丝时（快到收尾的位置，花丝又要缩小跟起头部位一致，逐渐缩小，这时，每放一圈丝就得逐渐收紧，直到和起头一样大小均匀）慢慢收丝。编结工艺全凭银匠的经验，不管是几个头的，都要做到胸有成竹，心灵手巧。

接头，在编丝过程中常会遇到此种情况。当一端银丝线编完后仍然达不到银链所需的长度，就得用另一根银丝线接上继续编。接头技巧是把新的一根银丝线头插入编结棍与银链之间，不能露头，最好是从银链的缝隙中也看不见里面的线头为佳，然后继续穿线编结。

收尾，编结到所需的长度，用剪刀把银链剪断。然后根据银链的大小，用稍粗的银线编与银链大小相同的两三道圈两个，把这两个圈焊接在银链的两端。

填丝 填丝也叫掐丝，只是地域叫法不同，实为同种工艺。

银丝退火，把用于填丝的银丝放在托板上，点燃煤油灯，用吹管为银丝加温。加温要注意火候，温度过高容易烧断银丝线，温度过低起不到退火作用。

编形，填丝先做外形，做外形的银丝，基本是使用搓过的光滑丝，比填的丝略粗。根据所需银丝的结构，用粗银丝编成几个分解轮廓外形，焊接好各个接口。

填丝，根据这些轮廓外形，用搓好的银丝一圈一圈地填进去。有的从外沿往中心填，有的是编好形状往边上填。一般情况下，窄一些的和中间位置填得比较密集，往两边填得稍微稀松，这样才能保持填丝的均匀美感。

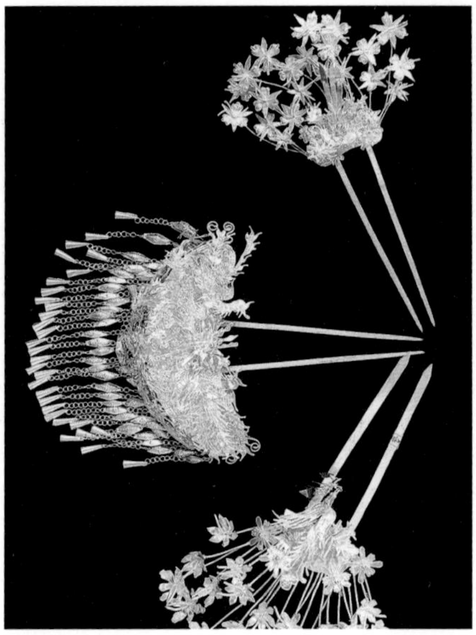
图 8-83　雷山 · 苗族 · 步摇

整平，在填丝的编形、填丝过程中，做出来的形状和所填之丝都可能不在一个平面上，需要整平。局部整平，即是用一些比银稍硬的金属对凹凸的边框部位进行压平；整体整平，即用稍大一些的平板对整体进行压平。

填丝焊接，填丝只是把花丝填入，没有焊接是会轻易脱落的，焊接时必须在反面进行。由于所填的花丝比做边框的平丝细小，只能有一面是平整的，另一面肯定中间稍凹。平整一面即为正面，佩带时正对外面，而另一面就是反面，焊接就在凹陷的一面。这些丝太细小，所需的焊料熔点要高，焊接后才结实。花丝焊料基本在银 7 ：铜 3 以上。用煤油灯吹管焊接，花丝焊接必须气息均匀细长，以免花丝被烧化。

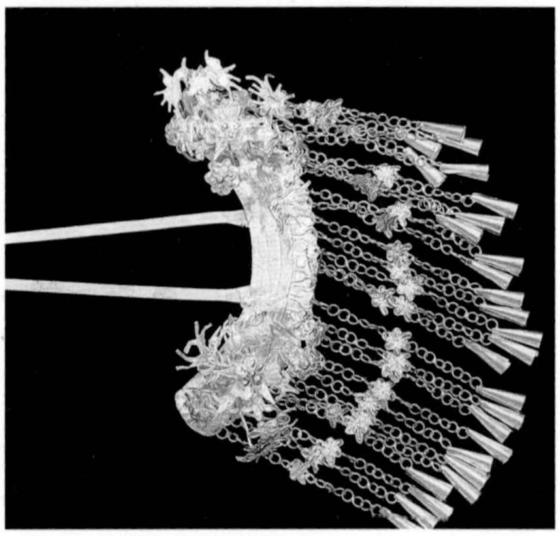
图 8-84　台江 · 苗族 · 步摇

整体焊接，用焊接托板把做好的各个局部拼接成型，用煤油灯吹管焊接。有的焊接部位细小，可以在银饰反面加一小片薄银片做桥进行衔接。

退火洗涤，在焊接中填丝的缝隙中会夹杂一些托板燃烧的杂质，把银饰放进火炉中烧片刻，不能太久，然后用明矾水或酸草洗净即可。

焊丝 焊丝工艺用在银饰的边缘位置，主要表现花版形状、树叶叶脉等银饰纹样，起到构图、框边的装饰作用。

搓丝退火淬火，用在焊丝工艺中的丝，都是搓丝。只要把搓丝轻轻卷成圈状，放在火炉中片刻，不要放久，会把银丝熔化。

图 8-85　台江 · 苗族 · 发簪

取出搓丝圈放入水盆中，淬火 1 ~ 2 秒取出即可。

编框，把搓丝剪成所需的长度，按照习惯构图和心中构图，编成形状。

准备焊接材料。把焊料剪成细丝，越细越好。放入焊料盆中，注入适量的水和硼砂。为焊料加热，直到硼砂全部熔解在水中即可。

花型退火，编花型是根据需要编出若干，没有退火的花型容易粘缠绕在一起，退火后不仅能固定形态，也容易分开。另外，花型需要摆放在银片上，如果一个一个地按程序做，非常耗时费事。银匠们经常是一次性把多个花型编好，充分利用薄银片的有限空间，摆放好，既节约时间，又节省工序。

图 8-86　台江・苗族・银梳

摆放花型，把编好的花型摆放在薄银片上（银片厚度常为 0.8 毫米），用镊子从焊料盆中钳出一颗一颗细小的焊料，摆放在花型的几个重要支撑点上靠着。花型较大的，多放几个点。

退火定型，把摆放好焊料的花型薄银片，放在火炉上均匀地烤，适当加些火力，等焊料熔化，把花型固定即可。

平整花型，由于银片很薄，在摆放花型和退火定型时，会有所变形，需要整平。小的银片可以用搓丝板轻轻刮压几下。大的厚的可以用胶皮或牛皮蒙在上面，用大些的木板刮压几下。

剪花型，用剪刀把花型沿边裁剪下来。花型与剪的边留有少许空间，便于最后焊接。

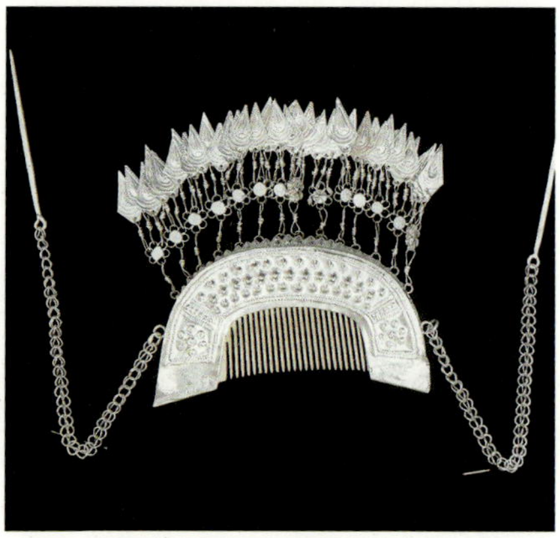

图 8-87　雷山・苗族・银梳

修型，只焊接几个支撑点的花型，一来是为了固定花型，二来是便于修整花型，使花型更规范。用镊子把没有被焊接的丝修整，使形状更完整好看。

上焊水，给焊料盆加热，让溶解了硼砂的水有适当的温度，用镊子蘸焊水点涂在银片上花框没有被焊接的位置。

焊丝，有两种焊丝方法，一是把焊料沿着蘸焊水的线路摆好，在火炉上烤焊；二是吹焊，在托板上放几颗 2 ~ 3 厘米的木炭，把蘸好焊水的模型放在木炭上面，有花丝一面朝上。点燃煤油灯，用吹管吹火焰，先从底部加热，然后全面加热，待银片出现红色，用镊子钳其细焊料把未焊接好的花框焊好。吹焊必须注意火力控制，火大了会把花丝熔化，火小了又焊接不上，而且火力还要准确对准焊点。如果发现银片过热，必须及时淬火降温。

修边，焊接完整后，把多余的边料剪掉。注意不要伤到花丝。

图 8-88　丹寨・苗族・银梳

拱型，焊接好的花丝只是一个平板的模样，必须做成有立体感的形状。先垫上一块平整的胶皮或牛皮，把平板花型放在上面，

用球状金属杆拱出该花丝的现实形状或想象形状。拱型正反面都能拱，只是看银匠的需要，经过搓拱的一面，该面两边翘起，中间凹下，形成立体感。

4．焊接流程及方法

焊接是将分别加工的一件银器的各个部件结合成一个整体的造型手段。根据所焊接的银饰对象，配出与之适用的焊料，利用焊接工具把银饰焊接起来。

配焊料　配焊料靠银匠的经验完成，每个银匠都有各自的焊接工艺手法和习惯，对焊料的要求也不尽相同。但大致的比例和用法是相似的。

图 8-89　镇远・侗族・银梳

传统银匠在配焊料时很少用秤去秤，基本用手掂量，所以没有绝对准确的配方数据，只有一个相对准确的参考数。

快焊料，也称为细焊料。主要特点是焊接速度快，焊接对象银的纯度高，针对比较细微的局部焊接的配方。快焊料主要成分是银和黄铜，配方比例是 7 ∶ 3。

慢焊料，也称为糯焊料。主要针对焊接对象比较大件，不要焊接得比较扎实的银饰的配方。慢焊料主要成分是银、黄铜和紫铜，配方比例是 6 ∶ 3 ∶ 1。

熔焊料　在火炉上架起坩埚，把焊料倒进坩埚中，把坩埚埋入木炭中加大火力使其熔化，适当加些硼砂，待焊料完全熔化，用吹火管吹掉坩埚里的炭渣。

图 8-90　开阳・布依族・银梳

压焊料　准备好两块平整的石头、砖头或金属方锭。用钳子夹出坩埚，把熔化好的焊料倒在一块石头表面上，快速用另一块石头把焊料压平压薄。压的速度慢了，焊料冷却快，达不到焊料越薄越好的效果。

配焊水　根据焊接银饰对象，把焊料剪成所需尺寸，放入焊水盆中，加入适量的干净水和硼砂，加热至硼砂全部溶解。

焊接　主要是将银项圈等大件银饰的焊接。特点是焊接口长，强度大。具体操作是：大件焊接银饰可以不用退火，放在托板上，在焊接口上点上焊水，点燃煤油灯，把煤油灯芯拉长一些，保证火力强劲，用镊子夹起慢焊料接近焊接口，吹大火，当看到焊料快熔化，对准焊接口涂上去。要求要平滑，无接口，无凹点。

图 8-91　凯里・苗族・抹额

图 8-92　台江·苗族·耳坠

图 8-93　都匀·布依族·耳坠

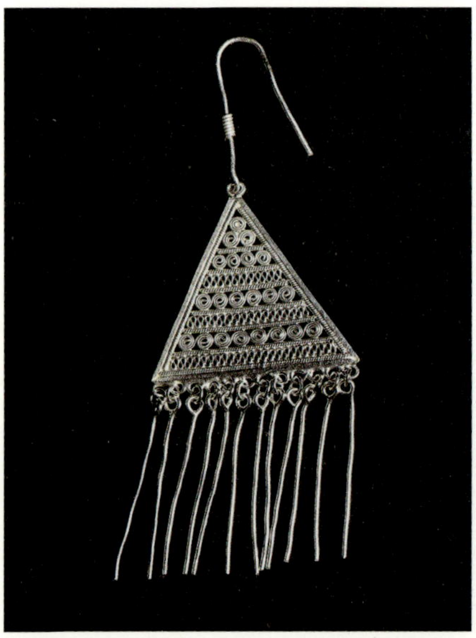
图 8-94　雷山·苗族·耳坠

三、后期洗涤整理阶段

（一）洗涤银器

1．退火

退火洗涤是把做好的银饰放入无烟木炭的火炉中烧，去掉油烟、硼砂、炭灰的工序。把无烟木炭（俗称好炭）放入火炉中燃烧，最佳火候是木炭全部燃烧，没有了黑色部分，但又还未烧过。扒开火，把银饰放入火中片刻，接近红又没有红为佳。这样能通过火烧去掉焊接时煤油的油烟、焊料中过多的硼砂和托板上被烧出的木炭灰。然后用钳子把退火后的银饰夹出来，放在干净的地上自然冷却片刻即可。

2．洗涤

①明矾水煮。把银饰放到紫铜盆中，倒入清水，最好是淹住银饰，加入明矾，放在炉子上，加大火力煮。明矾的量根据经验控制（一般经验是紫铜盆底部铺满一层 0.5 ~ 1 厘米厚的明矾）。等所有明矾熔解后，水沸腾 5 ~ 6 分钟。用钳子夹起银饰来看，如果尚有少许部位没有银白色，继续煮片刻，直到银饰基本出色为止。

②酸草水煮。此种方法走方银匠用得比较多。用中草药“蛇倒退”一把（约 200 ~ 500 克），与银饰一起放入紫铜盆中，注入清水淹没，猛火煮沸 10 分钟左右，用钳子钳出紫铜盆放于阴凉处，待水温合适，用酸草搓擦银饰即可增白。

③类五倍子水煮。用一种类似于五倍子的植物果实，与银饰一起清水煮沸 10 分钟即可。

④清水煮洗。用钳子钳住紫铜盆，倒掉所有明矾水、酸草水和类五倍子水。一定要倒干净，把紫铜盆放在火炉上，倒入清水继续用大火煮沸 1 ~ 2 分钟，清洗掉残留的增白处理水，倒掉沸水，再倒入清水，煮沸 1 分钟即可。

3．擦刷

①木炭灰擦搓。用细木炭灰擦搓银饰数分钟后再用清水清洗，有一定增白作用。

②铜刷处理。把银饰置于紫铜盆里，倒入清水，用铜刷反复刷擦银饰，主要是一些凹槽，目视干净白亮即可，然后在清水中涮一下。

4．二次水洗

把紫铜盆里的水倒掉，加入清水漂洗，也有的煮沸 1 ~ 2 分钟。

5．无烟烤干

无烟烤干是利用各种烘烤工具，在无烟状态下，对洗涤过的银饰烤干，勿让液体残留造成局部氧化。有用“片萝”（类似竹篮），反罩在没有烟头或全部烧燃的炭火上，再盖上几层干棉布，把银饰放在上面烘烤；有烈日暴晒，但难遇到合适的天气；最简便有效的方法是把紫铜盆放在火炉上，把银饰放在紫铜盆里，利用传热效果烘烤，随时翻转银饰的各个部位受热，蒸发掉所有残留液体。

（二）**整型**

整型是银饰锻制技艺的最后一道工序。由于在铜刷处理时，为了保证银饰的各个部位得到处理，不免会掰动银饰的一些部位，铜刷也可能在处理花丝时，把细小的花丝搓得稍稍变形移位。因此用镊子对变形移位的银饰进行修复，让银饰按照银匠最初设计的形状定型，成为最终的银饰作品。

图 8-95　从江·苗族·耳坠

图 8-96　从江·侗族·耳坠

图 8-97　凯里·苗族·耳坠

第三章

贵州民族银饰的品种及典型样式

图 8-98　雷山・苗族・项圈

贵州民族着装银饰，从实际佩戴情况来看，可分为体饰类和衣饰类。

第一节　体饰类

体饰类，是指佩戴在身体各部位的各种银饰。按人体部位有头饰、颈饰、手饰、脚饰四种。

图 8-99　雷山・苗族・项圈

一、头饰

头饰，是头部银饰的统称，包括发饰、冠帽、耳饰等几类。

（一）发饰

发饰主要有簪、钗、梳、链、步摇等几种。

银翼。插于发髻之上，以鸟的“翅膀”“尾羽”为造型特征，象征“鸟图腾”。

银簪。是单股针形首饰，起到绾住和固定发髻的作用，根据不同民族、不同支系的喜好，造型各不相同。

银钗。是双股合成的首饰，用于固定发髻，钗头的造型根据不同民族、不同支系的喜好，各不相同。

银梳。兼有簪和钗的功能，造型根据不同民族、不同支系的喜好，各不相同。

银链。起到包住头发的功能，也兼具审美，链的直径在 3 毫米左右，主要是凯里舟溪支系苗族在用。

图 8-100　凯里・苗族・项圈

步摇。步摇上装饰有花、鸟、铃等造型，走动时发出响声，也衬托银饰的富丽堂皇，贵州几乎所有少数民族都有。

华胜。华胜主要是黔东南大多数苗族在使用。用于银帽、箍、抹额的下沿，遮住刘海和前额。造型有花、铃、水滴、针、叶等。

（二）冠帽

冠帽包括帽、冠、箍、抹额等。

银帽。20 世纪 50 年代前只有雷山县大塘苗族使用。20 世纪

80年代后沿着巴拉河流域向外流传，直至清水江流域、都柳江流域，以及其他省份的少数民族也开始使用。银帽上有圆形、碗形的饰物。碗形装饰，主要是望谟、罗甸麻山、安顺凤山一带苗族，关岭断桥镇、永宁镇一带布依族使用。

银冠。银帽上顶的称谓。主要是黄平谷陇、台江革一苗族使用。

银箍。银帽额头部位的装饰。有人纹、锥尖、马纹、鸟纹等。人纹银箍主要是都柳江、月亮山周边苗族、侗族、瑶族、布依族使用，象征人的繁衍。锥尖银箍主要是都柳江、月亮山周边苗族、侗族、瑶族、布依族使用，表示驱邪避恶。马纹银箍也叫银马花，黔东南苗族侗族使用，表示高贵和富有。

抹额。用布料做围额，上面配银饰。主要是雷公山和巴拉河周边苗族使用，是一组相对的涡纹造型，表现苗族古歌中蝴蝶妈妈和水泡恋爱的故事。

图 8-101 黎平·侗族·项圈

（三）耳饰

耳饰主要有耳环、耳玦、耳坠、耳珰等。

银耳环。耳环是穿过耳垂的环形银饰，有各种造型和纹样。贵州各个少数民族都在用。

银玦。半圆形有缺口耳饰。有大有小，有的有纹饰。主要是瑶族、侗族、布依族、水族在用。

银耳坠。耳饰的一种。有水滴形、菱形、叶片形等，有各种纹样。

银耳珰。耳饰的一种。腰鼓状，塞在耳垂穿孔中。

图 8-102 从江·侗族·项圈

二、颈饰

颈饰，是颈部银饰品的统称，包括项链、挂圈等。

银项链。以锁链衔接的一种颈饰，有链条形、泡形、片形等，根据需要还可以在不同的位置加上不同的吊坠。贵州各个少数民族均有。

银项圈。有挂圈和圆圈两种。挂圈，后面有开口，以铸型、錾刻、锻打、编结手段制作，然后在颈部后焊接加扣的一种颈饰，有单圈型、多圈叠加型、编花型等，也可以加上各种吊坠。主要是黔东南苗侗民族使用。圆圈，无开口，从头上戴下来。先用锻打切片方式，把银片切成 2 ~ 3 厘米宽、8 ~ 10 厘米长的形状，再根据需要铸型、錾刻。然后变成圈状，焊接接头。最后锻制一条直径 0.3 ~ 0.5 厘米的银条，把数个圈穿在一起，银圈上还镶嵌一些彩色石料、玉等。银条两端制成钩扣状，扣在颈后。主要是

图 8-103 榕江·侗族·项圈

贵州南部地区与广西交界的苗族、布依族、瑶族使用。

图 8-104　锦屏・侗族・压锁

三、手饰

手饰是手上银饰品的统称，包括镯、钏、戒指等。

（一）银镯

银镯在全省各民族中均流行。根据不同民族的喜好和实用功能制作，比较有特色的是清水江中游的梅花手镯、巴拉河流域的小米手镯、清水江下游的珠花手镯、惠水的空心龙头手镯、都柳江下游的烧蓝手镯、水族空心手镯、月亮山泥鳅龙手镯、榕江 72 寨的穿圈手镯。

从工艺结构来看，有挂口手镯、开口手镯和穿圈手镯。挂口手镯，即有挂口，佩戴时把挂钩挂好。开口手镯，即佩戴时，掰开戴上，然后捏紧口子。穿圈手镯，即是封口手镯，佩戴时用手从中间穿过。穿圈手镯又有死口和活口之分，死口即是封死的，整个手镯就是一个圈；活口是在制作时，先锻打成一根条形，在手镯的中间根据需要錾刻花纹，两边接头延长 10 余厘米，然后互为轴，用其中一边缠绕到另一边成弹簧丝状，丝口留有 1 ~ 2 厘米的伸缩空间，穿戴时，轻轻拉开把手穿过去，然后捏紧即可。

图 8-105　凯里・苗族・压锁

（二）银钏

银钏是手臂上的装饰物，源于手镯，将几个手镯合在一起戴上，有相同的手镯，也有不同的手镯。贵州各少数民族都在使用。

（三）银戒指

贵州少数民族较少使用戒指。20 世纪 80 年代后流行开来，增加了拉丝工艺戒指。

四、脚饰

脚饰在当代才出现，特别是 2000 年以后。脚饰主要表现为在绑腿上端系上一对铃铛，也有在鞋跟部位缝上一对脚铃铛。

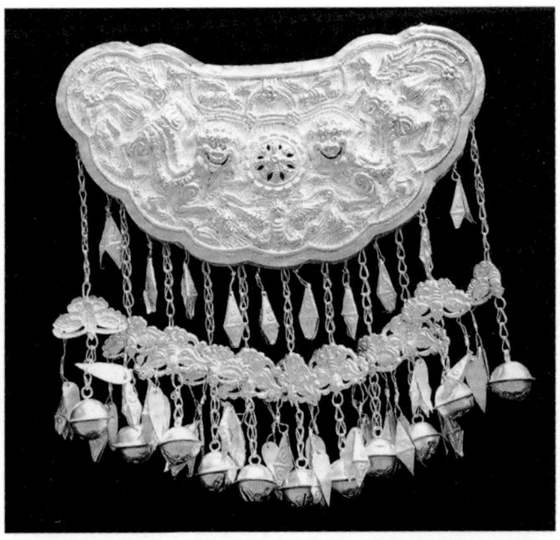
图 8-106　雷山・苗族・压锁

第二节　衣饰类

衣饰类银饰，是用于服装表面的银饰件。佩戴有两种形式，一种是披围于衣服外表，如胸背腰部位的挂件；另一种是缝缀于衣服的各部位，如银衣片、银衣泡、银扣等。

一、披围饰件

（一）胸饰件

胸饰件主要有银项牌、银锁、银挂牌等。

银项牌。主要是丹寨雅灰苗族使用。长宽 25 ~ 30 厘米，上沿半圆凹形，下、左、右方形。上沿两端用银链连接，使用时上沿半圆凹形紧贴脖子。

一些项圈、项牌的下沿，也用花、铃、叶、珠、圈、水滴等形状的银饰串起来，既作为项圈的配饰，也能起到步摇的作用。

图 8-107 贵阳·苗族·压锁

银锁。也称压领，是工艺比较复杂的一种胸饰。根据各民族的不同喜好，以不同的形状作为底板，多为蝴蝶形、笆篓形等，然后把本民族标志性的纹样刻在底板上。着盛装时用链子挂在脖子上，主要是黔东南苗侗民族在使用。

银挂牌。挂牌是贵州少数民族使用比较广泛的胸饰。长宽 20 ~ 30 厘米，根据不同民族的需要，錾刻不同的纹样。有的民族还使用连环挂，即两片、三片连在一起，一般三片连环较多。最上一片的上沿有一个朝下的半圆凹形，中间为方形，最下一片半圆形，片与片之间用银丝连接。整个挂牌用银链子挂在脖子上，使用时上沿半圆凹形紧贴脖子，其他部分吊在胸前。

在锁、挂牌的下沿，用花、铃、叶、珠、圈、水滴等形状银饰串起来，作为胸前银饰的附属件。

图 8-108 台江·苗族·压锁

（二）背饰件

背饰，是贵州少数民族背部所有银饰品的统称，包括背牌、背扣等。

银背牌。衣服背后的装饰，大多为表达生育繁衍观念的纹样，主要是黔东南苗族、侗族、瑶族在使用，多是用铸型加錾刻工艺。不同民族不同支系根据喜好纹样也不同。

银背扣。衣服背后装饰，皆有锁扣功能。有涡纹圆锥形、六边圆锤形等，铸型锻打而成。主要是都柳江流域、月亮山地区少数民族在用。

（三）腰饰件

腰饰，是所有腰间银饰品的统称，包括腰带、链、银腰片等。

银腰带。一般在布料腰带上缀钉涡纹银饰，主要是清水江中游苗族男子在用。

图 8-109 台江·苗族·压锁

银腰链。银腰链基本没有纹样，主要是清水江中游苗族男子

在用。有些地方的腰链上有铃、珰、片、圈等装饰吊坠。

银腰片。银腰片主要是布依族妇女用作围腰上的银饰，直径在3～5厘米，以团花纹为主，为铸型和錾刻工艺制作。主要是安顺、镇宁、关岭、惠水一带布依族使用。

图 8-111　台江·施洞·苗族·银饰

二、衣服缝缀件

衣服上缝缀的银饰，可分为成年人衣服缀件和儿童服装缀件。

（一）成人衣服银缀件

主要是缝缀在衣服前胸、后背、脚摆、肩袖等部位的饰品，如银片、银泡、银串、银铃、银扣等。

银片。银片以模压、錾刻为主要工艺，根据不同民族需要制作纹样，然后钉在服饰的某个部位。贵州有银饰的少数民族基本都在用。

银泡。银泡是服装佩饰的一种，以模压、锤锞方法制作，圆形，凸出部分为半圆形，主要是侗族使用。

图 8-112　台江·施洞·苗族·银饰

银串、银铃。银串是用铸型、锤锞、焊接制作，一般是两个以上同一形状银饰串联在一起，形状多为喇叭花串联形，然后钉在服饰前襟和后襟位置。

银铃，铸型、锤锞、焊接制作，圆形开口，铃中装有豆、玉米等物，钉在服饰前襟和后襟位置。

银扣。银扣是在清末民初开始流行的银饰，范围不大。铸型、錾刻、焊接制作，纹样比较简单，一般为比较富庶的人家所用。

（二）儿童衣物银缀件

背扇饰件。背扇又叫背儿带，是贵州少数民族服饰的重要组成部分，虽然其功能主要是背小孩，但刺绣、织锦、蜡染工艺都非常考究。背带银饰较少，多为本民族图腾纹样和自然崇拜纹样，有蝴蝶、飞鸟、仓禾、蜻蜓、团花、荆棘等纹样。背扇银饰钉在背扇的主要部位，既有装饰作用又有祈福辟邪寓意。

图 8-113　台江·施洞·苗族·银饰

童装饰件。童装饰件也是贵州少数民族银饰的一个不可分割的部分。主要为童帽上的银佛像、菩萨像。童衣上则多为本民族崇拜的神灵形象。钉在儿童服装的不同部位。

三、贵州民族银饰典型样式

（一）台江施洞式苗族银饰

台江施洞式苗族银饰以台江施洞为代表，包括施洞、老屯、

革一，剑河革东、六合，镇远金堡，施秉马号等地。主要银饰品种有：

银围额。银围额上部为锥装银泡钉，围额下坠小银铃。

银羽。银羽宽约 3 ~ 4 厘米，长约 30 厘米。羽为 4 ~ 6 根。一般为 4 根，且各自独立，银羽根部插一支银针，根据发髻的形状，选择插入银羽的位置。也有插 6 根的，焊接成 U 形，中间两根稍长。U 形底部焊接有两支插针，插入发髻中。银羽上的纹样主要是龙纹。

耳环。耳环原为涡纹耳环，后逐渐变成花丝铜鼓耳环。

胸饰。胸饰较为复杂，有银链、压领等。压领纹样比较丰富，有二龙抢宝、佛祖等纹样。以浮雕、錾刻、镂空等工艺为主。压领的链条比较长，可以在项圈下面显露出压领的全部形状。

图 8-114 台江・方召・苗族・银饰

银项圈。项圈有穿圈、挂口项圈和项链。在还未穿戴头饰时先从头上把穿圈项圈戴上，然后才戴上挂口项圈。穿圈项圈主体部分以镂空为主，纹样大多是龙纹。步摇部分是串联，多为蝶纹、花纹。挂口项圈用编丝手法。

银衣片。银衣片为方形，主要纹样有龙纹、鱼纹、鸟纹。以铸模、錾刻工艺为主，对称成排地缀于盛装前襟，21 世纪以后衣服后背也开始装饰。前襟两边从下至上分别为：底部 3 片大型银衣片，中间 4 片中型，上面 4 片小型，背部从下至上也如此。银衣片之间用两排直径 2 ~ 3 厘米的银泡隔开，所需银泡 500 个左右。

项链。项链为链条形状，锻打而成。

手饰。手饰有花丝小米穿圈手镯、扭丝穿圈手镯、开口梅花手镯。

图 8-115 台江・方召・苗族・银饰

台江施洞式银饰一套总重量在 15000 克左右。

（二）台江方召式苗族银饰

台江方召式苗族银饰以台江县方召村为代表，包括鸡甲、黄毛等村寨。主要银饰有：

银马头花。头戴银马头花，下坠银铃，上是银花，银头花后面有两个扣，在脑后扣上。

银鸟。银鸟有单支插和并列插两种。单支插，一般为 5 只银鸟，鸟脚为插针，鸟出翅和尾带有步摇。并列插即是把 5 只或 7 只银鸟并列成一横排，底下做两支插针，鸟翅和尾也有步摇。

耳环。戴涡纹耳环。

项圈。挂扭丝龙骨项圈两个。

胸饰。佩压领一个。

图 8-116 台江・方召・苗族・银饰

银衣片。银衣片主要缝在背部和袖口。背部中间一个圆形龙

纹银衣片，直径在20厘米左右，然后用8个半圆形银衣片环绕。衣服后背下边、底排，由6个10厘米的方形银衣片并排，往上左右两边分别往上两排共4个方形银衣片。工艺都是铸模、翻模、錾刻。背后衣领下沿第一排梅花银泡，直径3厘米左右，共30个；往下一排是略小些的银泡36个，直径2厘米左右，从衣袖肘部经背后衣领下沿，到另一只衣袖肘部；第三排银泡是从两肩往衣袖肘部延伸，形成三排平行银泡。衣袖口8个半圆形银衣片，有龙纹、鸟纹、鱼纹。稍平一面向外，银衣片两边各有一个步摇。每两个银衣片中间夹一个银泡。银泡工艺主要是铸模、锤锞。

图8-116 雷山·西江·苗族·银饰

银围腰片。方召苗族的围腰一直都有银饰。主要是圆形银衣片，有龙纹、鱼纹、鸟纹等，直径10 ~ 25厘米。后逐渐改为银泡串，有单个的、两个串的和多个串的，银泡直径在2 ~ 3厘米。银泡串从左到右共5排，从腰间往下直到围腰底部。

台江方召式银饰一套的总重量在3000 ~ 4000克。

（三）雷山西江式苗族银饰

雷山西江式苗族银饰以雷山西江苗族银饰为代表，包括雷山丹江、小丹江、陶尧、方祥，凯里三棵树，台江排羊、台盘等地。主要银饰如下：

图8-117 雷山·西江·苗族·银饰

银翼。银翼底部宽为20厘米左右，两梢宽为5厘米左右，总长度1米左右，形成一个巨大的“U”形，中间有一个直径10厘米左右凸起的圆形，铸一个“福”字，20世纪初，多为蝶纹、龙纹。银翼两边各有一条龙，20世纪初是鱼、蝶、蛙、鸟等纹饰。银翼“U”形上沿焊接有12或13条宽1厘米左右、长10 ~ 20厘米的尾羽。工艺为铸模、锤锞、錾刻。银梳、银基座上包木、竹梳。银梳两端串有步摇。

银围额。银围额中间是银马头花，下沿是喇叭形步摇，上沿为银花步摇，后面有两个圈，捆绑在脑后。

耳环。以涡纹耳环为主，也有各种形式的耳环。

胸饰。胸饰主要是压领。西江式压领是所有苗族支系中最大的。主体纹样是二龙抢宝，但龙头的纹样非常奇特。工艺有铸模、锻打、錾刻、镂空、焊接。

图8-118 雷山·西江·苗族·银饰

项圈。项圈为扭丝龙骨挂口项圈两个，一大一小。一般先戴小的，再戴大的，小项圈能把大的托起，具有立体感。后来也佩戴镂空穿圈项圈，下缀银吊坠。

银衣片。银衣片装饰在衣前襟下沿和衣角。前襟上为方形，

衣角上是直角形，前襟 2 个。背后中间一个圆形大银衣片，直径约为 20 厘米，然后用 8 个半圆形略小些的银衣片围着大圆形。纹样有蝶、龙、鱼、鸟等。衣袖从两肩往肘部各有一排银泡，每排 8 个左右，直径约 3 厘米。21 世纪后袖口也有银泡。工艺为铸模、锤锞、錾刻。背后的银衣片角上带有步摇。腋下部位和衣背上也有银泡，整件衣服有银泡共 33 个左右。

手饰。手饰为六边形扭丝穿圈手镯。

衣带。西江式苗族服饰为右衽式，配一根衣带捆绑，衣带上也配有银饰，纹样是 11 个蝶纹铃铛。

西江式银饰一套的总重量在 6000 ~ 6500 克。

图 8-119　凯里·舟溪·苗族·银饰

（四）凯里舟溪式苗族银饰

凯里舟溪式苗族银饰以凯里舟溪苗族为代表，包括凯里开发区，雷山公统，丹寨南皋、兴仁，麻江下司等地。主要银饰如下：

银翼。银翼形状与西江式相似，但小些，宽约 5 厘米，长 50 ~ 60 厘米，纹样工艺亦相似。

编丝银链簪。编丝银链簪长度不等，大多在 1 米以上，直径 2 ~ 3 毫米，工艺精湛，作用是束发。银梳一把，铸模、锤锞、錾刻而成，银梳两端配有步摇。围额一片，宽 3 ~ 4 厘米，长 20 ~ 25 厘米，柳叶形，纹样中间是太阳花，两边有龙纹、蝶纹、鱼纹，工艺是铸模、锤锞、錾刻。银簪一只，长 20 厘米，簪头有各种造型，大多是鸟头和龙头形，缀以步摇。

图 8-120　凯里·舟溪·苗族·银饰

耳环。耳环为涡纹耳环。

项圈。舟溪式苗族项圈有两种。其一，空心或实心项圈，宽约 2 厘米，厚约 1 厘米，直径约 30 厘米，阳面铸模或錾刻有龙纹、蝶纹、鸟纹、鱼纹，有挂口和穿圈两式。其二，串环项链，先锻制直径 2 ~ 3 厘米、宽 3 厘米、厚 2 毫米左右的卷边环数十个，环中有各种吉祥纹样，然后锻打一根直径 5 毫米左右的银条，把环串起来，有挂口和封口两种。现在也戴编丝项圈。先戴项圈，再戴串环项链。

图 8-121　凯里·舟溪·苗族·银饰

银衣饰。衣饰主要是银泡，前后襟都有，竖排三四列于前后，直径 2 ~ 3 厘米。前面交襟向外一面两排或一排，一排银泡较大，直径约 4 ~ 5 厘米。工艺是铸模、锤锞。背后中间有背牌，纹样共 7 个人纹，表示繁衍和传承，工艺是铸模、锤锞、浮雕、錾刻。传统舟溪式苗族银饰衣角没有银衣片，以后开始出现，顺着衣角边上排列，长宽约 4 ~ 5 厘米。传统舟溪式苗族服饰衣角没有银

饰，2010 年后整个衣角全部挂满银饰，造型为银泡下串一个蝶纹响铃，距离银泡 2 厘米左右，蝶纹下再用编丝银链吊两个球形铃铛，银链长 15 厘米左右。蝶铃上还配有步摇。整件衣服用银泡 200 ~ 300 个。

银腰带。银腰带拴在织锦腰带外。新造型还配几条串铃，长 30 厘米左右。

裙吊饰。在裙子后面左右各配一串银吊饰，两边对称，每串都是一对并排，共 5 对或 7 对不等，造型为圆形银片，多为浮雕，也有少数花丝。直径 3 ~ 4 厘米，纹样有蝶纹、鱼纹、龙纹、鸟纹。工艺是铸模、锤锞、錾刻、花丝。

舟溪式银饰一套的总重量在 4000 克左右。

图 8-122　从江·加勉·苗族·银饰

（五）从江加勉式苗族银饰

从江加勉式苗族银饰以从江加鸠为代表，包括月亮山地区的加鸠、光辉、宰便、东朗、计划等乡镇。主要银饰有：

银翼。银翼为倒鱼叉形，两边为鸟翅，中间竖起的是鸟的身体和尾羽，2010 年前银翼较小，表示翅膀和身体部分宽 3 厘米左右，长度 30 厘米左右。2010 年后逐渐加宽加长，宽约 5 厘米，长约 50 厘米，厚 2 ~ 3 毫米。两只翅膀之间的距离也从原来的 30 厘米增加到 45 ~ 50 厘米。工艺是铸模、锻打、錾刻。纹样，2010 年前为鱼纹、鸟纹、蛙纹，现在多为龙纹。

图 8-123　从江·加勉·苗族·银饰

华胜。银华胜是该支系苗族银饰的特点，挂在银翼下边。华胜造型为两排银片，下宽上窄，紧密相连，上一片宽 2 厘米左右，下一片宽 3 厘米左右，长度同长，25 ~ 30 厘米，厚 2 毫米，中间铸模錾刻有鸟纹、鱼纹、蛙纹、蝶纹，戴在前额。华胜下沿配有银吊坠一排，造型为两个环连接一个浮雕蝴蝶，蝴蝶下再连接各式花形。有的华胜上还有 3 个圆形锥，直径 4 ~ 5 厘米，圆形锥由连串泡形组成，越往外越大。

银梳。银梳为铸模锻打银基座，镶嵌竹木梳，梳子背面宽 1 厘米多，有梅花纹，梳子两边配有 10 根左右的花丝银链，长短不一。有的还佩戴 3 个银圆锥缀于后脑。

图 8-124　从江·加勉·苗族·银饰

耳环。耳环为泥鳅龙耳环，配有坠链。

项圈。戴扭丝挂口项圈 2 ~ 4 个，最小的为两股四方棱扭丝，大的几个项圈基本是两股三方棱扭丝。2010 年后开始出现龙骨扭丝项圈。

胸饰。佩压领一个，外圈是蝴蝶纹，中间是龙纹。压领下配

有串铃。压领由一根银链穿在蝴蝶翅膀上挂于胸前。

手饰。手饰为泥鳅龙开口手镯 3 ~ 5 个，大多是空心镯，直径 1 ~ 2 厘米之间，工艺有铸模、锻打、錾刻、焊接，镯子外沿有类似龙脊的棱鳞，首尾之间留口，便于掰开戴上。

银饰总重量在 3000 ~ 4000 克。

图 8-125 剑河・南寨・苗族・银饰

（六）剑河南寨式苗族银饰

剑河南寨式苗族银饰以剑河南寨苗族为代表，包括观么、南加、敏洞等乡镇。主要银饰有：

头饰。头饰为银马头花，也有戴银冠、银鸟等。银马头花比较短小，在两耳上方围过前额，马花上沿有一排花丝工艺的花蕊造型，马花下沿是一排步摇，纹样是鱼纹、花纹。银鸟，一排 4 个，鸟喙、翅膀、尾羽有步摇，铸模、锻打、錾刻、焊接工艺制造。银冠是雷山大塘、新桥一带的引进品，造型与雷山西江型一样。

耳环。挂钩耳环，直径 3 毫米，挂钩，下坠有各种造型的吊饰。

图 8-126 剑河・南寨・苗族・银饰

胸饰。胸饰为压领和项圈。压领两个，一大一小，先戴大的，然后戴项圈，最后戴小的压领。大压领高 20 厘米，宽 30 厘米，厚 2 厘米，工艺有铸模、锻打、錾刻、浮雕、镂空、焊接，纹样是二龙抢宝，大压领下沿缀有银吊饰，由银链串起，中间是铜鼓形，下面是球形铃。小压领工艺类似，纹样有龙纹、蝶纹、鸟纹，也有吉祥意义的汉字纹样。项圈为三角棱形波浪挂口项圈三个，每个三角形的边棱凸起，中间稍凹，三个项圈之间几乎没有间隔，走动起来形同波浪。

衣饰。衣饰为银衣片，主要用在两袖和背部，有方形的龙纹、鸟纹银衣片，也有圆形的蝶纹银衣片，银衣片下还缀有吊坠。

手饰。手饰为银钏，由两个梅花手镯和三个串圈手镯组合而成。三个串圈手镯把两个梅花手镯夹在中间。

剑河南寨型银饰一套的总重量在 2000 ~ 4000 克。

图 8-127 剑河・南寨・苗族・银饰

（七）黄平谷陇式苗族银饰

黄平谷陇式苗族银饰主要分布在黄平谷陇、重安江、黄飘、新州、旧州、上塘等乡镇，凯里湾水、旁海、龙场、万潮，施秉杨柳塘、双井，以及台江、福泉等地。主要银饰如下：

银冠。银冠由银鸟、银花、银箍、步摇、华胜五个部分组成。银冠顶是一只银鸟。银花，根据所需大小配置，一般为 200 ~ 400 朵。运用铸模、錾刻、锤锞、焊接工艺。

耳环。耳环为涡纹耳环，也有花丝铜鼓耳环，现在多为挂钩

花丝鸟纹、鱼纹、蝶纹耳环。

项圈。项圈戴 3 ～ 4 个不等，有扭丝前挂口项圈、扭丝龙骨挂口项圈、四面或六面编丝小米挂口项圈、串圈空心项圈和串圈空心响铃项圈等。串圈空心响铃项圈，造型为前大后小，前面宽 4 厘米左右，厚 1 ～ 2 厘米，纹样是二龙抢宝，用铸模、錾刻、镂空、焊接工艺。下缀吊坠，银链连接，有蝶纹响铃、球形响铃等，项圈正中间缀两个串联的太阳花纹，直径在 5 ～ 8 厘米。再戴串圈空心项圈，龙纹为主，用铸模、錾刻、焊接工艺。第三戴扭丝龙骨项圈或四面、六面编丝小米挂口项圈，用锻打、拉丝、搓丝、编丝、焊接手法。最后戴扭丝前挂口项圈，工艺为锻打、扭丝、焊接。

图 8-128　黄平·谷陇·苗族·银饰

手镯。手镯一般戴 3 ～ 4 个，有扭丝挂口手镯、梅花手镯、泥鳅龙手镯等形状。一般戴扭丝挂口手镯两个。

衣饰。衣饰有方形和梅花形两种。衣角为方形银衣片，银衣片宽 4 ～ 5 厘米，长 5 ～ 8 厘米，纹样有鸟纹、鱼纹、蝶纹、龙纹等，用铸模、錾刻、浮雕工艺，所有衣角全部排满。梅花形银衣片分布在衣服的其他部位，排列整齐有序，直径在 3 厘米左右，用铸模、錾刻工艺。银衣片下沿缀以球形响铃。

银腰带。用方形银衣片缝在腰带上而成，有的银腰带还在方形银衣片上做两排浮雕银人，银人高 3 厘米，宽 2 厘米，厚 1 厘米。

银围腰片。围腰上的银衣片与衣服梅花形银衣片一样，有的还配上球形响铃。

图 8-129　黄平·谷陇·苗族·银饰

黄平谷陇式银饰一套总重量在 8000 ～ 11000 克。

（八）黎平尚重式侗族银饰

黎平尚重式侗族银饰以黎平尚重为中心，包括剑河东南部、榕江东北部、黎平北部、锦屏西部的部分村寨。黎平尚重式侗族银饰主要有：

头饰。头饰主要有银花、银梳、耳环。银花多为藤蔓形花，从头顶坠至两肩。发髻上有的还戴一只银鸟，用铸模、锻打、花丝、烧蓝、焊接工艺制作。银梳以竹木梳包银。耳环为挂丝耳环，缀以吊坠。吊坠造型为鱼纹，用铸模、錾刻工艺制作。

图 8-130　黄平·谷陇·苗族·银饰

项圈。项圈 2 ～ 3 个，其中扭丝辫形挂口项圈两个，两股圆形丝互扭，胸前部位最粗，往两边逐渐细小。另有穿环项圈，环宽 2 ～ 3 厘米，中空直径 2 厘米，厚 2 毫米，纹样为乳钉纹。现在也戴串圈响铃项圈和扭丝龙骨项圈。项链 1 ～ 2 串，有球形链和银片卷圈连环链，球形链先锻制球形泡若干，直径 1 ～ 2 厘米，

对称穿孔，用银丝互相链接起来成串。银片卷圈连环链。先用厚1～2毫米的银片剪成宽1厘米、长4厘米的若干小片，卷成圆圈，互相扣好，焊接成链。项链都是圆泡状，是蛙卵、鱼卵的描摹，象征生育繁衍。

图8-131 黎平・尚重・侗族・银饰

胸饰。胸饰为压领1～2个。如果戴两个压领，必须是上小下大。尚重侗族压领的制作工艺独特，先锻制一个笆篓形空心底座，高15～20厘米，宽25～30厘米，厚1～2厘米，用铸模、錾刻工艺锻制一个或两个龙形，焊接在底座上，用银链子穿底座两边，挂于颈后。如是戴两个压领，则把两个并列串起来。两个压领下沿都坠以球形铃和花穗形铃。

背饰。背饰为一套银扣。有锻打的也有扭丝的，有螺纹锥形，也有八角锤形，起到扣好云肩的作用。

腰带。腰带上缀有球形铃和蝶形铃吊坠。

黎平尚重式银饰一套总重量在5000克左右。

（九）黎平高增式侗族银饰

黎平高增式侗族银饰主要分布在都柳江流域的从江、榕江、黎平的侗族村寨。这一带侗族苗族杂居，有的银饰造型侗族、苗族都在使用。主要银饰有：

图8-132 黎平・尚重・侗族・银饰

头饰。头饰有银花和银梳。银花，多为穗花，也有烧蓝。银梳是铸模锻打的银泥鳅龙包竹木梳，戴在发髻右边，梳子背部有龙脊鳞，缀以蝶纹、绒花纹等空心造型，再用短银链连接球形铃。发髻左右各插一根银簪，有龙形、蝶形。下缀以叶形吊坠，长度不超过耳。

项圈。项圈大多为7个不同大小的空心项圈重叠为一套，共一个挂口，靠胸前部分宽些，越往两边越细，纹样有龙纹、蝶纹、雷云纹等。有的还要戴上一套共三个不同大小的扭丝项圈，背后挂口处是一块宽2厘米、长10厘米、厚3毫米的锁牌，一边活口，用于挂稳，一边死口，锁住项圈的尾部。锁牌中间有三个等距离等大小的螺丝锥。项链与尚重侗族相似，以球形链和银片卷圈连环链两种为主，也有链条状项链。

图8-133 黎平・尚重・侗族・银饰

胸饰。胸饰有压领和银锁。压领，与尚重侗族相似，上下两个压领并列穿戴，工艺也一样。比较独特的是银锁，有蝶形、锁形、小笆篓形等，宽约8厘米，长约10厘米，经常在银锁中间夹有烧蓝工艺，纹样有树叶、花瓣等，银锁上面两角用四面编丝银链连接，戴于项上，下面坠以4～6条10厘米长的四面编丝银链，串上各

种花丝蝶形、鱼形、花形做连接，再往下面用长 15 ~ 20 厘米的四面编丝银链缀以球形铃和鱼形铃。工艺是铸模、锻打、花丝、焊接。

背扣。背扣造型与黎平尚重式一样，主要是榕江、黎平中北部个别村寨用。

腰带。腰带吊饰左右各一对，为复合的蝴蝶造型，有錾刻和花丝两种，上面编丝做吊带，下面缀一排小球形铃，再挂一串银刀、银牙签、银挖耳勺等。

围腰片。围腰片为圆形团花纹，直径 5 ~ 10 厘米，有序缝钉在围腰中部没有刺绣的地方。

高增式银饰一套的总重量 1000 ~ 5000 克。

图 8-134　黎平・高增・侗族・银饰

图 8-135　黎平・高增・侗族・银饰

图 8-136　黎平・高增・侗族・银饰

图 8-137　雷山 · 苗族 · 银饰

第四章

贵州民族银饰的文化艺术特征

图 8-138　锦屏 · 侗族 · 银饰

第一节　贵州民族银饰的文化内涵及其功能

一、贵州民族银饰的文化内涵

（一）宗教意识的反映

历史上贵州大多数民族都信奉原始宗教，有着自然崇拜、图腾崇拜、英雄崇拜、祖先崇拜的意识，是远古文化的遗存。

由于对自然现象不能用科学的道理去解释，各民族先民逐渐把自然现象感情化、神秘化、拟人化，并把这些神秘的自然现象变成造型纹样，佩戴在自己的服饰上，从中获得某种精神的慰藉。

图 8-139　镇远 · 侗族 · 银饰

贵州民族大多没有文字，他们的历史基本由一代代歌师口头传承，加上受原始巫教的影响，在几千年的口口相授中，往往会添加进许多神秘的文化和故事，而忽略掉祖先和图腾的具体样式和历史的脉络延续，而只能说出一个“大概”罢了。所以常把图腾崇拜和祖先崇拜混合叠加在一起叙述，表示祖先的纹样和表示图腾的纹样有很多是重叠在一起的。

贵州民族银饰纹样，主要从他们的蜡染纹样和刺绣纹样借鉴过来，所以表达的文化内涵也与蜡染、刺绣纹样的文化基本一致。

黔东南剑河一带苗族银饰的蜻蜓造型纹样，源于民间流传的《榜香由》故事：说是在古时，蚊子传播瘟疫，一只蜻蜓出现了，吃掉蚊子，制止了瘟疫的流行。于是这一带把蜻蜓制作成银饰佩带，表示能驱邪避恶。

图 8-140　龙里 · 苗族 · 银饰

西部方言区苗族，银项圈如藤蔓状，接头卷曲。当地苗族说是在迁徙中没有食物，用蕨菜来充饥，这种银项圈造型就是源于蕨菜头的曲卷形象。一来表示对蕨菜救命之恩的纪念，二来祈求丰衣足食。

中部方言区苗族的银佩饰蝴蝶，就是一个融祖先与图腾于一身的符号，《苗族古歌》叙述：蝴蝶妈妈诞生于枫树之中，与水

泡“游方”生下了十二枚蛋，由鹡宇鸟帮助孵出了世间的各种生灵，其中一个是人类。在长期的口传中，蝴蝶不仅是中部方言区苗族的始祖，同时也是图腾符号。

贵州有的民族把银饰制作成一些民族的图腾纹样佩带，以表示民族识别的符号。鸟的造型纹样在中部方言区苗族中非常多，台江施洞式银冠上竖起的尾羽、台江方召式苗族银冠上抽象的飞鸟造型、雷山西江式苗族银冠上的银翼、丹寨复兴式苗族银冠上的银翼、从江加勉式苗族银冠上的银翼等，都是飞鸟的造型。丹寨雅灰式苗族直接做成银鸟插在银冠上。鸟，是中部方言区苗族的图腾纹样之一，它源于《苗族古歌》故事：蝴蝶妈妈生下了十二枚蛋后死去，枫树叶变成一对鹡宇鸟为蝴蝶妈妈孵蛋。因此，鹡宇鸟也是苗族的祖先和图腾。这与《山海经》中所述苗族是翼人之后的内容相吻合。中部方言区以“嘎闹”自称的苗族，在银帽上都有银翼。中部方言区苗族以鸟为图腾。“嘎闹”就是苗语鸟的意思。银翼，就是“嘎闹”族群的原始宗教图腾。虽然中部方言区其他族群银帽上也有鸟图腾银饰，但只有“嘎闹”族群用银翼放在头顶上来表达对图腾的崇拜。

图 8-141 雷山·苗族·银饰

中部方言区苗族银饰吊坠中有枫叶的纹样。枫叶在中部方言区蜡染、刺绣、织锦等工艺造型中非常多，主要表示图腾崇拜，源于《苗族古歌》的故事。故事中叙述蝴蝶诞生于枫树干，为蝴蝶孵蛋的鹡宇鸟是枫树叶变成。许多苗族村寨都有作为保寨树的枫树。因此，枫叶纹表示苗族生命的诞生和归属。苗族十三年一次的祭祖大典中的苗族圣鼓——木鼓，只能用枫树制作，是祖先灵魂藏身之所，敲响木鼓，就意味着唤醒了祖先的灵魂，必须祭奠。

图 8-142 荔波·苗族·银饰

太阳纹是由贵州北部赤水、习水一带迁徙到望谟、罗甸一带的麻山地区苗族的图腾纹样。在他们的《迁徙歌》中描述：“西方去找好生活，跟着太阳的方向走……”因此，在他们的银围额上是一串太阳纹，中间最大，逐渐向两边延展得越小。

布依族银饰以团花纹为主体，佩戴在肩部、围腰、头饰、颈部上。团花纹是以太阳为主题的涡纹样式，中间一个涡纹，外围六个涡纹连成一体。这个纹样是布依族的图腾崇拜和祖先崇拜对象。中间涡纹象征祖先繁衍下来的周围家族和宗族，也有合成起来的涵义——在太阳的照耀下，田园一片生机，家族兴旺。

布依族银饰的鸟纹和蝴蝶纹，也是他们的崇拜对象之一，源于布依族先民还在长江流域和珠江流域之间的农耕生活阶段。布

图 8-143 荔波·水族·银饰

图 8-144　台江・苗族・银饰

依族民间传说描述：当时布依族先民在田间耕作时，天上有十个太阳，晒得大地一片焦黄，先民们也被晒得纷纷晕倒在田埂上。这时飞来一群鸟和一群蝴蝶，用翅膀遮住了太阳，让大地不再受到烈日的伤害，也让先民们获得喘息的机会。因此，鸟纹和蝶纹在布依族文化体系中是救命的神灵形象。

瑶族图腾崇拜和祖先崇拜纹样的银饰，主要是项圈上的吊坠纹样——瑶王印，是根据瑶族民间传说瑶族印信形象制作而成。这个符号的作用是，既能够让族人认祖归宗，又能祛病除邪，是瑶王留给瑶族同胞的保护神。男人和女人佩戴的纹样也有区别，男的纹样叫“多丢”，女的纹样叫“米阿”。瑶王印章的图案还用在蜡染、刺绣工艺的服饰图案上，特别是在瑶族男女去世时，用其盖在死者的脸上，然后入土安埋，使死者的灵魂迅速得到祖先的认领接纳。

（二）生育繁衍观念的表达

生育繁衍崇拜，是古代民族永恒的主题。在生产力非常低的年代，贵州少数民族只有靠人的群体优势去与大自然拼搏，从而获得所需的生活资源。在清以前，他们只有生育观念而没有贞操观念，这是特定的环境造成的。他们把族群的繁衍看成是民族的希望，再加上他们一直沿用古老朴素的阴阳二元论，认为世界都只有雄雌，是雄性雌性的结合繁衍，形成大千世界。于是他们把表示阴阳结合、生育繁衍的一些抽象或具象符号制作成银饰佩带。虽然这些表示生育繁衍的银饰符号，是在蜡染、刺绣基础上演变而来，但不同的民族不同的支系有着不同的表现形式。

图 8-145　镇远・侗族・银饰

荔波瑶族银项链吊坠，两边各有一个方形银片，对角是四瓣花纹样，在瑶族话语意义中表示男人和女人，是阴阳结合的符号，表示生育繁衍。

布依族、水族区域的耳环吊坠银片中的錾刻卷草纹，藤蔓不能断开，从上至下延伸，表示族群的繁衍和延续。

榕江四十八寨侗族区域围腰上，不规则地钉上一个个圆形银片，银片中间还有类似各种生物造型，表示鱼卵和蛙卵中快要出壳的生命，是生育繁衍的标识符号。黎平、从江侗族项圈，是串起来的银泡和小银片圈，也是鱼卵和蛙卵的造型纹样。

图 8-146　榕江・苗族・银饰

黎平、从江、榕江的侗族，会在小孩的帽饰上做一个基数的银人。很多人认为是“菩萨”，其实不是，而是这个区域侗族的生育繁衍崇拜的宗教符号，表示子子孙孙无穷无尽的宗教意义。

南部月亮山地区银手镯，是龙头泥鳅身子造型，苗族、侗族、布依族、水族、瑶族都在用（部分村寨是几个民族杂居），表达男性生殖崇拜的意识。

中部方言区苗族的银饰蝴蝶造型，是女性生殖崇拜的符号。苗族文化的神秘往往是“多神重合”的，蝴蝶还是中部方言区苗族生育繁衍崇拜的符号和女性生殖崇拜的符号。这里简单的诠释并不是蝴蝶这个符号的全部涵义，其潜藏的文化更加深远。在中部方言区苗族文化史中，一直都有一个具体的女性始祖——蝴蝶，但却没有一个具体的男性。“水泡”不是一个具体的生物，只是一个自然现象。而《苗族古歌》的姜央，也只是蝴蝶妈妈生下来的十二个孩子之一。这说明了苗族对“母亲”的认知是起始的，而且延续至今。现在中部方言区苗族虽然是“嫁女”的婚俗，但也仍然流传着不远的过去“嫁男”的社会习俗。很多支系都还有“娶男”时丈母娘必备给男子的礼物。比如男子裹足帕、男子头巾等。从这个意义来看，苗族始祖蝴蝶都是与花紧紧联系在一起的，无论是他们《妹榜妹留》的古歌，还是民间的《妹榜留》传说，都是如此。“妹”是妈妈，“榜”是花，“留”是蝴蝶。从汉语词语搭配来看是极不合理的，但在中部方言区苗语中则另有含义，中部方言区许多女孩从小开始名字中都带有“花”含义的字眼。这里的“花”不仅仅是花朵的花，更是能开花结果的花，是能够胜任生育繁衍的意思。因此这一区域银饰的许多花朵造型，不仅是装饰，还是女性生殖崇拜的符号。

另外表示女性生殖崇拜的银饰还有鲤鱼、蛙等形象。

图 8-147　台江·苗族·银饰

图 8-148　剑河·苗族·银饰

二、贵州民族银饰的功能

（一）财富的象征

贵州少数民族很多支系，特别是黔东南的苗族，在古代被封建王朝视为是“化外”之地的蛮民而进行征剿。在紧急情况下，能携带迁徙的就是用银制作的饰品。到了新的居住点，可以用银饰品购得生活必需品和劳动工具，甚至重建家园。因此黔东南的苗族特别喜欢积攒白银并制作成银饰，这是他们长期处于流动状态造成的习俗，是在那样特定的生存状态下衍生出来的特殊功能。

少数民族在生活稳定下来，稍有一点积蓄便换成银制作成饰品，以显示家庭境况，对族群有一定的效尤作用，对儿女的婚事也有帮助。许多地区都流传这样的风俗。秋收农闲时，一些村落

图 8-149　榕江·苗族·银饰

要过一些农耕节日，期间必须腾出一段时间给青年男女做恋爱游戏，女孩佩戴的银饰越多越华丽，向这位女孩示爱的男孩就越多。因为这个女孩家能够用这么多银饰来装扮她，家里一定富有和勤劳。当然，男孩也有展示财富的机会，就是在共同对一个女孩示爱的众多男孩中，每家都要展示其经济实力。有现金的，也有银砖的，以示家庭富足，可以有迎娶"这个"新娘的资本，同时也获得家族、村落、族群的尊重，说明这家人勤劳能干，才积攒了这么多的财富。其他人为了能得到这样的尊重，也勤奋地劳作。

图 8-150 台江·苗族·银饰

（二）装饰审美的功能

银饰作为服装的装饰，本身就具备审美功能。无论是清中以前以深色为主的，还是近现代以红色为主的贵州少数民族服饰，银饰的对比色都会增加服饰的美学效应。加上银饰造型的美，佩戴位置的讲究，使得银饰的装饰效果更加突出，有的庄重，有的典雅，有的灵秀，有的富丽。

图 8-151 从江·侗族·银饰

（三）验毒、驱病、祛邪的功能

贵州民族银饰的大范围使用，虽然只有几百年的历史，但在这些使用银饰的少数民族群体中，一直都有关于银饰的各种传说，有的传说是符合中国传统医学道理的，比如银的验毒功能。

贵州大多数民族，都经历了长期的迁徙过程。在不同时期，他们劈山开路，遇水搭桥，更替着家园，每到一处都要先找寻食物。在长期的实践中，银的试毒功效体现了出来。逐渐地，每个迁徙的支系或宗族，都有一位或几位佩戴银簪子，当发现新的食物时，用银簪子插入食物中，银簪变色，就表示有毒而不能食用。银簪没有变色，再用舌头尝味道，口感好的首选为充饥食品。

贵州民族大多还留存原始巫教和巫医。当人生病时，用鸡蛋煮熟，拨开蛋壳，用熟蛋清与银手镯、银戒指、银耳环等包裹于布中，给患者驱病祛邪。即是用布包裹着熟蛋清和银饰在患者的周身擦拭，叫"滚蛋"，也叫"收吓"。擦拭一阵子后，拆开包裹布，发现白银变黑，说明病情比较重，还得继续再做，直到白银越来越干净，说明病毒已经被银吸收得差不多了。

图 8-152 台江·苗族·银饰

据《苗族社会历史调查》记载，20 世纪 50 年代，贵州台江一些苗族男子有戴项链和手钏的习俗，但是大多数人是把银饰作为一种避邪物来佩戴的。从江加勉一带在给死者入殓时，会用一钱银子分为三块，装入一个小布袋，系在死者腰带上，据说这是给他准备在前去祖先会合的路上的买水钱。

第二节 贵州民族银饰的艺术风格及审美特征

图 8-153 榕江・侗族・银饰

一、贵州民族银饰的艺术风格

（一）造型特点

贵州民族银饰造型具有程式化、象征性、立体感、整体性的特点。

1．程式化

程式化造型，是贵州民族银饰造型特点之一。往往有一些固定的图形，与民族的历史文化、信仰、迁徙等有关，体现民族在历史文化中形成自己的独特的思维方法和选择判断的审美标准。它的造型规律是按本民族题材、构图的审美标准来进行。而这种规定又约定俗成地被本民族群体所公认，并世代相传。这些银饰造型纹样，取材于民族本族群的蜡染、刺绣纹样，同时也与这些母体纹样一起组合搭配，形成该族群的标志性符号。

如惠水布依族围腰银片的图花纹、巴拉河苗族的银翼、台江施洞式苗族银羽、南部侗族地区的银泡项链，等等。

图 8-154 从江・侗族・银饰

2．象征性

符号化的思维和符号化的行为是人类生活中最富于代表性的特征，这种符号化是自然民族集体意识的统一，代代相传延续至今。从象征性的符号中，我们能够解读出民族文化精神中最深层的心理因素和文化因素。从贵州民族银饰所用的象征物和象征模式来看，这一表达方式尤为突出。贵州民族银饰的造型图式，在感情表达方式上重含蓄，常用以像寓境、以物寓意的手法，借某一事物之特性象征另一事物的文化境界的艺术表现方式，从而达到文化情感的传达和审美追求的契合。其寓意有图腾崇拜、祖先崇拜、生命生殖繁殖崇拜和幸福吉祥、健康长寿、五谷丰登等。

荔波瑶族银项链中间点缀的四方印，象征瑶王的威严和权力，时刻护佑着瑶族同胞不受外邪的侵害。中部方言区苗族银冠上的银翼，象征着这个支系约定俗成的飞鸟崇拜。惠水布依族围腰的银片，象征在阳光照耀下的家族和家庭的生活。南部侗族银项链的银泡，象征子子孙孙无穷无尽。赤水元厚式和望谟乐旺式苗族的银围额，表示跟着太阳迁徙的美好生活的向往。

图 8-155 台江・侗族・银饰

图 8-156　花溪·苗族·银簪

3. 立体感

立体感是贵州民族银饰的风格之一。每一件银饰都凹凸有致，错落有型。突出的主题纹样部位，往往隆起，而陪衬的辅助纹样稍加隐藏或陷下去。浮雕造型的大量使用，更使得银饰的立体感增强。但不同区域的立体造型各有不同。

侗族的龙凤银锁，是在银板上把各种剪好的纹样一层层地焊接上去，层次分明，透视效果好。苗族的银压领，除了浮雕凸显二龙抢宝的主要纹样外，还加上了镂空工艺，立体感更强。清水江中游的梅花手镯，用花丝托起银珠作花蕊，花珠凸起近 1 厘米，形象独特，立体感强。

4. 整体性

贵州民族银饰注重整体性，如惠水布依族围腰银片、赤水元厚苗族围额银片，中间较大，逐渐向两边延展越来越小，形成一个银饰整体。麻山地区苗族银项圈，都柳江流域侗族、苗族银项圈，最外一圈最大，逐渐向里收缩，越来越小，形成项圈整体。这些银饰的连贯性可见一斑。

图 8-157　花溪·苗族·银簪

5. 对称性

对称均匀的风格在贵州民族银饰中无处不在，不管是锻铸的银翼、链子，还是花丝的各种首饰，都是讲究对称的。望谟、册亨、罗甸一带麻山地区的少数民族银饰，好像复杂琐碎，但正面一看，不仅非常对称，而且非常均匀，每对饰品左右形象纹饰都一样，大小整齐，长度和谐。

侗族的银锁、银项圈、银耳环，苗族的压领、银翼、银项圈、银耳环、银手镯，布依族的围腰银片、银耳环等，都是对称结构。

（二）图案纹饰

贵州民族银饰图案纹饰，有具象、夸张、复合三个特点。

1. 具象

具象是通过对描摹对象的刻画，把描摹对象每个重要细节都表现出来，力求做到“形似”。这要求对具体事物的观察非常到位，细节把握精准。

台江施洞式、雷山西江式苗族银衣片的各种生物造型，都非常具象，鱼的鳞片，蝴蝶的触须、腹节等一清二楚。

剑河一带的拉丝蜻蜓吊饰，也是把蜻蜓硕大的复眼、三对足、腹节等表现得清清楚楚。

图 8-158　花溪·苗族·银簪

黎平、从江、榕江、三都、荔波一带的苗侗民族坠叶银耳环，

每一颗叶片上的叶脉，用錾刻手法，根据主次雕刻得生动形象。

2. 夸张

夸张是通过放大或缩小造型主题的整体或局部，只要神似，不求形似，使银饰造型出现变异。这种夸张首先是情绪的夸张带来的形象的夸张，是贵州民族利用银饰传达某种文化情绪的造型方法。黔东南巴拉河苗族银冠上的银翼，就十分夸张。从审美的角度来看，头上饰品的功能是为头作饰，起到点缀、装饰、帮衬作用，使得佩戴者更精神，更漂亮。但巴拉河苗族银冠上的银翼却不是这样。从人体结构来看，人脸的长宽不过 30 厘米。那么作为装饰的银饰只能小于这个基数。但这里的银翼宽高都超过 40 厘米，有的甚至达到 60 厘米。头上俨然顶着一对展翅欲飞的翅膀。民族节日期间，一群群姑娘穿着盛装，戴着高高的银翼，像一群准备起飞的大银鸟，从前方碾压过来，场面十分震撼。台江施洞苗族妇女的银项链，造型夸张。每条项链都是由 0.8 ~ 1 厘米粗的银条锻打而成，长 2 ~ 4 米，绕在脖子上或斜绕在肩上几圈。

3. 复合

复合造型是把几个独立的银饰形象或不同的图案纹样复合成一个大的造型。独立的小纹样都有自己的符号内涵，而复合出来的大造型又是小纹样的共同内涵。丹寨雅灰式苗族银项牌，中间是一个四瓣花造型，表示阴阳、父母、子女。四瓣花下方是一个鲤鱼，表示生育繁衍意象。两边各有一只飞鸟，扇动着翅膀，象征为蝴蝶妈妈孵蛋的那对鹡宇鸟。上面是一对牛角，表示对最大财富的期盼。牛角中间上面，是一对羽状须，是蝴蝶装饰性的触须。整体形成一只蝴蝶，是祖先崇拜、图腾崇拜、生育繁衍崇拜的多重意象叠加的造型纹样。

图 8-159 榕江·侗族·带钩

图 8-160 从江·侗族·带钩

二、贵州民族银饰的审美特征

贵州民族银饰具有繁复丰满、简约轻巧、精致细腻、粗犷浑朴的审美特征。

（一）繁复丰满

当代，贵州民族银饰加入了一些比较繁杂的工艺，同时也带来了不同的风格。

比如烧蓝工艺，是以银作胎器，敷以珐琅釉料烧制成的银饰品，主要在侗族中使用，范围是各种佩饰、银梳等。

又如套件银插针头花，在银插针的银花位置，镶包各种花珠，

图 8-161 从江·苗族·带钩

图 8-162　榕江·苗族·银饰

图 8-163　长顺·苗族·银饰

图 8-164　从江·侗族·银饰

红色、蓝色、铁锈红等，一般多为三件套。主要是侗族使用，范围是各种头花插针。

这些新工艺的使用，使得贵州民族银饰显得更加繁复和高贵。

黄平谷陇式苗族银冠，像一个膨胀的银花球，最大的直径有50厘米左右。银冠上几百朵2～3厘米的银花整齐有序地排列，没有一处空缺。银花弧度均匀，从不参差起伏，形成一个丰满的整体。

台江施洞式苗族银衣片、雷山西江式苗族银衣片，挂满盛装的前襟和后背，整齐而有序，有斜着排列的，有竖着排列的，只要能有序排列的位置，都不会留有空白之处。

（二）简约轻巧

天柱、锦屏一带的侗族梅花手镯，用一个很大的银泡象征太阳，用花丝编在周围作芒刺，表现在阳光照耀下生机勃勃的田园景象，简单而明了，反映了侗族人民的太阳崇拜意识。

惠水一带的布依族围腰银片，用一个一个五瓣花涡纹围着中间一个涡纹，表示在太阳的哺育下家族和谐的生活。中间的涡纹象征祖先，周围的五个涡纹象征由祖先繁衍下来的各个家族和家庭。围腰与吊带之间用两个银蝴蝶连接，表示布依族虽然离不开太阳，但太阳太多也会烤焦大地，蝴蝶用翅膀遮住了太阳，让布依族先民得以生存至今。造型简单，寓意深远。

黎平、从江、榕江的侗族项链是一串串的银泡和银片圈，是蛙卵和鱼卵的形状，表示对蛙和鱼繁衍能力的崇拜。

水族“龙头”银头花插针吊穗，长38厘米，宽18厘米，由3颗银链子串联6个字花构成，字花为花丝工艺，插在发髻上直垂下到肩，迎风而行时，银花“嘶嘶”轻响。

台江施洞苗族双龙抢宝响铃项圈，在银项圈下用约40颗银链子串联各种錾刻的蝴蝶、锥形响铃、圆形响铃，长30～40厘米。配以红色破线绣盛装，响铃左右摩擦，沙沙作响。

（三）精致细腻

荔波布依族花丝耳环、手镯，银丝细若发丝，编丝整齐顺滑，娇小玲珑。不经意还认为是一个小块银片，仔细斟酌才发现花丝细致紧密。即使是在清末银饰锻制工具非常简陋的条件下，他们都能拉出直径二十几丝的银丝，搓出与银丝直径相同的花丝，其细腻程度可见一斑。同样台江、雷山、凯里苗族的花丝耳环、手镯也如此。雷山苗族银衣片的錾刻细如蝇足，有条不紊，细腻绵长。

有的银匠甚至能錾刻出不到5丝的银线条，每一根线条弧度清晰，走线弯曲均匀。

（四）粗犷浑朴

粗犷浑朴，特别体现在锻铸工艺制作出来的银饰上。如台江施洞苗族妇女的银链子，用直径0.8～1.5厘米粗的银条直接锻打出来，古朴粗犷，既显示了富有，又表现了一种抗拒不了的原始之美。

雷山西江式苗族银翼，全是锻打出来的。虽然颇似“牛角”，但实为飞鸟的翅膀。翅膀展开向上高高翘起，中间的芒刺（鸟的尾羽）也一根根竖立。显示了这个民族力感十足的图腾造型。

剑河久仰是中部方言区雷公山以北的最早的集居地，久仰式苗族银项圈造型及上面的菱形波浪纹，是锻打而成的，纹样简单粗犷，棱角分明，力道十足。

图8-165 榕江·苗族·银饰

图8-166 榕江·苗族·银饰

图8-167 三都·苗族·银饰

图8-168　松桃·苗族·云肩

图8-169　凯里·苗族·华胜

图8-170　榕江·侗族·头箍

陆 纹样卷

743

⊙王莹莹 ⊙夏昆

柒 缝制卷

793

⊙桑童

捌 银饰卷

947

⊙淳于步 ⊙杨光宾（口述） ⊙康征宇

玖 头饰卷

1013

⊙汪香农 ⊙孔令敏

拾 配饰卷

1061

⊙黄荣

卷次

头饰是族群的重要标识，是民族的历史代码。贵州民族服饰中，头饰自成一套语言表达系统。各民族运用头发的绾编手法、发髻的盘结位置、头帕的缠裹方法、簪钗的插戴部位、帽冠的造型样式、髮髻的发型变化等方式，传递出古老文明的信息。

概　述

头饰指人们的头部装饰，又称首衣、头衣，是服饰的重要组成部分。头饰缘起于对头发的梳理和固定，并逐渐演变成一种重要的审美现象。

美是指能够引起人们美感的客观事物的共同属性。中国汉字是象形字，汉字中“美”字的形构，与人体的头部装饰有关，其字形就像是一个戴着高耸头饰站立着的人，这个人头上装饰的或许是两只锋利的兽角，或许是两根长长的鸟翎，或许是插在头上的两根长簪。

人们对头部的装饰，最早可以追溯到远古社会。云南省勐董河下游两岸陡峭的崖壁上，保存着古老的沧源崖画。沧源崖画上清晰可辨的人物图像有数百个，其中，凡是形体较为高大的人物图像，几乎都插戴有头饰。贵州各地的古代崖画上，也刻画有很多不同着装的人物形象，其头上的装饰也很突出。从图形上看，古代崖画中的头饰多为兽角、鸟羽等物，其中尤以兽角头饰为多。有人对各类早期

岩画以及出土的石刻研究后指出，头饰有可能比服饰出现得更早。

头饰包括发式和发饰两个部分的内容。

发式是指头发的梳理编绾样式。头发的梳理编绾有四种方式，即披发、绾发、辫发、剪发。用这四种方式梳理的各种头发造型，称发式。古人不剃发，为了方便行动和形象美观，头发一般都要梳理固定，编辫和绾髻是头发造型的主要方式，也是头部装饰的基本方式。发饰是指插戴在头部用以固定发式的饰物，主要有首饰、梳篦、巾帕、帽冠、鬟髻等。首饰，是指用金银珠宝加工制作而成，插戴在头上的装饰品，主要有笄簪、步摇、华胜等品种，是头饰的重要组成部分，也是头部的主要装饰手段。贵州民族头饰中的首饰材质以银为主，造型多样，形制、纹样、大小都是约定俗成的，具有表现社会地位、显示财富及身份的意义。梳篦、巾帕、帽冠最早是用来固定头发的器具，后来逐渐演变为头部装饰的手段，起到美化和象征作用。鬟髻则是从古代祭祀仪式的发式造型沿袭而来。发饰还包含运用簪插、帕缠、冠束、鬟髻等四种手段，插戴系缠各种头部装饰物的方式。发式与发饰两者互相配合，互相辉映。发式是发饰的基础，是发饰的载体。发饰则是发式的升华。发饰围绕发式来铺陈，来修饰。头饰是发式与发饰的整体呈现，是用整体形状特征来展现人们的艺术审美和文化内涵。在能工巧手的梳妆打扮下，头饰表现装饰者希望传达的审美和象征，变得更具象、更有细节。

贵州民族头饰是民族服饰的重要组成部分，是贵州各民族大众千百年来自我美化的创意，是各民族审美意识的表达。

图 9-1　望谟・坎边・布依族・三月三・头饰各异别族群

第一章

中国传统头饰溯源

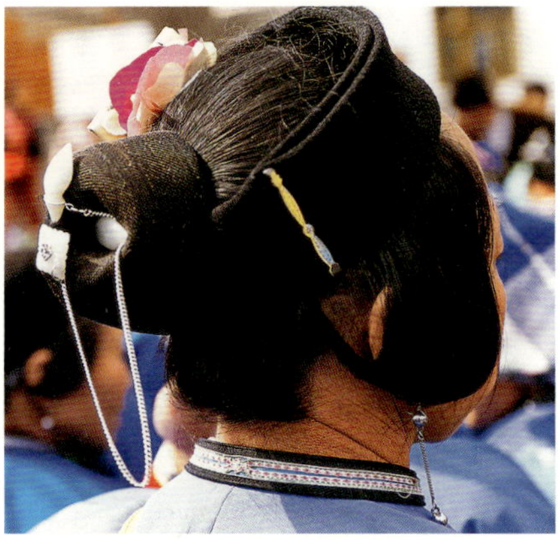

图 9-2　西秀・屯堡人・头饰

头饰的出现是源于人类对美的追求，对图腾的崇拜，对生命的敬畏，还是对部族实力的彰显，我们不得而知。人类何时开始绾起长发，人类何时开始佩戴首饰，也很难准确地考证。但是我们不难推断，从人类开始意识到装饰与美化自身的时候起，头饰与人类也就结下了不解之缘，我们看得见的是头饰与人类文明的同步发展。

第一节　头饰的历史演变

图 9-3　雷山・苗族・头饰

远古时代，受“身体发肤，受之于父母”理念的影响，在很长的一个历史时期，中国古人是留长发，不剪头发的。头发的梳理就成为人们日常生活中的一项重要内容。

那时，人类对自身以及周围的自然环境还未有全面科学的认识，人类对头发这种附属于人体，并具有再生能力的部分充满敬畏之情。在中华传统文化中，头发是人体及性命中非常重要的部分，是灵魂和肉体联系的媒介。人们普遍认为人类的灵魂和躯体是分离的，头发是灵魂与躯体联系的通道，具有神秘的力量，是灵魂与躯体融为一体的关键部分。对于头发的崇拜和敬畏，成为人类对自身认识的重要组成部分。在中华数千年的历史发展中，头发曾被赋予深刻的文化内涵，衍生出许多象征意义。佩戴头饰在当代的少数民族中仍然经常可见，其原因就在于头饰对于少数民族来讲仍具有的社会文化价值。

一、先秦时期的头饰

图 9-4　镇宁・布依族・头饰

最原始的首饰，大概可以追溯到遥远的石器时代。研究发现，在旧石器时代，人类已经发明用骨或玉制作笄来固定头发。在出土的商代陶塑人物俑的头上，可以看到那时人们已经戴头箍。头箍上还留有插鸟翎的部位。

先秦时期，材质的选用、制作的工艺、头饰的造型都日渐成熟。头饰已经不是简单地把头发绾起来，做简单的梳洗整理，以便于

日常行动劳作了，而是学会了用各种饰物来装扮。

中国古代不论男女都是绾髻，发髻绾盘后要固定，人们就发明了笄。笄是古人用来固定发髻或连冠于发的一种长针形用具，秦以后称作簪。簪是常用的绾髻用具和必备的生活用品。发簪用材广泛，造型丰富。在新石器时代晚期的仰韶文化、大汶口文化、龙山文化、陶寺文化、石峡文化、石家河文化诸遗存中都发现了骨簪和玉簪。河南安阳殷墟商代的妇好墓，出土的发笄多达400余件，有骨笄、玉笄等品种，有圆盖、方牌等形状，有夔龙、凤鸟等装饰纹样。殷商以来，簪的造型数千年变化不大。簪最初为固定发髻和串连发冠的用具，后来衍生出簪钗、花胜、螺钿、步摇等一系列的首饰。

图 9-5　从江·侗族·头饰

中国传统发式中的编辫、绾髻在远古时期就已基本成型。先秦时期头发以编辫为主。从考古发掘的出土物观察，商周时期的发式，以辫发为主。从出土陶俑的发式观察，战国时发辫编结的花样已经很多，编辫的样式都已具备，流传数千年，形式基本不变。其后成为青年未婚女子的主要发式。女子则把长发绾拢成髻垂于头后，并用骨簪固定。发箍在商代就已出现，商代考古出土有戴头箍的陶俑，发箍呈短筒状。

巾帼出现在商朝，当时的巾帼较为简单，通常作帽箍状。至周代，巾帼普遍使用，帽形有平形、尖形、月牙形等，巾帼中间突出，两边翻卷。普通平民巾帼形状低而平，贵族阶层的巾帼形状高而尖。

图 9-6　沿河·土家族·头饰

髲髻是中国古代历史悠久的头饰。“髲”，即假发，指梳妆人自身头发有限，借助掺杂他人的头发增益，编结成出蓬松高大的发髻。先秦时，人们已经知道戴假发。诸侯卿大夫在家庙中祭祖时女人要戴假发装饰。《仪礼·少牢馈食礼》中记：“主妇被锡。”注释说：被锡，即“以髲妇人之紒为饰”，即借用他人的头发增益自己的头发，编结的头饰。

二、秦汉魏晋时期的头饰

绾髻也是一种古老的发式，秦汉时期广为流行，咸阳秦始皇陵出土的陶俑中有各种绾髻的样式。汉代以后以绾髻为多，用幅巾裹头。女子的发髻开始丰富多样，有的绾结于头顶，有的分绾于两侧，有的绾髻于头后。

图 9-7　威宁·彝族·头饰

发箍是约束额前头发，箍在发髻上，加插发笄固定。陕西咸阳出土的秦代武士俑头上，前额上系有发箍约束头发以防挡住视

线。其后，头箍所用材料不同而形制有变。从西安秦始皇陵的兵马俑上，可看到当时军队中流行的头饰。

魏晋时期，男子戴帽冠的习俗被扎幅巾代替，史称“不著冠”。缠头最初只是用布条或头巾束住头发，其后头巾逐渐变宽变长，并覆盖住头顶。汉代用一幅布帛束发，称为幅巾。巾帻是汉代文人雅士习用的头饰。根据头巾材料的不同，又有缣巾、纶巾等称呼。妇女流行绾缓鬓倾髻。缓鬓指鬓发松散，倾髻指发髻倾斜，发髻遮掩眉额，两鬓抱面。由于发短、发稀的妇女仅靠自己的头发不可能绾成高髻，为了迎合时尚，于是人们在梳发绾髻时掺上别人的头发，或干脆戴上用假发编成的发髻。《晋书·五行志》记载，缓鬓倾髻“用髲既多，不可恒戴，乃先于木笼上装之，名曰假髻，或名假头”。因假髻过大过重，不能常戴，平时搁置架上。此一时期还流行绾十字髻、飞天髻。飞天髻源于女子们推崇飞仙式的高髻，喜欢高而危斜的形式，将发髻绾成单鬟，高耸于发顶。十字髻即将头发在头顶交错绾结成十字。

图 9-8 德江·仡佬族·头饰

图 9-9 三都·水族·头饰

三、隋唐宋元时期的头饰

因为政治文化经济的逐渐开放，唐朝经济繁荣，人民生活富余，中西文化开始碰撞，社会更包容，女性更倾向于展示自己，对于美的追求更加强烈。唐代，绾髻成为已婚妇女的主流头饰。在中国历代女子发式中，唐代的发髻式样最为新奇，既有对前代的传承，又有影响唐代之后。整个时代的审美一致取向以高髻为尊，以繁复为美。为了寻求高而挺的发髻，髲发鬉髻的习俗在唐代发展到了高峰，各阶层妇女中戴假发相当普遍。为使发髻高大美观，一般先绾成发髻，然后在发髻上插上长梳或长簪，再在长梳或长簪上缠上假发。绾假发髻使用的材料广泛，除了利用他人的头发，还掺入毛发、麻丝。流行的发髻样式有坠马髻等数十种。

由发带到汉代幅巾，再到唐代加衬固定的头帕硬缠，宋代演变为幞头，在朝为官的男子，必须戴平翅幞头，逐渐成型变为内衬固定骨架的帽子，前后经历了上千年的历史。宋代扎幞头所用的纱罗通常为青黑色，称作乌纱。用黑色纱罗制作的帽子俗称“乌纱帽”，在中国的历史上，乌纱帽是官员阶品的重要标识。

图 9-10 威宁·回族·头饰

唐代妇女流行佩戴各种首饰，在髲发高髻上，还要插戴鲜花和金钗、步摇、华胜，云鬓高耸，发鬓拥颊，簪插花胜，宝钿贴额，步摇叮当。

中国古代的人们对自己的仪容装饰十分重视，梳篦是人手必备之物，尤其是妇女，几乎梳不离身，形成插梳的习惯。隋唐五代时的梳篦，多呈梯形，其质料及装饰视用途而别。宋代以后，梳篦一般都制成半月形。妇女尤其偏爱高冠长梳，她们把梳篦插在头上，既作压发之用，又可随时梳理头发，渐渐地梳篦功能发生转变，成为一种特殊的发饰。梳篦材质有竹木、金银、玉石、骨角，制作工艺复杂。发髻上插梳，一般是横插一把，也有在发髻上上下相对插上两把大梳。随着制梳工艺的提高，梳篦越做越精致，还流行在头上错落插数把小梳的。

图 9-11　福泉・白族・头饰

抹额是发箍的演变，秦汉时已普遍使用，至元，抹额制作更加讲究，成为流行的头饰。抹额用五色锦缎裁制成各种形状，有的用彩锦缝制成菱形，有的用纱罗编织成条状，有的用黑色丝帛裹缠成筒形，讲究者还在抹额上用刺绣纹样作装饰，在抹额上镶嵌珠宝，在抹额两端装金属搭扣固定。

四、明清时期的头饰

图 9-12　荔波・瑶族・头饰

明代基本承袭了前朝，唐代流行高髻之俗有所转变，头饰由繁复趋于简单，较有特色的是冠帽变化。

冠帽是头箍、巾帻、帽子、发冠等的统称，两者有联系，但又互有区别，帽由裹头的幅巾演化，以布帛为材料缝制。乌纱帽一直流行到明代，后被清朝的官帽顶子取代。

发冠指用藤条或金属丝编制的圈状发冠，冠上饰以珠宝首饰而成，由发箍演变而来，始于商而兴于明。由于制作的材料不同而被称作金冠、银冠、花冠、羽冠。明代大型的花冠宽与肩等，高至三尺，两侧下垂及肩。

清代，汉族妇女的发饰保留明代的特点，满族妇女梳掺和假发衬垫的满式高髻。发髻高至七寸余，装饰豪华，髻梳理繁复。清末剪发风盛行时，满式高髻逐渐消失。辛亥革命后，贵州民族头饰虽然发生了一些变化，但其后又有所恢复。当下，在快节奏的现代生活中，崇尚简捷生活的人们，已不再佩戴传统头饰。在偏远的民族地区，古老、华丽、形制多样的民族头饰还继续传承和保留着。

图 9-13　从江・壮族・头饰

在中华文明的历史传承中，头饰的历史源远流长，每一种造型各异的头饰背后，都或多或少地承载了中华文明五千年的深邃内涵。

图 9-14 麻江·畲族·头饰

五、中国传统头饰的制度化

头发的梳理和装饰在远古时代就已被重视，人们把服饰的功能归纳为四个方面：避寒暑、蔽形体、饰仪表、表意识。其中，饰仪表、表意识是服饰的重要社会功能，由此，服饰的穿戴不仅是个人的行为，而且要受到社会的制约和制度的规范。

中国传统头饰从有历史记载开始，就不局限于原来单纯的头部保暖防护，简单的梳洗绾辫，以便于日常劳作，而是不断地被赋予更多文化内涵，强化审美意识和形成制度规范，成为中华服饰文化的重要组成部分。佩戴头饰的行为已经成为人们日常生活中一种重要的行为观念，从中反映出不同社会人群的群体特征、不同的信仰体系、不同的阶层，并成为身份的象征。

图 9-15 平塘·毛南族·头饰

在中华传统文化中，衣冠整齐是人们社交的基本穿着要求。《荀子·君道》：“修冠弁衣裳，黼黻文章，雕琢刻镂皆有等差，是所以藩饰之也。”在传统社会里，佩戴符合自己身份的帽冠是一种社会行为要求，也是礼仪制度安排。

从周代起，服饰成为周礼的重要组成部分，出现等级化和礼制化两种倾向，并逐渐形成了舆服制度。舆服制度主要是指依据衣服穿戴来作贵贱之别、等列之分，即“服以旌礼”，“非其人不得服其服，所以顺礼也”。遵照舆服制度，人们的身份不同，其穿戴的冠冕、衣服、鞋子的款式和颜色都会不一样，佩饰也有很大的区别。如果有人违反了舆服制度的规定，就是违法，会被处刑。冠帽制作和系戴规定就是舆服制度的重要内容，从《后汉书》开始，中国最重要的历史典籍“二十四史”中，就有十部专设《舆服志》，记载各朝的服饰衣冠制度，这一传统延续了数千年。

头饰的制度化过程中，充满政治意义的事件是清代的“剃发令”。清朝统治者建立政权后，希望通过强制推行“剃发易服”的政策，来强化对汉族的统治。“剃发易服”虽然在各地遭到强烈的抵制，但是对中国传统头饰的发展还是产生了影响。

图 9-16 麻江·仫佬族·头饰

第二节 贵州民族头饰的历史考证

一、历史文献中的贵州民族头饰

贵州民族发饰在历史文献中记载有限，常常是寥寥数语，出

土物中也留存不多，其历史只能以有限的资料作简单的勾勒。

早在汉代，发式的不同梳理方式，就成为民族族群识别的重要内容，在舆服制逐渐成熟的情况下，中央王朝把不受舆服制约束的西南少数民族，根据各族系的发式不同，笼统地分为披发、绾发、辫发三大类。史书上有“披发之民”“编发之民”“椎结之民”的记载。《史记·西南夷列传》载，夜郎“魋结、耕田、有邑聚”，“巂、昆明，皆编发，随畜迁徙，毋长处”。指出魋结是农耕民族的特征，编发是游牧民族的特征。在贵州出土的夜郎时期文物中，既有椎结绾发用的铜簪，也有戴巾帻的抚琴俑，反映了当时贵州有多种头饰并存。

图 9-17　黔西·满族·头饰

鬈髻，即鬈首，指用麻线系扎约束假发。“鬈首”一词，最早见于《淮南子·齐俗训》：“三苗鬈首，羌人括领，中国冠笄，越人劗发，其于服一也。”此段话用鬈首、括领、冠笄、劗发四种发式，概括出四个民族在发式上的区别。汉代高诱注：“鬈，以枲束发也。”即以麻线系扎的假发，主要是在祭祀活动中戴用。三苗是苗族的先民，贵州苗族西部方言区各个支系女子，大多有“髲发鬈髻”的习俗。因此，古籍文献中，也将鬈首引申指蛮夷之邦。清人张澍《续黔书·小蟹》：“黔为鬼方，即无肠公子，郭索横行，彼鬈首镳耳之伦，且易而玩之矣。”

图 9-18　大方·蒙古族·头饰

宋代周去非《岭外代答》所述：“西南蛮笠，以竹为身，而冒以鱼毡，其顶光圆，高起一尺余，而四周颇下垂。”说明宋代的西南少数民族就戴笠帽，目前在贵州惠水摆金苗族还继续延续这种笠帽，并在笠帽上缀各种彩色流苏，传承中又有演变。

明代盛行巾帼，这个风气传入西南苗疆就受到了欢迎，过往“蛮类概不巾”的头饰习俗开始改变。妇女头饰有“头裹青绣巾帕”“以青布制如九华巾蒙首”“蒙布为冠”“用锡片红线或绣花绘为饰”，等等，男子包头头饰有“发青布裹头”“男子青布帕首”“以布束发”，等等。

明清时期贵州地方政府官员深入各地考察，采访民情，写下了不少著作，书中记录了大量贵州民族的头饰习俗。

明代郭子章的《黔记》中记：“在黎平，苗与贵州同。其妇女发鬓散绾额前，插木梳，富者以金银，多者至五六，如连环，织锦为盖”；“罗罗，椎结跣跻，荷毡戴笠而行，腰束韦索，左肩披羊皮一方，佩长刀箭箙。富者以金钏约臂”。

图 9-19　江口·羌族·头饰

明代赵瓒编著《贵州图经新志·黎平卷》记载：侗族“妇女之衣，

长裤短裙，着细褶裙，后加布一幅，刺乡杂文如绶，胸前又加乡布一方，用银钱贯次为饰，头髻加木梳于后”。

到了清代，关于贵州头饰的记录更多。

田雯著《黔书》记：当地一些民族“肩披羊皮，鸠杖镂银以称苴”；“银环双婀妥，酷似镰钩大而且长”。他的《东川女官诗·罗鬼女官》诗中描述彝族女头领的首饰：“金环两耳垂鬟珠。”

傅恒等编绘《皇清职贡图》记载：“黎平古州等处黑苗，女绾长簪，垂大环”；“黎平府罗汉苗，妇人散发，绾插木梳，数日必以水沃之，以金银作连环饰耳，衣以双带结背”；“大定府威宁州倮罗，女辫发，亦缠以青布，银花贴额，耳垂大环”。

爱必达著《黔南识略》记：“都匀府，苗女则椎髻短裙，露胸跣足，长簪大环，项圈锦袖”；“花瑶，妇人绾髻垂前，饰耳以大银环”；“镇远府黑苗，女子银花饰首，耳垂大环，项带银圈，以多者为富”；“台拱，妇女短裙窄袖，耳环大径二三寸，项带大银圈，插簪长尺许”；“松桃，女苗头必裹布，耳带大环，项带银圈，自一二围，以至十余围不等”；“阳洞罗汉苗，妇人绾髻额前，插木梳其上，富者以金银作连环坠耳，织锦为衣，系双带结于胸前，刺绣一方以银钱饰之”；“大定府，倮罗，妇人辫发亦用青布缠首，大若箬笠，缀以珠、蚌、螺壳、耳带大环，垂至项深”。

图 9-20　赫章·苗族·盘辫

图 9-21　丹寨·苗族·插簪

陈浩编绘《八十二种苗图并说》内容十分丰富，反映了当时贵州少数民族的物质生活、生产活动、礼仪风俗和民族信仰，物质生活中包含了服饰、建筑、饮食等生活状态。图说描述的民族头饰不仅有具体形象，还以服饰特征冠以民族支系名称，如狗耳龙家“男女服色皆白，发结如狗耳状”；马蹬龙家“妇人以湽布作冠，发髻若马蹬状”；大头龙家“男子戴竹笠，妇人穿青土布衣短裙，敛马鬃杂发盘髻为盖，名曰‘大头’”；白苗“衣白，男子束发，女子盘发髻，长簪绾髻”；青苗“男女青衣，妇人用青布束发为髻，男子戴竹笠穿草衣”；锅圈仡佬“男子织斜纹布为衣，妇人以青布笼发如锅圈状，青衣短裙”；“爷头苗，妇人近多圈以银丝扇样冠子，绾之以长簪，或双环耳坠，项圈数围”；“罗鬼女官，多以银丝花贴额，耳垂大环”；而“敛马鬃杂发，盘髻如盖”记录了苗族髲髻鬘首习俗；高坡苗，“穿青衣，喜种山，妇女以木尺绾发内，故名顶板苗”。在《百苗图》中有许多头饰资料，还能看到当地民族的头饰演变过程，为头饰研究提供大量的信息。

图 9-22　花溪·苗族·盘帕

严如熤著《苗防备览·风俗考》记载松桃苗族：“贯以银簪四五枝，脑后戴二银圈，左耳贯银环如碗大。项围银圈，手带银钏，衣服俱锡皮。其妇女银簪、项圈、手钏、行縢皆如男，惟两耳贯银环，二三四五不等，以多夸富。衣较男子微长，斜头直下，用锡片、红绒、或绣花卉为饰。头戴银梳，以银丝密绕其髻，裹以青绣帕。腰下系带，下不着里衣，以布棉为裙，而青红间道，绣团花为饰，亦有系锡铃。”

图 9-23　贞丰·布依族·缠帕

桂馥编绘《黔南苗蛮图说》记录了贵州八十六种族群的习俗，关于头饰方面的有：“第一种黑倮罗，妇人耳带大环，垂至项深。女官以银丝花贴额，耳坠大环”；“第七种黑苗，耳环项圈。妇衣额勒银花皮。其耳环项圈，以多者为富”；“第十种谷蔺苗，妇人以青布蒙髻，耳坠大环”；“第二十四种九股苗，妇女短衣窄袖，耳环大径二三寸，项带大银圈，插簪长尺许”；“第三十二种鸭崽苗，女则椎髻，短裙露胸，跣足。长簪大环，项圈锦袖”；“第五十种僮家，女则椎髻，短裙露胸，跣足，长簪大环，长簪大环，项圈锦袖”；“第五十二种花傜，妇人绾髻垂前，饰耳以大银环”。

图 9-24　从江·苗族·梳发

20 世纪初，日本人类学家鸟居龙藏在《从人类学上看中国西南》一书中，详细地记载了他从贵州玉屏至盘县（今盘州市）一路上所见贵州民族头饰的情况：“五里墩苗族女子，她头包黑布帕，戴耳环、项圈。又遇见一苗族男子，穿黑衣，包黑帕，戴银耳环”；“八番打铁苗妇女，她们包黑头帕并绕额围一圈，耳戴银环，佩饰项圈”；“贵州中部汉族，妇女所绾的是一种变化了的发髻。还有，她们佩戴的耳环也较大”；“贵州中部花苗，男子佩饰银质大耳环。女子耳戴银耳环，头上插一支银笄，手腕带镯子”。

二、出土文物中的贵州民族头饰

除了以上文献记录，考古资料也记录下了民族头饰的情况。贵州考古发掘出土物中，头饰有较多的发现。

2001 年 10 月，贵州省文物考古研究所会同赫章县文管所在赫章可乐发掘古代夜郎时期“南夷”墓 108 座，墓葬年代为战国至西汉时期，头饰种类甚多。其中出土的发钗皆铜质，包括 4 种形制。最多的是“U”形双股发钗，其次为首部缠绕为簧形的双股发钗。发钗发现时，常见两只一组交叉平列于头顶，紧靠头骨，说明发髻竖立于头顶，有高低不同形式。这与《史记》记载夜郎民族“椎髻”的发式特征相吻合。尤其是一些奇特的套头葬式以及具有浓郁民

图 9-25　龙里·苗族·扎头巾

族特色的随葬器物，对揭示古代夜郎文化面貌提供了很多参考。

1975 年发掘的兴义万屯汉墓群，墓葬年代为东汉中晚期，出土有铜马车、铜提梁壶、陶制水塘模型、汉砖等珍贵文物。出土的抚琴俑身着右衽长衫，头戴巾帻。庖厨俑身着长衫，头戴马蹄形帽，形象生动。同时，也出土了铜发簪等头饰。

贵州省考古所在纳雍县大坟山清代石板墓群的考古发掘中发现，当时的苗族妇女头饰为高大的宽髻。从墓葬中的银饰分布，以及对墓葬主人头部实际间距的勘查，其发髻既高又宽，具有髲髻鬘首的特征。由此证实，在历史上，苗族头饰中髲髻鬘首的情况较为普遍。

图 9–26 从江・苗族・剃发

图 9–27 从江・苗族・剃发

图 9–28 从江・苗族・剃发

第二章

贵州民族头饰的材料及表现形式

贵州民族头饰是贵州民族服饰的重要组成部分，是各民族大众千百年修饰自身美的创意，是各民族审美意识的表达。

图 9-29 从江·苗族·剃发

第一节 贵州民族头饰的材料

一、头饰的制作材料

贵州民族头饰，所用材料不追求名贵，而是就地取材，因地制宜。概括起来，贵州民族头饰的制作材料主要有金属、动物、植物、纺织四大类及少量人发。至于历史上的一些玉石珠宝材料，在当代则很少有采用。

图 9-30 从江·苗族·剃发

金属类。贵州民族头饰中的金属材料主要为白银，兼有少量金、铜、锡。金属头饰品种有笄、钗、钏、梳、帽、冠、箍、抹额、华胜、环、玦、坠、珰、链、圈、牌、步摇，仿制鸟或鸟翼、尾羽及花朵的造型。头上用银饰的以苗族最为典型，尤其是黔东南一带，更加突出。

动物类。动物类材料包括骨、牙、皮、毛、贝壳。历史上利用动物的骨牙皮较多，现当代主要为蚕茧、鸡毛、雉。品种有骨笄、牙坠、皮冠、鸡翎、羽冠、贝箍等。水城一带小花苗支系，每到节日期间，男人们身着长摆衣，披织绣披肩，头上戴羽冠。其羽冠是利用雄野鸡的尾羽制成。居住在凯里、黄平一带的僅家男子，在节日场合，头戴蜡染尖帽，帽边插以白色鸡翎。榕江、剑河苗族男子也有插鸡翎的习俗。雷山西江节日期间，女性头戴“双凤朝阳”银器，当地苗语称“嘎大你”，即汉语银翅之意，银器为两只合体的鸟，中间芒状为鸟尾上立，又象征太阳光芒，两只鸟头上分别拴有白色鸡毛，表现了苗族人鸟崇拜习俗。平塘、龙里、贵阳花溪等地苗族，喜用贝壳制作头饰。

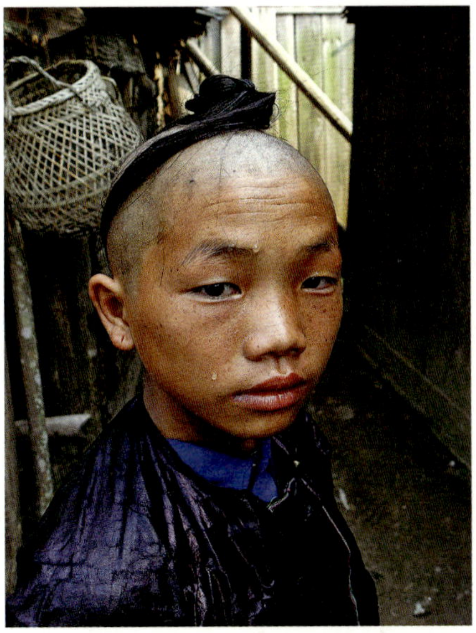

图 9-31 从江·苗族·剃发

植物类。植物类材料包括竹、木、藤、花卉等。主要品种有发笼、发架、梳篦等。威宁等地大花苗支系，用竹篾制成尖顶状，

图 9-32　西秀・苗族・梳发

图 9-33　西秀・苗族・梳发

图 9-34　西秀・苗族・梳发

外用头发缠成锥形。从江及广西部分瑶族妇女的帽子，内用藤条或竹子、外用青布或织锦做成尖顶形状，并饰以红缨、珠链。雷山等地苗族妇女喜戴花，原先都采摘野生鲜花，当代才改饰绢花。贵州一些民族极注重保持发型，如苗族、侗族、水族的女性，无论日常居家生活，还是外出劳作访亲，都将头发梳绾得十分漂亮精美，头上还往往插上木梳，既是装饰物，又随时备用。

纺织类。用于制作头饰的纺织类材料，有织造、印花、刺绣三个品类，历史上曾流行毡类，但现当代已逐渐消失。纺纱有毛纺、棉纺、麻纺、化纤纺，贵州一些民族有掺假发的习俗，除历史上利用少量他人头发之外，当代多数人是利用毛线、麻线和化纤线，与本身头发掺和缠绕盘于头顶。织造有锦、绮、绦、条纹布、方格布、平纹布、蜡染布、树脂防染印花布、扎染布、蓝印花布等。品种有帽子、巾帕、头带、头箍等。

二、发饰的制作材料

贵州民族头饰的制作材料大体可以分为四类：发簪制作材料、梳篦制作材料、帽冠制作材料、假发制作材料。

发簪制作材料。发簪的材质多样，竹木、金属、骨牙、玉石、贝壳等材质都用。工艺多样，錾刻、拉丝、镶嵌、焊接等工艺都用。簪体可錾刻造型，可镶嵌金钿，可缀挂步摇，可焊接华胜。贵州民族首饰中银饰最有特点，以银簪为基础，衍生出各种样式的首饰，银、锡、铜是重要的银饰制作材料。

梳篦制作材料。梳篦是一种古老的理发用具，齿稀的称“梳”，用来梳理头发；齿密的称“篦”，用来清除发垢。其历史可以追溯到六千年以前，材质也最为广泛，竹木、象牙、玳瑁、犀角、金属、玉石都可以制作梳篦。贵州民族梳篦制作用料精良，技艺精湛。制作梳篦的主要材料为木材、毛竹、兽骨等，最常用的是黄杨木。黄杨木木质细腻，纹理清晰。梳篦制作工序复杂，从开料到成品，一把木梳需经过28道工序，而一把竹篦则有72道工序，讲究的还要经过雕、描、烫、刻、磨等传统工艺方能完成。

帽冠制作材料。帽子的制作材料有自织自染的各种平纹白布、条纹色布、格子花布、绸缎、织锦。发冠制作材料用料广泛，有植物纤维、藤条、竹木、金属、纺织物等。

假发制作材料。假发材料主要有人发、动物毛发、棉麻纤维和化纤纺织线。化纤纺织线有腈纶线、尼龙线。腈纶线用作假发

头饰，比蚕丝便宜，比棉麻线颜色丰富，且不用人工染色。近代以后，由于化学纤维线的材质坚韧、色彩艳丽、价格便宜而被广泛使用。

三、头发的梳洗材料

在自然经济条件下，没有化学洗发剂，头发的清洗和发式的定型需要自制洗发剂。农耕时代，人们采摘天然植物加工制作清洗剂，主要清洗材料有茶枯、皂角、刨花、米糠。少数民族妇女采用当地的植物原料制作洗发剂，梳理保护头发。常用的洗发剂有茶枯水、皂角水、淘米水、刨花水。

图 9-35　西秀・苗族・梳发

茶枯水。茶枯即茶麸，是油茶籽榨油后留下的渣料，一般压成饼状收藏，又叫茶籽饼。将茶麸捣烂用水熬煮，浸出的液汁中有效成分是皂角甙素，具有良好的去垢效果。茶枯洗头能帮助修复受损发质，给头发补充养分，使用这种天然洗发剂使头发保持乌黑亮泽，没有头皮屑，还有生发效果。

皂角水。皂角指我国特有的苏木科皂荚树所结的荚果，皂角含皂荚皂甙、棕榈酸、硬脂酸等多种成分，是保健品、化妆品及洗涤用品的天然原料。用皂角熬水洗发是天然高效表面活性清洗剂，有很强的清洁能力，还有促进头发再生、去垢、除油、止痒、改善受损发质等功效。

图 9-36　西秀・苗族・梳发

淘米水。淘米水是传统的洗发护发定型剂，是民间洗发的传统验方。淘米水里含有丰富的米糠油，其主要成分是多种维生素和蛋白质，淘米水用发酵的方法处理又会使蛋白质分解为氨基酸，能够帮助头发的色素细胞生成黑色色素。发酵后的淘米水具有弱酸性，对头发具有保护作用。淘米水洗发制作简单，将淘米水盛于有盖的容器内存放数日，略微发酵后，加热即可洗头。

刨花水。刨花水是用杉树、榆树、樟树等木头的刨花为原料制成。刨花水是一种天然护发用品，使用后不用清洗，富含树脂和树胶，其作用是能修复受损的毛鳞片，作"抹头油"用。人们浸制刨花水，有用出油脂的柏树、杉树、桐树等作原料的，也有用出胶质的桃树、枣树、榆树等作原料的。含油脂和含胶质的刨花水性质不同，但滋养护发的作用相同，都具有明显的改善发质、滑顺易梳、色泽光亮等效果。

图 9-37　西秀・苗族・梳发

第二节　贵州民族头饰的分类

贵州各民族女子除了注重用花衣装扮自己，还注重自己头发的修饰。头饰由发式和发饰两个部分组成，发式和发饰组合成千姿百态的头饰。贵州民族发式造型多样，发饰品种丰富，头饰制作复杂，按材质品种、功能造型、装饰手段、艺术风格来分类，贵州民族头饰大致可分为发式编绾、发式固定、发式增益等三类十种。

图 9–38　六枝・苗族・盘发

一、发式编绾

（一）绾髻

绾髻指用各种手法将头发于头顶编绾成髻，是中国传统头饰中最常用、最基本的发式。贵州民族头饰大多数是在绾髻的基础上变化衍生的，绾髻主要有结椎式、结鬟式、反绾式、双挂式四种，由此四种绾髻方式而衍生出各种发髻样式。绾髻的手法看似简单，造型变化却极为丰富。

图 9–39　六枝・苗族・盘发

结椎式。又称“椎髻”，意思为将头发绾结成椎形的髻，是中国传统发式之一。结椎式梳编时，先用双手将头发梳拢于后脑，右手握住发根，虎口向上，手背紧贴后脑；左手握住发梢，将头发拧成一股，贴着后脑，将发梢顺着发根绕环。右手将发环盖在发梢上，在头顶或头后盘绕成髻，然后绾结如椎状，用发绳或发簪贯住，形状远看如椎，耸于头上，故称作结椎。结椎式是贵州民族历史久远的发式，远在汉代，贵州濮僚族系就绾椎髻。至今，贵州仍保留着这种传统发式。结椎式也是贵州民族最基本的发式，其造型蕴藉持重，变化甚多，大多数发饰都围绕结椎式展开。

结鬟式。意思为将头发绾结鬟形，是中国传统发式之一。结鬟式编绾时，先把头发拢结于头顶，然后分股编结，弯曲成鬟，托以支架，用丝绳系结，高耸在头顶或两侧，再饰各种金钗珠宝，呈巍峨之状，高贵华丽。结鬟式盛行于魏晋南北朝时期，贵州苗族、布依族保留有结鬟式发式。

图 9–40　六枝・苗族・盘发

反绾式。意思为将头发在头上反绾为各种造型，是中国传统发式之一。反绾式编绾时，先将头发往后梳理拢结于头顶，再编绾成各种形式。反绾髻流行于唐代，后历代沿用，贵州各民族都有反绾式发式。较常见的是垂髻，俗称“疙瘩髻”，编绾时先将

头发总拢在头后成束，然后顺发根将头发反绾成小髻。汉代开始流行这种发式，后为历代沿用。髻式随社会习俗变化而有所改变，梳理这种发式的群体，由青年妇女逐渐转到老年妇女，当代农村的一些老年妇女，仍有梳垂髻的。

双挂式。意思为将头发绾结成两个髻，是中国传统发式之一。双挂式编绾时，先将头发在头顶平分两大股，绾结成对称的髻，垂挂于头两侧。在民族发式中，各民族都有双挂式发式，多用于未成年少女。

图 9-41　六枝・苗族・盘发

（二）编辫

编辫，亦称辫发，意思为将头发梳编成辫子，垂于头后或盘于头上，是中国传统发式之一。辫发是妇女喜欢的发式，辫发之俗，可以追溯到原始社会，古籍文献中贵州古代四大族系均有“辫发之民”的记录，这说明贵州各民族都有辫发的习俗。按编结方式，编辫分为单辫、双辫、多辫、盘辫。辫发后，还采用多种方式进行装饰，有的用发簪固定，有的用头帕装饰，有的是发辫与发帕组合装饰。编辫时，先把头发理顺后分为三股，然后左右交叉扭转编结成辫，到发梢时将三股头发汇拢，用头绳或头帕扎紧。双辫梳编法，是将发顶平分两大股，梳结成对称的两辫，相对垂挂于两侧。多辫梳编时，以目标辫数为准将头发分股编结。盘辫则是辫发后将发辫盘绕头顶，发辫上覆盖头帕，插笄固定。单辫多为未婚女子采用。编辫从商代开始，流传数千年，方式基本不变，但不是发式的主流。镇宁扁担山布依族、江口漆树坪羌族的发式为盘辫式。

图 9-42　六枝・苗族・盘发

（三）拧盘

拧盘，即用旋拧或盘绕的方式将头发梳理成造型，是中国传统发式之一。头发拧盘分为拧旋、盘绕两式。

拧旋式，是中国传统发式的编结方式。拧旋式的编法为，将头发分成几股，像拧麻花似的把头发盘曲扭转，缠绕于头上。拧旋式盛行于汉代，发型鲜活灵动，饶有风韵，其典型为“灵蛇髻”。

盘绕式，是中国传统发式的编结方式。盘绕式的编法为，将头发分为数股，编成辫，然后在头顶呈螺旋式盘绕成型。主要发式为螺髻。螺髻编结时，先将头发拢于头顶，然后绕头顶盘旋，发梢绾结形似螺壳。螺髻富有装饰性，其变化形式甚多，一般有单螺髻、双螺髻、盘桓髻等样式。凯里丹溪苗族的螺髻样式独特，发髻在额前伸出 3 厘米。

图 9-43　六枝・苗族・盘发

二、发型固定

贵州民族头饰固发式的方式主要有发带固定、发簪固定、梳篦固定、发箍固定四种。由发式的固定而演变成四类发饰。

（一）发带固定

图 9-44　丹寨・苗族・绾髻

发带一般由软质的布条、锦带制成。最初用发绳固定，后演变为发带、发巾、抹额。发巾固定有系扎和披搭两种方式。系扎式是将头发编绾后，用头巾系扎固定发髻。披搭是将头发散披于头后，将方巾对折成三角形，披搭于发上，方巾的长边顺前额绕至头后发根处系扎。裹头的硬衬幅巾最后发展变为帽子。

（二）发簪固定

发簪最早称为“笄”，秦汉以后改称簪，是古人固定发髻和连冠于发的用具，亦作为仪礼用具。通常由簪头和簪体组成，簪体为长针状，插入发髻中，有单股、双股之别，双股发簪又称作“发钗”。

图 9-45　从江・侗族・绾髻

发簪，可分为实用型和装饰型两类。实用型发簪作细长针状，用于固定发髻，簪体上常琢有凸弦纹，簪头上无装饰，簪子的尖端可搔头，所以簪子俗称为“搔头”。另一类为装饰簪，发簪样式繁多，主要变化集中在簪头的造型与图案上，簪头的造型有拟物、象征等形式，其图案多具有吉祥寓意。发髻梳理好后，会把装饰型发簪插戴在头部明显的位置，在固定发髻的同时，还有装饰发式的作用。装饰性发簪多为双股钗形，簪头外露于发髻的部分，是发饰的重点装饰部位，造型丰富，有菱形头、圆形头、方牌形头、鸟兽形头等数种。装饰型头发簪以发簪为基础，在头上缀挂衍生出华胜、金钿、步摇、梳篦等系列首饰。贵州民族头饰的簪子多为银制，银簪的装饰工艺有錾花、镂花及盘花等。普通人家嫁女，银簪子是必不可少的陪嫁之物。

图 9-46　西秀・苗族・绾髻

发钗，由钗头和两根钗脚组合而成，发钗与发簪的功能大致相同，用来绾住头发，固定帽冠，首饰插挂在头上。区别在于发簪为一股，而发钗是两股。发钗上可镶嵌或缀挂华胜、花钿、步摇等饰件，有利于各种饰件在发髻上稳固。

华胜，也叫花胜，是以发簪为基座，以绢绸和金属材料制作成仿真花鸟造型的首饰，插在发髻上或者缀挂于额前为饰。中国传统头饰有插花戴花的习俗。华胜盛行于唐宋时期，唐代无论男女都喜好在头上插戴各种花样的头饰。

花钿，指以金银材料打制成各种花样框架作为底托，然后镶嵌上各种珠宝，用发钗固定，插戴在头上的首饰。因镶嵌金银、玉石、贝壳等贵重材料，故又有金钿、螺钿、宝钿、翠钿、玉钿等叫法。

步摇，发簪头上的一种挂坠。以金银制作，錾刻为纹，拉丝做链，锤镤成铃，缀挂成串。因随着脚步移动，首饰也随之晃动，并窸窣作响，体现出女子行走的韵味和节奏的美感，故称作步摇。插戴步摇使人显富贵华丽之姿。苗族、布依族、侗族等民族盛装头饰都喜欢插戴步摇。

图 9-47　从江・苗族・绾髻

台江反排苗族的长簪，独具特色。台江反排苗族头饰，发髻上由自下而上横排的五支宝剑头形银片组成，也戴在银冠上。五支长尺余长簪从右向左从发髻中穿过，发髻正中还插有凤头银饰，发髻上插戴鲜花。黎平尚重侗族的发绾高髻，发髻上缀满各种流苏步摇，移步摇动，婀娜多姿，窸窣悦耳。三都都江苗族的发髻上前后都缀挂着银铃。

（三）梳篦固定

梳篦，又称作栉，梳篦的区别在于梳齿，“疏者为梳，密者为篦”，是传统发饰中最具使用功能和装饰价值的用具。古人发长，梳篦是每日整理头发必备的用具，梳子用来梳理头发，篦子用来洁净发垢，保持头发的清洁。为便于携带，梳篦多插挂于头上，人们对梳篦进行一定的装饰，逐渐演变为头饰物。装饰时可以单独插于前额，也可插于髻后，或分插头部的左右两侧。

图 9-48　黎平・侗族・绾髻

（四）发箍固定

发箍，又叫头箍、头带，指用条藤、布帛和金属条编制，箍于头顶，约束额前头发的圆环状物。根据制作材料和固定方式的不同，发箍又分为软箍和硬箍两种。发箍最早为固定的筒状物，后为取戴方便，改为半封闭的圈状，与发箍关联的是抹额。

抹额，始于唐代，盛行元代，流行于明清，最早是一种巾饰，束在额前，系结于头后，上面多饰以刺绣或珠玉。后来用金属材料制作，呈半圆环状，箍于头上，成为前额部的主要装饰。凯里舟溪苗族的银抹额，先将头发在头顶绾成蓬松螺髻，再用银抹额将发髻箍压成弯月形，然后用茶油或蛋清定型，在额前悬出 3 厘米，如帽檐状，造型独特。台江革东和丹寨排调苗族的银冠是抹额和花冠的组合。

图 9-49　丹寨・苗族・绾髻

其后，发箍的装饰性加强，逐渐演变为插挂各种银头饰的基座而越来越宽，缀挂在发箍上附属的装饰物越来越多，这种发箍

以台江施洞苗族、雷山西江苗族的银头箍为典型。雷山西江苗族的发箍上部装饰了各种花胜、步摇，下部额前处缀满了流苏、银铃。雷山西江苗族头箍，上阔下敛，分为三层，贴额处为银头箍片，头箍上錾刻有各种花纹图案。头箍下缘缀挂流苏，头箍上缘插满银制的折枝花朵叶片。发髻上插戴一对银角，银角上錾刻压花二龙戏珠图案，两银角间一排十三片银扇装饰，银角顶端插上白鸡羽，银角高耸，巍峨壮观。

图 9-50 赫章·苗族·辫发

三、发式增益

发式增益指人们由于自身头发有限，为适应社会生活的要求，出于仪式着装的需要，遵从民族传统的习俗，而采用多种方式来增益自己的发式。发式增益是贵州民族头饰的重要组成部分，增益的方式主要有三种，即缠裹头帕、制戴发冠、髲发鬆髻。虽然头帕、发冠、髲髻用材不同，编制各异，但性质相同，都是发式的增益性装饰。

图 9-51 镇宁·布依族·辫发

（一）缠帕

缠帕，指将长条形头帕在头上缠绕成为头饰，是贵州民族头饰中最常见的增益性头饰。头帕缠头最初是用于满足头部防风保暖的需求，后来逐渐演变为一种增益性的头饰。

头帕缠头按方式分，有软缠和硬裹两种。头帕软缠时，是直接将头帕缠绕在头上，形成各种形状。缠头帕是一件费时费工的活路，为取戴方便，人们改进头帕缠裹的方式，将头帕一次缠裹成型，多次使用，于是出现了硬裹。缠绕式用整幅的土布缠绕发髻，土布宽尺余，长可达数丈，短的也有几尺。

头帕硬裹时，先用藤竹条、金属丝或布壳缝制头帕内衬，然后在头帕内衬上将头帕缠绕固定成型，用时直接戴在头上。这样既节省了盘缠头帕的时间，又保证了头帕的造型，取戴也方便了。硬裹头帕内衬逐渐演变为帽子。

图 9-52 西秀·屯堡·辫发

头帕的盘缠手法有顺盘、交叉盘和披搭三种。顺盘即将布幅折成条状，在头上按顺时针方向在头顶盘绕十数圈，缠出的帕式如盘。交叉盘也是将布幅折成条状，在头后分为两边向前绕，在额前交叉缠绕，形状起伏错落，韵味多趣。不论是顺盘还是交叉盘，盘头布条收尾处或垂于耳旁，或翘起额顶，花样多变，自然成趣。头巾一般是用披搭的方式系扎。贞丰布依族盘缠牛角帕的方式较为复杂。盘帕时须二至三人协力，头帕为当地土法纺织土格子布，

长约三丈。先将格子布折叠为三寸宽的布条卷好，头发绾结，插一长木梳，再以绕八字形的方式将布条缠裹在木梳上形成角状，然后用针固定成型。

缠帕的帕式有盘形、鼓形、梭形、角形。盘形即将头帕在头顶盘缠成圆盘状，台江反排苗族的头帕缠为盘形。鼓形即将头帕盘缠裹成腰鼓形，松桃苗族的帕式即为鼓形。梭形即将头帕缠在头上，前后两端突出如梭形，花溪高坡苗族的帕形即为梭形。角形即将头帕左右绕缠，呈角形，六枝梭戛、贞丰纳孔布依族的帕式是角状。

图 9-53 威宁·苗族·辫发

（二）戴冠

发冠由发箍演变而来。发冠用藤竹条或金属丝编制为圆箍状基座，然后在基座上插接装饰上各类珍稀材料形成发冠。根据发冠装饰的材料命名，有花冠、羽冠、贝冠、银冠。贵州苗族、布依族、彝族一直有在民族活动仪式上戴冠的习俗。黄平谷陇苗族的花冠在贵州民族头饰上独领风骚，形式与唐宋花冠相仿。花冠为半球状，分为三个部分，冠顶花簇密布，中心处银扇兀立，四周饰鸣禽昆虫，冠箍为压花银片，冠沿又缀挂两道流苏，行走间鸟舞花摇，铃声清脆。

图 9-54 乌当·布依族·辫发

（三）髲髻

髲髻指绾发时掺和别人的头发增益自己的发髻。髲发，即古代妇女的假发，指绾髻时掺杂有他人的头发。贵州苗族西部方言区各支系流行梳高髻。梳绾高髻需要有足够的头发才能做到，而发短、发稀的妇女仅靠自己的头发不可能绾成高髻，为了迎合族群的习俗，于是就在梳发绾髻时掺上别人的头发，或干脆戴上用别人的头发编成的假发髻。贵州民族头饰中髲髻式样多达数十种，发髻高大，极尽夸张。有掺发编绾、绕簪编绾、绕托编绾三种方式。

掺发编绾。即在自身头发的基础上，在编绾发髻时掺杂上别人的头发。在六枝梭戛苗族中，至今仍保留着收集家中女人梳发时掉下来的头发，掺杂棉麻线、化学纤维线编成发辫绾成假发，世代传承的习俗。掺发编绾又分绾髻和盘辫两种。绾髻即将髲发掺和在头发中编绾成发髻，盘辫则是将髲发掺入后，将头发编成辫子然后盘绕于头上。

绕簪编绾。即先将自己的头发编绾成髻，然后将长簪或木梳固定于发髻上，再将髲发盘绕在长簪或木梳上。绕簪编绾的发式主要有角髲、辫髲、髻髲、盘髲等几种造型。

图 9-55 晴隆·苗族·绾髻

图 9-56　惠水・布依族・头帕

绕托编绾。指先用藤条、竹篾、金属丝编成鬟托架，然后围绕衬架盘缠上鬟发，绾成发套，用时直接戴于头上。

各民族鬟发髽髻各具特色。贵州苗族西部方言区支系和安顺布依族中保留有鬟发髽髻的习俗。苗族各支系不同，髽首鬟髻的方式也各不相同。威宁石门苗族的鬟发髽髻，是先以竹篾编成锥形的托架，然后再绕托架编缠鬟发。水城南开苗族的鬟发髽髻，是先将头发集束绾髻于头顶，用长梳子固定，然后将假发围着长木梳盘绕成髻。安顺岩腊苗族的鬟发髽髻，是先将头发集束绾髻于头顶，然后用发簪固定，将长木梳一端插于发髻上，另一端悬空，将鬟发在木梳两端盘绕，形成弧形扇面。六枝梭戛苗族的鬟发髽髻，编发时在发梢处掺入假发混编成髻。镇宁石寨山布依族发式为盘辫式鬟发。

图 9-57　三穗・苗族・头帕

第三节　贵州民族头饰的典型样式

一、花溪高坡苗族的头帕

此地女性习惯用长达 15 米左右的黑色织布或织带缠绕成非常夸张的头饰，比如船形、梭形和帽檐形等，显得又宽又大，十分醒目，极易惹人注意。姑娘盛装绾髻于顶，将青色织带由下而上缠绕成帽檐形，层次感极强，呈圆形平顶式，周围高，中间低，顶后用彩色织带装饰，带尾着璎珞自然垂至肩部，露出额发、髻发和双耳，前额处包成“人”字形，或用黑色织布帕包成船形或梭形。妇女盛装绾髻于顶，先用衬帕打结，在额前形成突出状，然后用头帕逐层缠裹，缠毕前帕如梭或船，高耸前伸，颇为奇异，帕尾系于脑后。佩戴耳环。包头帕是苗族男性头饰使用最多，也是极具特色的一类。男子一般包藏青色织布帕，追求帕形的巨大。帕尖微微上翘，在额前包成梭形，梭端悬挑额顶，突兀朝天，显得气度雄浑。帕尾垂于脑后至肩部，露出额发和双耳下部。主要分布于贵州省贵阳市花溪区高坡乡翁西、中院、地坝、甲宝等村寨以及龙里县。

图 9-58　龙里・苗族・头帕

二、凯里舟溪苗族的抹额

凯里舟溪苗族妇女头饰极具个性，与周边其他分支的苗族头饰迥然不同。妇女盛装绾髻于顶，与低平发面形成两层，在额前

压成弯月形，悬伸约 3 厘米，宛如帽檐，薄亦如帽檐。为了便于梳理，先将发束成马尾，抹上一层鸡蛋清，然后按顺时针方向缠绕，于头顶正中盘成一个螺形髻，发尾折于内，后插银簪固定，最后抹茶油帮助定型，使之乌黑发亮、十分醒目。西安草场坡出土的隋代妇女陶俑，其披发于额，仅露出眉目，与其颇为相似，而且与史籍记载也很吻合，隋代发髻一般作平顶式，将发分作二至三层，层层堆上，如帽之状。可以看出，文物和史籍都展示出此发式与隋代发式极为相似，隋发式为源，舟溪发式为流，流因源生。甚至有来中国考察的日本学者认为，它与日本妇女的传统发式也极为相似。姑娘盛装戴无顶锅圈帽，形如明代抹额；顶髻中央插刻有“双龙抢宝”和花草、鸟纹等图案的水牛形银角，两角间有十多块银片如扇状，脚下有发针，用于插在发髻上；发髻右侧插树叶吊坠银簪，银簪上矗立彩色绒线花，发髻外露。少女从六七岁起开始蓄发，先蓄顶发，逐年扩大，戴银项圈、银项链和银耳坠。主要分布于贵州凯里、丹寨和麻江等市、县。

图 9-59 普安・布依族・头帕

三、黄平谷陇苗族的银冠

妇女盛装以木棍为轴绾髻于顶，然后插一银簪固定，包双层布帕，内层包白布帕，底端外露 1 ~ 3 厘米，外层包金色布帕，帕长 160 ~ 230 厘米，宽 13 ~ 15 厘米，布帕自下而上按顺时针缠绕，帕尾在头顶后部扎于内，布帕四周有宽度不等的皱褶，层次感随意而自然，凸显出苗族妇女的整洁与干练，头顶外露白布帕。姑娘便装时，内层包白布帕，外层戴自织自染的紫红色布帽，帽形高耸规整，呈圆筒形，帽宽 15 ~ 20 厘米，帽子周围图纹丰满、精致美观，除紫红色外，还有蓝、白等其他颜色交错相间，帽顶中央留一直径约 5 厘米的圆形，微露白布帕。上衣颜色与挑花帽颜色一致，衣袖、衣襟挑花图案亦同于挑花帽，给人一种视觉上的和谐美。发髻外露。或戴半球形银冠，全封顶，银冠上端以凤鸟为主体，数百朵银花簇簇拥拥，繁华茂密，动感十足。下端四周坠银喇叭吊或银铃角吊，半遮眉额，叮当作响，清脆悦耳。冠后拖三组银羽，每组四根，羽长及臀。戴银项圈、银项链和银耳环。花冠是明代最流行的发式，因此这种发式可能是从那个时代流传下来的。在一些重大节庆活动时，姑娘们着盛装、戴银冠，一派珠玑满头、雍容华贵、绚丽多彩模样，增加了节日的喜庆氛围和恢弘气势，另一方面也是家庭富庶的表现，同时还彰显了苗

图 9-60 三都・水族・头帕

图 9-61 黎平・侗族・头帕

族人民的鸟崇拜观念。主要分布于贵州黄平、施秉和凯里等县、市苗族居住地区。

图 9-62　从江·侗族·头帕

四、雷山西江苗族的银翼

雷山西江女性在参加重要节庆活动时，习惯在头上插满各种银饰，如银花簪、银花梳、十三支花银簪或银角等，给人以雍容华贵、绚丽多彩之感。姑娘盛装绾髻于顶，头戴银花帽，上层为依次并排盛开的花朵，中层为飞鸟、野菊花、骑马组合，下层为垂吊的喇叭花，及至眉际。当跳起芦笙舞时，蝶飞花摇，吊坠交错碰撞，叮当作响，动感十足。超大夸张的银翼，实则为两鸟合体的造型，苗语称为“嘎大你”，即银翼。正中饰双龙戏珠和太阳银角图案，上面竖有 15 片左右长条形银片羽，一般宽 85 厘米，高 80 厘米，重达 500 多克，银角两端系有白色羽毛或彩色丝带作点缀，鸡羽迎风飘曳，银翼更显高耸，巍峨壮观，似有几分轻盈飘曳之美。姑娘便装时绾髻于顶，发束集于左侧，发髻包带刺绣图案黑头帕或缠银链，后用银梳固定，插绢花，露出额发。妇女盛装绾高髻，内层包藏青色头帕，用别针固定于额前；外层包饰有对称旋纹银花的红底银头帕，插银花梳，舞动起来，银光闪烁、花姿绰约；或戴银帽，佩戴银项圈、银项链和银耳环。儿童戴蚕纹、鱼纹等饰有各种动物纹样的花帽，帽尾周边镶浅蓝色边缘，自然垂至肩部；或包带有花纹白底毛巾帕，帕尾系于脑后；或戴银花帽；或绾顶髻呈田螺形，横插一箭形银簪固定，外露于髻左侧，髻周围饰黄色小花点缀，右侧插大红色绢花。主要分布于贵州雷山、凯里、台江和榕江等县、市。

图 9-63　六枝·彝族·头帕

五、雷山桃江苗族的粽子髻

雷山桃江女性在节日和喜庆活动时，习惯将发髻梳成光滑圆润、乌黑亮丽的样式，颇具盛唐之风，极易让人联想起古代画家笔下的唐代仕女以及敦煌壁画中的飞天仙女。妇女盛装时将头发从左向右环绕打成高髻，髻后插木梳固定，形如粽子，或称“粽子髻”。其实按照唐代妇女头饰划分，这种发型不能称“髻”，而应称为“鬟”。此发式与魏晋时代非常流行的十字髻比较相像，很可能是那种发式的历史遗存。姑娘盛装戴动物或草花纹银帽，插银牛角花。佩戴银项圈和银耳环。姑娘便装时，绾髻于顶，插少量头花。为适应现代生活节奏，桃江苗

图 9-64　盘州·布依族·头帕

族妇女头饰发生变异，其头上的鬟日渐式微，不再高耸，变得更接近髻。而且此种头饰恰恰有悖古意，反其道而行之：未婚者梳髻，已婚者梳鬟。青年男子平时包双层布帕，外层为宽8厘米左右的紫红色青布帕，内层为白布帕，于前额处呈“人”字形，帕尾折于内，白布帕微露，每逢重大节日时插两支高高耸立的羽毛做装饰，尽显苗族男子威武之势。主要分布于贵州雷山和丹寨等县。

图9-65　丹寨·苗族·头帕

六、松桃盘石苗族的头帕

松桃盘石妇女一般绾髻于顶，内包格子帕，底端微露，形成一圈自然的窄边格子边缘；外包400～500厘米长的青布帕，按顺时针方向缠绕，包帕形式别具一格，从下往上、由里及外层层缠绕，帕呈高筒形，高约40厘米，显得高耸入云，帕尾折于内，露出额发和双耳；或头顶插彩色银雀花，帕中部四周围银扇花，下端缀各式银链坠，后垂至肩部，朦朦胧胧、影影绰绰。或盛装绾田螺形髻于顶，横插一银花簪固定，发髻靠右插绢花；里层围一圈红色挑花帕，外层戴龙崽围头银帕，帕周围饰菱形吊坠，依次整齐排列，掩至眉际；发髻顶端正中插左右对称“双龙抢宝”银扇花，高高居上，格外显眼，高贵、典雅、富有。姑娘绾髻于顶，包宽8厘米左右黛绿色丝帕或青条纹帕，头顶插零星分布的银花，头后吊银链坠。戴双层银项圈。男子习惯包土布条纹或格纹头帕，帕长800厘米左右，注重头帕走向，缠前先把帕叠成5厘米左右宽，再缠成椭圆形，在额前呈“十”字形、“人”字形或交叉状，层层叠叠，交错缠绕，层次感很强，形成上敛下调的基本形状，以彰显苗族男性的英武、雄伟气势。主要分布于贵州省铜仁市蓼皋镇、长光镇、迓驾镇、盘石镇、盘信镇、牛郎镇、大光镇、世昌乡、正大乡、沙坝乡、长坪乡等镇、乡。

图9-66　榕江·苗族·头帕

七、从江岜沙苗族的椎髻

从江岜沙女性的发式是个性与共性的统一：相对于外界，她们的发式是奇特的；相对于自己，她们的发式又如此一致，高高绾起的发髻是其最大的特点。妇女盛装绾髻于顶偏右，向前倾斜，在额前呈“人”字形，古籍《皇清职贡图》中有“土人结髻于右，汉种结髻于中”的记载，高髻上插木梳，佩戴银项圈和耳环。男子发式与周边其他村寨迥然不同，独具特色。他们习惯以磨得极

图9-67　剑河·苗族·头帕

锋利的镰刀为剃刀，仅蓄顶发剃去周边，顶发蓄长，绾成发束，于头顶上盘成椎髻（也称鬏髻、螺髻），并终生保持这种发式。据说，这种发式是清代流行发式——剃发的历史遗存。或先将挑花白头帕搓成圆柱形，然后按逆时针方向沿发髻四周缠裹，帕尾一端自额顶向上伸出呈直立状，缨须自然垂下，另一端在右侧压紧固定，缨须顺耳后垂下。岜沙苗族男性头饰帕髻皆露，古风悠然，兼具山野韵味。发髻是岜沙男性装束中最重要的性别标志，也是迄今为止在中国所能见到的最古老的男性发式，尽显男子英武凛然之气。如果你去岜沙苗寨旅游，镰刀剃头是保留的表演节目，也是苗族男子最具风情的表演。该支苗族离从江县城比较近，但长期以来一直保持着本支系的头饰特色，实属难能可贵。主要分布于贵州省从江县岜沙苗寨。

图 9-68 从江・瑶族・头帕

八、丹寨排调苗族的螺髻

丹寨排调苗族妇女盛装的样式较多。一般习惯绾髻于顶，呈高高耸立的螺形，绾髻后前额周围戴缀正方形银牌、黑红相间、宽 5 厘米左右的织绣带帕，用以束住额前及四周散发，髻后侧插银花簪。有些学者研究认为，这种绾髻方式应该与魏晋时代流行的螺髻有一定的源流关系。梳发时先抹茶油，略往下压，与低平发面形成两层，云鬓蓬松，绾顶髻，髻上用银链缠绕，顶戴银花冠高且宽，给人一种华丽、富贵之感，微风徐徐，影影绰绰，动感十足。姑娘盛装时绾顶髻，由左向右缠绕，发尾缠在发髻中央，后戴木梳固定。或插银花冠，冠身刻花，为半封顶，顶上数支银花簇拥在一起，帽箍由银压花片圈成，帽顶一枝横连，横枝上立有三或五只凤鸟不等，最下端坠一排响铃银吊，及至眉际。当随着音乐翩翩起舞时，蝶飞花摇，吊坠交错碰撞，叮当作响，清脆悦耳；此类银花冠其实是银抹额同银凤簪的组合体，但个性化深刻程度不高，制作也比较简单，精湛程度也稍逊色。相对于妇女和姑娘们的繁杂头饰，老年妇女则稍显朴素、简单，髻上几乎无甚装饰，佩戴 2 ~ 3 只银项圈和超大双层耳环，双耳露出。主要分布于贵州省丹寨县排调镇部分村寨。

图 9-69 六枝・彝族・头帕

九、台江施洞苗族的银簪

台江施洞姑娘盛装时，习惯绾髻于顶，呈田螺形，发髻中下部包宽度为 5 厘米左右的黑头帕，使其短发不松散。为使发髻光

图 9-70 凯里・苗族・头帕

滑圆润，绾髻前一般需先抹茶油。横插一似弓箭形长银簪固定，发髻外露。髻顶正中央饰粉红色绢花，前后配两片“绿叶”，髻下方包多种颜色相间的花格子帕绕头一圈，露出双耳，帕尾折于额前。身着黑边右襟藏蓝色外衣，衣袖及肩上饰彩凤、蝶等动物织锦图案。或戴银花冠，上为半封顶，帽箍为银压花片圈成，帽顶横连，横枝上立有三或五只凤鸟不等，发髻横插银花簪或“双龙抢宝”“双凤展翅”及十三支等银花，各式饰品品名繁多、银光闪闪，制作精细、繁缛奢华，给人以美的享受。女性戴银项圈、银压领、银项链和各种款式银耳环。男性绾髻于顶，戴精致的尖顶马尾斗笠，斗笠下包一层白头帕微露，用两根细长的白色带子于下巴下缠绕固定；斗笠上插一只银羽片，片尖扎各色绒须点缀，以借神力，这无疑是鸟崇拜观念在苗族男性头饰中的物化表现，或许是研究图腾文化极为难得的个例。儿童戴银冠、银帽或具各种动物形象的刺绣花帽，缀饰银菩萨、银泡花、银花片等，或者把头发剃光，仅留头顶处头发，在头顶沿顺时针方向打髻，发尾于左侧自然垂下。主要分布于贵州省台江、施秉和镇远等县。

图 9–71　黄平・苗族・头帕

十、西秀汪家山苗族的飞天髻

西秀汪家山姑娘盛装将发扎成马尾辫，扭成一股缠紧向前弯曲，辫上缠青布或彩色织锦带，发尾用发髻固定呈拱桥形。然后包二至三层硬衬青花帕，各层之间错落有致，给人一种层次美、错落美，在前额处呈“人”字形；面层束以宽 5 厘米左右的双层挑花头带，带尾于后侧折于内，帕两侧微微向上翘。此发式与魏晋时代的飞天髻有一定的相似性。戴银项圈，额发自然露出，双耳微露。男子习惯包青布头帕，一般长 100 厘米左右，缠前先把帕折成 5 厘米左右宽，注重头帕走向，缠成帽形，露顶发、额发和鬓发，层层叠叠，交错缠绕，层次感很强，以彰显苗族男子的勇武、雄浑之势。儿童一般包两层硬衬青花帕，基本与姑娘发式一样。主要分布于贵州省安顺市宁古镇汪家山村、林古镇、杨武乡猛邦村等地。

图 9–72　榕江・苗族・头帕

十一、紫云蔡家桥苗族的歪梳

紫云蔡家桥苗族女性头饰独特，习惯插戴彩绘木梳正面于右额顶，梳齿毕露，俗称“歪梳苗”。这种以梳代花的装饰可谓别出心裁，绝无其他苗族分支与之相似，彰显出一种与众不同的奇

图 9–73　水城・苗族・头冠

图 9-74 关岭·苗族·木梳

特美。妇女盛装掺戴青丝假发，长二至三尺，发粗如手腕，呈竹笋状；绾顶髻，四周束头带，以青发按顺时针方向从头的右后边往前额均匀缠绕一圈，在左后边与发首交叉固定，形成锅圈状；发的右侧戴彩绘月牙形木梳，发梢自后随意垂下。围织锦彩带，饰彩色珠珠吊坠。姑娘盛装将青发均匀围头缠绕，右边插饰彩绘木梳，发梢自后垂下，双耳露出。主要分布于贵州省安顺市紫云县青海乡、蔡家寨等地。

十二、西秀岩腊苗族的歪梳坠马髻

西秀岩腊苗族妇女发型古老奇特，梳理好的发型，从左边往右边伸展，因此称其“古董苗”。此发型极为别致，呈现出一种特别之美、个性之美。先找一根长度为 20 厘米左右的细木棒，两端分别用细绳固定两把红角梳，梳角朝向木棒两端，一端梳角定位头顶，另端梳角往右延伸，然后掺发来回缠绕梳角之间。妇女盛装掺假发，把头发大致分成三股，头顶一股按顺时针方向缠在木梳上，固定木梳，梳齿朝上，于前额处微微隆起，再把左右两边的两股头发缠在木梳角上，发尾扎在右边的木梳角上，呈半圆形往右伸展，形成左高右低状，如同一挂倾斜下来的瀑布，这与一向讲究对称美的传统艺术大相径庭。未婚姑娘绾髻位置异于一般，于额顶正中绾锥形高髻，上端尖角向前倾，悬出鼻梁，头顶中央横插一木梳固定。此发式颇具盛唐之风，与当时流行的坠马髻极为相似。主要分布于贵州省安顺市岩腊苗族布依族乡、镇宁县和紫云县等地。

图 9-75 威宁·苗族·木梳

十三、水城南开苗族的鬏发

水城南开妇女盛装掺发梳成束，按顺时针方向缠绕三四圈盘旋于头顶，呈三四层旋纹盘状，稍盖住前额，发髻于头顶中央缠于内，给人以错落有致之感。姑娘盛装掺红绒线于发中，在头顶绾成条形宽髻，向前倾斜，似麻花状，尖端微上翘，线尾于脑后和头发交叉缠在一起；或掺发盘成圈形大髻，高耸蓬松，为使发髻光滑圆润，一般需先抹茶油，纵、横分别用红毛线捆出“十”字形色段以固定发髻，红毛线中间又掺黄毛线或黑毛线捆出色道，红黄或红黑相间，红毛线包裹余发以线束住垂于脑后或自然尾垂脑后，露出两耳和额发，戴耳环；或用红毛线密密麻麻把头发缠裹严实，形如一个大圆帽，一丝不露，线尾垂后，然后用黄、白

图 9-76 丹寨·苗族·木梳

毛线缠捆出3厘米左右宽双排色道，呈现出条纹变化，条理、自然、明晰。男子盛装时头戴锦鸡羽毛帽，羽毛帽需先做帽架，然后沿帽圈插数十支野鸡尾羽，帽架用上黄下红颜色布里外束住，呈圆筒形，帽架中间用锦鸡羽围成一个似圆形图案，上部鸡尾羽向四周自然发散，或四周坠彩色丝线垂下，帽下端两侧各有一红线，系于下颚处以固定羽毛帽。每当有重大节庆活动时，苗族男子头戴锦鸡羽毛帽，羽毛金光闪闪，高高耸立，随风而动，这种帽饰可以展示苗家男子的高超猎技和英武气概。或留长发，掺红毛线绕头一圈辫发，盘于头上，发尾垂后，同电影屏幕上太平军的发式造型十分相似，通过这种梳辫头饰可以见到太平军兵士阶位发制的保留，迄今已趋消失，多数已改成留短发。主要分布于贵州省六盘水市水城县南开乡、毕节市纳雍和赫章等县。

图9-77　从江·苗族·木梳

十四、六枝梭戛苗族的髽髻

六枝梭戛苗族女性一般习惯将积攒下的几代人的长发，掺着麻线搓成一小股一小股的辫子，然后捆成一束或几束（当地人称为“索套”），佩戴在木头制作的牛角形状的梳子上面。一般头发长度在1.7米左右，缠在木角上呈超大的“∞”形状，宽齐两肩，重达2.5千克，是苗族头饰中最大的发髻。妇女盛装以超长木角梳为衬，先用白绳将自己的发束固定在长角木梳上，掺假发按顺时针方向缠在木梳上，两端长角赫然外露。缠好后，再用一束白头绳把头发系紧，使头发向两侧展开形成超大宽髻，比肩宽。据推测，此发式应该与唐代缓鬓倾髻有一定的关联性，这种把苗族最古老的蚩尤角冠和三苗髽首汇聚一头，相得益彰，在文化遗存中是一个极为特殊的个例。现在只有在婚嫁或者参加重大节日时，才会佩戴。平时，她们就把长发盘在脑后，用一把木质角梳插上。姑娘便装戴长角木梳，不用掺假发。以前，节日时男子发式与妇女发式一样，梳宽大发髻，戴长角木梳，这种发式被视为男性成熟的标志，迄今该习俗已经消亡。20世纪五六十年代，梭戛苗族男子开始改为包青布头帕，一般用两条，各长100厘米左右，内层包青布帕，外层包青丝帕，缠成帽形，露顶发。主要分布于贵州省六盘水市六枝特区梭戛乡和毕节市织金县等地。

图9-78　贞丰·苗族·银梳

十五、威宁河镇苗族的尖帽

威宁河镇苗族的头饰具有其独特的民族风格。头饰多种多样，

图9-79　都匀·苗族·银梳

图 9-80　兴义·布依族·头帕

图 9-81　大方·彝族·头帕

图 9-82　镇宁·布依族·头帕

因村寨不同而不同。女性头饰不仅有已婚和未婚的区别，还有信仰基督教和非信仰基督教之别。不信教妇女盛装盘髻于顶，头戴用假发缠裹的尖锥形竹尖笼，四周饰有用细白线串起的大小不一的彩珠环形缠绕，竹尖笼高高耸立，似一顶尖帽巍峨屹立，煞是壮观；或以黑毛线掺入做假发，盘螺形髻于头顶，尖顶朝天；或盘盘形髻于头顶，前至前额，用木梳固定，露出双耳。信教妇女则盛装盘髻于顶，在髻上部横铺红毛线呈长方形，然后用饰有彩色图案的白色织锦带绕红毛线一周，用红线交叉缠绕固定红毛线，额发微露。未婚信教姑娘盘发于两耳上方，用发杈或木梳别成圆形或在前额处别成“人”字形，先用黑白毛线各 30 根左右编成麻花形绕发一周，然后用红线交叉缠绕固定，也可饰细丝线做成的各色绒花，稍遮住双耳；或自然盘髻呈螺形垂于脑后，用彩色丝带固定，带尾自然垂下，头上饰有各种颜色及形状的小花，额发和双耳露出。不信教姑娘盛装梳长辫，扎马尾垂于脑后，露出额发至眉际。1904 年基督教传入以前，男子留披肩长发，后留短发，缠多层白布帕，帕长 100 厘米左右，先折成 5 厘米左右宽度，然后缠成带有皱褶的帽形，层次感极强，帕尾折于内，露顶发。主要分布于贵州省毕节市赫章县河镇彝族苗族乡以及织金、大方、纳雍、黔西等县，安顺市紫云县等地。

十六、贞丰纳孔布依族的牛角帕

布依族男女习惯包帕，头帕主要有白帕、青帕、格子帕、蜡染帕等几种。纳孔布依族男女一般习惯包蓝花格子帕，格子帕的图案由土织布机织就而成，格子有大有小，花样较多，头帕花纹、包头式样等也呈现出多样性。女性比较讲究头饰，婚前盘发辫，戴绣花头巾，婚后须改包帕。妇女盛装绾髻于顶，用竹笋壳做成一个倒立的等腰三角形“骨架”，底边超长，远超过双肩宽度，长约 300 厘米；先把格子帕平整折好，绕“骨架”为轴对称层层缠绕，在额前呈有序重叠的“人”字形，两端尖如牛角，故称牛角帕；帕尾于脑后折于内，露出额发和双耳，佩戴银项圈、银手镯等。男子主要包格子帕、青帕，帕长 100 厘米左右，先折成 5 厘米左右宽度，然后缠成带有皱褶的帽形，层次感极强，帕尾折于内，露顶发。布依族男女包头帕，夏天在田里劳作可以避免太阳的灼晒，冬天可以阻隔寒风。一般来说，青帕较白帕、格子帕珍贵，一是布依族尚青的审美观，二是青帕制作需要靛染，成本

很高，所以一般青帕只在比较正式隆重的场合才使用。主要分布于贵州省贞丰、望谟一带。

图 9-83 平坝·苗族·帽子

十七、镇宁扁担山布依族的头帕

镇宁扁担山布依族妇女头饰较为特殊和繁复，一般婚前顶花帕，先用四尺白布做汗巾，再用四尺青布绣成花帕子，将头发盘在花帕外面，用假发和青丝绒编成粗辫缠绕花帕，后面用六七寸长的帕子盖在脖子上，右鬓边扎有各色花朵；已婚妇女多改戴“假壳”，布依语称“更考”，即用竹笋壳及布壳制成，状如撮箕，前圆后方，翘于脑后数寸，用青布缠裹，前面系花头帕，用宽5厘米左右浅蓝色丝带缠绕一圈。两鬓边发微露，露双耳。成年男子多包头帕，青壮年则剃发留小辫绾结于头顶，用花帕、青帕或白帕包头。色彩上，布依族尚青、尚蓝、尚白，尤其是靛染的出现，对“青色”的追求成为标准。扁担山布依族头饰总体来说较为简约、朴素、大方，这与该民族崇尚自然的思想紧密相关，同时也体现出布依族朴素的美学思想。但在简单的头饰之中，也能品味出含蓄之美。简约的黑白或蓝黑搭配，素净淡雅，内敛的气质隐约其间。主要分布于贵州省安顺市镇宁县扁担山一带以及镇宁城关、安西部分地区。

图 9-84 西秀·苗族·帽子

十八、镇宁石头寨布依族的辫发

镇宁石头寨女子婚前顶花帕，先用四尺白布做汗巾，再用四尺青布绣成花帕，将头发盘在花帕外，用假发和青丝绒编成麻花形粗辫缠绕花帕，后面用六七寸长的帕子盖在脖子上，右鬓扎有各色花朵。婚后则改戴“假壳”，布依语称“更考”，用竹笋壳或布壳制成，状如撮箕，前圆后方，翘于脑后数寸，用青布缠裹，上面系花头帕。额发和双耳露出，戴银耳环。主要分布于贵州省安顺市镇宁县城关镇、扁担山乡和安西等地。

图 9-85 三穗·苗族·帽子

十九、大方彝族的头帕

大方彝族女性头饰，因地区不同、年龄不同而不尽相同。妇女绾髻于顶，一般用约3厘米宽的黑色长布，绕头四周盘出直径10厘米左右，突出愈大者愈贵，帕尾于脑后折于内，露出双耳。中老年妇女，以一块五尺黑布折为八角圆帽戴之。女童蓄发以后梳单辫垂直于脑后，出嫁时则分流双辫，交叉盘压在头帕上。男

子多蓄发于顶，头顶留有约3寸长的头发一绺，头上缠青蓝色棉布或丝织头帕，头帕的头端多呈一尖锥状，偏于额前左方，扎成拇指粗的长椎形“英雄结”，结细长而挺拔，以示勇武。彝族男子以无须为美，戴缀红丝线串起的黄或红色耳珠，珠下缀有红色丝线。主要分布于贵州省毕节市大方县彝族居住地。

图 9-86　惠水·苗族·瓔珞

二十、荔波瑶麓瑶族的银簪

荔波瑶麓瑶族主要为青瑶（又名黑裤瑶），其服装主色调为藏青色，青、藏、黑三色相融，“青瑶”之名由此而来，象征着青瑶人民的纯朴、踏实与勤劳。女性头饰十分复杂，有包布巾的，有头戴木板、巾木四垂的，有支架高耸、覆以锦巾的，有插银簪片、分发如燕尾式的，等等。妇女一般蓄发绾髻于顶，平时插以牛角制成的骨簪或银簪。盛装时则插五根薄银簪于头顶，银簪高高耸立，胸佩银项圈五至七根，项圈下挂五只银鸟银铃或银链，额发和双耳露出。女子盛装特别讲究花纹，其头巾常绣人形纹来修饰，这是瑶族生殖崇拜或部落联盟的象征。妇女们全身装束银光闪闪，五彩缤纷，靓丽怡人。在“青瑶”喜庆和节日供祭的祈祷词中，都有祈求人丁繁衍、六畜兴旺、五谷丰登的重要内容。男性蓄发绾髻于头顶，用绣花头巾或青蓝二色头巾盘头，头巾两端绣有花纹并有巾须，部分人戴银项圈、银手镯。主要分布于贵州省荔波县瑶麓瑶族乡等地。

图 9-87　关岭·苗族·瓔珞

图 9-88　贞丰·苗族·瓔珞

第三章

贵州民族头饰的文化艺术特征

图 9-89 黄平·僅家·发冠

贵州民族盛装头饰是我国少数民族头饰中最奇异、最精致，也最漂亮的头饰，具有民族文化特色鲜明、地域文化特点突出、历史遗存特征明显的文化艺术特征。

第一节 民族文化特色鲜明

一、贵州民族头饰特点鲜明

图 9-90 六枝·布依族·发冠

贵州的 18 个世居民族都有自己独特的头饰造型。

苗族是贵州民族中头饰最丰富、最多样化的民族，由于民族自身的频繁迁徙，造成了民族多个支系的分散发展，既保持了民族文化的特征，又加快了苗族与多民族文化的融合，在头饰上表现出百态纷呈的特征。苗族头饰尤以银饰的花样繁多、造型华丽、制作精良和髪髻的样式古老、材料多样、挽绾复杂而著称。苗族头饰包括中国传统头饰的绾髻、编辮、帕束、簪插、冠箍、髮髻等主要类型。各支系都有自己的发饰特征，铜仁松桃苗族盛装时盘缠高大的鼓形发帕，缠好的头饰高约 30 厘米；贵阳高坡苗族地区女性以黑色织布或织带缠绕成夸张的头饰，缠头的织带长达 15 米，缠好的头帕在额前突出，造型似船似梭。

布依族的头饰也很丰富，而黔西南布依族则以盘缠角状头帕独具特色。头帕材料为棉布，颜色有黑、白、蓝纯色或者方格图案。缠裹方式简单大方。盛装之时，发帕上会饰以银饰。

二、民族头饰是民族审美意识的表达

图 9-91 松桃·苗族·发冠

人类意识的表达，主要通过口语、文字、图案、造型等四种形式来表达。服饰具有防寒保暖、遮蔽身体、美化人体、语言表达等四种功能。美化人体和表达意识是民族服饰的重要社会功能。

贵州民族头饰以宽大为美，表现在头饰上就是各种发式和发饰都以大为特点，如大头帕、大银角、大木梳、大鬘髻。雷山西

江苗族的银角饰，两角高 80 厘米，两角间展宽约 85 厘米；松桃迓驾苗族的大盘帕，头帕长 10 余米，头饰宽约 30 厘米，高约 60 厘米。望谟布依族的牛角帕一般采用自制花格布，长达一丈多。安顺岩腊苗族的大木梳长近 1 米。六枝梭戛苗族的一对牛角髪髻，髮发长数米，发重数斤，髻宽近 1 米，其发长、其重量、其髻宽都堪称世界头饰之冠。

图 9-92　水城・苗族・髽发

贵州民族头饰以繁缛为美。贵州民族头饰手法繁复，装饰繁复，插戴繁复。或绾髻插簪，簪上步摇。或先髻后帕，帕上缀花。或抹额帽冠，冠上银角。或梳篦作架，髮发髽髻。惠水摆金苗族戴笠头饰更为典型。摆金苗族女子盛装头饰为先将头发在头顶绾髻，然后用白色头帕约束，白头帕外又缠裹青色头帕呈盘状，帕尾以蓝色绣花锦带固定，盘帕上再戴上斗笠，斗笠用竹片细篾精编，笠沿稍微上翘，色泽金黄。竹笠与盘帕在头顶形成双层头饰，风韵独具。银饰上还多镶上其他材质，比如彩色绒花，突出色彩缤纷，明艳照人。麻江龙山瑶族的头饰也非常典型。绾髻于头后，用深蓝色底浅蓝刺绣的花帕束发，花帕上饰刻花银盘和银泡，还插上凤尾莲蓬银花，缀两条银链。僅家绾高髻，用发冠箍于发髻上，发冠四周垂下红色流苏，用蜡染布帕束包头，用一根长约 30 厘米的四棱银簪固定，令人过目难忘。望谟乐旺的发帕镶嵌五个银泡，下坠银牌银铃，摇曳生姿。

图 9-93　赫章・苗族・髽发

贵州民族头饰以层叠为美。层叠不是简单的覆盖，而是逐层微露，逐层叠加，交加累积，重叠增益。或呈“8”字盘绕，或呈人字交叉，下敛上阔，形成优美的弧形剖面。银饰的层叠，头帕的层叠，髮发的层叠，是重叠美的个性表现。

三、民族头饰具有多重社会功能

族群标识　发式是古代社会身份的一种标识。不同的年龄、不同的社会身份有不同的发式要求。服饰的标识功能有四：其一为民族识别，其二为亲缘识别，其三为年龄识别，其四为婚否识别。

民族识别　发式是古代民族识别的一种方式，甚至成为对少数民族的代称。古代文献中把南方各少数民族族系按其发式的不同而分别称呼，百越族系称作“披发之民”，氐羌族系称作“编发之民”，濮僚族系称作“魋结之民”。族群识别以发式的绾编、配饰的组合来区分。

图 9-94　赫章・苗族・髽发

亲缘识别　亲缘识别指族群各支系间是否可以通婚的标识。

过去，每一个族群都有自己的适婚范围，并对不能开亲的支系有明确规定，服饰是能否通婚的最明显的标记。婚姻制度是特定社会要求其成员在婚姻方面共同遵守的行为准则，它由社会习俗和法律所规定。贵州各民族传统上通行族群内婚和支系外婚制，直系血亲和三代以内的旁系血亲不得通婚。直系血亲，是指和自己有直接血缘关系的亲属，具有生与被生关系。根据亲属关系发生的原因，可以将亲属分为配偶、血亲和姻亲三类。三代以内旁系血亲是相对于直系血亲而言的概念，它是指在血缘上和自己同出于三代以内的亲属。服饰是可通婚支系的标识，各姻亲集团，以绾结的样式、插戴的饰物作区别。

图 9-95　纳雍·苗族·髻发

年龄识别　年龄识别主要是从发式和发饰两个方面观察。不同年龄阶段，都有对应的头发绾编方式。作为年龄的标识，在男性头饰上，表现为三种样式，即孩童时发式、青春期发式、成人发式，比较简单。在女性头饰上表现得较为突出。贵州所有民族女性，从出生到去世，一般要经过五个阶段，即幼儿时期、少女期、青春期、成婚期、老年期，相应的，每一个年龄阶段，在头饰上都会有不同的变化，表现在发式编绾、头饰插戴、饰物造型、色彩配搭等几个方面。幼儿期男女童帽差别不大，性别差异不明显。进入少女期开始蓄发编发，普遍绾成“总角”。进入青春期，女子开始注意装扮，绾髻插笄换装。中国传统社会，女子插笄标志着进入青春期，可以谈婚论嫁了。旧时进入青春期，有“及笄礼”“换装礼”。贵州各民族中，没有单独的成年礼仪式，但在族群中，每年都有数次男女青年聚会的活动，如苗族的跳花节、布依族的歌会、侗族的踩歌堂，这些活动则相当于集体的“加冠”“及笄”等换装典礼，届时，适龄的青年男女，都会被家人精心地梳妆打扮，更衣绾发，在活动中闪亮登场，完成其成年礼的仪式。通过参与男女青年集体活动而得到族群的认同，取得找对象的资格。此后，就可以参加青年男女的游方、行歌走月等活动。婚嫁时，女性要穿戴新衣，梳理发式，银簪是陪嫁时的重要嫁妆。婚后要变换发式，生育后头饰又会在装饰搭配上略有变化。有了孙辈后进入老年期，头饰简略。

图 9-96　盘州·苗族·髻发

婚否识别　各民族青年男女婚否，一般以发式的绾编、头饰的插戴来区分。发型与发饰能增加女子仪容的俊美，又能体现出女子的年龄与身份特点。采用编发方式和编后发辫所在位置可以表现自己的身份，一般情况下，未婚成年女子额前有刘海，编独

图 9-97　水城·苗族·髻发

图 9-98　从江 · 侗族 · 步摇

图 9-99　三都 · 水族 · 步摇

图 9-100　从江 · 苗族 · 步摇

辫垂于脑后；已婚女子额前无刘海，头发或绾发髻，或编辫盘于头顶。比较有特点的是镇宁扁担山布依族戴假壳的习俗。假壳是以箨叶、布壳为衬，形如撮箕，外面缠布做成的帽子。戴上假壳，意味着布依族女子的已婚身份。戴假壳是一种带有浓重社会属性的发饰，源自封建社会对于婚姻家庭关系中男性的主导和女性的从属地位，是封建社会婚姻关系的遗痕。

头饰作为一个民族的标识，不是短期内形成的，而是经历了漫长的历史岁月，才逐渐演变为本民族文化习俗的一个组成部分，是民族历史文化的反映。

图腾信仰　由于节日本身带有原始信仰意义，或由原始宗教演化而来，头饰必然具有强烈的图腾意识和宗教内涵。图腾意识和原始信仰在人与自然的抗争中能培养人的自信，并获得在历史文化中的独特价值。贵州民族有祖灵信仰和图腾崇拜的习俗。祖灵信仰、图腾崇拜在头饰上都有反映。其中以苗族的角饰最为典型。《山海经 · 大荒南经》记载："蚩尤氏耳鬓如剑戟，头有角，与轩辕斗，以角触人，人不能向。"苗族崇拜蚩尤，因蚩尤的"头有角"。牛角饰是苗族主要的发饰，传承千年，贵州大多数苗族头饰上都有牛角饰的痕迹。

仪式头衣　发饰是服饰文化的重要组成部分，也是人类社会礼仪生活的重要内容。出席重要的社交活动或年节仪式，头饰和发型是妇女梳妆打扮的一个重要方面。与其他部位的首饰相比，头饰的装饰性最强，女子参与各种节庆活动，盛装华服，佩戴头饰。当然贵州民族头饰中，髻髲、巾帕、冠帽、簪钗这样繁复重叠，很多并非仅仅是为了好看，而一定是有其历史的、宗教的含义。民族头饰是各种祭祀活动的仪式装饰，后逐渐发展成为节日盛装。在贵州民族的社会生活中，各种节庆繁多，"大节三六九，小节天天有"，每逢节庆，都有各种祭祀活动，祖先在各种祭祀对象中被视为至高无上的神祇，而祭祀时的盛装头饰穿戴是对族群的认同，也是对祖先的尊重。盛装头饰成为祭祀仪式的仪仗，是族群对祖先崇拜的物化形式。在特殊的场合，头饰还具有通灵的功能。

财富展示　贵州民族头饰以宽大为美、繁缛为美、层叠为美，其中一个潜在的功能就是财富的展示。头饰的宽大披戴、繁缛堆砌、层叠增益是以家庭的经济实力作支撑，盛装头饰在族群重要活动时的展示，更具有财富展示的内涵。从这个意义上看，审美意识是价值观念的一种表达。这种表达符合族群的审美，唤起族群的

认同，受到族群的青睐，引起异性的重视。

造型多姿的发式，琳琅满目的饰件，便携实用的配搭，从不同侧面展示了民族的审美意识和文化内涵。贵州民族头饰极富个性，成为民族群体的标识性的头饰；在民族的迁徙和交融中，具有独特性和传承性；民族头饰富含图腾崇拜原始意义，体现民族的宗教信仰。

图 9-101　从江·苗族·华胜

第二节　地域文化特点突出

一、生存环境影响民族头饰的编制

贵州民族头饰的发展演变与生存环境密切相关。地理、气候、物产都制约民族头饰的产生和发展，决定不同民族头饰材料选用、头饰造型以及头饰的制作。同时，各民族不断的迁徙、分裂、交融，都让民族头饰作为强烈的族群标志有传承性又不乏创新多样化。贵州各民族在不同区域有不同的头饰，同一类型头饰在不同区域有不同的特征。以苗族的角饰为例，角饰是苗族头饰的重要主题，因地域不同而分为银角、木角，因形态而分大角、小角。银角以白银打制，流行于黔东南清水江流域的苗语东部方言区。以雷山西江苗族的长角、台江施洞苗族的大角最为典型。木角以木材制作，流行于黔中、黔西北乌蒙山地的苗语西部方言区，以六枝梭戛苗族的长角鬘髻、安顺岩腊苗族的歪梳坠马鬘髻最为典型。尽管角饰在用材质地上有差异，但以角为饰的共性特征一脉相承。

图 9-102　榕江·侗族·华胜

二、区域文化影响民族头饰的变化

头饰的区域特点突出，如黔东南银饰、黔西南头帕、黔西北鬘发、黔中木梳、黔东北头帕。从地域上看，以贵阳为中心的黔中地区头饰比较简单，不论是发髻、银簪还是梳篦都比较细小；黔西南地区以布依族的帕发为代表；黔西北地区以苗族的鬘发最为典型；黔东北地区则几种头饰兼有，而松桃苗族的大头帕最突出；黔东南地区以苗族的银簪、银叉、银冠最为精彩。苗族发饰从黔东南地区以银饰簪发为特征，到黔中地区用头帕束发为特点，再到黔西北地区以夸张的鬘发为典型，头饰形成一条渐变的曲线，这一现象值得研究。

图 9-103　榕江·苗族·华胜

苗族是贵州民族中头饰最丰富、最多样化的民族，由于民族

自身的频繁迁徙，造成了民族多个支系的分散发展，既保持了民族文化的传承，又扩大苗族与不同文化的融合，最后显示出多姿多彩百态纷呈的特征。苗族头饰文化的多样，也反映出区域文化对民族文化的影响。

图 9-104　黎平・侗族・步摇

第三节　历史遗存性特征突出

一、传承了中国传统头饰的多种技艺

贵州民族头饰取材多样，木、竹、角、丝、帛、银、石、角、骨、贝等都可作头饰的材料。绾结手法多种，运用剃刮、绾结、编辫、盘扎、簪插、束箍、鬘髻等手法，绾结出样式繁多的发式。贵州民族头饰装饰工艺多类，涉及织造、印染、刺绣、细工、木活、漆艺等手工工艺门类数十种，制作出品类丰富的发饰。贵州民族头饰传承了中国传统头饰的材料备制、发式绾结、发饰加工、头饰配搭的主要技艺。

二、保留了中国传统头饰基本类型

发髻的出现是中国头发装饰史和头发文化史的一个重要标志，髻的演变是古人审美意识和审美理念变化的一种表现。髻的形成和发展，经历了四个阶段。第一阶段是绾发成髻，古人为了约束长发，将头发在头顶绕结成髻，不用束发的物件或饰件。第二阶段是头绳固发，将头发在头后绕结成髻，用绳子系上，其后人们以棉麻、绢条、锦带束发，又改为用头巾系扎，最后发展为头帕装饰。第三阶段是笄发成髻，先绕发成髻，然后用簪插成形，其后，簪的形式越来越复杂，装饰的功能增加。第四阶段是掺发成髻，以发髻巨大为美，自己的头发是有限的，掺杂自己亲人留下的头发，形成巨大的发冠，随着材料的丰富，有掺各种毛线为假发髻装饰。贵州民族头饰保留了头饰四个阶段的基本样式。

图 9-105　丹寨・苗族・步摇

三、遗存下中国历代头饰的时代风貌

中国传统头饰的类型在贵州民族头饰中基本齐备。贵州民族头饰的三类九种形式，千姿百态，发饰气象万千。曾经在中原不同历史时期流行过的各种头饰，在今中原地区已经绝迹，却出人意料地在贵州民族头饰中得到保留。样式各异的髮发鬘髻是贵州

民族头饰中最古老的头饰之一，也是中国传统头饰中的重要发饰。贵州民族头饰，既是我们观察中国传统头饰绾结发展的脉络实物遗产，亦是中国历代头饰时尚演变的见证。

从江月亮山苗族的鱼冠保留着商代的韵味。中国古代就有以鱼为冠饰的习俗，在安阳小屯殷墟出土物中就有玉鱼冠。贵州苗族巫师在仪式上也有戴鱼冠的习俗。从江月亮山的苗族鼓藏节上，鼓藏头戴鱼冠为饰。鱼冠用干鱼 10 余条绕头一圈，用草绳编系而成。

平塘卡罗苗族已婚妇女发髻奇特，发髻梳理成勾状，垂于头后，用骨簪固定，额前织锦抹额缀双排贝壳装饰，精巧别致，沿袭古风。

安顺陇灰苗族头饰分已婚和未婚，未婚少女包镶花边的青布发帕，帕底或尖或平，发帕的两端翻卷而上，最后在头帕外围盘发一圈。已婚妇女盛装绾髻，包紫色发帕，俗称“单刀式”高尖帕，颇具古风。

雷山桃江苗族绾的十字髻，如画中仕女，颇具隋唐遗风。

图 9-106　三都・水族・步摇

安顺岩腊歪梳髻，发式古老奇特，当地人称“古董苗”，其发式似唐宋时期流行的“坠马髻”，整体向右外挑展，表现出一种不对称美。

瑶族女子头饰延续了汉代巾帼头饰的韵味，以金属和竹片扎为内衬，外覆长巾，罩住前额，长巾上装饰各种首饰，两侧垂带，系结在项下。

水城南开苗族延续了先秦时期武士戴雉羽习俗。雉是一种好斗的鸟，用其羽作冠，以示勇猛善斗。水城南开苗族男子在跳花坡的活动中，头戴羽冠，手捧芦笙翩翩起舞，展示自己的身姿和技巧，以博得女子的青睐。

惠水摆金苗族戴笠头饰形似魏晋斗笠冠。摆金苗族女子盛装时，先将头发在头顶绾髻，然后用白色头帕约束，白头帕外又缠裹青色头帕成盘状，帕尾以蓝色绣花锦带固定，盘帕上再戴上斗笠，斗笠用竹片细篾精编，笠色金黄，笠沿微翘。竹笠与盘帕在头顶形成双层头饰，风韵独具。

在中国传统发饰逐渐消失的当下，活态的贵州民族头饰，作为历代头饰的实物标本，其历史价值更弥足珍贵。

图 9-107　榕江・苗族・步摇

图 9-108　六枝·梭戛·苗族·头饰

图 9-109　凯里・舟溪・苗族・头饰

图 9-111　从江·岜沙·苗族·头饰

卷次

配饰，可分为生活配饰、生产配饰、仪典配饰三类，或表现佩戴者的群体特征，或表现佩戴者的社会角色。配饰品具有较强的视觉感知度，是佩戴者性别、职业、文化的综合体现，对于营造特定的气氛，形成群体的风格具有特殊的价值。

概　述

一、配饰定义

服装业所说的佩饰，是指那些服装附属品，本身就属于服装设计生产的对象和内容。而本文所说的配饰，则不是服装制作的对象，而是因为生产生活、娱乐表演、民间信仰等需求，随身配带的各种器物，具有实用和审美双重属性。它虽然不属于服饰范畴，但由于长期的配带习惯，却形成了一个民族或某种特殊身份人士所独有的装束模式，并固化为一个民族的文化符号或某种特殊身份人士的形象标志，外界往往从这些文化符号和形象标志上认识某个民族或某类人特殊身份。比如狩猎民族随身携带的猎枪、弹夹、猎刀；游牧民族手中的马鞭、套马杆、马刀；农业民族披戴的斗笠、草帽、蓑衣。又如一些信奉宗教的人士随身携带的神像法物、护身符，男人所携带的烟具，女人携带的针线包、手巾等。这些器物虽不是这些民族和人群的服饰内容，但它却是这些民族和人群的不可分离的装备，也

是外界认识他们的重要标志。

贵州地处高原，全省多为山地，属于典型的喀斯特地貌，地势由西向东倾斜，海拔高度变化较大，造成了复杂多变的自然地理气候环境，所以各地区民众的生产生活方式有差异。又因贵州地处西南，历史上各古代民族由不同时期、不同地域，向这里迁徙汇集，从而形成了大杂居、小聚居的多民族省份，现有18个世居民族居住于此。不同的文化传统，不同的生活习俗，每一民族都有独特的服饰文化，造成了他们各自在着装配饰上千差万别的奇特现象，也构成了贵州民族服饰的丰富多彩和万种风情。可以说，贵州民族配饰与他们的服装一样，是贵州民族服饰中不可缺少的组成部分，不仅体现了各民族人民的聪明才智和审美情趣，而且承载了深厚的民族文化内涵。

二、贵州民族配饰的类别及特色

贵州各民族在不同时期、不同地域都有着不同的配饰，品类繁多。配饰品在凸显族特征、地域特色、历史文化、服装风格等方面有重要作用，并和服装一道反映社会的历史文化、地域特色与人文精神。贵州民族着装配饰，大致可分为生产生活、娱乐表演、民间信仰三个方面的用途。当然这只是从大体上分，因为有些器物具有多方面的作用，如砍刀、梭镖，既是生产工具，又是节日仪式中的法器。又如火镰，既是男人抽烟的工具，又是上山劳动时的打火之物。

贵州民族的着装配饰从材料上看，有植物类的竹木藤草，有动物类的皮毛牙骨，有金属类的钢铁

图10-1　龙里·草原·苗族·跳花坡·玲珑挂件配霓裳

铜锡，有纺织类的棉麻丝毛。在利用这些材料过程中，他们采取织造、印染、刺绣、缝纫、编扎、铸锻、雕刻等一系列方法，生产出各有用途的着装配饰。

正是由于贵州的自然、民族、社会等原因，使得贵州民族配饰具有下面三个重要特征。

首先是鲜明的山地农业特征。山地农业特征主要体现在配饰材料、器物造型、制作方法方面。贵州民族配饰可谓就地取材，不管是纺织品，还是编扎和雕刻件，都取材于贵州山地所产之棉麻、藤草、竹木，而很少用外来的材料。其造型上，贵州民族配饰大多数都显得体小精巧，很少粗大器形，如他们上山劳动时用于带饭盛物的竹篓，用细篾编制，背于腰间，十分轻便，适应了贵州山地的地理环境。在制作上，一般都是农民自己手工生产，少量器物由当地专业工匠制作，而很少通过商业贸易得来，体现了山地农业社会中自给自足的原始经济特点。

图 10-2　龙里・苗族・帕饰

其次是深厚的历史文化特征。历史文化特征是通过配饰的文化内涵及外在形态表现出来。贵州大多数民族的源头，是南方百濮、氐羌、百越、苗瑶、巴蜀等中国古代民族，他们在宋元时期基本上完成了向贵州的迁徙历程，明代之前，各中央王朝对这里都采取羁縻政策，各地区各民族分而自治，加上贵州的重重大山，交通十分闭塞，极少与外面世界交流，所以这里的社会和文化都保留了许多古代社会形态和原始巫术文化基因，如贵州的傩面具，就是研究中国古代历史社会和巫傩文化的活化石般的重要资料。

图 10-3　台江・苗族・帕饰

第三是浓郁的民族文化特征。贵州是个多民族聚居的地区，18 个世居民族虽然友好相处，互相交流学习，互相帮助发展，但他们都保留了本民族的传统文化，贵州民族配饰也体现出了文化的多元性和丰富性。比如侗族喜插鸟羽为饰，反映了百越民族的鸟崇拜；苗族歌师演唱古歌时，手中要执刀、握剑，体现了苗族先民们的尚武精神；而彝族等氐羌族系喜披毡衣、戴毡帽，反映了氐羌民族的放牧生活习俗。

图 10-4　从江・苗族・帕饰

第一章

贵州民族配饰的历史沿革

图 10-5 黎平·侗族·帕饰

第一节 古代的配饰

考古资料证明，早在石器时代，人类就已经用各种材料来制作着装配饰了。北京山顶洞人已经以赤铁矿研磨的红色粉末涂染装饰品，许多原始墓中发现了妇女尸骸旁也放有杼梭之类纺织工具，一些彩陶上面的人物头上戴有羽冠。到了商周时期，巫术信仰导致傩仪形式的兴盛："方相氏，掌蒙熊皮，黄金四目。"这"黄金四目"就是后世傩面具的滥觞。同样，贵州各民族的着装配饰也极为丰富，考古工作提供了不少重要证据，据《贵州田野考古四十年》《赫章可乐二〇〇〇年发掘报告》《贵州董箐考古发掘报告》《2003 至 2013 贵州基建考古重要发现》等资料显示，贵州各地发现了商代至清代的各种文物，其中除了服装服饰之外，还有不少为满足生产生活、娱乐表演、精神信仰需求而制作的配饰，如：

图 10-6 榕江·侗族·帕饰

赫章可乐甲类墓的玉璈；黔西甘棠、兴义万屯和交乐、安顺华严区宁谷、平坝马场、镇宁县良田乡田脚脚遗址、贞丰县者相镇小河口遗址，发现了从汉至唐代的金属顶针；兴义交乐发现铜质鎏金印；清镇、平坝宋墓中，发现环柄刀；遵义杨氏土司杨铿墓发现环首金柄铁剑（带金鞘），木胎银皮盾牌和弓箭；长顺交麻洞葬墓发现一顶竹编斗笠；紫云宗地岩洞中发现一具男尸胸前花帕上放置一火镰袋，内装火镰、火石等打火工具；遵义龙坑清墓中发现檀木佛珠。

这些器物有佩剑饰品，有缝纫工具，有劳动或战争用的刀剑、盾牌、弓箭，有代表信仰的佛珠。说明早期配饰的多种用途。

由于各种原因，唐代前的文献很少有贵州民族配饰的记录，但唐以来，各种文献在这方面的内容，却是连篇累牍，屡书不绝，如：

《旧唐书·南蛮西南蛮传·东谢蛮》记：

图 10-7 榕江·苗族·帕饰

“东谢蛮，……丈夫衣衫，有衫袄大口裤，以绵绸及布为之。右肩上斜束皮带，装以螺壳、虎豹猿狖及犬羊之皮，以为外饰。坐皆蹲踞。男女椎髻，以绯束之，后垂而下。……贞观三年，元琛入朝，冠乌熊皮冠，若今之旄头，以金银络额，身披毛帔，韦行縢而著履。”

图 10-8　普安·布依族·包饰

《岭外代答》记：

“西南夷大率椎髻跣足，或衣花斑衣，或披毡而背刀带弩。”

《文献通考·四夷考蕃蛮》记罗殿国、自杞国（今贵州安顺、兴义一带）：

“其人多深目长身，黑面白牙，以锦缠椎髻，短褐徒跣，戴笠荷毡珥，刷牙。金环约臂，背长刀，腰弩箭箙，腋下佩皮篋，胸至腰骈束麻索，以便乘马。”

《宋史·蛮夷传四》记：

“西南诸夷，汉牂牁旧地……至道元年，其王龙汉尧遣其使……来贡方物，太宗召见，上因令作本国歌舞，一人吹瓢笙如蚊蚋声，良久，数十辈连袂宛转而舞，以足顿地为节。询其曲，则名曰水曲。……使者衣虎皮毡裘，以虎尾插首为饰。”

图 10-9　贞丰·布依族·包饰

明代《黔记》卷五十九《诸夷》记：

“苗人，插鸡尾于颠，负篮抱弩”；“妇人杂海贝巴，铜铃、药珠结璎珞为饰”；“西苗男子椎髻，上插白鸡毛”；“罗罗，椎结跣跻，荷毡戴笠而行，腰束韦索，左肩披羊皮一方，佩长刀箭箙”；“大头龙家，男子以牛马鬃尾杂发而盘之若盖，以尖笠覆之”；“土人，出入不离刀弩”；“蛮人，出入带刀弩。男子草蓑衣”；“峒人，挟镖弩自随”。该书附江进之《黔中杂诗》其三有：“出户无人不佩刀。”

清代《黔书》记：

“苗俗：顶冠竹笠”；“青苗：男子顶竹笠，蹑草屦，佩刀”；“黑罗罗：行则荷毡戴笠”；“狗耳龙家：女人以五色药珠为饰，贫青以薏苡代之”；“马镫龙家：妇人缁布作冠，若马镫，加髻以簪束之。……男子以马牛尾杂发而盘之若盖，以尖笠覆之”。

图 10-10　兴义·布依族·包饰

康熙年间《贵州通志》记：

“黑罗罗，行则荷毡戴笠。”

乾隆年间《皇清职贡图》记：

“修文、镇宁、黔西等县青苗：衣尚青，出入必佩刀携弩”；“清平县九股苗：以铠甲为常服，自膝下用铁片缠裹，左执木牌，

右持标桿，口衔利刃，捷走如飞”；“定番州谷蔺苗：男性剽悍，善击刺，出入必持枪弩”；“黎平府罗汉苗：男未室则插羽于首，……短衣挟刀弩”；“都匀平越等处紫薑苗：男子肩披铁铠，佩刀负枪”；“镇远施秉等处仡兜：时佩刀弩，入山以捕猎为事”；“广顺贵筑等处土人：岁首迎山魈，以一人戎服假面，众吹笙击鼓以导之，盖亦古大傩之意”；“贵定都匀等处蛮人：男子披蓑衣”。

图 10-11 从江·苗族·包饰

《黔南识略》记：

“花苗，妇人青衣短裙，敛马鬃尾杂为髮，大如斗，笼以木梳。男女皆艳服，吹芦笙踏歌跳舞，绕树三匝，名曰跳花。跳毕，女视所欢，或巾或带与之相易，谓之换带，然后通媒妁”；“青苗，男子冠竹笠，蹑草履，佩刀”；“又有谷蔺苗，男子剽悍出入持弩”；“黑苗，婚姻先唱歌换带，而后聘娶”；“羿子，女饰发以髢冠，服尚白，冬夏皆戴白毡笠”。

《八十二种苗图并说》记：

“平伐苗：男子披草衣，着短裙，出入带弓弩镖枪”；“青苗：男子竹笠草鞋”；“黑苗：头插白翎，出入必带镖枪、药弩、环刀”；“九股苗：头出入长戴铁盔，前有护面，后有遮肩。身穿铁甲及胳，下用铁练围身，铁片裹腿，腿健者，左手持木牌，右手持标，衔利刃，其走如飞。携带强弓硬弩，名曰‘偏架’”；“黑脚苗：男子短衣、大裤，头插白翎”；“清江仲家：男子头缠红布，腰佩大刀”；“蛮人：男子披草蓑”；“大头龙家：男子戴竹笠”。

图 10-12 六枝·苗族·包饰

《黔南职方纪略》记：

“青苗：男子顶竹笠，蹑履，出入必佩刀”；“羿子：女饰发以髢。衣尚白，冬夏皆白毯毡笠”。

《苗防备览·风俗考》记湘西及贵州松桃苗俗：

“妇女，春间俟民间蚕出，结伴负背笼以货贸易之。”

《黔南苗蛮图说》记：

“第七种黑苗：头标白羽”；“第二十一种黑脚苗：男子短衣大裤，头插白翎”；“第三十六种平伐苗：男子披草衣，短裙，绾高髻，出入持枪弩”；“第四十四种黑仲家：男子头缠红巾，腰佩大刀”；“第四十五种白仲家：男子头戴狐尾”；“第五十二种花傜：或顶布笠，周围以料珠缀旒”；“第七十一种大头龙家：男子戴竹笠”；“第七十五种蛮人：男子披草蓑”；“第七十六种冉家蛮：男女皆以青布旋幡，头若笠，衣短衣，披草蓑”；“第七十八种僰人：男戴竹笠”；“第八十五种羿子：服尚白，

图 10-13 西秀·屯堡·包饰

图 10-14　龙里・苗族・脚笼

图 10-15　黎平・侗族・脚笼

图 10-16　剑河・苗族・脚笼

冬夏皆戴白毡笠”。

徐家干《苗疆闻见录》记：

“男子头插白翎，婚后则去之”；“苗人好猎，善用鸟铳，其铓铳之长有五六尺者，其子路亦可及百二三十步之遥，随山起伏，最为准捷”；“苗用鸟铳多以铁条为弹，长寸许，视口门为大小，著身伤人最易及骨”。

从以上所引资料可以发现，中原文人正是通过这些本不属于服装内容的各种器物来认识和区别贵州民族的，这说明这些器物的配带，已形成了一个民族或支系的重要标志。这些器物的材料有动物皮毛，有纺织品，有藤草竹木，有金银铜铁等金属，在用途上有生活生产用品，如出行器具、保护用具、劳动工具、狩猎和战斗武器、人生交流礼品、娱乐表演道具、宗教仪式法器，等等。说明了贵州民族配饰用材多种，用途广泛，形式多样，构成了贵州民族着装上强烈的山地特色和浓郁的民族风情。它是贵州民族服饰不可或缺的组成部分，也是贵州民族文化的重要内容。

第二节　现当代的配饰

自辛亥革命以来，中国社会发生了巨大变化，中国民族服装形式及风格也随之改变，适应现代生活的简洁适用的各种服装潮流，已基本上代替了传统的宽衣大褂风气，最具代表性的便是中山装。但是，地处西南一隅的贵州，尽管也受到这种潮流的影响，从晚清至民国，执政者就多次下令，在贵州强制推行新生活方式及服装改革，但是广大农村及民族地区，依然处于自给自足的小农经济和万物有灵的社会形态，农民们依然过着日出而作，日落而息的生活，其节奏仍然是遵循春耕夏耘秋收冬藏的运转规律，社会风气虽然有所变化，但是并没有彻底改变贵州民族的服装结构和配饰内容。抗日战争时期，大量内地文人及艺术家为逃避战火，纷纷转移至贵州，在他们的著述中，就记录了这一时期贵州民族的服装及配饰情况，如大夏大学的吴泽霖、陈国钧等人在《贵州苗夷社会研究》一书就说：

“苗夷民之衣服，各保持其特色，成为识别的标准。”

“炉山苗族之衣服装饰，今犹保存其古风，成为鉴别苗族种类之普通标准。”

“苗夷妇女服装束不如男子简单，保持各别的古风，不胜枚

举。”

“炉山苗族，出门时，身上常佩短刀，用以砍柴斩棘，腰间又插烟杆以备不时吸叶子烟之需。”

“贵州西路一带山高，气候寒冷，地广人稀，不宜于种植农作物，而是适宜于牧羊，如大定、威宁、水城一带的大花苗就盛行牧羊之风，在冰天雪地中，常见牧羊男女，驱逐羊群，欢呼歌笑，卫羊警犬吠过路的人，大有我国北地的风光。那地每家牧羊多则数十头，少则五六头，所喂养的羊，形状类似绥远、蒙古的绵羊种，牧羊的成本微薄，而其利益丰厚，羊毛既可供织物，羊皮又可硝制被褥，羊肉复能售于市场。大花苗男女都能自做毛织物，以羊毛毡为最佳，厚的可做被褥，薄的可做外衣之类，毛毡质为纯毛，价格甚低，虽不雅致，但足供御寒；每届冬日，便可见大花苗男女，各披上一条毛毡，其形状类似斗篷，日里挡风，夜里作被褥，是他们冬季的必需品。”

图 10-17　榕江·苗族·脚笼

这一时期，贵州民族的着装配饰形象，在一些画家的作品中也有反映，据《贵州抗战画录》一书载，当时进入贵州的闻一多、丰子恺、庞薰琹、关山月、叶浅予、董希文、黄尧、黄异、马得等画家，就创作了一批表现贵州风光和民族风情的绘画，在这些作品中，不仅有苗族、布依族、汉族（屯堡人）等民族形象，而且有大量的生产生活、文娱活动、宗教信仰方面的配饰，如背篓、担筐、提篮、鱼篓、酒具、行囊、襁褓、背绳、绑绳、镰刀、弓箭、扁担、水桶、斗笠、雨伞、烟具、洞箫、竹笛、芦笙等器物。

图 10-18　黄平·僅家·脚笼

以上的资料说明，尽管外部社会发生重大变化，民国政府也极力推行服饰改革政策，这一时期，贵州民族服装及配饰依然保留了不少古代风气，服装配饰仍然是识别民族的重要标志。这当然与贵州地理偏远、社会经济发展缓慢，人们的生产生活方式、民族习惯等有着密切关系，但也证明了民族服饰顽强的生命力。

中华人民共和国成立以来，党和政府的民族政策，使贵州各民族真正地享受到政治上的平等地位，他们的生活习俗得到尊重，他们的服装服饰工艺得到了保护和传承，为了满足少数民族的生活需求，在民族地区，政府还投入了财力、物力、人力，成立了专门生产销售少数民族的生活必需品，如刺绣、织锦、印染、银饰产品的工艺美术企业和民族商贸公司。据《苗族历史社会调查》《黔西北苗族彝族历史社会综合调查》《布依族历史社会调查》《侗族历史社会调查》等资料记载，这时期贵州民族仍保留了他们的

图 10-19　从江·侗族·脚笼

生活习俗和生产方式，在各种不同的场合与时间，他们除了穿上与之相适应的服装外，还要配带各种活动所需的器物。如：

图 10-20　西秀・屯堡・伞饰

台江巫脚在鼓藏节时，“鼓藏头”要戴上一种当地苗语叫“摩两”的帽子，是用竹子编制的，形如博士帽，顶上是尖的，有个竹筒，竹筒内插上几根野鸡毛和一束形似穗子的棉花，这个配饰，既显出节日仪式的庄重，又有文化寓意，鸡毛是鸟崇拜的表示，穗子则寓示来年粮食丰收。该县施洞的龙舟节划龙舟时，负责在船头击鼓的“鼓头”，身上除了白布长衫，外面还要穿一件当地叫“欧夹”的背心，背心是用红色或深灰色的绸缎为主料，用有大涡纹的青绒镶边，另外，头上还得戴上以青布做里衬的麦草帽。这身装束，突出了“鼓头”在活动中的重要地位。

一些配饰有传递感情代表信物的作用。凯里舟溪一带苗族的芦笙节，每个村子轮流举行，当一个村的节日最后一天，有一道“讨花带”的内容，即未婚小伙子向姑娘们讨要定情物。姑娘们事先每人都预备着自己平时织好的花带，古时称绦，数量从四五条至十几条不等，当小伙子们围着她们吹起讨花调的曲子，跳起多情的舞蹈时，姑娘们就会将自己的花带拴在中意的小伙子的芦笙上，得到花带的小伙子们唱起感谢的歌，并转向另一个村子的芦笙场。

图 10-21　六枝・彝族・伞饰

而布依族的赶表节中，当未婚男女青年双方通过唱歌有了感情之后，女方就会把自己的手帕、镯子、戒指之类配饰物品，送给男方作为纪念，当地称“送把凭”，以为今后的交往甚至婚姻建立基础。

在原始巫术信仰中，一些配饰具有特殊功能。从江加勉、雷山掌批等地苗族，在给死者入殓时，除了给亡人穿上特备的衣服之外，还要给他们送上一些特别用途的物品，如亡者是男的就要在他右手握一条新手巾，并配一把 70 厘米长的铁质砍马刀，后改为 35 厘米长，形如柳叶，外套木壳，壳的平面凿一小孔，并穿上草绳，出殡时由一男子将刀举起，走在棺材前，以示开路，到坟头时再将刀放入棺内死者腰间左侧，一同下葬。有的地方还要为死者送上饭盒、火镰等用具。如果死者为女性，则将一根 1 米长的竹杖放入棺外墓旁。对于死者来说，刀和竹杖意味着他去与祖先会合的路上，当遇到猛兽、野火时，会用它来打杀猛兽、扑灭野火。

图 10-22　镇宁・布依族・伞饰

进入 20 世纪 80 年代，国内经济迅速发展，商品日益丰富，市场经济降低了商品的价格，因其价格低廉，购买便利，一些商

品开始取代很多传统用品，如手帕慢慢被纸巾取代，打火机取代了火镰，烟叶被香烟取代，饭盒取代了饭箩，等等。另一方面城市化进程加快，一些民族地区迅速城市化，进城打工潮使很多民族村寨只留下儿童及老年人。年轻一代进入城市后，他们的文化认识观念和生活方式发生变化，民族服饰仅仅是老年人的穿着。传统戏剧如撮泰吉、傩戏、地戏也停止表演，与之相应的面具的制作，也不再继续。一些民俗活动及各种器具制作，正从人们的视野中逐渐消退。以前很多具有民族标志性的配饰，渐渐在人们的视野中淡出。

图 10-23　乌当・布依族・伞饰

随着经济社会的发展，优秀的传统文化及民族工艺的保护工作，被提到了民族振兴的高度，党和政府制订了一系列政策，作为非物质文化遗产的贵州民族服饰工艺中的织造、印染、刺绣、银饰及编扎、面具等项目得到了保护，各部门举办了各种传统工艺的培训班、展览会等活动，因而各种工艺美术又开始呈现复苏的景象。这些工艺在保留原有使用功能的同时，开始探索新的发展方向。如银饰、面具的制作，很多地方都有传承人，并且在面具制作上不仅仅局限于表演，开始将面具小型化作为挂饰，或者巨型化作为室内装饰物。拓宽了面具雕刻的发展道路，增加了他们的收入，同时也让更多的人愿意从事该项工艺。编制类的如挎篮、背篓、饭箩等除了保持传统的使用功能，很多也作为旅游商品进行了开发。一些小配饰如香囊、钱包、手帕、针线包等，也开始发生了变化。从造型上看，它们不仅仅只是局限于传统的个人使用，开始与旅游业结合，向商品化的方向发展。它们在造型、装饰图案、纹样都与现代人的审美进行结合。至此，贵州民族配饰出现了一个前所未有的繁荣兴旺景象，不仅提高了当地人民的物质文化生活水平，也极大地丰富了旅游市场的商品内容。

图 10-24　西秀・布依族・伞饰

图 10-25　黎平・侗族・伞饰

第二章

生产生活配饰

图 10-26　镇宁·苗族·背扇

生产、生活用具配饰，按照其制作方法来划分，主要有织造类、编扎类、铸锻类、雕刻类。

第一节　织造类

织造类配饰分为生产和生活两个用途。

一、生产用具

用于生产的织造配饰主要为出行时用的物品，如背负幼儿的褓褓、背带，以及一些随身行囊，如挎包、褡裢、火药袋等。

图 10-27　从江·苗族·背扇

（一）育儿用品

织造的背儿用品有褓褓和背带两种形状。

褓褓　是呈片状的背儿物件，有的称为“背扇”，也有的称“背褓”，为南方山地劳动妇女的必备之物。传统时代，贵州各地女性，除了要承担家庭劳作之外，还要参与上山下地的农业劳动，为了行动方便，她们用织、染、绣等方法，精心制作了既充满人类伟大母爱又彰显聪明才智的褓褓，贵州民族妇女无论是走亲访友、节日赶会、赶场或从事劳动的时候，用它背着孩子，既能腾出双手劳作，同时又能让孩子不离开自己，随时可以照看。褓褓虽然不属于服装部件内容，但由于每个女性在育儿期间都要配带，所以它构成了贵州民族服饰一个特殊的组成部分。褓褓形状有“T”形、正方形、长方形等，但大多数由盖头、褓褓面、褓褓脚、系带四个部分组成。盖头呈片状，用它来保护小孩的头部，防止烈日风雨或蚊虫对儿童的伤害。褓褓面约 50 厘米见方，褓褓脚一般较长，系带是褓褓左右两侧的带子。有的褓褓内部还衬有棕片、毛毡、棉花或竹编、布壳等，既保暖透气，又坚韧挺直，能保护小孩脊柱健康发育。制作褓褓的工艺，大致有织锦、蜡染、刺绣、综合四种。

图 10-28　惠水·苗族·背扇

凯里、丹寨、麻江交界的苗族，镇宁、六枝、关岭一带布依族，

黎平侗族，这些地区的襁褓，其主要部位都是用织锦为料，以绮、绸、布等为边角或系带，显得十分华美。

凯里和黄平僅家，榕江、丹寨、贵定、龙里、开阳、安顺、六枝、水城、织金、黔西、纳雍等地苗族，多以蜡染工艺为主。

使用刺绣手法的民族分布最广，刺绣有平面纹样、立体纹样、立体与平面共存三种视觉效果，包括挑花、布贴等多种技艺。黔东南苗族、侗族，黔南水族，黔西南布依族，安顺地区苗族，毕节地区苗族，以各种刺绣技艺闻名。

龙里、黄平、贵定、毕节、安龙、花溪、乌当、白云，以挑花取胜。

剑河、雷山、平塘、罗甸、毕节、威宁等地，以布贴见长。

更有综合运用织、染、绣等多种工艺手法来制作襁褓的，如安顺、雷山、台江、六盘水等地区。

贵州苗、布依、侗、水、彝等民族，因历史文化、居住的自然环境、人文习俗各不相同，就形成了内容、风格各异的襁褓艺术。襁褓的刺绣图案往往寓意深刻，构图严谨，色彩富丽，线条流畅，图案活泼，技艺精湛，常常采用象征有福有寿、健康成长、吉祥如意图案为主。

除了襁褓，贵州民族还用一些带状织物来背负儿童，襁褓主要用于天气较冷的季节或地区，片状的织物有遮风保暖的作用，而背带便于通风散热，主要用于天气较热的季节或地区。背带的制作，一般是用 10 至 20 多厘米宽、2 至 3 米长的素色棉织物，很少有纹饰。

口水兜 通常称之为围嘴，也叫围涎。贵州民族地区的人们用最直接的功能作用称之为口水兜。它主要是围在婴幼儿的衣襟之上的护围，防止婴幼儿流出的涎水或食物将衣物弄脏。口水兜的造型主要是圆形片状，开口在后面，通常是两根带子或用纽扣将它围在婴幼儿的脖颈之下，被口水湿后，可将湿处转向另外的方向，既美观，又非常方便。贵州民族地区的妇女们也会通过她们灵巧的双手来制作孩子的日常用品，口水兜的制作通常是根据孩子的年龄大小来剪裁，口水兜外形丰富多样，有石榴形、如意形、方形、动物形等，在中心挖出一个圆，并在一个地方开一个口便于围系。儿童口水兜通常有几层，可防止涎水或液体食物将孩子的衣服浸湿。在外形制作成形后妇女们还会在上面刺绣或进行蜡染，使口水兜上有精美的图案来装饰，如植物花卉如石榴、莲花等，

图 10-29 都匀·水族·背扇

图 10-30 织金·苗族·背扇

图 10-31 龙里·苗族·背扇

动物造型主要有老虎、狮子、蝴蝶等，这些图案通常是具有吉祥寓意的图案，或者借助老虎、狮子之威猛驱邪避病。

（二）出行用品

用织造手法生产的出行用品主要有挎包、褡裢、火药袋、垫肩、护背等。

图 10-32　威宁・苗族・扇饰

挎包　贵州一些民族出行，会用挎包装日常携带品，它通常由包身和背带组成。挎包兼具实用与审美的艺术功能，也兼具生产工具的功能。在贵州一些民族地区挎包还可以作为表达友谊和爱情的信物，通常是年轻女性精心制作一个挎包送给自己心仪的男性，传递内心情感。青年男子若没有花挎包，常会被村寨里的人取笑。挎包有横方形、竖方形、半圆形多种，中间有的分格，有的不分；包口有的有扣，有的无扣，扣是用布条绲绞而成，美观又坚韧。挎包正反两面各民族妇女用灵巧的双手刺绣各种精美图案，有的还要缝一些小装饰的坠饰，典雅大方。有的包身底端缀有 3 至 5 厘米长的彩穗作装饰。背带用织布机或织架织成，图案鲜艳美观，缝合在包口两端。挎包的制作按其工艺分主要有三种方式：第一种是利用织机，运用棉、麻、丝等材质，直接织出自己喜爱的图案，然后利用织好的布经过裁剪拼接，制作成挎包。另一种方法是在成型后的挎包上或者布上用针线在上面进行刺绣或者挑花，绣出所需要的动植物纹样、几何纹样等。第三种是先将布料进行蜡染或扎染，印染出具有本民族特色的图案，然后再进行裁剪并缝制成挎包。有的地方还会在挎包的正反面与底部装饰上流苏，或缝制上小金片、银饰、铜钱等。

图 10-33　从江・侗族・扇饰

褡裢　是外出或购物时使用的一种物品。用双层面料制作，中间开口，两端为长方形口袋，口袋可以装物品。在传统社会是人们出行常用的一种随身物品。过去的人们外出时，总是将它搭在肩上，或将其搭在马背上，空出两手，行动方便。褡裢的尺寸有大有小，大的可以搭在肩上，小的可以挂在腰带上。通常用很结实的土布制成，有的也用皮制成。造型主要是长方形，中间开口。褡裢在外形上的不同主要是两端口袋的不同，口袋的外形有长方形、圆形。在两端的口袋上通常会用刺绣进行装饰，在使用时两个口袋的图案都能显示出来。历史上兴义地区曾专门织造一种有寿字或日进斗金的变体文字的锦，用来制作褡裢。

图 10-34　西秀・屯堡・扇饰

火药袋　历史上贵州一些民族有打猎的习俗，如榕江、从江、黎平等地苗侗民族。从江岜沙苗族明代就是边打猎边从黎平迁徙

至从江定居的，《从江县志概况》载：他们“好打鸟，火枪不离”。即便今日，国家仍允许当地苗族配枪，当然随着对野生动物保护意识的增强，他们手中的枪只是为游客做民俗表演时的道具了。除此外，当地男人日常出门时仍喜欢带着猎枪，枪已成了他们的随身饰物。除了枪，装火药的火药袋也是必不可少的配带物，这一形象基本固化为当地男子的着装式样。火药袋多为长方形，有的采用质地较厚的棉布或者皮质材料做成，色多为深黑或深青色，极少有装饰图案的。

图 10-35　平塘・苗族・配饰

垫肩、护背　是贵州山区劳动人民上山下地从事肩扛、抬运、背负重物时用的保护用品。贵州全省皆为山地，过去运输各种物资，如木材、石料、电线杆、机器等重物，大部分是靠人工肩扛背负，或两人以上抬运，为了保护劳动者的双肩和背部肌肉不受损伤，人们特意制作垫肩、护背之物来当防护用品。一般是选用破旧衣服，裁剪时略比肩背宽些，叠成数层，有的内加棉、麻、棕等材料，然后用针线缝制，也有的用动物毛皮来制作。这些劳动保护用品的使用，构成了贵州山地民族特有的一种着装配饰。

图 10-36　水城・苗族・配饰

二、生活用品

用于生活方面的配饰分为男性用品和女性用品，男性用品有烟袋、火镰袋等，女性用品有荷包、花带、手绢、香囊等。

（一）男性用品

烟袋　自明代烟引进中国之后，抽烟成为中国人的一种消费习俗。在工业制烟在农村未普及之前，大多数人抽烟的工具是烟管，装烟的是烟袋。抽烟者出门时除了带烟管外，通常还要配一个装烟叶的烟袋。凡烟民随身携带烟袋，有的别在腰带上，有的挂在胸前，有的拴在烟杆上。如贵州从江侗族聚居的小黄村和龙江村，男子头缠黑白花格布头帕，上衣特短，肚脐正上方挂一个镶花烟包。烟袋的形状多为长方形，也有其他形状的，多用棉布缝制，这些布料通常选用色彩较深的布料，如黑色、青色等。有的在暗色的布块上镶上红色、黄色的边缘，这样就显得很鲜艳醒目。比较讲究的还会在烟袋上绣上花、鸟、鱼等图案，或镶饰品。

图 10-37　西秀・屯堡・配饰

火镰袋　男子配带。它是以钢制成的取火用具，形状似镰刀。人们上山劳动放火烧荒，或烧烤食物，没有火柴、打火机之类的取火工具，取火是用石头在火镰上迅速地刮擦，利用刮擦的热量而产生火星而点燃干草。火镰也是吸烟男子必备的日常用品，为

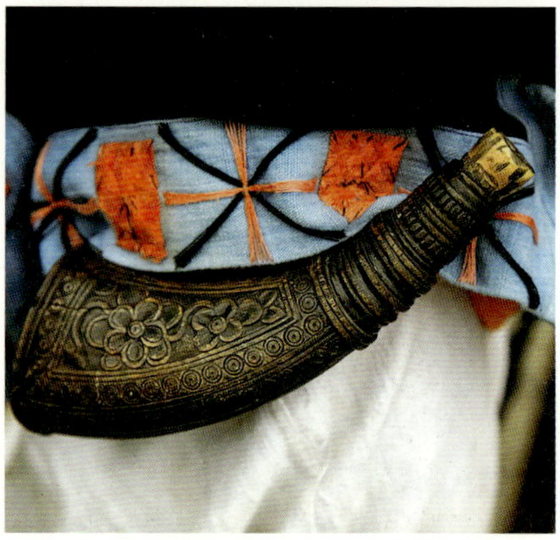

图 10-38 荔波·瑶族·配饰

图 10-39 从江·苗族·配饰

图 10-40 从江·苗族·配饰

便于男子们出门随身携带，女人们往往会专门做一个装火镰的袋子，通常是挂在男子们的腰间。火镰袋大多为长方形，尺寸约 5 至 7 厘米，因为使用频率较高，在制作的布料选择上多使用耐磨的粗布，布料的色彩也较深，多为黑色、藏青色等，也有一些火镰袋上面有少量的刺绣图案。

（二）女性用品

荷包 比挎包小，是女性们用来盛放一些小物件的用品。如装钱、装针线、装小件首饰的荷包，近年来又有装化妆品、装各种证件和卡片、装手机和装钥匙的荷包等。一般荷包没有系带，但现在也有一些荷包配上了系带，便于佩挂。荷包多以丝织面料或棉布来制作，有方形、圆形、月牙形、鸡心形、如意形等多种形状。荷包通常的装饰手法是以刺绣为主。荷包的制作与刺绣因民族的不同使用的技法与材料也不同，如水族以马尾绣为主，黔东南施洞地区的苗族则以破线绣为主。荷包刺绣图案的装饰性很强，主要以植物纹样、动物纹样、吉祥图案为主。荷包的刺绣针法主要有平绣、堆绣、锁绣、辫绣、数纱、打籽绣、铺绒、盘金、钉金等，配色华丽。荷包上图案的大小根据荷包的大小而定。荷包在贵州民族地区还具有定情信物的作用，一旦姑娘看上某位小伙子，就会制作并精心绣制荷包送给对方以示爱意，成为青年男女的定情物。这些荷包上往往用“喜鹊闹梅”“蝴蝶恋花”“鸳鸯戏水”“郎君如意”等图案或字样。如从江地区丙妹、下江、停洞等村寨的苗族男性都喜穿宽大的抿腰裤，部分人于裤前方配一个绣花小荷包。贵州土家族成年男性有花板袋，花板袋内外多层，表层绣花，可装钱、烟等小物品。

香囊 又称香荷包、香袋，指随身佩带的用来储放香料的小袋。香囊中的香料会散发香气，具有增加体香、驱虫、除秽作用。特别在端午节有的民族地区会制作内装有雄黄的香囊给孩子佩带，以避邪除秽。它主要采用各色绫罗绸布精心缝制，而且会在上面进行精美的刺绣，有的香囊下配有长穗。香囊形状多样，能打开的抽褶小袋形，有的用布料剪成石榴、桃、菱角、孔雀等各种动植物的造型，然后在里面包上棉花，再加上药物香料，用丝线缝制做成。贵州的苗族、侗族等民族，女孩子在相中了自己满意的情郎后，也会精心制作一个香囊赠送给对方作为定情信物。晴隆苗族姑娘用绸缎做成菱角状的香囊，然后精心刺绣，将菱角赠给男友，以做定情之物。遵义地区仡佬族女性盛装时，左胸前通常

图10-41　从江·苗族·配饰

图 10-42　从江·苗族·配饰

图 10-43　从江·苗族·配饰

图 10-44　从江·苗族·配饰

都会挂有一个拟似孔雀开屏状的香囊。

花带　是用丝、棉等织出的带状物，贵州织花带的民族有苗族、布依族、侗族、水族、瑶族、汉族。花带也是苗族未婚女性向异性表达情意的信物，贵州一些地方的男青年向心仪的姑娘们讨取花带，表示男女两性建立情感关系，为进一步确立婚姻关系奠定基础。有的民族村寨则认为男子配带的花带越多，表示他越受女孩的喜爱。花带常用的材料有丝、棉、丝绵、化纤，妇女们在编织花带时因地域与制作人的喜好不同，通常会采用不同的色彩、不同材质的线为经纬线，采用通经通纬，有的在制作时会浮经起花，有的经线显花，有的纬线显花。图案以几何纹为主，幅宽从 1 至 8 厘米不等。

手绢　是一种小巧的方形细薄织物，在贵州民族地区手绢是人们外出常备的物品，主要用于擦汗，也是拭擦眼泪、吃完饭后擦拭嘴角剩余残渍的用品。民族地区女子使用较多，她们通常将手绢收在包里或斜插于衣襟。手绢还经常佩带在小孩身上，便于给小孩子擦手、擦嘴用。手绢通常用本色棉纱织成坯布后，经漂练、裁剪、缝、烫而成。通常会在手绢上绣制精美的图案，图案有几何图形、条格、花卉、动物、山水风景、人物等。还有一种制作方式是直接用各色纱织成坯料，经整理、裁剪、缝烫而成。贵州民族地区有的姑娘会精心制作手绢，在上面绣上并蒂莲或鸳鸯戏水等图案，在节庆时节，碰到自己喜爱的男子，便将手帕作为定情信物，赠与男方，以确定二者之间恋情。

第二节　编扎类

贵州山区多生长竹子及各种藤草，这些具有韧性的自然材料，成为贵州人民用来制作各种器物的材料。其中一些器物已经与他们的服装渐成整体，而成为不可缺少的一部分。如藤甲衣、藤绑腿、斗笠、草帽、蓑衣、背垫、挎篮、背篓、背筐、饭兜、背兜、背索、针线篓、茶筒等。

竹编过程中会用到以下主要的工具：破篾刀、匀篾刀、刮篾刀、剪刀、篾刀、间门、篾掭、圆翘、手电钻、大小钻花、火炉、蒸煮铁锅、编织工作台、夹子、锥子、米尺、砂纸等。有了工具进行以下工序才能编织出竹类配饰：选材、剖竹、开间、劈篾、劈丝、抽丝、刮篾。其中劈篾是竹编工序中的关键，关系到产品

的牢固及美观。劈篾的第一步“去黄”，再按产品的精度要求，将“去黄”后的青篾劈成若干层篾片。为增加劈篾时篾片的开裂程度，艺人们用刀贴加快劈篾的速度。在劈至四层时，又采用“劈撕法”，即左手握住竹片，用嘴咬住上面一层篾片，右手握刀及刀贴，食指与篾片之间夹住下面一层篾片，头部向上昂起的同时，右手顺势往下推，但要注意厚薄均匀并及时纠正。有了做好的篾片，便可以进行各种竹编用品的编织。而藤编则要经过破藤、煮藤、编扎、涂层等工序。

图 10-45　镇远・侗族・配饰

一、竹藤制品

（一）防护用具

防护用具主要有藤甲衣、竹藤绑腿、斗笠、草帽、蓑衣、背垫等。

藤甲衣　主要流行于安顺平坝一些村子。据说与蜀汉时期诸葛亮的征讨活动有关，孟获部落的一些人员迁徙流落至此，并把他们的用藤制甲工艺传承至今。当地的藤甲衣主要用藤条编制，并涂上油漆，既防潮防腐，又坚硬耐用。藤甲衣主要仿军队甲胄编制，由头盔、上甲、下裙、盾牌几个部件组成。

图 10-46　册亨・布依族・配饰

竹藤绑腿　是旧时代贵州一些民族的护腿用品。居住在山地的民族，要上山打猎、砍柴，或从事农业劳动，因山里多荆棘杂草，又多蛇蝎等虫害，为了保护双脚，人们往往用竹片、木条、藤条来编成绑腿，上山时穿上它，以起到防止荆棘野草刺伤、毒虫咬伤，起到保护小腿的作用。它体现了山区劳动人民的一种智慧，也形成贵州民族着装配饰的多样性。

斗笠　是人们出行或劳动时戴在头上用来遮阳避雨的器物。一般用竹、布、纸、棕丝、叶片等材料编成，并在表面刷上桐油，使其防水耐用。斗笠呈尖顶圆形，有的配有帽圈，有的则用绳直接系于下颚。从工艺上看贵州的斗笠分为细篾和粗篾两种。细篾斗笠主要分布在三穗、台江一带，用较细的篾条与绸布编制，直径约 40 ~ 50 厘米，斗笠轻便小巧，主要用于遮阳。当地的这种斗笠还销往周边县市，甚至外省。黔东南、铜仁地区，湖南湘西一带，每至农村集市，满街上的人群头上基本上都头戴这种精致的斗笠，成为当地的一种风情。粗篾斗笠全省皆有分布，篾条较粗，外糊纸张，内夹棕丝草叶，直径 70 ~ 100 厘米，比细篾斗笠较为宽大，主要用于下地劳动时挡雨。

图 10-47　平坝・苗族・配饰

斗笠除了遮风避雨外，还被用于一些节日仪式。如台江施洞

苗族群众的龙舟节，划龙舟的鼓头和划桨人都要戴上当地细篾尖顶翘边斗笠；紫云苗族巫师或歌师在进行祭祀活动时不仅着黑色长袍，右肩扛着长刀，而且必须戴上斗笠或草帽，以一种庄严的神情，口中唱颂民族古歌《亚鲁王》。

织斗笠时编里层与表层同时进行，先从顶端开始编织，编到口边收编口沿。然后将表层与里层重叠，中间夹垫一层棕片、草叶或纸张，笠边用篾片绕编。然后将帽圈安装到斗笠顶内。斗笠成型后还需要在斗笠的外层涂刷光油，这样既可保护斗笠，又可增加防雨效果。

图 10-48　从江·苗族·配饰

（二）盛物具

盛物具，是人们出行时随身用于盛放各种物品的行李袋。有篮筐、篓箩、壶筒之类。

挎篮　又称提篮，是贵州山区女性常见的竹编用具。如下地劳作、上街交易、走亲访友都要用它来盛装携带各种物品。

挎篮的编制，从篮底先编，几十根竹篾条相互交叉，篮底编好后，就是竖身。将篮底余下的篾条向上竖立作相互交叉，放入一根圈篾，用竖身篾交叉编住圈篾，使其固定，再向上编，编织过程中以经纬编织法为主，在经纬编织的基础上，还可以穿插各种技法，如编、插、穿、削、锁、钉、扎、套等，使编出的图案花色变化多样。需要配以其他色彩的制品就用染色的片竹或竹丝互相插扭，形成各种色彩对比强烈、鲜艳明快的花纹。达到所需的高度就收口，将篮口编织圆滑。然后再将提篮的提手固定在篮身上，挎篮就编织完成。篮身的编织图案可以是平纹、人纹、斜纹、波浪纹等。也可以将篾条染成不同的颜色，编织出不同的图案与造型。

图 10-49　从江·侗族·配饰

背篓　是用两根肩带可以背在背上装载东西的篓。主要流行于武陵山、大娄山两个地区，由于这些地区道路崎岖狭窄多险，挑担不方便，人们便用竹子编成篓，背在肩上。它的大小根据使用的情况而定，如小女孩洗衣裳用的背篓较小；上山劳作，收割东西的背篓较大；背孩子用的背篓通常背篓的身子不是很大，比一般的背篓高一些。

背篓的编制通常是先编篓底，编好后竖身编篓身。篓分成三段编织，篓的下段，篓腰，篓的上段。在篓腰的位置篾匠常常会编夹花窗，对整个背篓起到装饰作用。编到篓口处，将篓口收编圆滑，有的还会在篓口编织出精美的口沿花边，口内装较厚的圆

图 10-50　黎平·侗族·配饰

口圈。然后编足圈，对背篓的底部进行加固，使背篓放置地面时更平稳且耐用。最后一道工序就是给背篓装上两条背带。

镰刀篓 是贵州山区农民用于背放镰刀与柴刀的竹篓。以黎平、榕江、从江一带最为普及，每当人们上山下地劳作时，必佩带一把刀，镰刀篓既方便携带刀具，又可腾出双手从事其他工作，便于行动。由于长期的配带习惯，镰刀篓已成为当地人着装的一种不可分离的配饰。

镰刀篓的编织也是先编织一个小四方底，然后经篾转折立身编纬篾，编成喇叭口形，封闭成牛角尖形，再向上编成圆筒篓子的颈部，最后收口，再给镰刀篓装上一根背挎的带子。

图 10-51 台江 · 苗族 · 斗笠制作

针线篓 是妇女们放置针线的竹编的篓。贵州民族地区的妇女很多服饰上都有刺绣，所以针线活是她们农闲时常要做的，已经成为她们日常生活的一部分。

针线篓多呈圆形，在编织时，也是先编篓底，然后起经折立身，纬篾密编，编织到所需尺寸，然后收口并打磨圆滑，最后刷光油或茶油。

图 10-52 台江 · 苗族 · 斗笠

饭箩 是竹编的专门用来盛放饭菜的用具。贵州地处山区，用于耕作的土地稀少，加上距离较远，农民早餐后出门干活，通常会一直到下午 5 至 6 点钟才能回家，中餐只能在工地或山上吃。为了解决中餐的食物保存问题，篾匠师傅考虑携带方便，用竹子编织出扁形饭盒，配上挎带，可用来盛装中餐饭菜。

饭箩一般由箩身、箩盖、箩带三部分组成，体积约 18 厘米 ×28 厘米 ×20 厘米，箩身较盖略小，便于箩盖套上，用布带系于箩身两侧，便可背于身上。编织过程也是先编箩身，再编篓盖，最后还要用桐油涂刷表面，起到防虫防腐作用，使其经久耐用。

水筒 是人们用来盛水的竹筒。贵州山区农民的耕地离家较远，为了节省时间和体力，他们上山劳作，除了要带午饭外，还须带上饮水筒。水筒制作简单，直接将竹子锯下几节，把中间的接头穿通，打磨光滑。大的竹筒用三四节竹节，小的用一两节，然后在竹筒的两边做耳环，穿孔并系上麻绳。这样上山劳作携带方便，简单耐用，清洁卫生。一些地区有饮茶的习惯，农民上山下田劳动时，多用竹筒盛放茶水。

图 10-53 台江 · 苗族 · 斗笠

图 10-54　从江·苗族·角饰

图 10-55　威宁·苗族·角饰

图 10-56　威宁·苗族·角饰

二、棕草制品

（一）防护用具

用棕草编扎的防护用具主要有草帽、蓑衣、背垫。

草帽　指用水草、席草、麦秸、竹篾或棕绳等物编织的帽子，是人们用来遮阳挡雨的工具。草帽透气性良好，在行走时，部分气流在草帽内部流通，还可以不断把热量散发出去，使人有一种凉爽的感觉。

草帽是用小麦或大麦草的草尖，先编成辫子，然后用手工或机器缝制而成。也可用手工直接将麦草尖编成草帽。草帽的材料主要是用大麦或小麦的麦草尖，经过晒干、精选，在编之前用水浸泡一下，防止断裂。编辫子主要用左右两手的拇指和中指来掐和捏。拇指在上，中指在下，两个指甲相掐相捏。左手掐时，右手就捏；右手掐时，左手就捏。这样交替进行，即可编成草辫。然后用机器或手工将草辫根据尺寸大小缝制帽顶、帽筒、帽边，待帽边达到一定的尺寸要求，就可以收边，让帽边规整圆滑。

贵州西部一带历史上曾流行毡帽，用当地羊毛擀制成，既保暖又防雨，是居住在气候比较寒冷的黔西北民众喜爱的防护用品。

蓑衣　是南方的农民下地劳作时用来防雨的披衣，用数层棕片铺展叠加缝制而成。蓑衣一般呈“T”形，肩背部约 70 厘米宽，下摆部位约 50 厘米，蓑衣的领子和两侧安有系带，下地前将蓑衣系于后背，厚实的棕片能防止雨水的浸透，特别是农民插秧的多雨季节，能起到很好的防护作用。

背垫　是用来保护腰背部的用具。流行于贵阳花溪高坡一带，当地苗族妇女用稻草来编制成一块与腰部相当的长方形草垫，下地干活时便拴于后腰部，并配上行李带，要背负重物时，用行李带将物品绑于身上不会下坠，而背垫可以抵挡重物对腰部的损伤。

草鞋　曾经是农村广大居民出行的脚装，即便是 20 世纪 70 年代，贵州各民族出门下地上山都还是穿这种脚装，直到 80 年代后才被淘汰。草鞋分为粗细两种，粗草鞋是用一般稻草编织，用于劳动或远行时穿着。细草鞋是用经过挑选捶软后的糯谷草芯加一些布条麻线编织，在女性节日礼仪期间走亲访友时穿着。有些地方还用竹丝加麻来编草鞋。除了草鞋，贵州一些民族还穿木屐，直至 20 世纪 80 年代以后这种已有千年历史的脚装才消失。

（二）行李用具

行李用具有网兜、行李带。

网兜 是一些贵州山地民众背负物资的工具，一般是用麻线编织。六枝梭戛苗族女性用的背袋，编成可收放的网兜形，网兜底和网兜口均配有绳子，她们上山下地干活，上街买卖，走亲访友，身后都要带上它，各种细小物品都装入其中，所以又称“万能袋”。

行李带 是用来把物品拴在背上的带子，贵阳花溪高坡苗族妇女出门，后面背一个竹筐，但筐子没有背索，她们就用当地的芙蓉树皮纤维来编织专门用来背筐的带子。带子中段呈扁平状，两端为圆形，扁平的中段用来兜住竹筐，圆形的两端用来系于两膀与胸前。

图 10-57 六枝・苗族・烟斗

第三节 铸锻、雕刻类

图 10-58 黎平・侗族・烟斗

一、劳动工具

用铸锻工艺制作的劳动工具，主要有农业及手工业工具、打猎工具。

（一）农业及手工业工具

贵州是山地农业经济，人们上山下地劳作，各种生产刀具不离身，长期佩带这些工具的习惯，也成为贵州民族配饰的重要内容。

刀 贵州民族常佩带的刀具主要有镰刀、削刀、柴刀、摘禾刀、环首刀。传统农业社会，镰刀是用来收割庄稼和草叶的工具，刀略带弧度，安上木柄后呈“7”字形，便于操作。削刀用来削刮动植物皮毛，略带弯曲度，从江岜沙苗族男人随身佩带着七件装备，其中有一件就是削刀。柴刀用来上山砍柴破竹。摘禾刀是黎平、榕江、从江一带农民用来收割糯穗的一种特制工具，用木材削制，约 8 厘米 ×20 厘米大小，呈梳背形或鱼形，便于手执，下端中间部位安一块金属刀片，用于割断糯穗。环首刀又称砍马刀，这种刀的形状与汉代的环首刀基本相同，是贵州西南一带苗族、布依族用来劈砍木头或砍马的工具，后演变为当地歌师演唱时必配的道具。这些刀斧的制造，基本上是使用者到当地的铁匠铺，根据自己所需而向铁匠订制。

图 10-59 水城・布依族・烟斗

斧 贵州大部分地区的房屋建造，多以木材为主料，特别是黔东南苗族的吊脚楼，侗族杆栏式木房、鼓楼、风雨桥，所以各

地都形成了专业的木工师傅，他们行走于各个村寨，身后腰带上总是要插一把斧子，这种装束成了从事这种职业人员的身份标志。斧子由斧头、斧柄两部分构成，斧头是请当地铁匠打制，大小不等，但木工师傅携带的一般较小较轻，便于倒插于腰带上。斧头留有口子，安上硬质木柄，才能使用。因木工师傅常走山路夜路，斧子的另一个作用就是护身祛邪避害。

图 10-60 从江・侗族・抬官人

（二）狩猎工具

历史上贵州部分民族有打猎的习惯，获得野兽、野鸟，以此来补充他们的食物。尤其是从江、榕江、黎平一带苗族、侗族。由此配带枪支、铁砂、火药的装束，便成为一种常态。

猎枪 是打猎的工具。猎枪由枪托、枪管、扳机等组成。枪托为木制，枪管、扳机是用钢铁打造，内部装有燧石，枪管上安装有准星与照门。在枪膛装入火药和铅丸，用火绳或铁砂点燃火药来发射。

当今时代，为照顾部分族群的长期生活习俗，政府仍允许从江岜沙苗族男人配备猎枪，不过《野生动物保护法》的实施，野生动物已经属禁猎对象，他们的猎枪只用于为满足游客的需求而进行民俗表演仪式罢了。但是，这种猎枪及火药袋等器物的配带，却构成了当地男子着装配饰的一个特点。

图 10-61 西秀・苗族・乐器

铁砂袋、火药筒 这两种物件的材质有竹子、木材、牛角、皮革、漆器等，利用砍削、雕刻、钻孔、涂层等手法制成，造型上有兽首、鸟头、葫芦、号角、箭头、直筒等形状，并配上塞盖，装上系带。上山打猎时，把这些必备物配带于腰间。

二、生活用品

生活用品按使用者性别分为男性用品和女性用品。

（一）烟具

传统烟具有烟杆、烟斗、烟筒、烟枪、火镰，贵州常见的烟具为烟杆。

图 10-62 荔波・瑶族・打陀螺

烟杆 又称烟袋，由烟锅、烟管、烟嘴三部分组成。在使用烟具时往往还配有用各种材质的布料缝制的烟荷包、火镰套。前端的烟锅，材料多采用铜、锡制或陶制品。烟管中空，多用细竹制成，也有的用铜管，长短不一。烟嘴，多为石、玉、铜等材质。通常情况是青年人偏爱用长度较短的烟杆，长度一般不超过一尺，年长的人用的烟杆长度较长。这些烟具配以火镰套、刺绣精美的

烟荷包，成了贵州民族吸烟的必备物品。贵州一些地区，人们利用竹根的弯曲多节的特点，来制成各种形状的烟杆，既有实用功能，又具有观赏性，成为人们喜爱的工艺品。

火镰 是在火柴未发明之前的取火器物。传统时代，中国男子腰间都佩带有一个火镰袋。火镰是用大约 1.5 厘米 ×3 厘米 ×8 厘米的一块钢片，经热处理及打造成镰刀形，作为火镰的主件。有的还会在表面錾上麒麟、龙等纹饰。再拴上一根穿有珠子或玉器或玛瑙的绳子，既增大了体积也美观了火镰的主体。火镰还要与火石、火绒相配。火石是一块硬度较高的石头。火绒通常是用晾干后的艾叶揉成絮状，放在烟锅上引火用的。有的地方也用草纸作为火绒。打火时用左手捏住火石和火绒，让艾绒压在火石上，右手持火镰，用侧面对准火石边沿迅速地击擦几下，火石就会冒出火星，将火绒点燃，即可用来点火吸烟或引火燃柴。

图 10-63 从江·苗族·茅人节

（二）发饰用品

发饰用品，主要是贵州民族女性用于梳理、塑造、固定不同发型的各种物品，除了银匠打制的各种银梳、银簪、银钗、银箍之外，还有用竹木、骨头等材料制成的发托、头巾架等器物。

发托 是女性托发之物。贵州一些民族将发型塑造成十分高大的各种形状，除了掺和一些前人留下的遗发、毛线之类来扩充头发数量之外，还要制作一些支撑托举头发的器具。如安顺、毕节一带的大花苗、长角苗、大角苗等支系，女性们用竹子、木头制成动物的角状，或是横杆，或是竹笼，置于头上，或前或后，或正或偏，然后把假发缠绕成不同形状，如六枝梭戛一带编成横“8”字形，安顺腊岩一带饰成一面旗帜，大方竹园一带缠成一个扇面，威宁一带用竹子编成尖顶，头发向上缠成一个圆锥形，织金龙场是带角的木梳，头发向上缠成一个鸟巢形，各有风姿，呈奇献异，表现出贵州民族发型的多样性。

图 10-64 荔波·布依族·雯当姆

头巾架 是贵州一些民族女性用来支撑头巾头帷的用品。贵州有的民族支系的头巾形状又高又大，造型非常奇特。如从江一带瑶族，因崇拜盘瓠的习俗，当地瑶族成年女性的头饰，需要用树皮等料制作一个托架，着装时将托架先置于头顶固定，再将织锦头巾搭覆在架子上，上面以彩珠、银链、流苏缀饰，架前额头戴上花卉，头上形成一个立体的帷幕。这一头饰造型表示她们对于盘瓠的纪念。

图 10-65 黎平·侗族·抬棺人

第三章

民间信仰及节日仪式配饰

图 10-66　榕江·苗族·芦笙配饰

第一节　护佑类

护佑类配饰，是由于民间信仰而制作并配带于身的神像、护身符、镇邪物，有的甚至一年 365 天，每天 24 小时都不离身，以表达对各种神灵的崇敬，并借此来保护自己不受妖邪疾病的侵害，求得平安幸福。历史上贵州大多数民族信仰的是万物有灵的原始宗教，后来佛道及一些外来宗教进入贵州，也对部分民族产生影响。所以贵州民族的护佑类配饰也出现多种宗教的神灵和不同的符号，以及不同的镇邪物。

图 10-67　榕江·苗族·牛角杯

一、神像及护身符

贵州民族配饰中原始宗教的神灵形象，既有自然神、图腾神，又有英雄神、祖先神。又因历史久远，这些神有时会发生混融与重叠。

比如以雷山西江为代表的苗族支系，过去这里在盛大节日期间，老年女性除了庄重的装束之外，头上还要围一块标有两道 10 组曲卷纹符号的巾帕，当地苗语称“玉钩”。这个符号代表了自然神水漩和图腾神蝴蝶妈妈，表达了苗族人对生命原始元素的崇敬和纪念，后来这种巾帕改为用银子打制。它不仅是节日中苗族老年女性的必配之物，也是逝去的老人返回故土与祖先聚会时，被对方相认的身份证明，在他们的意识中，只有配带本氏族的符号，祖先们才会接纳他进入自己的领地。

图 10-68　兴义·布依族·牛角号

儿童是民族的希望与未来，他们的健康成长是长辈们特别是母亲们最关心的事，所以贵州不少民族的育儿褴褓、儿童衣帽及围兜上，都有各自民族的崇拜物和神秘符号，比如涡纹、万字纹、蝴蝶纹、鸟纹、蜜蜂纹、马纹、虎纹、鹰纹，以及受汉文化影响的蜈蚣、蝎子、蟾蜍，等等，都反映了他们的宗教意识，借助这些神灵来护佑儿童免受各种妖魔疾病的侵害，得以健康成长。

除了这些神灵形象和护身符之外，项圈、手链、脚链等金属制品也具有避邪护身的文化功能，所以，贵州一些民族当小孩出生后，家中长辈要用这些项圈、手链、脚链戴在小孩的脖子、手腕、脚踝上，亲戚好友也会送来这方面的礼物。

随着佛道及外国宗教传入贵州，一些民族改信这些宗教，自然而然地这些宗教的神灵也被当地民众当作护身的配带物，如佛教的佛、菩萨、罗汉，道教的三尊、八仙，基督教的基督，天主教的圣像，等等。当然贵州最常见的是佛教的神灵，全省大部分地区儿童帽上，都用佛像、菩萨像、罗汉像来作护佑装饰，即便是原始宗教意识最浓厚的黔东南地区，也是如此。

图 10-69 威宁・彝族・牛角号

二、镇邪物

镇邪物，是人们用于镇压邪气、驱逐瘟疫的配带用品。贵州民族最常用的镇邪物有金属、镜子、植物药草。

金属、镜子。中国古人就相信金属有镇压邪气、驱疫逐鬼的作用，故举行傩仪时，商周时的方相氏要头戴“黄金四目”的面具，贵州不少民族遗传了这种文化因子，所以，用各种金属物来镇邪，出行在外时，身上总要配带这类物品。如前文所说的乡村木匠师傅走山路、行夜路时，腰后总要带上一把斧子。贵州一些地方有上山打猎和夜晚捕鱼的习俗，每当出门，身上都要配带一件金属器具，如猎刀、鱼叉，这些既是渔猎工具，又是镇压邪气的宝物，借它可以振奋精神，壮大胆量。

图 10-70 松桃・苗族・牛角号

在金属能镇邪的意识作用下，一些民族把它运用到对儿童的保护上，贵州各地的育儿襁褓上，除了布满各种神灵形象之外，有的还在襁褓上拴一把剪刀、铜钱之类金属物，借此来驱逐妖魔鬼怪，使儿童不受侵害。

除了金属物，贵州民族还用镜片、玻璃等反光物质来驱邪逐害。一些民族住房大门门额上，往往挂一面镜子，防止各种妖邪进入家中。在一些民族的出殡仪式上，也要有人手捧一面镜子，在棺前开路，用以驱除途中的各类不祥之物。同样，在一些民族的儿童帽子和襁褓上，长辈们也会用镜片、玻璃片甚至会反光的金属片镶嵌、钉缀在表面，既能起装饰作用，又有驱邪防害的心理作用。

用植物药草来驱邪避疫，在中国有很久远的历史，贵州大多数民族与上古民族都有深厚渊源，所以用植物药草来驱邪避疫的习俗被继承下来，流传至今。

图 10-71 德江・仡佬族・牛角号

贵州各民族利用的植物药草，因习俗不同各有差异，但普遍是用各种带芳香的鲜花、草叶、根茎。有的调制成药，装入小包，佩带于腰部。有的用鲜花插于头发之上，花的香味既能提神醒脑、振奋精神，鲜花的形状和颜色又可增强佩戴者的美丽风姿。如雷山一带苗族女性，以前均是用鲜花插于发际，直至20世纪下半叶，才改用人工绢花和塑料花。

图 10-72　榕江·苗族·巫师

第二节　法器类

一、神职人员着装

贵州民族大多数信仰原始宗教，各种民族节日等同于他们的宗教活动，因为这些节日中的许多重要环节都与自然、图腾、英雄、祖先等各种神灵祭祀纪念有关，即便是一些娱乐性的戏剧歌舞表演活动，也有这方面的内容。而这些内容的主持及表演人员，大都为本地区本村寨世袭或师传，他们本身就是农民，只不过在节日期间才临时扮演了主持和表演者，他们与真正宗教意义上的神职人员相差甚远，所以他们的着装也没有宗教神职人员那样的固定和程式化。但为了在祭祀和表演仪式中显示出对神灵的尊敬和与常人的不同，他们的着装也表现出一定的严肃性，主要体现在具有神秘寓意的巾冠和袍服上面，即便是没有置备专门用的冠袍，也要比平常穿戴整齐和正规一些，如戴上笠帽、扎上头巾、穿上长衫、系上腰带，以区别于日常的世俗着装。

图 10-73　从江·苗族·药师

巾冠笠帽　一些民族由于受到佛、道的影响，把佛道二教的形式及内容引入本民族的祭祀活动中，形成了糅合佛道及原始宗教的民间活动。在这些活动中主持者及表演者的巾冠，就源于和尚和道士做法事时戴的巾冠。如流行于贵州东部、东北部、北部的师教，又称“跳端公”的表演人员，还有这些地区流行的傩坛戏，端公和掌坛师就戴这种巾冠。

巾冠又称冠扎，即掌坛师头上戴的法帽。这个道具，主要是在傩仪式中使用，是法师在做法事时，或掌坛师在举行仪式之前，在头上包一条红帕子，然后戴上“冠扎”。冠扎用牛皮或厚纸壳做成，由五片构成，每片呈五边形，上端尖三角状，下端是上宽下窄的长方形，五片组成一个冠扎。而且每一片上绘有一个人物，从左至右分别为左仕、太清、玉清、上清、右仕。每个人四边饰

图 10-74　水城·苗族·药师

花草图案，五图之间用线连接，下面用红布连接可以折叠。五图之间的中间向下各挂一只雄鸡，喻雄冠，左右两边饰日、月图。冠扎的整个色调深沉，少许红、黄冠扎表示傩坛顶祭的最高神圣。

而在一些民族祭祀仪式上，巫师头上戴的则是三角形铁冠，或者是有尖锥芒状的银箍，或者是牛角形冠，这些形式的产生要比传统佛道更为久远。

斗笠、草帽 既是出行遮阳挡雨的工具，也是一些民族祭祀活动时主持者或表演者配带的器具。如台江施洞的龙舟节，划桨者及指挥者都要戴上当地用细篾编制的尖顶斗笠，紫云麻山苗族歌师们在唱诵古歌时要戴上当地出产的圆形斗笠，使仪式显得庄重严肃。

图 10-75 黎平 · 侗族 · 寨老

袍衫 是贵州一些民族神职人员的法衣，也是老年男子的礼服。当举行各种祭祀活动时，巫师们会穿上特制的袍装，上面或织、或染、或绣上本民族的纹饰。如从江瑶族就有专为巫师穿的道袍。而每到节日或重要礼仪活动时，一些民族的老年男子都要穿上长衫，表示节日和礼仪的庄重。

图 10-76 从江 · 侗族 · 寨老

二、仪式道具

各种祭祀活动，主持者和表演者除了着装之外，还要配备和携带不同的作法道具，如罗盘、卦、铃、师刀、牛角号、令牌、朝简、令旗等。而带有浓厚巫风气息的撮泰吉、傩戏、地戏表演时，还须有锣、鼓、钹等伴奏乐器。这些器物是用来沟通神灵的法器，有超自然的力量。

罗盘 罗盘是传统社会从事堪舆的人士用来测验地理方位并判断吉凶的仪器，后来也被巫师们用来窥视阴阳。罗盘由专业人员制作，民间巫师都从制作者或商店购买，并要进行开火仪式之后才能具有灵气。

图 10-77 从江 · 侗族 · 寨老

卦 是巫师用来占卜吉凶、预择时机的工具。卦一般用竹木等材料制作，如南竹根，形状呈半月牙形。分正反两片，一半为阴卦，一半为阳卦，可合而为一。在半月牙形的顶尖部各钻一小眼，表示穿了牛鼻子，能听从坛师的使唤和安排。坛师占卦时，以落地后两片竹卦的状态表达神的语言意向，法师根据卦象来进行解读。一般卜卦三次，三卦形成定局，如果三卦都达不到目的，坛师就要以念咒语等法术来催促，直到卜到满意的卦象为止。

法铃 是巫师作法时摇晃的乐器，用金属铸造而成，巫师口

图 10-78　从江・苗族・寨老

图 10-79　榕江・侗族・寨老

图 10-80　贞丰・布依族・寨老

念经咒，手摇法铃，呼唤神灵，驱邪逐鬼。

牛角号　在法师进行仪式时常用的号令角，用水牛角加工而成，角尖部锯断凿空，制作人用檀木经过精心掏削，使其能发音，发音器长 6 厘米，通常要经过校音，再将这样的发音器插入牛角尖内。制作牛角号的牛角通常 40 至 50 厘米之间，底端宽约 20 厘米。发音器，上刻八卦，系一带子挂于坛中，牛角号吹出的声音浑厚、低沉，作为人神相通、阴阳交感的信号。在法师进行傩坛仪式时，常以牛角号作为谢主、请神、还愿、酬神时吹奏。

牌带　是掌坛师牒盒，它由横梁和布带组成。牌带是用桃木做成的，它的长宽大致为 45 厘米 ×3.5 厘米，上面有祖师生辰、法度、师承脉络关系，常常用棉布将它包裹起来，然后用大约 35 ~ 45 厘米七色彩布带缝上，两头封牌写掌坛师职阶、年号。这些牌带是各信士捐赠，布带上写有捐赠者姓名，条数不限。法师在作法事时，有时会用手舞动它，有时则挂在肩上，以此驱邪、打鬼、扫五瘟。

司刀　系法师举行仪式时使用的法器，为铁制，在刀柄上有一个圆环，环上套有铜币等。刃部两面分别刻上南斗六星和北斗七星的符号，尖部刃钝。司刀是驱邪镇鬼的工具，坛师常手握刃部，让铁圈上的铜币和环撞击发出有节奏的声音。司刀的声音在法师朗诵祭词时，起到一个伴奏乐器的作用。

祖师棍　是在举行傩仪式时常用的法器，也称杵师棍。其制作的木材主要采用梓木或核桃木，其长度约 1.5 ~ 1.6 米。首先要将木材削至 1.5 到 1.6 米的长短，然后打磨光滑。雕刻师傅开始在上面画草图，并用各种雕刻工具进行雕刻。上面雕制上老君头像，中刻龙凤花鸟、麒麟狮子、弥勒佛像等。雕刻完毕后还要打磨光滑。最后给祖师棍上漆，漆成红色或紫黑色。在祖师棍上还要安装上一个铁制的套头。

令牌　系传令或号令的旗帜，通常有 12 厘米长，6 厘米宽，2厘米厚，用梓木刻制而成，形状是上圆下方。正反面刻有很多字讳，每个法师使用的令牌刻的字不一样，有的刻有“吾奉太上老君急急如律令”或“玉皇勒令”等。令牌是在祭祀中用来惊动众神灵，请他们驱邪打鬼杀五瘟镇邪的法器。

朝简　又称朝笏，用黄杨木或竹子做成，上端窄下宽，上端宽 1.8 寸，下端宽 2 寸。朝笏原是文武大臣参拜皇帝时用，在贵州一些傩堂中，是法师用来朝拜上圣，向玉皇大帝申奏傩法事之信物。

令旗　系传令或号令的旗帜，分为先锋旗和令旗。先锋旗用布或纸制，方形，上书“统领神兵”，加带云头鬼足字讳。令旗分为红、黄两面，三角形，红旗为“三清总相令旗”，黄旗为“玉皇大帝令旗”。令旗是指挥、调动阴兵神将的法器。

天蓬尺　是用竹做成的尺片，长度也是一尺三寸六。它的功能跟令牌大体相近，起镇坛作用，主要是在傩仪式中使用。傩仪式中，法师通过它可以上管三十三天，三十三天是指东南西北各8天，加中央1天，对下管18层地狱。

图 10-81　榕江·苗族·寨老

图 10-82　榕江·苗族·东郎

图 10-83　榕江·苗族·寨老

图10-84　榕江·苗族·寨老

第四章

戏剧表演面具

第一节 戏剧面具品种

一、撮泰吉及其面具

（一）撮泰吉简介

图 10-85 威宁·彝族·撮泰吉·面具

贵州威宁县盐仓区板底乡裸戛村，世代流传撮泰吉，这是一种古老的原始戏剧。撮泰吉是当地彝语的读音，“撮”义是人，“泰”义是变化，“吉”义是游戏、玩耍，合在一起为“人类刚刚变成的时代”或“人类变化的戏”，简称“变人戏”。撮泰吉一般在每年旧历正月初三到十五演出，旨在驱邪祟，迎吉祥，祈丰收。

图 10-86 威宁·彝族·撮泰吉·面具

撮泰吉在表演时，演员最多的时候可以达到 13 人，6 人扮演人物，3 人扮演狮子，2 人扮演牛，2 人敲锣打钹。在条件很简单的情况下，演员人数只有 6 个人，表演时通常只扮演主要的人物。撮泰吉全戏有四个部分：祭祀、耕作、喜庆、扫寨，其中扫寨只在农历正月十五才演出。

第一场戏祭祀。夜晚，在村外旷地四角点燃灯笼；阿布姆、阿达姆、麻洪摩和嘿布佩戴黑色猴相面具，拄着木棍从树林中艰难地走出。“撮泰”老人用包头布把头缠成尖锥形，状若帽子，高约一尺，全身穿黑衣黑裤，用白布条将胸、背腰、小腿、手腕等部位缠紧，以象征裸体（表示那时人还没有发明穿衣），迈着罗圈腿踉跄行走（表示那时人还不能直立），一面吸气冲击声带，发出猿猴般的叫声。来到旷地上，“撮泰”老人放下手中木棍，面对西方，向天地、祖先及四方神灵祈祷。祈祷毕，开始跳“铃铛舞”。

图 10-87 威宁·彝族·撮泰吉·面具

第二场戏耕作。又称正戏，是全戏最重要的部分，主要反映彝族先民迁徙、农耕、繁衍的历史。前半段通过惹戛阿布与阿布摩的对话，叙述古时裸戛院子（即裸戛村）连年灾荒，阿布摩等几位“撮泰阿布”背着粮种，从沟凑发（在云南境内）动身，途经谷彻贝谷（疑即今昆明）、阿余斗米（云南东川）、古闹陆居（贵

图 10-88　松桃·苗族·傩戏面具

图 10-89　西秀·屯堡·地戏面具

图 10-90　西秀·屯堡·地戏面具

州贵阳）、八滴猴免（威宁草海）、纳缕祖谷（威宁盐仓土司家），最后来到裸戛院子，教当地百姓开荒种地，以度灾年。接着，“撮泰”老人以示意性的舞蹈动作，再现了彝族先民在农耕生产中买牛、驯牛、犁地、烧草耙土、撒灰、播种、收割、打场的劳动过程。劳动间歇，穿插着嘿布为阿布摩和麻洪摩点烟，阿达姆为阿安喂奶，以及嘿布和阿布摩从背后与阿达姆进行交媾的动作。后半段描写粮食喜获丰收，“撮泰”老人把大仓小仓都装满了，惹戛阿布将酒洒在地上，向天地、神灵和粮食祝祷。

第三场喜庆。正戏演完，狮子上场翩翩起舞，舞狮人挥棍逗耍狮子，表演“狮子笑天”“狮子扑地”“狮子滚绣球”等动作。据当地彝民介绍，这一部分内容原来没有，是近代才加进撮泰吉中的。

第四场扫寨。彝语叫“米夺秋”，即扫火星。农历正月十五演出接近尾声。惹戛阿布带领“撮泰”老人走村串寨，扫除灾难和瘟疫，祝愿村民人畜兴旺、五谷丰登。每到一家，都要在火塘边念一些吉利的祝词，并向主人索要鸡蛋和麻，走时从草房四角扯一把草。然后来到村寨边的三岔路口，先将 3 个鸡蛋埋入土中，紧接着点燃茅草，将其余鸡蛋煮熟分食，口中高呼：“火星走了！火星走了！”埋下的鸡蛋次日由“撮泰”老人撬出，视其好坏以判断当年的收成和祸福。

（二）撮泰吉面具角色

撮泰吉剧中的人物主要是 6 个人，分别是：

山林老人惹戛阿布，贴白胡须而不戴面具。

阿布摩，1700 岁，戴白胡须面具。

阿达姆，女，1500 岁，戴无须面具。

麻洪摩，1200 岁，戴黑胡须面具。

嘿布，1000 岁，戴兔唇面具。

阿安，一个小孩，不戴面具。

二、傩戏及其面具

（一）傩戏简介

傩戏有许多别称，如因其系愿主为酬还傩愿而搬演，故名傩愿戏；因其以“傩坛”为单位进行演出，故名傩坛戏。贵州傩戏覆盖面极广，全省大部分县、市都有，其中尤以黔东的德江、思南、沿河、印江、松桃、江口、铜仁、石阡，黔北的道真、务川、

湄潭，黔东南的岑巩、黄平，黔西北的织金、大方，黔南的荔波、罗甸等县最为丰富。据调查，20 世纪 40 年代，贵州全省的傩堂戏约有两三千堂之多，20 世纪末尚有近千堂，但不少戏班已不能独立进行演出。就民族而言，汉、苗、侗、白、土家、仡佬、布依、毛南等民族中都有傩堂戏流传，其中土家族、仡佬族、汉族、苗族中遗存尤多。据现有调查资料，土家族傩堂戏以德江县为代表，仡佬族傩堂戏以道真县为代表，汉族傩堂戏以湄潭县为代表，苗族傩堂戏以松桃县为代表，侗族傩堂戏以岑巩县为代表，布依族傩堂戏以荔波县为代表，白族傩堂戏以织金县为代表，毛南族傩堂戏过去流传于平塘县一带，今已无存。

图 10-91　西秀・屯堡・地戏面具

傩堂戏演出由内坛与外坛两部分组成，内坛是冲傩还愿的各种法事，外坛才演出各种娱神和娱人的剧目。巫师做法事时，头戴发冠，身穿法衣，肩披牌带，边唱边跳。他们会根据仪式需要，会伴有各种动作，如吹牛角、卜卦、敲令牌、摇司刀；而且在巫师跳的时候还穿插着挽“诀法”、划“字讳”、走“禹步”、念“咒语”等神秘动作，这一切，极易把观众引入阴森恐怖的鬼神世界，具有莫大的煽惑性。

图 10-92　西秀・屯堡・地戏面具

演出外坛剧目需佩戴面具，相传面具锁在桃园上洞、中洞和下洞内，需由尖角将军约请掌管钥匙的唐氏太婆——有些地方还包括蒋氏太婆和戴氏太婆，将桃园三洞的锁打开，搬请出代表 24 出神戏的 24 个面具，然后才能出戏；戏和法事交替穿插进行。主要的剧目有《开路将军》《勾簿判官》等。插戏是穿插在正戏之间演出的戏，又称耍戏、杂戏和花花戏，它以广阔的社会生活为题材，戏中的主角不再是傩堂中的神仙，而是生活中的普通平民百姓，如农民、渔夫、商人、裁缝、媒婆、财主等。插戏的优秀剧目有《郭老幺借妻回门》《苏姐姐选婚》《张少子打鱼》《审桶》《傻二赶场》等。这些剧目情节生动，语言诙谐，娱乐性强，充满世俗色彩。

（二）傩戏面具角色

在民间，傩堂戏素有“半堂戏十二面具，全堂戏二十四面具”之说，但实际上各傩班的面具往往多于 24 面或少于 12 面，且面具角色亦因地域、傩班而异。贵州各地的傩堂戏面具，除去重复的，总计约有五六十个角色，男、女、老、少、文、武、鬼、神、僧、道、丑、动物一应俱全。按角色性格和面具造型，大体可分为正神、凶神和世俗人物三种类型。

图 10-93　西秀・屯堡・地戏面具

正神角色主要有：唐氏太婆、先锋小姐、关圣帝君、土地神、九州和尚、二郎神、度关王母、李龙叫化等。

凶神角色主要有：开山猛将、灵官、勾簿判官、五猖等。

世俗角色主要有：甘生八郎、柳毅、幺儿媳妇、撵路狗、歪嘴秦童等。

图 10-94　西秀・屯堡・地戏面具

三、地戏及其面具

（一）地戏简介

地戏主要流传于贵州省安顺、平坝、长顺、普定、镇宁、紫云、六枝、水城、贵阳等市、县的广大农村，尤以安顺流传最广。据统计，安顺至今仍在演出的地戏多达 180 余堂，故人们往往把地戏称为“安顺地戏”。地戏不仅在安顺一带的汉族人中流传，还影响到周边的布依、仡佬、苗等少数民族。地戏的兴起与屯堡人紧密相关。屯堡人又叫“老汉人”，他们并非贵州的土著居民，而是明代从江南一带迁入的移民后裔。明洪武十四年（1381 年），朱元璋为剿灭元朝的残余势力，安靖边疆，任命颍川侯傅友德为征南将军，率领 30 万大军远征云贵。战事结束后，傅友德奉朱元璋之命，派贵州卫指挥同知顾成父子在今安顺、普定、镇宁、平坝、清镇一带的战略要地设置卫所、屯堡，推行屯军屯田制度。这些屯军屯田的移民及其后代在漫长的岁月中，逐渐形成了一个既区别于周围的少数民族，又不同于后来迁入该地区的汉族的社会群体——屯堡人。

图 10-95　西秀・屯堡・地戏面具

地戏的源头为江南傩戏，屯堡人的屯军生活对地戏的形成产生了关键的影响。布依族地戏的流传地主要聚居在屯堡人为中心的安顺周边，即安顺、平坝、镇宁、紫云、化溪、长顺等地的布依族地区，代表性的戏班为贵阳市花溪区大寨戏班、湖潮寅贡地戏班、白云区篷莱戏班等。据材料分析，布依族表演的地戏有 60 多堂（地戏表演以跳一部书为一堂）。地戏的演出和民俗信仰紧密结合，既有节庆娱乐的一面，也有驱邪纳吉的信仰内容。地戏演出中的面具被视为神灵，平时锁于柜中，演出前才择吉日打开。开柜前，戏班全体成员集合于柜前，穿戴好戏装，由戏班班主在柜前焚香烧纸请出戏神。地戏面具的佩戴方式十分奇特，它既不像撮泰吉面具那样直接戴于面部，也不像傩堂戏面具那样用布包裹着戴在脸上，而是先将一块半透明的黑纱蒙住头部，再在其上佩戴面具。面具戴在额上，位置较高，演员不是透过面具的眼睛，而是透过面具的鼻孔、嘴角朝外视物。

图 10-96　西秀・屯堡・地戏面具

地戏演出主要包含“开财门”“扫开场”“跳神”（演故事）“扫收场”等环节。“开财门”即演员着戏装戴面具，在主帅率领下，到每家门前，列队演唱，祝颂主家平安、发财。主家于堂中设置果品，打开大门，接神纳吉。“扫开场”相当于地戏演出的序幕，即在演出场地举行开场仪式，唱诵带有祝词性质的“开场白”。地戏剧目全部取材于古代话本小说、历史演义和民间传说，内容都是金戈铁马的征战故事，而没有生活戏、公案戏和爱情戏，其反映的时代从商周直到明朝，时间长达3000年，但以唐宋时期的长篇征战故事为主。一个地戏班子通常在几代人中只搬演一个剧目，这是因为地戏面具角色众多，价格昂贵，添制一副面具十分不易，故除非旧的面具遗失或损毁了，否则不会轻易更换剧目。正戏称为“跳神”，演员佩戴面具，扮演历史传说中的英雄人物，表演他们的征战故事，演出的多是“武戏”，因此武将在地戏面具中占有极重要的地位。演出结束，演员们把面具放在戏头家，“扫收场”即地戏演出的结束仪式。地戏演出一段日子后（如正月初二至十五），要进行驱邪纳吉的仪式表演。由两人分别扮演土地与和尚对唱。仪式结束后，表演中使用的刀枪、面具、服装等全部收入柜中封存。

图 10-97　西秀・屯堡・地戏面具

图 10-98　德江・土家族・傩戏面具

地戏剧目已知的有34个，其中《东周列国志》《郭子仪征西》《九转河东》已停止演出，尚在民间上演的剧目有31个，流传较广的剧目有《三国演义》《封神演义》《薛仁贵征东》《薛丁山征西》《五虎平南》《五虎平西》《薛刚反唐》《三下河东》《罗通扫北》《四马投唐》《岳雷扫北》《大反山东》《沈应龙征西》《杨家将》《英烈传》《粉妆楼》等。

（二）地戏面具角色

地戏演出剧目主要是演述朝代兴废、金戈铁马的故事，歌颂英雄人物。因此在地戏角色上，有正派将军和反派将军之分，有文将、武将、老将、少将和女将之别。数量上，武将大约占地戏面具总数的百分之七十甚至更多，武将是地戏面具中雕刻最精致、神采最生动、最具代表性的品类。典型的代表人物按表演剧目中的角色进行生、旦、净、末、丑的分类。

生角：薛仁贵、诸葛亮、刘备、吕布、关羽等。

旦角：穆桂英、樊梨花、甘夫人、薛金莲等。

净角：张飞、秦叔宝、尉迟恭、程咬金等。

末角：土地、鸡嘴道人、鱼嘴道人、和尚、差官等。

图 10-99　西秀・屯堡・地戏面具制作

丑角：小军、歪嘴、笑嘻嘻、烟壳壳、夹舌头、账房先生、歪嘴老二等。

第二节 面具的制作

一、撮泰吉面具的制作

撮泰吉面具的制作者，就是裸戛村彝族农民，而且这些制作面具者通常就是撮泰吉表演者。原料不需购买，就地取材，他们选用当地盛产的杜鹃、漆树、刺楸等质地坚硬的高山乔木之类。制作者上山砍树用的工具主要是锯子或斧头，在制作面具时也是用斧头将木料砍成人面形状的毛坯。这样的毛坯不需要打磨，艺人们用锅烟或墨汁将面具染成黑色，再用石灰汁或粉笔在面具上勾画出道道白线，其纹饰或横或竖，或粗或细，或呈放射状，或作波浪形。

图 10-100 开阳・布依族・傩戏面具

二、傩戏面具的制作

傩戏面具，一般由傩坛中的雕刻法师制作。傩坛既是一个小型的戏班子，也是一个巫道合一的宗教组织，每个傩坛七八人至十数人不等。雕刻法师制作面具的工艺大同小异，在选料上傩戏面具的木料有严格要求，不能随便凑合。

图 10-101 开阳・布依族・傩戏面具

傩面具的选材，过去多选用柳木和桃木，因为这两种木料在民间被视为辟邪之物，用它们制作面具含有一定的宗教意识。现在则多选用白杨木和柏木，盖因白杨木质轻而不易开裂，柏木质地细腻，容易下刀。傩戏中的面具角色皆为神祇的化身，因此傩堂戏面具在制作时会进行一系列的祭拜活动。如以前雕刻法师选中树材后，要在树前焚香燃烛，对“神树”进行祭祀。树材运回家中，放在通风处晾十天半月，待基本阴干方能使用。正式动刀雕刻前要举行祭师仪式，首先表示不忘祖师的传授之恩，其次是祈求祖师保佑雕刻顺利、成功。傩戏面具的材料除了木材外，在兴义一带的布依族傩戏以及荔波一带瑶族的跳盘王面具一般用竹笋壳做成，也有少量是竹编、泥胎纸裱、皮胎为主要材料制成的面具。傩戏面具中有的面具有胡须，所以还需要胡须的材料。胡须的制作材料主要用人发、马尾、麻丝等，黑须和白须多为天然本色，红须系用白马尾或麻丝染色而成。

图 10-102 开阳・布依族・傩戏面具

傩戏面具的制作所需工具较多，根据对当地面具艺人的了解发现，他们常用的工具多达三四十种，圆凿类就有一分至一寸十个规格大小；平凿有半分至五分规格大小；还有洗凿、尖三角刀、油筒、木槌、斧头、推刨、切锯、解锯、手锯、钢丝锯、砂纸、细发刷、中发刷、圆发刷、大发刷、牛尾刷、描线笔、扫笔等。也有一些地方因制作面具要求不是很精细，工具的种类就相对简单，每位面具艺人根据自己的制作选择工具。

图 10-103 开阳·布依族·傩戏面具

面具艺人在雕刻面具时，通常都会用前人的范本作为参照，手艺高超的艺人能毫不走样地将面具刻出来。也有一些艺人在对角色异常熟悉的基础上，任意地驰骋想象，自由地即兴发挥，因此即使是同一角色，不同傩坛的面具在造型上往往各有不同。一个普通傩堂戏面具从木料到制作完毕有四道工序。

第一道：雕刻出面具的大致轮廓，要求做到结构匀称，比例准确，五官大致出现。

第二道：对五官、冠帽、发髻等作深入刻画，力求传达出角色的神态和性格。面具雕刻完毕后，要用砂纸打磨光洁。过去没有砂纸，则用细砂擦拭。为了使面具经久耐用，有些艺人还要把面具放在桐油锅中炸，温度不宜太高，时间不宜太久，待面具表面炸得微黄即可捞出。

图 10-104 开阳·布依族·傩戏面具

第三道：给面具上彩。傩堂戏面具的上彩分淡彩和重彩两类，淡彩一般以赭石、土黄和黑色作为主色，赭石、土黄用以涂脸，黑色用以染冠帽、发髻，勾勒眼睛和眉毛，但也有把整个面具涂成一种颜色。上彩毕，用桐油均匀地刷上几遍，可使面具鲜亮，并防止其褪色。重彩用红、蓝、黄、绿、黑等各色油漆在面具上勾画出大的块面，一些细致的地方，如冠帽上的龙凤、花草、云水纹饰，则用细笔精心地加以描绘。上彩以后，尚需为少数特殊的角色装上胡须，如土地、判官等。

第四道：开光仪式。面具上彩、装须后，傩面具便制作完毕了。但这时的面具只是一个不具有神性的物件，还不能用于演出。面具必须经过开光仪式，让掌坛师赋予面具灵力和神性，只有完成了这一转变，它才能成为真正意义上的“傩堂戏面具”，在演出中发挥驱邪纳吉的作用。开光仪式由掌坛师主持，地点设在掌坛师家的师坛前，坛前的桌案上焚香燃烛，供奉祭品，雕刻法师将新刻制的面具按一定顺序放在桌上，主要角色摆放在前面的显要位置，如开山猛将、勾簿判官、先锋小姐、唐氏太婆等。仪式中，

图 10-105 开阳·布依族·傩戏面具

掌坛师先要“安师”“请圣”，以取得祖师和神祇的认可，然后手执燃烛，口念开光词，为面具开光。开光仪式结束，掌坛师要化纸斟酒祀神。经过开光的面具，在人们心中成了具有灵性的神，平时不得随意堆放，或被小心置于背篓中，或供在神龛前，以备演出使用。

图 10-106　德江·土家族·傩戏面具

三、地戏面具的制作

地戏面具的材料一般用白杨、白果、丁木和楸木，因为这几种木料质地细腻，韧性强，不易开裂，雕刻起来既顺手又省力。过去喜用丁木，因为丁木被认为是一种“神木”。现在丁木日渐枯竭，只得改用其他木料。面具艺人选中“神树”后，要对其进行祭祀，以免神树怪罪。然后再将树砍下来，拿回家中进行处理。通常雕刻师把木料放在阴凉通风处晾 8 至 10 天，待半干后，锯成 1 尺 2 寸左右的圆木，剥去树皮再晾 3 至 5 天。地戏面具的制作工具与傩戏面具的制作工具基本相似，他们常用的工具也多达三四十种，有圆凿、平凿、洗凿、尖三角刀、油筒、木槌、斧头、推刨、切锯、解锯、手锯、钢丝锯、砂纸、细发刷、中发刷、圆发刷、大发刷、牛尾刷、描线笔、扫笔等。

图 10-107　德江·土家族·傩戏面具

在地戏面具雕刻之前，雕刻艺人要看黄历，选好日子后，就在公房或人家堂屋中安下雕刻用的马凳，由神头准备好香烛、纸钱、茶、饭、活雄鸡、鞭炮等。时辰到，艺人烧香叩头请师父鲁班。祭完后，将一筒木料放在马凳上，用斧头凿子砍一斧凿一凿，表示“起工”。起工后就要开始真正的雕刻制作。

第一道工序：雕刻艺人将圆木剖成两个相等的半圆，成为两个面具的毛坯。为了防止面具开裂和被虫蛀，可将毛坯放在锅中煮沸，煮时水中加入一定数量的石灰。然后在毛坯上量好头盔和脸部的比例以及五官的位置，放线用斧子对坯料再次进行修整后，将坯料平面朝下、弧面向上放置在专用的云台上固定，并在坯料的弧面上用墨斗弹出中线，为下一工序开脸做准备。开脸是面具制作工艺中十分关键的一道工序。雕刻艺人根据面具角色特征，用毛笔或铅笔在坯料弧面上勾画出单线轮廓雏形，再雕刻出大致的轮廓，面具的粗胚要求比例精准，结构匀称，五官轮廓能表现出来。

图 10-108　德江·土家族·傩戏面具

第二道工序：雕刻艺人对粗胚进行进一步精细雕刻时，有的会参照前人的面具进行雕刻，有的艺人能按照前人留下的面具将

面具雕刻出来。一些艺人能凭借想象力将自己理解中的面具雕刻出来，不同雕刻艺人在地戏面具在造型上也各有特色。地戏面具在完成雕刻以后，进一步打磨。面具雕刻好以后，第一步先用瓷片刮去刀痕，再用砂纸打磨光滑。面具的主体部分完成后，需刻制一对耳翅与之相配，耳翅长20多厘米，多以龙、凤和各种吉祥花草作为装饰图案；钻孔后用麻绳拴系在面具耳部，使二者连为一体。除了武将，地戏面具中的其他角色皆没有耳翅，可省去这道工序。它们的雕刻工艺与傩堂戏面具相似，但要精致一些。

图 10-109　德江·土家族·傩戏面具

第三道工序：地戏面具的着色分为油质和胶质两种。油质着色用石青、石绿、赭石、土黄等粉质颜料加入清漆调配，然后上彩。采用这种方法，色彩鲜亮，不怕雨水，不易褪色，缺点是成本高，因此艺人们不常使用。胶质着色用各种广告画颜料或粉质颜料加入牛皮胶调配，然后上彩。采用这种方法，色彩不鲜亮，怕雨水，易褪色，优点是成本低，故艺人们多使用此法。

图 10-110　德江·土家族·傩戏面具

第四道工序：地戏面具中有胡须的角色甚多，不但各类老将均有胡须，而且土地、道人等角色也有胡须。胡须分黑、白、红三种颜色，主要是头发、马尾或猪鬃做成，也有的用麻丝做。黑须和白须多为天然本色，染红胡子很费功夫，匠人们需要采用特殊工艺，才能在白色的马尾上染上色泽鲜艳的红色。制作地戏面具最后一道工序就是装镜片。镜片大多安装在武将的头盔和耳翅上，也有安装在道人的冠帽上的。装镜片可以使面具更具光泽性，增加角色视觉冲击力与表现效果；同时也能与民族宗教中照妖镜的作用相吻合。装镜片是先用夹钳将镜子掰成直径约1到2厘米大小的圆片，在镜片背面涂上胶水，再粘在面具上事先凿好的孔中。

第五道工序：地戏面具在使用之前需要开光，开光是地戏面具制作好后的最后一道工序，通过这样的仪式使面具具有灵性，面具才能具有“生命”与“神”性，在演出中发挥驱邪纳吉的功能。开光仪式由雕匠主持，把所有的脸子陈设在一定的地方，最好是神龛上，然后杀一只红公鸡，用鸡血点在脸子上，并且念一大段几乎是固定的开光词。开光仪式结束，掌坛师要化纸斟酒祀神。经过开光的面具，在人们心中成了具有灵性的神，平时不得随意堆放，一定要用专门的箱柜收藏起来，或被小心置于背篓中，或供在神龛前，以备演出使用。每年使用之前，要用香茶净饭供奉，才能开箱；演出结束后，仍需举行封箱仪式，将箱柜用红纸封条封起来，任何人不能随便开箱。

图 10-111　德江·土家族·傩戏面具

图 10–112　西秀・屯堡・地戏

图 10-113　台江·苗族·划龙舟

附录三

《中国贵州民族服饰全集》索引

D

E

F

G

H

J

K

L

M

N

P

Q

R

S

T

W

X

Y

Z

附录四

参考文献

一、古籍及古籍研究

1. 《诗经今注》，高亨注，上海：上海古籍出版社，1984。

2. 《楚辞全译》，黄寿祺、梅桐生译注，贵阳：贵州人民出版社，1984。

3. 《二十五史》，上海古籍出版社，上海：上海书店，1988。

4. 《释名疏证补》，〔东汉〕刘熙撰，〔清〕毕沅疏证，王先谦补，北京：中华书局，2012。

5. 《华阳国志校注》，〔晋〕常璩撰，刘琳校注，成都：成都时代出版社，2007。

6. 《溪蛮丛笑研究》，符太浩著，贵阳：贵州民族出版社，2003。

7. 《岭外代答校注》，〔宋〕周去非撰，杨武泉校注，北京：中华书局，2012。

8. 《贵州图经新志》，〔明〕沈庠删正，赵瓒编集，张祥光点校，贵阳：贵州出版集团，贵州人民出版社，2015。

9. 《黔记》，〔明〕郭子章撰，贵阳：贵州人民出版社，2013。

10. 《贵州通志》，〔清〕卫既齐修，薛载德纂，南京：凤凰出版传媒集团，凤凰出版社，2010。

11. 《黔书·续黔书·黔记·黔语》，〔清〕田雯、张澍、李宗昉、吴振棫撰，罗书勤等点校，黄永堂审校，贵阳：贵州人民出版社，1992。

12. 《黔南识略·黔南职方纪略》，〔清〕爱必达、罗绕典撰，杜文铎等点校，贵阳：贵州人民出版社，1992。

13. 《皇清职贡图》，〔清〕傅恒等编著，沈阳：辽宁书社，1991。

14. 《百苗图校注》，〔清〕陈浩撰，李汉林校注，贵阳：贵州民族出版社，2001。

15. 《百苗图抄本绘编》，杨庭硕、潘盛之编著，贵阳：贵州人民出版社，2004。

16. 《苗疆闻见录》，〔清〕徐家干撰，贵阳：贵州人民出版社，1997。

17. 《黔南苗蛮图说研究》，李德龙著，北京：中央民族大学出版社，2008。

18. 《郑珍集·文集》，王瑛等点校，贵阳：贵州人民出版社，1994。

二、现当代著作

1. 《中国纺织科学技术史（古代部分）》，陈维稷主编，北京：科学出版社，1984。

2. 《中国服饰艺术源流》，黄能馥、陈娟娟编著，北京：高等教育出版社，1994。

3. 《中国古代服饰研究》，沈从文著，上海：上海书店出版社，2002。

4. 《中国历代服饰》，上海市戏曲学校中国服装史研究组编著，上海：学林出版社，1997。

5. 《服饰与中国文化》，华梅著，北京：人民出版社，2001。

6. 《中国少数民族美术史》，王伯敏主编，福州：福建美术出版社，1995。

7. 《中国服饰大观》，周汛、高春明著，重庆：重庆出版社，1995。

8. 《中国艺术史图典·服饰造型卷》，中国文物学会专家委员会主编，上海：上海辞书出版社，2016。

9. 《中国丝绸纹样史》，回顾著，哈尔滨：黑龙江美术出版社，1990。

10. 《中国丝绸艺术史》，赵丰著，北京：文物出版社，2005。

11. 《纺织考古》，赵丰、金琳著，北京：文物出版社，2007。

12. 《长江流域服饰文化》，刘玉堂、张硕著，武汉：湖北教育出版社，2005。

13. 《民族服饰：一种文化符号——中国西南少数民族服饰文化研究》，邓启耀著，昆明：云南人民出版社，云南大学出版社，2011。

14. 《中国大百科全书·纺织》，陈维稷主编，北京：中国大百科全书出版社，1984。

15. 《中国工艺美术大辞典》，吴山主编，南京：江苏美术出版社，1999。

16. 《中国民间美术辞典》，张道主编，南京：江苏美术出版社，2001。

17. 《中国各民族年节祭会大事典》，周鸣琦、李人凡主编，西安：陕西人民出版社，1995。

18. 《中国各民族原始宗教资料集成》，吕大吉、何耀华总主编，北京：中国社会科学出版社，1996。

19. 《苗族简史》，贵阳：贵州人民出版社，1985。

20. 《布依族简史》，贵阳：贵州人民出版社，1984。

21. 《侗族简史》，贵阳：贵州人民出版社，1985。

22. 《符号与仪式：贵州山地文明图典》，张晓松著，卢现艺摄影，贵阳：贵州人民出版社，2006。

23. 《苗族服饰》，杨昌国著，贵阳：贵州人民出版社，1997。

24. 《苗族服饰文化》，杨正文著，贵阳：贵州民族出版社，1998。

25. 《苗族妇女服装研究》，席克定著，贵阳：贵州民族出版社，2005。

26. 《苗族传统蜡染》，杨文斌、杨策著，贵阳：贵州人民出版社，2002。

27. 《苗族服饰文化研究》，范明三、杨文斌、蓝采如著，上海：东华大学出版社，2018。

28. 《贵州世居民族迁徙史》，李平凡、颜勇主编，贵阳：贵州人民出版社，2011。

29. 《贵州田野考古四十年》，贵州省博物馆考古研究所编，贵阳：贵州民族出版社，1993。

30. 《贵州田野考古报告集》，贵州省文物考古研究所编，北京：科学出版社，2014。

31. 《赫章可乐二〇〇〇年发掘报告》，贵州省文物考古研究所编，北京：文物出版社，2008。

32. 《夜郎故地遗珍》，贵州省文物局编著，贵阳：贵州人民出版社，2011。

33. 《贵州通史》，《贵州通史》编委会，北京：当代中国出版社，2002。

34. 《贵州省志·轻纺工业志》，贵州省地方志编纂委员会，贵阳：贵州人民出版社，1993。

35. 《中国苗族服饰图志》，吴仕忠等编著，贵阳：贵州人民出版社，2000。

36. 《中国民族服饰文化图典》，杨源编著，北京：大众文艺出版社，1999。

37. 《中国傩戏 傩文化》，庹修明、姜尚礼编著，北京：中国世界语出版社，1997。

38. 《中国面具史》，顾朴光著，贵阳：贵州民族出版社，2002。

39. 《中国贵州民族民间美术全集》五种，《中国贵州民族民间美术全集》编辑委员会，贵阳：贵州出版集团、贵州人民出版社，2007 ~ 2008。

40. 《贵州少数民族背扇》，马正荣、马俐编，贵阳：贵州人民出版社，2002。

41. 《中国古代服饰辞典》，孙晨阳、张珂编著，北京：中华书局，2016。

42. 《贵州苗夷社会调查》，吴泽霖、陈国钧等著，贵阳：贵州人民出版社，2011。

43. 《抗战贵州画录》，王尧礼辑录，贵阳：贵州人民出版社，2015。

44. 《苗族调查报告》，［日］鸟居龙藏著，贵阳：贵州人民出版社，2011。

45. 《一针一线——贵州苗族服饰手工艺》，［日］鸟丸知子著及摄影，蒋玉秋译，北京：中国纺织出版社，2011。

46. 《织就岁月的人们——中国贵州苗族染织探访20年》，［日］鸟丸贞惠著及摄影，鸟丸知子、许凤颜译，日本福冈市：西日本新闻社，2006。

47. 《中国服饰史》，沈从文著，西安：陕西师范大学出版社，2004。

48. 《服装学概论》，李当歧编著，北京：高等教育出版社，1998。

49. 《中国服装史》，华梅，北京：中国纺织出版社，2018。

50. 《服装概论》，张辛可编著，石家庄：河北美术出版社，2005。

51. 《中国历代服装、染织、刺绣辞典》，吴山主编，南京：江苏美术出版社，2011。

52. 《中国服饰名物考》，高春明著，上海：上海文化出版社，2001。

53. 《百苗图抄本汇编》，杨庭硕、潘盛之编著，贵阳：贵州人民出版社，2004。

54. 《中国布依族》，中共黔西南州委宣传部编，贵阳：贵州人民出版社，2019。

55. 《贵州非物质文化遗产名录辞典》，贵州省文化厅编，贵阳：贵州人民出版社，2011。

56. 《苗族舞蹈》，贵州大学西南民族文化研究所编著，贵阳：贵州人民出版社，2004。

57. 《安顺屯堡》，安顺市文化局编著，贵阳：贵州人民出版社，2002。

58. 《湖南少数民族服饰》，何相频、阳盛海著，长沙：湖南美术出版社，2010。

59. 《贵州世居民族文化文库》，宋健主编，贵阳：贵州民族出版社，2014。

60. 明清以来的各种贵州地方志。

呈现给世界一个活态完整的贵州民族服饰

AFTERWORD

后记

曹维琼

贵州人民出版社原社长，编审

贵州民族服饰体系庞杂，型款多样，色彩斑斓，工艺复杂，内涵丰富，本身就是一个复杂的叙事系统，这就注定了关于贵州民族服饰的介绍，不是三言两语和几幅图片就能清楚说明的，故《中国贵州民族服饰全集》的编纂体例也就比较复杂。为便于读者阅读，我们梳理出本书编纂的三个特点作为导引。

特点一，本书是贵州民族服饰文化的百科全书。

本书是贵州民族服饰现存型款样式的汇集，是贵州民族服饰相关研究元素的合集，编纂时注意把握服饰研究的整体性、服饰介绍的系统性、服饰展示的综合性。本书以服饰二次成型的概念为指导，将全书分为型款篇、工艺篇两个部分。型款篇包括绪论卷和型款卷两部分内容，讲服饰的穿戴与文化，展示民族服饰的着装文化内涵。绪论卷从五个方面介绍贵州民族服饰研究的内容。型款卷从生活场景中对民族服饰的着装进行整体效果展示。民族服饰，只有在民族社会生活的场景下才能充分展现自己的独特魅力，只有在民族文化活动的语域下才能完整形成自己的识读系统。

工艺篇讲服饰的成衣与工艺，介绍民族服饰的成衣工艺流程，用串珠成链的方法，把民族服饰的介绍从单一的服饰型款样式展示，扩展为系统的服饰制作工艺流程演示。本书以服饰制作为主线，将在中国民族工艺美术界享有盛名的贵州织造、印染、刺绣、纹样、服饰、

银饰、头饰、配饰等与服饰制作相关的工艺综合介绍，系统呈现。

特点二，本书是多重文本叙事系统的有机集合。

叙事系统是指用特定的符号形式叙述一种事物的状况。不同符号形式的叙述方式是不同的，即使是在同一符号形式内部，也会因编排和形式的差异而呈现出不同的特征。因为叙事内容的庞杂，本书采用了文字叙事系统、图像叙事系统、字图互文叙事三重叙事系统。

文字叙事系统是指由抽象的文字符号架构的叙事系统，文字是叙事媒介。本书以文字叙事系统为主导，介绍贵州民族服饰的基本状况。

图像叙事系统是指用具象的图形照像形成的叙事系统，图像是叙事载体。本书以图像叙事系统为辅助，但图像叙事系统不是文字叙事的简单补充，不是多幅图像的杂乱堆砌，而是以连环图像的形式表现图像叙事内容的内在逻辑，表现图像与文字的因果关联。图像叙事系统采用图解式图像和叙事式图像，构成两种图像叙事形式，表现文字叙事中比较典型的概念和场景，通过绘画或摄影的艺术手段，增强了民族服饰介绍的空间感。

字图互文叙事系统是指由文字和图像两种叙事符号共同建构而形成的一套具有意指作用的叙事系统。作为两种不同的符号形式，图像和文字的叙事方式是不同的，文字叙事形成的是表意符号，图像叙事形成的是直观图像。两者之间也有共通之处，即都是通过所建构的能指符号系统来完成所指对象意义的表达。本书中文字的表达和图像的表达是相辅相成、有机融合的，两种符号在字图互文叙事系统中是一种并置互文的关系。在阅读文字时，图像可以使抽象表意的文字通过形象直观的图像更生动，文字表达变得直观具象，通过形象化的符号增添阅读者的乐趣；在欣赏图像时，文字可以把具象直观的图像通过抽象表意的文字来加强，使图像表达变得意义丰富，为阅读者创造想象的空间。文字叙事与图像叙事之间的并置互文转换，呈现出一种交叉式共进的方式，使阅读成为一种全新的体验，两者的有机融合使整个叙事文本显得动静有度，能给读者带来字图互文的阅读体验。三重叙事系统，构成了贵州民族服饰立体展示的空间，形成了一个多重视域交织的文本结构，给不同的读者提供了阅读选

择的多种可能，不同的选择会带来不同的阅读体验。不管是哪一种选择，阅读过程中的阐释和理解都必须建立在民族服饰文本视域融合的基础上，只有这样，本书的叙事系统才能完整呈现，其文本结构也才能最终生成意义。

特点三，本书是馆藏文物活化利用的典型样本。

贵州民族服饰是贵州民族文化的重要载体，也是贵州省博物馆收藏的重要内容。贵州省博物馆从建馆以来，一直把贵州民族服饰作为主要的收藏对象。把馆藏民族服饰文物图与贵州民族服饰田野考察图对照研究，是典型具象的民族服饰二次成型展示，是民族服饰的现实参照，馆藏民族服饰文物是不同历史时期民族服饰成衣的例证，又是同一历史时期民族服饰型款的物证。自清代以来，在不同的时期，出于不同的目的，人们用或图画，或摄影的方式记录下各少数民族服饰的图像。对贵州地域空间范围内不同时段民族着装的历史记录，反映了不同时代贵州民族服饰的特征。本书搜集的历代服饰文物图像主要有：清代康熙年间曹吉申的《贵州通志·蛮夷志》图，清代嘉庆年间陈浩的《黔苗图说》，清代光绪年间桂馥的《黔南苗蛮图说》，20 世纪 40 年代庞薰琹的《贵州山民图》，20 世纪 50 年代以来贵州省博物馆馆藏民族服饰图，20 世纪 90 年代吴仕忠的《中国苗族服饰图志》，当代卢现艺等拍摄的贵州民族服饰田野考察图像，等等，不同时期的图像展示出贵州民族服饰丰富的空间感。把历代民族服饰图像串联起来观察，在贵州同一地域空间下的民族服饰呈现出悠久的时间感，不同时期的民族服饰图像构成相对直观的图像版贵州民族服饰简史。

本书的编纂，为贵州民族服饰整理与研究提供了丰富的信息，为贵州民族服饰文化记录与传承探索出新的路径，也对民族服饰的收藏与展示提出了新的要求。需要说明的是在编纂的过程中，因本书涉及贵州民族服饰的各个方面，为搜集贵州各民族的服饰样式和文献资料，编者使用了部分公开出版物的图片，借鉴了一些专家的研究成果，未能逐一注明，甚至会有遗漏，敬请相关作者谅解。

在本书即将付梓之际，衷心感谢在本书编纂过程中给予支持和帮助的朋友们。